U0229866

官山自然保护区在长江中游赣、鄂、湘三省位置示意图

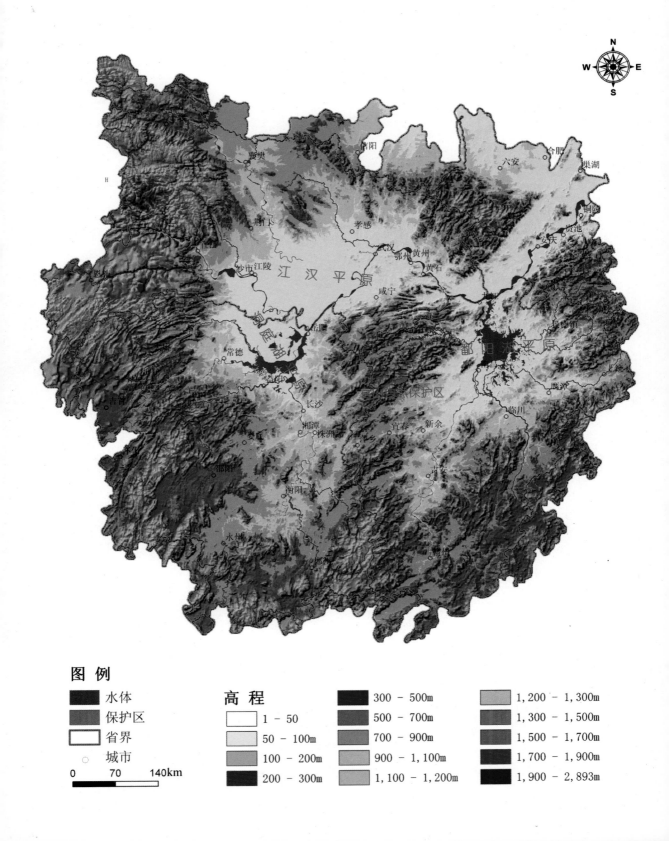

图 例

水体
保护区
省界
城市

高 程

1 – 50
50 – 100m
100 – 200m
200 – 300m

300 – 500m
500 – 700m
700 – 900m
900 – 1,100m
1,100 – 1,200m

1,200 – 1,300m
1,300 – 1,500m
1,500 – 1,700m
1,700 – 1,900m
1,900 – 2,893m

0   70   140km

官 山 自 然 保 护 区 卫 星 遥 感 图

比例尺

.5 .25 0 .5 1 1.5 2 公里

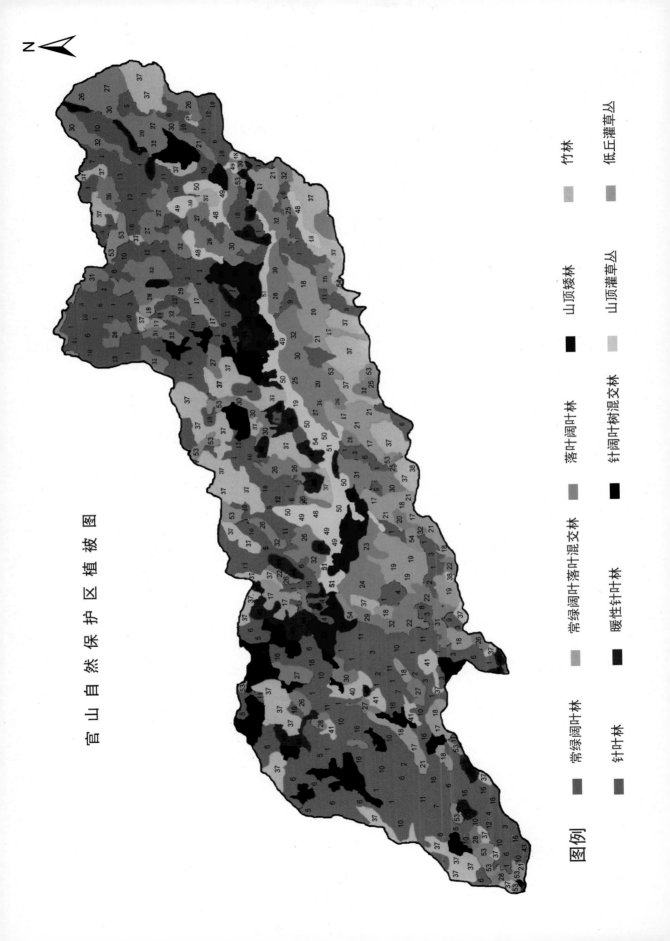

官 山 自 然 保 护 区 植 被 图

图例

— 常绿阔叶林

— 针叶林

— 常绿阔叶落叶混交林

— 暖性针叶林

— 落叶阔叶林

— 针阔叶树混交林

— 竹林

— 低丘灌草丛

— 山顶矮林

— 山顶灌草丛

官山自然保护区DEM渲染图

官山自然保护区流域、山脊、山谷与水系图

官山自然保护区主要保护对象分布图

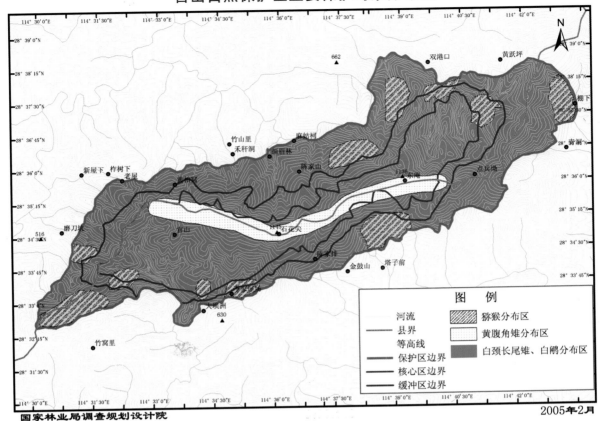

图 例

河流
县界
等高线
保护区边界
核心区边界
缓冲区边界

猕猴分布区
黄腹角雉分布区
白颈长尾雉、白鹇分布区

国家林业局调查规划设计院

2005年2月

官山自然保护区功能区划及珍稀动物分布图

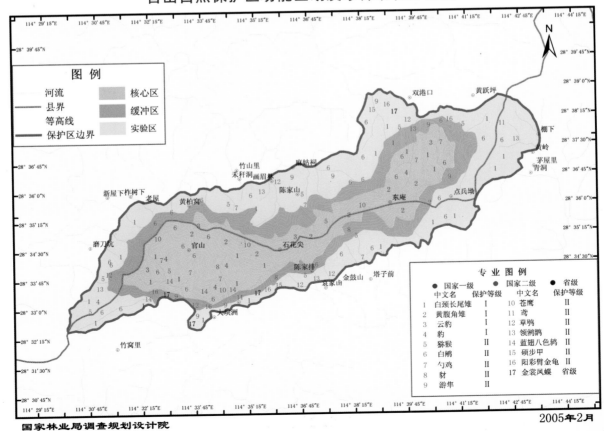

图 例

河流
县界
等高线
保护区边界

核心区
缓冲区
实验区

专 业 图 例		
●国家一级	●国家二级	●省级

中文名	保护等级	中文名	保护等级
1 白颈长尾雉	I	10 苍鹰	II
2 黄腹角雉	I	11 鸢	II
3 云豹	I	12 草鸮	II
4 豹	I	13 领鸺鹠	II
5 猕猴	II	14 蓝翅八色鸫	II
6 白鹇	II	15 硕步甲	II
7 勺鸡	II	16 阳彩臂金龟	II
8 豺	II	17 金裳凤蝶	省级
9 游隼	II		

国家林业局调查规划设计院

2005年2月

□ 黄腹角雉巢及蛋　张雁云摄

□ 白颈长尾雉　丁平摄

□ 黄腹角雉（雄）　张雁云摄

□ 黄腹角雉（雌）　张雁云摄

□ 白鹇　陈利生摄

□ 猕猴　　熊薇摄

□ 仙八色鸫　　刘运珍摄

□ 大拟啄木鸟　　刘运珍摄

□ 大树蛙　　陈利生摄

□ 银鹊树　王江林摄

□ 银钟花　王江林摄

□ 草珊瑚　葛刚摄

□ 南方红豆杉　王江林摄

□ 方竹　徐向荣摄

□ 长柄双花木　王江林摄

□ 巴东木莲果　周小华摄

□ 巴东木莲花　周小华摄

□ 花叶开唇兰　葛刚摄

□ 巴东木莲　葛刚摄

□ 江西省政府副省长孙刚（右二）视察官山

周小明摄

□ 宜春市委书记宋晨光（中）视察官山

王国兵摄

□ 江西省林业厅厅长刘礼祖（前左）视察官山

刘伟成摄

□ 英国鸟类专家詹姆斯库赫特等考察鸟类资源

陈利生摄

□ 英国"渔翁观鸟团"考察白颈长尾雉

陈利生摄

□ 日本林业专家大森章生等考察森林植被

陈利生摄

□ 郑光美院士（左二）、丁平博士（左三）
等考察雉类资源　张雁云摄

□ 南昌大学专家研究植物　刘运珍摄

□ 鸟类专家王歧山教授（中）参加
白颈长尾雉项目专家论证会　陈利生摄

□ 申报国家级自然保护区专家论证
　　　　　　　　　　　徐向荣摄

□ 巡护管理　刘运珍摄

□ 西河保护管理站办公楼　王永跃摄

□ 珍稀树种挂牌　吴和平摄

□ 爱鸟周宣传　陈利生摄

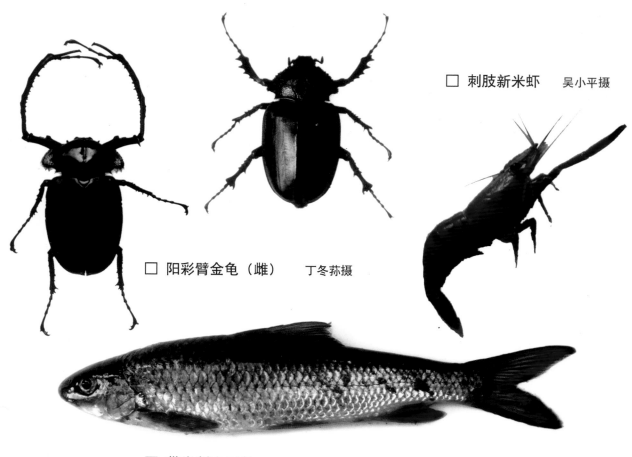

□ 刺肢新米虾　吴小平摄

□ 阳彩臂金龟（雌）　　丁冬荪摄

□ 带半刺光唇鱼　吴志强摄

□ 　　　　丁冬荪摄

江西官山自然保护区科学考察与研究

Scientific Survey and Study on the Guanshan Nature Reserve in Jiangxi Province

刘信中　吴和平　主编

中国林业出版社

图书在版编目（CIP）数据

江西官山自然保护区科学考察与研究/刘信中，吴和平主编．—北京：
中国林业出版社，2005．4

ISBN 7 – 5038 – 3979 – 1

Ⅰ．江…　　Ⅱ．①刘…　　②吴…　　Ⅲ．自然保护区—科学考察—江西省
Ⅳ．S759．992．56

中国版本图书馆 CIP 数据核字（2005）第 033701 号

出版：中国林业出版社（100009　北京西城区刘海胡同 7 号）
E-mail：cfphz@public.bta.net.cn　电话：66184477
发行：新华书店北京发行所
印刷：北京地质印刷厂
版次：2005 年 5 月第 1 版
印次：2005 年 5 月第 1 次
开本：787mm×1092mm　1/16
印张：22.75
字数：526 千字
印数：1～1000 册
定价：120.00 元

《江西官山自然保护区科学考察与研究》

编 辑 委 员 会

2003～2004 年参加科考人员名单

浙江大学生命科学学院
丁　平（教授、博士生导师）　　蒋萍萍（博士、讲师）
彭岩波（硕　士）　　　　　　　张　亮（硕　士）

南昌大学生命科学学院
叶居新（教　授）　　　　　　　葛　刚（副教授）
万文豪（副教授）　　　　　　　陈少凤（副教授）
黄兆祥（教　授）　　　　　　　何宗智（教　授）
吴志强（博士后、教授）　　　　吴小平（博士、教授）
欧阳珊（教　授）　　　　　　　肖　满（硕　士）
胡茂林（硕　士）　　　　　　　刘以珍（在读本科生）

北京师范大学生命科学学院
张雁云（博士、副教授）　　　　宋　杰（副教授）
邓文洪（博士后、副教授）　　　张　洁（硕　士）
孙　岳（硕　士）

北京大学环境学院
蒋　峰（博　士）

北京索孚环境咨询有限公司
纪中奎（博士、生态规划师）

国家林业局野生动植物监测中心
唐小平（教授级高工）　　　　　王志臣（高级工程师）
蒋亚芳（高级工程师）　　　　　侯　盟（助理工程师）

浙江中医学院
姚振生（教　授）　　　　　　　熊耀康（教　授）
陈　京（硕　士）　　　　　　　熊木香（硕　士）
俞　冰（硕士、讲师）　　　　　蒋剑平（硕　士）

江西农业大学国土资源与环境学院
牛德奎（教　授）　　　　　　　王金芳（助　教）
胡明文（副教授）

江西农业大学农学院

陈拥军（讲　师）　　　　　林毓鉴（教　授）
曾云香（实验师）

浙江林学院园艺与艺术学院

季梦成（博士、教授）　　　谢　云（讲　师）
郑　钢（实验师）

江西中医学院

赖学文（副教授）　　　　　曹　岚（讲　师）
葛　菲（副教授）　　　　　梁　芳（讲　师）

国家林业局中南规划设计院

黄金玲（高级工程师）　　　彭　奇（高级工程师）
付达夫（高级工程师）

中国科学院长沙农业现代化研究所

苏以荣（副研究员）

庐山植物院

王江林（研究员）

江西省科学院

戴年华（研究员）

江西省地质调查研究院

尹国胜（高级工程师）

江西环境工程职业学院

刘仁林（博士、副教授）

江西省森林病虫害防治站

丁冬荪（高级工程师）　　　曾志杰（技术员）
陈春发（助理工程师）　　　邱宁芳（工程师）

台湾师范大学

徐堉峰（教　授）

南京农业大学观赏园艺与风景园林系

郝日明（教授）

江西省森林资源监测中心

况水标（高级工程师）

江西省九江市植物研究所

谭策铭（高级工程师）

江西省野生动植物保护管理局

刘信中（教授级高工）　　　谢利玉（研究员）

严　雯（硕士、工程师）　　郭英荣（硕士、高级工程师）

王向峰（助理工程师）　　　郝　昕（助理工程师）

黄志强（硕士、助理工程师）

江西省林业生态工程建设管理中心

肖昌友（高级工程师）

江西省官山自然保护区管理处

吴和平（高级工程师）　　　徐向荣（助理工程师）

王国兵（工程师）　　　　　熊太平（经济师）

余泽平（高级工程师）　　　陈　琳（助理工程师）

陈利生（工程师）　　　　　左文波（高级工程师）

张智明（学　士）　　　　　吴毛山（技术员）

周小明（助理工程师）　　　庞晋洪（技术员）

唐海峰（助理工程师）　　　周柏杨（技术员）

彭巧华（助理工程师）　　　邬淑萍（助理工程师）

熊　薇（助理工程师）

王正球　唐永峰　周雪莲　李葛明　王晋丰　李雪玉

吴万华　汪　宏　彭　丽　李存海　周传宝　周　璐

序 I

　　江西宜春，是全国第一批建设中的生态试点城市，自古以来就被誉为"江南佳丽之地"、"文物昌盛之邦"。素有"九岭山翡翠"之称的官山自然保护区，就镶嵌在这块风水宝地的腹地之上。

　　官山自然保护区管理处将建区 30 年来，特别是近几年来省内外专家、学者，以及自然保护区工作人员的调查资料和研究成果，进行系统整理，编辑出版了《江西官山自然保护区科学考察与研究》，这无疑是一件很有意义的事情。这份资料翔实的报告，是官山自然保护区研究成果的集中汇编，也是自然保护区全面情况的生动展现。不仅对指导官山自然保护区的建设、管理、发展具有重要价值，而且对提升官山自然保护区的名气将产生重要作用。这份内涵丰富的报告在使人开阔眼界、增长知识的同时，更能启发人，激励人，产生广泛而深远的影响。

　　多年来，我们与省内外关心和支持保护区事业的诸位专家、学者结下了深厚友谊，他们为官山自然保护区事业的发展作出了重大贡献。值此《江西官山自然保护区科学考察与研究》面世之际，我谨代表中共宜春市委、市政府对他们的辛勤劳动和奉献致以崇高的敬意！省林业厅、省环保局、市林业局、宜丰县、铜鼓县、官山自然保护区管理处，以及所有关心支持自然保护区事业的各个单位、各界人士，锲而不舍地做了大量卓有成效的工作，在此也表示衷心的感谢！

　　官山自然保护区是江西省人民政府首批建立的 6 个省级自然保护区之一，是赣西生物多样性保存最完好的地方之一，更是全球 200 个生物多样性优先保护地区之一的"长江及其周围湖群"的重要地段长江中游地区鄱阳湖、洞庭湖和江汉三大平原之间的重要"生态孤岛"，其前身为原宜春地区 1975 年批准建立的天然林保护区。历经 30 年的风雨和耕耘，特别是近年来，在各级党委政府和林业主管部门的重视支持下，官山自然保护区管理处与北京大学、北京师范大学、浙江大学、中国科学院、中国林科院等高等院校及科研单位密切合作，邀请了包括世界著名鸟类研究学家郑光美院士在内的一大批专家学者，到自然保护区开展大规模资源本底调查，取得了可喜成果。初步摸清了官山自然保护区地质、地貌、水文、气象、土壤、植物、植被、森林资源、野生动物、旅游资源及保护区周边乡村经济等各类情况的底数，探索了其植被演替规律，研究发现了其主要保护对象白颈长尾雉、黄腹角雉、白鹇等野生雉类、野生猕猴的种群结构和行为特征。这些都将为有效保护和合理开发利用区域自然资源提供科学依据。

官山自然保护区景色迷人，空气清新，令人留连忘返。区内分布有大面积的穗花杉天然群落、长柄双花木群落和天然麻栎林群落等组成的常绿阔叶林。这些富含高浓度负离子的常绿阔叶林，连同丰富的动植物资源，秀丽的自然景观，使官山自然保护区不仅成为物种的基因库、生物学科研的基地、环保教育的课堂，更成为了人们生态旅游的好去处。江西省委、省政府已经提出了"既要金山银山，更要绿水青山"、"山下建优质粮仓，山上办绿色银行"、"希望在山"等一系列发展战略。我希望，官山自然保护区管理处以此为契机，充分利用生态旅游资源，广泛宣传，精心运作，揭开官山神奇迷人的面纱，让更多的海内外人士，感受这人与自然和谐共处的美好绿色家园。

春华秋实，风光无限。我相信，官山自然保护区的未来一定会更加美好！

试为序。

中共宜春市委书记

2005 年 4 月于宜春

序 *II* _____

　　江西官山自然保护区地处赣西北九岭山脉西段的腹心地区，地跨宜春市宜丰、铜鼓两县，主峰麻姑尖海拔 1480 米，与幕阜山共同组成了长江中游的鄱阳湖平原、江汉平原及洞庭湖平原之间的"生态孤岛"。区内不仅栖息和分布着数量较多、种群颇大的雉科鸟类以及野生猕猴等动物资源，而且还保存着大面积的原生性常绿阔叶落叶混交林及其珍贵植物群落，生物多样性极为丰富，为国内外专家、学者所关注。1975 年，官山自然保护区开始组建。1981 年 3 月，江西省人民政府批准建立了官山省级自然保护区，隶属江西省林业厅管理。

　　30 年来，在当地各级党政及有关部门的关心和支持下，官山自然保护区全体干部职工发扬艰苦奋斗、无私奉献的行业精神，克服艰苦的工作环境与生活条件，默默奉献，扎实工作，在保护区内自然资源保护管理、加强对外宣传、拓展发展空间等方面取得了可喜成绩。1999 年，被国家环保总局、国家林业局、农业部、国土资源部联合授予"全国自然保护区管理先进单位"光荣称号。2003 年 4 月，江西省科技厅、省委宣传部、省教育厅、省科协联合将官山自然保护区设立为"江西省青少年科普教育基地"；同年 7 月，江西省环境保护局将官山自然保护区设立为"江西省环境保护宣教基地"，成为我省加强生态环境教育的重要场所。

　　由于官山自然保护区建区时间早，保护历史长，加之保护管理措施比较严格，现在区内的珍稀动植物资源越来越丰富。2001 年 10 月至 2004 年底，北京大学、北京师范大学、浙江大学、南昌大学、江西农业大学、国家林业局中南规划院等 10 多所高等院校和科研院所在官山自然保护区联合开展了多学科的综合科学考察，查清了区内本底资源，取得了一系列具有国际水平的科学考察成果，并在此基础上编辑出版了《江西官山自然保护区科学考察与研究》一书。这本书凝集了全体科考专家、科技工作者和保护区同志们的辛勤汗水，全面系统地展示了保护区丰富的自然资源和多学科的研究水平，为让国内外人士深层次地了解官山这座绿色宝库，推动保护区对外交流与合作打下了很好的基础。借此机会，我向官山自然保护区的广大干部职工表示祝贺，向长期以来关心和支持自然保护区建设和发展的各级党政领导，以及所有参加科考工作的专家和科技人员表示崇高的敬意和衷心的感谢！

　　进入 21 世纪，江西省委、省政府高度重视生态环境和自然保护区建设，先后提出了建设"三个基地，一个后花园"、"既要金山银山，更要绿水青山"、"希望在山"的发展思路，为自然保护区的建设和发展指明了方向，带来了新的机遇。我衷心地希望家乡人民一如既往地关心和支持保护区的建设，同时也希望官山自然保护区的同志们，抓住机遇，加强管理，科学保护，使官山这颗赣西北的绿色明珠绽放出更加耀眼的光芒。

江西省林业厅厅长　刘礼祖

2005 年 4 月 30 日

前　言

　　"长江及其周围湖群"（Yangtze River and Lakes–Chain）是世界自然基金会（WWF）确定的"全球 200"之一，是全球生物多样性优先保护地区。长江中游（赣、鄂、湘）区域是其中主要组成部分。九岭山是位于江西省西北部东（北）—西（南）走向的一个相对独立的山脉，与赣、鄂边境的幕阜山平行，共同组成了长江中游赣、鄂、湘三省之间的"生态孤岛"——屹立于鄱阳湖平原、江汉平原和洞庭湖平原等三大平原之间的"孤岛"。三大平原是中国人口密集、历史悠久的"粮仓"，这个"孤岛"对长江中游生物多样性保护具有极为重要的意义。

　　江西官山自然保护区地处九岭山脉西段，是九岭山区生物多样性保存最好的地方，是动植物的"避难所"。官山自然保护区总面积 11 500.5hm²，包括南坡（宜丰县）5201.2hm²，北坡（铜鼓县）6299.3hm²。其中核心区 3621.1hm²，占总面积的 31.5%，缓冲区 1466.4hm²，占总面积的 12.8%，实验区 6413.0hm²，占总面积的 55.7%。其地理坐标为：东经 114°29′ ~ 114°45′，北纬 28°30′ ~ 28°40′。

　　明朝隆庆年间（1567 ~ 1573 年）农民起义领袖李大銮以九岭山区腹心区域的李家屋场（现官山自然保护区东河保护管理站所在地）为根据地，揭竿而起，汇集的起义队伍达 8 万多人，皇帝调集军队"围剿"，历时数年才把起义镇压下去。尔后，皇帝下旨把这一带列为禁山，不准一个平民百姓居住。从此，人们叫它为"官山"。因此，官山已有 400 多年的封禁历史，加上险峻复杂的山地地形，温暖湿润的气候等因素，使得许多生物类型在这里保存和发展，为"官山"这个"生态孤岛"增添了神秘的色彩，并且远近闻名。

　　官山地区很早就引起科技界的注意，早在 1934 年，庐山植物园的熊耀国先生就深入官山采集植物标本。尔后庐山植物园、江西农业大学、江西省林科所和宜春地区林科所等单位，陆续有科研人员进入官山考察植物。1975 年，在科技人员的呼吁下，原江西省宜春地区林业局在官山林场内划定 1200hm²，建立了"江西省宜春地区官山天然林保护区"，是江西省第一批建立的 3 个自然保护区之一，1981 年 3 月经江西省政府批准为省级自然保护区，面积为 6466.7hm²，是江西省首批 6 个省级自然保护区之一。

　　官山 400 余年的封禁历史以及近 30 年的自然保护区建设历史，使得保护区内保存有原生状态的常绿阔叶林，保存有较大面积的天然阔叶林，保存有丰富的野生动植物种类。初步查明区内有高等植物 2344 种（含种以下单位，下同），其中属于国家重点保护植物名录（第一批）的有 21 种（不含引种栽培的，下同），属于《中国植物红皮书（第一册）》的有 28 种，还有 2 种是官山自然保护区特有植物，即槭树科的铜鼓槭 *Acer fabri* var. *tongguerese* 和大风子科的长果山桐子 *Idisia polycarpa* var. *vestita*。

　　官山自然保护区神秘的森林早就远近闻名，而区内栖息的野生动物种群的重要性，是通过近年来国内外专家学者的考察研究才引起人们广泛的重视。保护区内已查明的野生脊

— 1 —

椎动物有 304 种，其中属于国家重点保护野生动物有 37 种，属于江西省重点保护野生动物有 65 种，属于 CITES 附录中的野生动物有 45 种。官山自然保护区内最具吸引力的野生动物是白颈长尾雉 *Syrmaticus ellioti*、黄腹角雉 *Tragopan eaboti*、白鹇 *Lophura nycthemera* 等野生雉类以及猕猴 *Macaca mulatta* 等哺乳动物的野生种群。

雉鸡类化石最早发现于始新世的地层中，定名为古雉 *Palaophasianus meleagriodes*，距今约为 3000 万年，雉鸡类动物与人类日常生活的联系最密切，俗称"鸡、鸭、牛、羊"，鸡（雉）是领头的种类。据资料记载中国人 3000 年前就已饲养和驯化"原鸡"了。中国雉鸡类资源丰富，是世界上雉鸡类的主要辐射中心。雉科（Phasianidae）有 38 属 159 种，中国就有 21 属 55 种，其中中国特有的有 19 种。黄腹角雉和白颈长尾雉都是中国特有的世界受胁物种和国家 I 级重点保护动物，在 IUCN 和《中国濒危动物红皮书——鸟类》中被列为易危种，并被列入《濒危野生动植物种国际贸易公约》附录 I。白颈长尾雉 1872 年就被发现，1880 年在法国人工繁殖成功，现已遍及世界各地动物园，白颈长尾雉羽毛华丽、姿态优美、长尾秀丽夺目，是动物园最著名的观赏鸟之一（遗憾的是南昌动物园至今未养殖），但其野外种群数量稀少，目前野外种群数估计值约 10 000～50 000 只，官山自然保护区内保存有白颈长尾雉野外种数 800～1000 只，因此，保护区内种群数已达到野外种群总数的 2%～10%。《湿地公约》规定："如果一个湿地定期栖息有一个水禽物种或亚种某一种群 1% 的个体，就应被认为具有国际重要意义"。白颈长尾雉虽是森林鸟类，属留鸟，但参考上述标准，官山自然保护区可以被认定为白颈长尾雉野生种群具国际意义的区域。《亚洲鸟类红皮书》已把官山自然保护区列为白颈长尾雉野生种群的重要分布区之一。

从 1991 年起，已有 10 余批来自英、法等欧美国家的鸟类专家或爱鸟者 200 余人次专程来官山自然保护区考察白颈长尾雉野生种群及其栖息地。2004 年 3 月，中国科学院院士、北京师范大学教授郑光美一行 8 位鸟类专家专程来保护区考察黄腹角雉和白颈长尾雉，虽然那几天的官山春雨连绵不断，但考察组冒雨上山，每天都有新的收获，看到了黄腹角雉、白颈长尾雉、白鹇的野生种群，郑光美院士充分肯定了官山自然保护区森林资源的完整性和野生雉类的丰富性，同意担任官山自然保护区科学顾问，并对官山自然保护区的科研及科技管理工作提出了指导意见。2005 年 1 月 30 日，中央电视台"新闻联播"节目报道了江西官山自然保护区内分布有世界上已知最大的白颈长尾雉种群。

官山自然保护分布的猕猴也早已闻名国内外，20 世纪 80 年代中期，《光明日报》记者张天来对官山的猕猴曾有过生动的报道。猕猴属于国家 II 级重点保护动物，被列入 CITES 附录 II。猕猴是世界上地理和生态位分布最广泛的非人类灵长类，其组织结构、生理代谢等功能与人类相似，因此，猕猴已成为解决人类健康和疾病问题的基础研究、临床研究以及药物筛选及疫苗开发与鉴定上的理想动物模型之一。我国人工繁育猕猴已有 50 多年了，但始终未能解决繁殖能力的退化问题，必须不断从野生猴群中补充种源。现在，我国的野生猕猴资源已急剧减少，猕猴种群及其栖息地的保护亦日益引起公众的关注。官山自然保护区保存有野生猕猴 11 群共 600 只左右，其中最大猴群数量在 150 只左右。猕猴是国家的重要战略资源，因此加强猕猴野生种群及其栖息地的保护极为重要。

为了查清官山自然保护区的本底，从 2001 年起，在江西省野生动植物保护管理局的帮助下，保护区管理处有计划地邀请省内外的科研院校的专家学者，开展了本底调查和研究，并取得了初步成果。2004 年 3 月，在江西省林业厅的直接领导下，在宜春市政府、宜丰县和铜鼓县政府的大力支持下，在江西省野生动植物保护管理局的积极帮助下，官山自然保护区先后邀请了北京大学、浙江大学、北京师范大学、中南林学院、南昌大学、江西农业大学、江西省地质调查研究院、浙江省中医学院、浙江省林学院、中国科学院地理研究所、国家林业局野生动植物监测中心、国家林业局中南调查规划设计院和江西省森林病虫害防治站等单位的专家，由江西省野生动植物保护管理局教授级高工刘信中主持，在系统整理以往多次科学调查成果的基础上，进行了全面的综合科学考察及研究。到 2005 年元月才完成了资料整理工作。2005 年 2 月初，春节前夕，著名生态学者、上海复旦大学陈家宽教授专程来官山自然保护区考察，对官山自然保护区的科研、保护管理以及今后发展方向提出了指导意见。根据综合科学考察与研究的成果，最终确认官山自然保护区的主要保护对象是白颈长尾雉、黄腹角雉、白鹇等野生珍稀雉类及其栖息地；猕猴等哺乳动物野生种群及其栖息地；长柄双花木 *Disanthus cercidifolius* var. *longipes*、南方红豆杉 *Taxus mairei*、长序榆 *Ulmus elongata*、巴东木莲 *Maglietia patungensis* 等珍稀植物及其生境。官山自然保护区的类型属于野生生物类野生动物类型的自然保护区。

本书将官山自然保护区历年来综合科学考察的成果（主要是 2003～2004 年的科学考察成果）进行整理而成，全书分为 11 章：前言由刘信中撰写；第一章总论，由刘信中、蒋亚芳、严雯撰写；第二章自然环境，由尹国胜、彭奇、付达夫和苏明荣等人撰写；第三章野生植物资源，由葛刚、万文豪、谢云、陈拥军和姚振生等人撰稿；第四章林木资源，主要由郭英荣撰写；第五章野生动物资源，主要由丁平撰写；第六章昆虫资源，主要由丁冬荪撰写；第七章大型真菌，由何宗智和肖满撰写；第八章旅游资源，由牛德奎和王金芳等撰写；第九章社区经济概况，主要由王国兵撰写；第十章自然保护区的管理，主要由徐向荣和蒋亚芳撰写；第十一章自然保护区评价，主要由刘信中和蒋亚芳撰写；第十二章是专题研究，主要由蒋峰、丁平和季梦成等撰写；参考文献和附录，主要包括官山自然保护区建立以来的大事记及野生植物、野生动物、昆虫和大型真菌名录等。全书由刘信中、蒋亚芳统稿。

《江西官山自然保护区科学考察与研究》在编写过程中，得到了各单位的大力支持，是集体智慧的结晶。在此，向一贯关心、支持江西官山自然保护区的领导、专家、教授和曾经参加科学考察及研究的全体同志表示衷心的感谢。

由于编者水平有限，本书难免有疏漏之处，敬请专家、学者批评指正。

编 者
2005 年 2 月 8 日

Preface

Global 200, posed by the World Wildlife Fund (World Wide Fund for Nature), one of the approaches to setting large – scale biodiversity conservation priorities, frames a list of ecoregions to establish global conservation priorities. Yangtze River and lakes are involved in the Global 200. Jiuling Mountain lies at northwest of Jiangxi province, and parallels with Mufu Mountain which lying between Jiangxi Province and Hubei Province. Jiuling and Mufu make up of an isolated island among Poyang Lake Plain, Jianghan Plain, and Dongting Lake Plain. The three plains are lands flowing with milk and honey, and with denseness of population. Biodiversity protection of the isolated island is very important for these plains. Guanshan Nature Reserve is located in Yifeng County, Yichun City, at west of Jiuling Mountain. The latitude of the nature reserve is 28°30′ ~ 28°40′N, and longitude 114°29′ ~ 114°45′E. The total area of Guanshan Nature Reserve is 11500. 5ha, 5201. 2ha in Yifeng County at the south side of Jiuling Mountain, 6299. 3ha in Tonggu County at the north side of Jiuling Mountain, including 3621. 1 ha of Core Zone, 31. 5% of total area, 1466. 4 ha of Buffer Zone, 12. 8% of total area, and 6413. 0ha of Experimental Zone, 55. 7% of total area.

During 1567 ~ 1573, a farmer leader named Li Daluan had an uprising which more than 80 thousand people involved in based at Lijia village, core area of Jiuling Mountain. This uprising had been encircled and annihilated by governmental army of Ming Dynasty. After then, this area was sealed by Ming government, and named Guanshan (governmental mountain). Because of this and warm humid climate, a lot of species and ecological types are still survived and evolvement as an isolated ecological island. And now, Guanshan is famous and mysterious.

Guanshan has been concerned by researchers for a long time, as early as 1934, Mr. Xiong Yaoguo from Lushan Botanical Garden had collected samples at Guanshan. And then, experts visited here in succession to research vegetation of this region, most of them from Lushan Botanical Garden, Jiangxi Agricultural University, Jiangxi Institute of Forestry, Yichun Institute of Forestry.

In 1975, Yichun Forestry Bureau adopted the recommendations of experts and established the Guanshan Natural Forest Reserve, and this is one of the first nature reserves in Jiangxi Province. In 1981, Guanshan Nature Forest Reserve was promoted to be one of the first provincial nature reserves in Jiangxi Province, and renamed as Guanshan Nature Reserve.

There are 2344 species & var. species of plant and 304 species of vertebrate in Guanshan Nature Reserve, And there are 21 plant species of national priority conservation, 28 species of China Plant Red Data Book (Vol. 1), 37 fauna species of national priority conservation, 45 fauna species of CITES, 65 species of Jiangxi provincial priority conservation in the reserve. *Acer fabri* var. *tongguerese* and *Idisia polycarpa* var. *vestita* are endemic in the reserve.

Syrmaticus ellioti, *Tragopan eaboti*, *Lophura nycthemera* and *Macaca mulatta* are the most important and attractive species in the reserve. *Tragopan eaboti* and *Syrmaticus ellioti* are endemic in China, and been listed as vulnerable in the IUCN Plant Red Data Book and the China Red Data Book of Endangered Animals, and also listed in Appendix I by Convention on International Trade in Endangered Species of Wild Fauna and Flora (CITES). *Syrmaticus ellioti* is very rare in the world, its global population is about 10000 ~ 50000 (Ding Ping, 2004). March 2003, Professor Zheng Guangmei, academician of CAS, and other 7 ornithologist visited Guanshan Nature Reserve to study these two species. Academician Zhen agreed to take scientific adviser for Guanshan reserve and put forward the proposals on the scientific research and management. Professor Ding Ping from Zhejiang University has also visited the reserve several times for the same purpose. And he said in one of his paper: There are 800 ~ 1000 *Syrmaticus ellioti* in the reserve, and this is the largest population in the world by now. So Guanshan was listed as key site for *Syrmaticus ellioti* in the Asia Bird Red Data Book.

Chicken, duck, cattle and sheep are common domestic fowls and animals, and chicken is the most common one. It is said that red jungle fowl (*Gallus gallus*) was raised by Chinese people 3000 years ago. China is abundant in *phasianidae*. There are 185 species in the world, China has 55 species. *Tragopan eaboti* and *Syrmaticus ellioti* are endemic in China. Because of its beautiful color and graceful shape, *Syrmaticus ellioti* is very attractive, and had been breed successful in 1880 in France. And now, almost all zoos have this bird all over the world. Since 1991, more than 200 ornithologists from England and France etc. have visited Guanshan Nature Reserve.

Macaque (*Macaca mulatta*) in Guanshan Nature Reserve is also very famous. At 80 decade of 20th century, Mr. Zhang Tianlai had reported macaque of Guanshan. Macaque is the second – class state priority protected species in China, and listed in Appendix II by CITES. *Macaque* is close relative of human beings. They have similarity among physiological functions, and metabolism. As a result, macaque has become the most appropriate animal for experiments of basic studies, clinics and medicament filtration, and bacterin cultivating to solve the problem of human health and diseases. Macaque has been breed 50 years in China, but the problem of degeneration of reproduction has not been solved yet. Because the population decreased rapidly in recent years, macaque brings great attention of public. There are 11 groups of macaque in Guangshan Nature Reserve, with about 600 of total number, and the number of the largest group is about 150.

Since 2001, under the support and assistance of Jiangxi Provincial Management Bureau for Wild Fauna & Flora Conservation, Guanshan Nature Reserve invited experts from universities and research organizes, and conducted some baseline surveys. In 2004, leaded by Jiangxi Provincial Forestry Department, with the support from Yichun City Government, Yifeng County Government and Tonggu County Government, and under the guidance of Jiangxi Provincial Management Bureau for Wild Fauna & Flora Conservation, the reserved carried out a series of comprehensive research and studies, inviting experts from Beijing University, Zhejiang University, Central South Forestry University, Nanchang University, Jiangxi Agricultural University, Jiangxi Institute of Exploration of Geology & Mineral Resources, Zhe Jiang College of Traditional Chinese Medicine, Zhejiang Provincial Forestry College, Institute of Geology and Geophysics, CAS, Academy of Forestry Inventory and Planning, SFA, Central South Institute of Forestry Inventory, Planning and Design, SFA, Jiangxi Forest Pest & Disease Control Station. On Feb. 2005, Professor Chen Jiakuan from Fudan University has investigated the reserve and put forward the proposals on the scientific reseach, management and development in future. According to the result of these researches and studies, the key conservation objects of the reserve include Tragopan eaboti, Syrmaticus ellioti, Lophura nycthemera, Macaca mulatta, Disanthus cercidifolius, Taxus mairei, Ulmus elongate, Manglietia patungensis and their habitats. Therefore the reserve belongs to wildlife category, wild animals sub - category.

This book includes 11 chapters. Preface is written by Mr. Liu Xingzhong; The first chapter is overview of this book, by Liu Xingzhong and Jiang Yafang; chapter two is about physical features, by Yin Guosheng, Peng Qi, Fu Dafu and Su Mingrong etc. chapter three is about vegetation, by Ge Gang, Wan Wenhao, Xie Yun, Chen Yongjun and Yao Zhensheng etc. chapter four is about forestry resource, by Guo Yingrong; chapter five is about wildlife resource, by Ding Ping; chapter six is about insect resource, by Ding Dongsun; chapter seven is about great epiphyte, by He Zongzhi; chapter eight is about travel resource, by Niu Dekui and Wang Jinfang etc; chapter nine is about general economy of local community, by Wang Guobing; chapter ten is about nature reserve management, by Xu Xiangrong and Jiang Yafang; chapter eleven is about nature reserve evaluation, by Liu Xingzhong and Jiang Yafang. The chief editor of this book is Liu Xingzhong and Jiang Yafang.

This book has got the supports from China Forestry Publishing House, Jiangxi Provincial Forestry Department, and has also got guidance and firm supports from Jiangxi Provincial Management Bureau for Wild Fauna & Flora Conservation. The writing group of this book involved 60 people. We express our heartfelt gratitude to them.

Owing to limited knowledge of the compilers and lack of enough time, inappropriate points and even errors can hardly be avoided, any criticisms, helpful foments and recommendation are welcomed.

February, 2005

目 录

第一章　总　论[*]

第一节　自然地理概况

一、地理位置

江西官山自然保护区位于江西省西北部的宜春市，地跨宜丰、铜鼓两县，地处九岭山脉西段，地理坐标为 114°29′~114°45′E，28°30′~28°40′N。总面积 11 500.5hm²，南坡（属宜丰县）面积 5201.2hm²，北坡（属铜鼓县）面积 6299.3hm²。其中核心区为 3621.1hm²，缓冲区为 1466.4hm²，实验区为 6413.0hm²。

二、地质

官山在大地构造背景上地处江西两大构造单元——扬子古板块与华南古板块接合带的北部，属"江南古陆"的组成部分。官山地区地表出露的地层单位较少，仅见中元古界宜丰岩组变质岩系。区域地层大致可以分为结晶基底地层、褶皱基底地层、海相沉积盖层和中新生代断陷盆地陆相沉积岩系等四大类型。

岩浆岩是官山自然保护区也是九岭山地区现代地壳上部物质构成中的主要地质单元之一，是地史时期深部岩浆上侵活动的产物。九岭山是江西省内的大型山体之一，其物质构成的主体是由近 10 亿年来不同地史时期的岩浆侵入活动所形成的一个巨大的复式花岗杂岩集合体，称之为"九岭岩体"或九岭岩基。官山位于九岭岩体西南部、岩浆岩包括在地下侵入活动所形成的侵入岩和岩浆爆发或喷出地表所形成的火山岩。

保护区地处九岭山多期次古造山带西段，也是华南地区两大古构造单元结合带中段的北缘。地质历史悠久，构造形变复杂，但目前研究程度较低，区内的构造变形方式及主要构造单元有①褶皱构造；②断裂构造；③逆冲—推覆构造；④新构造活动。九岭地区新构造活动比较明显，第三纪以来的主要表现方式有 4 种：①断块的差异性升降，如九岭山体隆升，铜鼓盆地与锦江盆地的沉降；②地下热流上升活动；③发育有多级阶地；④有地震活动。进入 20 世纪 90 年代以来，区内地质灾害频繁，滑坡、崩塌、泥石流、地裂缝等地质灾害较为严重，是江西省（也是中国东部地区）地质灾害易发与多发区之一。

三、地貌

官山自然保护区总体上属于中山山地地貌，据调查，保护区内海拔 500m 以下的面积占 11.33%，而海拔 1000m 以上的面积占 28.48%。区内最高海拔为 1480m（麻姑尖），最低处海拔 200m。官山自然保护区整体上属于流域地貌发育的壮年期。流域地貌结构复杂，水系、与沟谷系统相当发育且比较稳定，坡面已由流域发育初期的陡峭深切型变为较为稳

＊ 本章作者：刘信中[1]，蒋亚芳[2]，严雯[1]（1. 江西省野生动植物保护管理局，2. 国家林业局规划设计院）

— 1 —

定的坡顶—坡肩—坡面—坡脚—谷地平缓连接型。保护区的山体在中上部海拔 800m 处存在一个明显的坡折，在此线以下，坡度增大；在该线以上，坡面完整而平缓。最大坡度出现在海拔 500m ~ 800m 之间。保护区内坡度 30°左右的地区面积最大，坡度对应的面积基本呈正态分布。

四、水文

官山保护区森林覆盖率高达 93.8%，地表水系发育。保护区内大小河流呈树枝状或扇形分布，无外来水流，自成水系源区。北坡的水，汇入铜鼓县定江河，属于江西五大河流之一的修水水系；南坡的水汇入宜丰县的长塍河和耶溪河，属于赣江的一级支流锦江水系。

区内深切陡峻的中山地貌容易形成地表径流，对于水的储存是不利的，因而地下水相对贫乏。但在汇水盆（洼）地地区，却有利于地表水的汇集，也为地下水的补给创造了条件。通过计算，官山自然保护区地下水平均总储量为 0.97 亿 m^3，而河川径流总量为 1.3066 亿 m^3/年，其中地表水径流量为 1.268 亿 m^3/年，地下水径流量为 0.039 亿 m^3/年，（按面积 115km² 推算）。

五、气候

官山自然保护区位于中亚热带温暖湿润气候区，具有四季分明、光照充足、无霜期长等特点。境内小气候较为明显，夏无酷暑，冬无严寒。基本上是雨热同季，有利于各种植物生长。保护区内气候类型丰富多样，随海拔的变化差异极大。东河保护站（海拔 440m）年均气温 16.2℃，7 月平均气温 26.1℃，1 月平均气温 4.5℃，麻姑尖（海拔 1480m）相应的气温是 11.0℃，21.0℃，0.9℃。保护区降水量丰沛，是江西省西部多雨中心，年平均降水量 1950 ~ 2100mm，最大年降水量达 2980mm（1975 年），最小年降水量 1460mm，其中东河保护站年平均降水量为 1975mm。

根据保护区在东河保护站气象观测站资料推算，东河保护站太阳辐射平均年总量为 67.7kcal*/cm²，而宜丰县城为 101.2kcal/cm²，铜鼓县城为 97.1kcal/cm²。

根据官山自然保护区相邻的藤桥、圳上、毛源洞、院前、黄岗等 5 处雨量站 1954 ~ 1994 年观测资源，计算出官山自然保护区多年平均降水量为 2009.3mm（付达夫 2002）。

六、土壤

官山自然保护区的地带性土壤为红壤，保护区内共有红壤、黄壤和草甸土 3 个土类，红壤，山地红黄壤、山地黄壤、山地黄棕壤及山地灌丛草甸土 5 个亚类。

1. 红壤

分布于保护区海拔 300m 以下，天然林为常绿阔叶林，现状植被主要是人工杉木林，人工马尾松林，母质为砂岩坡积物。

2. 山地黄红壤

属于红壤的一个亚类，分布于保护区海拔 300 ~ 500m 的山地。成土母质基本与红壤相同，自然植被为常绿阔叶与落叶阔叶混交林，部分为人工杉木林和竹林代替。

---

* 1cal = 4.1868J，下同

3. 山地黄壤

这是自然保护区分布最广的一类土壤，主要分布在海拔 500 ~ 1100m 的山地。其成土母质差异较大，有的为砂岩坡积物与堆积物，也有花岗岩。自然植被为落叶阔叶与常绿阔叶混交林。

4. 山地黄棕壤

为黄壤的一个亚类，保护区内分布于海拔 1100 ~ 1300m。成土母质多为花岗岩，自然植被为灌木林、落叶阔叶林或山顶矮林。

5. 山地灌丛草甸

保护区内分布在海拔 1300m 以上的山顶，自然植被为灌丛和草甸，植被覆盖度高。成土母质为花岗岩。

第二节 植物资源

一、物种组成

保护区内植物种类丰富，已鉴定的大型真菌 132 种，其中 15 种是江西省新记录。这些真菌不少有较大的经济价值，如食用菌 68 种，占全省已知种类 45.3%，占全国 11%。已发现高等植物 2344 种，其中苔藓植物 238 种，隶属 61 科 136 属，占全省种类的 42.3%；蕨类植物 191 种，隶属 36 科 79 属，占全省种类的 43.9%；裸子植物 19 种，其中野生分布的有 11 种，隶属 6 科 8 属，占全省种类的 35.5%；被子植物 1896 种，隶属 190 科，772 属，占全省种类的 46.4%（表 1 - 1）。

表 1 - 1　江西省官山自然保护区植物统计表*

类别	保护区内种类（种）	江西省种类（种）	保护区占全省种数比例（%）	区内国家重点保护植物		区内国家珍稀植物		区内省级重点保护植物	
				种数	占全省%	种数	占全省比例%	种数	占全省%
大型真菌	132								
苔藓植物	238	563	42.3	0	—	—	—	—	—
蕨类植物	191	435	43.9	1	16.5	—	—	—	—
裸子植物	19（8）	31	35.5	4	28.6	3	5.5	5	20.8
被子植物	1896（13）	4088	46.4	16	48.6	25	46.4	59	36.2
高等植物总计	2344（21）	5117	45.8	21	38.9	28	28	64	39.3

*（1）圆括号内为人工引种的种数；

（2）裸子植物的百分比已扣除了人工引种的种数；

（3）国家重点保护植物系指 1999 年国务院发布《国家重点保护名录》（第一批）的种类；

（4）国家珍稀植物系指 1991 年国家环保局发布的《中国植物红皮书（第一册）》的种类。

二、植物区系的特点

1. 植物种类丰富

官山自然保护区内已查明的高等植物有 2344 种（含种以下单位，下同），全国高等植物约 30000 种（傅立国　1991），江西省高等植物 5117 种，官山自然保护区分布的高等植物占江西省种类的 45.8%，约占全国种类的 7.8%。

2. 地理成分复杂

官山保护区维管束植物共 864 属，其中种子植物 785 属。据分析，种子植物的 785 属可归属于 15 个分布区类型及 17 个相近的分布变型。本区温带成分属占 49.66%，热带成分属占 46.46%；以种的水平分析，除世界分布种及特有种，温带地理成分占总数的 49.82%，热带地理成分占总种数的 14.78%。因此，种子植物区系为温带性质，然而，热带成分在森林植被中仍占有重要的位置。

3. 过渡性明显

官山保护区正处于华东植物区系与华中植物区系的交汇带，同时又是华南植物区系与华东植物区的交汇带，植物区系具有明显的过渡性，具体表现在：一方面，保护区成为众多热带地理成分的北缘，如这里是竹柏 *Podocarpus nagi*、伞花木、穗花杉等植物在江西分布的北界；另一方面，本区又是许多温带成分，如麻栎 *Quercus acutissima*、茅栗 *Castanea seguinii*、水青冈 *Fagus longipetiolata*、槭属 *Acers* spp. 等向南的"落脚点"；另外，巴东木莲是典型的华中区系，官山可能是其东缘。

4. 起源古老

本区植物的单种属，寡种属，古特有种属以及原始科较多，体现了植物区系起源古老。如双花木属 *Disanthus* 是金缕梅科最原始的类群之一，木兰科、壳斗科、胡桃科、桑科、杨梅科、榆科等都是原始的科。南天竹属 *Nandina*、刺楸属 *Kalopanax*、山桐子属 *Idesia*、檫木属 *Sassafras*、香果树属 *Emmenopterys* 等是单型属或寡形属。竹柏所属的罗汉松属是罗汉松科最原始的类群，穗花杉、榧树是第三纪残遗植物。此外，该区丰富的苔藓植物和蕨类植物种类，也是本区植物区系的起源古老。

5. 特有现象明显

据初步调查，本区植物特有现象明显。种子植物中 668 种是中国特有分布，1313 种药用维管植物中，中国特有种 641 种，占 48.8%。在中国种子植物特有属 257 属，江西省分布有 50 属，官山保护区内有 28 属，占全省的中国特有属数 56%。

大风子科的长果山桐子和槭树科的铜鼓槭，是官山地区发现的新种，是官山的特有植物。

6. 珍稀植物种类多

属于 1999 年颁布的《国家重点保护野生植物名录》（第一批）的有 21 种（不含引种栽培种）、占江西省分布的国家重点保护野生植物种类的 38.9%，如水蕨、银杏、南方红豆杉、篦子三尖杉、花榈木、长序榆、长柄双花木、永瓣藤等。属于《中国植物红皮书（第一册）》的种类（不含人工引种栽培种）有 28 种，占江西省种类 51.8%，属于"濒危"的有长柄双花木、巴东木莲、长序榆等，属于"稀有"的有银杏、伯乐树、永瓣藤、香果树、伞花木、独花兰等。不重复统计，上述受国家明文保护的珍稀濒危植物共计 37 种。

属省级重点保护植物名录（第一批）有 64 种，占全省种类的 39.3%，如刺楸 *Kalopanax septemlobus*、五味子 *Schisndra chinensis*、香桂 *Cinnamomum subavenium*、猴欢喜 *Sloanea sinensis*、尖嘴林檎 *Malus melliana*、黄檀 *Dallbergia hupeana*、牛鼻栓 *Fortunearia sinensis*、青钱柳 *Cyclocarya paliurus* 等。兰科植物都列入《濒危野生动植物种国际贸易公约》附录Ⅱ的范围，官山已查明的兰科植物有 40 种，占全省已知种数的 38.8%，其中兰属有 5 种：建兰 *Cymbidium ensifolium*、蕙兰 *C. faber*、多花兰 *C. floribundum*、春兰 *C. goeringii* 和寒兰 *C. kanran*；石斛属有细茎石斛 *Dendrobium moniliforme*。

三、植被类型

官山自然保护区植物种类丰富，东南西北区系成分混杂、多种区系成分汇集和过渡，而且复杂多变的地形地貌结构，是构成丰富的植被类型的有利基础。按照中国植被分类系统及分类原则可分为常绿阔叶林、常绿落叶阔叶混交林，落叶阔叶林、针叶林、针阔叶混交林、山顶矮林、竹林、灌丛和灌草丛、沼泽等植被类型。

保护区地处中亚热带，中亚热带典型地带性植被是常绿阔叶林，但是，由于官山所在的九岭山处于长江中游赣、鄂、湘三省的鄱阳湖平原、洞庭湖平原和江汉平原这三大平原之间，处于人口密集地区的中间位置，原生性天然植被破坏较大。利用景观生态学的方法对保护区的遥感植被图分析表明，天然阔叶林占总面积的 40.36%，其中原生状态的典型的常绿阔叶林占 8.37%，主要分布在沟谷；次生常绿阔叶林面积达 60.28%，主要分布在海拔 500m 以下的低山，在海拔 500～800m 的中山地带也有分布；常绿落叶阔叶混交林面积占 31.59%。山地灌草丛的面积占总面积的 25.18%，是海拔 1100m 以上的高山地带的主要植被类型。竹林也是保护区主要植被类型之一，占总面积的 29.73%，这与毛竹林经济价值高，近年来被大量种植有关，但基本上分布在实验区内。针叶林面积约占总面积的 3.23%，主要分布于海拔 800～1100m。

保护区的植被组成过渡性特征非常明显：①木本植物落叶成分多，据统计木本植物有 909 种，落叶树种达 760 种之多，占木本植物的 83.6%。这使得官山植被的季相明显。即使是常绿阔叶林中，也渗入了很多的落叶阔叶树，并呈现出常绿落叶阔叶混交林的外貌，这是官山植被过渡特征的重要体现。②藤本植物有 236 种，占总种数的 12.32%。藤本植物丰富是热带森林的特点，而落叶成分多则是受温带区系的影响。

第三节 动物资源

一、基本组成

官山自然保护区内已查明的脊椎动物有 31 目 94 科 304 种。其中哺乳类有 8 目 18 科 37 种，鸟类有 16 目 51 科 157 种，爬行类有 2 目 12 科 66 种，两栖类有 2 目 8 科 31 种，鱼类有 3 目 5 科 13 种。另外，保护区现已查明的软体动物有 14 科 19 属 27 种昆虫有 21 目 222 科 989 属 1607 种。在昆虫考察中，发现了宽盾蝽、江西历蝽、官山同蝽等 6 个新种，有中华斧螳、黔凹大叶蝉等 34 个江西分布新记录种。

保护区的陆栖脊椎动物 291 种（含两栖动物），占全省已知种类总数的 45.3%，是江西省野生动物资源最丰富的地区之一（表 1-2）。

表1-2　江西官山自然保护区野生动物统计表

类别	官山保护区种类（种）	全省种类（种）	官山保护区占全省比例（%）	官山保护区属国家重点保护动物（种）	官山保护区属省级重点保护动物（种）	官山保护区列入濒危物种国际贸易公约（种）
鸟	157	420	49.76	26	39	28
哺乳	37	105	33.3	9	10	13
两栖	31	39	79.5	2	6	2
爬行	66	79	83.54		10	2
鱼	13	208	6.25			
贝壳	21	103	20.3			
虾、蟹类	6	24	25.0			
昆虫	1607	6620	24.27			
脊椎动物总计（种）	304	851		37	65	45
占全省比例（%）	35.7	100		37	55.6	45.9

注：①官山自然保护区内野生动物列入《濒危野生动植物种国际贸易公约附录》Ⅰ、Ⅱ的有33种。

②官山自然保护区的陆生脊椎动物（含两栖类）物种占全省比例为45.26%；如不含两栖类，则为43%。

二、区系地理成分

在我国动物地理区划上，本区属于东洋界中印亚界的华中区。官山保护区的野生动物在区系组成上具有典型东洋界区系特点，属于东洋界的占大多数。

两栖纲动物属于东洋界的有27种，占保护区两栖类总数的87.1%，属于古北界的有4种，占12.9%。

爬行纲动物属于东洋界的有58种，占保护区爬行动物种类的87.9%，属东洋古北界的有7种，占10.6%），属古北界的仅1种，占1.5%。

鸟类属于东洋界的有95种，占保护区鸟类总数的60.5%，属古北界的种类为50种，占总数的31.8%，广布种为12种，占总数的7.6%。区系组成与江西所处的地理位置吻合。虽东洋界种类占优势，但古北界种类也有较大比重。

哺乳动物属于东洋界的物种有31种，占保护区哺乳动物总数的83.8%；古北界的仅6种，东洋界种类在哺乳动物区系组成中占绝对优势。

三、国家保护动物和珍稀濒危动物

保护区分布的国家重点保护野生动物有37种，其中有豹、云豹、白颈长尾雉、黄腹角雉等国家一级重点保护野生动物4种，有猕猴、穿山甲、豺、水獭、大灵猫、小灵猫、金猫、鸳鸯、普通鵟、白鹇、勺鸡等国家二级重点保护野生动物33种，列入《濒危野生动植物种国际贸易公约》（CITES）附录名录的有45种。

保护区的雉科鸟类极为丰富，其中以白颈长尾雉和黄腹角雉最受关注，它们都是中国特有的世界受威胁种和国家一级重点保护野生动物,并被列为 CITES 附录Ⅰ。著名雉类专家、浙江大学博士生导师丁平教授曾多次来自然保护区考察,他调查认为,保守地估计官山自然保护区内应有白颈长尾雉 800~1000 只,约占全球野外种群数 10 000~50 000 只的 2%~10%,由此推断官山自然保护区是我国白颈长尾雉数量最多、分布最为集中的的地区之一。《亚洲鸟类红皮书》已把官山自然保护区列为白颈长尾雉野生种群的重要分布区之一。

2003 年 3 月,中国科学院院士郑光美先生一行 8 位专家专程来官山考察雉科鸟类,除白颈长尾雉外,这里的黄腹角雉和白鹇野外种群也引起了郑院士的极大关注。据调查,白颈长尾雉和白鹇主要分布在官山自然保护区海拔 900m 以下的常绿阔叶林、常绿落叶阔叶混交林、针阔混交林等林地,栖息地 9267.3hm²,黄腹角雉主要分布在海拔 900~1300m 交让木林内。

另外,保护区内野生猕猴资源十分丰富,野生猕猴 11 群共计 615~665 只,其中有 3 群猕猴个体数量超过 100 只,最大猴群数量达 150 只,保护区内的阔叶林和毛竹林为其主要活动区域。

第四节 湿地生物资源

按照《湿地公约》的定义,官山自然保护区的湿地,只要指散布在林间沟谷的溪涧小河、沿溪之间的瀑布、深潭以及沿岸的森林、灌丛和灌草丛构成的河岸带,林间低洼地,沼泽等。在实验区还有水田、池塘、水库等人工湿地。从景观生态学的角度,这些湿地是森林背景中的"小斑块"和 细长的"走廊"。对官山自然保护区的遥感分析表明(蒋峰 2004),官山自然保护区的流水沟谷总长度达 571.92km,而水系的总长度达 255.54km(参见官山自然保护区流域、山脊、山谷与水系图——彩插),2004 年 6 月中国国务院办公厅下发了《关于加强湿地保护管理工作的通知》指出:"湿地具有保持水源,净化水质,蓄洪防旱、调节气候和维持生物多样性等重要生态功能,健康的湿地生态系统,是国家生态安全体系的重要组成部分和经济社会可持续发展的重要基础。保护湿地,对于维护生态平衡,改善生态状况,实现人与自然和谐,促进经济社会可持续发展,具有十分重要的意义。"这个文件把湿地的保护与管理提到了人与自然和谐的高度来认识,湿地保护事业迎来了前所未有的发展机遇。2004 年"世界湿地日"的主题是"从高山到大海,湿地在为我们服务"。因此,作为修水和锦江的重要源区的官山自然保护区内的湿地,应当给予更大的重视。官山自然保护区是野生动物类型的自然保护区,在以往的管理中,对湿地考虑的不多。然而,在这次综合科学考察中,有意识地包括了湿地生物调查的内容。

官山自然保护区的湿地面积不大(估计约占总面积 1%左右),然而这些湿地是生物多样性十分丰富的地方,因为森林生态系统中的有机物和能量的输入,水生生物种类必然丰富,使许多鸟兽找到了觅食和栖息的好环境。调查表明,官山保护区的溪涧里有鱼类 13 种,其中带半刺光唇鱼 *Acrossochilus hemispinus cinctus* 可能是九岭山区特有分布种;保护区已鉴定的虾类有 1 科 2 属 4 种,蟹类 1 科 1 属 2 种;贝类 14 科 19 属 27 种,其中水生贝类 7 科 9 属 11 种;已鉴定的两栖动物有 31 种,其中大鲵(娃娃鱼)*Andrias davitianus* 和虎

纹蛙 *Hoplobatrachus rugulosa* 是国家Ⅱ级重点保护动物，而且列入 CITES 附录Ⅱ的动物，属于省级重点保护动物的有东方蝾螈 *Cynops orientalis*、肥螈 *Pachytriton brevipes*、崇安髭蟾（角怪）*Vibrissaphora liui*、中华蟾蜍（癞蛤蟆）*Bufo gragarizans*、黑斑侧褶蛙（田鸡）*Pelophylax nigromaculata*、棘胸蛙（石鸡）*Rana spinosa* 等 6 种。

官山自然保护区内的爬行动物种类较多，已发现 66 种，占全省种类的 83.54%。按照"在生态上依赖湿地"的原则（刘信中，叶居新 2000），官山的湿地爬行动物有 29 种，占官山爬行动物物种的 43.9%，除了有乌龟、鳖等外，还有华游蛇 *Sinonatrix perearinata*、渔游蛇 *Xenochrophis piscator*、山溪后棱蛇 *Opisthotropis latouchii*、中国水蛇 *Enhydris chinensis* 等。

哺乳动物和鸟类动物的生态系统及景观单元范围很大，即能生活在湿地，又能生活栖息在周围的景区。按照"在生态上依赖湿地"的原则，也有"完全依赖"或"不完全依赖"的动物。《江西湿地》列出了江西湿地分布的哺乳动物和鸟类名录（刘信中，叶居新 2000）。按此名录，官山自然保护区的湿地哺乳动物有 8 种，如鼬獾 *Melogale moschata*、水獭 *Lutra lutra*、食蟹獴 *Herpestes urva* 等；湿地鸟类有 107 种，其中符合《湿地公约》指定的有 8 种；在生态完全依赖湿地的典型的水鸟有 22 种，占全省典型的水鸟总数的 13.3%。如鹭科（Ardeidae）等的一些种类。湿地哺乳动物和典型的水鸟的名录见表 1-3。

表1-3 官山自然保护区分布的湿地哺乳动物和典型水鸟名录

名 称	学 名	保护等级	CITES 附录
哺乳动物			
穿山甲	*Manis pentadactyla*	Ⅱ	Ⅱ
鼬獾	*Melogale moschata*	省	
狗獾	*Meles meles*	省	
猪獾	*Arctonyx collaris*	省	
水獭	*Lutra lutra*	Ⅱ	Ⅰ
小灵猫	*Viverricula indica*	Ⅱ	Ⅲ
食蟹獴	*Herpestes urva*	省	Ⅲ
社鼠	*Rattus niviventer*		
典型的水鸟			
池鹭	*Ardeola bacchus*	省	-
牛背鹭	*Bubulcus ibis*	省	Ⅲ
白鹭	*Egretta garzetta*	省	Ⅲ
夜鹭	*Nycticorax nycticorax*		-
绿翅鸭	*Anas crecca*	省	Ⅲ
鸳鸯	*Aix galericulata*	Ⅱ	-
普通秧鸡	*Rallus aquaticus*		Ⅱ
灰头麦鸡	*Vanellus vanellus*	省	-

（续）

名　称	学　名	保护等级	CITES 附录
冠鱼狗	*Megaceryle lugubris*	省	
普通翠鸟	*Alcedo atthis*	省	
蓝翡翠	*Halcyon pileata*	省	
灰鹡鸰	*Motacilla cinerea*		
白鹡鸰	*Motacilla alba*		
褐河乌	*Cinclus pallasii*		
红尾水鸲	*Rhyacornis fuliginosus*		
白顶溪鸲	*Chaimarrornis leucocephalus*		
小燕尾	*Enicurus scouleri*		
灰背燕尾	*Enicurus schistaceus*		
黑背燕尾	*Enicurus leschenaulti*		
紫啸鸫	*Myophoneus caeruleus*		
黑眉苇莺	*Acrocephalus bistrigiceps*		
凤头鹀	*Melophus lathami*		

注：①保护等级："Ⅰ"、"Ⅱ"、"省"分别指国家Ⅰ、Ⅱ级及省级重点保护动物。
　　②CITES 附录："Ⅰ"、"Ⅱ"、"Ⅲ"指该物种列入 CITES 附录的编序。

刘信中、叶居新等（2000）根据江西湿地调查的成果提出了"湿地植物是在生态上适应湿地的植物"的原则，并据此提出江西湿地植物名录。根据这个名录，官山自然保护区内分布的湿地植物有 352 种，占官山自然保护区高等植物种类的 15%。其中苔藓植物 55种，如溪苔 *Pellia epiphylla*（L.）Cord.、花叶溪苔 *P. cndiviaefolia*（Dick.）Dum.、暖地泥炭藓 *Sphagnum junghunianum* Doz. et Molk.、泥炭藓 *S. palustre* L.、卷叶湿地藓 *Hyophila involuta*（Hook.）Jaeg. 等；蕨类植物有 12 种，如笔管草 *H. debile*（Roxb. ex Vaucher）Ching、节节草 *H. ramosissima*（Desf.）Boerner、苹 *M. quadrifolia* L.、槐叶苹 *S. natans*（L.）All、满江红 *A. imbricata*（Roxb.）Nakai 等，水蕨属于国家Ⅱ级重点保护植物；被子植物有 284种，主要是草本植物，如莎草科（Cyperaceae）、禾本科（Poaceae）、灯心草科（Juncaceae）泽泻科（Alismataceae）蓼科（Polygonaceae）小二仙草科（Haloragidaceae）毛茛科（Ranunculaceae）十字花科（Cruciferae）虎耳草科（Saxifragaceae）伞形科（Umbelliferae）茜草科（Rubiaceae）等科的植物，木本植物的种类较少，江南桤木 *Alnus trabeculosa*、枫杨 *Pterocarya stenoptera*、河柳 *Salix chaenomeloides* 等。莼菜 *Brasenia schreberi* 属于国家Ⅰ级重点保护的野生植物，是大面积成功引种栽培种，江南名菜之一。

保护区的湿地不仅生物种类多，而且风景秀丽。不少河滩与茂密的森林相映衬，引人入胜，是野外休闲的好地方。

第五节　历史沿革和社区概况

一、历史沿革与现状

江西官山自然保护区的前身是"官山天然林保护区"，是 1975 年由原宜春地区农林垦殖局（现宜春市林业局）批准成立，面积为 1200hm²，隶属于宜春地区林业局管理。1981年 3 月 6 日经江西省人民政府赣政发［1981］22 号文批准省农委、省农林垦殖厅关于"江西省自然保护区区划和建设问题的报告"，批准建立江西省官山自然保护区，面积扩大至6466.7hm²，1986 年落实山林权 2200hm²，并由保护区所在地宜丰县人民政府核发了山林权证。2001 年 10 月，为满足官山地区森林生态系统及生物多样性保护的需要，保护区面积调整为 11 500.5hm²，地跨宜丰、铜鼓两县。南坡 5201.2hm²，属宜丰县；北坡 6299.3hm²，属铜鼓县。保护区的功能区区划为核心区 3621.1hm²，缓冲区 1466.4hm²，实验区面积6413.0hm²。

官山自然保护区管理处属于江西省林业厅直属的处级事业单位，管理处设在宜丰县城旁的桥西乡，交通便利，每天有客运汽车来往南昌市、宜春市和铜鼓县等。保护区现有50 人（定编 48 人），其中行政管理人员 8 人，科技人员 19 人，工人 23 人。管理处内设办公室、资源管护科、科研管理科、宣教服务中心、东河保护管理站和西河保护管理站共 6个科级单位。加上正筹建青洞保护管理站和龙门保护管理站，共 8 个单位。

官山自然保护区管理处为江西省财政全额拨款的事业单位，2003 年省财政拨款为112.22 万元，基建费由省林业厅解决。官山自然保护区是国家林木采种基地，每年出售的良种苗木收入可弥补保护区的部分经费不足。

保护区现有基础设施包括业务用房 2435m²，生活用房 2749m²，辅助用房 159m²；仪器设备包括电脑 7 台、打印机 7 台、复印机 1 台、空调 5 台、GPS 仪 2 个、数码相机 1 台、照相机 1 台、显微镜 1 台、望远镜 3 台，光照培养箱 1 台、冰柜 1 台；交通工具包括猎豹越野车 1 辆、巡护摩托车 2 辆；通讯设施包括台式对讲机 3 台、固定电话 5 部。

通过广大职工励精图治、艰苦创业，保护区的日常管理已迈入正轨，各种规章制度日渐完善，保护工作初见成效。1999 年 12 月，官山自然保护区管理处被国家环保总局、国家林业局、农业部、国土资源部联合授予"全国自然保护区管理先进集体"称号。2003年，官山自然保护区被列为"江西省青少年科普教育基地"和"江西省环境宣教基地"。

官山自然保护区管理处位于宜丰县城，交通便利，每天有客运汽车来往南昌市、宜春市（见图 1-1 所示）。保护区内有简易公路通各保护站。

二、社区概况

官山保护区周边有 5 个乡镇（企业集团）1 个国有林场，人均耕地面积 0.077hm²，人均林业用地面积 0.729hm²。保护区总面积 11500.5hm²，其中 2200hm² 山林的权属已划归保护区所有，其境内没有居民点；其他的 9300.5hm² 的山林属于国有林，分属铜鼓县龙门林场、宜丰县鑫龙企业集团（原国营黄岗山垦殖场）。保护区内常住人口 529 人，全部生活在实验区内，其生产和生活均由原所属的场（集团）管理，官山自然保护负责监督。保护

图 1-1 官山自然保护区管理处交通示意图

区内没有农田，区内居民在保护区外的场（村）拥有农田 816hm²，种植水稻等农作物，农田收入自给。2003 年，保护区内及周边社区农民的年人均收入为 2827.6 元。

保护区内有 6 所小学，16 名民办教员；铜鼓县在县城开办了小学生寄读学校，政府给予一定扶持，许多区内小学生到铜鼓县城的寄读学校上课。保护区内没有中学，但周边场（集团）、镇设有中学、卫生院等。目前保护区居民已使用网电，电视普及率 90%，其中 30% 居民装有地面卫星接收仪，20% 的居民装有电话，50% 的居民有摩托车。

第六节 综合评价

一、区位重要性

保护区位于九岭山脉西段，九岭山是江西省西北部东（北）—西（南）走向的一个相对独立的山脉，与幕阜山平行，共同组成长江中游赣、鄂、湘三省之间的"孤岛"——屹立于鄱阳湖平原、江汉平原和洞庭湖平原等三大平原之间的"生态孤岛"。三大平原属农业发达、人口密集的地区。因此，这个"生态孤岛"的生物多样性保护工作，具有明显的地理区位重要性。

二、典型性与代表性

保护区内森林植被茂密，原生性的中亚热带常绿阔叶林和针阔混交林密布，在低海拔山坡，过渡性群落常绿落叶阔叶混交林随处可见，多彩的林相，多样的植被，造就了丰富的动植物资源，属中亚热带中部和九岭山脉森林生态系统保存比较完整的典型地区。

三、生物多样性

保护区属中亚热带暖温湿润东南季风气候区，加之独特的地理位置和复杂多变的地貌特征，为各种野生动植物的栖息繁衍提供了多种生境，形成了丰富的物种多样性和遗传多样性。其脊椎动物种类多，高等植物种类极其丰富，是江西省生物多样性保护的中心地区之一，同时也是九岭山脉生物物种最为丰富的地区之一。保护区内已查明的脊椎动物有 31 目 94 科 304 种。其中哺乳类有 8 目 18 科 37 种，鸟类有 16 目 51 科 157 种，爬行类有 2

目12科66种，两栖类有2目8科31种，鱼类有3目5科13种；保护区内已查明的大型真菌有132种，高等植物有2344种，其中被子植物有190科772属1896种，裸子植物有7科13属19种，蕨类植物有36科79属191种，苔藓植物有61科136属238种。

四、脆弱性

保护区核心区自然生态系统保持较完整，但保护区外围是"三大平原"，密布的人口对山地吞食严重，对木竹需求量大，形成了对林业的巨大压力和对保护工作的巨大挑战。而且其周边环境也相当复杂，人为干扰较大，森林生态系统以及地质环境具有明显的脆弱性。根据地质构造背景条件分析，保护区生态地质和自然环境的脆弱性可分为：①花岗岩类地质环境脆弱背景区，主要分布于保护区的中下部。这类花岗岩易风化，形成的风化层较厚且结构松散，从而导致表层地质结构的不稳定性。植被一旦遭受破坏，则表现为极不稳定状态，易发生水土流失，山体滑坡、崩塌及泥石流等地质灾害，生境一旦破坏，则极难恢复。②保护区实验区周边大量修筑小型水电站，对水的质量以及水生生物都有较大的影响，尤其对中山鱼类及水生生物等影响最大，长此以往，生境继续遭受破坏，则极难恢复。③保护区内的原生性常绿阔叶林属于地带性顶级植被，这种自然生态系统是成熟和具较强抗逆性的。然而，一旦遭受严重破坏，如皆伐、森林火灾等，则极难恢复且易造成水土流失。

五、过渡性

官山自然保护区位于九岭山脉西段，而九岭山脉处于中国东南部中亚热带的北沿的南北物种的过渡带，也是我国东、西物种的"跳板"，因此官山自然保护区是华东与华中、华南、西南的交汇带，它既是许多热带植物如竹柏、伞花木和穗花杉等植物在江西省分布的北界，并且还有许多热带地理成分分布到达本区后，继续向北延伸，逐渐消失。又是许多温带地理成分向南渗透的"落脚点"，如麻栎、茅栗、锥栗、水青冈、槭、椴、鹅耳枥等植物，从而形成了该区系热带地理成分和温带地理成分相互"混杂"的特征，充分反映了泛北极与古热带区系的交汇和过渡，具有典型的过渡性。

巴东木莲是典型的华中区系，官山自然保护区内分布有天然群落。

六、古老性

本区系地质历史古老，大地构造属华南地台，距今约2亿年前的三叠纪末期形成陆地，其地貌属于江南丘陵山地，形成于第四世纪初期的红岩盆地上升以后，区系成分中有许多古老的类型。植物区系成分的古老残遗性质，往往可以从单种属、寡种属、古特有属、原始科及其习性等作为衡量标准。现存植被中有晚石炭纪发生的植物，也有第三纪残遗的植物，且拥有相当数量的单型属和寡型属，此外，该区系蕨类植物、苔藓植物资源特别丰富，可进一步证明本区系起源古老。因此，国内许多生物专家通过对该区科学考察后认为在九岭山脉西段山地这样优越、复杂多变的山丘环境造就了该地为植物安然的"避难所"以及南下、北上植物理想的"侨居地"。

七、独特性和稀有性

保护区内有37种国家重点保护的珍稀濒危植物和37种国家重点保护野生动物，尤其是我国特有的世界受胁物种白颈长尾雉，在保护区内的野外种群数量占全国野外种群数量的 2% ~ 10%，因此官山自然保护区可以被认为是保护白颈长尾雉野生种群具世界重要意义的地区。

保护区内保存有许多相同生物气候带内少见的植物群落。如在海拔 500m 的小西坑有 23hm² 的穗花杉林，沿沟谷"走廊"式分布，在稀疏大乔木青钱柳、毛红椿林冠之下，组成小乔木层的优势种，生长密集，盖度很大，树龄从几年到 400 多年不等，天然更新良好；在同样海拔的将军洞分布有面积 13hm² 的长柄双花木林，伴生在常绿阔叶林之中，种群较大，最高植株达 5m；在海拔 700m 的大埚坑分布有面积 7hm² 的银钟花群落，与竹林为邻，种群数量之多和树冠之大列江西第一，全国罕见。

八、完整性

保护区核心区地形复杂，山脉绵亘，群山耸峙，山溪纵横，自然条件十分优越，远从明隆庆年间官封禁山，近从 1975 年建立"官山天然林保护区"至今，基本处于自然状态，极少受到人为的干扰，因此区内生态系统多样性保持完好，动植物资源极其丰富，具有良好的完整性。

九、学术性

由于保护区所处的特殊地理位置，独特的地貌特征，古老的植物区系和丰富的植物群落以及典型的原生性中亚热带常绿阔叶林和完整的自然森林生态系统，已吸引了国内外几十家大专院校、科研院所的专家学者前来参观、考察和进行科学研究、项目合作，并取得了一系列研究成果，充分说明了官山自然保护区具有极高的科研和学术价值。

总之，保护区的建设和发展对于长江中游地区的生态安全，保存和发展白颈长尾雉等珍稀动植物种群，完善九岭山生态保护体系，改善生态环境等方面具有重要的战略意义。

第二章 自然环境

江西官山自然保护区位于赣西北九岭山脉西段的南北坡，地跨宜春市的宜丰、铜鼓两县，地理坐标为 28°30′~28°40′N，114°29′~114°45′E，总面积为 11500.5hm²。保护区东西跨度为 21.64km，南北跨度为 11.97km。辖区内最高峰海拔 1480m，最低海拔为 200m。

第一节 地质背景与地质自然遗产*

有约 400 年以上官封禁山历史和 30 年自然保护区建设历史的官山，不仅保存有中亚热带北部代表性的森林生态系统和具有典型性的生物自然遗产，而且在地史上是一个沧海桑田变迁历史悠久、地质构造复杂、地质自然遗产较丰富的地区，见图 2-1。

一、区域地质背景

（一）大地构造背景

官山位处江西两大构造单元——扬子古板块与华南古板块接合带的北部，属"江南古陆"的组成部分。通过数代地学工作者的探索，基本揭示了区域地壳形成与演化 18 亿年以来的主要历史及基本特征。区内经历了四堡、晋宁、印支、燕山、喜山等五个大的构造演化阶段和四场重要的地壳运动才形成了现今的地质构造格架，并从晋宁期以来一直是江南地区一个较为典型的构造——岩浆活动地段之一，从而形成了由多旋回多期次岩浆侵入岩体构成的具有典型性和代表性的"九岭岩体"。十多亿年来的沧海桑田变迁和多阶段、多种造山运动机制所形成的九岭山地，其造山运动的体制、机制、过程在国内外具有典型性和代表性，且至今存在系列造山与成山之迷尚未揭示，是一处值得深入研究探索的有利的地学科研活动场所。

官山地区现今处于九岭北东向隆起带中段，主峰——麻姑尖海拔 1480m，属于以中山为主的山地地貌区。北临修水——武宁近东西向断陷盆地，南接萍—乐近东西向拗陷带。

（二）地层

地层是地球历史的物质记录，也是地球环境变迁的物质反映，属于地壳上部组成中的重要物质单元。地层一般经历过沉积——成岩作用而形成，其中有许多还包含了成岩后的变质作用和变形作用等地质作用的叠加影响。

官山地区，地表出露的地层单位较少，仅见中元古界宜丰岩组变质岩系。但从区域（"江南古陆"）地质情况，结合区域地球物理探测资料分析，区域地层大致可以分为结晶基底地层、褶皱基底地层、海相沉积盖层和中新生代断陷盆地陆相沉积岩系等四大类型。

---

* 本节作者：尹国胜[1]，郭英荣[2]，徐向荣[3]，陈琳[3]（1. 江西省地质调查研究院，2. 江西省野生动植物保护管理局，3. 江西官山自然保护区）

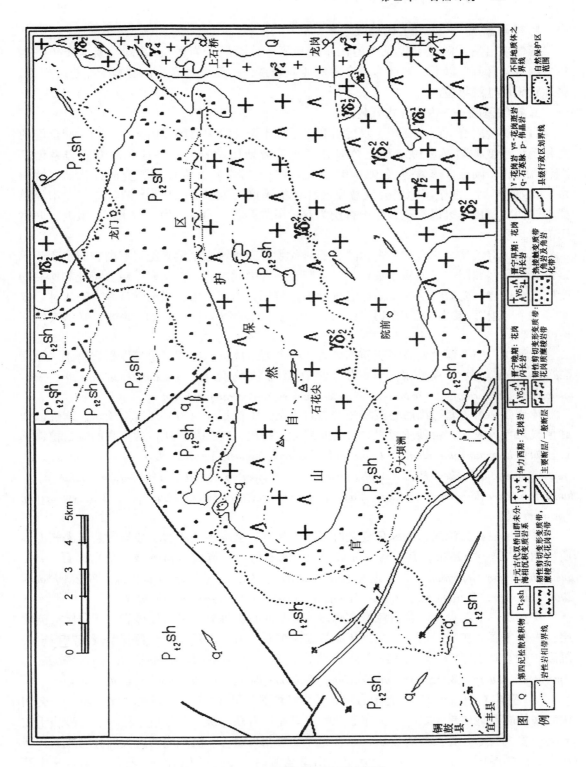

图2-1　江西省官山地区地质图

1. 结晶基底——古元古代地层

区内未出露，区域上仅见于庐山星子地区，称"星子岩群"，其同位素地质年龄为 18.69 ± 0.4 百万年以上，岩性为一套中深变质岩系，主要由片岩、片麻岩、变粒岩构成，属片状无序地层单位。

2. 褶皱基底——古中元古代地层

（1）双桥山群（$Pt_{1-2}sh$） 双桥山群广泛分布于九岭山及郭公山地区，为一套巨厚的海相沉积浅变质岩系。1930 年王竹泉在修水流域地质调查时，将这套浅变质岩系创名"上樵山层"；嗣后，李毓尧（1933 年）和盛莘夫（1942 年）在该区研究时改称"双娇山系"，1959 年第一届全国地层会议意见改称"板溪群"；1974 年江西区调队鉴于湖南板溪群与江西双桥山群难以对比，且上樵山为双桥山之误名，而正名为双桥山群，其时代归属于前震旦系。

双桥山群，据其所含的微古植物化石时代主要为长城纪至蓟县纪（有的种属出现于北方青白口纪）和同位素地质年龄资料，可归属于古中元古代。据其岩性组合特征和所夹的变质古火山岩、变质红层、变质砾岩等标志，可划分为郭公山、横涌、计林、安乐林、修水等 5 个"组"，其中郭公山组公见于郭公山地区，其余 4 个组在九岭北坡、修水流域有广泛出露。

横涌组：中下部由变余凝灰质细砂岩、粉砂岩组成沉积韵律，上部以板岩为主。厚度 453.6m 以上。其中夹有黑色板岩，含有微古植物化石：*Leiominuscula minuta*，*Protoleiosphaeridium rugsum*，*Arehaeoanthosphaeridium* sp.，*Asperatopsophaera* sp.。

计林组：为一套边缘海相沉积浅变质岩系夹火山沉积碎屑岩，厚度逾千米。岩性以紫红色或杂色为表征，由砂质板岩和板岩互层为主构成，含凝灰物质。含丰富的微古植物化石，如：*Leiominuscula minuta*，*L. orientalis*，*Leiopsophospaera apertus*，*L. infriata*，*L. minor*，*Orygnatosphaeridium exile*，*Palaeomorpha punetulata*，*Polyporata obsolete*，*Protoleiosphaeridium pusillum*，*Synsphaeridium conglutinatum*，*Taeniatum cravssum*，*Trachymiunscula* sp.，*Trachysphaerium hyalinum* 等。

安东林组：为深灰、灰绿色变余沉凝灰岩为主，夹凝灰质板岩，原岩为边缘海相泥砂质沉积岩。厚达 1258m，其中含"瓦板岩"建筑石材。产有较丰富的微古植物化石：*Protoleiosphaeridium infrialum*，*Leiopsophosphaera minor*，*Zonosphaeridium minutum*，*Trachysphaeridium hyalinum*，*T. rugosum*，*Lophosphaeridum rugosum*，*Dictyosphaera sinicd* 等。

修水组：下部为灰、灰白色变余砾岩、凝灰质石英砾岩、凝灰质砂岩、板岩组成韵律层；中部主要为灰绿、灰色变余凝灰质板岩夹沉凝灰岩；上部为紫红色变余凝灰质板岩夹沉凝灰岩。厚达数千米。中部含微古植物化石：*Protoleiosphaeridium*，*Trachysphaeridium*，*Asperatopsosphaera*，*Margominuseula rugosa*，*Leioxonosphaerodium sphaerotriangulatum* 等。

（2）宜丰岩组（Pt_2y） 宜丰岩组，是由江西区调队 1977 年所创的"宜丰组"一名演化而来的岩石地层单位之一。分布于九岭山南麓。岩性为灰、灰绿色千枚岩、粉砂质千枚岩夹变质细碧——石英角斑岩系，原岩为一套海相火山——沉积岩系。大部分已成为构造片岩。出露厚度 936～1936m，于宜丰上山里至芳溪一带的变细碧——石英角斑岩系中获 Rb—Sr 等时线年龄值为 14 亿～13 亿年、K—Ar 法年龄值为 596 百万～440 百万年，在本岩组延伸的西部地区采获微古植物化石：*Asperatophsoposphaera umishanensis*，*Leiofusa bieornuta* 等蓟县纪常见分子，故宜丰岩组可归属于中元古代蓟县纪，图2－2、图2－3。

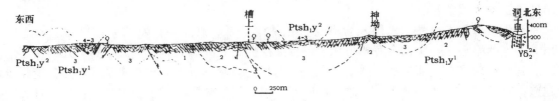

图2－2　宜丰县槽上—神坳 $Ptsh_1y^1$ 实测剖面图

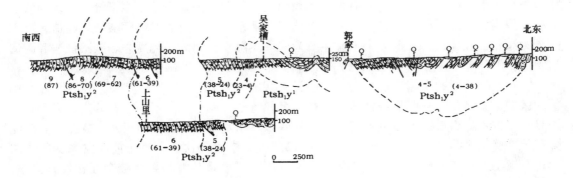

图2－3　宜丰县上山里—槽上 $Ptsh_1y^2$ 实测剖面图

宜丰岩组是江南古陆南缘亦或扬子古板状南缘的一套特殊的岩石地层单位。一是分布的位置特殊，仅分布于扬子古板块与华南古板块接合带的北缘；二是其产出的构造环境特殊，其中的变质古火山岩系特征显示其形成于大洋环境，属拉斑玄武岩浆系列，说明在中元古代时期的江南与华南之间是一个广阔而又剧烈活动变化的海洋环境；三是宜丰岩组已经历了长期的也是复杂的变形变质作用，多已演变为构造片岩，其特征中包含了九岭及江南古陆形成与演化及九岭多期复合造山带演化历史的信息。

但是，双桥山群及宜丰岩组是江西省内区域地层中研究程度较低的地层单位之一，其中包含着江西大地以及九岭地区地壳形成的早期历史之迷及陆壳演化历史的众多信息，有待人们的进一步探索。

3. 海相沉积盖层

自晚元古代（约10亿年前）以来至早中生代（约2亿年前）的8亿年的时间里，其中包括新元古代、古生代等地球演化的两个重要时期，在这个时期里的九岭山区的环境及其变迁至今仍然是一个迷。有人说这期间就是"江南古陆的一部分"、也有人说"九岭"是一个海中之岛。因为九岭山区未见这个时期的地层出露，而且以九岭为界，其南麓与北麓属于不同的地质构造环境，具有不同演变历史和地质特征。

（1）九岭北麓的海相沉积盖层　九岭北麓的沉积盖层包括新元古界的青白口系、南华系和震旦系，以及古生界至早中生界。地层特征与九岭南麓有显著不同。

青白口系：仅见于九岭北麓的武宁老哈洞，称为"落可崇群"，为一套陆相火山碎屑岩夹中酸性熔岩。厚207m。其下不整合于双桥山群之上，其上与震旦系莲沱组砂岩呈微角度不整合或假整合。

南华系至下古生界：地层发育齐全，包括南华系、震旦系、寒武系、奥陶系和志留系，为连续稳定——次稳定海相沉积岩系，广泛分布于九岭北麓修水流域和"九—瑞"地区。其中：南华系上部包括了冰期沉积——南沱组；震旦系上部与寒武系下部为含炭硅质建造；寒武系中上部、奥陶系及志留系底部为深水相细碎屑岩，含深水灰岩相和笔石页岩相建造；志留系主要由滨海—浅海相砂页岩组成。

上古生界至中三叠统：为稳定型被动陆缘滨—浅海相盆地沉积，其下以微角度不整合或假整合于下古生界之上，其间有多个沉积间断。其中：泥盆系缺失中下统，上统为滨浅海相碎屑岩；石炭系缺失下统，石炭系上统至二迭系下统主要为浅海碳酸盐岩建造，上二叠统为海相含煤建造；三叠系中下统主要为潮坪相沉积，由海相泥质岩、碳酸盐岩和碎屑岩组成。

（2）九岭南麓的海相沉积盖层　自中元古代末期（约10亿年）以来，九岭北部与南部地区的分异演化特征明显，在地层型相和沉积特征方面有显著不同。九岭南麓未见新元古界至早古生界出露，上古生界至中生界三叠系海相及海陆交互相地层发育齐全，且广泛分布于九岭南缘的"萍（乡）—乐（平）"拗陷带。中上泥盆统不整于前泥盆系变质岩之上；石炭系发育齐全；二叠系上统含有重要煤层；三叠系从海相到海陆交互相发育完整，上统为重要煤系地层。

4. 中新代陆相盆地沉积地层

中三叠世末期（约2亿年前）开始，江西大陆结束了长期的海洋历史，而成为统一的大陆环境，开始了地壳演化历史的新篇章，沉积环境由海洋转变为山间盆地。九岭（含官山）地区为山地，其周缘为盆地。盆地沉积地层主要包括侏罗系、上白垩统与老第三系红层等。

侏罗纪：主要见于九岭南缘的萍—乐拗陷带内，为河湖相碎屑岩。

白垩系上统至老第三系：广泛见于九岭周围的山间盆地中，包括修水流域的铜鼓三都与大缎盆地、修水征村与三都盆地、武宁盆地、安义盆地和锦江流域的锦江盆地与宜丰湾溪盆地，这些盆地的形态各异、大小不一，地层特征因盆而异，但其共同特点是由河湖相红色碎屑岩系构成，在宜丰南部的锦江盆地中夹有较多的玄武岩层，图2-4、图2-5。在修水三都盆地中发现恐龙蛋化石、锦江盆地中也见有恐龙蛋化石碎片，此外在红色岩层中还采获叶支介等淡水动物化石。

5. 第四系

发育不多，沿现代河谷分布，主要见于修河、锦江河谷及其支流沿岸，成因类型有冲积、残积—坡积和少量冰碛物。

冲积层：沿主要河谷分布，由砂砾石层及网纹红土或黏土组成。

残—坡积层：主要散见于丘陵岗地区，由红、黄、棕等色黏土组成。

冰碛物：仅在九岭山脉如石花尖等地有少量保留，属更新世冰川产物。此外，在潭山见有更新世泥炭堆积。

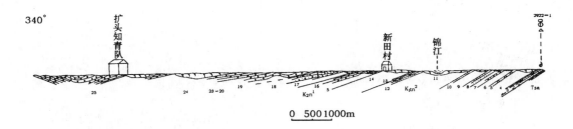

图 2-4　宜丰县湖口上白垩统南雄组下段（K_2n^1）实测剖面图

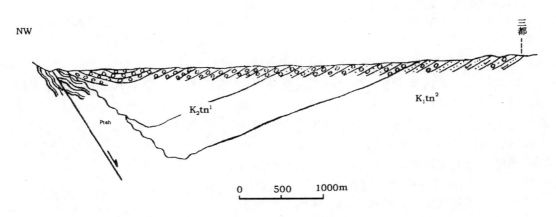

图 2-5　铜鼓三都白垩纪红盆之单断箕状构造剖面示意图

（三）岩浆岩

岩浆岩，是官山地区，也是九岭地区现代地壳上部物质构成中的主要地质单元之一大类，是地史时期深部岩浆上侵活动的产物。

九岭地区是"江南古陆"构造—岩浆活动的一大中心。该区自四堡运动（约 10 亿年前）以来，经历了晋宁、加里东、海西—印支、燕山、喜山等 5 个大的构造演化阶段和 4 次具有革命意义的地壳运动，几乎每个构造阶段和每一次大的地壳运动在区内均形成了相对应的岩浆岩。这说明，地球表面的海陆变迁、环境变化、地层的褶皱或断裂、地壳块体的升降与走滑等现象是地壳运动的外在表现方式，而岩浆活动也是地壳运动的表现形式之一，是地球内应力调整的方式之一。

九岭是江西省内的一个大型山体之一，其物质构成的主体是由近 10 亿年来的不同地史时期的岩浆侵入活动所形成的一个巨大的复式花岗杂岩集合体——称为"九岭岩体"或九岭岩基，官山位处九岭 岩体西南部，岩浆岩包括在地下侵入活动所形成的侵入岩和岩浆爆发或喷出地表所形成的火山岩。现以各主要岩体成岩时代由老到新简介如下。

1. 中元古代蓟县纪海相火山岩

沿九岭南麓展布，西起湖南浏阳，经万载、宜丰，东至新建西山，宜丰芳溪一带出露最好，产于宜丰岩组之中，属海底喷发产物，岩性组合从基性（变细碧岩）→中性（变角

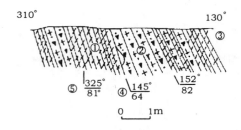

图2-6 宜丰赛坑所见层状之石英角
斑岩及其与钠长英片岩呈互层产出
①钠长英片岩 ②石英角斑岩 ③劈理
④片（层）理产状倾向—倾角 ⑤劈理产状

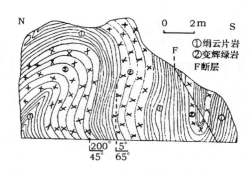

图2-7 宜丰红光庙水库变辉绿
岩褶形态素描图

斑岩）→酸性（变石英角斑岩）组成火山岩系列，
称：细碧——石英角斑岩系，与泥砂质浅变质岩呈
夹层状产出。共发育五个喷发旋回，主要岩石种类
有：变橄榄岩、变角闪石岩、变细碧岩、变细碧质
玄武岩、变辉绿岩、变角斑岩、变石英角斑岩、变
石英角斑岩、变流纹岩及变沉凝灰岩等。岩石组合
在总体上以 超基性→中性→酸性，呈单峰式演化。
岩石化学特征显示属岛弧拉斑系列，表明九岭南麓
在10亿年前可能属于海洋岛弧构造环境。图2-
6、图2-7、图2-8。

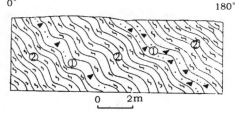

图2-8 宜丰上山里涵洞东壁变石英角
斑岩褶形态素描图
①变石英角斑岩 ②钠长英片岩

2. 新元古代晋宁期侵入花岗岩

区内新元古代晋宁期岩浆活动强烈，形成了著
名的"九岭复式花岗岩基"，侵入于中元古代双桥山群及宜丰岩组之中，见有明显的侵入
接触关系，岩体边缘发育细粒花岗岩边缘相岩石，外接触带有明显的热变质晕，岩体北部
（区外）可见震旦系下统莲沱组砂岩不整合覆盖其上。岩体产状南换北陡，北部倾角一般
50°左右，南部倾角一般30°左右。岩体南部动力变质强烈，岩体具有明显的变形变质现
象，其边缘和围岩发育强烈的片麻构造、糜棱岩化带。根据九岭岩体内外接触关系和岩
性、岩相特征，九岭岩体在晋宁期的岩浆侵入活动可划分为3个大阶段：

（1）第一阶段侵入岩——黄岗口侵入花岗岩体（$r\delta_2^1$） 本阶段代表性侵入岩体有黄
岗口、仙源两个大型岩体。其中仙源岩体分布于万载—铜鼓—浏阳县境内，呈近东西向展
布；黄岗口岩体，呈近东西向展布于官山地区南部，西延达大围山、东延至宜丰的双峰水
库一带，呈扁仿缍形，长轴60km余，面积达80km²，其主要特征如下：

①岩性岩相特征

黄岗口岩体的主要岩石类型为：中细粒—中粒含斑—斑状董青黑云斜长花岗岩和花岗
闪长岩。发育边缘和过渡两个岩相带，内部中心相带未出露。

边缘相带：出露面积小，分布于岩体边部，呈狭长条带状断续展布，一般宽250~700m，
最宽达2500m。岩性为细粒斑状董青斜长花岗岩和细粒斑状黑云母花岗岩。

过渡相带：出露面积占岩体总面积的90%以上，岩性为中细粒含斑—斑状堇青黑云斜长花岗岩、花岗闪长岩。

②内、外接触带特征 黄岗口岩体的东、西、北部与围岩呈明显的侵入接触关系，南东部与围岩呈构造变形变质带接触关系，发育韧性剪切带。

岩体外接触带：岩体侵入于双桥山群变质岩之中，侵入接触界线多呈锯齿状、波状，侵入界面多向外倾，倾向随地面异，倾角一般60°~70°，图2-9、图2-10。外接触带围岩发育宽度不等的岩体热接触变质带，形成云母角岩、石榴石云母角岩、斑点板岩等，热变质带宽度一般为数米至1000m余，局部可达5~6km。

岩体内接触带：常发育1~2cm宽的细粒边，并见有围岩之捕房体，发育有各种同源包体（暗色或浅色析离体）和外来包体（变质岩捕房体），呈椭球体状，分布零乱，图2-11。此外，岩体中常残留有许多平行排列的围岩（变质岩）残留顶盖，说明岩体剥蚀程度不高。

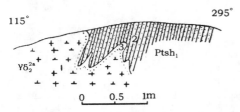

图2-9 宜丰县潭山黄坪东150m
黄岗口岩体与围岩呈侵入
接触剖面素描图
1. 细粒斑状黑云母花岗闪长岩 2. 角岩化
变质粉砂岩 3. 细粒边

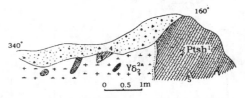

图2-10 宜丰院前南800m黄岗口岩体与
变质岩呈侵入接触并具变质岩
捕房体剖面素描图
1. 中细粒黑云花岗闪长岩 2. 黑云长英角岩
3. 花岗闪长岩中的变质岩捕房体（角岩化）
4. 第四纪残坡积物 5. 贯入岩枝

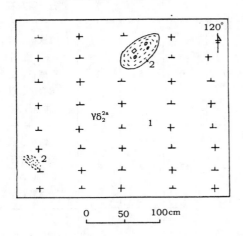

图2-11 黄岗口花岗闪长岩中的
析离体平面素描图
1. 花岗闪长岩 2. 暗色矿物析离体
（方块为长石、圆圈为石英、断线为暗色矿物）

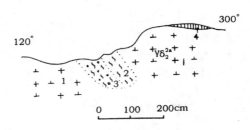

图2-12 黄岗口西河床中见花岗闪长岩与
混合岩呈混合交代接触剖面素描图
1. 中细粒斜长黑云花岗岩 2. 条痕混合片麻岩
3. 疏斑眼球状条痕混合片麻岩 4. 浮土

动力变形变质接触带：发育于岩体南部边缘，宽度数米至 3500m 不等，延长 25 ~ 30km，呈不连续的近东西向长条状展布，明显受九岭南缘深大断裂构造带控制，由于受强烈构造动力变形变质作用，岩体与围岩之间形成了宽度不等的动力变质岩带——亦即江西两大构造单元接合带中构造混杂岩带的组成部分。岩石特点是具有高定向组构，发育片状、片麻状、条带状、条纹状、眼球状、碎裂—碎斑状构造，主要岩石类型有构造片岩、片麻岩，花岗质条带，条纹状、条痕状、豆荚状片麻岩、眼球状片麻岩等，图 2 - 12。

③岩石结构及矿物特征（表 2 - 1）　黄岗口岩体岩石类型的特征是：一般具有斑状—似斑状中细粒结构，发育有花岗变晶结构，岩石构成的矿物中普遍有变质变形现象，并普遍含有数量不等的堇青石及变质矿物。

表 2 - 1　黄岗口侵入花岗岩体岩石结构及矿物特征表

岩相带	岩石类型	结构	构造	主要矿物含量（%）						副矿物及变质矿物
				斜长石	钾长石	石英	黑云母	堇青石	白云母	
边源相	细粒斑状黑云二长花岗岩	细粒、斑状	弱片麻状	23	15	40	15	3	3	石榴石、磷灰石、锆石、硅线石、钛铁金红石
	细粒斑状黑云堇青斜长花岗岩	细粒似斑状花岗变晶	弱片麻状	20 ~ 25	2 ~ 5	35 ~ 40	18	20		石榴石、锆石、磷灰石、磁铁矿、金红石
	细粒斑状黑云花岗闪长岩	细粒斑状	块状	44	10	26.5	6.5	9	3.5	磁铁矿、锆石、磷灰石
过渡相	中细粒斑状黑云花岗闪长岩	中细粒似斑状	块状	35	10	37	10	5	2	磁铁矿、磷灰石、锆石、石榴石、磁黄铁矿、钛铁金红石
	中细粒含斑—斑状黑云斜长花岗岩	中细粒似斑状	块状、斑杂状	42	3	39	12	微	3	磁铁矿、磷灰石、锆石、电气石、铁铝榴石
	中细粒含堇青黑云二长花岗岩	中细粒似斑状	块状	28	20	38	10	4		硅线石、锆石、磷灰石

④岩石地球化学特征　黄岗口岩体的平均的化学成分：$SiO_2$67.5%、$TiO_2$0.68%、$Al_2O_3$15.13%、$Fe_2O_3$0.12%、FeO4.85%、MnO 0.08%、MgO1.60%、CaO1.58%、Na_2O2.67%、K_2O3.55%、$P_2O_5$0.15%。

岩石化学成分特征说明其属于花岗闪长岩—二长花岗岩类。Al_2O_3含量偏高，为铝过饱和岩石；Fe^{3+}贫、Fe^{2+}富，说明岩浆是在深度大、氧化电位低的条件下形成的。

（2）第二阶段侵入岩　分布于区外，主要有漫江、会埠、互桥里、高湖等花岗岩体。岩体岩性由英云闪长岩→花岗闪长岩→二长花岗岩→钾长花岗岩演化。Ar^{39}/Ar^{40}同位素年龄 937.1±40.5 百万年。

（3）第三阶段侵入岩——石花尖侵入花岗岩体（$r\delta_2^2$）　本阶段侵入岩，广泛见于九岭中南部及西部。以石花尖岩体最具代表性，分布于宜丰、铜鼓两县交界的院前—石花尖一带，呈岩基状产出，出露面积 100km^2，是一个近东西走向的不规则长条状岩基。

①岩性岩相特征　该岩体主要由中粒—细粒斑状结构的黑云斜长花岗岩、董青黑云花岗闪长岩及少量中粒董青黑云二长花岗岩和细粒二云斜长花岗岩等岩石类型组成。根据岩石类型分布和岩石结构、矿物成分等特征，可划分出边缘相和过渡相两个相带（如图 2-13、2-14）：

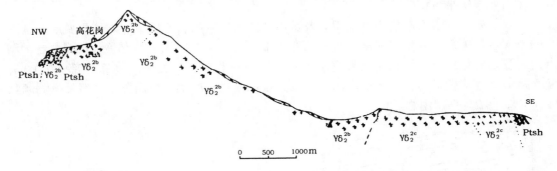

图 2-13　铜鼓龙门—宜丰北坑石花尖岩体（$\gamma\delta_2^{2b}$）

北坑岩体（$\Gamma\gamma_2^{2C}$）路线剖面图

1.细粒黑云斜长花岗岩（混染）　2.细粒黑云斜长花岗岩细粒斑状黑云斜长花岗岩
3.中粒黑云斜长花岗岩　4.云英岩化花岗岩　5.微细粒斑状二云花岗岩
6.细粒交代白云母花岗闪长岩　7.混合片麻岩　8.混合岩化片麻岩　9.含董
青黑云斜长片麻岩　10.董青黑云长英质角岩　11.浮土　12.断层

边缘相：出露面积约占岩体总面积的 90%，反映岩体的剥蚀程度不高。主要由细粒含斑—斑状黑云斜长花岗岩、董青黑云花岗闪长岩和少量细粒黑云二长花岗岩、二云斜长花岗岩组成。花岗闪长岩多分布在岩体的南部、二长花岗岩多见于岩体边部、斜长花岗岩主要见于岩体的中北部，说明岩浆侵入活动过程存在差异分异作用。

过渡相：出露于岩体中部，约占岩体总面积的 10%，呈东西向长条状展布，出露宽约 1km，延长 4～6km。与边缘相呈过渡关系。主要由中粒董青黑云斜长花岗岩和花岗闪长岩组成。

②主要岩石组构及矿物构成特征

黑云斜长花岗岩类：呈灰白—浅灰色，具中粒—细粒似斑状结构，块状构造。岩石由中长石 47% ~ 49%、石英 38% ~ 40%、黑云母 12%、白云母 ≤ 2% 及少量钾长石与堇青石等矿物组成。副矿物常见有磁铁矿、磷灰石、锆石和微量金红石及矽线石等。

花岗二长岩类：常见中粒—细粒似斑状花岗结构，块状构造。岩石主要由斜长石 33% ~ 50%、钾长石 13% ~ 15%、石英 30% ~ 32%、黑云母 8% ~ 10% 和少量堇青石及白云母等矿物构成。副矿物常见有磷灰石、锆石、磁铁矿、金红石等。

黑云二长花岗岩类：仅见于边缘相。具细粒结构、块状构造。主要由斜长石 38%、钾长石 25%、石英 28%、黑云母 7%、白云母 2% 等矿物构成。副矿物常见磷灰石、锆石、榍石、黝帘石等。

③内外接触带特征

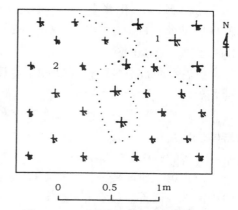

图 2 - 14　石花尖岩体过渡相与边缘相呈过渡关系平面素描图

　1. 中粒黑云斜长花岗岩（边渡相）

　2. 细粒黑云斜长花岗岩（边缘相）

外接触带：围岩有双桥山群变质岩及黄岗口花岗岩两类岩石构成。岩体与变质岩呈明显的侵入接触关系，并发育显著的接触热变质带，自内向外形成了堇青黑云长英角岩、斑点角岩及角岩化现象；接触变质带宽度各地不一，一般 750 ~ 2250m，在东北部达 6500m；侵入接触界线多较平整，少数呈港湾状或枝叉状；接触面产状因地而异，一般外倾，倾角 52 ~ 57°。图 2 - 15、图 2 - 16。

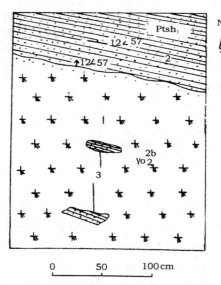

图 2 - 15　石花尖岩体与围岩呈侵入接触关系平面图

　　1. 细粒黑云斜长花岗岩（混染）

　　2. 堇青黑云长英质角岩

　　3. 变质岩捕房体（已角岩化）

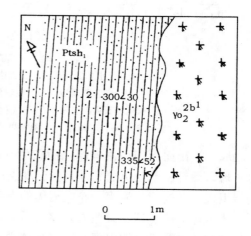

图 2 - 16　石花尖岩体与围岩呈侵入接触平面素描图

　　1. 细粒黑云斜长花岗岩（混染）

　　2. 黑云长英质角岩

内接触带：岩体边缘发育 10～15cm 宽的细粒边，内接触带常见较多的变质岩捕虏体和围岩残留顶盖。

动力变形变质接触带：主要见于岩体北部边缘，定向组构发育，并形成宽度不一的韧性剪切变形变质构造带，呈近东西向展布，宽度数米至 200m 余，并形成狭长带状展布的构造片岩、片麻岩，片状、片麻状、条带条纹状、条痕状等定向构造。

在岩体的南东缘，见石花尖岩体与黄岗口岩体呈侵入接触，二者之间有一较清楚的接触面，石花尖岩体边缘有很窄的冷却边，图 2-17、图 2-18。

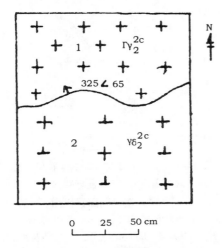

图 2-17　金钟湖岩体侵入于黄岗口
岩体接触关系素描图
1. 交代细粒黑云母花岗岩
2. 中粒含斑黑云母花岗闪长岩

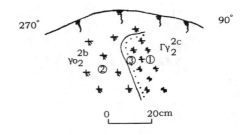

图 2-18　北坑岩体侵入于石花尖
岩体剖面素描图
① 微细粒斑状二云花岗岩
② 细粒斑状黑去斜长花岗岩
③ 冷却边

④岩石地球化学特征　石花尖岩体的岩石化学成分与黄岗口岩体相似，SiO_2 略高为 67.80%、TiO_2 0.53%（略低）、Al_2O_3 15.33%（略高）、Fe_2O 0.71%、FeO 3.85%（较低）、MnO 0.11%（略高）、MgO 1.65%、CaO 2.83%（较高）、Na_2O 2.87%、K_2O 2.69%、P_2O_5 0.15%，说明石花尖岩体与黄岗口岩体的岩浆具有同源关系，但岩浆来源深度上可能小于黄岗口岩体。

3. 早古生代加里东期侵入岩

本期岩浆侵入活动是随着华南加里东造山运动而活动，所形成的侵入岩主要出露于九岭山体的北东和南西地段，官山地区未见出露。

4. 晚古生代海西—印支期侵入岩——甘坊花岗岩体（r_4^3）

甘坊岩体，亦称"上富岩体"，是一个多期侵入活动所形成一个复式杂岩体。分布于官山的东部地区，其范围西起潭山，东达奉新的上富，北至奉新的垇子里，南到宜丰的同安。总面积约 133km²，是一个重要的稀有金属成矿母岩。

①岩性岩相特征　本岩体的岩石类型较简单，主要为中粒斑状二云母花岗岩、中粗粒斑状黑云母花岗岩、中粗粒二云母花岗岩，局部为中粒斑状白云母花岗岩。岩石具不等粒到中

—粗粒斑状—含斑花岗结构，岩体分相不明显，但岩体中心矿物颗粒较粗，斑晶较少，边部颗粒较细，斑晶较多。岩石总体呈浅灰色、肉红色，交代结构发育，岩石蚀变或变质作用（如钾化、钠化）较明显。据黑云母钾氩法同位素测定，地质年龄值为257百万年。

②内外接触带特征　岩体的西北端侵入于双桥山群变质岩中，侵入产状310°∠71°（如图2-19、图2-20），围岩发育接触变质形成了含金红石斑点云母石英角岩，内接触带常见角岩化石英片岩捕房体。

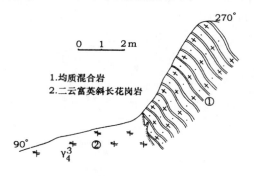

图2-19　甘坊岩体侵入于石花尖
岩体剖面素描图

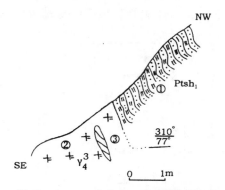

图2-20　432点北东200m瀑布处中粒
斑状黑云母花岗岩与变质岩
呈侵入接触剖面素描图
1.角岩化二云母石英片岩　2.中粒斑状
黑云母花岗岩　3.捕房体（角岩化二云石英片岩）

岩体南部驳山里见中粗粒斑状黑云母花岗岩侵入于黄岗口岩体（如图2-21），侵入产状195°∠75°外接触带见有烘烤边，接触面发育宽10~15cm的弱云英岩化。

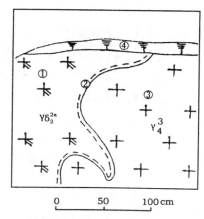

图2-21　宜丰县同安驳山里见 γ_4^3
侵入于 $\gamma\delta_2^{2a}$ 剖面素描图
①白云母化中、细粒二云斜长花岗岩
②黑云母线　③中粗粒斑状
黑云母花岗岩　④浮土

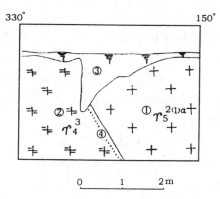

图2-22　白水洞口细粒二云花岗岩
侵于入中粗粒斑状黑云花
岗岩剖面素描图
①粗粒斑状黑云花岗岩　②中细粒黑云花岗岩
③浮土　④冷却边细粒黑云母花岗岩

在岩体西部的白水洞见本岩体侵入于石花尖岩体（如图2-22）。内接触带具有约1cm宽的细粒边，并见有石花尖岩体的捕房体。

③岩体变形与变质特征 岩体主要受近东西、北东向断裂构造控制，并发生明显的变形变质作用，形成了宽数米至600余m的韧性剪切带，岩石和矿物的碎裂变形与动态结晶现象呈带状展布，并具定向构造而形成构造片麻岩，长石、石英、云母等主要造岩矿物也发生变形变质和蚀变作用。

④岩石地球化学特征 岩石化学成分具有高硅（SiO_2 达73.14%）、高碱（$K_2O + Na_2O = 7.96\%$）、低铁（$Fe_2O_3 + FeO = 2.33\%$）特征。岩石微量元素中稀有分布散元素丰度高，且具南北分异富集现象，即北有Nb而无Y、Yb和Sc，而南部有Y和Yb而无Nb。

5. 中生代燕山期岩浆岩

燕山期岩浆活动是区域、也是中国东部最强烈的构造岩浆活动期，也是地壳内部结构与能量、物质调整转换的一种重要方式。九岭地区的燕山期岩浆岩呈规模不等的岩基、岩滴、岩墙、岩脉等形态散布于各地，而且具有多阶段、多期次侵入活动特点。在区内，燕山期岩浆岩主要见于古阳寨地区，在宜丰城西见有次火山岩，在宜丰南部的红盆地中见有玄武岩层。现择主要岩体特征简介如下：

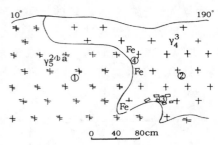

图2-23 古阳寨岩体侵入于
甘坊岩体剖面素描图
①细粒二云母花岗岩 ②中粒斑状二云母花岗岩
③放大的长石斑晶 ④铁质物

（1）古阳寨花岗岩体（r_5^2） 分布于兰溪—古阳寨地区，呈南北走向展布，面积约66km²，侵入于甘坊岩体之中（如图2-23），同位素地质年龄为177百万年，岩性主要为细粒二云母花岗岩。

与古阳寨岩体同期侵入的岩体还有双巷洞中细粒黑云母花岗岩体，仙人岩细粒二云母花岗岩体等。这些岩体据其侵入接触关系和同位素地质年龄资料，可归属于燕山早期第一次侵入岩。

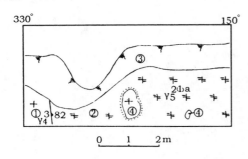

图2-24 白水洞中细粒黑云花岗岩侵入
于中粗粒斑状黑云母花岗岩
剖面素描图
①粗粒斑状黑云花岗岩 ②中细粒黑云花岗岩
③浮土 ④捕房体（细粒黑云母花岗岩）

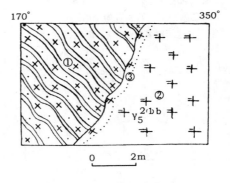

图2-25 白水洞岩体侵入于
黄岗口岩体素描图
①混合片麻岩 ②钠长石化中细粒白云母
花岗岩 ③钠长石化细粒白云母花岗岩

(2) 白水洞岩体　呈不规则长条状岩株产出，面积约18km²，岩体交代蚀变强烈，主要岩性有锂白云母花岗岩、锂云母花岗岩、白云母花岗岩，岩体中部见团块状黑云母花岗岩或二云母花岗岩，岩体的锂云母化、云英岩化和钠长石化强烈。图2-24、图2-25。

与白水洞岩体相类似的还有雷坛庙、河背、洞背等锂白云母花岗岩体，多呈岩瘤状产出，共同特点是发育强烈的碱金属交代作用，使铌、钽、锂、铷、铯等元素晶出，有利于稀有金属元素形成独立矿物，并富集成矿，是区内重要的稀有金属矿产地，也是优质含锂瓷石（土）矿体。

(3) 宜丰岩体（$\lambda\pi_5^3$）　出露于宜丰县城西部及五里牌，受近东西向与北东向断裂控制，面积约0.4km²。据钻孔资料，岩体南西侧为东西向断裂所切割，北东侧侵入于二叠系栖霞灰岩之中，围岩具硅化和大理岩化。岩体顶部及边部为火山岩——即流纹斑岩和角砾流纹斑岩，流纹构造发育，流面产状190°∠40°～70°，并见有泥球（如图2-26、图2-27、图2-28），同时有大量的凝灰岩分布。下部为碎裂花岗斑岩。综合特征分析，可能是一处隐爆角砾岩筒，并已发现有色金属矿化，深部具有找矿潜景。

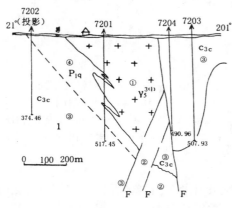

图2-26　宜丰县火山岩剖面示意图
①花岗斑岩　②元古界双娇山群
　变质岩　③上石炭统船山组
④下二迭统栖霞灰岩　F：断层

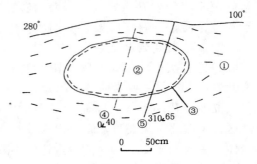

图2-27　流纹斑岩中之火山弹剖面素描图
①流纹斑岩　②泥球　③铁质硅质边
④流纹构造　⑤节理

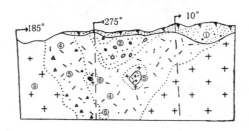

图2-28　次火山岩浅井展开剖面图
①第四系残积层、腐植土
②第四系残积层、流纹斑岩砾石及砂土
③花岗斑岩　④流纹斑岩
⑤角砾状流纹斑岩　⑥泥球

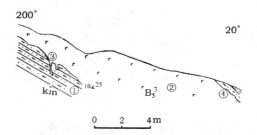

图2-29　玄武岩与白垩系南雄组
呈沉积接触剖面素描图
①砖红色粉砂泥岩　②玄武岩
③楔形泥裂　④侵蚀洼坑

(4) 宜丰老坟山玄武岩层 见于锦江中生代陆相红色盆地中,属晚白垩世盆地内裂隙式喷发产物,呈似层状夹于晚白垩世南雄组紫红色粉砂岩及泥岩之中,接触面围岩具烘烤现象,玄武岩的顶部见有风化侵蚀洼坑,并见有大量气孔,玄武岩常与紫红色粉砂岩呈夹层,反映区内陆相基性火山岩具有边喷溢边沉积的地质环境特点,图2-29。其时代属燕山晚期。

6. 区域脉岩

脉岩是指呈脉状、墙状或不规则形态产出的小型高位侵入岩体,区内脉岩非常发育,其形成时代较多,几乎每个构造——岩浆活动阶段都伴有相应的脉状岩产出,在形成时代上具有多期次性,在产状与走向上常与区域主构造方向具有一致性。根据脉岩的岩石化学特征,结合脉岩的岩性特点大致可以划分为以下几大类。

①基性类岩脉:包括有辉绿岩、辉长岩等。

②中性类岩脉:包括有闪长岩、石英闪长岩、闪长玢岩、花岗闪长岩、花岗闪长玢岩及正长岩等。

③酸性类岩脉:最为发育,主要岩石类型有花岗岩、细晶岩、伟晶岩、花岗斑岩、石英斑岩、斜长花岗斑岩、霏细岩等。

④石英脉:是一类分布最广、且最常见的一类脉岩。其成因有岩浆活动期后的热液产物、也有构造分异和变质作用流体分异产物。其特点是矿物成分单一,主要为石英组成,岩石化学成分主要为 SiO_2。

(四) 构造

官山地区地处九岭多期次古造山带西段南部,也是华南地区两大古构造单元接合带中段的北缘,地质历史悠久,构造形变复杂,目前研究程度较低。现对区内主要构造变形方式及主要构造特征简介如下:

1. 褶皱构造

(1) 中元古代变质岩系的基底褶皱 主要由中元古代双桥山群变质岩系构成,官山地区位处九岭"地背斜"的南翼,属于复式线型、紧密褶皱,也属多期次叠加褶皱,构成了九岭地区构造变形作用的褶皱基底,具多级形变特点,据次级褶皱形态特点可划分为次级复式向斜与背斜(图2-30、图2-31):

①复向斜 分布于官山北部,属于黄金洞——胆坑复向斜的东段,轴向近东西,由一系列低级别的背向斜褶皱组成,总体上构成复式向斜褶皱形态。褶皱特点是呈线形、紧密状及同斜倒转。两翼倾角一般为:向斜表现为南陡北缓、背斜为北陡南缓之特点。

②复背斜 展布于官山南部、宜丰的北部,南翼因受江西两大构造单元接合带影响而不完整。整个复背斜由不同级别的次级褶皱构成,形态多成紧密线状,近复背斜核部褶皱较为平缓,但仍以直立为主,轴向为近东西向,南翼多倒转形成系列同斜褶皱,并有不同期次、不同轴向的褶皱变形叠加。

(2) 古生代海相沉积盖层的褶皱 本构造型式主要见于九岭北缘的修水——武宁一带和九岭南缘的萍(乡)——乐(平)拗陷带内,二地褶皱的形态、轴向(近东西向)较为相似,但褶皱的地层和特征等方面有明显差异。

①修河向斜 大致沿修河作近东西展布,主要由新元古界震旦系至古生代海相沉积岩

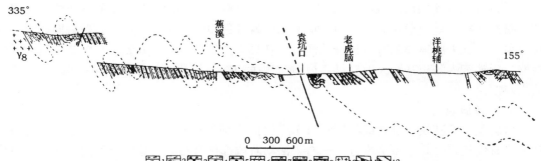

图 2-30　宜丰袁坑口 Ptsh 构造剖面图

1. 千枚岩　2. 粉砂质千枚岩　3. 云母片岩　4. 砂质千枚岩　5. 石英云母片岩
6. 含凝灰质细粉砂岩　7. 千枚状粉砂质板岩　8. 砂质板岩　9. 板岩
10. 闪长花岗岩　11. 石英透镜体　12. 断层及破碎带

图 2-31　芳溪赛坑剖面小褶皱素描图

1. 变石英角斑岩　2. 绢云片岩　3. 劈理

系构成，向斜形态完整，地层对称分布，特征是较为宽缓开阔，具有多期非共轴叠加褶皱现象。

②萍—乐复式向斜　主要由晚古生代及三叠系沉积岩系组成，总体呈反"S"形，多形成线状褶皱和同斜倒转褶皱，一般北翼正常、南翼倒转。褶皱形态多为一系列近轴向的断裂切割而不完成。构成复杂的"褶—断"构造组合。

（3）中新生代构造盆地　主要发育于官山外围地区包括有锦江盆地、铜鼓三都盆地、修水三都盆地、武宁盆地、宜丰湾溪盆地等。盆地大小各异，共同特点是均受断裂或构造的控制，盆内主要由陆相红色碎屑岩构成，多形成单斜构造或宽缓褶皱。盆地走向上主要为两个方向：一是继承先期构造方向如锦江盆地和修水、武宁盆地呈近东西向；二是北东向，这是本期构造的主方向（如图 2-5）。

2. 断裂

区内及九岭地区断裂构造十分发育，不同时期、不同规模、不同方向、不同性质的断裂及断裂构造带错综交织。区内断裂带具明显的方向性特点，部分断裂构造带具有长期演化特点，且在性质上具有不断转化，分别表现为逆冲、走滑、推覆、滑脱或断落，特别是大的断裂带往往既是韧性剪切带、逆冲推覆带、滑脱带，又是断陷带。按照走向特点，区内断裂大致可划分为近东西向、北东向和北西向断裂。

（1）近东西向断裂构造带　主要有宜丰深大断裂带、黄岗口断裂带、中村断裂带等。

宜丰深大断裂带：为江西两大古板块接合带北缘断裂带，也是"江南古陆"的南缘边界断裂带，规模大、切割深、延伸远。在省内属于宜丰—景德镇深大断裂带的组成部分。总体倾向北北西，走向近东西或北东东向。该断裂构造带活动历史悠久，在中元古代时为一条海底火山喷发岩带；在晋宁、加里东运动时。显示为南侧向北侧俯冲，形成宽0.5~4km的构造片岩带；中生代以来则表现为持续的由北向南逆冲推覆。断裂带的北侧长期为隆起环境，而南侧则长期为断陷或拗陷沉降环境，在宜丰—新建地段，发育规模较大的韧性剪切变形现象和强直面理、糜棱面理和形态复杂的斜卧褶皱、剑鞘褶皱及矿物的拉伸线理，带内双桥山群变质岩系和九岭复式花岗岩受到强烈变形和韧性再造，形成了系列糜棱岩及糜棱片麻岩和构造片岩带。

（2）北东向断裂构造带 区内北东向断裂发育，主要有铜鼓断裂带、三都——龙门断裂带、仙姑崇断裂带、坳溪断裂、双峰——潭山断裂、邢溪断裂带等。铜鼓断裂带分布于官山的北西山缘地带，构成盆（铜鼓三都中新生代盆地）岭（九岭）边界。

邢溪河北东向断裂带：走向北东、倾向130°左右，倾角70°左右，延伸约70km，地貌上形成线状山间谷地。沿断裂带发育硅化破碎带，宽数米至500m，性质与铜鼓断裂带类似。

其他北东或北北东向断裂还有黄岗的北东向断裂，倾向南东，倾角50°；三都—东瓜埚断裂，倾向北面，倾角75°；弯溪—仙人岩断裂，倾向南东，倾角70°~75°等，图2-32、图2-33、图2-34。

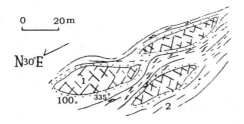

图2-32 1117点断裂带石英构造体
受挤压碎裂素描图
1. 石英构造体内"X"形扭裂隙
2. 绢云片岩

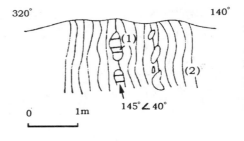

图2-33 1476点处挤压带素描
（1）石英构造体内张裂隙
（2）绢云片岩

（3）北西向断裂 区内北西向断裂发育相对较差，数量较少，规模一般不大，但对现代地形地貌和水系具有一定的控制意义。主要的北西向断裂带有：东墩——皂溪断裂带，规模较大，有脉岩充填；还有大段断裂带、东源断裂等。

3. 逆冲—推覆构造

逆冲—推覆构造是九岭南缘中生代地壳运动和层次结构构造调整的主要方式，也是九岭地区最具特色的构造型式之一，推覆构造特征的典型性在国内外著名。逆冲—推覆是一个地壳浅部物质分层形变与位变的大型的复杂构造系统，主要由推覆体—（外来岩席）、逆掩断层或逆冲断裂系、原地系统等

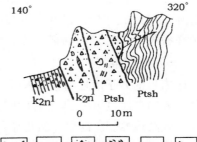

图2-34 K_2n^1 与 Ptsh
断裂接触素描
1. 砖红色页岩砂砾岩 2. 千枚状板岩
3. 断裂破碎角砾 4. 破碎带中之压劈理
5. 破碎带中之中石 6. 断层

要素构成，其代表性的特征组合形式有：飞来峰及峰中窗等现象，断层上盘的中元古代双桥山群变质岩系逆冲推覆于晚古生代及早中生代沉积地层之上。九岭是一个巨大的推覆体，推覆构造的根带据大地电磁资料为中角度插入九岭山体下部，中带产状较平缓，锋带（位于九岭南缘）渐趋陡峻复杂；上推覆体由北往南大约水平推移了30km。如宜丰桥西就发育一系列典型的"构造窗"。

4.新构造活动

区内新构造活动较明显，第三纪以来的主要表现方式有四种如：一是断块的差异性升降（或走滑），主要是九岭山体隆升、铜鼓盆地与锦江盆地的沉降；二是地下热流上升活动，如九岭山体周缘分布有系列温泉（地热露头）；三是发育有多级阶地（五个夷平面，图2-35）；四是地震活动，区内——即九岭山体边缘地区古断裂构造纵横交错，历史上的地震记录不少，铜鼓大段地区是江西省的地震设防区之一。进入20世纪90年代以来，区内的地质灾害频繁，滑坡、崩塌、泥石流、地裂缝等地质灾害较为严重，是江西省（也是我国东部地区）地质灾害易发与多发区之一，这可能也是地质构造活动的表现方式之一。

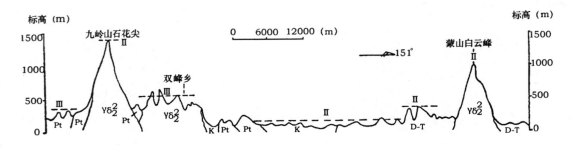

图2-35 剖面夷平面对比图

二、地质自然遗产概况

现今自然包括人类自身，是地球46亿年来演化的结果，官山地区是九岭、也是"江南古陆"的组成部分，已知有近20亿年的历史。该地区形成与长期演化的自然历史之迷，记录在各种各样的岩石与矿物中，也赋存于生物的基因和地貌形态的信息中。

（一）地貌景观

区内目前处于内陆山地地貌区。根据区域地质情况分析，区内在10亿年之前属于海洋环境，大约在经过10亿年左右的四堡运动和造山作用，就已形成过陆地—即所谓的"江南古陆"或岛弧地貌。此后，又几经裂解、离散、又聚合，沧海桑田、几度沉浮。直至2亿年前左右的中生代早期才成为统一大陆（欧亚大陆）的组成部分，开始了新的地史篇章——内陆"山、江、湖"差异演化史，到6000万年前结束了盆岭相间地貌格局，区域地壳整体抬升和差异升降，奠定了现今地貌的基本格局。在第四纪更新世，受全球性冰期气候影响，局部高地如九岭山脉1000m以上的高峰形成了山岳冰川，区域地壳在第四纪以来总体较为平稳，但仍存在间歇性、差异性升降，并在地球内外营力作用下形成标高不一的5个夷平面（见图2-35），官山地区总体上处于隆升和构造侵蚀与风化剥蚀的中低山环境，边缘为低山丘陵地貌，并间有山间谷地。

1. 岩体地貌景观

区内及外围的岩体地貌景观主要有 3 种类型：一是花岗岩地貌；二是变质岩地貌；三是丹霞地貌。花岗岩和变质岩所形成的地貌景观在区内主要表现为山峰地貌景观，区内海拔千米以上的山峰多达数十座，远观可谓是崇山峻岭、层峦叠嶂；其次为奇岩、怪石、悬崖、峭壁及峡谷地貌。丹霞地貌主要分布于铜鼓盆地，典型丹霞型峰林或柱峰景观，丹山碧水风光见于大缎的天柱峰地段。

2. 水体地貌景观

官山地区有近 500 年官封禁山历史，又经 30 年的自然保护区建设管理，使区内植被茂盛，原始、半原始及次生森林生态系统保护良好，水系发育，又具有山高坡陡和断裂构造错综交叉发育等条件，形成一系列特有水体地貌景观。

①具有丰富的瀑布景观资源　仅在已建自然保护区的十余平方公里范围可见常年性瀑布 50 多处，落差达数十米，瀑宽数米的瀑布景观常见，其中黄檗山飞瀑在古代就负有盛名。官山外围的洞山银瀑已有 880 余年名景历史。

②名泉与碧潭众多　在官山地区已知拥有各类泉 10 余处，有上升泉、也有下降泉，按成因则以断裂泉最为发育。在外围洞山则还有虎跑泉、考功泉、聪明泉等特色泉。有瀑必有潭，区内瀑布发育、则碧潭更是众多。与断裂构造相关的泉较为典型（图 2 - 36、图 2 - 37）。

图 2 - 36　铜鼓大墩邹家湾 8 号
上升泉出露位置示意图

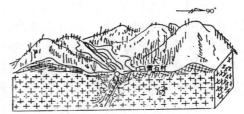

图 2 - 37　雷石村 75 号
断裂泉示意图

③温泉　温泉是地下热流活动的地表露头，不仅是一种自然景观，而且是一种具有医疗或疗养、保健、特种农业等特殊利用价值的重要地热资源。区内温泉见于官山外围，已知有 3 处。一为铜鼓县城温塘温泉（图 2 - 38、图 2 - 39），人工井口水温 52℃，涌水量 265.8t/日；二为宜丰潭山尾水岭温泉，自然泉口水温 25℃、流量 0.61L/s；三为铜鼓大段温泉；具有重要开发利用价值。

3. 生物景观

官山地区地带性的常绿阔叶林为主体的森林生态系统保存完好，已知有高等植物 2344 种，其中属

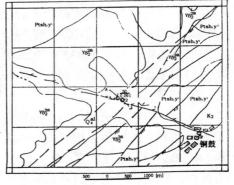

图 2 - 38　铜鼓温泉地质图

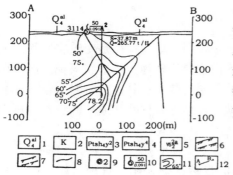

图 2 – 39 铜鼓温泉地质剖面图

1.第四系冲积层 2.白垩系砂砾岩 3.双娇山群宜丰组上段片岩、千枚岩、砂岩等 4.双娇山群宜丰组下段砂岩、板岩等 5.雷峰晚期第一次侵入斜长花岗岩 6.实、推测压扭性断裂 7.实—推测张扭性断裂 8.地质界线 9.钻孔及编号 10.温泉〔分子为温度，分母为流量（升/秒）〕11.等温线 12.剖面线

国家级、省级保护的野生植物达85种，并有一些独特或独有珍稀植物群落，有"植物王国"之誉，而且林相多样、垂向高度分异分带明显，从而形成了迷人的植物景观。同时，区内生活有鸟类、兽类动物194种，两栖爬行动物97种，其中白颈长尾雉、黄腹角雉、白鹇、猕猴等受保护动物有37种。

（二）地质遗迹

地质遗迹是在地球演化的漫长地质历史时期，由于各种内外动力地质作用形成、发展并遗留下来的珍贵的、不可再生的地质自然遗产，也是人类共有的财富之一类。官山及外围地区的地质遗迹主要有代表性的岩石、矿物、层型剖面、典型侵入岩体接触关系及构造形迹等种类，还有晚中生代——第三纪的孑遗植物群落。这些都是反映地球历史的物质记录，具重要科研与科普价值，也是揭示地球演经历史奥秘的重要物证。

1. 代表性的岩石与矿物种类

区内的岩石类型众多，大致可以分三大类别即沉积岩类、变质岩类和岩浆岩类，其中岩浆岩中的花岗岩种类齐全、具有代表性，花岗岩类岩石种类有上百种之多，按岩石化学成分特征，发育有从中性→中酸性→酸性→偏碱性系列花岗岩发育齐全；从岩石结构特征而言，发育有霏细→细粒→中粒→粗粒结构及不等粒斑状与似斑状等结构的花岗岩；从主要造岩矿物与岩石类型而言有黑云母花岗岩、白云母花岗岩、二云母花岗岩、斜长花岗岩、二长花岗岩、钠钾花岗岩及花岗闪长岩等；此外，还发育有众多的脉岩如花岗斑岩、斜长斑岩、伟晶岩、细晶岩、石英脉；从岩体成岩时代而言，发育有晋宁期、加里东期、海西—印支期及燕山期等多期次、多阶段形成的花岗岩；从岩体的产出特征及规模而言，发育有大型规模的岩基，也有中小型规模的岩株、岩瘤等，还有岩墙、岩脉。

宜丰一带的中元古代海相细碧—石英角斑岩系，是江南古陆南缘最具典型性和代表性的海底火山岩系，也是特定构造环境的产物。

岩石是由矿物组成的，矿物的集合体就是岩石。区内造岩矿物如长石、石英、云母等是花岗岩类的主要矿物成分，其特征较典型。

2. 代表性层型剖面

①宜丰岩组的层型剖面，在江南古陆南缘具有典型性和代表性，反映的是中元古代海相火山环境下的沉积火山岩系，以发育细碧—石英角斑岩系为特征，也是区域有色贵多金属的矿源层与矿化层。其 Rb—Sr 等时年龄值 1400 百万 ~ 1300 百万年，结合微古植物化石所反映的时代，宜丰岩组可归属于中元古代蓟县纪。

②花岗岩体剖面 区内已有多条花岗岩体地质剖面，属九岭岩体剖面的组成部分。同时，在区内见有较多不同时代、不同期次侵入岩体的典型侵入接触关系，是研究区域构造

—岩浆活动及演化历史的有利场所。

3.典型构造形迹

构造形迹是地壳运动或构造形变作用而遗留下来的踪迹，保存在岩层、岩石及矿物中，主要有褶皱、断层、韧性剪切带、构造岩等。宜丰地区的逆冲推覆构造形迹在国内外不多见，而具有典型代表意义，如宜丰桥西至芳溪一带的"构造窗"、飞来峰、逆冲断层及逆掩断层、韧性剪切变形变质带等。这些反映了九岭地区陆内再造过程的地壳发展演化特征。

4.第四纪冰川遗迹

主要见于九岭山脉，属山岳型古冰川，发育有冰蚀地貌，也见有冰积物，但目前研究程度低，具体特征有待进一步调查研究。在潭山白马塅之北的山间谷地中见有古沼泽遗迹，现为泥炭层，厚约2.03m，出露标高800m左右，是第四纪寒冷时期之气候变化历史的物证。

此外，在官山外围地区的中生代陆相红色盆地中还见有中生代时期的地球霸主——恐龙化石，在震旦系—三叠系地层中见有6亿~2亿年来的海洋动物化石群和大量植物化石。

第二节　气　候*

官山自然保护区位于中亚热带温暖湿润气候区，具有四季分明，气候温和，光照充足，无霜期长等特点。境内小气候效应明显，夏无酷暑，气候凉爽；冬季气温较高，严寒冰冻天气少；春季阴雨绵绵，湿度大；秋季天高云淡，气候宜人。降水集中期与热量条件配合较好，基本上是雨热同季，有利各种植物的生长。保护区内气候类型丰富多彩，随着海拔的变化，差异较大。

一、气候成因及其主要特点

一个地区气候的形成主要与太阳辐射、大气环流和下垫面三个因素有关。官山自然保护区地处我国以四川盆地为中心的太阳辐射总量低值区的边缘，受东南季风影响，境内山脉绵亘，沟谷纵横，溪流密布，形成了独特的气候。

由于纬度较低，一年之中太阳入射的高度角大，太阳辐射强，辐射平衡为正值，尽管云量大，阴雨多，造成太阳总辐射收入为低值区，但辐射平衡的余额仍然很大，而且辐射平衡的余额大部分消耗在水分蒸发之中。因此，保护区的热量资源丰富。保护区东河保护站年平均气温为16.2℃，最冷月平均气温4.5℃，植物生长期长达328天，温暖时间长，能被植物利用的太阳总辐射量多，光资源的有效性高。

保护区地处东亚季风区内，受季风影响十分明显。由于境内主要山脉九岭山成东北至西南走向，大气南北流动通畅，东西之间的交换受阻。因此，境内风向比较单纯，夏半年（4~9月）盛行西南季风，冬半年（10月至翌年3月）盛行东北季风，风向的季节性转变常常是180度的，形成四季分明的气候特征。在春季（3月、4月）过渡季节，冷暖空气

---

* 本节作者：彭　奇[1]，吴和平[2]（1.国家林业局中南调查规划设计院，2.江西官山自然保护区）

在江南相持，暖湿空气沿干冷空气上滑，成云致雨，形成雨区。随着冷暖空气势力的增强减弱，雨区也南北摆动或消失，造成保护区一带晴、雨多变天气，据统计平均每年有 5 次冷空气活动。4～6 月，冷空气势力逐渐减弱，暖空气势力逐渐增强，长江以南盛行西南风，这种来自海洋上的暖空气带来大量的水汽，保护区的天气闷热，雨日特多，雨量集中，有时发生山洪暴发。7～8 月，暖空气逐渐控制了长江以南地区，冷暖空气交汇多在长江以北，雨带也相应北移，保护区雨季结束，进入盛夏季节，天气炎热少雨。在盛夏，又开始受热带天气系统的影响，对流天气活跃，常造成局部性雷阵雨天气，有时受东南沿海的台风侵袭影响，也带来明显的降水天气。9～10 月，暖空气势力迅速减弱，而北方冷空气势力迅速增强，侵入江南一带，这时盛夏刚过，太阳的照射使地面受热还相当强烈，因此冷空气在南下过程中很快变性，保护区受变了性的高气压控制，天高云淡，甚至万里无云，空气干燥，温度宜人。随着季节的变更，冷暖空气的势力也不断地变化，11 月起，强大的冷空气常侵入江南，造成保护区 11 月到次年 2 月干燥少雨，打霜结冰，有时还大雪纷飞。

地形、距海远近等地理因子，亦对气候的形成起着重要作用。官山自然保护区属中山地貌，海拔 200～1480m，垂直高差大。境内地形复杂，山峰林立。山与山之间有若干山垭或谷地，成为冷暖空气南北交换的通道，同时，由于隘口的狭管效应，风速较大，冬季冷空气南侵，给谷地带来大风降温天气。春季和夏季南来暖湿空气受山脉阻挡被迫抬升，成云致雨，在迎风坡形成暴雨中心，如保护区南坡靠近院前、找桥，多年平均降水量在 2000mm 以上。保护区离南海海域水平距约为 650km，水汽来源充足，亦是形成山区温暖湿润气候的重要原因。

丰富的气候资源，复杂多样的气候类型，光、热、水资源的良好匹配，使得保护区具有较高的生物生产力，适合多种动植物的生长发育和繁衍。但又由于季风影响明显，季风交替迟早不同，气象因子之间的匹配不尽恰当，造成气候资源年内和年际变化较大，甚至出现干旱、雨涝、冰雪、霜冻或寒害，限制了气候资源的有效利用。

二、气候资源的分布

（一）光能资源

1. 太阳辐射

太阳辐射能是地球表面一切自然过程的能量源泉，它是形成气候最基本的因子，也是绿色植物通过光合作用制造有机物质的惟一能量来源，亦是热量的主要来源。

（1）总辐射　据推算，东河保护站太阳辐射平均年总量为 67.7kcal/cm²，仅为宜丰县城年总量 101.2kcal/cm² 的 66.9%，为铜鼓县城年总量 97.1kcal/cm² 的 69.7%，一年四季保护站的太阳辐射量都比两县城低，这主要是保护区终年湿润多雾的山区气候决定的（图 2－40）。

由于保护区地处低纬度，加之九岭山山脉特殊地形的影响，夏季风和冬季风的活动规律比较稳定。因此，东河保护站太阳总辐射的年变化不大，其相对变率为 6.5%。

东河保护站一年四季太阳辐射存在明显的差别。夏季晴朗天气多，大气透明度好，太阳辐射量 22.4kcal/cm²；春冬两季最少分别为 13.4kcal/cm²、13.3kcal/cm²；秋季为 18.6kcal/cm²。一

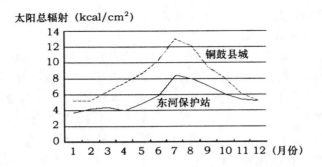

图2-40　东河保护站和铜鼓县城全年
太阳辐射量的变化

年之中，以7月最大，为8.5kcal/cm²；1月最小，为3.8kcal/cm²（表2-2）。

表2-2　东河保护站各时际太阳辐射总量 　　　　　（单位：kcal/cm²）

时 际	1月	2月	3月	4月	5月	6月	7月	8月	9月	10月	11月	12月	春	夏	秋	冬	年
总辐射	3.8	4.3	4.4	4.1	4.9	5.9	8.5	8.0	7.1	6.0	5.5	5.2	13.4	22.4	18.6	13.3	67.7
占年%	5.6	6.4	6.5	6.1	7.2	8.7	12.6	11.8	10.5	8.9	8.1	7.7	19.8	33.1	27.5	19.6	100

　　（2）直接辐射和散射辐射　　直接辐射年总量为27.2kcal/cm²，占年总辐射量的40.2%。7月最高为4.4kcal/cm²，占年直接辐射量的16.2%；1月最少为1.0kcal/cm²，为年直接辐射量的3.7%。散射辐射年总量达40.5kcal/cm²，占年总辐射量的59.8%。以7、8月最大，为4.1kcal/cm²，占年散射辐射总量的10.1%；1月最小，月总量为2.8kcal/cm²，为年散射辐射总量的6.9%（表2-3）。

表2-3　东河保护站各时际直接辐射、散射辐射和光合有效辐射

（单位：kcal/cm²）

时际	1月	2月	3月	4月	5月	6月	7月	8月	9月	10月	11月	12月	春	夏	秋	冬	年
总辐射	3.8	4.3	4.4	4.1	4.9	5.9	8.5	8.0	7.1	6.0	5.5	5.2	13.4	22.4	18.6	13.3	67.7
直接辐射	1.0	1.3	1.4	1.4	1.9	2.0	4.4	3.9	3.3	2.5	2.1	2.0	4.7	10.3	7.9	4.3	27.2
散射辐射	2.8	3.0	3.0	2.7	3.0	3.9	4.1	4.1	3.8	3.5	3.4	3.2	8.7	12.1	10.7	9.0	40.5
光合有效辐射	2.0	2.3	2.3	2.1	2.7	3.1	4.2	4.0	3.6	3.1	2.8	2.7	7.0	11.3	9.5	7.0	34.7

　　除7月份外，各时际散射辐射大于直接辐射，这是本地太阳辐射的重要特点之一。1～4月和6月散射辐射占月总量的65%以上，此种现象主要是在该时段内云量多、湿度大的原故。

　　（3）光合有效辐射　　光合有效辐射的波段大体在可见光范围以内，即进行光合作用的那一部分光谱区，通常把$0.38-0.71\mu m$的太阳辐射作为光合有效辐射的光谱波长范围。利用X.莫尔达乌计算公式（$Q\varphi = 0.43S + 0.57D$）推算出保护站各时际的光合有效辐射量（表2-3）。计算结果表明，该地光合有效辐射多来自散射辐射。年辐射总量为

34.7kcal/cm², 全年以 1 月最低，为 2.0kcal/cm²，7 月最高，为 4.2kcal/cm²。

2. 日照时数和日照百分率

太阳直射光在一个地方实际照射的总时数称为日照时数，这个数值占当地可照时数的百分数叫日照百分率。它们只说明日照时间的长短，而不能准确地反映光能的多少。据多年观测，东河保护站年日照时数为 950.4 小时，年日照百分率为 21%，比宜丰县城少 687.5 小时，比铜鼓县城少 546.4 小时（图 2-41）。年内日照差异明显，夏秋多，冬春少。全年以 7 月份最多，为 144.7 小时；1 月份最少，为 30.8 小时（表 2-4）。

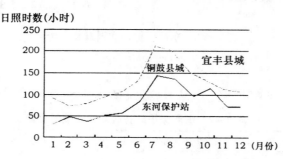

图 2-41 东河保护站日照的变化规律

表 2-4 保护区月平均日照时数和日照百分率 （单位：小时、%）

地 点		1月	2月	3月	4月	5月	6月	7月	8月	9月	10月	11月	12月	全年
东河保护站	时数	30.8	48.2	37.4	52	57.2	86.1	144.7	136.4	97.2	115.6	73	71.8	950.4
	百分率	9	15	10	14	14	21	34	34	26	33	23	22	21
宜丰县城	时数	96.5	77.5	85.6	100	119	133	229.9	229.1	180.2	150.2	126.4	110.5	1637.9
	百分率	30	25	23	26	28	32	54	57	47	42	40	35	37
铜鼓县城	时数	92.6	73.7	79.8	94.3	107.1	131.3	213.1	200.1	152.2	133.4	112.9	106.4	1496.8
	百分率	28	23	22	25	26	32	50	49	41	38	35	33	34

3. 光合生产潜力

植物生物学产量 90%～95% 是通过光合作用对二氧化碳和水的固定，只有 5%～10% 是来自土壤养分。因此，提高作物产量的根本途径是提高作物的光能利用率，充分发挥作物的光合生产潜力。光合生产潜力的计算公式为：

$$Y_1 = 122.01 TQ_P$$

式中 T 为温度订正系数；Q_P 为生理辐射；T、Q_P 取旬均值。

表 2-5 保护区不同海拔高度月平均光合生产潜力 （单位：kg/hm²）

位 置	1月	2月	3月	4月	5月	6月	7月	8月	9月	10月	11月	12月	全年
东河保护站	240	382.5	1252.5	2220	2310	3352.5	4572.5	4830	3450	1620	1462.5	600	27282.5
1480m	0	15	285	862.5	1245	1552.5	3727.5	2737.5	1845	532.5	405	97.5	13305

估算结果见表2-5。由此可以看出保护区不同海拔的光合生产潜力差异是比较大的，东河保护站地处低海拔的河谷地带，其年光合生产潜力达到 27282.5kg/hm²；麻姑尖 1480m 处的年光合生产潜力仅 13305kg/hm²。

（二）热量资源

1. 气温

（1）平均气温　据保护区气象观测站（东河，海拔 450m）多年的观测，东河保护站年平均气温为 16.2℃。最暖月为 7、8 月，月均温 26.1℃；最冷月为 1 月，月均温 4.5℃。与宜丰县城相比，年平均气温偏低 0.9℃，5～10 月月平均气温偏低 1.2～2.4℃，其他各月偏低 0.5℃。夏季由于海拔高度和下垫面的影响，气温不易升高，气温以宜丰县城明显偏低；由于东河站地处南坡，冬季北方冷空气不易直接侵入，冬季气温与宜丰县站相差不明显（表2-6）。

表2-6　东河保护站各月平均气温　　　　　（单位：℃）

地点	1月	2月	3月	4月	5月	6月	7月	8月	9月	10月	11月	12月	年平均
东河	4.5	6.9	11.0	17.6	20.1	24.0	26.1	26.1	22.9	16.6	12.0	6.4	16.2
宜丰县城	5	6.7	11.3	16.9	21.7	25.2	28.5	28.1	24.3	18.4	12.7	7.2	17.1
铜鼓县城	4.5	6	10.8	16.4	20.8	24.4	27.2	26.5	22.7	17	11.5	6.8	16.2

（2）气温随海拔升高的变化　气温随高度增加而下降的递减率与地面的海拔高度有关，在不同的高度其变化率不一样。就月平均而言，冬夏两季高层（500～1000m）大于低层（500m 以下）；春秋两季各层差异不大，高层略小于低层。不同的天气也有所不同，晴天时低层受地面夜间辐射冷却作用，递减率小于高层，尤其在冬季，低层常为冷空气盘踞，当高层受偏南气流控制时，可出现逆温现象。阴天时除夏季外，其余各季低层递减率大于高层。各高度上的年平均气温递减率为 0.51℃/100m，其中 7 月份最大，达 0.69℃/100m，12 月份最小，只有 0.22℃/100m（表2-7）。

表2-7　保护区各月平均气温递减率　　　　　（单位：℃/100m）

月 份	1	2	3	4	5	6	7	8	9	10	11	12	年平均
递减率	0.46	0.52	0.38	0.45	0.57	0.64	0.69	0.61	0.62	0.52	0.37	0.22	0.51

（3）最高最低气温　东河保护站极端最高气温达 37.0℃（1995 年 7 月 19 日），极端最低气温为 -11.0℃（1991 年 12 月 29 日）。一年中 5～10 月份都可能出现最高气温，日平均气温≥35℃的日子一年很少，7、8 月份偶有出现；11～3 月份可出现最低气温≤0℃的日子，一年有 35 天左右，最多的是 1 月份，12、2 月份有 5～8 天。

（4）气温日较差　东河保护站年均日较差与铜鼓县城接近，为 9.7℃，各月平均日较差在 8.2～11.1 之间，5 月最小，8 月最大（表2-8）。随着海拔的增高日较差减小，冬季平均递减率为 0.17℃/100m，夏季为 0.53℃/100m，春秋两季情况复杂，随高度递减的现象缓慢或不明显。

表2-8　东河保护站各月平均气温日较差　　　　　　　　（单位：℃）

地　点	1月	2月	3月	4月	5月	6月	7月	8月	9月	10月	11月	12月	年平均
保护站	9.2	8.3	8.5	8.6	8.2	9.9	10.9	11.1	10.1	10.6	10.7	10.5	9.7
铜鼓县城	9.8	8.9	9.1	9.2	8.8	8.9	9.9	10.1	10.1	10.6	10.7	10.5	9.7

（5）各界限气温的初、终日期及持续天数　海拔1480m的麻姑尖最冷月1月平均气温也有0.9℃，稳定封冻时间不长，其他不同海拔高度的地面封冻日子也很少。保护站80%安全保证率的各界限温度的初终日期见表2-9。

表2-9　东河保护站各界限温度80%保证率的
初终日期、持续天数、活动积温和干燥度K　　　　　（单位：℃）

≥0℃	≥10℃			≥15℃			≥20℃			K
积温	初终日	持续天数	积温	初终日	持续天数	积温	初终日	持续天数	积温	干燥指数
5667.7	04.06 11.05	214	4461.9	5.07 10.09	156	3615.3	6.04 9.09	98	2437.9	0.86

≥10℃期间是喜温植物的生长期，初日是4月6日，这时很多种树木开始生长，黄豆、玉米、高粱等喜温作物可进行播种。终日是11月5日，初终间隔日数有214天。多种喜温作物能一年两熟。

≥15℃期间是喜温植物积极生长，热带植物组织分化的时期，也是双季水稻大田生长期。初日是5月7日，这时早稻插秧，红薯插植开始。终日是10月9日，初终间隔日数有156天。

≥20℃是喜温作物进行光合作用，常规水稻分蘖、孕穗、开花、灌浆的适宜温度。初日是6月4日，终日是9月9日，初终间隔日数有98天。

在保护区因海拔高度不同，各界限气温的初终日期有较大的差别。可按海拔375m的保护站相应的日期依高度每上升100m增加或减少3~4天，持续日数缩短6~8天计算，界限气温越高，它的天数缩短越多。

（6）积温　积温是衡量一个地方热量强度的指标，是决定当地作物种类和耕作制度的重要依据。保护站80%保证率的年总积温，≥0℃的有5667.7℃，≥10℃的有4461.9℃，≥15℃的有3615.3℃，≥20℃的有2437.9℃。

在海拔600m以上，≥0℃、≥10℃、≥15℃和≥20℃持续期间的积温随海拔升高的递减率约为163℃/100m。

2. 地温

（1）不同深度的平均地温　地温的年月变化规律与气温相同，1月最低，7月最高。11月至翌年2月份太阳辐射供给地表面的热量少于散失的热量，地温随深度的增加而升高。4~8月份的热量收入大于支出，热量由地表向深处传递是土壤吸热增温的时期，地温随深度增加而降低。3、9、10 月土壤的热量收支基本平衡，5 ~ 20cm 各深度的温度几乎相等（表 2 – 10）。3 ~ 10 月地表面的温度比地中各深度都高，其中 7 月份高出 5.4℃。全年各月的地温比气温都高，例如 10cm 深的年平均值比气温高出 1.7℃，冬季各月高 1.9℃，春季高 0.8℃，夏季高 1.4℃，秋季高出 2.7℃。秋季的差值随海拔的升高而明显地增加，这是因为秋季晴天多，雨日少，太阳辐射还比较强，土壤获得的热量较多所造成的。

表 2 – 10　东河保护站不同深度的平均地温　　　　　　　（单位：℃）

月　份	1 月	2 月	3 月	4 月	5 月	6 月	7 月	8 月	9 月	10 月	11 月	12 月	年平均
地面 0cm	4.2	6.2	10.5	16.5	23.2	27.1	32.5	31.1	26.3	18.4	12.3	6.5	17.9
地中 5cm	4.4	6.8	10.4	16.3	21.5	25.1	28.5	26.8	24.3	17.8	12.9	7.3	16.9
地中 10cm	4.9	7.0	10.4	16.1	21.0	24.5	27.8	26.8	24.3	18.2	13.4	8.0	16.9
地中 15cm	5.3	7.1	10.3	15.8	20.7	24.1	27.4	26.6	24.3	18.4	13.8	8.5	16.9
地中 20cm	5.7	7.4	10.3	15.7	20.4	23.9	27.1	26.4	24.3	18.7	14.3	9.0	17.0
气　温	3.4	5.2	9.9	15.3	19.9	23.3	26.1	25.5	21.7	15.3	10.8	5.7	15.2

（2）地面最高最低温度　地面温度的变幅比气温大。保护站极端最高地面温度可达 60℃，60℃ 左右的地面温度在 6 ~ 9 月份都可能出现；极端最低地面温度达 – 15℃，10 ~ 4 月份地面最低温度都可能达到 0℃ 以下，一年中地面温度 ≤ 0℃ 的日数平均为 45 天。这种短时间的高温或低温会给植物根茎造成热害或冻害。

3. 无霜期

每年入秋后第一次出现的霜为初霜，每年春季的最后一次霜为终霜。保护站平均无霜期 221 天，初霜一般在 11 月中下旬出现，最早出现在 10 月下旬，最晚出现在 1 月上旬；终霜一般在 3 月中旬结束，最早在 2 月上旬，最晚于 4 月中旬结束。

（三）水分资源

1. 降水量

官山自然保护区所在地九岭山是江西西部雨水最丰沛的地区，也是江西降水中心之一，年均降水量 1950 ~ 2100mm，最大年降水量 2980mm（1975 年），最小年降水量 1460mm（1968 年）。据观测，东河保护站年均降水量为 1975mm，比铜鼓县城多 236.2mm，比宜丰县城多 223.5mm，从图 2 – 42 可以看出 3 地年降水量的变化趋势基本是一致的，4 ~ 6 月为汛期，3 个月的降水量约为全年总量的一半。11 ~ 1 月雨量最少，3 个月的降水量约为全年总量的 10%。保护区春夏季的降水量多于两县城，夏季最明显。

保护区受季风影响明显，各月降水量差异很大，分配极不平衡，季节分配也极不均匀。全年 3 ~ 8 月份是降水的高峰期，降水量达 1492.4mm，占年降水量的 75.6%，各月降水量接近或超过 200mm，6 月最多达 343.6mm；9 月至次年 2 月降水较少，其中 12 月降水最少，为 54.4mm（表 2 – 11）。由于降水时空分布不均匀，往往会产生暴雨、洪涝、干旱等情况。

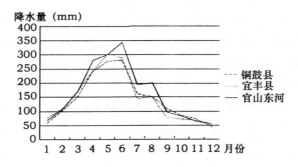

图 2-42 东河保护站和铜鼓、宜丰
县城全年降水量的变化

表 2-11 东河保护站和铜鼓、宜丰县城平均月降水量 （单位：mm）

时 际	1月	2月	3月	4月	5月	6月	7月	8月	9月	10月	11月	12月	全年
官山东河	69.9	111.5	171.4	280.7	302.1	343.6	194.3	200.3	96.3	85.4	65.1	54.4	1975
宜丰县城	76.8	111.4	168.5	238.8	302.5	287.5	143.8	152.1	78.1	71.3	66.1	54.6	1751.5
铜鼓县城	60.7	104.3	151	241	277	279.5	161.4	151.8	109	85	71.9	46.6	1738.8

随着海拔的升高，年降水量在低海拔地区是逐渐增加的，在高海拔地区则逐渐减少。海拔 500～800m 是降水最丰富的地段。不同的坡向降水量也不同，迎风坡的降水量大于背风坡。

2. 年降水日数

保护站全年 ≥0.1mm 的降水日数平均为 186 天，4～6 月份最多，9 月份最少；≥25mm 的大雨雨日全年有 19 天，在各月的分布与降水量多少的趋势基本一致，以 4～6 月份最多，12～2 月份最少；≥50mm 的雨日全年有 6 天，主要集中在 4～6 月份，其他月份较少出现；≥100mm 的大暴雨日在 5～7 月份出现，大约一年一次。可见保护区降水强度大的雨日较少，这对农林生产是有利的。

3. 大气相对湿度

大气相对湿度的高低对植物的生长有很大的影响，当空气湿度长时间低于 50% 时，很多植物发生生理干旱，高等植物不能进行开花授粉。湿度高于 90% 时，容易发生森林病虫害。保护站各月的相对湿度变化不大，在 82%～85% 之间，年平均值为 84%（表2-12）。日平均相对湿度低于 50% 的日数极少出现；日平均相对湿度为 51%～70% 的日数年平均有 22 天，主要出现在秋冬季节；日平均相对湿度为 71%～90% 的日数年平均有 214 天，4～9 月份的日数最多；日平均相对湿度高于 90% 的日数年平均有 129 天，2～6 月份的日数较多，其他月份较少。

表 2-12 东河保护站和铜鼓、宜丰县城月平均相对湿度 （单位：%）

时 际	1月	2月	3月	4月	5月	6月	7月	8月	9月	10月	11月	12月	全年
官山东河	82	83	85	85	84	85	82	83	83	84	84	83	84
铜鼓县城	82	83	85	84	84	84	81	83	84	84	83	82	83
宜丰县城	80	83	85	85	84	84	81	79	79	82	84	83	83

（四）风

风是空气中水汽、热量、二氧化碳、氧气和其他大气物理要素的输送者，在森林生态系统中有着重要意义。从生物的生存来考虑，风速不能过大或过小，一般最适宜的速度不超过6m/s。保护站地处西南—东北走向的河谷，前后是高山，河谷多曲折，不利风的流动，因而风速较小，风向也比较单调，大部分时间夏半年吹西南风，冬半年吹东北风。年平均风速为0.5m/s，各月风速相差不大，在0.3～0.7m/s之间。在保护区，风速随海拔高度增加而加大，但因地形相异而风速不一，在山体中上部地势开阔之地风速较大，年平均风速约2.5m/s。

三、主要林业气象灾害

在官山自然保护区，林业气象灾害主要有大风和冻害。

1. 风灾

当瞬间风速≥17m/s时，即为大风，这时的风力达到或超过8级，容易造成树木倒伏或折断。在保护区开阔的山顶、山脊和畅通的河谷溢口，常有大风产生。据统计，1959～1985年保护区境内共发生大风78次，平均每年发生2.9次，其中7、8月份最多，共发生47次。本地的大风多是锋面大风和地方性大风，且多为西南风。

2. 冻害

当地面物体温度降低到0℃以下时所产生的气象灾害称之为冻害，冻害主要包括冰冻和霜冻。对林木和动物容易造成伤害的冻害主要是冰冻。每年冬季，在寒潮侵入造成的低温阴雨期间，当地面温度低于0℃时，常常出现雨凇冻害，严重的雨凇冻害经常使大面积的森林折枝断梢。保护区年平均积雪8天，亦对森林有较大破坏作用。

四、结论

官山自然保护区属中亚热带温暖湿润山地气候，具有以下明显的气候特征：

1. 气候的海洋性强于大陆性

本区距南海较近，由于受赤道气团带来的西南气流的影响，夏半年（4～9月）盛行西南季风，气候潮湿多雨，其海洋性特征明显。用大陆度公式计算出本区气候受大陆影响的程度为14.2%，即受海洋影响的程度为85.8%。

2. 热量丰富，"两寒"明显

本区地处低纬度区，气候温暖，热量丰富，但时空分布差异大。从新西伯利亚、贝加尔湖南部、蒙古经河套南下的北方冷空气对本区影响强烈，因此常出现春季的"倒春寒"和秋季的"寒露风"天气。

3. 湿润多雾，日照较少

保护站年平均相对湿度为84%，各月的相对湿度都在82%以上，保护区大部分地段的年降水日数在180天以上，年日照时数低于1200小时，全年潮湿多雾，日照较少。

第三节 水文地质*

一、水文地质特征

(一)气象水文

气候是影响地表水、地下水生成运移的重要因素。官山自然保护区为中亚热带湿润山地气候,四季分明,雨量充沛。根据保护区内找桥、圳上、毛源洞、院前、黄岗等五处雨量站 1954~1999 年的观测资料及降雨量等值线图,用加权平均法计算出保护区内多年平均降雨量为 2009.3mm。降雨量时空分配不均匀,夏季为盛雨季节,占年降雨量的 57.3%,春秋冬季为少雨季节,占年降雨量的 42.7%;在空间上,地势越高降雨量越大,地势越低降雨量越小。由于降雨量在时空上分配不均匀性,必定影响地表水、地下水在时空上分配不均匀性,降雨量的大小直接影响地表水、地下水径流量的增减,从而也控制着地表水、地下水的丰富程度。保护区内多年平均气温 16.2℃,极端最高气温 40.1℃,极端最低气温 –10.5℃,多年平均相对湿度 83%。多年平均风力 1 级,平均风速 1.2m/s,历年最大风力 7 级,最大风速 16.3m/s。多年平均蒸发量 728.1mm,最大蒸发量 839.7mm,最小蒸发量 598.6mm,年平均蒸发量小于降雨量,潮湿系数 2.8,属湿润区。潮湿、湿润环境与植被发育关系密切,植被从土壤中吸收水分,又蒸发水分,同时又覆盖地面,减少地表蒸发,形成水份的良好循环,有利于稳定地下水。

(二)地层及岩浆岩

地层岩性、构造是赋存地下水的基础,地下水的富集程度主要决定于地层岩性的赋水空间性质,对地下水的分布和运动影响较大。山区旱季的地表水主要靠地下水补给,所以地层岩性、构造也就间接地成为地表水形成的主要地质因素和条件。考察范围(官山自然保护区及周边)出露的地层主要有前震旦系和第四系,并见有雪峰晚期和华力西晚期岩浆岩。

1. 前震旦系

元古界前震旦系双娇山群为一套巨厚的浅海相泥沙质浅变质岩系,分布在龙门和西河一带,保护区内出露面积较少,主要为下双娇山亚群($ptsh_1$)。岩性以变余凝灰质粉——细砂岩、板岩、千枚岩、片岩为主。因经受多次构造运动,岩石比较破碎,受地下水长期作用,层间形成软弱夹泥层和泥膜,一般厚 1~10cm。

2. 第四系

主要分布在龙岗至潭山一带,为全新统(Q_4^{al})。保护区内出露面积 0。以冲积为主,由亚粘土、亚砂土及砂砾石层组成。上部以灰褐——黄褐色亚黏土为主,黏土、亚砂土次之,局部含少量石英砂砾及铁锰质结核。层厚 0.7~5.1m,一般厚约 1.5~3.0m,平均厚 2.36m。下部为灰白色砂砾石层,以石英、变质砂岩、板岩等砾石为主,层厚 2.5~4.71m,一般厚约 2.5~2.8m,平均厚 3.26m。

---

* 本节作者:付达夫[1],黄金玲[1],彭定南[2](1. 国家林业局中南调查规划设计院,2. 宜丰县林业局)

3. 雪峰晚期岩浆岩（Yδ₂²）

主要分布于石花尖一带，保护区内面积不多。属于石花尖岩体，呈大型岩基、岩株产出，侵入于双娇山群浅变质岩中。接触带呈锯齿状、波状、树枝状，岩性主要为中——细粒斑状黑云斜长花岗岩、堇青黑云花岗闪长岩。具花岗变晶、似斑状等结构，块状构造。主要矿物成分及其平均含量：斜长石（37.1%），钾长石（17.1%），石英（31.28%），黑云母（8.72%），白云母（2.75%）。

4. 华力西晚期岩浆岩（Y₄³）

主要分布于上石桥至龙岗的西边一带，保护区内面积为0。属于甘坊岩体，为一不规则的椭圆形小岩基，北西端侵入于元古界双娇山群，接触面平整，南面侵入于雪峰晚期黄岗口岩体之中，接触面呈齿状，向外倾，倾角56°~75°。主要岩性为中——中粗粒斑状黑云母花岗岩、二云母花岗岩。具中——中粗粒花岗、花岗变晶结构，块状、片麻状构造。主要矿物成分及其平均含量：斜长石（22.1%），钾长石（36.1%），石英（31.4%），黑云母（4.2%），白云母（6.2%）。

考察范围内的主要地层及岩浆岩的特征和分布情况见表2－13。

表2－13 官山自然保护区地层及岩浆岩的水文地质和水质特征一览表

符号	地质年代	地下水类型	富水等级	水 文 地 质 特 征	水 质
Ptsh₁	元古界前震旦系下双娇山亚群	构造裂隙水	极贫乏	岩性以凝灰质砂岩、板岩、千枚岩、片岩为主。地下水径流模数0.159~0.514L/s·km²，泉流量0.0042~0.0146L/s	HCO₃—K + Na 型淡水，pH 值6.0~6.5，水温14~19℃，矿化度30~70mg/l，硬度0.45~1.8mg/l
Q₄ᵃˡ	新生界第四系全新统	松散岩类孔隙水	中等	由亚黏土、亚砂土及砂砾石层组成，局部夹砂及泥质砂砾石层。含水层厚1.60~3.87m，地下水位埋深1.10~1.45m，单井涌水量163.82~319.84t/d	HCO₃—Ca 型淡水，pH 值6.0~7.0，水温14~20℃，矿化度100~300mg/l，硬度 9.0~28.8mg/l
τδ₂²	雪峰晚期	风化带网状裂隙水	丰富	岩性为花岗闪长岩和花岗岩为主，产状为岩基或岩株。风化层厚19.9~22.68m，含水层厚18.95~20.24m，地下水位埋深2.21~3.25m，地下水径流模数6.457~9.275L/s·km²，泉流量0.014~0.120L/s	HCO₃—K + Na·Ca 型淡水，pH 值6.0~6.5，水温15~19℃，矿化度40~70mg/l，硬度1.08~2.70mg/l
			贫乏	岩性为花岗闪长岩和花岗岩为主，产状为岩基或岩株。含水层厚10~20.24m，地下水位埋深2.21~3.25m，地下水径流模数1.154~2.945L/s·km²，泉流量0.0051~0.0495L/s	

（续）

符号	地质年代	地下水类型	富水等级	水文地质特征	水质
τ_4^3	华力西晚期	风化带网状裂隙水	丰富	岩性以二云母花岗岩、黑云母花岗岩为主，产状为岩基。风化层厚19.9～22.68m，含水层厚18.95～20.24m，地下水位埋深2.21～3.25m，地下水径流模数6.457～9.275L/s·km²，泉流量0.014～0.120L/s	HCO_3—K＋Na·Ca型淡水，pH值6.0～6.5，水温15～19℃，矿化度40～70mg/l，硬度1.08～2.70mg/l

（三）构造

构造是地下水埋藏、富集的主要控制因素。官山自然保护区地处九岭隆起向坪乐凹陷带的过渡地带，主要发育东西向（纬向）构造和北东向（华夏式）构造，其主要构造形迹为褶皱和断裂，尤以断裂构造较发育，沿断裂带地下水富集。考察范围内的断裂带均为压——压扭性，规模大、切割深、延伸长，因形成时期早，固结较好，透水性能一般较差，但因后期构造运动破坏和改造，使早期固结较好的硅化破碎带再次破碎，造成有利的储水空间。

1. 褶皱

考察范围内发育的褶皱为黄金洞——胆坑复向斜，位于黄金洞至铜鼓大墩之南，为一轴向东西的线状紧密复式向斜。由前震旦系双娇山群组成。大墩以南被九岭花岗岩闪长岩截断，胆坑以东轴部抬起，出露总长60km左右。复式向斜中的褶皱轴面一般倾向北，南北两翼倾角分别为30°～50°和50°～80°，组成复向斜的次级褶皱的向斜较开阔，背斜较狭窄。

2. 断裂

考察范围内发育的断裂带主要有四条，其中一条属纬向构造，3条属华夏式构造，它们的主要特征见表2－14。

表2－14 主要断裂一览表

编号	断裂名称	性质	类型	延伸长（km）	主要特征
（1）	铜鼓—大槽口	压性	纬向构造	30	走向近东西，断裂表现为硅化破碎带、角砾岩、糜棱岩、并见有断层泥，断裂近旁发育片理或片麻理化，断面上见有垂向或斜擦痕。具多次活动性，有密集的细碧角斑岩细脉和基性岩脉
（2）	张家坊—铜鼓	压扭性	华夏式构造	80	走向北东，倾向南东，倾角63°～20°，见硅化破碎带22m，断面光滑，有硅质薄膜，斜冲擦痕，糜棱岩化，绿泥石化

（续）

编　号	断裂名称	性　质	类　型	延伸长 （km）	主　要　特　征
（3）	宜源山—东墩	压扭性	华夏式构造	38	走向北东，倾向南东，倾角50°～75°，见硅化破碎带，断面光滑平直，有硅质薄膜、碎裂岩，糜棱岩，见次级牵引褶皱及分支断裂
（4）	东上—于家槽	压扭性	华夏式构造	40	走向北东，倾向南东，北东段倾向北西，倾角80°，见糜棱岩化、绿泥石化、硅化，南西端见次级断裂，"带状"构造及石英脉

（四）地形地貌

地形地貌主要反映地表水、地下水的赋存和补排关系，也是影响地下水形成和分布的一个主要自然地理因素。官山自然保护区属构造侵蚀中山地形，区内深切陡坡的中山地貌容易形成地表径流，对地下水的储存是不利的，因而地下水相对贫乏。但在汇水盆（洼）地地区，却有利于地表水的汇集，也为地下水的补给创造了时空条件，因而地下水较富集。

二、地下水

（一）地下水类型及含水岩组富水性

根据地下水赋存条件、水理性质及水力特征等，考察范围内的地下水类型主要属于松散岩类孔隙水类型和基岩裂隙水类型的风化带网状裂隙水亚类及构造裂隙水亚类。

1. 松散岩类孔隙水

地下水储存于第四系松散岩类孔隙中，主要由全新统冲积层组成。保护区内面积为0。含水层厚 $1.60 \sim 3.87m$，地下水位埋深 $1.10 \sim 1.45m$，单井涌水量 $163.82 \sim 319.84t/d$，富水等级为水量中等，属 $HCO_3 \sim Ca$ 型淡水。

2. 风化带网状裂隙水

地下水储存于华力西晚期和雪峰晚期中粗——中细粒岩浆岩的风化裂隙中。地下水位埋深 $2.21 \sim 3.25m$，含水层厚 $10.0 \sim 20.24m$，地下水径流模数 $1.15 \sim 6.66L/s \cdot km^2$，泉流量 $0.0046 \sim 0.096L/s$。为 $HCO_3 \sim K + Na \cdot Ca$ 型淡水。根据地下水径流模数和泉流量，其富水性分为水量丰富和水量贫乏两个等级。

（1）水量丰富：含水岩组为华力西晚期和雪峰晚期花岗岩组成。风化层厚 $19.9 \sim 22.68m$，含水层厚 $18.95 \sim 20.24m$。地下水径流模数 $6.457 \sim 9.275L/s \cdot km^2$，平均 $6.656L/s \cdot km^2$。泉流量 $0.014 \sim 0.120L/s$，平均 $0.103L/s$。

（2）水量贫乏：含水岩组为雪峰晚期花岗岩。地下水径流模数 $1.154 \sim 2.945L/s \cdot km^2$，平均 $2.495L/s \cdot km^2$。泉流量 $0.0051 \sim 0.0495L/s$，平均为 $0.072L/s$。

3. 构造裂隙水

含水岩组为前震旦系双娇山群，地下水储存于裂隙之中。张开裂隙占裂隙总数的38%，裂隙平均张开宽度 $0.35 \sim 1.2cm$，全填充占36%，半填充占28%，无充填物为

36%。其中渗水裂隙占裂隙总数的 7%，裂隙发育和张开程度相对较差。地下水径流模数 $0.159 \sim 0.514 L/s \cdot km^2$，平均 $0.307 L/s \cdot km^2$，泉流量 $0.0042 \sim 0.0146 L/s$，平均 $0.0281 L/s$。根据裂隙发育程度、张开及充填情况、径流模数、泉流量，考察范围内的构造裂隙水富水等级为水量极贫乏。

（二）地下水的补给、径流和排泄

官山自然保护区的地下水储存于浅部基岩裂隙中，含水层分布受地形控制明显，一般为顺坡倾斜的含水层，导水性能向深部逐渐减弱。由于地形切割较深，含水层常被沟谷所切，因此侧向补给条件较差。地下水主要接受大气降水的渗入补给，地下水位、泉流量随降水变化迅速，具有近源补给、近源排泄、径流途径短的特征。在岩浆岩分布区，风化层发育较深，表部风化产物结构疏松且植被茂盛，降水渗入条件和地下水的储存条件均较好，地下水分布相对均匀，成网状流。泉流量随降水变化明显，年变幅较大，三水转化迅速，在陡坡、沟谷处地下水常以散流、层流或泉的形式泄出，具有泉流量较小、径流模数相对较大的特征。浅变质岩分布区，裂隙发育，但开张程度差，一般浅部充填程度较好，因此，降水渗入条件较差，水量贫乏，地下水往往沿导水裂隙运动，以泉的形式就近排泄。

（三）地下水水质分析与评价

地下水的化学特征主要包括水化学类型、pH 值、矿化度、总硬度等因子。水化学类型主要受岩性控制，不同地下水类型具有不同的水质类型。官山自然保护区的水化学类型以 $HCO_3 - K + Na$? Ca 和 $HCO_3 - K + Na$ 型为主。pH 值受岩性、地貌、植被等因素控制，在植被发育、地形陡峻的保护区范围内 pH 值为 $6.0 \sim 6.5$。矿化度的大小随周围界质和补给、径流、排泄条件的不同而异，保护区属基岩裂隙水区，矿化度为 $30 \sim 70 mg/l$。硬度的控制因素及其变化规律基本上与矿化度相似，保护区的地下水硬度在 $0.45 \sim 2.70 mg/l$ 之间。

保护区地下水的水温为 $14 \sim 19 ℃$，色度 < 5，浑浊度 < 3，水体无色、无臭、透明，无有害物质，锅垢极少（锅垢总量小于 $125 mg/l$），不起泡（起泡系数 $F < 60$），不具腐蚀性（腐蚀系数 $KK < 0$ 且 $KK + 0.0503 Ca > 0$），灌溉系数 Ka 远大于 18。综上所述，保护区的地下水是完全符合国家饮用水标准的极软、中性至弱酸性淡水，同时适宜工业和农业用水。

官山自然保护区地下水的类型、分布及其水文地质和水质特征见表 2-13。

三、地表水

（一）河流水系概况

官山自然保护区森林覆盖率高，涵养水源丰富，地表水系发育。保护区内的大小河流呈树枝状或扇形或梳状分布，无外来水流，自成水系。主要河流有汇入铜鼓县定江河下段的正溪水、双溪水、带溪水和汇入锦江宜丰段的长塍港、耶溪河。定江河属长江流域鄱阳湖水系修水支流，锦江属长江流域鄱阳湖水系赣江支流。

官山自然保护区的河流水系结构情况见表 2-15。

表 2-15 官山自然保护区各级河流名称表

干流名称	一级支流	二级支流	三级支流	四级支流
定江河	带溪水	龙门水	板坑溪	
			大来港溪	
			庵下溪	
			大埚坑溪	
		埚子坳溪		
	双溪水	彭家洞溪		
		牛角埚溪		
		禾杆洞溪		
		阳垄溪		
	澡坑溪			
	磨刀坑溪	小坑溪		
	正溪水			
锦江	耶溪河	石桥河	青洞溪	
		逍遥河	石坝里河	
			曾家屋河	
			桂竹港河	
			毛家河	
			北角河	
			横坑河	
			尤岗山河	
	长塍港	土墙败河	包狮河	
			板坑溪	
			东河	将军河、李家屋河、龙坑河
			西河	安土里溪、吊洞溪、麻子山沟、大西坑溪
			水简坑河	李婆婆河
		坪田河	土垅坑河	

(二) 主要河流的水文特征

1. 定江河

定江河俗称东河，下游修水县境名武宁乡水，又称山口水。发源于铜鼓县大沩山南面排埠镇的血树坳，自西南流向东北，至古桥乡的金鸡桥流入修水。流域面积 888.4km²，全长 70.9km，平均宽 160m，有支流 32 条，流经铜鼓县的排埠、石桥、温泉、丰田、永宁、三都、茶山、大塅、龙门、带溪、古桥等 11 个乡、镇、场。按河道纵坡变化，丰田以上为上段，坡降 0.57%，丰田至三都为中段，坡降 0.16%，三都至出口为下段，坡降 0.14%。定江河流域两岸丘陵区 275km²，多年平均径流深 999.7mm，径流总量 27244 万 m³，山岳区 613.4km²，多年平均径流深 1110.0mm，径流总量 68154 万 m³。

（1）带溪水

为定江河右岸最大支流，东源以上有南北二水源，南源为来自官山自然保护区的龙门水，出青洞山西侧，经龙口、青洞至东源。北源高岭水，出八叠岭，过高岭、带溪，至东源两源汇合，西流过马兰桥于大塅注入定江河。流程 20km，集水面积 112km²。

（2）双溪水

源出官山自然保护区石花尖北麓，小芬以上有数源齐出，西北流至魏家庄纳右岸龙门林场溪水，至桐梓坡纳左岸阳垄溪水，于桥头注入定江河。流程 15km，集水面积 51km²。

（3）正溪水

源出官山自然保护区麻子山，于上港口注入定江河。流程 6.8km，集水面积 10km²。

2. 锦江

锦江干流从万载县到宜丰县芳溪乡湖口进入宜丰县境，经禾埠及石市乡的新华、车溪、星溪、石崖滩、梨树，在凌江口出宜丰县入上高县。在宜丰境内全长 26km，有长塍港、耶溪河两条主要支流，境内流域面积 269km²。

（1）耶溪河

又名宜丰河，古称藤江，是宜丰县内第一大河流。源于官山自然保护区石花尖山麓的胡家山。向东而行，纳逍遥诸水后东南流至潭山，在袁家洲会石桥水，床里收芳源水出潭山境，至藤桥纳黄沙水，南流至老鸦石，纳何思桥水出天宝境，进入桥西乡境后纳曹溪、小槽、双峰诸水，直泻新昌镇，绕县城西、南而过，经石埠、茶咀折东而行，在敖桥乡樟陂村的港子口收敖溪水南流至埠头，再纳清水溪诸水，在凌江口流入锦江，干流（从院前至凌江口）全长 72.9km，主要支流 12 条，河宽 40～70m，流域面积 775km²，多年平均流量 16.87m³/s，河道落差 412m。

耶溪河上游河道坡降约 12.7%。中游，即藤桥至县城，坡降约 0.135%。县城以下至凌江口为下游，河道坡降约 0.06%。

耶溪河的主要支流中源于官山自然保护区的有逍遥河、石桥河。逍遥河长 17km，集水面积 41.2km²，河床宽 1～100m，平均水深 1m 以下，主河坡降 0.337%，多年平均径流深 1141.0mm。石桥河长 14km，集水面积 32.6km²，河床宽 1～100m，平均水深 1m 以下，主河坡降 0.36%，多年平均径流深 1135.0mm。

（2）长塍港

又名芳溪河，古称长塍江，是宜丰县内第二大河流。源于官山，在哨前与土地坳出来的溪水合流，南流至车上汇直源、湖溪二水折东，经蕉溪纳芭蕉水，在下尾再纳香源水，南奔芳溪乡湖口注入锦江。干流（大坝洲至湖口）全长 61.51km，主要支流 9 条，流域面积 405km²。河道落差 346m，上游河道坡降 2.7%，中游坡降 0.23%，下游坡降 0.1%，多年平均流量 15.8m³/s。

（三）地表水水质分析与评价

官山自然保护区的地表水以接受大气降水为根本补给来源。pH 值为 6.9～7.5，近于中性水。矿化度为 60～130mg/l，为淡水。总硬度为 2.88～8.64mg/l，属软水。水化学类型为 $HCO_3 - Ca$ 型。在保护区范围内没有工矿企业，没有污染源，地表水没有受到污染，各种有害物指标均未超过国家规定的标准。水化学特征为锅垢极少、不起泡、不具腐蚀性、灌溉系数远大于 18，水物理特征为无色、无臭、透明，水体质量良好，适宜保护区范围内及其下游人民生活和工农业生产用水。

四、水资源及其利用与保护

（一）水资源总量

水资源总量包括地下水储量和河川径流总量。

地下水储量计算采用大气降水渗入法，通过计算得出官山自然保护区地下水平均总储量为 0.66 亿 m³。

河川径流总量包括地表水径流量和地下水径流量。地表水径流量根据区内河流多年平均径流深来计算。地下水径流量则用水文分割法，分割出河流基流量作为地下水的径流量，因官山自然保护区属基岩山区，地下水主要排泄于河谷，枯月河川基流量基本上反映地下水的径流量。经过计算，官山自然保护区河川径流总量为 1.3066 亿 m³/a，其中地表水径流量为 1.267 亿 m³/a，地下水径流量为 0.039 亿 m³/a（按面积 115km² 推算）。

（二）水资源利用

1. 灌溉农田及生活用水

2. 发电用水

经考察，官山自然保护区的水源主要影响着以下 5 座水电站（总装机容量 2040kW）的发电。具体情况是：装机容量 40kW 的东河一级电站，装机容量 500kW 的东河二级电站（在建）、土墙败电站、洞上电站和桂花桥电站。

3. 工业用水

经考察，官山自然保护区的河流为其下游的黄岗木竹加工厂、黄岗竹笋罐头厂、双峰竹笋罐头厂、宜丰县竹胶板厂等工厂每年提供约 301.6 万 t 的工业用水。

（三）水资源保护

根据前述情况综合分析，官山自然保护区的水资源已逐渐得到开发利用，大小水库和水电站的建成为周围群众生活、灌溉用水及生产生活用电提供了有力的保障。然而，官山自然保护区的水资源利用率还较低，在不违反自然保护区管理原则的前提下尚可进一步加强。但作为保护区，在合理开发利用其水资源的同时更要注意水资源的保护，第一，要严格控制在河流上游进行工程建设，特别是对环境影响较大的工程不得兴建；第二，要加强现有森林资源的保护；第三，要注意防止含水层、储水体破坏，控制水质污染与恶化。

第四节 土 壤[*]

一、土壤的垂直分异性

由于海拔升高引起气候和植被的垂直变化，导致自然土壤明显的垂直变化，海拔300m 以下为山地红壤，海拔 300~500m 为山地黄红壤，海拔 500~1100m 为山地黄壤，海拔 1100~1300m 为山地黄棕壤，海拔 1300m 以上为山地草甸土（图 2-43）。

（一）土壤剖面层次

保护区内土壤剖面发育良好，人为干扰极少，剖面构成为 A-B-C、A-AB-C、A-B-BC-C、A-B-C-D 型，在考察途中也发现由于侵蚀剥蚀及侵蚀溶蚀等各种地质作用的影响，形成了一些悬崖峭壁，在这些地带土壤剖面有时为 A-B-D 或 A-D 型。土体厚度大部分在 80cm 以上，有的甚至超过 200cm。一般剖面顶部都有 1~3cm 的半腐解

* 本节作者：苏以荣[1]，黄金玲[2]（1. 中国科学院长沙农业现代化研究所，2. 国家林业局中南调查规划设计院）

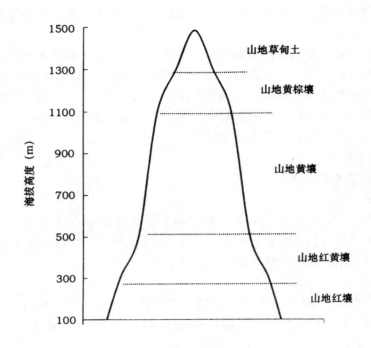

图 2-43 官山自然土壤垂直分布图

枯枝落叶层，以针叶林为主的地带较薄，仅 1cm 左右；草丛次之，为 1~2cm；落叶阔叶林为主的地带较厚，为 2~3cm。半腐解枯枝落叶层下面为 10~15cm 的表土层（发生学上的 A 层），在植被较差的地方此层较薄，在缓坡和植被较好的地方此层较厚，其典型特征是颜色较深，由于母质的影响以棕色为主，从红壤到山地草甸土颜色逐渐加深，分别为棕色（7.5YR，4/4）、暗红棕（5YR，2/4）或暗黄棕（10YR，3/4）、暗棕（7.5YR，3/4）或暗灰棕（5YR，4/2）、黑棕（7.5YR，2/2）或暗棕（7.5YR，3/4）及黑棕（7.5YR，2/2）；植物根系密集。表土层下面为积淀层（发生学上的 B 层），该层厚度不一，薄的仅 20cm，厚的超过 100cm，植物根系明显较 A 层少；且颜色较 A 层浅，从红壤到山地草甸土颜色分别为淡棕色（7.5YR，5/6）、淡红棕（5YR，5/8）或棕色（7.5YR，4/4）、棕色（7.5YR，4/4）或淡棕（7.5YR，5/6）、暗棕（7.5YR，3/4）或淡棕（7.5YR，5/6）及黄棕（10YR，5/8）。积淀层下面为母质层（发生学上的 C 层），该层厚度一般都在 40cm 以上，偶尔可见植物根系，从红壤到山地草甸土颜色分别为暗黄橙（7.5YR，6/8）、淡红棕（5YR，5/8）或淡棕（7.5YR，5/6）、黄棕（10YR，5/8）或淡灰黄（2.5YR，7/3）、淡棕（7.5YR，5/6）或棕红（2.5YR，4/8）及淡棕（7.5YR，5/6）。

（二）土壤质地、结构与黏粒分布

在土壤剖面中一般 A 层质地相对较轻，多为中壤，B 层和 C 层质地较重，多为重壤。A 层土壤多为粒状或团粒状结构，B 层和 C 层土壤多为柱状或块状结构。A 层 <0.01mm 的物理性黏粒含量最高为 39.75%，最低为 14.67%，平均为 29.33%；B 层黏粒含量最高为 42.45%，最低为 15.22%，平均为 30.85%；C 层黏粒含量最高为 31.87%，最低为

9.21％，平均为 18.31％。比较 A、B、C 三个土层中黏粒含量，可见以 B 层的黏粒含量为最高，A 层次之，C 层最低；这是因为 A 层风化成土时间长，且长期受雨水的淋洗，黏粒发生淋溶而下移，在 B 层中积淀；C 层因风化成土时间相对较短，原生矿物转化为次生黏土矿物还不彻底，A 层淋溶下移的黏粒全部积淀在 B 层中，因此在剖面中 C 层的黏粒含量最低。在大部分剖面中 B 层可见明显铁锰结核的斑纹，说明脱硅富铝（铁锰）化在成土过程中生产生了相当重要的作用。

（三）土壤阳离子代换量（CEC）与 pH 值

保护区土壤在亚热带温暖湿润气候下，原生矿物强烈地风化分解，盐基部分被淋失，导致铁、铝氧化物聚集，土壤呈酸性反应。A 层土壤 pH（水提）最低为 4.49，最高为 5.26，平均为 4.89；B 层 pH 最低为 4.86，最高为 5.42，平均为 5.12；C 层 pH 最低为 5.09，最高为 5.58，平均为 5.36。由此可见，下层土壤 pH 较上层土壤高，这是脱硅富铝化与脱盐基化作用的显著特征。

土壤 CEC 是土壤黏土矿物和土壤有机质组成及含量的一个综合反应。保护区土壤 A 层的 CEC 最高为 92.43me/100g 土，最低为 55.91me/100g 土，平均为 80.25me/100g 土；B 层土壤最高为 90.27me/100g 土，最低为 32.62me/100g 土，平均为 62.20me/100g 土；C 层土壤最高为 63.82me/100g 土，最低为 8.96me/100g 土，平均为 40.03me/100g 土。虽然 A 层土壤中黏粒的含量较 B 层略低，但由于 A 层中有机质的含量大大高于 B 层，使得 A 层土壤 CEC 远高于 B 层；因土壤有机质及土壤风化程度的差异导致 C 层土壤 CEC 远低于 B 层。

（四）土壤有机质

植物长期生长发育与演化所产生的大量凋落物为土壤有机质的形成提供了物质基础。保护区土壤 A 层的有机质含量最高为 3.39 ％，最低为 1.62％，平均为 2.65 ％；B 层最高为 1.67 ％，最低为 0.23％，平均为 0.86％；C 层最高为 0.90 ％，最低为 0.11％，平均为 0.34％。

土壤有机质的 C/N 比是土壤有机质质量的一个重要指标，一般来说，土壤有机质的 C/N 比以 12 左右为好，C/N 比太大不利于土壤微生物的生长发育，从而土壤养分的释放较少，植被生长得不到相应的养分供应，因此植被生长较差；C/N 比太小，土壤微生物大量生长发育，释放出大量养分，导致土壤有机质消耗过快，大量养分因来不及被植物吸收利用而遭淋失。保护区土壤 A 层有机质的 C/N 比最高为 14.92，最低为 11.30，平均为 12.83；B 层 C/N 比最高为 13.28，最低为 5.64，平均为 9.16；C 层 C/N 比最高为 11.52，最低为 4.33，平均为 7.08。

植被类型对土壤有机质的数量和质量有至关重要的影响。总体上，落叶阔叶林地的土壤有机质高于常绿阔叶林，常绿阔叶林高于常绿针叶林或灌木林，常绿针叶林或灌木林高于草丛。

二、分述

官山自然保护区的地带性土壤为红壤，由于区内垂直高差大，气候、植被分异明显，导致土壤垂直分异。保护区内共有红壤、黄壤和草甸土 3 个土类，红壤、山地红黄壤、山地黄壤、山地黄棕壤及山地灌丛草甸土5个亚类，其分布情况见表2-16。

表2-16 官山土壤类型及分布

土 类	亚 类	海拔（m）	代表性植被类型	分布区域
红壤	红 壤	<300	人工杉、常绿阔叶与落叶阔叶混交林	山麓
	山地黄红壤	300~500	竹、人工杉、常绿阔叶及落叶阔叶混交林	山体中下部
黄壤	山地黄壤	500~1100	竹、人工杉、落叶阔叶及常绿阔叶混交林	山体中部
	山地黄棕壤	1100~1300	灌木林、落叶阔叶及山顶矮林混交林	山体中上部
草甸土	山地灌丛草甸土	>1300	灌木林及山地草甸植被	山顶

（一）红壤

红壤为保护区的地带性土壤，此类土壤分布于保护区海拔300m以下的丘陵山地，天然林为常绿阔叶林，但保存较少，现主要为人工杉木林、人工马尾松林，母质为砂岩坡积物。以距土墙牌约3km的公路附近剖面为例，对红壤的剖面特征及理化性质见表2-17和表2-18。

表2-17 红壤剖面特征

剖面号	剖面地点	植 被	层次	厚度（cm）	质地	颜 色	结 构	层次过渡类型	>0.01mm（%）	<0.01mm（%）
009	距土墙败3km左右的公路旁（220m）	常绿阔叶与落叶阔叶混交林	A	0~13	中壤	棕色 7.5YR, 4/4	粒状		69.69	30.31
			B	13~75	重壤	淡棕色 7.5YR, 5/6	块状	明显	69.44	30.56
			C	75以下	重壤	暗黄橙 7.5YR, 6/8	块状	逐渐	74.71	25.29

表2-18 红壤理化性质

层次	有机质（%）	pH	CEC（me/100g土）	全氮（%）	碱解氮（mg/kg土）	全磷（%）	速效磷（mg/kg土）	全钾（%）	速效钾（mg/kg土）	C/N
A	3.30	4.49	91.13	0.28	210.44	0.093	3.56	1.36	50.33	11.79
B	1.17	4.86	80.29	0.13	77.52	0.075	1.59	1.31	21.45	9.00
C	0.39	5.09	63.82	0.07	40.53	0.061	0.70	1.39	21.21	5.57

剖面点坡度20°~25°，植被为常绿阔叶与落叶阔叶混交林，树种以木荷、细叶青冈、枫香、麻栎等为主，剖面特征及理化性质见表2-17、表2-18。该区红壤的主要特征有以下几点：①土壤红化不明显，由于受暗棕色母质的影响，剖面为棕色至淡棕色；②土壤

有机质含量高，A 层为 3.30%，B 层为 1.17%，说明处于原生植被条件下的土壤肥力水平高；③坡积物母质发育土壤的典型特征为土体中有一定量的碎屑、砾石，A 层中砾石约占土体的 10%，B 层中砾石约占土体的 20%，C 层中砾石含量在 30%以上；④由于水热条件好，土体深厚，土层厚度大于 120cm。⑤湿润的气候导致盐基淋失，土壤呈酸性至强酸性反应，pH4.49～5.09；⑥土壤养分以氮最为丰富，钾次之，磷缺乏。

（二）山地黄红壤

山地黄红壤为红壤的一个亚类，也是红壤向山地黄壤过渡的一种过渡性土壤，此类土壤分布在 300～500m 的山地，成土母质基本与红壤相同，自然植被为常绿阔叶与落叶阔叶混交林，在自然植被已部分为人工杉木林和竹林代替。分别在保护区核心的东部和西部各挖了一个剖面对山地黄红壤的剖面特征和理化性质进行了考察（表 2－19、表 2－20）。

表 2－19　山地黄红壤剖面特征

剖面号	剖面地点	植被	层次	厚度(cm)	质地	颜色	结构	层次过渡类型	物理性黏粒 >0.01mm（%）	<0.01mm（%）
007	西河站附近(350m)	人工杉林及竹林	A	0～20	中壤	暗红棕 5YR，2/4	小团粒		60.25	39.75
			B	20～60	重壤	淡红棕 5YR，5/8	柱状	明显	58.06	41.94
			C	60 以下	重壤	淡红棕 5YR，5/8	柱状	不明显	68.13	31.87
008	东河站附近(450m)	常绿阔叶与落叶阔叶混交林	A	0～15	中壤	暗黄棕 10YR，3/4	粒状		57.55	27.89
			B	15～60	重壤	棕色 7.5YR，4/4	大块状	明显	72.11	42.45
			C	60 以下	重壤	淡棕 7.5YR，5/6	块状	逐渐	83.00	17.00

表 2－20　山地黄红壤理化性质

剖面号	层次	有机质（%）	pH(H₂O)	CEC(me/100g土)	全氮（%）	碱解氮(mg/kg土)	全磷（%）	速效磷(mg/kg土)	全钾（%）	速效钾(mg/kg土)	C/N
007	A	2.40	4.92	81.96	0.21	115.05	0.096	2.15	1.66	53.17	11.43
	B	0.88	5.19	59.03	0.11	52.84	0.073	2.59	1.69	29.31	8.00
	C	0.56	5.58	62.05	0.08	37.14	0.071	0.57	1.53	23.08	7.00
008	A	2.00	4.80	71.55	0.18	103.37	0.106	2.58	2.22	59.64	11.11
	B	1.05	5.10	57.53	0.11	55.38	0.101	1.46	1.99	41.28	9.55
	C	0.29	5.35	43.18	0.06	25.34	0.075	0.56	1.69	19.57	4.83

东部剖面点位于东河站附近，海拔 450m，为自然植被，即常绿阔叶与落叶阔叶混交林，树种主要为麻栎、青冈、大叶栲、冬青、红楠、枫香、山乌桕等；母质为砂岩坡积物和堆积物，坡度约 20°。西部剖面点位于西河站附近，海拔 350m，植被为人工杉木林和竹林，母质为砂岩坡积物，剖面点坡度较缓，约 8°～10°。东部剖面代表自然条件下的山地黄红壤，西部剖面代表受人为干扰过的山地黄红壤，两个剖面的剖面特征及土壤理化性质

基本相近，主要特征为：①由于母质和地理位置的双重影响，东部剖面点土壤的颜色偏黄，接近黄壤，而西部剖面点土壤的颜色偏红，更接近红壤；②因剖面点坡度的差异，东部剖面土体厚度小于 100cm，而西部剖面土体厚度大于 150cm；③土壤有机质含量丰富，两剖面 A 层有机质分别为 2.00％和 2.40％，B 层为 0.88％和 1.05％；且上层土壤 C/N 适中，说明土壤有机质的质量较好；④土体中黏粒明显下移，两剖面 B 层土壤中 < 0.01mm 的黏粒含量明显高于 A 层，下层土壤的质地较上层土壤黏重；⑤土壤呈酸性反应，pH 4.80 ~ 5.58。

（三）山地黄壤

山地黄壤是保护区分布最广的一类土壤，主要分布在 500 ~ 1100m 的山地，成土母质差异较大，在海拔 500 ~ 750m，一般为砂岩坡积物与堆积物，在海拔 750 ~ 1100m，东部以砂岩坡积物与堆积物为主，偶尔有花岗岩，西部以花岗岩为主，夹杂砂岩坡积物与堆积物。自然植被为落叶阔叶与常绿阔叶混交林，以落叶阔叶林为主，在核心保护区的东部大部分地区仍为自然植被，在西部则以人工杉木林和竹林为主。考察过程中在东部及西部各选一剖面进行了调查。东部剖面点位于距东河站约 2km 的山体中部，海拔 840m，为自然植被，成土母质为砂岩坡积物与堆积物。西部剖面点位于距西河站约 3km 的山体中部，海拔 750m，植被为人工杉木林及竹林混交林。现以这两个剖面为例，对山地黄壤的剖面特征及土壤理化性质（见表 2 - 21 和表 2 - 22）说明如下：①发育于砂岩坡积物与堆积物母质上的山地黄壤质地明显比发育于花岗岩母质的黏重；②发育于砂岩坡积物与堆积物母质上的山地黄壤土体中的碎屑及砾石明显比下部红壤和黄红壤多，碎屑物的轮角分明。发育于花岗岩母质的山地黄壤由于受母质的影响，土壤颜色不均一，呈红、黄褐、白混合而成的斑杂颜色，尤以下层土壤更为明显，整个土体中多云母碎片；③土壤黄化明显；④因海拔高度相对较高，年平均气温较下部的红壤和黄红壤低，植物凋落物的分解慢，土体中有机质的积累明显较高，两剖面 A 层有机质含量均超过 3.00％；且土壤有机质的 C/N 比明显较红壤和黄红壤高；⑤土壤呈酸性反应，pH4.78 ~ 5.51。

表 2 - 21 山地黄壤剖面特征

剖面号	剖面地点	植被	层次	厚度（cm）	质地	颜色	结构	层次过渡类型	物理性黏粒 >0.01mm（%）	<0.01mm（%）
001	距东河站约2km（840m）	落叶阔叶及常绿阔叶混交林	A	0~12	中壤	暗棕 7.5YR, 3/4	团粒		64.88	35.12
			B	12~35	重壤	棕色 7.5YR, 4/4	团块	明显	62.90	37.10
			C	35~80	中壤	黄棕 10YR, 5/8	块状	明显	74.28	25.72
			D	80以下	中壤	黄棕 10YR, 5/8	块状	不明显	81.81	18.19
006	距西河站约3km（750m）	人工杉木林及竹林混交林	A	0~15	轻壤	暗灰棕 5YR, 4/2	大团粒		64.04	28.96
			B	15~55	中壤	淡棕 7.5YR, 5/6	柱状	明显	67.57	32.43
			C	55以下	轻壤	淡灰黄 2.5YR, 7/3	柱状	逐渐	94.00	6.00

表2－22　山地黄壤理化性质

剖面号	层次	有机质（%）	pH（H₂O）	CEC（me/100g 土）	全氮（%）	碱解氮（mg/kg 土）	全磷（%）	速效磷（mg/kg 土）	全钾（%）	速效钾（mg/kg 土）	C/N
001	A	3.22	4.78	92.43	0.23	129.54	0.079	2.55	1.35	76.92	14.00
	B	1.11	5.06	82.17	0.08	61.78	0.053	0.58	1.31	29.46	13.88
	C	0.23	5.27	32.62	0.04	28.38	0.037	0.69	1.53	19.65	5.75
	D	0.23	5.19	38.24	0.03	14.38	0.049	0.39	1.53	18.89	7.67
006	A	3.39	5.02	97.03	0.24	141.21	0.094	2.13	1.36	122.88	14.13
	B	0.75	5.26	90.27	0.08	53.15	0.065	2.13	1.61	53.22	9.38
	C	0.11	5.51	8.96	0.01	7.31	0.025	0.44	2.10	20.17	11.00

（四）山地黄棕壤

山地黄棕壤为黄壤的一个亚类，分布在海拔1100～1300m的区域内。在土壤分类学中曾将其作为黄壤和棕壤的一种过渡性土壤，因为它同时具有棕壤和黄壤的某些性质。山地黄棕壤所处的气候以雨量高、湿度大、气温低为特征，年平均气温较红壤带低4～5℃，较黄壤带低1～2℃。这一区域的成土母质多为花岗岩，自然植被为灌木林、落叶阔叶林或山顶矮林。分别位于石花尖和麻姑尖附近两个山地黄棕壤的典型剖面具有以下特征：①由于所处位置相对较高，常年云雾弥漫，气温低，不利于土壤微生物的活动，加上自然植被保存较好，土壤有机质较为丰富；②因成土母质的影响，整个土体颜色不均一，呈斑杂色，土壤有棕色化的趋势；③土壤中＜0.01mm的物理性黏粒含量低，质地较轻；土体中未风化的石英颗粒和云母碎片所占比例较大；④土壤呈酸性反应，pH4.82～5.48。

（五）山地灌丛草甸土

保护区内山地灌丛草甸土，仅分布在海拔1300m以上的山顶，自然植被为灌丛与草丛，灌丛以小叶杜鹃为主，草丛为白茅、芭茅、铁芒箕等，植被覆盖度高，成土母质为花岗岩，山地灌丛草甸土的剖面特征及土壤理化性质见表2－23和表2－24。剖面点位于南坡，坡度较缓，约5°，由于微区小气候的影响，土层发育深厚。土壤中＜0.01mm的物理性黏粒含量与山地黄棕壤接近。雾多、低温、凉湿的气候，使得生物循环缓慢，植物凋落物的分解以腐殖化为主，土壤有机质含量较高，氮、磷、钾养分蕴藏丰富，土壤物质循环完全遵循自然规律。

表2－23　山地黄棕壤剖面特征

剖面号	剖面地点	植被	层次	厚度（cm）	质地	颜色	结构	层次过渡类型	物理性黏粒 > 0.01mm（%）	物理性黏粒 < 0.01mm（%）
002	距石花尖1km（1150m）	灌木林或落叶阔叶林	A	0～12	轻壤	黑棕 7.5YR, 2/2	粒状		85.33	14.67
			B	12～70	轻壤	暗棕 7.5YR, 3/4	粒状	明显	84.78	15.22
			C	70 以下	轻壤	淡棕 7.5YR, 5/6	块状	明显	90.79	9.21
005	距麻姑尖1.5km（1180m）	灌木、落叶阔叶及山顶矮林	A	0～10	轻壤	暗棕 7.5YR, 3/4	团粒		69.57	25.34
			B	10～30	轻壤	淡棕 7.5YR, 5/6	柱状	明显	74.66	30.43
			C	30 以下	轻壤	棕红 2.5YR, 4/8	柱状	明显	83.13	16.87

表2-24 山地黄棕壤理化性质

剖面号	层次	有机质（%）	pH（H₂O）	CEC（me/100g土）	全氮（%）	碱解氮（mg/kg土）	全磷（%）	速效磷（mg/kg土）	全钾（%）	速效钾（mg/kg土）	C/N
002	A	2.41	4.82	62.72	0.20	130.63	0.104	2.57	3.58	45.90	12.05
	B	1.67	4.98	51.61	0.13	86.14	0.114	1.63	3.64	28.75	12.85
	C	0.90	5.21	42.41	0.09	65.98	0.108	1.49	3.38	23.23	10.00
005	A	1.62	5.02	55.91	0.11	60.06	0.087	0.75	1.77	51.81	14.73
	B	0.62	4.90	60.64	0.06	13.95	0.089	0.81	1.86	41.29	10.33
	C	0.14	5.48	40.58	0.02	12.59	0.109	0.96	1.75	27.40	7.00

表2-25 山地灌丛草甸土剖面特征

剖面号	剖面地点	植被	层次	厚度（cm）	质地	颜色	结构	层次过渡类型	物理性黏粒 >0.01mm（%）	<0.01mm（%）
004	麻姑尖附近（1405m）	灌木林及山地草甸植被	A	0~15	中壤	黑棕7.5YR,2/2	团粒		74.40	25.60
			B	15~120	中壤	黄棕10YR,5/8	柱状	明显	71.95	28.05
			C	120以下	中壤	淡棕7.5YR,5/6	柱状	逐渐	79.43	20.57

表2-26 山地草甸土理化性质

剖面号	层次	有机质（%）	pH（H₂O）	CEC（me/100g土）	全氮（%）	碱解氮（mg/kg土）	全磷（%）	速效磷（mg/kg土）	全钾（%）	速效钾（mg/kg土）	C/N
004	A	2.85	5.26	89.25	0.23	130.73	0.154	3.67	2.22	106.76	12.39
	B	0.75	5.42	65.59	0.07	35.98	0.137	2.37	2.25	40.72	10.71
	C	0.13	5.48	21.04	0.03	17.85	0.132	0.35	2.34	19.78	4.33

三、土壤的保护

官山自然保护区内的土壤根据其是否受到人为干扰，可分为两大类，一类是原生性土壤，另一类是非原生性土壤。前一类土壤在核心保护区内占主导地位，为原生植被，土壤本身的生态平衡未被打破，物质与能量循环仍遵循自然规律；而后一类土壤上原生植被已被人工植被所取代，土壤本身的生态平衡已受到一定程度的破坏，土壤生产的物质已部分被人类利用。

土壤的保护是保护区的重要内容之一，土壤是植物生长的基础，又是微生物生活的场所，从某种意义上说，保护土壤就是保护植物和微生物，土壤的退化与破坏将直接导致某些植物和微生物种类的灭绝，因此保护土壤就是保护生物多样性。保护区应切实保护好现有的原生土壤及其植被，使之按照自然规律演替；对人为干扰过的土壤，应采取有效措施，控制水土流失与土壤退化。

第三章　植物资源

对江西官山自然保护区种子植物的研究前人做了很多工作，1934～1947 年，庐山植物园的熊耀国先生 3 次进入本区采集植物标本，以后该园的赖书绅、王江林先生也多次进入本区采集标本或是进行考察。1970～1980 年，原江西共大总校林学系施兴华老师多次带领学生在此进行树木学实习并采集标本，该系的农植林、张秋根等老师也在教学工作之余奔赴本区进行标本采集工作。1983～1985 年间，新成立的江西官山自然保护区管理处在庐山植物园、宜春地区林科所、宜春地区林业局树种资源考察队的大力支持和帮助下，对保护区范围内的种子植物进行了调查，并在此基础上编写了《官山自然保护区植物名录》，名录的木本部分记载了包括栽培植物在内的种子植物 91 科 259 属 620 种，草本部分记载蕨类植物 22 科 46 种，种子植物 74 科 508 种。1985～1988 年，江西农业大学林学系研究生刘冬燕在导师施兴华的指导下，对本区的木本植物区系进行了初步研究，先后 5 次赴本区采集标本 850 余号，整理出木本植物 88 科 245 属 609 种。1988～1989 年，华东师范大学生物学研究生黄立新在导师吴国芳指导下，先后 3 次到本区采集标本和收集资料，采集植物。北京林业大学研究生郝日明在导师向其柏指导下，也先后 3 次在本区采得标本 1000 余号，整理、鉴定出本区种子植物 153 科 598 属 1286 种。1988～1990 年，整理出该地区木本植物 93 科 248 属 597 种。1996～1997 年，铜鼓县林业局在江西农业大学余志雄先生指导和研究生陶正明的参与下，主要在本保护区铜鼓地区采集木本植物标本 674 号，并整理编撰《铜鼓树木》，鉴定整理出野生木本植物 92 科 228 属 534 种。1999 年，江西中医学院药学系药用植物研究所与官山自然保护区管理处共同调查整理出《江西宜丰官山自然保护区药用植物名录》，收集记载本区药用植物近 1200 种。1998 年，郝日明根据野外调查采集和查阅有关标本，对包括本区在内的赣西北种子植物区系成分进行了统计分析。南昌大学的叶居新、中南林学院的何飞等对本保护区植被进行过研究。

第一节　植物区系 *

一、植物区系演化历史

九岭山脉在大地构造上处于华南地台扬子断块的东北部，呈西南　东北走向。从前寒武纪以来，华南古陆经历了海侵海退的多次海陆交替，并且是古蕨类、种子蕨类和裸子植物滋生繁衍的场所，首先出现的是由水生到陆生的裸蕨植物，接着古松植物、楔叶植物及各种真蕨植物的丛林发育起来。其中既有华南古陆植物区系的华夏羊齿 *Gigantopteris* sp.

* 本节作者：葛　刚[1]，陈少凤[1]，刘以珍[1]，万文豪[1]，陈琳[2]（1. 南昌大学生命科学学院，2. 江西官山自然保护区）

和烟叶大羽羊齿 *G. nicotianaefolia*，也有古北极植物区系的鳞木属 *Lepidodendron* 所组成的丛林。晚泥盆纪至石炭纪，扬子古陆与华夏古陆、康滇古陆相继连接，许多种子蕨类繁盛，如脉羊齿属 *Neuropteris*，须羊齿属 *Rhodea* 及乐本羊齿属 *Lopinopteris* 等属化石在赣北发现。到石炭纪末，原始的松柏类植物已出现，生长有本内苏铁类，柯狄达类和古银杏等。

进入中生代，三迭纪印支运动使华南古陆的海侵现象最后消除。这片古陆上裸子植物逐渐达到繁盛期，当时华夏植物区系与亚洲其他地区、欧洲及美洲的区系发生了广泛的联系，并孕育出了前被子植物。印支运动也使我国南北古陆连成一片，本区正处在两古陆的交接地带，南方热带区系和北方温带区系在此地域交汇。白垩纪，本区为温带植物区系，由于气候转干凉，促成了稀树草原和半荒漠植被的发育，此期鄱阳湖盆地沉积的大量莎草蕨孢粉、麻黄花粉及榆花粉足以佐证。

早第三纪，裸子植物逐渐衰退，而在白垩纪起源的被子植物得到了发展。本纪中后期，气候趋向干冷，有利于本区落叶阔叶树和旱生草本发育。据古生物资料，以榆树、麻黄为主，还有松属、栲属、黄杞属及木兰科、桦木科等，至晚第三纪，由于喜马拉雅山剧烈抬升，强化了东亚湿润季风气候，被子植物迅速发展并占优势。本区系演化成中亚热带植物区系，形成了常绿林、落叶阔叶林及针阔混交林。区系成分主要有栎属、榆属、木兰属、桦木属及桑科、樟科、山龙眼科和番荔枝科等类群。

第四纪时期，冰期与间冰期的交替出现，引起了植物类群的频繁迁移和演化。本区仅受到山岳冰川的微弱影响，因而有利于保存第三纪古热带区系的残遗或后裔，如银杏、鹅掌楸、钟萼木等。同时，本区亚热带成分衍生出一些温带性成分及渗入了不少南移的北方区系成分，如椴、鹅耳枥、柳、银鹊树和白鹃梅等。

总之，本区地史悠久，自中生代以来一直处在相对稳定的地理环境中，植物区系起源古老，并随着不同地质时期的气候变化而不断演化发展。

二、植物区系的组成

据调查统计，官山自然保护区内有野生种子植物 1915 种（含野生归化种），隶属于 197 科 785 属。其中裸子植物 7 科 13 属 19 种；被子植物 190 科 772 属 1896 种（双子叶植物 163 科 600 属 1532 种；单子叶植物 27 科 172 属 364 种）。具体数量统计见表 3-1。按植物性状分为木本植物 909 种，草本植物 943 种，藤本植物 232 种（图 3-1），在木本植物当中，常绿植物有 149 种，落叶植物有 760 种。

表 3-1　官山自然保护区维管束植物区系组成

类群	科数	占总科数（%）	属数	占总属数（%）	种数	占总种数（%）
蕨类植物	40	16.88	88	10.08	169	8.11
裸子植物	7	2.95	13	1.49	19	0.91
双子叶植物	163	68.78	600	68.73	1532	73.51
单子叶植物	27	11.39	172	19.7	364	17.47
合计	237	100	873	100	2084	100

图 3-1　官山自然保护区维管植物性状结构

（一）种子植物科的组成

官山自然保护区分布的 197 个科中，就科内所含物种数来说，含 100 种以上的科有 2 个：菊科 Compositae（102）、禾本科 Poaceae（102）；含 60～99 种的科依次有蔷薇科 Rosaceae（88）、唇形科 Labiatae（66）、蝶形花科 Fabaceae（Papilionaceaae）（61）等 3 科；含 40～59 种的科有 3 个：莎草科 Cyperaceae（50）、樟科 Lauraceae（46）、兰科 Orchidaceae（40）；含 20～39 种的科有 17 个：壳斗科 Fagaceae、茜草科 Rubiaceae、百合科 Liliaceae、冬青科 Aquifoliaceae、伞形科 Umbelliferae、葡萄科 Vitaceae、卫矛科 Celastraceae、玄参科 Scrophulariaceae、马鞭草科 Verbenaceae、蓼科 Polygonaceae、大戟科 Euphorbiaceae、竹科 Bambusaceae、厚皮香科 Ternstroemiaceae、桑科 Moraceae、忍冬科 Caprifoliaceae、荨麻科 Urticaceae、木犀科 Oleaceae 等。以上 25 个大科共有 1029 种，占总物种数的 53.73%，它们在区内居有重要地位，是构成保护区植被的主要成分，有不少种类是森林植物群落的建群种或优势种，对本区植被的构成，动态和生态具有重要作用。此外，含 10～19 种的科有 24 个，含 5～9 种的科有 46 个，含 2～4 种的科有 60 个，仅含 1 种的科有 42 个。数据分析见表 3-2，图 3-2。

表 3-2　官山自然保护区种子植物科内属种组成的数量分析

科内含种数	科数	占总科数（%）	含属数	占总属数（%）	含种数	占总种数（%）
≥100	2	1.02	113	14.39	204	10.65
60～99	3	1.52	77	9.81	215	11.23
40～59	3	1.52	42	5.35	136	7.1
20～39	17	8.63	151	19.24	474	24.75
10～19	24	12.18	122	15.54	356	18.59
5～9	46	23.35	144	18.35	313	16.35
2～4	60	30.46	94	11.97	175	9.14
1	42	21.32	42	5.35	42	2.19
合计	197	100	785	100	1915	100

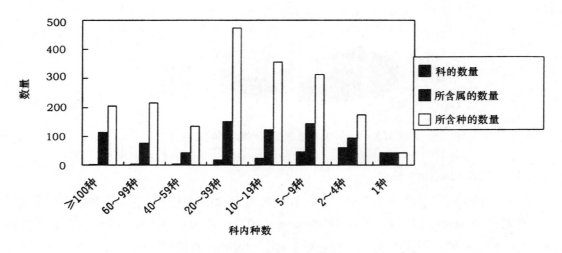

图3-2 官山自然保护区种子植物科的数量级分析

（二）种子植物属的组成

官山自然保护区种子植物785属中以所含种类的多少来看，分为6个等级（表3-3）。可见，含20种以上的大属有：冬青属 *Ilex*（30）、悬钩子属 *Rubus*（24）、蓼属 *Polygonum*（21）等3属，仅占总属数的0.38%；含15～19种的属有6属，它们是：山矾属 *Symplocos*、槭属 *Acer*、荚蒾属 *Viburnum*、菝葜属 *Smilax*、苔草属 *Carex*、卫矛属 *Euonymus*。含10～14种以上的属有：榕属 *Ficus*、蒿属 *Artemisia*、紫珠属 *Callicarpa*、铁线莲属 *Clematis*、柃属 *Eurya*、椴属 *Tilia*、刚竹属 *Phyllostachys*、石楠属 *Photinia*、李属 *Prunus*、花椒属 *Zanthoxylum*、山胡椒属 *Lindera*、堇菜属 *Viola*、猕猴桃属 *Actinidia*、薯蓣属 *Dioscorea*、樟属 *Cinnamomum*、青冈属 *Cyclobalanopsis*、野茉莉属 *Styrax* 等17属。含10种以上的大属共含有26属376种，分别占区内总数的3.31%和19.63%。在这些大属中世界广布属有4属，热带属共12属，温带属有10属。

表3-3 官山自然保护区属的数量级统计

属内含物种数	属数	占总属数比例	所含种数	占总种数比例
含1种的属	431	54.9	431	22.51
含2～4种的属	268	34.14	719	37.55
含5～9种的属	60	7.65	389	20.31
含10～14种的属	17	2.17	204	10.65
含15～19种的属	6	0.76	97	5.06
含20种以上的属	3	0.38	75	3.92
	785	100	1915	100

此外含 5~9 种的属有 60 属，含 2~4 种的属有 268 属，含 10 种以下的属占总属数的 41.79%；单种属有 431 个，占总属数的 54.9%。数量分析结果见图 3-3，图 3-4。在单种属中有不少种类是古老种，如：银杏属 *Ginkgo*、穗花杉属 *Amentotaxus*、红豆杉属 *Taxus*、鹅掌楸属 *Liriodendron*、水杉属 *Metaseguoia* 等。

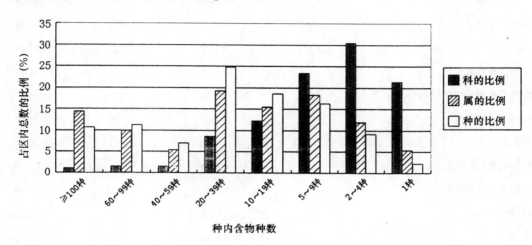

图 3-3 官山自然保护区种子植物的数量组成分析

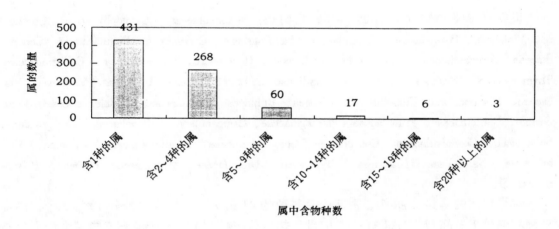

图 3-4 官山自然保护区种子植物属所含种的数量分析

二、植物区系的地理成分分析

（一）科的分布区类型

按吴征镒（2003）的世界种子植物分布区类型系统，对官山自然保护区种子植物的 197 科进行归类统计分析，结果见表 3-4。

表3-4　官山自然保护区种子植物科的分布区类型统计

	本区科数	占总科数（%）	中国该类型数	占中国该类型（%）
1. 世界分布	50	25.38	63	79.37
2. 泛热带分布	62	31.47	108	57.41
3. 热带亚洲和热带美洲间断分布	11	5.58	23	47.83
4. 旧世界热带分布	7	3.55	15	46.67
5. 热带亚洲至热带大洋洲分布	2	1.02	12	16.67
6. 热带亚洲分布	6	3.05	24	25.00
7. 北温带分布	37	18.78	53	69.81
8. 东亚北美洲间断分布	11	5.58	17	64.71
9. 旧世界温带分布	1	0.51	7	14.29
10. 东亚分布	7	3.55	14	50.00
11. 中国特有	3	1.52	4	75.00
合计	197	100	340	57.94

世界分布科有 50 个，占 25.38%，它们是：Ranunculaceae、Ceratophyllaceae、Cruciferae、Violaceae、Polygalaceae、Crassulaceae、Saxifragaceae、Caryophylla、Portulacaceae、Cenopodiaceae、Amaranthaceae、Oxalidaceae、Lythraceae、Onagraceae、Haloragidaceae、Callitrichaceae、Thymelaeaceae、Rosaceae、Fabaceae（Papilionaceaae）、Myricaceae、Ulmaceae、Moraceae、Viscaceae、Rhamnaceae、Umbelliferae、Oleacea、Rubiaceae、Sambucaceae、Valerianaceae、Compositae、Gentianaceae、Primulaceae、Plantaginaceae、Campanulaceae、Lobeliaceae、Boraginaceae、Solanaceae、Convolvulaceae、Cuscutaceae、Scrophulariaceae、Lentibulariaceae、Labiatae、Alismataceae、Najadaceae、Lemnaceae、Typhaceae、Orchidaceae、Cyperaceae、Poaceae、Polygonaceae 等。

热带性质的科共有 88 个，占区内总科数的 44.67%，包括泛热带分布科 62 个，热带亚洲和热带美洲间断分布科 11 个，旧世界热带分布科 7 个，热带亚洲至热带大洋洲分布科 2 个，热带亚洲分布科 6 个。如：Lauraceae、Nymphaeaceae、Menispermaceae、Aristolochiaceae、Piperaceae、Chloranthaceae、Cleomaceae、Elatinaceae、Basellaceae、Balsaminaceae、Flacourtiaceaee、Cucurbitaceae、Begoniaceae、Theaceae、Ternstroemiaceae、Melastomataceae、Sterculiaceae、Malvacae、Euphorbiaceae、Mimosaceae、Urticaceae、Cannabinaceae、Celastraceae、Olaeaceae、Santalaceae、Balanophoraceae、Vitaceae、Rutaceae、Simaroubaceae、Meliaceae、Sapindaceae、Anacardiaceae、Ebenaceae、Myrsinaceae、Strychnaceae、Apocynaceae、Asclepiadaceae、Naucleaceae、Bignoniaceae、Acanthaceae、Comme l i naceae、Eriocaulaceae、Pontederiaceae、Smilacaceae、Araceae、Dioscoreaceae、Hypoxidaceae、Bambusaceae 等。

温带性质的科共有 56 个，占区内总科数的 28.42%，包括北温带分布科 37 个，东亚北美洲间断分布科 11 个，旧世界温带分布科 1 个，东亚分布科 7 个。

中国特有科有 3 个，仅占总科数的 1.52%，它们是 Ginkgoaceae、Eucommiaceae、Staphyleaceae。

从科的分布上可见热带性质科在保护区占有一定的优势。

（二）属的分布区类型统计分析

按吴征镒（1991）的中国种子植物属的分布区类型，对官山自然保护区种子植物 785 个属进行归类统计分析，（世界分布属 66 属不参与统计），可见，热带性属有 334 属，占 46.45%，温带性属有 357 属，占 49.65%；中国特有属 28 属，占 3.89%。可见官山植物以温带属略占优势，R/T 值为 0.94。从属的分布区类型来看，官山自然保护区属的分布区类型来源复杂，可分为 15 个分布区类型及 17 个变型（表 3－5）。

表 3－5　官山自然保护区属的分布区类型与全国的比较

分布区类型	官山属数	占官山总属数（%）	中国该类型属数	占中国该类型属（%）
1. 世界分布	66		104	63.46
2. 泛热带分布	152	21.14	362	41.99
3. 热带亚洲和热带美洲间断分布	13	1.81	62	20.97
4. 旧世界热带分布	46	6.4	177	25.99
5. 热带亚洲至热带大洋洲分布	30	4.17	148	20.27
6. 热带亚洲至热带非洲分布	24	3.34	164	14.63
7. 热带亚洲分布	69	9.6	611	11.29
8. 北温带分布	128	17.8	302	42.38
9. 东亚北美洲间断分布	58	8.07	124	46.77
10. 旧世界温带分布	46	6.4	164	28.05
11. 温带亚洲分布	10	1.39	55	18.18
12. 地中海区、西亚至中亚分布	3	0.42	171	1.75
13. 中亚分布	1	0.14	116	0.86
14. 东亚分布	111	15.44	299	37.12
15. 中国特有属	28	3.89	257	10.89
	785	100	3116	

1. **世界分布**　共 66 属，含 10 种以上的属有悬钩子属 *Rubus*（22）、蓼属 *Polygonum*（16）、苔草属 *Carex*、铁线莲属 *Clematis* 等 4 属，单种属较多，有 20 属如：金鱼藻属 *Ceratophyllum*、肾果芥属 *Coronopus*、独行菜属 *Lepidium*、商陆属 *Phytolacca*、青箱属 *Celosia*、牻牛儿苗属 *Erodium* 等。这些属在官山多为林下或林缘植物，如：千里光属 *Senecio*、龙胆属 *Gentiana*、蓼属 *Polygonum*、苔草属 *Carex*、茄属 *Solanum* 等；还有一些是湿地植物，多

分布于山脚草丛或溪流浅水中及河沟岸边，如：芦苇属 *Phragmites*、灯心草属 *Juncus*、眼子菜属 *Potamogeton*、荸荠属 *Eleocharis*、浮萍属 *Lemna*、香蒲属 *Typha* 等。本成分当中木本植物属很少，只有悬钩子属 *Rubus*、槐属 *Sophora*、鼠李属 *Rhamnus* 等3属。

2. **泛热带分布** 共152属（含相近变型），占总属数的21.14%，为官山自然保护区内最大的分布类型，其中木本属有48属，常绿的有：厚皮香属 *Ternstroemia*、杜英属 *Elaeocarpus*、苏木属 *Caesalpinia*、榕属 *Ficus*、冬青属 *Ilex*、朴属 *Celtis*、红豆属 *Ormosia*、卫矛属 *Euonymus*、山矾属 *Symplocos*、树参属 *Dendropanax*、山黄皮属 *Randia*、栀子属 *Gardenia* 等；落叶木本有柞木属 *Xylosma*、木槿属 *Hibiscus*、乌桕属 *Sapium*、枣属 *Ziziphus*、柿属 *Diospyros*、野茉莉属 *Styrax*、羊蹄甲属 *Bauhinia*、黄檀属 *Dalbergia* 等属。这些木本植物多为官山森林组成成分，有的是植物群落的建群种或优势种。草本属在该类型中占较大比例，它们大多分布在林下或林缘，为森林植被的组成成分，少数分布在次生植被中。草本属主要有：牛膝属 *Achyranthes*、凤仙花属 *Impatiens*、铁苋菜属 *Acalypha*、苎麻属 *Boehmeria*、泽兰属 *Eupatorium*、白茅属 *Imperata*、小金梅草属 *Hypoxis*、仙茅属 *Curculigo*、甘蔗属 *Saccharum*、柳叶箬属 *Isachne*、等。

与本分布型相近的还有两个变型：（1）热带亚洲、大洋洲和南美洲间断分布，本区有6属，它们是罗汉松属 *Podocarpus*、糙叶树属 *Aphananthe*、石胡荽属 *Centipeda*、蓝花参属 *Wahlenbergia*、铜锤玉带草属 *Pratia*、黑莎草属 *Gahnia* 等属，本区是以上属分布的北缘。（2）热带亚洲、非洲和南美洲间断分布，官山有6属，它们是土人参属 *Talinum*、糯米团属 *Gonostegia*、雾水葛属 *Pouzolzia*、粗叶木属 *Lasianthus*、湖瓜草属 *Lipocarpha*、刺竹属 *Bambusa* 等属。

3. **热带亚洲和热带美洲间断分布** 共13属，多为木本植物，如：楠木属 *Phoebe*、猴欢喜属 *Sloanea*、苦木属 *Picrasma*、无患子属 *Sapindus*、泡花树属 *Melliosma*、山柳属 *Clethra*、山香圆属 *Turpinia* 等属，多为本区森林群落中常见的乔木树种；木姜子属 *Litsea*、柃属 *Eurya*、雀梅藤属 *Sageretia*、白珠树属 *Gaultheria*、假卫矛属 *Microtropis* 等属，为森林群落中常绿灌木，仅藿香蓟属 *Ageratum*、凤眼蓝属 *Eichhornia* 为草本植物。

4. **旧世界热带分布** 共46属（含1个相近变型），多为灌木、藤本和草本，如海桐花属 *Pittosporum*、蒲桃属 *Syzygium*、金锦香属 *Osbeckia*、扁担杆属 *Grewia*、黄葵属 *Abelmoschus*、野桐属 *Mallotus*、五月茶属 *Antidesma*、合欢属 *Albzia*、楼梯草属 *Elatostema*、桑寄生属 *Loranthus*、槲寄生属 *Viscum*、胡颓子属 *Elaeagnus*、乌蔹莓属 *Cayratia*、吴茱萸属 *Euodia*、楝属 *Melia*、八角枫属 *Alangium*、酸藤子属 *Embelia*、杜茎山属 *Maesa*、厚壳树属 *Ehretia*、石龙尾属 *Limnophila*、山姜属 *Alpinia*、天门冬属 *Asparagus* 等属。属于这一区系地理成分的植物单型属和少型属的比例较高（单型属21个），具有较强的热带性质和古老、保守性质。与本分布型相近的热带亚洲、非洲和大洋洲间断分布变型，有青牛胆属 *Tinospora*、百蕊草属 *Thesium*、飞蛾藤属 *Porana*、爵床属 *Rostellularia*、水鳖属 *Hydrocharis*、山珊瑚属 *Galeola*、瓜馥木属 *Fissistigma* 等7属。

5. **热带亚洲至热带大洋洲分布** 共30属（含相近变型），有樟属 *Cinnamomum*、兰属 *Cymbidium*、荛花属 *Wikstroemia*、栝楼属 *Trichosanthes*、柘属 *Cudrania*、通泉草属 *Mazus*、紫薇属 *Lagerstroemia*、崖爬藤属 *Tetrastigma*、香椿属 *Toona*、念珠藤属 *Alyxia*、旋蒴苣苔属

Boea、百部属 *Stemona*、淡竹叶属 *Lophatherum*、结缕草属 *Zoysia*、小二仙草属 *Haloragis*、山龙眼属 *Helicia*、野牡丹属 *Melastoma*、野扁豆属 *Dunbaria*、蛇菰属 *Balanophora*、猫乳属 *Rhamnella*、臭椿属 *Ailanthus*、胡麻草属 *Centranthera*、白接骨属 *Asystasiella*、黑藻属 *Hydrilla*、姜属 *Zingiber*、开唇兰属 *Anoectochilus*、天麻属 *Gastrodia*、石仙桃属 *Pholidota*、蜈蚣草属 *Eremochloa* 等。其中除樟属外，其余在官山是森林群落中的少见成分。相近变型中中国亚热带和新西兰间断分布的有梁王茶 *Nothopanax* 属 1 属。

6. **热带亚洲至热带非洲分布**　共 24 属（含相近变型），其中禾本科占了 7 属，如菅草属 *Themeda*、芒属 *Miscanthus*、荩草属 *Arthraxon*、香茅属 *Cymbopogon* 等。本分布类型在官山多以单种属出现，占 17 属。该类型植物多见于林缘、路边及缓坡次生植被中。少数生长在湿地中，如水团花属 *Adina*。此外，有一个变型，热带亚洲和东非间断分布类型，在本区有杨桐属 *Adinandra*、马蓝属 *Strobilanthes* 等 2 属。

7. **热带亚洲分布**　共 69 属（含相近变型），为官山第二大热带分布型，占总属数的 9.6%。主要有山胡椒属 *Lindera*、青冈属 *Cyclobalanopsis*、含笑属 *Michelia*、润楠属 *Machilus*、山茶属 *Camellia*、清风藤属 *Sabia*、新木姜属 *Neolitsea*、木莲属 *Manglietia*、虎皮楠属 *Daphniphyllum*、构属 *Broussonetia*、苦荬菜属 *Ixeris*、斑叶兰属 *Goodyera*、南五味子属 *Kadsura*、绞股蓝属 *Gynostemma*、野扇花属 *Sarcococca*、赤车属 *Pellionia*、鸡矢藤属 *Paederia*、肖菝葜属 *Heterosmilax*、柏拉木属 *Blastus*、常山属 *Dichroa*、葛藤属 *Pueraria*、蚊母树属 *Distylium*、白桂木属 *Artocarpus*、黄杞属 *Engelhardtia*、流苏子属 *Coptosapelta*、唇柱苣苔属 *Chirita*、石斛属 *Dendrobium*、箬竹属 *Indocalamus*、玉山竹属 *Yushania* 等。其中，青冈属、润楠属、山茶属、蚊母树属、木莲属等是官山常绿阔叶林群落的建群植物，而山胡椒属、流苏子属、山茶属、野扇花属中的一些植物则是林下常见的灌木种类，箬竹可在沟谷边形成灌丛，玉山竹为山顶灌草丛中常见的种类。

与本分布型相近的有 4 个变型，(1) 爪哇、喜马拉雅和华南、西南星散分布类型，有 7 属，如重阳木属 *Bischfia*、山豆根属 *Euchresta*、大参属 *Macropanax*、木荷属 *Schima*、凉粉草属 *Mesona* 等，其中木荷属为官山森林中的重要乔木树种。(2) 热带印度至华南分布类型，有肉穗草属 *Sarcopyramis*、大苞寄生属 *Tolypanthus*、俞藤属 *Yua*、独蒜兰属 *Pleione* 等 4 属。(3) 缅甸、泰国至华南分布类型，仅有穗花杉属 *Amentotaxus*。在官山有较大面积的穗花杉林分布。(4) 越南（或中南半岛）至华南（或西南）分布的有 10 属，如赤杨叶属 *Alniphyllum*、鸦头梨属 *Melliodendron*、蛇根草属 *Ophiorrhiza*、半蒴苣苔属 *Hemiboea*、大节竹属 *Indosasa* 等。

8. **北温带分布**　共 128 属（含变型），占总属数的 17.8%。其中有禾本科的野古草属 *Arundinella*、燕麦属 *Avena*、拂子茅属 *Calamagrostis*、稗属 *Echinochloa*、画眉草属 *Eragrostis*、羊茅属 *Festuca*、粟草属 *Milium* 等 8 属，菊科 14 个属，如蓍属 *Achillea*、紫菀属 *Aster*、蓟属 *Cirsium*、苦苣菜属 *Sonchus*、蜂斗菜属 *Petasites*、马先蒿属 *Pedicularis* 等，蔷薇科有龙牙草属 *Agrimonia*、李属 *Prunus*、蔷薇属 *Rosa*、花楸属 *Sorbus*、锈线菊属 *Spiraea* 等 9 属。在本分布型中还有一定数量的落叶乔木、小乔木，如：槭属 *Acer*、栗属 *Castanea*、椴属 *Tilia*、栎属 *Quercus*、鹅耳枥属 *Carpinus*、灯台树属 *Cornus*、白蜡树属 *Fraxinus*、花楸属 *Sorbus*、桦木属 *Betula*、水青冈属 *Fagus*、盐肤木属 *Rhus*、核桃属 *Juglans* 等，

是官山森林中的常见落叶成分，有的是落叶阔叶林的建群种。裸子植物马尾松、南方红豆杉在官山分布较广，构成针叶林或针阔混交林。荚蒾属 *Viburnum*、杜鹃花属 *Rhododendron*、山楂属 *Crataegus*、蔷薇属 *Rosa*、忍冬属 *Lonicera*、檵木属 *Loropetalum* 等则常见分布于森林群落的下木层。蒿属 *Artemisia*、画眉草属 *Eragrostis*、紫堇属 *Corydalis*、委陵菜属 *Potentilla*、天南星属 *Arisaema*、乌头属 *Aconitum*、鸢尾属 *Iris* 等草本植物，偶见于群落的下层，在森林群落中的作用较小，有的构成小片草丛分布于林间、林缘地带。

本分布类型在官山还有 2 个变型，其中以北温带和南温带（全温带）间断分布的为主，有 24 个属，其中仅杨梅属 *Myrica*、枸杞属 *Lycium*、越橘属 *Vaccinium* 为木本植物，其余多为草本。欧亚和南美洲温带间断分布的仅有看麦娘 *Alopecurus* 1 属。

9. 东亚北美洲间断分布　共有 58 属（含变型），占总属数的 8.07%。其中栲属 *Castanopsis*、石栎属 *Lithocarpus*、枫香属 *Liquidambar*、鼠刺属 *Itea* 等属为官山森林重要的建群乔木树种。含 4 种以上的属还有石楠属 *Photinia*、胡枝子属 *Lespedeza*、蛇葡萄属 *Ampelopsis*、木兰属 *Magnolia*、绣球属 *Hydrangea*、五味子属 *Schisandra*、山蚂蝗属 *Desmodium*、漆属 *Toxicodendron*、楤木属 *Aralia*、腹水草属 *Veronicasrtum* 等，它们在本区森林群落中占有一定的优势地位。此外，本分布类型中有不少单种属，如：榧树属 *Torreya*、鹅掌楸属 *Liriodendron*、檫木属 *Sassafras*、夏蜡梅属 *Calycanthus*、蓝果树属 *Nyssa*、银钟花属 *Halesia*、藿香属 *Agastache* 等。与本分布型相近的变型——东亚和墨西哥间断分布类型，在本区有六道木属 *Abelia*。

10. 旧世界温带分布　共 46 属（含相近变型），占总属数的 6.4%。本分布型多为草本植物，具有北温带植物区系的一般特征，多见于林缘和路边。在官山主要有：石竹属 *Dianthus*、飞廉属 *Carduus*、益母草属 *Leonurus*、水芹属 *Oenanthe*、隐子草属 *Cleistogenes*、鹅观草属 *Roegneria*、菊属 *Dendranthema* 等，木本植物有梨属 *Pyrus* 和瑞香属 *Daphne* 等，它们是森林群落的附属种。

本类型在官山有 2 个变型，其中地中海区、西亚和东亚间断分布类型，有榉属 *Zelkova*、马甲子属 *Paliurus*、连翘属 *Forsythia*、女贞属 *Ligustrum* 等 6 属。欧亚和南非洲间断分布类型，有苜蓿属 *Medicago*、前胡属 *Peucedanum*、莴苣属 *Lactuca*、绵枣儿属 *Scilla*、蛇床属 *Cnidium* 等 5 属。

11. 温带亚洲分布　本区共有 10 属，占总属数的 1.93%。仅白鹃梅属 *Exochorda*、锦鸡儿属 *Caragana* 2 属为灌木，其余皆为草本，如孩儿参属 *Pseudostellaria*、马兰属 *Kalimeris*、附地菜属 *Trigonotis*、山牛蒡属 *Synurus* 等，这些植物多分布在路边草地。

12. 地中海区、西亚至中亚分布　该分布区类型在官山有糖芥属 *Erysimum*、芫荽属 *Coriandrum* 2 属。地中海至温带、热带亚洲、大洋洲和南美洲间断分布的的有黄连木属 *Pistacia* 1 属。

13. 中亚分布　在官山仅有诸葛菜属 *Orychophragmus* 1 属 1 种分布。

14. 东亚分布　共有 111 属（含相近变型），占官山总属数的 15.44%。本类型具有古老性，单型、少型属较丰富，有的是第三纪孑遗植物。在官山常见的属有：三尖杉属 *Cephalotaxus*、猕猴桃属 *Actinidia*、油桐属 *Vernicia*、枇杷属 *Eriobotrya*、蜡瓣花属 *Corylopsis*、五加属 *Acanthopanax*、刚竹属 *Phyllostachys*、四照花属 *Dendrobenthamia*、溲疏属

Deutzia、马鞍树属 *Maackia* 、吊钟花属 *Enkianthus*、沿阶草属 *Ophipogon* 、败酱属 *Patrinia* 等。除毛竹 *Phyllostachys pubescens* 在官山构成大面积的纯竹林外，本类型大多数物种为森林群落的伴生种，有不少为层间植物和林缘草丛植物。

本分布型中还有 2 个变型，①中国—喜马拉雅分布变型，有 18 属，如：南酸枣属 *Choerospondias*、八角莲属 *Dysosma*、梧桐属 *Firmiana*、桃儿七属 *Sinopodophyllum*、兔儿伞属 *Syneilesis* 、射干属 *Belamcanda* 等。②中国—日本分布变型，有 36 属，如柳杉属 *Cryptomeria*、南天竹属 *Nandina*、木通属 *Akebia*、山桐子属 *Idisia*、野珠兰属 *Stephanandra*、枳椇属 *Hovenia*、苦竹属 *Pleioblastus*、化香属 *Platycarya*、枫杨属 *Pterocarya*、泡桐属 *Paulownia*、桔梗属 *Platycodon* 、半夏属 *Pinellia* 、白辛树属 *Pterostyrax*、鸡眼草属 *Kummerowia* 等。

15. **中国特有属**　保护区内共有 28 属，占总属数的 3.89%。如银杏属 *Ginkgo* 、杉木属 *Cunninghamia* 、大血藤属 *Sargentodoxa* 、马蹄香属 *Saruma* 、牛鼻栓属 *Fortunearia* 、杜仲属 *Eucommia* 、永瓣藤属 *Monimopetalum*、伞花木属 *Eurycorymbus*、喜树属 *Camptotheca*、枳属 *Poncirus* 、钟萼木属 *Bretschneidera*、银鹊树属 *Tapiscia* 、青钱柳属 *Cyclocarya*、香果树属 *Emmenopterys* 、独花兰属 *Changnienia* 、井冈寒竹属 *Gelidocalamus*、蜡梅属 *Chimonanthus* 等。特有属比本省的井冈山（23 属）、九连山（19 属）、武夷山（26 属）都多。

综上所述，官山以温带地理成分占优势，热带地理成分中，仅在常绿阔叶林中有一定的优势地位。

（三）种的地理成分

研究种的分布区类型，可以确定本区域的植物区系性质和地理起源。本区种子植物 1915 种，可归入 13 个分布型（表 3 - 6）。

表 3 - 6　官山自然保护区种子植物种的分布区类型统计

分布区类型	种数	百分比（%）
1. 世界分布	28	
2. 泛热带分布	61	3.23
3. 热带亚洲和热带美洲间断分布	1	0.05
4. 旧世界热带分布	17	0.9
5. 热带亚洲至热带大洋洲分布	56	2.97
6. 热带亚洲至热带非洲分布	20	1.06
7. 热带亚洲分布	97	5.14
7 - 3. 缅甸、泰国至华南	1	0.05
7 - 4. 越南（或中南半岛）至华南（或西南）	26	1.38
8. 北温带分布	51	2.7
8 - 4. 北温带和南温带（全温带）间断	19	1.01
9. 东亚北美洲间断分布	17	0.9
10. 旧世界温带分布	80	4.24
10 - 3. 欧亚和南非洲间断	3	0.16

（续）

分布区类型	种数	百分比（%）
11. 温带亚洲分布	1	0.05
14. 东亚分布	264	13.99
14－1. 中国—喜马拉雅（SH）	39	2.07
14－2. 中国—日本（SJ）	466	24.7
15. 中国特有分布	668	35.4
合计	1915	100

1. 世界分布 该类型在本保护区含 28 种，有大画眉草 *Eragrostis cilianensis*、升马唐 *Digitaria adscendens*、马唐 *Digitaria sanguinalis*、马齿苋 *Portulaca oleracea*、繁缕 *Stellaria media*、马鞭草 *Verbena officinalis*、龙芽草 *Agrimonia viscidula*、蛇莓 *Duchesnea indica*、金鱼藻 *Ceratophyllum demersum*、菹草 *Potamogeton crispus* 等。它们为草本，多生在路旁，沟边或水中。

2. 泛热带分布种 该类型在本保护区有 61 种，如：狗牙根 *Cynodon dactylon*、牛筋草 *Eleusine indica*、画眉草 *Eragrostis pilosa*、荩草 *Arthraxon hispidus*、含羞草决明 *Cassia mimosoides*、益母草 *Leonurus heterophyllus*、苦职 *Physalia angulata*、龙葵 *Solanum nigrum*、鳢肠 *Eclipta prostrata*、水蜈蚣 *Kyllinga brevifolia*、砖子苗 *Mariscus umbellatus*、黄荆 *Vitex negundo* 等种类。本区缺乏典型的热带科物种，多为世界广布科中局限温暖地区分布的草本和灌木种类。

3. 热带亚洲和热带美洲间断分布 本区仅有野老鹳草 *Geranium carolinianum* 1 种，表明两地区系成分联系较弱。

4. 旧世界热带分布 含 17 种，有田皂角 *Aeschynomene indica*、积雪草 *Centella asiatica*、日本画眉草 *Eragrostis japonca*、紫马唐 *Digitaria violascens*、竹叶茅 *Microstegium nudum* 等，大多为世界广布科中局限温暖地区分布的草本。

5. 热带亚洲至热带大洋洲间断分布 含 56 种，主要有石胡荽 *Centipeda minima*、淡竹叶 *Lophatherum gracile*、囊颖草 *Sacciolepis indica*、刺子莞 *Rhynchospora rubra*、丁香蓼 *Ludwigia prostrata* 等。该分布型含有少量木本灌木和小乔木种类，如粗糠柴 *Mallotus philippinensis*、石岩枫 *M. repandus*、紫薇 *Lagerstroemia indica*、厚壳树 *Ehretia thyrsiflora*。也有较为典型的温暖地区分布科种类，如：茜草科的山黄皮 *Randia cochinchinensis*、爵床科的爵床 *Rostellularia proeumbens*、菟丝子科的南方菟丝子 *Cuscuta australis* 等，表明本区与热带大洋洲地区有较密切联系。

6. 热带亚洲至热带非洲间断分布 含 20 种，有构棘 *Cudrania cochinchinensis*、合欢 *Albizia julibrissin*、八角枫 *Alangium chinense*、牛膝 *Achyranthes bidentata*、打碗花 *Calystegia hederacea*、一点红 *Emilia sonchifolia* 等。

7. 热带亚洲（印度—马来西亚）分布 包括相近变型共有 124 种。为本区种类最多的热带地理成分。木本种类明显增加，不少种类是该地区低海拔常绿阔叶林中的优势或常见种类，如黄樟 *Cinnamomum parthenoxylon*、香桂 *C. subavenium*、虎皮楠 *Daphniphyllum old-*

hami 等。越南（或中南半岛）至华南（或西南）变型植物有沉水樟 *Cinnamomum micran-thum*、红楠 *Machilus thunbergii*、绒楠 *M. velutina*、树参 *Dendropanax dentiger*、花榈木 *Ormosia henryi*、鸦头梨 *Melliodendron xylocarpum* 等。该分布型中包含不少仅在中亚热带以南出现的成分，如羊角藤 *Morinda umbellata*、红叶树 *Helicia cochinchinensis*、瓜馥木 *Fissistigma oldhamii*、湖北羊蹄甲 *Bauhinia glauca*、地稔 *Melastoma dodecandrum* 等。反映本区与热带亚洲区系有着密切的联系。

8. **北温带分布** 包括相近变型共有 70 种，如荠 *Capsella bursapastoris*、弯曲碎米荠 *Cardamine flexuosa*、碎米荠 *Cardamine hirsuta*、石龙芮 *Ranunculus sceleratus*、峨参 *Anthriscus sylvestris*、轮叶狐尾藻 *Myriophyllum verticillatum*、葶苈 *Draba nemorosa* 等。北温带和南温带（全温带）间断分布变型，有夏枯草 *Prunella vulgaris*、播娘蒿 *Descurainia sophia*、小花糖芥 *Erysimum cheiranthoides* 等。

9. **东亚和北美间断分布** 含 17 种，有黄海棠 *Hypericum ascyron*、无瓣菜 *Rorippa dubia*、鸡眼草 *Kummerowia striata*、鸭跖草 *Commelina communis*、泽芹 *Sium suave* 等。木本有肥皂荚 *Gymnocladus chinensis* 等。

10. **旧世界温带分布** 包括相近变型含 83 种，有蚤缀 *Arenaria serpyllifolia*、狗筋蔓 *Cucubalus baccifer*、瞿麦 *Dianthus superus*、地肤 *Kochia scoparia*、牛蒡 *Arctium lappa*、萱草 *Hemerocallis fulva*、玉竹 *Polygonatum odoratum*、拂子茅 *Calamagrostis epigejos* 等。木本种类有君迁子 *Diospyros lotus* 等。它们大多是路边或次生植被成分。

11. **温带亚洲分布** 仅有禾本科的大油芒 *Spodiopogon sibiricus* 1 种。

14. **东亚分布** 包括相近变型含 769 种，在诸多区系成分中种数最多。许多种类是本保护区植被中的优势种或常见种。其中东亚分布型有 264 种，乔木主要有化香 *Platycarya strobilaceae*、板栗 *Castanea mollissima*、青冈 *Cyclobalanopsis golauca*、细叶青冈 *C. myrsinaefolia*、樟 *Cinnamomum camphora*、椤木石楠 *Photinia davidsoniae*、光叶石楠 *Ph. glabra*、苦木 *Picrasma quassioides*、灯台树 *Cornus controversa*、山乌桕 *apium discolor*、赤杨叶 *Alniphyllum fortunei* 等。主要小乔木、灌木种类有篦子三尖杉 *Cephalotaxus ollveri*、乌药 *Lindera aggregata*、香叶树 *L. communis*、三桠乌药 *L. obtusiloba*、红淡比 *Cleyera japonica*、檵木 *Loropetalum chinense*、中国旌节花 *Stachyurus chinensis*，映山红 *Rhododendron simisii*、薄叶山矾 *Symplocos anomala*、山矾 *S. sumuntia*、白檀 *S. paniculata*、虎刺 *Damnancanthus indicus*、栀子 *Gardenia jasminoides* 等。藤本主要有白背爬藤榕 *Ficus sarmentosa* var. *nipponica*、北清香藤 *Jasminum lanceolarium*、紫花络石 *Trachelospermum axillare*、细梗络石 *T. gracilipes* 等，它们是本区森林植被中的常见种类。中国—喜马拉雅（SH）分布变型有 39 种，主要有多穗石栎 *Lithocarpus polystachyus*、雷公鹅耳枥 *Carpinus viminea*、黄丹木姜子 *Litsea elongata*、腺叶桂樱 *Prunus phaeosticta*、青灰叶下珠 *Phyllanthus glaucus*、美丽马醉木 *Pieris formosa* 等，该变型包含种类少，与该地区远离中国—喜马拉雅森林亚区是一致的。中国—日本分布变型包含种类多达 465 种，一方面表现该地区与日本区系的联系。另一方面，反映该地区是中国—日本森林亚区的核心位置的一部分。主要种类有竹柏 *Podocarpus nagi*、江南桤木 *Alnus trabeculosa*、云山青冈 *Cyclobalanopsis nubium*、石栎 *Lithocarpus glaber*、麻栎 *Quercus acutissima*、栓皮栎 *Q. variabilis*、青皮木 *Schoepfia jasminodora*、石斑木 *Rhaphiolepis indica*、山桐子 *Idesia poly-*

carpa、小叶白辛树 *Pterostyrax corymbosa*、少花吊石苣苔 *Lysionotus pauciflorus*、狭叶山胡椒 *Lindera angustifolia*、红果钓樟 *L. erythrocarpa*、山胡椒 *L. glauca*、糙叶树 *Aphananthe aspera*、紫弹朴 *Celtis biondii*、榔榆 *Ulmus parvifolia*、光叶榉 *Zelkova serrata*、厚皮香 *Ternstroemia gymnanthera*、枫香 *Liquidambar formosana*、海金子 *Pittosporum illicioides*、石楠 *Photinia serrulata*、白乳木 *Sapium japonicum*、具柄冬青 *Ilex pedunculosa*、冬青 *I. purpurea*、杜茎山 *Maesa japonica*、安息香 *Styrax japonica* 等。

15. 中国特有分布 含 668 种，是本区第二优势地理成分。根据地理分布特点，可划分为 19 个分布亚型，其中 8 个亚型（15-1~15-8）是以中国-日本森林亚区和中国—喜马拉雅森林亚区为分布中心，11 个亚型（15-9~15-19）是以中国-日本森林亚区为分布中心。

15-1. 华南、华中、华东、华北、东北和滇黔桂至中国-喜马拉雅森林亚区分布：仅 3 种，分别是皂荚 *Gleditsia sinensis*、接骨木 *Sambucus williamsii* 和腺梗菜 *Siegesbeckia pubescens*.

15-2. 华南、华中、华东、华北和滇黔桂至中国—喜马拉雅森林亚区分布：通常称黄河流域以南分布，含 21 种，有青檀 *Pteroceltis tatarinowii*、湖北海棠 *Malus hupehensis*、四照花 *Dendrobenthamia japonica* var. *chinensis*、常春藤 *Hedera nepalensis* var. *sinensis*、楤木 *Aralia chinensis*、华白英 *Solanum cathayanum*、光叶蝴蝶草 *Torenia glabra*、虎掌 *Pinellia pedatisecta* 等。

15-3. 华南、华中、华东和滇黔桂至中国—喜马拉雅森林亚区分布：通常称长江流域以南地区广布，有 95 种之多，主要有榉木、杉木、水青冈 *Fagus longipetiolata*、鹅掌楸、三尖杉、南方红豆杉、毛红椿、棱枝五味子 *Schisandra henryi*、大血藤 *Sargentodoxa cuneata*、齿缘吊钟花 *Enkianthus serrulata*、直角荚蒾 *Viburnum foetidum* var. *rectangulatum*、曼青冈 *Cyclobalanopsis oxyodon*、绿叶甘 *Lindera fruticosa*、檫树 *Sassafras tsumu*、黄被越橘 *Vaccinium iteophyllum*、阔叶槭 *Acer amplum*、三峡槭 *A. wilsonii*、榕叶冬青 *Ilex ficiodea*、尾叶冬青 *Ilex wilsonii*、冬桃木 *Elaeocarpus ducioxi*、女贞 *Ligustrum lucidium*、锥栗 *Castanea henryi*、栲 *Castanopsis fargesii*、南五味子 *Kadsura longipedunculata*、山姜 *Lindera reflexa*，*Litsea coreana* var. *lanuginosa*、短柱柃 *Eurya brevistyla*、中华石楠 *Photinia beauvrdiana*、小果蔷薇 *Rosa cymosa*、花椒 *Zanthoxylum scandens*、尖叶青凤藤 *Sabia swingoei*、百齿卫矛 *Euonymus cetidens*、网脉酸藤子 *Embelia rudis*、老鼠矢 *Symplocos stellaris*、糯米条 *Abelia chinensis*、南方荚蒾 *Viburnum fordiae*、合轴荚蒾 *V. sympodiale*、少花桂 *Cinnamomum pauciflorum*、新木姜 *Neolitsea aurata* 等。

15-4. 华中、华东、华北和滇黔桂至中国—喜马拉雅林亚区分布：有 17 种，分别是野核桃 *Juglans cathayensis*、枫杨 *Pterocarya stenoptera*、青榨槭、糯米条 *Abelia chinensis*、锦鸡儿 *Caragana sinica* 以及小叶女贞 *Ligustrum quihoni*、小蜡 *L. sinense*、尖叶锈线菊 *Spiraea japonica* var. *acuminata*、光叶锈线菊 *S. japonica* var. *fortunei*、五裂槭 *Acer oliverianum* 等。

15-5. 华南、华东和滇黔桂至中国—喜马拉雅森林亚区分布：有 4 种，伞花木 *Eurycorymbus cavalerier*、圆锥绣球 *Hydrangea paniculata*、钻地风 *Schizophragma integrifolia*、江南马先蒿 *Pedicularis henryi* 等。

15-6. 华中、华东（部分可入滇黔桂）至中国—喜马拉雅森林亚区分布：有 42 种，主要有：穗花杉 *Amentotaxus argotaenia*、毛叶木姜子 *Litsea mollis*、紫茎 *Stewartia sinensis*、矩形叶鼠刺 *Itea chinensis* var. *oblonga*、绢毛山梅花 *Philadelphus sericanthus*、白楠 *Phoebe neurantha* 以及臭辣树 *Euodia fargesii*、铜钱树 *Paliurus adenopoda*、蜡莲绣球 *Hydrangea strigosa*、含羞草黄檀 *Dalbergia mimosoides*、灯笼花 *Enkianthus chinensis* 等。

15-7. 华中（部分种入滇黔桂）至中国–喜马拉雅森林亚分布：分布区部进入西缘。14 种，有天师栗 *Aesculus wilsonii*、黄金凤 *Lmpatiens hemsleyana*、尖果荚蒾 *Viburnum brachybotryum*、桦叶荚蒾 *Viburnum betulifolium*、离舌橐吾 *Ligularia veitchiana* 等。

15-8. 华中、华北、东北至中国–喜马拉雅森林亚区分布，不入华南。本区只有栾树 *Koelreuteria panicuata* 1 种。

以中国—日本森林亚区为分布中心的特有种，分属 11 个分布亚型。

以华东为分布中心，分布区向南入华南地区，向北进入华北，包含种类属温带区系性质。含 15-9 和 15-10 两变型。

15-9. 华南、华中、华东和华北分布（部分种入滇黔桂和台湾）：17 种，有短柄枹栎 *Quercus glandulifera*. var. *brevipetiolata*（DC.）Nakai、紫荆 *Cercis chinensis*、紫藤 *Wisterisa sinensis*、胶东卫矛 *Euonymus kiautschovicus* 以及包石栎 *Lithocapus cleistocarpus*、华桑 *Morus cathayana*、还亮草 *Delphinium anthriscifolium*、粉团蔷薇 *Rosa multiflora* var. *cathayensis*、华鼠尾草 *Salvia chinensis*、玄参 *Scrophularia ningpoensis*、野百合 *Lilium brownii*、禾叶土麦冬 *Liriope graminifolia*、黑果菝葜 *Smilax glauco - china*、半蒴苣苔 *Hemiboea henryi*、杏叶沙参 *Adenophora hunanensis* 等。

15-10. 华南、华东和华北分布：仅华东野核桃 *Juglans cathayensis* var. *formosana* 1 种。

以华东和华中地区为分布南界，分布区向北达入华北、东北。含 15-11、15-12、15-13 和 15-14 四变型，种类较少，属温带区系成为。

15-11. 华东、华北、东北分布：复盆子 *Rubus idaeus*、水蜡树 *Ligustrum obtusifolium* 2 种。

15-12. 华东、华北分布：有杜梨 *Pyrus betulaefolia*、垂丝卫矛 *Euonymus oxyphyllus*、蘡薁 *Vitis adstricta*、毛泡桐 *Paulownia tomentosa* 4 种。

15-13. 华中、华东和华北分布：有绵毛马兜铃 *Aristolochia mollissima*、樱桃 *Prunus pseudocerasus* 以及中国繁缕 *Stellaria chinensis*、圆叶鼠李 *Rhamnus globosa*、芫花 *Daphne genkwa*、异叶败酱 *Patrinia heterophylla* subsp. *angustifolia* 6 种。

15-14. 华中、华北、东北分布：分布区东部进入华东西北缘，有五味子 *Schisandra chinensis*、多花胡枝子 *Lespedeza floribunda* 2 种。本区华东西部，上述区系成分渗入该地区，表现该区系有一定的过渡性。

以华东、华中为分布北界，分布区南达华南或滇黔桂地区，包含 15-15 和 5-16 两变型，在本保护区植物种类多达 241 种，反映本区与中国南部的区系联系更密切，与其所处地理位置偏南是一致的。这两变型地理成分混杂，既含有一定数量的热带区系成分，同时又含有在南方山地分化或残存的温带区系成分。

15-15. 华南、华中和华东分布（部分种入滇黔桂或台湾）：有 154 种，主要有马尾松

Pinus massoniana、钩栗 *Castanopsis tibetana*、甜槠 *C. eyrei*、米槠 *C. carlesii*、庐山厚朴、青牛胆 *Tinospora sagittata*、银鹊树、锐叶山香圆 *Turpinia arguta*、杨梅叶蚊母树 *Distylium myricoides*、短梗大参 *Macropanax rosthornii*、狗骨柴 *Tricalysia dubia*、青钱柳、香果树、钟萼木以及 *Piper hancei*、锥栗栲 *Castanosis chinensis*、绵槠 *Lithocarpus henryi*、大叶青冈 *Cyclobalanopsis jenseniana*、含笑 *Michelia figo*、华东润楠 *Machilus leptophylla*、闽楠、阔叶十大功劳 *Mahonia bealei*、牛藤果 *Stauntonia elliptica*、翅柃 *Eurya alata*、人心药 *Cardiandra moellendorffii*、野珠兰 *Stephanandra chinensis*、亮叶崖豆藤 *Millettia nitida*、野花椒 *Zanthoxylum simulans*、扁担杆 *Grewia biloba*、羊踯躅 *Rhododendron molle*、马银花 *Rh. ovatum*、赛山梅 *Styrax confusus*、白花龙 *S. faberi*、水马桑 *Weigela japonica* var. *sinica*、蚝猪刺 *Berberis julianae*、金线吊乌龟 *Stephania cepharantha*、异色猕猴桃 *Actinidia callosa* var. *discolor*、茶 *Camellia sinensis*、尖连蕊茶 *C. cuspidata*、微毛柃 *Eurya hebeclados*、亮叶厚皮香 *Ternstroemia nitida*、蜡瓣花 *Corylopsissinensis*、缺萼枫香 *Liquidambar acalycina*、大叶金腰 *Chrysosplenium macrophyllum*、小叶石楠 *Photinia parvifolia*、绒毛石楠 *Ph. schneideriana*、尾叶樱 *Prunus dielsiana*、黄檀 *Dalbergia hupeana*、网脉鸡血藤 *Millettia reticulata*、紫果槭 *Acer cordatum*、厚叶冬青 *Ilex elmerrilliana*、过山枫 *Celastrus aculeatus*，云锦杜鹃 *Rhododendron fortunei*、垂珠花 *Styrax dasyanthus*、风箱树 *Cephalanthus occidentalis*、汤饭子 *Viburnum setigerum*、箬竹 *Indocalamus tessellatus*、木莲、乐昌含笑、阴香 *Cinnamomum burmannii*、紫楠 *Phoebe sheareri*、刨花楠 *Machilus pauhoi*、凤凰润楠 *M. phoenicis*、九管血 *Ardisia brevicaulis* 等。

15－16. 华南和华北分布（部分种入滇黔桂或台湾）：有 95 种，主要有：台湾松 *Pinus taiwanensis*、野含笑、中南鱼藤 *Derris fordi*、福建假卫矛 *Microtropis fokienesia*、东方野扇花 *Sarcococca orientalis*、鹿角杜鹃 *Phododendron latoucheae*、揽绿粗叶木 *Lasianthus japonia* var. *lancilimbus*、白花苦灯笼 *Tarenna molissina*、猴欢喜 *Sloanea sinensis*、浙江樟 *Cinnamomum chekiangense* 以及东南栲 *Castanopsis jucuda*、中华猕猴桃、小叶猕猴桃 *Actinidia lanceolata*、杨桐 *Adinandra millettii*、格药柃 *Eurya muricata*、腺毛泡花树 *Meliosma glandulifera*、防己叶清风藤 *Sabia discolor*、满树星 *Ilex aculeolata*、中华卫矛 *Euonymus chinensis*、鸦椿卫矛 *E. euscaphis*、帽峰椴 *Tilia mofungensis*、轮叶蒲桃 *Syzygium grijsii*、白珠树 *Gaultheria liucocarpa* var. *cumingiana*、猴头杜鹃 *Rhododendron simiarum*、油柿 *Diospyros oleifera*、南平柿 *D. tsangii*、小齿钻地风 *Schizophragma integrefolium* f. *denticulatum*、绿冬青 *Ilex viridis*、毛果枳椇 *Hovenia trichocarpa*、中华杜英 *Elaeocarpus chinensis*、华紫珠 *Callicarpa cathayana*、湖北山楂 *Crataegus hupehensis*、短梗八角 *Illicium pachyphyllum*、海桐山矾 *Sympocos heishanensis*、闽粤石楠 *Photinia benthamiana*、贵州娃儿藤 *Tylophora silvestris* 等。

分布于长江中下游区域，包含 15－17、15－18 和 15－19 三变型，以温带区系成分为主。

15－17. 华东和华中分布：有 94 种，主要有椆树、牯岭勾儿茶 *Berchemia kulingensis*、椴树、四棱草 *Schnabelia oligophylla*、毛竹 *Phylostachys edulis*、鹰爪枫 *Holboellia coriacea* 以及南川柳 *Salix rosthornii*、小叶青冈 *Cyclobalanopsis gracilis*、多脉青冈 *C. multinervis*、珊瑚朴草 *Illicum lanceolatum*、毛果铁线莲 *clematis peteae* var. *trichocarpa*、杜衡 *Asarum forbesii*、黑蕊猕

猴桃 *Actinidia melanandra*、金缕梅 *Hamamelis mollis*、短叶中华石楠 *Photinia beauverdiana* var. *brevifolia*、宜昌木蓝 *Indigofera decora var. ichangensis*、朵椒 *Zanthoxylum molle*、湖北算盘子 *Glochidion wilsonii*、葛萝槭 *Acer grosseri*，大叶乌蔹莓 *Cayratia oligoarpa*、庐山楼梯草 *Elatostema stewardii*、庐山芙蓉 *Hibiscus paramutabilis*、藤黄檀 *Dalbergia hancei*、大叶胡枝子 *Lespedeza davidii*、异色泡花树 *Meliosma myriantha* var. *discolor*、华山矾 *Symplocos chinensis*、四川山矾 *S. setchuensis*、凹叶景天 *Sedum emarginatum*、江浙山胡椒 *Lindera chienii* 等。

15－18. 华中分布：分布区向东进入地处华东西部的该地区，含 15 种，有紫玉兰 *Magnolia liliflora*、紫花含笑 *Michelia crassipes*、管萼山豆根 *Euchresta tubulosa*、华中山柳 *Clethra fargesii*、宜昌润楠 *Machilus ichangensis*、竹叶胡椒 *Piper bambusaefolium*、灰叶南蛇藤 *Celastrus glaucophyllus*、腹水草 *Veronicastrum stenostachyum* 等。15－17 和 15－18 两变型表现了与华东区系和华中区系有着密切的联系。

15－19. 华东分布：含 76 种，有银杏 *Ginkgo biloba*、黄山木兰 *Magnolia cylindrica*、苦槠 *Castanopsis sclerophylla*、长序榆 *Ulmus elongata*、长柄双花木 *Disanthus cercidifolius* var. *longipes*、小叶栎 *Quercus chenii*、剪夏罗 *Lychnis coronata*、红脉钓樟 *Lindera rubronervia*、浙江新木姜 *Neolitsea aurata var. chekiangensis*、赣皖乌头 *Aconitum pterocaule*、大叶唐松草 *Thalictrum fabrei*、长柱紫茎 *Stewartia rostrata*、宁波溲疏 *Deutzia ningpoensis*、三叶委陵菜 *Potentilla freyniana*、掌叶复盆子 *Rubus chingii*、太平莓 *R. pacificus*、江西厚皮香 *Ternstroemia aubrofundafolia*、婺源槭 *Acer wuyuanensis*、硬叶冬青 *Ilex ficifolia*、短毛椴 *Tilia breviradiata*、光叶糯米椴 *T. henryana var. subglabra*、余山胡颓子 *Elaeagnus argyi*、浙江柿 *Diospyros glaucifolia*、罗浮柿 *D. rhombifolia*、耳挖草 *Scutellaria incisa*、沙参 *Adenophora stricta*、阔叶箬竹 *Indocalamus latifolius* 等。

15－19（a）. 本区特有：属于本区特有的有 2 种，它们是：①铜鼓槭 *Acer fabri* Hance var. *tongguense* Z.X.Yu；②长果山桐子 *Idesia polycarpa* Maxim. var. *longicarpa* S.S.Lai。

1961 年在本区土墙败所采，1964 年经胡先骕先生鉴定的宜丰棱木 *Melliodendron yifungense*，现在已是鸦头梨 *M. xylocarpum* 的一个异名。鸦头梨分布广泛，产江西、湖南、贵州、四川、云南、福建、广东、广西，因此该种不是本区的特有种。但，"宜丰棱木"是否能够作为一个新分类群，还有待于进一步研究。

三、与邻近山地植物区系的比较

为进一步说明官山植物区系特点，及其与邻近山地植物区系间的关系，我们选择了在地理位置上邻近的一些山地的植物区系作为比较对象（表 3－7），从常见的热带科和温带科、优势科顺序、区系丰富性系数、及相似性指数进行比较分析。

表 3－7　官山与邻近山地的地理位置

山地名称	浙江凤阳山	井冈山	安徽皇甫山	南岭	武陵山	三清山	官山	大别山	庐山	黄山	浙江金华北山	九连山
北纬	27°50′	26°35′	32°20′	24°50′	28°35′	28°56′	28°31′	31°40′	29°28′	30°10′	29°13′	24°32′
东经	119°12′	114°14′	118°00′	112°40′	108°14′	118°04′	114°28′	114°30′	115°50′	118°11′	119°33′	114°24′

（一）典型的热带科和温带科的比较

从表3-8可以看出，随着地理位置的变化，热带科和温带科的组成是有差异的，但这种差异并不显著，所以，官山与邻近山地的植物区系成分基本一致。

表3-8 官山与邻近山地常见热带科和温带科的比较

分布区	山地 科名	官山 属/种	武夷山 属/种	三清山 属/种	井冈山 属/种	金华北山 属/种	大别山 属/种	九连山 属/种
热带、亚热带分布科	木兰科	4/17	8/18	6/12		5/8	5/10	5/19
	樟科	7/16	7/38	7/27		6/19	5/13	9/55
	山毛榉科	6/38	6/32	6/27		5/15	5/13	6/44
	山茶科	1/8	9/35	7/18		4/10	3/9	3/18
	杜英科	2/7	2/5	2/5		0	0	2/10
	蛇菰科	1/1	1/2	0		0	0	1/2
	桑寄生科	5/6	2/3	0		0	0	4/11
温带分布科	槭树科	1/16	1/9	1/5		1/11	1/9	1/17
	胡桃科	5/6	5/5	4/4		4/7	5/5	4/5
	伞形科	19/30	12/21	12/16		13/16	18/23	14/21
	报春花科	2/8	1/10	2/12		2/12	2/8	2/20

（二）优势科的比较

不同类型的植物区系优势科是有明显区别的，通过优势科的比较可以看出不同山地植物区系的联系和归属。从表3-9可以发现，官山与邻近山地的优势科的排序大体是一致的，表明它们区系组成是相似的。

表3-9 官山与邻近山地优势科的比较（按属的多少排序）

官山	九连山	金华北山	庐山	黄山	三清山	武夷山
禾本科 60/102	禾本科 71/144	禾本科 57/96	菊科 71/158	禾本科 45/73	禾本科 40/68	禾本科 54/96
菊科 53/102	菊科 58/111	菊科 42/76	禾本科 70/152	菊科 41/98	菊科 34/69	菊科 41/82
蝶形花科 29/61	蝶形花科 34/74	蝶形花科 21/32	蝶形花科 47/99	蝶形花科 25/52	蝶形花科 29/45	蝶形花科 37/76
唇形科 27/66	唇形科 34/81	唇形科 17/30	玄参科 34/48	蔷薇科 22/88	蔷薇科 19/58	唇形科 30/47
蔷薇科 21/88	兰科 28/60	蔷薇科 16/46	唇形科 30/68	百合科 18/62	唇形科 19/37	百合科 25/41
兰科 21/40	茜草科 23/57	百合科 16/29	百合科 30/64	唇形科 18/52	茜草科 19/28	兰科 24/38
百合科 20/37	蔷薇科 21/80	伞形科 13/16	蔷薇科 25/107	虎耳草科 14/24	百合科 18/41	茜草科 23/39
伞形科 19/30	百合科 18/23	玄参科 12/22	伞形科 24/41	茜草科 14/24	虎耳草科 12/18	蔷薇科 21/89
茜草科 18/37	玄参科 18/32	茜草科 11/15	兰科 22/35	兰科 14/20	伞形科 12/16	玄参科 14/24
玄参科 15/27	大戟科 16/37	兰科 11/13	茜草科 19/36	玄参科 12/15	兰科 12/15	虎耳草科 13/28

（三）区系组成丰富度的比较

一个地区植物区系组成丰富与否只有通过比较才能说明，兹将官山与邻近山地进行比较，计算其区系丰富度系数 Si（左家哺　1990），$Si = \sum (X_{ij} - \overline{X_{ij}})/X_{ij}$。结果见表3-10。从表中可以看出，官山为0.26，在同纬度的山地中植物区系的丰富程度最高，在相近经度不同纬度上比，南部山地九连山、南岭、武陵山区系丰富度要高于官山。这一结果与官山所处的地理位置是相对应的。

表3-10　官山自然保护区与邻近山地植物区系比较

山地名称	浙江凤阳山	井冈山	重庆大巴山	安徽皇甫山	南岭	武陵山	三清山	官山	大别山	庐山	黄山	浙江金华北山	九连山
科数	164	157	157	139	175	201	151	197	127	187	129	167	190
属数	659	724	904	529	822	1005	547	785	683	758	638	574	889
种数	1488	1831	2798	1007	2292	4119	1182	1915	1576	1912	1420	1149	2321
温带属/热带属（R/T）	0.9	0.97	0.64	0.62	1.38	0.76	0.71	0.86	0.42	0.72	0.57	0.6	1.28
区系丰富度系数	-0.33	-0.11	0.66	-0.91	0.37	1.73	-0.7	0.26	-0.48	0.16	-0.61	-0.6	0.57

从植物区系中温带属与热带属的比值（R/T）来看，官山处在一个中心位置上，表明官山在由东南向西北过渡中的重要地位；表明官山是物种南北、东西交流的通道和"驿站"，也是周边地区物种的侨居地和避难所。

四、植物区系性质及特征

（一）植物区系性质

根据吴征镒先生的中国植物分区，本保护区位于中国-日本森林植物区华东植物区系。以属水平分析，本保护区温带地理成分占总属数（除世界分布属）的49.66%，热带地理成分占46.46%，无局限热带地区分布的典型热带属，多为热带地理成分中能够向北延伸分布的类群。总体看，以温带地理成分占优势。以种水平分析，除世界分布种及特有种，温带地理成分占总种数49.82%，热带地理成分占总种数14.78%，明显看出本区系具温带区系性质。由于本区地处中亚热带，受热带区系影响较为明显，尤其是在本地区地带性常绿阔叶林中，受热带亚洲区系成分影响非常显著。就各温带地理成分优势程度看，属等级以北温带分布、东亚分布和东亚—北美间断分布占优势，种等级以东亚分布和旧世界温带分布占优势。综合比较，本区应属较为典型的东亚区系。

属水平各分布类型占总属数百分比高低与种水平各分布类型占总种数百分比高低没有明显的相关性，本区属水平占总属数百分比前三位的分布型依次为泛热带分布、北温带分布和东亚分布，而种水平占总种数百分比前三位的分布型依次为东亚分布、中国特有分布和热带亚洲分布。原因在于跨洲广泛分布属和洲际间断分布属中所包含各个物种往往局限分布在相对狭小的地理区域，其种分布型与其属的分布型不一致，以种等级热带亚洲至热带大洋洲分布为例，本区仅有 *Lagerstroemia indica* 和 *Centranthera cochinchinensis* 2 种隶属的属是热带亚洲至热带大洋洲分布属，其他属等级分布型包含在泛热带分布、旧世界热带分布和世界分布等 8 个属分布型中。所以属分布型百分比和种分布型百分比高低所揭示的植物地理学意义有一定差别。从特有种分布规律看，在本保护区内仅限于中国—日本森林亚区分布的特有种多达 466 种，而中国—日本森林亚区和中国—喜马拉雅森林亚区两区共有特有种仅 188 种，与其地理位置处于中国—日本森林亚区核心地带是一致的。

本保护区位于华东植物区系，以相邻地区特有种的共有数量看，在中国—日本森林亚区和中国—喜马拉雅森林亚区分布的特有种中，与华中地区、华南地区和华北地区共有的特有种分别为 184、120 和 37 种，在限于中国—日本森林亚区分布的特有种，本区与华中、华南和华北地区共有的特有种分别为 273、255 和 32 种，可以看出本区与华中和华南地区的联系更为密切，而与华北地区联系较弱。

九岭山地的南端余脉与罗霄山脉的北端相连，热带区系成分借助这一传播通道向北渗入本区，以该区为其分布北界，如属热带亚洲分布型的 *Ormosia henryi*、*Melliodendron xylocarpum*，*Helicia cochinchinensis* 等种类。属中国特有分布型分布于华南、华中和华东的 *Elaeocarpus glabripetalus*，*Marsdenia sinensis* 等种类。本区位于华东地区西北部，有一些过渡性区系成分，如中国特有分布 15 - 7 变型，主要分布于华中（部分种入滇黔桂）至中国—喜马拉雅森林亚区的种类仅渗入该区：中国特有分布 15 - 18 变型，主要分布于华中地区的种类，分布区东缘向东仅入该区。这些反映了该区系与相应分布型的联系。

从该地区洲际间断分布的比较看，东亚—北美间断分布属、热带亚洲—热带大洋洲间断分布属、热带亚洲—热带非洲间断属、热带亚洲和热带美洲间断分布属占总属数百分比分别为 8.7%、4.5%、2.5%、1.9%，而东亚—北美间断分布种、热带亚洲—热带大洋洲间断分布种、热带亚洲—热带非洲间断种、热带亚洲和热带美洲间断分布种占总种数百分比分别为 0.9%、3.0%、0.9%、0.06%，其中热带亚洲—热带大洋洲分布的属、种二等级的百分比相近，可以认为地史上两区系联系一直较为密切，而其他三分布型的种等级占总种数百分比明显降低，可以认为地史上曾经联系密切后来相互间联系趋弱。本区种等级洲际间断分布诸成分中，缺少裸子植物种类，没有诸如木兰科、樟科等较为原始的被子植物种类。裸子植物和较原始被子植物种分布区有较强的区域性，直接原因应为长期地理隔离造成的物种强烈分化，揭示区系起源的古老性。本保护区所具有的木本种类大多为在地理上连续的东亚分布、中国特有分布和热带亚洲分布成分，其他分布型，尤其是间断分布型所含成分在本区则以草本占优势，可能与草本植物有较强的扩张能力有一定关系。

（二）植物区系特征

1. 江西官山自然保护区植物种类丰富，共有种子植物 197 科 785 属 1915 种。

2. 本保护区地处中亚热带向北亚热带的过渡地域，由于植物交汇作用使本区植物具有复杂的区系成分和过渡性特点。官山自然保护区种子植物区系的地理成分复杂，种子植物 785 个属可归属于 15 个分布区类型及 17 个相近的分布变型。本区温带成分 49.66% 高于热带成分 46.46%，种子植物区系为温带性质，缺乏典型的热带科属，然而热带成分在森林植被中组成中仍占有重要位置。

3. 官山自然保护区地处中国—日本森林植物区华东植物区系，与华中植物区系和华南植物区系特别是与南岭植物区系有着密切的联系，三大区系在此交汇，构成官山独特的区系特征。

4.本保护区具有众多的珍稀濒危植物，有受国家明文保护的种类37种。其中，属于1999年颁布的《国家重点保护野生植物名录》（第一批）有21种，Ⅰ级重点保护的3种，Ⅱ级重点保护的有18种；属于国家环保局和中科院植物所1989年颁布的《中国珍稀濒危植物》的有28种，其中濒危3种，稀有11种，渐危14种，二者合计38种（有些种类重复）。

5.本区植物区系起源比较古老，裸子植物有银杏科、松科、杉科、柏科、罗汉松科、三尖杉科、红豆杉科中的古老种属，被子植物中较古老者有多心皮类的木兰科、毛茛科、八角科、五味子科、木通科、大血藤科、桦木科、榛科、壳斗科、榆科、桑科以及不少单型属和寡型属植物。

6.在本区植物区系中，中国特有属种较多，中国特有属28个，分布区只局限于中国的特有种668个，但本地区的特有现象不明显，没有地区特有属。分布区只局限于本区的特有种只有2个。此外，本区还有一些分布区十分狭窄的珍稀濒危种类，如银杏、长柄双花木等。

第二节 植 被[*]

官山自然保护区地形复杂，山体纵横交错，绵延起伏，最高海拔1480m，水、热等条件随海拔高度的上升有较大变化，使保护区植被表现出一定的水平和垂直分布特征。保护区的森林植被是九岭山地森林植被类型的代表，是江西西北部常绿阔叶林与落叶阔叶林森林生态系统相交错的典型，具有组成成分丰富，群落结构完整等特征。

一、植被分类系统

官山自然保护区在中国植被区划中所处的位置是：Ⅳ亚热带常绿阔叶林区域→ⅣA东部（湿润）常绿阔叶林亚区域→ⅣAii中亚热带常绿阔叶林地带→ⅣAiia中亚热带常绿阔叶林北部亚地带→ⅣAiia-4湘赣丘陵，栽培植被、青冈、栲类林区。在林英主编的《江西森林》中，本区所处的位置是：Ⅳ亚热带常绿阔叶林区域→ⅣA东部（湿润）常绿阔叶林亚区域→ⅣAii中亚热带常绿阔叶林地带→ⅣAiia中亚热带常绿阔叶林北部亚地带→ⅣAiia-4湘赣丘陵，栽培植被、青冈、栲类林区。→ⅣAiia-4（6）九岭山地栲、楠、木荷、松杉林亚区（九岭山森林亚区）。保护区的基带植被属于常绿阔叶林。

根据中国植被分类系统及分类原则，即植物群落学——生态学原则，既强调植物群落本身特征，又十分注意群落的生态环境及其关系，将保护区的植被类型归纳为5个植被型组11个植被型57个群系。即：

（一）阔叶林

Ⅰ 常绿阔叶林

---

* 本节作者：葛 刚[1]，陈少凤[1]，万文豪[1]，陈 琳[2]（1.南昌大学生命科学学院，2.江西官山自然保护区）

1. 甜槠林 *Castanopsis eyrei* Forest Formation
2. 米槠林 *Castanopsis carlesii* Forest Formation
3. 钩栗林 *Castanoposis tibetana* Forest Formation
4. 栲树林 *Castanopsis fargesii* Forest Formation
5. 苦槠林 *Castanopsis sclerophylla* Forest Formation
6. 青冈林 *Cyclobalanopsis glauca* Forest Formation
7. 青栲林（细叶青冈林）*Cyclobalanopsis myrsinaefolia* Forest Fornation
8. 乐昌含笑林 *Michelia chapaensis* Forest Formation
9. 巴东木莲林（*Manglietia patungensis* Forest Formation）
10. 红楠林 *Machilus thunbergii* Forest Formation
11. 薯豆林 *Elaeocarpus japonicus* Forest Formation
12. 杜英林 *Elaeocarpus sylvestris* Forest Formation
13. 榕叶冬青林 *Ilex ficoidea* Forest Fromation
14. 闽楠林 *Phoebe burnei* Forest Formation
15. 杨梅叶蚊母树林 *Distylium myricoides* Forest Formation
16. 红翅槭林 *Acer fabri* Forest Formation

Ⅱ　常绿、落叶阔叶混交林
17. 米槠、小叶栎林 *Castanopsis carlesii Quercus chenii* Forest formation
18. 细叶青冈、雷公鹅耳枥林 *Cyclobalanopsis myrsinaefolia*，*Carpinus viminea* forest Formation
19. 钩栗、麻栎林 *Castanoposis tibetana*，*Quercus acutissima* Forest Formation
20. 缺萼枫香、钩栗林 *Liquidambar acalycina*，*Castanoposis tibetana* Forest Fromation
21. 华东润楠、湘楠、五裂槭林 *Machilus leptophylla*，*Phoebe hunanensis*，*Acer oliverianum* Forest formation

Ⅲ　落叶阔叶林
22. 麻栎林 *Quercus acutissima* Forest Formation
23. 水青冈 *Fagus longipetiolata* Forest Formation
24. 银鹊树、赤杨叶林 *Tapiscia sinensis*，*Ainiphyllum fortunei* Forest Formation
25. 赤杨叶林 *Alniphyllum fortunei* Forest Formation
26. 枫香林 *Liquidambar formosana* Forest Formation
27. 雷公鹅耳枥林 *Carpinus viminea* Forest Formation
28. 毛红椿林 *Toona sureni* var. *pubescens* Forest Formation
29. 银钟花林 *Halesia macgregorii* Forest Formation
30. 锥栗林 *Castanea henryi* Forest Formation
31. 三峡槭林 *Acer wilsonii* Forest Fromation
32. 灯台树林 *Cornus controversa* Forest Formation

Ⅳ　山顶矮林
33. 湖北算盘子、杜鹃矮林 *Glochidion wilsonii*，*Rhododendron* spp. Forest Formation

34．云锦杜鹃矮林 *Rhododendron fortunei* Forest Formation

35．亮叶水青冈林 *Fagus lucida* Forest Formation

36．交让木林 *Daphniphyllum macropodum* Forest Formation

（二）竹林

37．毛竹林 *Phyllostachys edulis* Forest Formation

38．方竹林 *Chimonobambusa quadrangularis* Forest Formation

39．苦竹林 *Pleioblastus amarus* Forest Formation

40．箬竹林 *Indocalamus tessellates* Forest Formation

（三）针叶林

Ⅵ　温性针叶林

41．南方红豆杉林 *Taxus mairei* Forest Formation

42．穗花杉林 *Amentotaxus argotaenia* Forest Formation

43．榧树林 *Torreya grandis* Forest Formation

Ⅶ　暖性针叶林

44．马尾松林 *Pinus massoniana* Forest Formation

45．杉木林 *Cunninghamia lanceolata* Forest Formation

Ⅷ　针阔叶树混交林

46．杉木＋锥栗—矩形叶鼠刺—狗脊群丛 *Cunninghamia lanceolat － Itea chinensis* var. *oblonga － Woodwardia japonica* Association

47．马尾松＋锥栗—尾叶山茶—狗脊群丛 *Pinus massoniana ＋ Castanea henryi － Camellia caudate － Woodwardia japonica* Association

（四）灌丛和灌草丛

Ⅸ　温性灌丛

48．长柄双花木灌丛 *Disanthus cercidifolius* var. *longipes* Shrubland Formation

49．水马桑灌丛 *Weigela japonica* Shrubland Formation

Ⅹ　暖性灌丛

50．白栎、檵木灌丛 *Quercus fabri*、*Loropetalum chinensis* Shrubland Formation

Ⅺ　灌草丛

51．野古草群落 *Arundinella hirta* Formation

52．芒群落 *Miscanthus sinensis* Formation

53．蕨群落 *Pteridium aquilinum* var. *latiuscalum* Formation

54．玉山竹群落 *Yushannia nittakayamensis* Formation

（五）湿地植被

55．线穗苔草群落 *Carex nemostachys* Formation

56．水蓼群落 *Polygonum hydropiper* Fromation

57．菰群落 *Zizania caduciflora* Formation

二、主要森林植被类型

（一）阔叶林

1. 常绿阔叶林

（1）甜槠林 *Castanopsis eyrei* Forest Formation（表 3-11）

这是在本保护区常见的一种森林类型，分布在海拔 800m 以下的坡地。群落中不乏胸径 60cm 以上的大树。样地设在龙坑瀑布海拔 610m 处，土壤为山地黄壤，土层厚度一般，肥力中等，坡度 25°左右。样地面积 600m²，其中有乔木树有 21 种 69 株，含毛竹 6 株。林冠郁闭度 0.9。乔木层可以分为 3 个亚层，第一亚层高 25m，最高达 30m。甜槠占绝对优

表 3-11 甜槠林乔木层统计表

地点：龙坑瀑布 　　　　海拔：610m 　　　　面积：600m²

树　种	株数			平均胸径（cm）	断面积（m²）	重要值
	Ⅰ层	Ⅱ层	Ⅲ层			
甜槠 *Castanopsis eyrei*	10	6		29.8	1.990	0.556
杜英 *Elaeocarpus decipiens*	3	1		20.1	0.127	0.259
小叶青冈 *Cyclobalanopsis gracilis*	1			19.5	0.030	0.120
东南石栎 *Lithocarpus brevicaudatus*	1			21.3	0.036	0.121
绵槠 *Lithocarpus henryi*	2			22.7	0.081	0.133
缺萼枫香 *Liquidambar acalycina*	1			30.6	0.100	0.128
交让木 *Daphniphyllum macropodum*	1			24.0	0.045	0.122
苦槠 *Castanopsis sclerophylla*	1			25.5	0.051	0.123
杨梅叶蚊母树 *Distylium myricoides*		2		15.9	0.040	0.127
红楠 *Machilus thunbergii*		8	5	10.2	0.106	0.303
毛竹 *Phyllostachys edulis*		(6)				
树参 *Dendronpanax dentiger*		1		9.2	0.006	0.116
猴欢喜 *Sloanea sinensis*		2		11.6	0.021	0.124
白玉兰 *Magnolia denudata*		1		10.1	0.008	0.116
鸡爪槭 *Acer palmatum*			3	4.6	0.005	0.127
矩形叶鼠刺 *Itea chinensis* var. *oblonga*			4	3.9	0.005	0.158
黄丹木姜 *Litsea elongata*			2	6.2	0.006	0.122
光叶石楠 *Photinia glabra*			2	4.5	0.003	0.122
杨桐 *Adinandra millettii*			3	4.8	0.006	0.127
厚皮香 *Ternstroemia gymnanthera*			1	3.0	0.001	0.116
毛梾 *Cornus wateri*			1	2.9	0.001	0.116
合　计	26	15	22		2.668	

势，除此以外，还有杜英、小叶青冈、东南石栎、绵槠、交让木、苦槠。落叶成分有缺萼枫香，但只有 1 株，在整个群落中的重要值只有 0.128。第二亚层高在 12m 左右，除第一亚层的甜槠、杜英在这一亚层仍然出现外，其它还有杨梅叶蚊母树、红楠、树参、猴欢喜、白玉兰以及毛竹。

下木层高 2m 左右，乔木或小乔木种类有鸡爪槭、矩形叶鼠刺、黄丹木姜子、光叶石楠、杨桐、厚皮香、毛栲，上一层红楠的幼树在这一层中也很常见。这一层还有较多的灌木种类，如粗叶木 Lasianthus spp.、满山红 Rhododendron mariesii、异叶榕 Ficus heteromorpha、四川冬青 Ilex szechwanensis、山矾 Symplocos sumuntia、狗骨柴 Tricalysia dubia、山黄皮 Randia cochinchinensis、尾叶山茶 Camellia caudata 以及百两金 Ardisia crispa 等。

草本层盖度在 25% 左右，主要种类有土细辛 Asarum caudigerum、里白 Hicriopteris glaucum、翠云草 Selaginella uncinata、华东蹄盖蕨 Athyrium nipponicum、求米草 Oplismenus undulatifolius、龙珠 Tubocapsicum anomalum 和大叶苔草 Carex scaposa 等。

层间植物有爬藤榕 Ficus sarmentosa var. impressa、钩藤 Uncaria rhynchophylla、薯蓣 Dioscorea sp.、哥兰叶 Celastrus gemmatus 以及菝葜 Smilax spp. 等。

(2) 米槠林 Castanopsis carlesii Forest Formation

米槠在江西主要分布在北纬 26° 以南的南岭山地。在本区常绿阔叶林中，米槠林也是主要类型之一。以米槠为优势的森林在本区一般出现在海拔 400~600m 的坡地，并以较大的立木胸径出现，如龙坑口至龙坑瀑布一带。这类森林的生境条件一般比较好，土层深厚，林木生长茂盛，林冠郁闭度在 0.8 以上。

群落建群种为米槠，占绝对优势，主林冠层高度在 20m 左右。其他伴生的树种还有华东润楠 Machilus leptophylla、杜英、豺皮樟 Lisea rotundifolia var. oblongifolia 等。第二亚层高约 15m，没有明显的优势树种，种类有石灰花楸 Sorbus folgniri、刨花楠 Machilus pauhoi、石栎 Lithocarpus spp.、香冬青 Ilex suaveolens、山桐子 Idesia polycarpa、杨桐 Adinandra millettii、猴欢喜、山乌桕 Sapium discolor、石楠 Photinia serrulata 和黄丹木姜子等。

下木层为乔木树种的幼树和灌木树种混生，高度在 2m 左右，除上层乔木的一些树种以外，还见有青榨槭 Acer davidii、阴香 Cinnamomum burmannii、四川山矾 Symplocos setchuensis、老鼠矢 S. stellaris、矩形叶鼠刺、狗骨柴、柃木 Eurya japonica、杜茎山 Maesa japonica 等其他乔灌树种。

草本层比较稀疏，盖度在约 10%，主要有一些蕨类植物以及淡竹叶 Lophatherum gracile、苔草 Carex spp. 等。

(3) 钩栗林 Castanopsis tibetana Forest Formation（表 3-12）

这种森林类型在本保护区分布比较普遍，一般分布在海拔 800m 以下的沟谷地带以及避风的山坳里。立地条件比较阴暗湿润，地表多有岩石露头，但土层比较肥沃，厚度不一。样地设在龙坑埂上，沟谷，海拔 590m。平均坡度在 20° 左右。样地面积 600m²，有乔木树种 18 种 80 株。林冠郁闭度 0.9。

群落建群种为钩栗。第一亚层高 20m 左右，钩栗占绝对优势，此外还有细叶青冈、甜槠、白楠等，落叶的成分也有一些混入，主要有麻栎、南酸枣、缺萼枫香等，但所占比例不大，整个森林类型仍然不改常绿阔叶林的性质。第二亚层高度在 12m 左右，钩栗仍然占有一定位置。此外，还有浙江柿、杜英、红楠、老鼠矢、米饭花、树参、黄丹木姜子等。

表3-12 钩栗林乔木层统计表

地点：龙坑埂上　　　　海拔：590m　　　　面积：600m²

树　种	株数			平均胸径 (cm)	断面积 (m²)	重要值
	Ⅰ层	Ⅱ层	Ⅲ层			
钩栗 Castanopsis tibetana	25	10		21.8	1.306	0.556
麻栎 Quercus acutissima	4			26.6	0.222	0.160
细叶青冈 Cyclobalanopsis myrsinaefolia	4	1		23.1	0.210	0.273
南酸枣 Choerospondias axillaries	1			34.5	0.094	0.129
甜槠 Castanopsis eyrei	2			22.6	0.080	0.131
缺萼枫香 Liquidambar acalycima	1			31.9	0.080	0.127
白楠 Phoebe neurantha	1			18.2	0.026	0.119
浙江柿 Diospyros glaucifolia		2		16.4	0.042	0.125
杜英 Elaeocarpos decipiens		2		17.0	0.045	0.126
红楠 Machilus thunbergii		3		16.2	0.062	0.132
老鼠矢 Symplocos stellaris		2		10.8	0.018	0.122
米饭花 Vaccinium sprengelii		5	2	11.4	0.072	0.252
树参 Dendropanax dentiger		1		10.5	0.008	0.116
黄丹木姜子 Litsea elongata		1	2	8.9	0.018	0.237
榕叶冬青 Ilex ficoides			2	7.4	0.009	0.116
石楠 Photinia srrulata			3	6.0	0.009	0.124
矩形叶鼠刺 Itea chinensis var. oblonga			1	5.8	0.003	0.115
绒楠 Machilus velutina			5	4.5	0.008	0.132
合　计	38	27	15		2.312	

下木层高在2m左右，乔木或高大灌木种类有黄丹木姜子、米饭花、榕叶冬青、石楠、矩形叶鼠刺、绒楠以及山矾、满山红 Rhododendron mariesii、尾叶山茶、海金子 Pittosporum illicioides、赤楠 Syzygium buxifolium、疏花卫矛 Euonymus laxiflorus、粗叶木 Lasianthus spp.、油茶等。低矮灌木种类草珊瑚 Sarcandra glabra 也很常见。

草本种类不多，盖度在5%左右，主要江南短肠蕨 Allantodia metteniana、狗脊 Woodwardia japonica、阔叶土麦冬 Liriope platyphylla 和苔草 Carex spp. 等。

层间植物见有哥兰叶、爬藤榕、华东钻地风 Schizophragma hydrangeoides f. sinicum、亮叶崖豆藤 Millettiznitida 等。

(4) 栲树林 Castanopsis fargesii Forest Formation

栲树适应性强，栲树林在江西分布广泛，类型多样。群落外貌深绿色，林冠浑圆。常与其它常绿阔叶林类型交错分布。

官山自然保护区的栲树林成小片分布于海拔 400 ~ 700m 的沟谷陡坡的中部及中上部。坡向常为阴坡，半阴坡，坡度 30 ~ 40°，土壤为山地红黄壤，土层厚 80 ~ 90cm，含有较多的半风化碎石块。

现以栲树—柃木—狗脊群丛（ *Castanopsis fargesii— Eurya japonica— Woodwardia japonica* Association）为例加以说明：

该群落分布于海拔 540m 的山坡，坡度 34°。地表死地被层厚 5cm，覆盖度 75%。

群落的建群种为栲树。立木层中还有木荷、杜英、大叶锥栗、杉木、青冈栎、青栲、枫香、拟赤杨、山槐等。林下更新较好，有栲树、甜槠、木荷、杉木等的幼树。主林冠层高度 20m 左右。

下木层的优势种为柃木，盖度 40%，平均高度 1.5m，物种组成还有上述栲树等，以及黄瑞木、老鼠矢、绒楠、檵木、杜茎山、朱砂根等。

草本层稀疏，优势种为狗脊，其次为苔草。此外还有淡竹叶、华里白、蹄盖蕨 *Athyriun* sp.、翠云草等。

层间植物可见有紫花络石、攀缘星蕨、对节刺、珍珠莲等。

（5）苦槠林 *Castanopsis sclerophylla* Forest Formation

本保护区的苦槠林分布在海拔 500m 至 800m 的低山丘陵地带，所处的立地条件一般，土壤肥力中等。林木高度一般在 10 ~ 15m。干形欠佳，树木分枝不高。立木层除建群种苦槠以外，还常见石栎 *Lithocarpus glaber*、红楠、华东润楠、几种冬青 *Ilex* spp.、野柿 *Diospyros kaki* var. *silvestris*、枫香、木荷 *Schima superba*、栲 *Castanopsis fargesii*、薯豆 *Elaeocarpus japonicus*、石楠等。

下木层以灌木为主，常见有乌饭树 *Vaccinium bracteatum*、杜鹃花 *Rhododendron* spp.、山矾 *Symplocos* spp.、野茉莉 *Styrax* spp.、白乳木 *Sapium japonicum*、汤饭子 *Viburnum setigerum*、山胡椒 *Lindera glauca*、粗叶木 *Lasianthus* spp. 和苦竹 *Pleioblastus amarus* 等。

林下草本地被物稀疏且分布不均，常见种类有狗脊、阔叶土麦冬、铁苋菜 *Acalypha australis*、阴行草 *Siphonostegia chinensis*、淡竹叶和多种苔草等。

层间植物丰富，常见有南五味子 *Kadsura longipedunculata*、三叶木通 *Akedia trifoliata*、南蛇藤 *Celastrus orbiculatus*、百部 *Stemona japonica* 和忍冬 *Lonicera* spp. 等。

（6）青冈林 *Cyclobalanopsis glauca* Forest Formation （表 3 – 13）

这是本保护区分布海拔最高的一种常绿阔叶林类型，分布在山坡、山脊和沟谷，在沟谷地带可以分布到海拔近 1000m。样地设在龙门大禾坑，海拔 490m，土壤为山地黄红壤，土层不厚，石砾较多。平均坡度约 22°。林冠郁闭度 0.8。600m² 的样地有乔木种类 22 种 86 株。

落建群种为青冈。立木层可以分为 2 个亚层，第一亚层 15m 左右，除青冈之外，还有钩栗、小叶青冈以及杨梅叶蚊母树、灯台树、山杜英、山乌桕、华东野核桃、南酸枣、赤杨叶、湘楠、油柿、红皮树等。第二亚层平均高 8m，第一亚层的青冈、钩栗、杨梅叶蚊母树在这一亚层仍有分布，其它有红楠、东南石栎、猴欢喜、少花桂、矩形叶鼠刺等。

下木层中灌木种类比较丰富，主要木本种类有青冈、红楠、灯台树、矩形叶鼠刺、少花桂、绒楠、香果树、红脉钓樟、长序榆以及大叶玉叶金花 *Mussaenda macrophylla*、粗糠柴 *Mallotus philippinensis*、尖连蕊茶 *Camellia cuspidata*、杜茎山、老鸦糊 *Callicarpa giradii*、

栀子 *Gardenia jasminoides*、光萼小蜡 *Ligustrum sinense* var. *myrianthum*、算盘子 *Glochidion puberum*、香叶树 *Lindera communis*、狗骨柴、山油麻 *Trema dielsiana*、蜡莲绣球 *Hydrangea strigosa*、山蚂蝗 *Desmodium caudatum* 等。

表 3-13 青冈林乔木层统计表

地点：龙门大禾坑　　　　　海拔：490m　　　　　面积：600m²

树　种	株数			平均胸径 (cm)	断面积 (m²)	重要值
	Ⅰ层	Ⅱ层	Ⅲ层			
青冈 *Cyclobalanopsis glauca*	9	4	1	21.4	0.053	0.502
小叶青冈 *Cyclobalanopsis gracilis*	5	2		18.6	0.190	0.292
钩栗 *Castanopsis tibetana*	4	3		18.0	0.178	0.300
红台树 *Cornus controversa*	2		1	14.5	0.050	0.245
山杜英 *Elaeocarpus sylvestris*	1			16.8	0.022	0.120
山乌桕 *Sapium discolor*	1			20.5	0.033	0.123
杨梅叶蚊母树 *Distylium myricoides*	3		2	14.2	0.079	0.259
华东野核桃 *Juglans cathayensis* var. *formosana*	1			17.6	0.024	0.120
湘楠 *Phoebe hunanensis*	1	2		15.9	0.020	0.239
南酸枣 *Choerospondias asillaris*	1			22.3	0.039	0.124
赤杨叶 *Alniphyllum fortunei*	2	1		15.6	0.057	0.247
油柿 *Diospyros oleifera*	1	2		13.2	0.041	0.243
红皮 *Styrax suberifolia*	1	2		14.5	0.041	0.245
红楠 *Machilus thundergii*		3	3	11.1	0.058	0.258
东南石栎 *Lithocarpus brevicaudatus*		2		10.9	0.019	0.123
猴欢喜 *Sloanea sinensis*		2		12.3	0.024	0.124
少花桂 *Cinnamomum pauciflorum*		1	1	10.6	0.018	0.234
矩形叶鼠刺 *Itea chinensis* var. *oblonga*		1	5	5.6	0.015	0.246
绒楠 *Machilus velutina*			6	6.2	0.018	0.138
红脉钓樟 *Lindera rubronervia*			5	5.8	0.013	0.133
香果树 *Emmenopterys henryi*			4	4.1	0.001	0.127
长序榆 *Ulmus elongata*			1	3.2	0.001	0.115
合　计	32	25	29		1.457	

草本层盖度约 30%，分布不均，见有丛枝蓼 *polygonum caespitosum*、虎杖 *P. cuspidatum*、杏香兔儿风 *Ainsliaea fragrans*、卷柏 *Selaginella tamariscina*、赤车 *Pellionia radicans* 等。

层间植物有北清香藤 *Jasminum lanceolarium*、花椒簕 *Zanthoxylum scandens*、三叶木通、钓藤、络石 *Trachelospermum jasminoides*、铁线莲 *Clematis* spp. 等。

(7) 青栲林（细叶青冈林）*Cyclobalanopsis myrsinaefolia* Forest Formation

本类型在官山自然保护区分布在海拔 300~700m 的沟谷、河谷坡中上部，或在高差 50~200m 的较短坡面上呈小片分布。坡向为阳坡或半阳坡，坡度 30~40o。土壤为山地红黄壤——石质壤土，死地被层厚薄不一，一般未分解，平均 3~5cm。A 层厚度 35cm，黄褐色。

群落中建群种为青栲，立木层中其他物种有枫香、赤杨叶、黄檀、东南栎、青冈、大叶锥栗、樟树及马尾松、杉木、毛竹等。林冠郁闭度达 65%，主林冠层高度 18m 左右。以细叶青冈为主，其他有少量苦槠、木荷、杜英等。

下木层盖度 50%，平均高度为 2.0，数量较多的有杨桐、鹿角杜鹃、柃木、树参、杜茎山、檵木、紫金牛等。

草本层稀疏，主要种类有：狗脊，阔叶麦冬、苔草、卷柏、蹄盖蕨等。

层间植物丰富，主要有五叶木通、长柄五味子、山葡萄 *Ampelopsis brevipedunculata*、常春藤 *Hedera nepalensis* var. *sinensis*、薜荔 *Ficus punila*、流苏子 *Thysanospermum diffusum*、大血藤 *Sargentodoxa cuneata*、络石、攀缘星蕨 *Microsorium buergerianum* 等

（8）乐昌含笑林 *Michel ia chapensis* Forest Formation（表 3-14）

表 3-14　乐昌含笑林乔木层统计表

地点：芭蕉窝　　　　　海拔：420m　　　　　　　　　　　面积：600m²

Alniphyi ium 树　种	株数			平均胸径（cm）	断面积（m²）	重要值
	Ⅰ层	Ⅱ层	Ⅲ层			
乐昌含笑 *Michelia chapaensis*	11	7	7	30.8	1.862	0.682
钩栗 *Castanopsis tibetana*	2	1		27.5	0.178	0.259
枫香 *Liquidamdar formosana*	1			42.4	0.141	0.132
南酸枣 *Choerospondias axillaries*	1			38.9	0.119	0.130
豺皮樟 *Litsea rotundifolia* var. *oblongifolia*	3	3		22.7	0.243	0.282
赤杨叶 *Alniphyllum fortunei*	1			23.4	0.043	0.121
细叶青冈 *Cyclobalanopsis myrsinaefolia*	1			24.6	0.048	0.122
苦槠 *Castanopsis sclerophylla*		2		18.2	0.052	0.128
树参 *Dendropanax dentiger*		2		15.5	0.038	0.127
鹅耳枥 *Carpinus* sp.		1		17.3	0.023	0.119
椤木石楠 *Photinia davidsoniae*		2		16.7	0.044	0.127
榕叶冬青 *Ilex ficoidea*		2		15.8	0.039	0.127
卫矛 *Euonymus* sp.		1		14.6	0.017	0.124
矩形叶鼠刺 *Itea chinensis* var. *oblonga*			6	5.2	0.013	0.145
宜昌润楠 *Machilus ichangensis*			4	6.6	0.014	0.135
毛桐 *Mallotus barbatus*			2	5.1	0.004	0.122
四川冬青 *Ilex szechwanensis*			2	4.6	0.003	0.122
合　计	20	21	21			

本群落分布于芭蕉窝一带，样地位置在海拔420m的山脚，平均坡度20°，土壤湿润肥沃，但石砾含量也较多。600m²的样地中有乔木种类17种62株，其中有乐昌含笑25株，最大胸径为49.5cm。林冠郁闭0.9。

群落建群种为乐昌含笑。立木层可分为三个亚层，第一亚层高25m左右，以乐昌含笑占优势，其他有钩栗、豺皮樟、枫香、南酸枣、细叶青冈、赤杨叶。第二亚层平均高度在13m，约为第一亚层的一半，主要树种仍为乐昌含笑，其它有苦槠、树参、一种鹅耳枥 *Carpinus* sp.、椤木石楠、榕叶冬青、一种卫矛 *Euonymus* sp.。第三亚层3m左右，有乐昌含笑、矩形叶鼠刺、宜昌润楠、毛桐等。

下木层总盖度60%，主要种类有四川冬青、杜茎山、光枝米碎花 *Eurya chinensis* var. *glabra*、南天竹 *Nandina domestica*、榄绿粗叶木 *Lasianthus japonica* var. *lancilimbus* 等。

草本层稀疏，盖度10%，有丛枝蓼、求米草、麦冬 *Ophiopogon japonicus*、美丽复叶耳蕨 *Arachniodes amoena*、江南短肠蕨、瓦苇 *Lepisorus thunbergianus*、山姜 *Alpinia japonica*、透茎冷水花 *Pilea pumila* 等。

层间植物有三叶木通、南五味子、山蒟 *Piper hancei* 等。

(9) 巴东木莲林 *Manglietia patungensis* Forest Formation

巴东木莲林见于麻子山沟。在麻子山海拔320m的60°阴坡上有高大的巴东木莲分布，最大的一株胸径达70cm，说明森林的原生性较强。群落立地条件优越，土壤为山地红黄壤，土质疏松，含较多石块，成土母质为花岗岩。林地立木较多，郁闭度大，甚至下木的某些种类也伸入到立木层中。由于林下光照不足，下木不甚发育，几无草本植物，只能偶见狗脊等极少阴生植物。死地被层厚6cm，由枯枝落叶构成，活地被见有较多苔藓植物。样地面积20m×30m。样地内含有巴东木莲、闽楠、银鹊树、红豆树等多种珍稀濒危植物，样地外有一株胸径为90cm的沉水樟。该群落极具保护价值。

群落建群种为巴东木莲，立木层除该种外尚有黄樟 *Cinnamomum parthenoxylon*、檫木、枫香、湘楠、钩栗、青钩栲、楠木。其立木显著度分别为46.4%、10.8%、8.3%、6.7%、3.6%、3.5%、3.4%、2.1%。立木显著度小于2%的还有黄皮树、豺皮樟、马银花、笔罗子 *Meliosma rigida*、披针叶茴香、山杜英、槭 *Acer* sp.、乌饭树、红叶树 *Helicia cochinchinensis*、朴树、青榨槭、老鼠矢、狗骨柴、细枝柃、银鹊树、闽楠、薯豆、猴欢喜、羽叶樱、红豆树、灰毛大青、连蕊茶 *Camellia* sp.。

下木层优势种为杜茎山，其次有黄丹木姜子、尾叶山茶、榄绿粗叶木 *Lasianthus japonica* var. *lancilimbus*、野扇花、粗糠树 *Ehretia dicksonii*、草珊瑚 *Sarcandra glabra*、九节龙 *Ardisia pusilla* 等。除此之外还有许多乔木树种的幼树，主要有巴东木莲、薯豆、矩形叶鼠刺、披针叶茴香、猴欢喜、红翅槭的幼树、幼苗，尤其是巴东木莲更新良好，幼苗较多，在5m×5m的样方中，有16株实生苗。

草本层稀疏，优势种为楼梯草，此外还有狗脊、凤丫蕨、倒挂铁角蕨、水龙骨、沿阶草、宽叶苔草、细叶麦冬等。

层间植物发育，主要种类有攀援星蕨 *Microsorium branchylepis* 和流苏子 *Coptosapelta diffusa*、菝葜、珍珠莲、紫花络石、光叶花椒、对节刺等。

(10) 红楠林 *Machilus thunbergii* Forest Formation （表3-15）

— 88 —

本保护区内红楠分布较广，多处可以见到以红楠为主的群落。本群系样地设在将军洞海拔 420m 处，山脚，土壤湿润肥沃，平均坡度 26°。林冠郁闭度 0.9。600m² 的样地内有乔木种类 18 种 66 株。立本层第一亚层高 25m，红楠占绝对优势，其他还有豹皮樟、华东润楠、钩栗、南酸枣、细叶青冈和多花泡花树。第二亚层平均高 12m，由红楠、华东润楠、多花泡花树、野含笑、树参、五裂槭、檵木、灯台树和罗浮柿组成。

表 3-15　红楠林乔木层统计表

地点：将军洞　　　　　　海拔：420m　　　　　　　　　　面积：600m²

树　种	株数			平均胸径（cm）	断面积（m²）	重要值
	Ⅰ层	Ⅱ层	Ⅲ层			
红楠 Machilus thunbergii	9		6	29.6	1.169	0.611
豹皮樟 Litsea rotundifolia var. oblongifolia	4			25.8	0.209	0.165
南酸枣 Choerospondias axillaris	2			28.5	0.128	0.142
钩栗 Castanopsis tibetana	1			22.4	0.039	0.122
华东润楠 Machilus leptophylla	4	2		18.8	0.166	0.279
细叶青冈 Cyclobalanopsis myrsinaefolia	2			19.2	0.058	0.131
多花泡花树 Meliosma myriantha	1	5		15.0	0.106	0.269
野含笑 Michelia skinneriana		3		12.7	0.038	0.132
树参 Dendronpanax dentiger		1		10.6	0.009	0.117
五裂槭 Acer oliverianum		3		13.0	0.040	0.133
檵木 Loropetalum chinense		3		10.1	0.024	0.130
灯台树 Cornus controversa		3		9.2	0.020	0.129
罗浮柿 Diospyros morrisiana		1		8.6	0.006	0.117
红果山钓樟 Lindera erythocarpa			5	5.1	0.010	0.138
矩形叶鼠刺 Itea chinensis var. oblonga			4	4.2	0.006	0.132
榕叶冬青 Ilex ficoidea			2	4.0	0.003	0.122
卫矛 Euonymus sp.			1	3.6	0.001	0.116
楤木 Aralia chinensis			2	5.2	0.002	0.121
合　计	23	23	20		2.034	

下木层高在 2m 左右，树种有红楠、红果钓樟、矩形叶鼠刺、榕叶冬青、卫矛、楤木以及柃木 Eurya spp.、酸味子 Antidesma japonicum、杜茎山、狗骨柴、尾叶山茶、饿蚂蟥 Desmodium multiflorum、山黄皮等。

草本层稀疏，盖度 5%，见有淡竹叶、狗脊、山姜等耐荫种类。

层间植物有菝葜 Smilax spp. 等。

（11）薯豆林 Elaeocarpus japonicus Forest Formation

该群落类型主要分布在海拔 500~1000m 的山谷或山坡上。土壤为黄壤或山地黄红壤，疏松湿润。上层林木平均高 15m 左右，林木组成主要有薯豆以及青冈、杨梅叶蚊母树、冬青、紫果槭 Acer cordatum、厚皮香、杨桐、赤杨叶等。

（12）杜英林 Elaeocarpus sylvestris Forest Formation

现以杜英—赤楠—阔叶土麦冬群丛 Elaeocarpus sylvestris - Syzygium buxifolium - Linope platyphylla Association 为例来说明杜英林的组成

该群落分布于海拔 500m 的谷坡上，坡向 NW22°，坡度 60°，土壤 A 层厚度 15cm，死地被层厚 2.5cm，由枯枝落叶组成。

群落的建群种为杜英，其次为甜槠，其它还有杨梅、密花树、树参、檫木、绒楠等，林下可见蜜花树、杜英、红楠、树参、矩形叶鼠刺、绒楠的幼苗下木层总盖度 40%，优势种是赤楠，其次是杜茎山、狭叶黄栀子、狗骨柴、毛冬青、黄丹木姜子、鹿角杜鹃等草本层稀疏，盖度小，以阔叶土麦冬为主，其次有凤尾蕨，狗脊，淡竹叶等。

层间植物少，仅见黄花藤，菝葜。

（13）榕叶冬青林 Ilex ficoid Forest Fromation

榕叶冬青为常绿乔木，以其为建群种的森林群落主要分布在南部山地。在本保护区麻子山沟有较大面积分布，样地设在海拔 380m 的沟谷坡地上，坡度为 60°，土壤为山地黄壤，土层深厚。死地被层厚 10cm，覆盖度为 60%。

该群落建群种为榕叶冬青，林冠层高 18m，其次有：枫香、檫木、闽楠、豹皮樟、青冈、黄皮树、甜槠、红翅槭、钩栲等。

下木层总盖度 40%，优势种为粗叶木，其次有厚叶冬青、羽叶花椒、粗糠柴、九节龙、茜草树、杜茎山、白花苦灯笼 Tarenna mollissima、卫矛 Euonymus sp.、石灰花楸等，草本层稀疏，盖度仅为 5%，主要种类有：麦冬、铁角蕨、长尾复叶耳蕨、蝴蝶花等。

层间植物发育，种类较多，主要有瓜馥木、单叶铁线莲、山蒟、紫花络石、攀援星蕨、珍珠莲等。

（14）闽楠林 Phoebe burnei Forest Formation

闽楠为国家二级保护植物，常绿高大乔木，树干通直圆满，为珍贵用材树种，主要分布于我国亚热带地区。官山自然保护区的闽楠林呈斑块状分布，总面积约为 12hm^2，分布在海拔 400~800m 之间的阳坡，半阳坡的中下部。群落外貌呈深绿色，林冠波状起伏。

现以闽楠—尾叶山茶—华东蹄盖蕨群丛 Phoebe burnei - Camellia caudata - Athyrium pachysorum Association 为例来说明该群系的特点。

该群落分布于海拔 470m 的山峡谷坡地上，坡向 SW30°，坡度 32°，土壤为山地黄红壤，A 层厚 6cm。死地被层厚 5cm，环境潮湿，群落乔木层第一亚层高度为 25m。

群落的建群种为闽楠。立木层的种类还有：豹皮樟、无患子、南酸枣、苦木 Picrasma quasssioides、粗糠树、橉木稠李 Prunus buergeriana、杨梅叶蚊母树、青冈、华杜英、红楠、冬桃、猴欢喜等。下列植物可达立木层第三层，檫木，黄瑞木、尾叶山茶、野茉莉、蜡瓣花、虎皮楠等。

下木层的优势种为尾叶山茶。其次有：红凉伞、朱砂根、轮叶新木姜、野扇花、山牡荆 Vitex quinata、尾叶紫麻、血党 Ardisia brevicaulis 等，此外还有闽楠、粗糠树、红楠、花榈木、三尖杉的幼苗。

草木层不发育，盖度 20%，优势种为华东蹄盖蕨，其次还有：金线草、春兰、麦冬、毛楼梯草 *Elatostema sessile* var. *pubescens*、画眉草、胶股蓝、狗脊、石韦、序叶苎麻等。

层间植物发育。主要种类有：山蒟、爬山虎、常春藤、络石、三叶木通、阔叶青风藤、菝葜、亮叶崖豆藤、野葡萄、冷饭团等。

（15）杨梅叶蚊母树林 *Distylium myricoides* Forest Formation

杨梅叶蚊母树，常绿乔木，适生于山地或河边。在本保护区主要分布于海拔 400～500m 的谷坡上，土壤为山地黄壤，成土母质为板岩，样地设在吊洞瀑布附近的谷坡上，海拔 410m，下为溪流，坡度 56°，坡向 EN30°，地表岩石裸露，土层薄，死地被层厚 6.5cm，由枯枝落叶构成，覆盖度 75%。群落外貌深绿色。

群落建群种为杨梅叶蚊母树，占绝对优势，几乎成纯林状态，其株数为总立木数的 69.5%。立木更新良好，在 2m×2m 的样方内有杨梅叶蚊母树的更新苗 12 株。立木层高 10m，伴生种有：青冈、南紫薇 *Lagerstroemia subeostata*、桃叶石楠 *Photinia prunifollia*、厚叶冬青 *Ilex elmerrilliana*、鼠刺、山鼠李 *Rhamnus willsonii*、青皮木、天患子等。

下木层总盖度 20%，优势种为密花树 *Rapanea neriifolia*，其次有杜茎山、狗骨柴、枇杷叶紫珠 *Callicarpa kochiana*、山黄皮 *Randia cochinchinensis*、映山红、毛冬青、狭叶黄栀子等，此外还有杨梅叶蚊母树、桃叶石楠、红楠、厚叶冬青的幼树。

草木层总盖度 10%，优势种为观光鳞毛蕨，其次还有披针叶苔草，长尾复叶耳蕨等。

层间植物有紫花络石、山蒟、海金沙、爬山虎、白木通、珍珠莲等。

（16）红翅槭林 *Acer fabri* Forest Fromation

该群落在本保护区分布于麻子山沟口的谷坡上，阴坡，坡度 45°海拔 330m，林冠总郁闭度 0.85，高 15m。土壤为山地黄红壤，土厚瘠薄湿润。A 层厚度 15cm。石砾较多。死地被层薄，覆盖度 20%，雨水冲刷明显。

群落的建群种为红翅槭，占绝对优势。其次有钩栲，小红栲，豹皮樟、灰毛大青等。森林群落更新不良，仅见少量钩栲、小红栲的幼树。

下木层优势种为尾叶山茶。层盖度 20%，其他植物有柃木、杜茎山、密花树、山香圆等。

草木层盖度达 80%，主要植物有庐山楼梯草、叶苔草、狗脊、麦冬、翠绿卷柏。杜若小珠舞花姜、野芝麻等。

层间植物见瓜馥木，钩刺雀梅藤、山蒟、攀缘星蕨等。

2. 常绿、落叶阔叶混交阔叶林

（17）米槠、小叶栎林 *Castanopsis carlesii*，*Quercus chenii* Forest formation（表 3－16）

该群系见于龙坑口海拔 450m 处，沟谷之南坡，平均坡度 20°。林木组成复杂。600m² 的样地中有乔木种类 26 种 70 株。林冠郁闭度 0.9。乔木层可以分为三亚层，第一亚层 25m 左右，主要由米槠、小叶栎以及红楠、华东润楠占优势，其他还有甜槠、柿一种 *Diospyros* sp.、银鹊树、南酸枣、矩柄枹栎、红皮树、泡花树。第二亚层高 15m 左右，树种种类较多，优势树种不明显，主要有钩栗、椤木石楠、宜昌润楠、湘楠、冬青、榕叶冬青、婺源槭、杜英、檵木、树参、白玉兰、南方红豆杉、矩形叶鼠刺。上层林木中的米槠、小叶栎、红楠、华东润楠在这一层仍有小树出现。

表3－16 米槠、小叶栎林乔木层统计表

地点：龙坑口　　　　　海拔：450m　　　　　　　　　　　面积：600m²

树　种	株数			平均胸径（cm）	断面积（m²）	重要值
	Ⅰ层	Ⅱ层	Ⅲ层			
米槠 Castanopsis carlesi	4			40.5	0.644	0.310
小叶栎 Quercus chenii	5			38.7	0.705	0.321
红楠 Machilus thunbergii	4			28.4	0.316	0.278
甜槠 Castanopsis eyrei	2			32.3	0.164	0.137
柿 Diospyros sp.	1			30.1	0.236	0.140
银鹊树 Tapiscia sinensis	3			28.9	0.197	0.145
华东润楠 Machilus leptophylla	3			24.3	0.139	0.255
南酸枣 Choerospondias axillaris	1			42.6	0.142	0.130
短柄枹栎 Quercus glandulifera var. brevipetiolata	1			36.0	0.102	0.126
红皮 Styrax suberifolia	1			27.3	0.059	0.122
刨花楠 Machilus pauhoi	1			25.8	0.105	0.126
钩栗 Castanopsis tibetana		3	2	19.1	0.143	0.259
椤木石楠 Photinia davidsoniae		2		14.2	0.032	0.124
宜昌润楠 Machilus ichangensis		3	2	13.5	0.072	0.253
白玉兰 Magnolia denudata		1		14.3	0.016	0.118
榕叶冬青 Ilex ficoidea		4	1	12.9	0.065	0.252
湘楠 Phoebe hunanensis		2		13.0	0.027	0.124
南方红豆杉 Taxus mairei		1		15.4	0.019	0.118
树参 Dendropanax dentiger		1	2	10.4	0.025	0.038
冬青 Ilex purpurea		2	2	11.2	0.039	0.245
婺源槭 Acer wuyuanense		2		12.5	0.025	0.123
檵木 Loropetalum chinense		1	3	11.8	0.043	0.245
矩形叶鼠刺 Itea chinensis var. oblonga		1	2	7.6	0.014	0.237
杜英 Elaeocarpus decipiens		2		9.7	0.015	0.122
黄檀 Dalbergia hupeana			2	6.5	0.007	0.122
阴香 Cinnamomum burmannii			2	5.1	0.004	0.121
合　计	26	27	17		3.355	

第三亚层平均高约2m，组成树种有钩栗、宜昌润楠、冬青、榕叶冬青、树参、檵木、杜茎山、毛冬青 Ilex pubescens、苦参 Sophora flavescens、白马骨 Serissa serissoides、山蚂蟥、海金子、山矾、荚蒾 Viburnum dilatatum 等。

草本层稀疏，盖度约10%，有狗脊、丝穗金粟兰 Chloranthus fortunei、大花细辛江南星蕨、华鸢尾 *Iris grijsii* 和苔草 *Carex* sp. 等。

层间植物有三叶木通、大血藤 *Sargentodoxa cuneata*、毛花猕猴桃 *Actinidia eriantha* 等。

（18）细叶青冈、雷公鹅耳枥林 Cyclobalanopsis myrsinaefolia，Carpinus viminea forest Formation

以细叶青冈、雷公鹅耳枥为优势的森林在本保护区斗垠等处见于海拔 800~1000m 的坡地上。土壤一般为山地黄壤。这种森林类型的植物组成比较复杂，林分郁闭度在 0.9 左右。群落分层比较明显。第一亚层高 15m 左右，常绿成分以细叶青冈为主，其他还有红楠、交让木、豹皮樟、几种石栎 *Lithocarpus* spp.。落叶的成分以雷公鹅耳枥占优势，其他还有锥栗 *Castanea henryi*、石灰花揪、枫香、山合欢 *Albzia macrophylla*、紫茎 *Stewartia sinensis*、野漆树 *Toxicodendron succedaneum*。第二亚层和第一亚层相连续，平均高在 8m 左右，常绿成分与落叶成分比例大致相等，有小叶青冈、鹅耳枥、石栎、红楠、南方红豆杉、杨桐、五裂械、鹿角杜鹃 *Rhododendron latoucheae*、白玉兰、紫茎、满山红、尾叶樱 *Prunus dielsiana* 等。

下木层平均高度在 2m 左右，有映山红 R*hododendron simsii*、多种柃木 *Eurya* spp.、小叶石楠 *Photinia parvifolia*、三尖杉 *Cephalotaxus fortunei* 等。

草本层稀疏，种类也不多，常见有淡竹叶、苔草等。

层间植物见有大血藤、薯蓣 *Dioscorea* sp. 等。

（19）钩栗、麻栎林 Castanopsis tibetana，Quercus acutissima Forest Formation

该种森林类型在李家屋场至龙坑一带比较常见，海拔 420~600m，一般分布在沟谷，该处土壤湿润肥沃。林冠郁闭度在 0.8 以上，群落内分层比较明显，可以分为 3 层，第一亚层高 20m 左右，以钩栗和麻栎占绝对优势，其他还有细叶青冈、华东润楠、甜槠、赤杨叶、枫香、南酸枣等。第二亚层平均高约 10m，钩栗和麻栎仍占一定的优势，此外还有椤木石楠、杜英、树参、冬青 *Ilex* spp.、老鼠矢、杨桐、白花龙 *Styrax faberi*、灯台树、矩形叶鼠刺等。第三亚层平均高 2m 左右，由米饭花、海金子、白檀 *Symplocos paniculata*、琴叶榕 *Ficus pandurata*、尾叶山茶、粗叶木 *Lasianthus* spp.、赤楠、草珊瑚、柃木 *Eurya* spp. 等组成。

草本分布不均，主要有阔叶土麦冬、淡竹叶、狗脊、蕨 *Pteridium aquilinum* var. *latiusculum*、苔草 *Carex* spp. 等。层间植物有络石、爬藤榕、亮叶崖豆藤等。

（20）缺萼枫香、钩栗林 Liquidambar acalycina，Castanopsis tibetana Forest Fromation

该群系分布于西河站附近海拔 375m 的坡地上，坡向为阳坡，坡度 50°，土壤为山地黄红壤，A 层厚 45cm，死地被层厚 8cm，立木层第一亚层平均高度为 22m。群落受到一定程度的人为干扰，外貌不整齐。

群落建群种为缺萼枫香和钩栗，立木平均胸径达 50cm，立木层中还有豹皮樟、华鹅耳枥、杉木、闽楠、石灰花揪、青栲、冬青、刺叶野樱 *Prunus spinulosa*、南酸枣等。下木层种类主要有粗糠柴、南天竹、卫氏冬青、黄栀子等。草木层优势种为狗脊，其次有淡竹叶，宽叶苔草等。层间植物有三叶木通、黄花藤、络石、攀缘星蕨等。

（21）华东润楠、湘楠、五裂械林 Machilus leptophylla，Phoebe hunanensis，Acer oliverianum Forest formation（表 3 – 17）

— 93 —

华东润楠和湘楠都是本保护区常绿阔叶林中的主要组成成分。以华东润楠、湘楠和五裂槭组成的群落见于小西坑海拔 560m 处。林木组成成分比较复杂，600m² 的样地有乔木种类 23 种 72 株。第一亚层平均高约 18m，优势树种有华东润楠、湘楠、五裂槭、豹皮樟以及灯台树、毛红椿、枳椇、赤杨叶、枫香。第二亚层平均高 10m，林木组成有华东润楠、湘楠、五裂槭、豹皮樟、青冈、穗花杉、黄丹木姜子、东南石栎、四照花、冬青、红皮树、野鸦椿、罗浮柿、粗糠柴等。

表 3-17　华东润楠、湘楠、五裂槭林乔木层统计表

地点：小西坑　　　　　　海拔：560m　　　　　　　　　　　　面积：600m²

树　种	株数			平均胸径 (cm)	断面积 (m²)	重要值
	Ⅰ层	Ⅱ层	Ⅲ层			
华东润楠 Machilus leptophylla	3		3	20.2	0.256	0.426
湘楠 Phoebe hunanensis	2		7	16.4	0.232	0.435
五裂槭 Acer oliverianum	2		4	17.6	0.170	0.402
灯台树 Cornus controversa	1			24.0	0.045	0.126
豹皮樟 Litsea rotundifolia var. oblongifolia	2		1	20.6	0.167	0.392
毛红椿 Toona sureni var. pubescens	1			30.2	0.072	0.132
枳椇 Hovenia acerba	1			28.1	0.062	0.130
赤杨叶 Alniphyllum fortunei	1			26.5	0.055	0.128
枫香 Liquidambar formosana	1		2	18.0	0.063	0.253
青冈 Cyclobalanopsis glauca		2	1	16.4	0.077	0.250
穗花杉 Amentotaxus argotaenia		5	2	11.8	0.077	0.271
黄丹木姜 Litsea elongata		2	3	10.4	0.042	0.254
东南石栎 Lithocarpus brevicaudatus		2		16.6	0.043	0.129
四照花 Dendrobenthamia japonica		1		14.3	0.016	0.119
冬青 Ilex purpurea		2		12.7	0.025	0.125
红皮 Styrax suberifolia		1		13.5	0.014	0.119
野鸦椿 Euscaphis japonica		1		17.4	0.024	0.121
罗浮柿 Diospyres morrisiana		2	1	12.6	0.037	0.244
粗糠柴 Mallotus philippinensis		1	2	10.8	0.027	0.242
大果卫矛 Euonymus myrianthus			2	8.2	0.0011	0.122
榕叶冬青 Ilex ficoidea			1	7.8	0.005	0.117
短梗大参 Macropanax rosthornii			2	6.5	0.007	0.122
三尖杉 Cephalotaxus fortunei			1	6.3	0.003	0.117
合　计	14	26	32		1.529	

　　下木层为小乔木、灌木以及上层林木的幼树，平均高度在 2m 左右，有华东润楠、湘楠、五裂槭、豹皮樟、枫香、青冈、穗花杉、黄丹木姜子、罗浮柿、粗糠柴、大果卫矛、榕叶冬青、短梗大参、三尖杉以及毛连蕊茶 Camellia fraterna、小叶女贞 Ligustrum quihoui、海金子、尾叶山茶、南天竹、杜茎山等。

　　草本盖度在 25%，有楼梯草 Elatostema involucratum、赤车、杏香兔儿风、三褶脉紫菀 Aster ageratoides、龙珠、多花黄精 Polygonatum cyrtonema、狗脊、凤尾蕨 Pteris nervosa、庐山石苇 Pyrrosia sheareri 等。

　　层间植物见有刚毛三叶五加 Acanthopanax setosus、山蒟 Piper hancei 等。

3. 落叶阔叶林

（22）麻栎林 Quercus acutissima forest Formation（表 3-18）

表 3-18　麻栎林乔木层统计表

地点：李家屋场　　　　　　海拔：460m　　　　　　　　　　面积：600m²

树　种	株数			平均胸径（cm）	断面积（m²）	重要值
	Ⅰ层	Ⅱ层	Ⅲ层			
麻栎 Quercus acutissima	9	3	0	43.7	1.799	0.485
枫香 Liquidambar formosana	2			45.6	0.326	0.158
华东润楠 Machilus leptophylla	1			30.2	0.072	0.124
钩栗 Castanopsis tibetana		6	1	19.0	0.198	0.282
红楠 Machilus thunbergii		2	3	17.8	0.124	0.271
乐昌含笑 Michelia chapensis		4		16.5	0.085	0.142
青冈 Cyclobalanopsis glauca		3	1	16.1	0.081	0.253
化香 Platycarya strobilacea		2		18.9	0.056	0.128
黄檀 Dalbergia hupeana			2	14.6	0.033	0.126
老鼠矢 Symplocos stellaris		1	1	10.4	0.017	0.235
樱桃 Prunus pseudocerasus		1		13.9	0.015	0.124
椤木石楠 Photinia davidsoniae		4	2	13.2	0.082	0.263
白玉兰 Magnolia denudata		1		12.4	0.024	0.236
米饭花 Vacciuium sprengelii		3		11.3	0.030	0.130
赤杨叶 Alniphyllum fortunei		1		18.6	0.027	0.125
红皮 Styrax suberifolia		1		16.7	0.022	0.118
树参 Dendropanax dentiger		1		13.4	0.014	0.118
冬青 Ilex pupurea		1		14.6	0.01⁻	0.118
五裂槭 Acer olierianum			3	5.8	0.008	0.128
矩形叶鼠刺 Itea chinensis var. oblonga			2	5.1	0.004	0.122
合　计	12	36	14		3.034	

本保护区麻栎林分布在李家屋一带，面积近 130hm²，海拔 400~700m。样地设在李家屋场后海拔 460m 处。该处地势比较平坦，平均坡度 10°，土层深厚肥沃。600m² 的样地有乔木种类 20 种 62 株。林冠郁闭度 0.9。

乔木层分层明显，第一亚层远远高于第二亚层，平均高度在 28m 左右，以麻栎占绝对优势，混生有枫香和华东润楠。第二亚层平均高 15m，与第一亚层不连续，优势树种不明显，由钩栗、椤木石楠、乐昌含笑、青冈、化香、黄檀、老鼠矢、樱桃、白玉兰、米饭花、赤杨叶、红皮树、树参、冬青 Ilex sp. 等组成，麻栎在这一层也有发现。第三亚层和第二亚层连续，平均高度在 2m 左右，树种有钩栗、红楠、青冈、老鼠矢、椤木石楠、白玉兰、五裂械、矩形叶鼠刺以及海金子、红脉钓樟 Lindera rubronervia、山胡椒 L. glauca、白檀、苦参、赤楠、映山红、美丽胡枝子 Lespedeza formosa、狗骨柴、粗叶木等。

草本层分布不均，盖度在 15%。主要种类有阔叶土麦冬、丛枝蓼、虎杖、三褶脉紫苑、杏香兔儿风、淡竹叶、阴行草、野菊 Dendranthema indica、玉簪花 Hosta plantaginea 以及蕨等。

层间植物有络石、南五味子、三叶木通、山蒟、蔓胡颓子 Elaeagnus glabra 等。

（23）水青冈林 Fagus longipetiolata Forest Formation

本保护区水青冈林分布在海拔 700~1000m 的山地，土壤为花岗岩、砂岩或变质岩形成的山地黄壤，土层较厚，枯枝落叶层发育良好，林内比较湿润。

水青冈为绝对优势的种群。其它落叶成分还有白玉兰、蓝果树 Nyssa sinensis、三峡械 Acer wilsonii；常绿的成分有红楠、甜槠、虎皮楠 Daphniphyllum oldhami、豹皮樟、浙江新木姜 Neolitsea aurata var. chekinagensis、红淡 Cleyera japonica、披针叶茴香、南方红豆杉以及三尖杉等。

下木层除水青冈等上层林木的一些幼树外，还有马银花、细枝柃 Eurya loquaiana、尖连蕊茶 Camellia cuspidata、鹿角杜鹃、大果卫矛、伞花绣球 Hydrangea umbellata、树参、山胡椒、污毛粗叶木 Lasianthus hartii、长叶木犀 Osmanthus marinatus var. longissimus、野含笑。低矮灌木还有紫金牛、朱砂根 Ardisia crenata 等。

草本种类不多，主要有狗脊、华中蹄盖蕨 Athyrium wardii、黑足鳞毛蕨 Dryopteris fuscipes、淡竹叶、大花细辛、杏香兔儿风等。

层间植物不发育，见有肖菝葜 Heterosmilax japnica、土茯苓 Smilax glabra 和络石等。

（24）银鹊树、赤杨叶林 Tapiscia sinensis，Alniphyllum fortunei forest formation （表 3-19）

本群系见于将军洞海拔 440m 处的沟谷。该处地势平坦，但石砾较多，平均坡度 5°，土层深厚肥沃。600m² 的样地有乔木类 15 种 75 株。群系内林木分层明显，第一亚层平均高 20m 左右，只见银鹊树和赤杨叶。第二亚层平均高约 9m，以钩栗、华东润楠较多，银鹊树、赤杨叶在这一亚层仍有分布，其他还有红楠、刺楸、枳椇、五裂械、青榨械、野鸦椿、红果钓樟、青冈、石楠、蜡瓣花等。第三亚层与第二亚层基本连续，平均高在 2.5m 左右，优势树种不明显，主要成分有华东润楠、钩栗、红楠、五裂械、红脉钓樟、青冈、石楠、蜡瓣花、毛楝以及竹叶胡椒、海金子、柘树 Cudrania tricuspidata、醉鱼草 Buddleja lindleyana 等。

表 3-19 银鹊树、赤杨叶林乔木层统计表

地点：将军洞　　　　　　海拔：440m　　　　　　　　　　　面积：600m²

树 种	株数			平均胸径 (cm)	断面积 (m²)	重要值
	Ⅰ层	Ⅱ层	Ⅲ层			
银鹊树 *Tapiscia sinensis*	11	2		26.3	0.706	0.396
赤杨叶 *Alniphyllum fortunei*	20	1		23.8	0.934	0.469
华东润楠 *Machilus leptophylla*		5	1	14.6	0.100	0.265
钩栗 *Castanopsis tibetana*		7	2	14.5	0.149	0.286
刺楸 *Kalopanax pictus*		1		12.0	0.011	0.117
枳椇 *Hovenia acerba*		1		13.4	0.014	0.117
红楠 *Machilus thunbergii*		3	1	12.1	0.046	0.248
五裂槭 *Acer oliverianum*		1	1	10.4	0.017	0.234
青榨槭 *Acer davidii*		2		8.9	0.012	0.122
野鸦椿 *Euscaphis japonica*		1		9.3	0.007	0.116
红脉钓樟 *Lindera rubronervia*		2	2	6.5	0.013	0.242
青冈 *Cyclobalanopsis glauca*		1	2	5.1	0.005	0.236
石楠 *photinia serrulata*		1	1	4.9	0.004	0.231
蜡瓣花 *Corylopsis sinensis*		1	3	4.2	0.006	0.236
毛梾 *Cornus wateri*			2	4.0	0.003	0.120
合　计	31	29	15		2.028	

　　草本层盖度比较大，约40%。主要种类有丛枝蓼、楼梯草 *Elatostema involucrata*、冷水花 *Pilea notata*、三叶委陵菜 *Potentilla freyniana*、繁缕 *Stellaria media*、里白 *Hicriopteris glauca*、狗脊、三褶脉紫菀、杏香兔儿风、大蓟 *Cirsium japonicum* 等。

　　层间植物有蔓胡颓子 *Elaeagnus glabra*、三叶木通等。

　　（25）赤杨叶林 *Alniphyllum fortunei* forest formation

　　该森林群落类型在本保护区出现在海拔400~800m的范围内，一般是常绿阔叶林遭受破坏后形成的小片群落，并常在溪沟两旁林缘呈廊带状分布（如将军洞等处）。林冠郁闭度0.8。乔木层内分层不明显，高在15m左右，树种以赤杨叶占多数，其他的落叶成分还有银鹊树、枫香、南酸枣、海通 *Clerodendron mandarinorum*、野漆树等；群落中常绿的成分也不少，有钩栗、米槠、栲 *Castanopsis fargesii*、红楠、薯豆等。

　　下木层常见的种类有野鸦椿、五裂槭、青冈栎、石楠、红脉钓樟、海金子、细枝柃、毛冬青、阔叶箬竹 *Indocalamus latifolius* 等。

　　草本层稀疏，优势种为狗脊，其次有华东瘤足蕨 *Plagiogyria japonica*、江南星蕨、阔叶土麦冬、淡竹叶、苔草 *Carex* spp. 等。

　　层间植物有流苏子、野木瓜 *Stauntonia chinensis*、钩藤、链珠藤 *Alyxia sinensis*。

（26）枫香林 *Liquidambar formosana* forest formation （3－20）

该群系见于西河保护站对面山坡，海拔 500m，下为沟谷，平均坡度 15°，土层深厚肥沃湿润，立地条件较好。在 600m² 的样地中有乔木 14 种 75 株。乔木层分层明显，第一亚层林冠高 28m，远远在第二亚层林冠之上。枫香占绝对优势，其他还有赤杨叶和南酸枣。第二亚层高 10m 左右，华东润楠占优势，其他还有一种含笑，南方红豆杉、红脉钓樟、红楠、野鸦椿、冬青、杜英、楤木，第一亚层的枫香和赤杨叶在这一层仍有出现。

表3－20 枫香林乔木层统计表

地点：西河保护站对面山坡　　　　　　海拔：500m　　　　　　　　面积：600m²

树 种	株数			平均胸径（cm）	断面积（m²）	重要值
	Ⅰ层	Ⅱ层	Ⅲ层			
枫香 *Liquidambar formosana*	16	2	1	35.5	1.682	0.586
赤杨叶 *Alniphyllum fortunei*	8	3		26.1	0.588	0.330
南酸枣 *Choerospondias axillaris*				32.4	0.763	0.201
华东润楠 *Machilus leptophylla*		10	1	13.2	0.150	0.286
含笑 *Michelia* sp.		5	1	10.3	0.050	0.254
红楠 *Machilus thunbergii*		1		12.6	0.012	0.116
南方红豆杉 *Taxus mairei*		3		9.7	0.022	0.126
红脉钓樟 *Lindera rubronervia*		2		8.4	0.011	0.121
野鸦椿 *Euscaphis japonica*		1		8.9	0.006	0.116
冬青 *Ilex purpurea*		1		9.6	0.007	0.116
杜英 *Elaeocarpus decipiens*		1	1	8.0	0.010	0.232
楤木 *Aralia chinensis*		1		7.1	0.004	0.115
灯台树 *Corus controversa*			2	6.0	0.006	0.121
毡毛泡花树 *Meliosma rigida* var. *pannosa*			2	5.1	0.004	0.115
合 计	27	30	8		3.315	

下木层与上层基本连续，主要有乔木树种枫香、华东润楠、含笑 *Michelia* sp.、杜英、灯台树、毡毛泡花树和异叶榕的幼树、幼苗，以及一些灌木如：浙江新木姜、蜡莲绣球、珊瑚朴 *Celtis julianae*、茶 *Camellia sinensis*、紫麻 *Oreocnide frutescens* 等。

草本层比较发育，有狗脊、三褶脉紫菀、杏香兔儿风、苎麻 *Boehmeria nivea*、紫堇 *Corydalis edulis*、蕨、鹅观草 *Roegneria kamoji*、开口剑 *Tupistra chinensis*、阔叶土麦冬等。

（27）雷公鹅耳枥林 *Carpinus viminea* Forest Formation （3－21）

该森林群落类型在本保护区分布在海拔 900～1200m 的山地。样地设在去石花尖路上的护林棚附近，海拔 1100m，山脊向阳，平均坡度 20°。土层比较瘠薄。林冠郁闭度 0.8。600m² 的样地中有乔木 14 种 100 株，其中雷公鹅耳枥有 69 株。

群落建群种为雷公鹅耳枥。立木层分为二亚层，第一亚层 15m 左右，以雷公鹅耳枥占绝对优势，还混有山合欢、石灰花楸、台湾松。第二亚层高8m左右，雷公鹅耳枥占优势，其他还有四照花、赛山梅、红果钓樟、黄檀、尖嘴林檎。

下木层高2m，由雷公鹅耳枥、鹿角杜鹃、川桂、多穗石栎、满山红、红果山钓樟、毛木姜子以及山胡椒、白檀、米碎花 *Eurya chinensis*、齿缘吊钟花 *Enkianthus serrulatus*、六月雪 *Serissa japonica* 等。

草本层稀少，有十字苔草 *Carex cruciata* 等。

层间植物不多，中华猕猴桃 *Actinidia chinensis* 在林缘比较发育。

表3-21　雷公鹅耳枥林乔木层统计表

地点：护林棚　　　　　海拔：1100m　　　　　　　　　　　面积：600m²

树　种	株数			平均胸径（cm）	断面积（m²）	重要值
	Ⅰ层	Ⅱ层	Ⅲ层			
雷公鹅耳枥 *Carpinus viminea*	42		6	18.0	1.755	0.830
山合欢 *Albizia macrophylla*	3			24.3	0.278	0.163
石灰花楸 *Sorbus folgneri*	2			18.4	0.053	0.126
台湾松 *Pinus taiwanensis*	1			16.2	0.021	0.117
四照花 *Dendrobenthamia japonica* var. *chinensis*		2		9.2	0.013	0.120
赛山梅 *Styrax confusus*		2		8.3	0.011	0.120
红果山钓樟 *Lindera erythocarpa*		3	1	7.5	0.018	0.238
黄檀 *Dalbergia hupeana*		1		9.0	0.006	0.124
尖嘴林檎 *Malus melliana*		1		10.2	0.008	0.115
川桂 *Cinnamomum wilsonii*			2	5.4	0.005	0.119
鹿角杜鹃 *Rhododendron latoucheae*			7	5.2	0.015	0.136
多穗石栎 *Lithocarpus polystachyus*			2	4.9	0.004	0.119
毛木姜子 *Litsea mollis*			1	5.1	0.002	0.114
满山红 *Rhododendron mariesii*			3	5.0	0.006	0.122
合　计	48	30	22		2.195	

（28）毛红椿林 *Toona sureni* var. *pubescens* Forest Formation（表3-22）

该群落见于龙门大埠坑，海拔560m处的沟谷，平均坡度12°。土层深厚，土壤湿润，样地内并有一条小沟。林冠郁闭度0.7。样地面积600m²，有乔木16种42株，其中毛竹5株。乔木层分层明显，第一亚层高30m，远远在第二亚层林冠之上，树种全部为毛红椿。第二亚层高15m，优势树种不明显，有毛红椿、钩栲、野核桃、青冈、南方红豆杉、湘楠、红楠、刺楸、灯台树、华东润楠、枳椇、赤杨叶、石楠、野漆树、香果树。

下木层高3m左右，组成树种有湘楠、赤杨叶、香果树、中华槭、红脉钓樟、绒楠、黄樟、花榈木的幼树以及青灰叶下珠 *Phyllanthus glaucus*、醉鱼草、大叶白纸扇、海金子、小叶女贞、白背叶 *Mallotus spelta*、青荚叶 *Helwingia japonica*、蜡莲绣球、接骨草 *Sambucus chinensis* 、荚蒾、朴树、三尖杉、糙叶树 *Aphananthe aspera* 、山蚂蟥、箬竹 *Indocalamus tesselatus* 等。

表3-22　毛红椿林乔木层统计表

地点：龙门大埚坑　　　　海拔：560m　　　　　　　　　面积：600m²

树　种	株数			平均胸径 (cm)	断面积 (m²)	重要值
	Ⅰ层	Ⅱ层	Ⅲ层			
毛红椿 *Toona sureni* var. *pubescens*	4	3		46.2	1.173	0.527
南方红豆杉 *Taxus mairei*		1		18.4	0.027	0.126
湘楠 *Phoebe hunanensis*		2	5	13.9	0.106	0.307
红楠 *Machilus thunbergii*		3		15.6	0.057	0.150
刺楸 *Kalopanax pictus*		1		20.1	0.032	0.127
灯台树 *Cornus controversa*		1		17.0	0.032	0.127
华东润楠 *Machilus leptophylla*		1		16.8	0.022	0.125
毛竹 *Phyllostachys edulis*		(5)				
枳椇 *Alniphyllum fortunei*		1		21.3	0.036	0.127
赤杨叶 *Alinphyllum fortunei*		2		15.4	0.056	0.261
石楠 *Photinia serrulata*		2	1	13.5	0.029	0.135
野漆树 *Toxicodendron succedaneum*		1		18.7	0.027	0.125
香果树 *Emmenopterys henryi*		1	1	8.2	0.011	0.242
中华槭 *Acer sinensis*			2	5.6	0.005	0.130
红脉钓樟 *Lindera rubronervia*			3	5.1	0.006	0.139
绒楠 *Machilus velutina*			2	5.0	0.004	0.130
合　计	4	19	14		1.614	

草本层比较发育，盖度约 60%。有五节芒 *Miscanthus floridulus*、拂子茅 *Caamagrostis epigejos*、三褶脉紫菀、血水草、蝴蝶花、短毛金线草、庐山楼梯草、辣蓼 *Polygonum flaccidum*、赤车、黑足鳞毛蕨、鹿蹄草 *Pyrola rotundifolia* ssp. *cinesis* 等。

层间植物有乌泡子 *Rubu parkeri*、藤构 *Broussonetia kaempferi*、山木通 *Clematis finetiana*、常春藤、暗色菝葜、猕猴桃等。

（29）银钟花林 *Halesia macgregorii* Forest Formatvom

银钟花为我国特有的稀有植物种类：主要分布在中亚热带地区，为落叶乔木。银钟花成林不多见，在官山自然保护区的大锅坑有小片分布。该群落外貌不整齐，有受人为干扰的痕迹。该处海拔 640m，坡向 WN40°，坡度 54°，土壤为山地红壤，A 层厚 35cm，死地被层厚 15cm。群落立木层高 15m，林冠郁闭度 60%。

该群落建群种为银钟花，其次为薯豆、甜槠，还有虎皮楠、山肉桂、山杜英、紫树、细叶香桂、杉木、三花冬青、青冈、野漆树、南酸枣、豹皮樟、赤杨叶、泡花树等。

下木层优势种为猴头杜鹃、其次有野鸦椿、树参、矩叶卫矛 *Euonymus oblongifolius*、朵椒等。此外有银钟花、山杜英、虎皮楠、野漆树、细叶香桂、红楠、薯豆的幼苗。

草本层发育，盖度达 70%，优势种为光叶里白，其次有狗脊、淡竹叶、麦冬、宽叶苔草、铁角蕨等。

层间植物有羊角藤、菝葜、土获苓、南蛇藤、粗叶悬钩子、钩藤、清风藤等。

（30）锥栗林 *Castanea henryi* Forest Formation

在本保护区，锥栗林分布比较零星，常在海拔 600~1100m 的山坡呈小面积分布。林冠高度在 15m 左右。乔木层以锥栗占优势，与之混生的其他树种有雷公鹅耳枥、石灰花楸、小叶青冈、山合欢、化香、黄檀、大柄冬青 *Ilex macropoda*、茅栗 *Castanea seguinii*、红枝柴 *Meliosama oldhamii* 等。下木层常见小叶青冈、鹿角杜鹃、老鼠矢、黄丹木姜子、树参、满山红、乌饭树、红脉钓樟、野槭树、蜡瓣花、微毛柃 *Eurya hebeclados* 等。林下草本植物稀疏，分布不均，主要种类有紫萁 *Osmunda japonica*、三叶委陵菜、泽兰 *Eupatorium japonicum*、百合 *Lilium brownii* var. *viridulum*、阔叶土麦冬和苔草等。

（31）三峡槭林 *Acer wilsonii* Forest Fromation

三峡槭在官山自然保护区常伴生于群落之中，成林的不多，在李家屋场的沟谷边见有小片分布，立地条件为山地黄红壤，石块较多，环境湿润，海拔高度为 392m。林冠层郁闭度 0.6，高 15m。群落外貌不整齐。

群落建群种为三峡槭，其次有多花泡花树，枹木稠李，毛拐枣、椤木石楠、华东润楠、木荷、小叶青冈、台湾冬青、麻栎、小叶白辛树、浙江柿、白楠、矩圆叶卫矛等。

下木层优势种为箬竹，崖花子 *Pittosporum turncatum*，及山峡槭的更新苗。

草本层由于受人为干扰不发育，主要种类有三褶脉紫菀，淡竹叶等。

层间植物可见络石，常春藤。

（32）灯台树林 *Cornus controversa* Forest Formation

灯台树在江西主要分布在赣北地区。在本保护区，该群落分布在海拔 650m 的山谷中，该处地势平坦，坡度为 10°，坡向 NW30°，土壤为山地红黄壤，土层深厚，死地被属由枯枝落叶构成，平均厚度为 4cm，覆盖度 95%，样地面积 600m²。

群落建群种为灯台树，占绝对优势，林冠层高 12m，立木层中还有野漆树、山桐子、木油桐、杉木、豹皮樟、铁冬青、湘楠等。

下木层的优势种为长筒女贞 *Ligustrum longitubum*，其次有：中国绣球、微毛柃、蝴蝶荚蒾、白马骨、蜡莲绣球、红果钓樟、白栎、满山红、九节龙等。还有灯台树、红楠、豹皮樟、落叶润楠等的更新苗。

草本层发育，总盖度达 60%，高度 80cm，优势种为狗脊，其次有观光鳞毛蕨、凤尾蕨、刺齿复叶耳蕨、凤丫蕨、三褶脉紫菀、披针叶苔草、沿阶草、少毛牛膝、皱叶苔等。

层间植物种类较多，多为木质藤本，主要有：野木瓜、阔叶清风藤、灰白毛莓、寒莓、南五味子、肖菝葜、常春藤、山蒟、白木通等。

4. 山顶矮林

山顶矮林是一特殊的森林植被类型，在江西主要分布在海拔 800~1000m 以上的山脊或山顶。该处常年多雾，气温较低，风大，冬季有积雪和结冰现象，在这样特殊的环境条件下，乔木生长不良，具有"矮林"的独特群落外貌和结构，其实质是常绿阔叶林的一种生态变体。一般而言，山顶矮林的群落高度大多在 3~6m 之间，植物物种组成比较简单，常绿成分随海拔升高而减少，外貌整齐。山顶矮林层次单一，草木层不发育，藤本植物少。有时附生有大量苔藓、地衣。这类群落受人为干扰小，是相对稳定的地形顶极。

保护区的山顶矮林一般分布在 1000m 以上的山顶或山脊，常见的群落类型有：

（33）湖北算盘子、杜鹃矮林（*Glochidion wilsonii*，*Rhododendron* spp. Forest Formation）

该群系见于石花尖下海拔 1120m 处的山顶，生境条件较差，土层浅薄，云雾多，湿度大。群落外貌表现为林冠参差不齐，基本没有层次。林木低矮并弯弯曲曲，树高 4m 左右，主干和枝条上多少挂有苔藓。郁闭度 0.9。树种组成以湖北算盘子、鹿角杜鹃、满山红稍占优势，其他还有雷公鹅耳枥、四照花、石灰花楸、黄檀、檫木、稠李 *Prunus buergeriana*、浙江柿、野槭、水马桑 *Weigela japonica* var. *sinica*、紫茎、山合欢、杜梨 *Pyrus betulaefolia*、穗花杉、台湾松、交让木、山桐子、多种石楠 *Photinia* spp.、山胡椒、多种柃木 *Eurya* spp.、海通、乌饭树、白檀等。草本层稀疏，有淡竹叶、苔草 *Carex* spp. 和阔叶土麦冬等。层间植物不多，有南五味子、革叶猕猴桃 *Actinidia rubricaulis* var. *coricea* 等。

（34）云锦杜鹃矮林 *Rhododendron fortunei* Forest Formation

该群系位于石花尖下 1380m 处，为本区海拔分布高的木本植物群落之一。该处生境条件较差，土层比较瘠薄，石砾多。群落低矮，高 3m 左右。树种组成单一，基本为云锦杜鹃，外围混生有满山红、映山红、水马桑、虎皮楠、台湾松、椐木、冬青等树种。草本层稀疏，林下有苔草等少量分布。林窗内有五节芒。层间植物有双蝴蝶 *Tripterospermum affine* 等。

（35）亮叶水青冈林 *Fagus lucida* Forest Formation

该群落分布于海拔 1100~1200m 的山脊坡地上，样地设在龙门大锅坑，取缔样血积 10m×10m，坡向 SE5°。土壤为山地黄壤，土层深厚，死地被层厚 10cm，覆盖度 95%，群落组成相对简单，层次单一，群落高度 4~5m。群落建群种为亮叶水青冈，此外还有交让木、微毛柃、山胡椒、头状四照花、鹿角杜鹃、台湾松、羽叶泡花树、小叶石楠等。草木层稀疏，种类有春兰、宽叶土麦冬 2 种。层间植物少，仅见大血藤、含羞草叶黄檀的少量植株。

（36）交让木林 *Daphniphyllum macropodum* Forest Formation

该群落分布于海拔 1100m 以上的山脊或山顶坡地上，土壤为山地黄壤，多石砾，死地被层厚 5cm，覆盖度 70%，样方面积 10m×10m。群落外貌整齐，郁闭度达 95%，高度为 5m 左右。建群种交让木占绝对优势，但生长不良。群落立木层尚有黄丹木姜子、山樱花的少量植株。

下木层总盖度 30%，主要种类有冬青、映山红、山胡椒、微毛柃、黄丹木姜子、中华石楠等。草本层仅见一种苔草 *Carex* sp.。层间植物可见银叶菝葜和少量附生苔藓。

（二）竹林

竹林是由竹类植物组成的一种特殊的森林类型。江西的竹类植物资源有 15 属 128 种，竹林面积约 47 万 hm² 占全国总竹林面积的 18%；其中毛竹林占到 95%。官山自然保护区有竹类植物 10 属 28 种，主要林型有毛竹林、箬竹林、方竹林、苦竹林、桂竹林、玉山林等。其中毛竹林分布广，面积大。

（37）毛竹林 *Phyllostachys edulis* Forest Formation

毛竹林是亚热带地区的地带性植被类型之一。该群落生境条件一般土壤深厚、肥沃、排水良好。群落外貌整齐，呈嫩绿色。毛竹林中植物种类不多、层次结构简单。毛竹地下根状茎的生长能力和繁殖能力很强，可伸入相邻群落，而成为竹阔、竹松、竹杉等类型的混交林。

毛竹林在官山自然保护区主要分布在海拔900m以下的山坡中下部，以阳坡为主，坡度多为30°～40°。立地土壤主要有两类：一是海拔700～900m的山地暗色黄壤，另一类是海拔700m以下的山地红黄壤。

立木层中毛竹占绝对优势，平均高度13～15m，疏密度受人为干扰影响。郁闭度一般为0.5～0.9。毛竹林中有时混生有少量的乔木树种，如青冈、甜槠、钩栗、枫香、木荷、杜英、杉木、赤杨叶、山乌桕、南方红豆杉、豹皮樟、杨梅叶蚊母树、三尖杉等。

下木层盖度50%左右，植物分布均匀，常见种类有：多种柃木 *Eurya* spp.、尾叶山茶、檵木、杜茎山、狭叶黄鳝子、矩形叶鼠刺、毛冬青、山矾、粗叶木、南天竹、盐肤木、山香圆等少量植株。

草本导盖度15%左右，常见狗脊、淡竹叶、沿阶草、阔叶麦冬、蝴蝶花、披针叶苔草、观光鳞光蕨、凤丫蕨、日本蛇根草 *Ophiorrhiza japonica* 等

层间植物少，仅可见络石、菝葜、牛尾菜、攀缘星蕨、珍珠莲、悬钩子 *Rubus* spp. 等少量植株。

（38）方竹林 *Chimonobambusa quadrangularis* Forest Formation

官山自然保护区的方竹林分布于海拔600m以下的坡地，多见于溪边，生境条件较湿润，土层薄，石砾多。在将军洞、中埂、大西坑、李家屋场等地均有小片分布。现以方竹—蝴蝶花群丛为例来说明该群系的特点。

群落分布于将军洞溪边的林缘处，海拔540m，环境潮湿，群落盖度90%，高度为2.5m，样地中除建群种方竹外，还有白楠、红楠、小叶白辛树、五裂槭、杉木、钩栗等少量植株。

草本层优势植物为瑚蝶花，此外还有楼梯草、虎杖、狗脊、紫麻、盾蕨、苔草等少量植株。

层间植物稀少，主要有粗叶悬钩子、常春藤等。

（39）苦竹林 *Pleioblastus amarus* Forest Formation

该群落在鸡公窝海拔780m的阳坡上有成片分布。该处坡度40°，土壤为山地暗色黄棕，死地被层厚达8cm，样地中的苦竹生长旺盛，苦竹的平均眉径达5.5cm，高度达9m，分布均匀，2m×2m的范围内有苦竹14株，群落覆盖度达80%。

立木层中除建群种苦竹外，还有毛竹、南酸枣、灰毛大青、椴树、枫香、矩形叶鼠刺等阳性树种的少量植株。

下木层盖度10%，主要植物种类有：细枝柃、尾叶山茶、檵木、台湾冬青、桃叶石楠、粗叶木、狗椒、崖花海桐等。

草木层稀疏盖度小，主要有狗脊，阔叶土麦冬等。

层间植物有珍珠莲、粉背菝葜、单叶铁线莲、野木瓜、雀梅藤等。

（40）箬竹林 *Indocalamus tessellatus* Forest Formation

本保护区内箬竹林一般分布在其他类型的林缘或山谷潮湿环境中。分布高度可达海拔1000m以上。植株高约1～2m，植株生长茂密，覆盖度达100%，其他木本植物很少侵入其中。地表几无草本植物生长。层间植物仅见地五泡藤。

（三）针叶林

1. 温性叶林

（41）南方红豆杉林 *Taxus mairei* Forest Formation（表3–23）

表3–23　南方红豆杉乔木层统计表

地点：包狮　　　　海拔720m　　　　　　　　　　　　面积：600m²

树　种	株数			平均胸径（cm）	断面积（m²）	重要值
	Ⅰ层	Ⅱ层	Ⅲ层			
南方红豆杉林 *Taxus mairei*	11			39.5	1.960	0.599
豺皮樟 *Litsea rotundifolia* var. *oblongifolia*	1			30.4	0.073	0.128
南酸枣 *Choerospondias axillaries*	1			36.8	0.106	0.132
赤杨叶 *Alniphyllum fortunei*	1	7		13.2	0.109	0.292
石灰花楸 *Sorbus folgneri*	1	1		20.3	0.065	0.245
薯豆 *Elaeocarpus japonicus*		3		14.5	0.050	0.139
毛竹 *Phyllostachys edulis*		(32)				
灯台树 *Cornus controversa*		1		15.0	0.0180.121	
杉木 *Cunninghamia lanceolata*		2		14.7	0.035	0.130
黄丹木姜 *Litsea elongata*		1	1	7.4	0.009	0.237
白玉兰 *Magnolia denudata*			2	5.8	0.005	0.126
矩形叶鼠刺 *Itea chinensis* var. *oblonga*			3	5.1	0.006	0.133
树参 *Dendronpanax dentiger*			1	5.6	0.002	0.118
浙江桂 *Cinnamomum chekiangense*			1	6.8	0.007	0.126
八角枫 *Alangium chinense*			1	5.4	0.002	0.118
刺楸 *Kalopanax pictus*			1	5.0	0.002	0.118
香叶树 *Lindera communis*			2	5.0	0.004	0.126
合　计	15	20	13		2.452	

南方红豆杉在本保护区分布广泛，从海拔400m至900m均可看到南方红豆杉的分布。样地设在包狮海拔720m处，平均坡度20°。土壤为山地黄壤，土层深厚，湿润疏松。林冠郁闭度0.9。样地面积600m²，样地内有乔木17种80株，其中毛竹32株。乔木层分层明显，第一亚层平均高20m，以南方红豆杉占优势，混有豺皮樟、南酸枣、赤杨叶、石灰花楸等，第二亚层平均高8m左右，毛竹占绝对优势，南方红豆杉仍有一定数量，此外有少

量赤杨叶，其他有薯豆、杉木、石灰花楸、灯台树、黄丹木姜子。

下木层平均高 2m，优势种不明显，有矩形叶鼠刺、黄丹木姜、白玉兰、树参、浙江桂、八角枫、刺楸、香叶树以及枥木、白檀、薄叶山矾 *Symplocos anomala*、榄绿粗叶木、乌药 *Linderea aggregata*、山黄皮、阔叶十大功劳 *Mahonia bealei*、山胡椒、溲疏 *Deutzia scabra*、尖尾枫 *Callicarpa longissima*、锐尖山香圆 *Turpinia arguta* 等。

草本层盖度 20% 左右，主要种类有狗脊、淡竹叶、九头狮子草 *Peristrophe japonica*、柏叶卷柏 *Selaginella moellendorfii*、攀援星蕨、赤车、山姜、玉簪花 *Hosta plantaginea* 等。

层间植物有钻地风 *Schizophragma integrifolia*、常春藤、羊角藤 *Morinda umbellata*、三叶木通等。

（42）穗花杉林 *Amentotaxus argotaenia* Forest Formation（表 3 - 24）

穗花杉是第三纪孑遗植物，属珍稀濒危物种，为我国所特有。在本保护区的大小西坑、将军洞等地分布着近 30hm² 的穗花杉林。本文采用中南林学院何飞、刘克旺和宜春市林科所郑庆衍的资料。调查地小西坑，海拔 450～790m 为穗花杉垂直分布的范围，分布面积约 23hm²。生境为潮湿的沟谷两侧，夏秋两季沟深水急，流水不断。该群落除在低海拔遭轻度人为破坏外，其余均保持完好的天然状态。土壤为中腐厚土山地黄壤，成土母岩以板岩为主，在沿线徒步踏查的基础上，选择了能代表整个穗花杉群落的地段设置 4 块样地，每块面积 20m×20m，合计 1600m²。调查结果如表 3 - 24 所示。

表 3 - 24　穗花杉林乔木层优势度表

地点：小西坑　　　　　　海拔：450～460m　　　　　　　　　　面积：1600m²

树　种	株数				相对频度	相对多度	相对显著度	重要值
	Ⅰ层	Ⅱ层	Ⅲ层	Σ				
穗花杉	42		91	133	0.08511	0.51154	0.14352	0.74037
毛红椿	8			8	0.02128	0.03077	0.16851	0.22056
华东润楠	8	4		12	0.06383	0.04615	0.06484	0.17482
红枝柴		3		3	0.02128	0.01154	0.11925	0.15207
小叶青冈	4	1	2	7	0.06383	0.02692	0.01925	0.15207
青钱柳	2			2	0.02128	0.00769	0.07686	0.10538
矩圆叶椴	3	1		4	0.04255	0.01538	0.03244	0.09037
灯台树	2			2	0.02128	0.00769	0.06034	0.08931
细叶青冈	2	6			0.04255	0.03077	0.01178	0.08510
连蕊茶			10	10	0.04255	0.03846	0.00403	0.08504
泡花树	1			1	0.02128	0.00385	0.5826	0.08339
豹皮樟		1	8	9	0.02128	0.03462	0.02747	0.08337
东南石栎		2			0.02128	0.00769	0.05022	0.07919
闽楠		3	1	5	0.04255	0.01923	0.00714	0.06282
三峡槭		4			0.02128	0.01528	0.02614	0.06280
油茶		2	2	4	0.04255	0.01528	0.00303	0.06096

（续）

树 种	株数				相对频度	相对多度	相对显著度	重要值
	Ⅰ层	Ⅱ层	Ⅲ层	Σ				
南岭黄檀		2	2	4	0.04255	0.00769	0.00893	0.05917
多花泡花树	2	2		2	0.02128	0.00769	0.02728	0.05625
厚皮香				2	0.02128	0.03077	0.00348	0.05553
绿叶甘橿		6	2	8	0.02128	0.2308	0.00490	0.04926
多脉青冈		2	4	6	0.02128	0.1923	0.00489	0.04540
云山青冈	2	5		5	0.02128	0.00769	0.00791	0.03688
黄丹木姜子			1		0.02128	0.00115	0.00290	0.03572
黄檀	1	2		1	0.02128	0.00385	0.00919	0.03432
桦叶荚蒾			2	2	0.02128	0.00769	0.00157	0.03054
紫珠			2	2	0.02128	0.00769	0.00052	0.02949
少花桂		2		2	0.02128	0.00769	0.00043	0.02940
赤杨叶	1			1	0.02128	0.00385	0.00283	0.02769
浙江柿	1			1	0.02128	0.00385	0.00283	0.02796
冬青		1		1	0.02128	0.00385	0.00081	0.02594
青皮木		1		1	0.02128	0.00385	0.00045	0.02558
中华石楠			1	1	0.02128	0.00385	0.00045	0.02558

1600m² 的样地有乔木 33 种 260 株，其中穗花杉有 133 株，占总株数的 51.2%。群落可分 3 个亚层，第一亚层高 15～25m，主要树种有毛红椿、华东润楠、中华槭、青钱柳 *Cyclocarya paliurus*、矩圆叶椴 *Tilia oblongifolia*、灯台树、多花泡花树等 15 种 42 株。这些均为阳性树种，它们占据上层乔木层无疑为耐荫的穗花杉提供了保护性的屏障。第二亚层高 7～15m，有木本植物 18 种 89 株，其中穗花杉有 42 株，占 47.1%，平均高 8.7m，最高 13.2m，平均胸径 18.4cm，最大胸胫 24.1cm，亚层盖度 60%。其他树种还有东南石栎、少花桂、华东润楠、闽楠、厚皮香、细叶青冈、多脉青冈 *Cyclobalanopsis multinervis*、南岭黄檀 *Delbergia balansae*、绿叶甘橿 *Lindera nessiana*、红翅槭、三峡槭 *Acer wilsonii* 等。第三层亚层高 2～7m，木本植物共 14 种 129 株，其中穗花杉 91 株，占 70.5%。其他树种还有小叶青冈、连蕊茶、豹皮樟、绿叶甘橿、黄丹木姜子等。

下木层盖度 80%，穗花杉的幼苗生长旺盛，经调查推算每公顷达 8000 余株。其他树种还有揽绿粗叶木、粗糠柴、紫金牛、朱砂根等。层间植物有藤黄檀 *Dalbergia hancei*、柘藤 *Cudrania fruticosa*、紫花络石 *Trachelospermum axillare* 等。

（43）榧树林（Torreya grandis Forest Formation）

该群落在本保护区分布于大西坑海拔 560m 的坡地上。该处坡度 50°，坡向 NE15°，土壤为山地黄壤，地表石砾较多，死地被层厚 10cm，覆盖度 85%，活地被由苔藓植物构成。样地面积 600m²，样地内有乔木 15 种 76 株。

群落建群种为香榧，立木层可分为 3 个亚层，第一亚层高 20~30m，主要植物种类有毛红椿、银鹊树、赤杨叶、小叶白辛树、薯豆、绵柯等 6 种 8 株，均为喜光树种。第二亚层高 8~20m，平均高度为 12.8m。在这一亚层中榧树占据较大优势。主要树种还有：穗花杉、云山青冈、杜英、毛竹、五裂槭、灯台树、伞花石楠等。第三亚层高 2.5~8m。主要物种为榧树、湘楠、白楠、浙江桂、矩形叶鼠刺等乔木，有的小乔木和灌木也伸入到这一层之中如檵木、尾叶山茶等。

下木层总盖度 60%，主要由乔木的幼树及一些灌木树种构成，本层优势种为尾叶山茶，其次还有粗叶木、黄瑞木、山香圆及云山青冈、湘楠、穗花杉和榧树的幼苗，在 2m×2m 的样方中榧树的幼苗有 3 株。

草本层稀疏，主要种类为：凤丫蕨、蝴蝶花、宽叶苔草、蛇根草等。

层间植物有山药、珍珠莲、常春藤、三叶木通、菝葜、南五味子等。

2. 暖性针叶林

（44）马尾松林 *Pinus massoniana* Forest Formation

主要分布在海拔 1000m 以下的坡地，及坡顶土壤比较干燥的地方。我国南方的马尾松林大多是次生的，森林群落结构简单。本保护区的马尾松林在乔木层中马尾松所绝对优势，偶尔也有青冈、苦槠、红楠、枫香、木荷、赤杨叶、冬青、杨梅 *Myrica rubra* 等阔叶树种混入。下木层常见有檵木 *Loropetalum chinense*、白栎 *Quercus fabri*、毛冬青、盐肤木、多种柃木 *Eurya* spp.、乌饭树、野山楂 *Crataegus cuneata*、杨桐、乌药、大青 *Clerodendron cyrtophyllum* 等。地被层由于灌木生长茂密，草本植物分布稀疏。以芒萁 *Dicranopteris pedata* 占优势，此外还有五节芒 *Miscanthus floridulus*、桔草 *Cymbopogon goeringii* 以及野古草 *Arundinella hirta* 等。

（45）杉木林 *Cunninghamia lanceolata* Forest Formation

杉木林在本保护区主要分布在海拔 250~1000m 的丘陵、山地，均为人工林，其中少数为采伐后更新的小径材林。多数杉木林群落由于受到人为的保护，阔叶树种也有侵入，如青冈、木荷、杨桐、山乌桕、赤杨叶、野梧桐 *Mallotus japonicus*、野漆树、盐肤木等。下木层常见杜茎山、南天竹、小赤麻、柃木、狗骨柴、白花苦灯笼 *Tarenna mollissima*、朱砂根 *Ardisia crenata* 等。草本植物有狗脊、蕨、苔草等。层间植物主要有地五泡藤、竹叶蒟、珍珠莲、藤构等。活地被层发育，有多种苔藓植物生长。这样的群落实为半天然、半人工的植被类型。

3. 针阔叶树混交林

针阔叶树混交林在我为亚热带地区一般出现在海拔 1000m 以上的山地，为植被垂直带上的过渡类型，相对稳定。该类型也出现在丘陵低山地上，成为人为因素干扰下的演替系列中的一个阶段，具有次生性质。官山自然保护区的针阔混交林分布面积不大。主要类型有杉木—锥栗混交林。杉木—甜槠混交林、马尾松—锥栗混交林、杉林—赤扬叶混交林、杉木—毛竹混交林等。

现以杉木 + 锥栗—矩形叶鼠刺—狗脊群丛和马尾松 + 锥栗—尾叶山茶—狗脊群丛为例加以说明：

（46）杉木＋锥栗—矩形叶鼠刺—狗脊群丛 *Cunninghamia lanceolata – Itea chinensis* var. *oblonga – Woodwardia japonica* Association

该群丛分布于海拔 400m 的谷坡上，土层深厚，坡向 EN 坡度 45°，死地被层厚 3.5cm。

群落的建群种为杉木和锥栗，林冠层高度 22m。立木层中还有白栎、枫香华鹅耳枥和少量的马尾松。立木层的第二、三亚层以杉木占绝对优势。林下有钩栗、木荷、闽楠的幼苗。杉木幼苗生长不良。

下木层的优势种为矩形叶鼠刺。层盖度达 35%。植物种类有：鹿角杜鹃、黄瑞木、黄皮树、杜茎山、檵木、连蕊茶、尾叶山茶等。

草本层稀疏，盖度小，优势种为狗脊，其次有麦冬的少量植株。

层间植物不发育，仅见络石和珍珠莲。

（47）马尾松＋锥栗—尾叶山茶—狗脊群丛 *Pinus massoniana + Castanea henryi – Camellia caudata – Woodwardia japonica* Association

该群落分布在西河站后的山脊上，该处海拔 450m，坡向 N，坡度 30°。土层肥沃深厚，山地红黄壤，死地被层厚 5cm。

群落的建群种为马尾松和锥栗。林冠层高 20m。立木层中其他种类有木荷、台湾冬青、石灰花楸、厚叶山矾、杨梅、石栎、杉木等。

下木层盖度较小，优势种为尾叶山茶，其次还有矩形叶鼠刺、乌饭树、小叶石楠、柃木等。

草木层仅见的狗脊，盖度达 60%。

层间植物有土茯苓、藤黄檀。

（四）灌丛和灌草丛

1. 温性灌丛

（48）长柄双花木灌丛 *Disanthus cercidifolius* var. *longipes* Shrubland Formation （表 3–25）

长柄双花木为国家二级重点保护植物，间断分布于湖南道县都庞岭、常宁阳山、宜章莽山、新宁、浙江开化龙潭（现已灭绝），江西南丰军峰山等地。本保护区分布有长柄双花木面积达 13hm²。样地设在将军洞海拔 680m 处，土壤为山地黄壤，土层比较瘠薄，平均坡度 30°。600m² 的样地中有乔灌木 19 种 362 株，长柄双花木有 322 株，占总株数的 88.9%。该群落在垂直结构上也可以分为 3 层，第一层为乔木层，平均高 12m 左右，为零星的赤杨叶、浙江柿、合欢、石灰花楸散生。群落的建群层片为居于第二层的灌木（高 2～8m）所构成，植物种类主要为长柄双花木，其次散生有浙江柿、黄檀、南方红豆杉、樱桃。群落第三层高 2m 以下，长柄双花木占绝对优势，另散生有低矮的红楠、三尖杉、阴香、五裂槭、尾叶山茶、汤饭子、白檀、海金子、卫矛 1 种、六月雪、箬竹。草本层植物稀少，只有淡竹叶和少量蕨类植物。藤本有桑科的藤构。

表 3–25 长柄双花木样地统计表

地点：将军洞　　　　　海拔 680m　　　　　面积：600m²

树　　种	株数			平均胸径（cm）	断面积（m²）	重要值
	Ⅰ层	Ⅱ层	Ⅲ层			
长柄双花木 *Disanthus cercidifolius* var. *longipes*		244	78	7.5	1.442	0.820
赤杨叶 *Alniphyllum fortunei*	1			14.2	0.016	0.115
浙江柿 *Diospyros glaucifolia*	1	2		13.4	0.042	0.234
合欢 *Albzia julibrissin*	1			15.0	0.018	0.116
石灰花楸 *Sorbus folgneri*	1			18.2	0.026	0.117
黄檀 *Dalbergia hupeana*		4		8.6	0.023	0.120
南方红豆杉 *Taxus mairei*		3		7.8	0.014	0.117
樱桃 *Prunus pseudocersus*		1		9.4	0.007	0.113
红楠 *Machilus thunbergii*			2	4.2	0.003	0.114
三尖杉 *Cephalotaxus fortunei*			3	3.5	0.003	0.115
阴香 *Cinnamomum burmannii*			2	3.1	0.002	0.113
五裂槭 *Acer oliverianum*			2	3.0	0.001	0.113
尾叶山茶 *Camellia caudata*			2			
汤饭子 *Viburnum setigerum*			1			
白檀 *Symplocos paniculata*			1			
海金子 *Pittosporum illicioides*			2			
卫矛 *Euonymus* sp.			1			
六月雪 *Serissa japonica*			4			
箬竹 *Indocalamus tessellatus*			6			
合计	4	254	104		1.577	

（49）水马桑灌丛 *Weigela japonica* Shrubland Formation

该类型见于石花尖防火线一带，海拔 1300m 以下。灌丛高 3~4m，生长茂密，覆盖度在 95％以上。群落中以水马桑和满山红、映山红、鹿角杜鹃等植物占优势。其次还有低矮的蜡莲绣球、黄丹木姜子、盐肤木、波缘冬青 *Ilex crenata*、虎皮楠、黄檀、齿缘吊钟 *Enkianthus serrulatus*、苔草 *Carex* spp.、杏香兔儿风等。层间植物有南五味子、薯蓣 *Dioscorea* spp. 等。

2. 暖性灌丛

（50）白栎、檵木灌丛 *Quercus fabri*，*Loropetalum chinense* Shrubland Formation

该类型在本保护区分布于海拔 800m 以下的低山丘陵区，人为活动相对频繁。灌丛高 1~2m，植被组成主要有白栎、檵木，其他还有乌饭树、大青、牡荆、紫珠 *Callicarpa bodinieri*、枪木、毛冬青、乌药、赤楠、白檀、青冈、石栎、山苍子、山胡椒、美丽胡枝子 *Lespdeza formosa* 等。草本成分有白茅 *Imperata cylindrical* var. *major*、金茅 *Eulalia speciosa*、野古草、芒萁 *Dicranopteris dichotoma*、纤花耳草 *Hedyotis tenelliflora*、五节芒等。

3. 灌草丛

中国亚热带地区分布的灌草丛群落其成因较为复杂。在海拔较高的山顶、山脊和坡地，由于生境条件恶劣，气温低，风速大，日照强，雨水冲刷强，土壤干燥瘠薄等，群落相对稳定，被认为是特殊的地形顶极；在低海拔的低山丘陵地段，由于人为严重干扰等原因，使植被发生逆向演替，形成被称为"偏途顶极"的次生灌草丛群落。在官山自然保护区，森林植被保存良好，次生灌草丛面积小，呈零星分布。其植物组成成分主要有低矮的檵木、盐肤木、九节龙、毛冬青、绒楠、杜茎山、乌饭树、短形叶鼠刺、青皮木、紫珠和苦槠、青冈、冬青等的幼苗。草本植物有五节芒、腹水草、沿阶草、狗脊、芒萁、蕨、紫萁、茜草等。藤木植物有：金银花、络石、锈毛悬钩子、菝葜、南蛇藤、藤构、鸡屎藤、珍珠莲、常春藤、黄花藤、铁线莲、海金沙等。

在本保护区相比之下山顶灌草丛分布较普遍而集中，如在石花尖、麻菇尖等山顶有较大面积分布。主要有以下类型。

（51）芒群落 *Miscanthus sinensis* Formation

该群落分布于麻菇尖主峰下，海拔1360m，坡度15°，土壤为山地草甸土，多有花刚岩岩石露头。取样面积2m×5m，群落建群种为芒，高度约150cm，在此优势层中还有杜鹃、微毛柃、四川冬青、湖北海棠、美丽胡枝子等低矮木本植物伴生。下层有珍珠菜、香青、黄花败酱、白花败酱、鼠麯草、紫花合掌消、桔梗、野古草等。藤本植物有金银花、双蝴蝶、菝葜等。

（52）野古草群落 *Arundinella hirta* Formation

这类草丛主要分布在石花尖等山顶，该处海拔较高，冷湿多风，草层高70~90cm，覆盖度90%以上。群落的植物种类组成主要为野古草和芒，伴生种有金茅、拂子茅 *Calamagrostis epigejos*、一枝黄花 *Solidago virgaurea*、牡蒿 *Artemisia japonica*、鼠麯草 *Gnaphalis sinica*、白花前胡 *Peucedanum praerptorum*、乌头 *Aconitum carmichae*、夏枯草 *Prunella asiatica*、鼠尾草 *Salvia japonica* 等。灌木种类不多，有水马桑、白马骨、映山红等散生分布。藤本植物见有葛藤 *Pueraria lobata* 等。

（53）玉山竹群落 *Yushania nittakayamensis* Formation

该群落分布于海拔1300~1400m的山脊两侧，呈条带状，土壤为山地草甸土，群落低矮而整齐，植株密集，盖度一般为90%~95%。群落建群种为玉山竹，高约90cm。伴生种有：映山红、四川冬青等灌木和少量的芒。藤本植物见有猕猴桃 *Actinidia* sp.。

（54）蕨群落 *Pteridium aquilinum* var. *latiusculum* Formation

该群落以蕨占优势，常出现在防火线和其他遭人为砍伐过的林地上，群落外貌不不足为整齐，盖度大。植物组成除蕨外，还可见紫萁、芒萁、光叶里白、里白等。土壤一般深厚肥沃，光照条件好。

（五）湿地植被

"湿地植被系指分布在地表过湿，或有季节性或常年性积水，土壤潜育化或有泥炭的地段上，以湿生植物或水生植物为主所构成的植物群落"（《中国湿地植被》 1999），包括沼泽植物群落、泥炭地植物群落、盐沼地及红树林植物群落、河漫滩草甸植物群落，以及淡水浅水中的水生植物群落。

江西湿地植被按《江西湿地》（刘信中，叶居新　2000）划分为 4 个植被类型 44 个群系。在官山自然保护区，湿地植被分布面积很小，主要分布于山溪中，河道两岸的狭长地带以及局部废弃河道和部分人工水体中。现将官山自然保护区湿地植被中的主要类型分述如下。

（55）线穗苔草群落 *Carex nemostachys* Fromation

该群落分布于西河站旁废弃的河道积水洼地中，面积不大，盖度 70%，平均高度 70cm，优势种为线穗苔草，伴生种有稀花蓼，菖蒲，江南灯心草，水蓑衣，水竹叶，鸭舌草，水芹等。

（56）水蓼群落 *Polygomolm hydropiper* Formation

该群落分布于西河的河滩上，土壤水分饱和，群落盖度 95%。优势种为水蓼。此外有菰、水芹、野艾、车前草及一种禾草的少量植株伴生。

（57）菰群落 *Zizania caduciflora* Formation

感染菰黑粉病的菰嫩茎为蔬菜，称"茭白"，在江南各地多有栽培。在官山自然保护区多处水沟和积水池塘中有小面积分布。群落中的建群种为菰，高度 1.5～2m，盖度一般在 80% 左右，伴生种可见水蓑衣，求米草 *Oplismenus undulatifolius*、大箭叶蓼、苔草 *Carex* sp.，稀花蓼、瓶蕨叶束瓣芹，以及漂浮的浮萍、紫萍等。

三、植被分布规律及主要特征

（一）植被分布规律

森林植被在地表的分布，取决于水、热、光以及土壤等各生态因子及综合作用，还有植被发育的时间、空间因素，人为干扰因素等。在水平或垂直的植被地带尺度上，区域气候的基本状况，包括各要素的平均值和概率分布，是决定植物种、生活型或植被类型分布的主导因素。而在景观以下尺度，非地带性因子主导着植被与环境的异质性格局。尤其在山区，由于地形控制了太阳辐射和降水的空间再分配，因此它往往是局部生境温、湿度的良好指示；并影响土壤的发育过程及其强度，进而直接影响不同地形部位地貌的差异及其对群落的物种构成、结构和动态的作用。因此，森林植被的分布格局问题是极其复杂的。

官山自然保护区地形复杂，山体纵横交错，绵延起伏，最高海拔 1480m，水、热等条件随海拔高度的上升有较大变化，使保护区植被表现出一定的水平和垂直分布特征。探讨植被的分布规律，可以更深入地认识官山各种植被形成和发育的自然过程，对保护区管理及生物多样性保护和利用均有重要意义。

根据基于"3S"系统的官山自然保护区遥感植被图，可以看出天然阔叶林（包括常绿阔叶林、常绿、落叶阔叶混交林、落叶阔叶林）在官山分布最广，面积最大，占保护区总面积的 40.36%，其中常绿阔叶林占 24.63%，毛竹林也占据一定的面积达 3401.2 hm²。针叶林面积相对较少，仅占总面积的 3.23%。

植被水平分布主要表现在不同的坡向和坡度上的分异（详见蒋峰等：官山自然保护区数字地形与植被遥感分析报告）。

在垂直地带上，虽表现出一些明显的垂直分布特征，但各植被型之间并无明显的界线。垂直地带性不典型。基带植被为中亚热带北部常绿阔叶林，但典型的常绿阔叶林在官山分布面积不大，仅占总面积的 3.38%，也无纯粹的常绿阔叶林带，更多的是在常绿阔叶林中，渗入了较多的落叶阔叶成分，尽管这些落叶成分在群落中的重要值并不高，但却影响着森林群落的外貌和结构组成，这也正是官山植被地带性过渡特征的重要体现。在植被带上，我们不妨将其作为常绿—落叶阔叶混交林（evergreen deeiduous broad leaved forest）来处理。依次往上还有落叶—常绿阔叶混交林、落叶阔叶林、山顶矮林和山顶灌草丛（图3-6）。

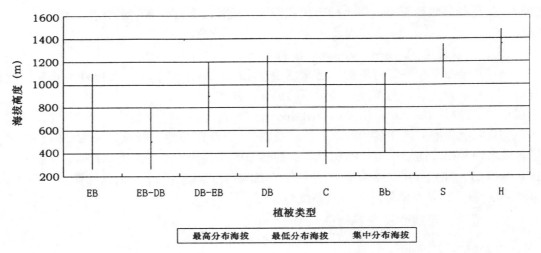

图3-6　官山自然保护区植被分布与海拔高度的关系

EB：常绿阔叶林，EB-DB：常绿-落叶阔叶混交林，DB-EB：落叶-常绿阔叶混交林，DB：落叶阔叶林，C：针叶林，Bb：竹林，S：山顶矮林，H：灌草丛

　　从各植被类型看，常绿阔叶林类型较多，分布高度具有较宽的幅度，一般在800m以下，在沟谷地带可延续到海拔1100m左右。不同的群系分布范围也不尽相同，在官山分布最广的是甜槠林，海拔300~1000m的范围都可见其分布，米槠林一般出现在海拔400~600m。钩栗林一般在800m以下的沟谷地带及避风的山坳内，青冈林是分布最高的一种常绿阔叶林类型，在海拔1100m处仍可见到。

　　落叶阔叶林在官山相对发育，在海拔400~1200m的范围都可见不同的群系分布，但主要集中在海拔800~1200m之间。如水青冈林分布在海拔800~1000m的山地顶部，赤杨叶林主要分布在海拔600~800的范围内，雷公鹅耳枥林分布在海拔900~1200m的山地，锥栗林则常于海拔700~1100m呈小面积分布。

　　山顶矮林主要分布在海拔1000~1380m处，可见有云锦杜鹃林、水马桑林等。由于本保护区的海拔高度不高，故山顶矮林并不典型，表现为树上附生的苔藓植物不多，林木虬曲的分枝现象也少。但它们仍应属山地矮林的范畴，因为在群落中乔木树种仍占主要地位，群落高度要比正常林低很多，林木分枝矮且粗壮，并多少有附生的苔藓植物。在本保护区山顶灌草丛则呈斑块状分布于海拔1200m以上山顶。在石花尖顶防火线一带以上分布面积较大。

在官山自然保护区，毛竹林分布范围较广，从 300m 到 1000m 都可见有成片的毛竹纯林，主要集中在 400~900m 的范围内的阳坡上。

本保护区植被垂直分布未见明显的规律。不同海拔高度上出现的各种常绿-落叶阔叶混交林，落叶阔叶林，灌木林等都不是垂直地带性产物，而是官山特殊地理位置和人为活动影响所形成的植被类型。

（二）植被特征

官山自然保护区位于我国中亚热带与北亚热带的过渡区域，森林植被具有我国亚热带常绿阔叶林的一般特点。同时又具有如下特殊的性质：

1. 以森林植被为主，群落类型多样

官山自然保护区的基带植被为常绿阔叶林，组成常绿阔叶林的成分比较复杂，主要由壳斗科、樟科、山茶科、杜英科、木兰科、冬青科、灰木科的常绿树种组成。保护区面积最大的为常绿、落叶阔叶混交林。落叶阔叶林相对发育，表现为在基带植被常绿阔叶林范围内同时镶嵌着面积不小的落叶阔叶林。例如在李家屋场海拔 400~600m 之间分布着近 70hm^2 的麻栎林，其立木最大的胸径将近 1m，这在同纬度同海拔的常绿阔叶林地带是不多见的。这里同时还分布着枫香林、赤杨叶林等。毛竹林也占有一定的比例。草丛不甚发达，仅在溪边、林缘零星分布或在山顶呈斑块状分布。

2. 植物群落组成成分多源

物种组成决定着群落的性质，其物种多样性，丰富程度，反映了群落的发育水平和复杂性。官山自然保护区丰富的植物群落由多样化的植物物种组成。现从植物区系与植被的关系来加以分析，从中可以看出官山地带性植被过渡性特点。

从区系组成上看，保护区内植物以温带区系成分为主。官山种子植物有 197 科 785 属 1915 种。以属水平分析，温带地理成分属（不含特有分属）占总属数 49.66%，热带地理成分属占 46.46%。保护区内无典型的局限热带地区分布的热带属，多为热带地理成分中能够向北延伸分布的类群。以种的水平分析，温带地理成分种占种数的 49.82%，热带地理成分占总种数的 14.78%，明显看出官山植物区系组成的温带区系性质。但由于地处中亚热带，受热带区系影响还是比较明显的。尤其是在地带性植被常绿阔叶林中，受热带亚洲成分影响显著。

关于官山自然保护区植被的植物组分，现分述如下：

（1）苔藓植物　共 61 科 136 属 238 种。分布于保护区各种生境条件下，或成为森林群落活地被层的主要建设者，或附生于树干、树枝、叶面作为层间植物参与群落建设，据统计在保护区内仅叶附生苔就有 3 科 8 属 12 种。

（2）蕨类植物　在官山自然保护区分布的蕨类植物有 36 科 79 属 191 种；主要分布在森林植物群落的草本层和山坡草丛中。如狗脊 *Woodwardia japonica*、华东蹄盖蕨 *Athyrium nipponicum*、华东瘤足蕨 *Plagiogyria japonica* 等多形成森林植物群落的草本层。由于人为活动或山火影响，在森林群落破坏后的中山地带，常可见蕨 *Pteridium aguilium* var. *latiusculum*、光里白 *Hieriopteris laevissima* 组成单优势种的蕨类草丛。而槲蕨 *Drymaria fortunei*、石韦 *Pyrrosia* spp.、攀缘星蕨 *Microsorium buergerianum*、抱石莲 *Lepidogrammitis drymoylossoides*

等常附生在潮湿的岩石上或树干上。海金沙 *Lygodium japonicum* 常在林缘攀援于灌丛或草丛上。

（3）裸子植物　保护区内的裸子植物种类不多，有 7 科 13 属 19 种。在森林植被中，以裸子植物构成的针叶林占据一定的比例。主要有马尾松 *Pinus massoniana*、杉木 *Cunmninghamia lanceolata* 构成的暖性针叶林，和以南方红豆杉、穗花杉为建群种构成的温性针叶林。而三尖杉 *Cephalotaxus fortunei*、榧树 *Torreya grandis* 等针叶树种常渗入阔叶林和毛竹林中呈散生状态。调查发现，在三棚还分布有古老子遗植物银杏 *Ginkgo biloba* 的孤立植株。

（4）被子植物　官山自然保护区被子植物十分丰富，计有 180 科 772 属 1896 种，是构成各植被类型的主要组成成分。今例举几个主要的科与植被的关系来加以说明。

壳斗科 Fagaceae：本科在官山分布的常绿和落叶树种有 6 属 38 种，是组成阔叶林的主要成分，如：锥栗 *Castanea . henryi*、米槠 *Castanopsis carlesii*、锥栗栲 *C . chinensis*、甜槠 *C . eyrei*、栲 *C . fargesii*、苦槠 *C . sclerophylla*、钩栗 *C . tibetana*、青皮稠 *. Cyclobalanopsis gilva*、青冈 *Cyclobalanopsis glauca*、小叶青冈 *C . gracilis*、大叶青冈 *C . jenseniana*、水青冈 *Fagus longipetiolata*、亮叶水青冈 *F . lucida*、包石栎 *Lithocarpus cleistocarpus*、石栎 *L . glaber*、绵槠 *L . henryi*、多穗石栎 *L . polystachyus*、麻栎 *Quercus acutissima*、槲栎 *Q . aliena*、小叶栎 *Q . chenii* 等。这些植物是官山常绿阔叶林、常绿、落叶阔叶混交林、落叶阔叶林的建群种。

樟科 Lauraccae：本科有 7 属 46 种，是组成官山森林群落的重要成分。常成为群落的建群种或下木层的优势种。如：樟 *Cinnamomum camphora*、华东润楠 *Machilus M . leptophylla*、红楠 *Machilus . Thunbergii*、闽楠 *Phoebe bournei*、白楠 *Ph . Neurantha* 等成为群落的建群种，檫树 *Sassafras . Tsumu*、刨花楠 *Machilus . Pauhoi*、豹皮樟 *Litsea coreana* var . *sinensis*、豺皮樟 *L . rutundifolia* var . *oblongifolia* 等常可见作为伴生种出现，而山胡椒 *Lindera glauca*、乌药 *L . aggregata* 黄丹木姜子 *Litsea elongata*、山苍子 *L . cubeba*、新木姜 *Neolitsea* spp. 等则常见于森林群落的下木层，有时，可成为该层的优势种。

木兰科 Magnoliacea：在官山自然保护区，本科有 4 属 17 种。其中乐昌含笑 *Michelia chapaensis*、巴东木莲 *Mangliefia pafungensis* 可为建群种构成森林群落，其余则作为伴生种，分布于保护区的阔叶林中。

槭树科 Aceraceae：有 1 属 16 种。在本保护区森林群落中分布广泛，是构成混交林的主要落叶树种。其中五裂槭 *Acer oliverianum*、三峡槭 *A . wilsonii*、罗浮槭 *A . fabri* 可见形成优势群落。

杜鹃花科 Ericaceae：本科在官山有 5 属 15 种。多种杜鹃 *Rhododendron* spp. 组成森林植物群落的下木层或在山顶形成杜鹃灌丛。初春季节，多种杜鹃花盛开，可形成姹紫嫣红、山花烂漫的自然景观。

竹科 Bambusaceae：在官山共有 11 属 26 种，其中毛竹 *Phyllostachys edulis*、厚皮毛竹 *Ph . edulis* f. *pachyloen* 形成大面积的毛竹林，玉山竹 *Yushania niitakayamensis* 组成山顶灌丛、箬竹 *Indocalamus tessellates*、方竹 *Chimonobambusa quadrangularis* 则呈小片分布于沟边、碟形洼地，或形成森林植物群落的下木层。

　　此外，在森林植物群落中还有许多自养的藻类植物和异养生物大型真菌，它们或参与活地被层建设，或附生于植物的树干、树枝，它们在森林生态系统的物质，能量流动中同样具有无可替代的作用。

3. 森林群落结构复杂，层间植物层片发育

　　由多样化的植物种类组成的植物群落在长期的发育过程中，各植物种在群落中都占有一定的生存空间，它们在时间和空间上发生着生态位的分异，从而形成相对稳定的生态关系，并维系着大量生物组分在生态系统中共存。生态位分异反映在群落形态上，可见森林植物群落均具有相对稳定的复杂结构。该结构反映了植物群落对环境的适应，反映了群落的动态和其生态学功能。植物群落结构的复杂程度可反映群落的原生性程度和群落无机环境的优劣。

　　官山自然保护区的植物群落，在垂直结构上层次明显而复杂，一般可分为乔木层、下木层、更新层和地被层等4个层次，其中乔木层通常又可分为2~3个亚层。群落的分层现象在常绿阔叶林中表现的尤为典型，现以该类型为例加以剖析。

　　乔木层是通过光合作用固定太阳能的主要场所，对森林内其它层次有着重要影响。当乔木层较疏时，较多的光透入林内，林内植物可以充分发育，而如果冠层浓密，则林下植物会相对稀疏。官山的林冠层高度一般在15~20m，第一亚层的优势植物有：栲属 *Castanopsis*、青冈属 *Cyclobalanopsis*、石栎属 *Lithocarpus*、润楠属 *Machilus*、楠木属 *Phoebe*、樟属 *Cinnamomum*、含笑属 *Michelia*、木莲属 *Manglietia*、杜英属 *Elaeocarpus*、木荷属 *Schima* 等属植物。乔木第二亚层常有新木姜属 *Neolitsea*、红淡属 *Cleyera*、杨桐属 *Adinandra*、冬青属 *Ilex*、山矾属 *Symplocos*、石楠属 *Photinia*、檵木属 *Loropetalum*、蚊母树属 *Distylium*、泡花树属 *Meliosma* 等属植物。

　　下木层，亦称"灌木层"，主要由灌木种类和一些乔木幼树构成，常见的有：柃属 *Eurya*、越橘属 *Vaccinium*、木姜子属 *Litsea*、鼠刺属 *Itea*、杜鹃花属 *Rhododendron*、紫金牛属 *Ardisia*、山黄皮属 *Randia* 等属植物。

　　林下更新层（亦称草木层）植物的组成主要取决于其土壤湿度和土壤养分条件、坡位、乔木层和下木层的密度。在官山组成更新层的植物除木本植物幼苗外，主要有多种蕨类植物，如狗脊等；被子植物常见的有莎草科、禾本科、百合科、兰科等科的一些种类。

　　地被层通常又可分为活地被和死地被。前者主要由苔藓、蕨类、真菌、少量地衣以及维管植物的各种繁殖体组成；后者主要是枯枝落叶，其厚度在3~15cm。

　　除此之外，官山森林群落中的层间植物十分发育。该层片包括腐生的真菌，附生的苔藓植物、藻类植物、地衣植物及少量蕨类植物，还包括寄生和半寄生植物，以及各种藤本植物。在本保护区，层间植物十分丰富，仅藤本植物经统计就达236种之多，它们或缠绕或攀缘，参与群落各层建设。

　　在本保护区森林群落的组成中，落叶成分较多，据统计木本植物909种，落叶树种就达768种之多。这使得官山森林植被在时间结构上，表现出一定的季相变化。秋季，有些落叶树种，如山乌桕 *Sapium discolor*、枫香 *Liquidambar formosana*、多种槭 *Acer* spp.、赤扬叶 *Alniphyllum forfunei*、盐肤木 *Rhus chinensis* 等，叶色变红、变黄，与常绿树种共同构成秋季森林五彩斑斓的景象，呈现出常绿、落叶阔叶混交林的外貌特征。

4. 珍稀植物群落丰富

官山自然保护区独特的地理位置和优越的自然环境，使得许多珍稀濒危植物在此繁衍发育，据统计，受国家明文保护的植物达 41 种，它们是官山森林植被的组成成分，其中不少形成了以其为优势种的珍稀植物群落。如：长柄双花木 *Disanthus cercidifolius* var. *longipes* 林、穗花杉 *Amentotaxus argotaenia* 林、南方红豆杉 *Taxus mairei* 林、乐昌含笑 *Michelia chapaensis* 林、银鹊树 *Tapixcia sinensis* 林、毛红椿 *Toona sureni* var. *pubescens* 林、巴东木莲林、乐昌含笑林、银钟花林、野含笑林、香果树林、蚊母树林、紫茎林、闽楠林等。这些群落类型多，分布广，有的呈小片分布，有的面积还相当大，它们成为官山自然保护区森林植被中的亮点，是重点保护的对象。其中长柄双花木林面积达 13hm²，穗花杉林达 23 hm²，其面积之大在全国少有。银钟花 *Halesia mqcgregorii* 在大锅坑呈小片集中分布。但在此小片林中，银钟花却具有完整的种群年龄结构，自然更新良好，这在国内亦实属罕见。这些珍稀物种如：南方红豆杉、银鹊树、巴东木莲、紫茎、长柄双花木、穗花杉等，不仅种群数量大，而且也都具有从幼苗、小树到老树等不同年龄段的个体。足以说明，其种质资源在自然条件下均能得到有效的保存和健康的发展。

5. 植被地带性过渡特征明显

植被的水平地带性分布规律取决于热量和水分，由于水热条件的不同，植被地带性特征有规律地发生改变。中国植被纬度地带性变化规律十分明显，总体上是由东南向西北延伸。九岭山脉由西南向东北走向，正好平行于中国森林植被带延伸的方向，加上其处于江汉平原，鄱阳湖平原，洞庭湖平原三大平原的中心位置，和中亚热带向北亚热带过渡地域。这便使其成为连接东南和西北植物区系和植物群落的关键点，也成了物种迁移的中间跳板。本保护区植被类型及组成深受东南和西北两侧的影响，成为中间过渡带，具有明显的地带性过渡特征，这可从植被组成和植被类型上得到证实。

（1）植被种类组成　森林植被的种类组成是多种生态因子综合作用的结果。在中国亚热带从南向北呈现现出温带性质植物成分渐多，热带性质成分渐少的趋势。

官山自然保护区温带性质属略占优势，有 357 属占 49.66%。从种的组成上看温带性质种占绝对优势，占总数的 49.82%（不含世界分布种，中国特有种另计），热带性质种仅占 14.78%。为更好地说明官山在植被组成上的过渡性，我们选取了周边的自然保护区进行了比较，在相近经度上选择了不同纬度的南岭、九连山、井冈山，安微皇甫山、大别山，比较了它们 R/T 值（温带属与热带属的比值）（图 3－7）可见随着纬度的升高 R/T 值逐渐减小。官山为 0.86，处于中间位置这与其地理位置是相符的。

在相近纬度上，也选取不同经度的浙江金华北山、凤阳山、安微黄山、江西三清山、武陵山进行比较（图 3－8），得到一条相对平缓的曲线，黄山由于相对靠北，R/T 值为 0.57，官山由于受南岭山地影响，其热带属相对较丰富。

在官山植被组成中还有两点可能说明过渡性特征，一是木本植物落叶成分多，落叶树种为 768 余种，占木本植物的 85.33%；二是藤本植物多达 236 种，占总种数的 25.96%。藤本植物丰富是热带森林的特征，落叶成分多则是温带森林的特征。

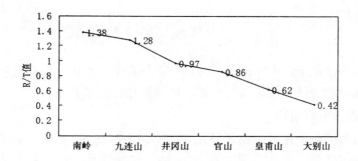

图 3 – 7 官山与不同纬度的山体植被组成的比较

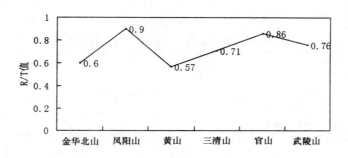

图 3 – 8 官山与不同纬度的山地植被组成的比较

（2）植被类型 中国植被自东南沿海到秦岭南坡，森林植被类型变化主要表现为针叶林中暖温性成分减少，常绿阔叶林逐渐经常绿 – 落叶阔叶混交林过渡到落叶阔叶林。官山自然保护区正处在中间过渡带上。与邻近的井冈山自然保护区相比其森林植被发生较大变化，主要体现在常绿阔叶林面积比例明显下降，群落类型减少，而落叶阔叶林、混交林面积不断加大，类型也相对丰富。落叶性质群系与常绿性质群系的比例官山为 0.62，井冈山森林群落为典型常绿阔叶林外貌，无明显示季相变化；而官山自然保护区的森林群落则更多表现出常绿 – 落叶阔叶混交林外貌特征，秋季季相分化明显。

从针叶林来看，井冈山暖性针叶林，如：马尾松林、杉木林、竹柏林分布广，面积大；温性针叶林如福建柏林、南方红豆杉林、台湾松林分布面积小、范围窄。而官山的针叶林暖性针叶林和温性针叶林面积比较相近，如：穗花杉林、南方红豆杉林都有较大面积分布。

在这一比较中我们还注意到，即使在同一地理区域内不同环境中的植被除具备一些一般性共同特征外，还表现出与各自环境相适应的不同特征。例如官山自然保护区海拔1000~1200m 处便出现了较大面积的落叶阔叶林，我们认为这一现象的出现与官山的地理位置有关。很明显，本保护区周围接三大平原，在冬季易受西伯利亚寒流影响。故落叶阔叶树层片较为发育。

第三节　珍稀濒危特有植物*

官山自然保护区位于江西西北部九岭山脉西段宜丰县境内，气候温和，属中亚热带季风气候区，地理位置特殊，植物资源丰富，珍稀濒危特有植物繁多。

一、珍稀濒危保护植物

依据《中国珍稀濒危保护植物名录》（即《中国植物红皮书》）第一册（1987），官山自然保护区具有国家级珍稀濒危保护植物28种，包括蕨类植物1种，裸子植物3种，被子植物24种。其中属于"濒危"的巴东木莲、长柄双花木和长序榆共3种；属于"稀有"的有银杏、伞花木、伯乐树、香果树、青檀等11种；"渐危"有篦子三尖杉、沉水樟、紫茎等14种（表3－26）。

表3－26　江西官山自然保护区保护植物名录

序号	中文名	拉丁名	国家重点保护级别	《红皮书》等级
1	水蕨	*Ceratopteris thalictroides*	Ⅱ	
2	银杏	*Ginkgo biloba*	Ⅰ	稀有
3	南方红豆杉	*Taxus mairei*	Ⅰ	
4	榧树	*Torrey grandis*	Ⅱ	
5	篦子三尖杉	*Cephalotaxus oliveri*	Ⅱ	渐危
6	穗花杉	*Amentotaxus argotaenia*		渐危
7	鹅掌楸	*Liriodendron chinense*	Ⅱ	稀有
8	香樟	*Cinnamomum camphora*	Ⅱ	
9	闽楠	*Phoebe bournei*	Ⅱ	
10	野大豆	*Glycine soya*	Ⅱ	渐危
11	花榈木	*Ormosia henrii*	Ⅱ	渐危
12	长柄双花木	*Disanthus cercidifolius var. longipes*	Ⅱ	濒危
13	榉树	*Zelkova schneideriana*	.Ⅱ	
14	长序榆	*Ulmus elongata*	Ⅱ	濒危
15	毛红椿	*Toona sureni var. pubescens*	Ⅱ	
16	凹叶厚朴	*Magnolia biloba*	Ⅱ	渐危
17	伞花木	*Eurycorymbus cavaleriei*	Ⅱ	稀有
18	伯乐树	*Bretschneidera sinensis*	Ⅰ	稀有
19	喜树	*Camptotheca acuminata*	Ⅱ	

* 本节作者：姚振生[1]，吴和平[2]，徐向荣[2]，曹岚[3]，郝昕[4]，梁芳[5]，赖学文[3]，蒋剑平[1]（1.浙江中医学院，2.江西官山自然保护区，4.江西省野生动植物保护管理局，3.江西中医学院，5.南昌师范高等专科学校）

（续）

序号	中文名	拉丁名	国家重点保护级别	《红皮书》等级
20	香果树	*Emmenopterys henryi*	Ⅱ	稀有
21	中华结缕草	*Zoysia sinica*	Ⅱ	
22	永瓣藤	*Monimopetalum chinensis*	Ⅱ	稀有
23	八角莲	*Dysosma versipellis*		渐危
24	夏蜡梅	*Calycanthus chinensis*		渐危
25	杜 仲	*Eucommia ulmoides*		稀有
26	沉水樟	*Cinnamomum micranthum*		渐危
27	天目木兰	*Magnolia amoena*		渐危
28	黄山木兰	*Magnolia denudata*		渐危
29	巴东木莲	*Maglietia patungensis*		濒危
30	独花兰	*Changnienia amoena*		稀有
31	天 麻	*Gastrodia elata*		渐危
32	黄 连	*Coptis chinensis*		渐危
33	短萼黄连	*C. chinensis var. brevisepala*		渐危
34	银鹊树	*Tapiscia sinensis*		稀有
35	银钟花	*Halesia macgregorii*		稀有
36	青 檀	*Pteroceltis tetarinowii*		稀有
37	紫 茎	*Stewartia sinensis*		渐危

二、国家重点保护野生植物

依据《国家重点保护野生植物名录（第一批）》，官山自然保护区具有国家重点保护野生植物21种，蕨类植物、裸子植物和被子植物分别为1种，4种和16种，其中国家Ⅰ级保护的有银杏、南方红豆杉和伯乐树3种，国家Ⅱ级保护的有榧树、长柄双花木、伞花木和花榈木等18种。

三、江西省重点保护野生植物

根据江西省政府颁布实施的《江西省野生植物资源保护管理条件》所列的《江西省重点保护植物名录》，官山自然保护区分布有江西省重点保护植物71种，它们隶属于25科64属，其中蕨类植物2科2属2种，占江西省的比例为：科40.0%、属40.0%、种40.0%；裸子植物3科5属7种，占江西省的比例为：科50.0%、属33.3%、种30.4%；被子植物25科52属62种，占江西省的比例为：科48.1%、属46.2%、种45.9%。详见表3-27和表3-28。

表 3-27 官山自然保护区江西省重点保护植物名录

科名	属名	中文名	拉丁名	保护级别
伯乐树科	伯乐树属	伯乐树	*Bretschneidera sinensis*	I
金缕梅科	双花木属	长柄双花木	*Disanthus cercidifolius var. longipes*	I
茜草科	香果树属	香果树	*Emmenopterys henryi*	I
红豆杉科	红豆杉属	南方红豆杉	*Taxus mairei*	I
	穗花杉属	穗花杉	*Amentotaxus argotaenia*	II
三尖杉科	三尖杉属	篦子三尖杉	*Cephalotaxus oliveri*	II
木兰科	鹅掌楸属	鹅掌楸	*Liriodendron chinense*	II
	木兰属	庐山厚朴	*Magnolia biloba*	II
樟科	樟属	天竺桂	*Cinnamomum japonicum*	II
		沉水樟	*Cinnamomum micranthum*	II
	楠木属	闽楠	*Phoebe bournei*	II
豆科	红豆属	花榈木	*Ormosia henryi*	II
榆科	榉属	榉树	*Zelkova schneideriana*	II
无患子科	伞花树属	伞花木	*Eurycorymbus cavaleriei*	II
五加科	刺楸属	刺楸	*Kalopanax septenlobus*	II
壳斗科	栲属	青钩栲	*Castanopsis kawakamii*	II
小檗科	八角莲属	八角莲	*Dysosma versipellis*	II
野茉莉科	银钟花属	银钟花	*Halesia macgregorii*	II
毛茛科	黄连属	短萼黄连	*Coptis chinensis var brevisepala*	II
兰科	独花兰属	独花兰	*Changnienia amoena*	II
蚌壳蕨科	金毛狗属	金毛狗脊	*Cibotium barometz*	III
紫萁科	紫萁属	华南紫萁	*Osmunda vachellii*	III
红豆杉科	榧树属	榧树	*Torreya grandis*	III
三尖杉科	三尖杉属	粗榧	*Cephalotaxus sinensis*	III
		三尖杉	*Cephalotaxus fortunei*	III
罗汉松科	罗汉松属	竹柏	*Podocarpus nagi*	III
楝科	香椿属	毛红椿	*Toona sureni*	III
木兰科	木兰属	白玉兰	*Magnolia denudate*	III
		紫玉兰	*Magnolia liliflora*	III
		黄山木兰	*Magnolia cylindrica*	III
	木莲属	木莲	*Manglietia fordiana*	III
		红花木莲	*Manglietia insignis*	III
	含笑属	紫花含笑	*Michelia crassipes*	III
		含笑花	*Michelia figo*	III

（续）

科名	属名	中文名	拉丁名	保护级别
		亮叶含笑	*Michelia fulgens*	Ⅲ
		深山含笑	*Michelia maudiae*	Ⅲ
		野含笑	*Michelia skinneriana*	Ⅲ
樟科	樟属	香桂	*Cinnamomum subavenium*	Ⅲ
		华南樟	*Cinnamomum austro‐sinense*	Ⅲ
		阴香	*Cinnamomum burmannii*	Ⅲ
	山胡椒属	黑壳楠	*Lindera megaphylla*	Ⅲ
	润楠属	红楠	*Machilus thunbergii*	Ⅲ
	楠木属	湘楠	*Phoebe hunanensis*	Ⅲ
蔷薇科	苹果属	尖嘴林檎	*Malus melliana*	Ⅲ
豆科	紫荆属	紫荆	*Cercis chinensis*	Ⅲ
	山豆根属	胡豆莲	*Euchresta trifoliolala*	Ⅲ
	大豆属	野大豆	*Glycine soja*	Ⅲ
	黄檀属	黄檀	*Dalbergia hupeana*	Ⅲ
	红豆属	木荚红豆	*Ormosia xylocarpa*	Ⅲ
黄杨科	黄杨属	黄杨	*Buxus sinica*	Ⅲ
榆科	青檀属	青檀	*Pteroceltis tatarinowii*	Ⅲ
	榆属	长序榆	*Ulmus elongala*	Ⅲ
蓝果树科	蓝果树属	蓝果树	*Nyssa sinensis*	Ⅲ
桦木科	桦木属	光皮桦	*Betula luminifera*	Ⅲ
壳斗科	青冈属	大叶青冈	*Cyclobalanopsis jenseniana*	Ⅲ
	石栎属	多穗石栎	*Lithocarpus polystachyus*	Ⅲ
胡桃科	青钱柳属	青钱柳	*Cyclocarya paliurus*	Ⅲ
	核桃属	野核桃	*Juglans cathayensis*	Ⅲ
杜英科	猴欢喜属	猴欢喜	*Sloanea sinensis*	Ⅲ
山茶科	山茶属	浙江红山茶	*Camellia chekiangoleosa*	Ⅲ
	石笔木属	水果石笔木	*Tutcheria microcarpa*	Ⅲ
	紫茎属	紫茎	*Stewartia sinensis*	Ⅲ
省沽油科	瘿椒树属	银鹊树	*Tapiscia sinensis*	Ⅲ
杜鹃花科	杜鹃花属	云锦杜鹃	*Rhododendron fortunei*	Ⅲ
		江西杜鹃	*Rhododendorn kiangsiensis*	Ⅲ
铁青树科	青皮木属	青皮木	*Schoepfia jasminodora*	Ⅲ
七叶树科	七叶树属	天师粟	*Aesculus wilsonii*	Ⅲ
伞形科	前胡属	白花前胡	*Peucedanum praeruptorum*	Ⅲ

（续）

科名	属名	中文名	拉丁名	保护级别
百合科	天门冬属	天门冬	*Asparagus cochinensis*	Ⅲ
	重楼属	七叶一枝花	*Paris polyphylla Smith var. chinensis*	Ⅲ
五味子科	五味子属	五味子	*Schisandra chinensis*	Ⅲ
		华中五味子	*S. sphenanthera*	Ⅲ
龙胆科	龙胆属	龙胆	*Gentiana scabra*	Ⅲ
		条叶龙胆	*Gentiana manshurica*	Ⅲ

表3-28　官山自然保护区的省级重点保护植物与江西省分布科属种的比较

类群	科　数			属　数			种　数		
	本区	江西	比例（%）	本区	江西	比例（%）	本区	江西	比例（%）
蕨类植物	2	5	40.0%	2	5	40.0%	2	5	40.0%
裸子植物	3	6	50.0%	5	15	33.3%	7	23	30.4%
被子植物	27	52	51.9%	45	91	49.5%	65	135	48.1%
合　计	32	64	50.0%	52	111	46.8%	74	163	45.4%

注：比例是指保护区与江西省的比例，即：本区/江西

从表3-27可知，官山自然保护区的省级重点保护植物中，属于江西省Ⅰ级保护的有4种，即伯乐树、长柄双花木、香果树、南方红豆杉，属于江西省Ⅱ级保护的有16种，属于江西省Ⅲ级保护的有54种，详见表3-29。

表3-29　官山自然保护区与全省省级重点保护植物的保护级的比较

级别	保护级别				比例（%）
	Ⅰ级保护	Ⅱ级保护	Ⅲ级保护	合计	
蕨类植物	0（1）	0（1）	2（3）	2（5）	40.0
裸子植物	1（4）	2（9）	4（10）	7（23）	30.4
被子植物	3（4）	14（29）	48（102）	65（135）	48.1
合　计	4（9）	16（39）	54（114）	74（163）	45.4
比例（%）	44.4	41.0	47.4	45.4	

注：1.比例是指保护区与江西省的比例，即：本区/江西；2.括号内的数字是江西省的有关数据

四、特有植物

官山自然保护区位于我国川东——鄂西特有属分布中心的东南部，保护区植物特有现象明显，与该特有现象中心有着密切联系的缘故，主要通过川东—鄂西中心的东北部大巴

山脉和西南部的武陵山脉延伸至本区。在本区的维管束植物中有641种为中国特有分布植物，这些特有种，归于特科的有4个，即银杏科 Ginkgoaceae、大血藤科 Sargentodoxaceae、杜仲科 Eucommiaceae 和钟萼木科（伯乐树科）Bretschneideraceae。25个归于特有分布属它们分别为马蹄香属 Saruma、银鹊树属 Tapiscia、通脱木属 Tetrapanax、青钱柳属 Cyclocarya、喜树属 Camptotheca、盾果属 Thyrocarpus、皿果草属 Omphalotrigonotis、血水草属 Eomecon、八角莲属 Dysosma、青檀属 Pteroceltis、地构叶属 Speranskia、四棱草属 Schnabelia、异药花属 Fordiophyton、四轮香属 Hanceola、独花兰属 Changnienia、枳属 Poncirus、香果树属 Emmenopterys、银杏属 Ginkgo、水杉属 Metasequoia、杉木属 Cunninghamia、杜仲属 Eucommia、半蒴苣苔属 Hemiboea、大血藤属 Sargentodoxa、伞花木属 Eurycorymbus、钟萼木（伯乐树属）属 Bretschneidera 等。其中5个为新有特有属，它们分别为四轮香属、八角莲属、四棱草属、异药花属、半蒴苣苔属。其余20属为古特有属。根据其地理分布及它们在地理上或发生上的联系，按吴征镒教授划分的5个组，本区特有属成分可归属于3个组，即西南组（13属）、华中—华东组（6属）、华南组（6属）。在25个特有属中11其中个属为草本植物，14个属为木本植物（表3－30）。

表3－30 官山自然保护区25个中国特有属分布情况

	古特有属	新特有属
西南（地区）组	马蹄香属 Saruma、喜树属 Camptotheca、银鹊树属 Tapiscia、通脱木属 Tetrapanax、青钱柳属 Cyclocarya、青檀属 Pteroceltis、血水草属 Eomecon、盾果属 Thyrocarpus、地构叶属 Speranskia	四棱草属 Schnabelia 四轮香属 Hanceola 异药花属 Fordiophyton 八角莲属 Dysosma
华中—华东（地区）组	皿果草属 Omphalotrigonotis、枳属 Poncirus、独花兰属 Changnienia、银杏属 Ginkgo、香果树属 Emmenopterys、水杉属 Metasequoia	
华南（地区）组	杉木属 Cunninghamia 杜仲属 Eucommia 伞花木属 Eurycorymbus、大血藤属 Sargentodoxa、钟萼木属 Bretschneidera	半蒴苣苔属 Hemiboea

第四节 野生观赏植物*

官山自然保护区优越的自然条件、多变的地形、特殊的土壤类型，构成了本区多样的小气候、小环境，孕育了丰富的野生植物资源，其中的野生观赏植物资源也十分丰富，约有1326种（含变种），隶属于164科，涉及了苔藓、蕨类、裸子和被子植物各类别。

官山自然保护区的野生观赏植物，按其生物学特性、观赏部位、功能等，可分为10类，包括观花植物、观果植物、观姿观叶植物、观赏竹类植物、观赏攀缘植物、观赏水生

---

* 本节作者：姚振生[1]，熊耀康[1]，俞冰[1]，郝昕[2]（1. 浙江中医学院，2. 江西野生动植物保护局）

植物、观赏药用植物、观赏珍稀濒危植物、观赏附生植物和观赏特有种植物等 10 类。分述如下。

一、观花植物

在官山自然保护区有维管植物 2106 种,其中绝大多数植物的花色、花形、大小变化千姿百态、绚丽多彩,具有较高的观赏价值。

据资料统计,保护区的主要观花植物约有 580 余种,隶属 60 余科,其中最有观赏价值的是杜鹃花科 Ericaceae、山茶科 Camelliaceae、蔷薇科 Rosaceae、菊科 Compositae、凤仙花科 Balsaminaceae、金丝桃科 Hyperiaceae、野牡丹科 Melastomataceae、石竹科 Caryophyllaceae、罂粟科 Papareraceae、酢浆草科 Oxalidaceae、锦葵科 Malvaceae、唇形科 Labiatae、苦苣苔科 Gesneriaceae、百合科 Liliaceae、鸢尾科 Iridaceae、兰科 Orchidaceae 等。观花植物按其习性可分为草本观花植物和木本观花植物。现分述如下:

1. 草本观花植物

兰科植物在本区内约有 40 种,兰花朴实无华、四季常青,叶质柔中有刚,花开清香幽远,深受人们喜爱。在这些种类中既有较高的观赏价值的兰花,也有较高药用价值及经济价值的兰花品种。

独花兰 *Changnienia amoena* 为陆生兰,直立小草本,假鳞茎肉质广卵形,顶生一叶,顶生一朵花,花大,淡紫色。除本区外有之外,其他县市也有分布。如:庐山、分宜、武夷山、资溪、铅山、全南、井冈山、九连山等地。

花叶开唇兰(金线莲)*Anoectochilus roxburghii*,为陆生兰,直立小草本,根状茎匍匐伸长,叶下部具 2~4 枚叶片,近卵形,上面黑紫色,具金黄色的脉网,背面淡紫色。具数朵花排列成总状,苞片淡紫色、萼片淡紫色,花瓣呈兜状,形态特异,色泽独特。

细叶石仙桃 *Pholidota cantonensis* 为多年生附生兰,根状茎匍匐、粗壮、节明显。叶 2 片,生于假鳞茎的顶端。春开黄白色花数朵,附生于阴湿岩石上或大树干上。假鳞茎膨大似桃,上具两枚肉质绿叶,光亮翠绿,一串白花着生于花葶,清雅别致。

独蒜兰 *Pleione bulbocodioides* 为陆生兰,直立小草本。假鳞茎斜狭卵形或长颈瓶状,常紫红色,顶生一枚叶,顶生一朵花,花大,紫红色或粉红色,具较高观赏价值。

白芨 *Bletilla striata* 为陆生兰,直立大草本,具明显粗壮的茎。假鳞茎扁球形,彼此相连接,造型别致,茎生有 4~5 枚叶,总状花序顶生,具花 4~10 朵,花大,直径约 4cm,紫红色或玫瑰红色,是一味很好的庭园花卉。

兰属植物在本区约有 5~6 种。除兰属种类之外,官山自然保护区还有以下一些兰的种类,如:细亭无柱兰 *Amitostigma gracile*、竹叶兰 *Arundina chinensis*、广东石豆兰 *Bulbophyllim kwangtungense*、钩距虾春兰 *Calanthe hamata*、多花兰 *Cymbidium floribundum*、扇脉杓兰 *Cypripedium japonicum*、班叶兰 *Goodyera schlechtendaliana*、毛葶玉凤花 *Habenaria ciliolaris*、十字花 *H. sagittifera*、羊耳蒜 *Liparis japonica*、小舌唇兰 *Platanthera minor*、绶草 *Spiranthes sinensis* 等。

苦苣苔科 *Gesneriaceae* 在官山自然保护区亦有不少种类,常成片聚生于深山岩壁或沟谷旁,青翠光洁,花色绚丽,姿色优美。官山保护区内常见的种类有蚂蝗七 *Chirita fimbrisepalus*、猫耳朵 *Boea hygrometrica*、半蒴苣苔 *Hemiboea henryi*、降龙草 *H. subcapitata*、少

花吊石苣苔 *Lysionotus pauciflorus*、长瓣马铃苣苔 *Oreocharia auricula* 等。这些苦苣苔科植物，在园艺上均具很高价值的观花观姿植物。如：降龙草，花冠弯筒状，形似龙头，粉红色，优姿美态色艳，倍加迷人，适于沟谷旁、岩石边、假山上种植。长瓣马铃苣苔，植株矮小常绿，夏开蓝紫色小花，适于盆栽，用以美化假山。少花吊石苣苔，矮小常绿半灌木，高仅 7~30cm.，多叶轮生，青翠光洁，花白而淡紫，姿色俱佳，亦是一种适宜庭园种植的花卉。

本区尚有野牡丹科的伏毛异药花 *Fordiophyton faberi*、地稔 *Melastoma dodecandrum*、金锦香 *Osbeckia chinensis*、朝天罐 *O. crinita*、肉穗草 *Sarcopyramis delicata*、庐山肉穗草 *S. lushanensis* 等种 7 种。这些种类，花美丽而大，多数花瓣为红色或紫红色。叶对生，有 3~9 条基出脉，常排成弧状，一般喜酸性土壤生长。

本区内凤仙花属植物约有 5~6 种，这些种类常生长在山溪水湿环境中，大多数为一年生草本。茎肉质，萼生 3~5 枚，后面的一枚较大，呈现花瓣状而呈囊状。花瓣 5 枚，两侧对称，花色艳丽，有红、白、紫、黄等色。常见的种类有凤仙草 *lmpatiens balsimina*、睫萼凤仙花 *I. blepharosepala*、水金凤 *I. noli - tangere*、黄金凤 *I. siculifer* 等种。它们均可盆栽，也可种植于假山或山谷阴湿处，点缀景点。

2. 木本观花植物

保护区内木本观花植物种类有木兰科、杜鹃花科、山茶科、猕猴桃科、木犀科、绣球花科等。木兰科的分布中心是亚洲热带和亚热带地区，而官山自然保护区处于中亚热带北缘，区内该科植物约有 23 种，说明这些种类是通过赣中罗霄山脉延伸至官山保护区的。具有较高观赏价值的有鹅掌楸、黄山木兰、木莲、巴东木莲、紫花含笑、乐昌含笑、亮叶含笑、庐山厚朴等种。鹅掌楸 *Liriodendron chinensis* 为落叶乔木，树干直立，树形优美，老龄树枝水平展开，绿叶浓密，翠帷盖地，深秋时叶片呈金黄色，更加引人注目，其杯状花的花被片外白里黄，盛开如玉莲，馨香四溢。叶片似清朝的服装"马褂"故称"马褂木"。

庐山厚朴 *Magnolietra bilobe* 为落叶乔木。单叶互生狭卵形，顶端 2 浅裂，叶长达 35cm，花和叶同时开放，纯白芳香。树形硕大，姿态优雅，花白而美丽，适宜庭园种栽。

木莲 *Manglietie fordiana* 为常绿乔木，单叶互生，长椭圆状披针形，叶柄细长，红褐色，花单生于枝顶，花乳白色，聚合蓇葖果肉质，深红色，成熟时木质紫色。木莲树冠浓郁、四季翠绿，"叶似辛夷，花类莲，花色相傍"，因而历来受人们的垂青。

深山含笑 *Michelia maudiae* 为常绿乔木，单叶互生，革质，长圆形，单花生于枝梢叶腋，花被片乳白色，具芳香，聚合蓇葖果长圆状，种子红色。树形端立，枝叶茂盛，四季常青，花开洁白如玉，花朵硕大，清香宜人，宜庭园栽种。

黄山木兰 *Magnolia cylidrica* 为落叶乔木，单叶互生，叶背面苍白，花先叶开放，纯白，显示其高雅素洁。

杜鹃花科植物在官山自然保护区内有 16 种，从低海拔至高海拔均分布着不同的种类。1000m 以下的山地有鹿角杜鹃、映山红、马银花、满山红以及羊踯躅等种。海拔 1000m 以上的种类有云锦杜鹃、江西杜鹃、猴头杜鹃等种。猴头杜鹃 *Rhododendron simiarum* 为常绿灌木或小乔木，叶聚生枝顶，顶生总状伞形花序，花冠乳白色至粉红色，内面具紫色斑点。猴头杜鹃树姿优美、风韵古朴，当湘桃绣野的春天来到时，乳白色或粉红色的花朵竞相开放，玉蕊凝霞，鲜艳夺目，蔚为壮观。

云锦杜鹃 *Rh. fortunei* 为常绿灌木，枝条粗壮，叶簇生枝顶，厚革质，长圆形。绿叶挺色、花色艳丽、暮春开放、灿若云锦，深收人们的欢迎，是一种很好的庭园栽种品种。

保护区杜鹃花科具有较高价值的种类还有灯笼花 *Enkianthus chinensis*、齿缘吊钟花 *E. serrulatus*、白珠树 *Gaultheria cumingiana*、南烛 *Lyonia ovalifolia*、马醉木 *Pieris polita*、腺萼马银花 *Rhododendron bachii* 等种。

此外，区内山茶科约有30种具观赏价值的种，如：连蕊茶 *Camellia fraterna*、浙江红山茶 *C. chekiangoleosa*、银木荷 *Schima argentea*、长柱紫茎 *Stewartia rostrata*、厚皮香 *Ternstroemia gymnanthera*、亮叶厚皮香 *T. nitida*、及小果石笔木 *Tutcheria microcarpa* 等。蔷薇科30余种观赏树种。如：尖嘴林檎 *Malus melliana*、中华石楠 *Photinia beauverdiana*、绒毛石楠 *Ph. Schneideriana*、樱桃 *Prunus pseudocerasus*、绢毛稠李 *P. wilsonii*、粉团蔷薇 *Rosa mutiflora* var. *cathayensis*、复盆子 *Rubus ideaus*、太平莓 *Rubus pacificus*、中华绣线菊 *Spiraea chinensis* 等种。

二、观果植物

凡具有色泽美丽、外形特殊美观、整体生长着果的植物，均可看作观果植物。这类植物在整个绿色植物中点缀着各种花色，更加具观赏性。

官山保护区的主要观果植物有蔷薇科约65种、冬青科 *Gquifoliaceae* 29种、胡颓子科8种、猕猴桃科10余种、紫金牛科12种、柿树科7种、茜草科12种、樟科25种、山茱萸科6种、金缕梅科7种、木通科10种、马鞭草科（紫珠属）14种等，约有215余种，分属于23科。常见的种类有：南方红豆杉、银杏、香榧、野核桃、青钱柳、薜荔、鹰爪枫、三叶木通、南五味子、庐山厚朴、瓜馥木、红果山胡椒、湖北海棠、江南花木秋、矮红果树、野山楂、昆明鸡血藤、冬青、尾叶冬青、大叶冬青、毛冬青、秤星树、南酸枣、赤楠、青荚叶、香港四照花、胡颓子、佘山胡颓子、杜英、无瓣杜英、京梨、中华猕猴桃、朱砂根、铁凉伞、沿海紫金牛、浙江柿、油柿、罗浮柿、华紫珠、大青、赪桐、铜锤玉带草、魔芋、麦冬、阔叶麦冬、多花黄精、宝铎草、万年青、黄独、纤细薯芋、射干、蝴蝶花等。

三、观姿观叶植物

观姿观叶植物主要包括裸子植物、被子植物多种。观姿植物，其姿态秀丽，时而群聚成片，时而孤独英姿，常年翠绿，或是秋冬秋色叶红、叶黄，呈现多姿多彩。观叶植物中，以观赏叶的颜色不同，常分为绿叶类观叶植物及秋色叶观赏植物。据初步统计，在官山自然保护区的观姿观叶植物约有180余种。现分述如下：

观叶植物中常以叶片特别光洁，鲜绿或叶质厚硬的种类，如润楠 *Machilus phoenicis*、黑壳楠 *Lindera megaphylla*、红果钓樟 *L. erythocarpa*、紫楠 *Phoebe sheareri*、交让木 *Daphniphyllum macropodum*、石楠 *Photinia serrulata*、枸骨 *Ilex cornuta*、大叶冬青 *Ilex latifolia*、厚叶冬青 *Ilex elmerrilliana*、老鼠矢 *Symplocos stelaris*、大叶青冈 *Cyclobalanopsis jenseniana*、花榈木 *Ormosia henryi*、厚叶山矾 *Symplocos crassilimba*、珊瑚树 *Viburnum odoratissimum*、腺叶桂樱 *Prunus phaeosticta*、红淡 *Cleyera japonica*、杨枫 *Adinandra millettii*、江西厚皮香 *Ternstroemia aubrofundafolia*、小果石斑木 *T. nitida Meer.* 等种。

异叶榕 *Ficus heteromorpha*、琴叶榕 *F. pandurata*、鸡桑 *Morus australis*、枫荷梨（树参）*Dendronpanax deneiger*、檫树 *Sassafras tzumu*、八角枫 *Alangium chinense*、悬铃叶苎麻 *Boehmeria*、庐山楼梯草 *Elatostema stevardii* 等种。有些植物叶色富于变化，如：红背桔 *Excoecaria cochinchinensis*、桃叶珊瑚 *Aucuba chinensis*、红凉伞 *Ardisia crenata var. bicolor*、百两金 *Ardisia crispa* 等种。此外，尚有秋色叶观赏植物，即指这类植物在每年秋冬来临之际，植物的叶片开始转变颜色，常转变成红色或黄色，使成片的森林绿海更加生机盎然。官山自然保护区的秋色叶观赏植物有枫香 *Liquidambar formosana*、缺萼枫香 *Liquidambar acalycina*、银杏 *Ginkgo biloba*、盐肤木 *Rhus chinensis*、木蜡树 *Toxicodendron sylvestre*、野漆树 *T. succedaneum*、三峡槭 *Acer wilsonii*、五裂槭 *Acer oliverianum*、紫果槭 *Acer cordatum*、青榨槭 *Acer davidii*、铜鼓槭 *Acer fabri var. tongguense*、秃瓣杜英 *Elaeocarpus glabripetalus*、猴欢喜 *Sloanea sinensis*、中华杜英 *Elaeocarpus chinensis*、鹅掌楸 *Liriodendron chinense*、紫树 *Nyssa sinensis*、山乌桕 *Sapium discolor*、乌桕 *Sapium sebiferum*、白乳木 *S. discolor* 等种。上述的落叶树种，至秋冬时树叶会变成橙红色、橙黄色、黄绿色等色，将官山自然保护区的典型的常绿落叶阔叶混交林点缀得更加绚丽多彩，给整个官山增添了无限自然美。

四、观赏蕨类植物

在千姿百态绚丽多彩的植物界中，蕨类植物是一类体态多姿、淡雅秀丽、起源古老原始、结构复杂、具根状茎、大型的叶及根茎上众多的须根，而不会开化结果，故称隐花植物，始终依靠孢子繁衍后代的一类植物，常称孢子植物。由于它的叶片常细裂台羊齿状，因此又称为羊齿植物。

蕨类植物是室内观姿观叶植物的佼佼者。在公园、庭园以及大型展览馆内等场所常用观赏蕨类植物作为布置和装饰材料。观赏蕨类植物虽然没有鲜艳的花果，但却有一种独特的清雅的美。其观赏内涵价值可体现在以下几个方面：

1. 蕨类植物的体态、叶形美

观赏蕨类植物千姿百态，或纤柔下垂；或平卧于岩面，如：垂穗石松 *Lycopodium cernum*、石松 *Lycopodium japonicum* 等种；或倒县于空中，如：地刷子石松 *Lycopodium complanathum* 等种；或漂浮于水面，如蘋 *Marsilea quadrifolia*、槐叶蘋 *Salvinia natans*、满江红 *Azolla imbricata* 等种。

观赏蕨类植物的叶青翠欲滴，四季常绿，众多蕨类植物的叶细裂、或深裂、或缺刻，构成精致的图案，如乌蕨 *Stenoloma chusanum*、野鸡尾 *Onychium japonicum* 及多种铁线蕨 *Adiantum sp.*。亦有叶不分裂而呈各种美丽形态，如多种书带蕨 *Vittaria sp.*、水龙骨 *Polypodoides nipponicum*、石韦 *Pyrrosia sp.*、金鸡脚 *Phymatopsis hastata* 等。

2. 蕨类植物的孢子囊群（堆）美

在许多蕨类植物中发孢子囊具有鲜艳颜色或奇特形态，因成为蕨类植物独特的观赏性，如：披针叶骨牌蕨 *Lepidogrammitis diversa*、抱石莲 *L. drymoglossoides*、瓦韦 *Lepisorus thunbergianus*、大瓦韦 *L. macrophaerus*、江南星蕨 *Microsorium henryi* 等种具有大而圆，排列整齐的橙黄色的孢子囊群。石韦属 *Pyrrosia sp.* 多种植物的红褐色的孢子囊群遍布叶背面，乌毛蕨 *Blechnum orientale* 的孢子囊群呈条状遍于叶背面，而凤尾蕨属 *Pteris sp.* 多种植物的孢子囊群在叶背沿边缘镶排着，组成一幅美丽的图案。

3. 蕨类植物拳卷幼叶美

具朋型羽叶的观赏蕨类植物，如各种蕨、莲座蕨、里白、紫萁、华南紫萁、狗脊等的拳卷幼叶，拳卷幅度很大，最大直径达 20cm，上面还覆盖厚厚的褐色鳞片，或灰色、金色、紫色的长毛。构成各种奇特姿态、优雅美观、耐人观赏。

4. 蕨类植物根茎美

有许多观赏蕨类植物具有肥厚肉质，形状奇特的根状茎，并附各种颜色的毛被或鳞片叶，如鳞毛蕨的肥厚根状茎密被棕褐色毛茸。华南紫萁的根状茎形似姿态挺美的苏铁茎干。莲座蕨的根状茎形如莲状。而槲蕨肥大的根状茎，状如一群鼯鼠，攀附于悬岩或大树的树干上。

5. 蕨类植物的芽孢、叶端美

有些蕨类常以小孢芽繁衍后代，这些小孢芽状如幼苗，密生羽叶表面，形态特异，使人赏心悦目，如胎生铁角蕨、单芽狗脊蕨等。还有许多蕨类叶端着地生根的姿态极美，台长生铁角蕨、鞭叶蕨、倒挂铁角蕨等，一旦羽片着地便倒着生根，形成植株两头着地，中间隆起，婀娜多姿。

观赏蕨类植物可根据生活习性及生态类型可分为以下几类：

丛生蕨类植物 蕨类植物羽叶常簇生于接近地面，或离地不高的茎顶，有时亦可数株丛生。若丛生蕨类高于 1.2m 以上，则称之大型丛生蕨类，如华南紫萁、凤丫蕨、莲座蕨、莱蕨菜。若丛生蕨类高在 0.3～1.2m 之间，则成为中型丛生蕨类，如乌毛蕨、贯众、狗脊蕨、紫萁、乌蕨、肾蕨、半边莲、野鸡尾等种。若丛生蕨类高在 0.3m 以下，为小型丛生蕨类，如铁线蕨、蛇足石松、卷柏、伏石蕨、瓦韦等种。

附生蕨类植物 此类蕨类植物具肉质葡匐根状茎，攀附于岩石或附树干表面生长，如水龙骨、友水龙骨、瓦韦、槲蕨、庐山石韦等。

藤本蕨类 此类均为草质藤本，纤柔雅致，是宜用于点缀矮而通道的篱栏，如：藤石松、灯笼草、石松、海金沙、华中石松等种。

水生蕨类 这些蕨类生于沼泽湿地、湖、塘内等处，如蘋、槐叶蘋、满江红等种。

膜蕨类植物 此类蕨类植株矮小，叶多数分裂，由单层细胞构成，故绿色而透明，是观赏蕨类的珍稀品种，如：团扇蕨、华东膜蕨、蕗蕨、庐山蕗蕨、瓶蕨等。

五、观赏攀援植物

在自然界中有一类具有特殊的攀援或缠绕着生功能的植物，即为攀援植物，这具有奇特多变的姿态，是城市整体绿化的理想材料。在官山自然保护区常见的攀援植物，可用作垂直绿化的种类有：海金沙、江南星蕨、攀援星蕨等蕨类植物；有薜荔、爬藤榕、珍珠莲、白背爬藤榕、管花马兜铃、绵毛马兜铃、毛柱铁线莲、女萎、毛果铁线莲、鹰爪枫、野木瓜、牛藤果、大血藤、秤钩风、金线吊乌龟、粉叶轮环藤、南五味子、华中五味子、毛花猕猴桃、草叶猕猴桃、中华猕猴桃、香花崖豆藤、网脉崖豆藤、紫藤、爬山虎、乌蔹莓、络石、凌霄花、钩藤、忍冬、流苏子、肺形叶、铜锤玉带草、黄独等种。

六、观赏水生植物

观赏水生植物是指有观赏价值的植物的某一类部分或全部浸没于水中，且能适应水中生长的一类植物，常包括蕨类、裸子和被子植物。在官山自然保护区内常见的种类有：水蕨 *Ceratopteris thalictroides*、槐叶蘋 *Salvinia natans*、蘋 *Marsilea quadrifolia*、满江红 *Azolla imbricata*、田皂角 *Aeschynomene indica*、水苋菜 *Ammannia baccifera*、多花水苋 *A. multiflora*、节节菜 *Rotala indica*、高山露珠草 *Circaea alpina*、柳叶菜 *Epilobium hirsutum*、长籽柳叶菜 *E. pyrricholophum*、丁香蓼 *Ludwigia prostrata*、轮叶狐尾藻 *Myriophyllum verticillatum*、水马齿 *Callitrche stagnalis*、华凤仙 *Impatiens chinensis*、黄金凤 *I. siculifer*、睫毛凤仙花 *I. blepharosepala*、水苏 *Stachys japonica*、甘露子 *Stachys sieboldii*、水蓑衣 *Hygrophila salicifolia*、芡实 *Euryale feroz*、萍蓬草 *Nuphar pumilum*、江南山梗菜 *Lobelia davidii*、水车前 *Ottelia alismoides*、苦草 *Vallisneria Spiralis*、窄叶泽泻 *Alisma canaliculatum*、东方泽泻 *Alisma orienale*、长叶慈姑 *Sagittaria aginashi*、矮慈姑 *S. pygmaea*、慈姑 *S. sagittifolia*、眼子菜 *Potamogeton distinctus*、鸭跖草 *Commelina communis*、水竹叶 *Murdannia triquetra*、竹叶吉祥草 *Spatholirion longifolium*、谷精草 *Eriocaulon buergerianum*、杜若 *Pollia japonica*、水烛 *Typha angustifolia*、东方香蒲 *Typhaorientalis*、灯心草 *Juncus effusus* 等种。

七、观赏竹类植物

竹类植物均挺拔秀丽，枝叶潇洒多姿、形态多种多样。其冬季常青，姿态优美、情趣或然雅然、独具风韵，是我国园林中不可缺少的一类观赏植物。竹类作为观赏植物，在园林绿化和造园艺术中的方法是多种多样的。如庭园绿化、城市建筑群的绿化、公园的绿化布景、体育场馆的绿化、寺院绿化等采用竹林、手径、竹篱等都是以竹为主景，以竹为配景，与假山相配，或在墙边、池畔、窗前、院中栽培，可以衬托全景以增加自然美；有的以竹点缀亭台楼阁，使景点美上加美；以竹为窗景，是中华民族的盆景艺术之一。

据初步调查统计，官山自然保护区有竹类植物约 30 余种，隶属 7 个属。竹的姿态、形状、色泽及其经济价值是决定其观赏价值的重要因素。根据上述几方面因素，可将官山的观赏竹类植物分为以下 4 个类别：

（1）秆形奇异　方竹 *Chimonobambusa quadrangularis*，竹秆挺直方形，高度适中，笋味鲜美。罗汉竹 *Phyllostachys aurea*，秆基部数节缩短膨大，外形奇特。

（2）颜色条纹鲜艳　紫竹 *Phyllostachys nigra*、美竹 *Ph. decora*，新秆绿色，后变为紫黑色或墨绿色。

（3）姿态清香　凤尾竹 *Bambusa multiplex*（Lour.）Raeusch. var. *nana*（Roxb.）Keng. F.、毛凤尾竹 *B. multiplex*（Lour.）Raeusch. var. *incana* B. M. Yang。

（4）宜作地被植物的矮小竹类　玉山竹 *Yushania niitakayamensis*、长鞘玉山竹 *Yushania longissima*。

八、观赏药用植物

保护区有药用植物 1300 余种，其中有不少具较高观赏价值的种类，它们均具有艳丽的花朵，色彩各异的果实，又由于植物的姿态优美，叶形叶色奇特怪异具有很高的观赏价值。常见的种类有：紫芝 *Ganderma japonicum*、卷柏 *Selaginella tamariscina*、垫状卷柏 *S. pulvinata*、石松（伸筋藤）*Lycopodium japonicum*、扁枝石松 *Diaphasiastrum complanatum*、华南紫萁 *Osmumda vachellii*、金鸡脚 *Phymatopsis hastata*、水龙骨 *Polypodoides ninpponcum*、槲蕨

Drynaria fortunei、银杏 *Ginkgo biloba*、竹柏 *Podocarpus nagi*、南方红豆杉 *Taxus mairei*、天葵 *Semiaquilegia adoxoides*、黄常山 *Dichroa febrifuga*、紫树 *Nyssa sinensis*、短梗大参 *Macropanax rosthornii*、大胡荽 *Hydrocotyle sibthorpicum*、条叶龙胆 *Gentiana manshurica*、五岭龙胆 *G. davidi*、酸浆 *Physalia alkekeng*、虎刺 *Damnacanthus indicus*、旋覆花 *Inula japonica*、蒲公英 *Taraxacum mongolicum*、马蓝 *Strobilanthes cusia*、凌霄花 *Campsis grandiflora*、紫萼 *Hosta ventricosa*、卷丹 *Lilium lancifolium*、石刁柏 *Asparagus officinalis*、万年青 *Rohded japonica*、石蒜 *Lycoris rsdiata*、七叶一枝花 *Paris polyphylla*、*Paris polyphylla* var. *chinensis*、射干 *Belamcanda chinensis*、白芨 *Bletilla striata*、仙茅 *Curculigo orechioides*、斑叶兰 *Goodyera schlechtendalian*、花叶开唇兰（金线莲）*Anoectochilus roxburghii*、独花兰 *Changnienia amoene*、见血清 *Liparis nervosa*、淡竹叶 *Lophatherum*、金丝草 *Pogonatherum crinitum*、淡竹叶 *Lophatherum gracile* 等种。

九、观赏珍稀濒危植物

官山自然保护区内野生观赏植物中，属于珍稀濒危植物约有 100 余种，其中有我国特有种及区内特有种，单型科或单种属的植物、亚热带特有植物以及国家及省级重点保护植物，它们中间有不少种类不仅具很高的观赏价值，而且具有重要的研究价值。官山自然保护区珍稀濒危植物中的观赏植物，主要有以下的种类：三尖杉 *Cephalotaxus fortunei*、南方红豆杉 *Taxus mairei*、紫花含笑 *Michelia crassipes*、银木荷 *Schima argentea*、银鹊树 *Tapiscia sinensis*、伯乐树 *Bretschneidera sinensis*、猴欢喜 *Sloanea sinensis*、紫茎 *Stewartia sinensis*、香果树 *Emmenopterys henryi*、鹅掌楸 *Liriodendron chinense*、庐山厚朴 *Magnolia biloba*、黄山木兰 *M. cylindrica*、巴东木莲 *Manglietia insignis*、闽楠 *Phoebe bournei*、尾叶樱 *Prunus clielsiana*、猴头杜鹃 *Rhododendron simiarum*、短梗八角 *Illicium pachyphyllum*、黑蕊猕猴桃 *Actinidia melanandra*、葛萝槭 *Acer grosseri*、杨桐 *Adinandra millettii*、四棱草 *Schnabelia oligophylla*、半蒴苣苔 *Hemiboea henryi*、婺源槭 *Acer wuyuanensis*、浙江柿 *Diospyros glaucifolia* 有以及本区特有植物铜鼓槭 *Acer fabri* 和长果山桐子 *Idesia polycarpa* var. *longicarpa* 等种。

十、观赏的特有种植物

官山自然保护区内还具有一批具有观赏价值的特有种植物。它们除了具有某些科学意义及经济价值上的特殊性，还具有较高的观赏价值。在区内主要的种类有：大血藤 *Sargentodoxa cuneata*、檫树 *Sassafras tsumu*、伞花木 *Eurycorymbus*、穗花杉 *Ametotaxus argotaenia*、地构叶 *Speranskia cantonenesis*、黑果菝葜 *Smilas glauco - china*、半蒴苣苔 *Hemiboea henryi*、青牛胆 *Tinospora sagittata*、银鹊树 *Tapiscia sinensis*、锐尖山香圆 *Turpinia arguta*、青檀 *Pteroceltis tetarinowii*、青钱柳 *Cyclocarpa paliurus*、血水草 *Eomecon chionantha*、喜树 *Camptotheca acuminata*、杜仲 *Eucommia ulmoides*、云锦杜鹃 *Rhododendron fortunei*、江西杜鹃 *Rh. kiangsiense*、马银花 *Rh. ovatum*、猴头杜鹃 *Rh. simiarum*、花叶开唇兰 *Anoectochilus oroxbunghii*、离舌橐吾 *Ligularia veitchiana* 等种。

第五节 药用植物资源*

一、药用植物资源

官山自然保护区内已对野生木本植物资源、珍贵树种、苔藓、蕨类植物等资源进行了调查，基本上摸清这些植物资源的情况，但保护区的药用植物资源没有进行系统的调查，只是一些零星的调查资料，笔者在上述调查研究的基础上，对该区的药用植物资源进行了数次系统调查，采集了大量标本。后又查阅有关文献资料，核对了大部分标本，初步统计该区共计药用植物 1378 种，隶属 650 属 215 科。其中，药用维管植物为 1313 种，隶属 183 科 612 属。

根据药用植物的生物类群以及药用价值将区内药用植物分为 10 类，即：药用真菌植物、药用苔藓植物、药用蕨类植物、药用种子植物、中药植物、药用珍稀濒危植物、药用特有植物、药用观赏植物、农兽药植物及江西新分布和在宜丰采集的模式标本植物。

1. 药用真菌植物

官山自然保护区的真菌植物资源丰富，已鉴定的种类有 132 种，其中 26 种为药用种类，占官山药用植物总种数的 1.89%，它们分别为毛木耳 Auricularia polytricha、树舌 Elfvingia applanata、紫芝 Ganoderma japonicum、灵芝 Ganoderma lucidum、裂褶菌 Schizophyllum commune、鸡油菌 Cantharellus cibarius、粉盖牛肝菌 Boletus speciosus、革耳 Panus rudis、洁丽香菇 Lentinus lepideus、侧耳 Pleurotus ostreatus、马勃 Lasiosphaera fenzlii 等种。本区尚有少量药用藻类种类，即：念珠藻 Nostoc commune、水绵 Spirogyra communis、缠络水绵 Spirogyra intorta、小球藻 Chlorella vulgaris 等 4 种。

2. 药用苔藓植物

官山自然保护区共有苔藓植物 238 种，隶属 61 科 136 属，其中具药用价值的种类为 36 种，占官山药用植物总种数的 2.61%，隶属 19 科 24 属，占官山苔藓植物总种数的 15.9%，其中以《新华本草纲要》第二册、《中国药用孢子植物》所收载的药用苔藓植物有 15 种，即：列胞耳叶苔 Frullania moniliata、蛇苔 Conocephalum conicum、石地钱 Reboulia polymorpha、地钱 Marchantia、泥炭藓 Sphagnum palustre、葫芦藓 Funaria hygrometrica、银叶真藓 Bryum argenteum、暖地大叶藓 Rhodobryum giganteum、泽藓 Philonotis fontana、黄牛毛藓 Ditrichum pallidum、狭叶小羽藓 Haplocladium microphyllum、大羽藓 Thuidium cymbifolium、密叶绢藓 Entodon compressus、鳞叶藓 Taxiphyllum taxirameum、金发藓 Polytrichum commune 等种。区内尚有药用地衣类植物 5 种，它们分别是皮果衣 Dermatocarpon miniatum、光肺衣（老龙衣）Lobaria kurokawae、网肺衣（老龙衣）L. retigera、石耳 Umbilicaria esculenta、松萝 Usnea diffracta。

3. 药用蕨类植物

江西省蕨类植物共有 433 种，隶属 49 科 114 属，其中药用蕨类植物为 195 种，隶属 45

---

* 本节作者：姚振生[1]，徐向荣[2]，陈京[1]，葛菲[3]（1. 浙江中医学院，2. 江西官山自然保护区，3. 江西中医学院）

科 84 属。官山自然保护区蕨类植物共有 168 种，36 隶属科 78 属，占江西蕨类植物总种数的 38.7%，药用蕨类植物为 93 种，占官山药用植物总种数的 6.74%，占江西蕨类植物总种数的 21.5%，占官山蕨类总种数的 55.4%。其中以《中国药典》、《中药志》所收载的常用中药 13 种，它们分别是石松 *Lycopodium japonicum*、卷柏 *Selaginella tamariscina*、紫萁 *Osmunda japonica*、海金沙 *Lygodium japonicum*、乌蕨 *Stenoloma chusana*、石韦 *Pyrrosia lingua*、槲蕨 *Drynaria fortunei* 等，除上述中药外，在本区内还有常见的药用蕨类植物有蛇足石杉 *Huperzia serrata*、扁枝石松 *Diphasiastrum complanatum*、藤石松 *Lycopodiastrum casuarinoides*、灯笼草 *Palhinhaea cernua*、深绿卷柏 *Selaginella doederleinii*、翠云草 *S. uncinata*、节节草 *Hippochaete ramosissima*、阴地蕨 *Sceptridium ternatum*、井栏边草 *Pteris multifida*、凤尾蕨 *P. cretica* L. var. *nervosa*、野鸡尾 *Onychium japonicum*、乌毛蕨 *Blechnum orientale*、狗脊蕨 *Woodwardia japonica*、圆盖阴石蕨 *Humata tyermanni*、抱石莲 *Lepidogrammitis drymoglossoides*、金鸡脚 *Phymatopteris hastate*、友水龙骨 *Polypodiodes amoena*、江南星蕨 *Microsorum fortunei*、石韦 *Pyrrosia lingua*、石蕨 *Saxiglossum angustissimum* 等种。

4. 药用种子植物

官山自然保护区内的药用种子植物种类十分丰富，共有 642 种，占官山药用植物总种数的 46.5%（除藻、菌、地衣、苔藓、蕨类、珍稀濒危、观赏、特有种、农兽药植物种类及新分布等种）。《中国药典》2000 版、《中药志》（I~V）共收载 210 种，其中药用裸子植物为 19 种，双子叶植物 499 种，单子叶植物 124 种。主要种类有竹柏 *Podocarpus nagi*、粗榧 *Cephalotaxus sinensis*、香榧 *Torreya grandis*、柳杉 *Cryptomeria fortunei*、柏 *Cupressus funebris*、华中五味子 *Schisandra sphenanthera*、瓜馥木 *Fissistigma oldhamii*、樟树 *Cinnamomum camphora*、乌头 *Aconitum carmichaeli*、天葵 *Semiaquilegia adoxoides*、紫金牛 *Ardisia japonica*、白蜡树 *Fraxinus chinensis*、络石藤 *Trachelospermum jasminoides*、陆英 *Sambucus chinensis*、肺形草 *Tripterospermum affine*、鸭跖草 *Commelina communis*、山姜 *Alpinia japonica*、粉条儿菜 *Aletris spicata*、吉祥草 *Reineckea carnea*、土茯苓 *Smilax china* 等种。

5. 中药植物

江西是我国中药材主要产区之一，收购使用的常用中药有 342 种，而官山自然保护区内的中药有 210 种，占官山药用植物总种数的 15.2%。主要有银杏 *Ginkgo biloba*、凹叶厚朴 *Magnolia biloba*、威灵仙 *Clematis chinensis*、黄连 *Coptis chinensis*、粉防己 *Stephania tetrandra*、华细辛 *Asarum sieboldii*、及已 *Chloranthus serratus*、虎耳草 *Saxfraga stolonifera*、瞿麦 *Dianthus superbus*、荭蓼 *Polygonum orientale*、五加 *Acanthopanax gracilistylus*、通草 *Tetrapanax papyriferus*、钩藤 *Uncaria rhynchophylla*、鸡矢藤 *Paederia scandens*、牛蒡子 *Arctium lappa*、旱莲草 *Eclipta prostrata*、蒲公英 *Taraxacum mongolicum*、麦冬 *Ophiopogon japonicus*、白芨 *Bletilla striata*、灯心草 *Juncus effusus* 等种。

6. 药用珍稀濒危植物

保护区内有许多药用珍稀濒危植物。据初步统计共有 94 种，占官山药用植物总种数的 6.82%。如：南方红豆杉 *Taxus mairei*、穗花杉 *Amentotaxus argotaenia*、鹅掌楸 *Liriodendron chinense*、沉水樟 *Cinnamomum micranthum*、八角莲 *Dysosma versipellis*、野核桃 *Juglans cathayensis*、香果树 *Emmenopterys henryi*、伯乐树（钟萼木）*Bretschneidera sinensis*、伞花木 *Eurycorymbus cavaleriei*、喜树 *Camptotheca attacuminata*、银钟花 *Halesia macgregorii*、巴东木莲 *Manglietia insignis*、紫花含笑 *Michelia crassipes*、独花兰 *Changnienia amoena*、花叶开唇兰 *Anoectochilus roxburghii*、阴香 *Cinnamomum burmannii*、紫树 *Nyssa sinensis*、青牛胆 *Tinospora sagittata*、血水草 *Eomecon chionantha*、独蒜兰 *Pleione bulbocodides* 等种。

7. 药用特有种植物

区内除了许多珍稀濒危药用种类外，还有众多的药用特有种植物，共有 184 种，占官山药用植物总种数的 13.4%。它们分别是接骨木 *Sambucus williamsii*、檫树 *Sassafrasntsumu*、尾叶冬青 *Ilex wilsonii*、锦鸡儿 *Caragana sinica*、江南马先蒿 *Pedicularis henryi*、云山八角枫 *Alangium kurzii* var. *handelii*、地构叶 *Speranskia comtonensis*、离舌橐吾 *Ligularia veitchiana*、华鼠尾草 *Salvia chinensis*、黑果菝葜 *Smilax glauco–china*、半蒴苣苔 *Hemiboea henryi*、异叶败酱 *Patrinia heterophylla* ssp. *angustifolia*、短刺虎刺 *Damnacanthus subspinosus*、狗骨柴 *Tricalysia dubia*、短梗大参 *Macropanax rosthornii*、缺萼枫香 *Liquidambar acalycina*、毛果枳椇 *Hovenia trichocarpa*、黑蕊猕猴桃 *Actinidia melanandra*、管萼山豆根 *Euchresta tubulosa* 等种。

8. 药用观赏植物

许多观赏植物不仅具有美丽的姿色，或奇花艳葩，或芳香诱人，或娇小玲珑，皆具有观赏价值，同时具有一定的药用价值。发掘这一类植物资源，既可美化周围生活环境，又能得到一定量的中草药材，真可谓一举两得。

据初步统计，官山自然保护区内具药用观赏植物约有 127 种，占官山药用植物总种数的 9.21%。现将药用观赏植物分述如下：木本类药用观赏植物有：南天竹 *Nandina domestic*、木芙蓉 *Hibiscus mutabilis*、映山红 *Rhododendron simsii*、栀子 *Gardenia jasminoides*、白马骨 *Serissa serissoides*、紫珠 *Callicarpa japonica*、臭牡丹 *Clerodendrum bungei*、枸骨 *Ilex cornuto*、紫荆 *Cercis chinensis*、中华绣线菊 *Spiraea chinensis* 等种。花草类药用观赏植物有：杜衡 *Asarum forbesii*、红色虎耳草 *Saxfraga rufesceens*、垂盆草 *Sedum sarmentosum*、剪秋罗 *Lychnis senno*、黄金凤 *Impatiens noli–tangere*、山酢浆草 *Oxalis griffithii*、紫茉莉 *Mirabilis jalapa*、地稔 *Melastoma dodecandrum*、金锦香 *Osbeckia chinensis*、卷丹 *Lilium lancifolium* 等种。藤本类药用观赏植物有：瓜馥木 *Fissistigma oldhamii*、常春藤 *Herdera nepalensis* var. *sinensis*、凌霄花 *Campsis grandiflora*、清香藤 *Jaxminum lanceolarium*、紫花络石 *Trachelospermum axillare*、丝瓜花 *Clematis lasiandra*、木通 *Akebia quinata*、蝙蝠葛 *Menispermum dauricum*、绵毛马兜铃 *Aristolochia mollissima*、马铜铃 *Hemsleya graciliflora* 等种。

9. 农、兽药植物

保护区内还有一类土农药及兽用的药用植物。它们都是药用植物资源的重要部分，尤其是兽用的药用植物是我国宝贵的科学文化遗产之一，具有独特的理论体系和临床应用的特殊技巧，在兽医临床上占有重要的位置。区内兽用药用植物约有 82 种，占官山药用植物总种数的 5.95%。其中具有抗菌消炎作用的种类有筋骨草 *Ajuga decumbens*、乌蔹莓 *Cayratia japonica*、地锦草 *Euphorbia humifusa*、地耳草 *Hypericum japonicum* 等种。具有清热暑、退热降温的种类有阴行草 *Siphonostegia chinensis*、黄花蒿 *Artemisia annua*、淡竹叶

Lophatherum gracile 等种。具有清热泻火、通便得水的种类有积雪草 *Centella asiatica*、茵陈蒿 *Artemisia capillaris*、过路黄 *Lysimachia christinae* 等种。具有舒筋活络、活血散瘀的种类有牛膝 *Achyranthis bidentata*、星宿菜 *Lysmachia fortunei*、苍耳 *Xanthium sibiricum*、鸡矢藤 *Peaderia scandens* 等种。具有驱虫作用的种类有苦楝 *Melia azedarach*、枫杨 *pterocarya stenoptera*、博落回 *Macleaya cordata* 等种。区内的土农药植物约有 45 种，占官山药用植物总种数的 3.26%。如水蓼 *Polygonum hydropiper*、苦楝 *Melia azedarach*、博落回 *Macleaya cordata*、闹羊花 *Rhododendron molle*、雷公藤 *Tripterygium wifordii*、秋牡丹 *Anemone hupehensis*、毛茛 *Ranunculus japonicus*、苦参 *Sophora flavcescens*、泽漆 *Euphorbia helioscopia*、无患子 *Sapindus mukorossi* 等种。

10. 江西地理记录新分布及保护区内采集的模式标本

保护区的药用植物中有 13 种为江西地理记录新分布，它们分别是三小叶山豆根 *Euchresta trifoliotata* Merr.、菱叶海桐 *Pittosporum trumcatum* Pritz.、笔龙胆 *Gentiana zollingeri* Fawcett、长叶假万寿竹 *Disporopsis longifolia* Craib.、绒叶斑叶兰 *Goodyera velutina* Maxim.、蔓茎堇菜 *Viola diffusa* Ging、栗寄生 *Korthalsella japonica*（Thunb.）Engl.、扁枝槲寄生 *Viscum articulatum* Burm f.、蛇菰 *Balanophora japonica* Makino、狐臭柴 *Premna puberula* Pamp.、大花细辛 *Asarum maximum* Hemsl.、刺蓼 *Polygonum senticosum*（Meisn.）Franch. et Savat.、粗齿片鳞苔 *Pedinolejeunea planissima*（Mitt.）Chen et Wu。以上标本均藏于江西中医学院中药系药用植物标本室和官山自然保护区植物标本室。

另据查阅在官山自然保护区采集的模式标本有 9 种，它们分别是卵状鞭叶蕨 *Cyrtomidictyumconjunctum* Ching. Jiangxi Yifeng（江西宜丰）Hsiung Yaoko（熊耀国）06466 1947.11.25 T. HLG（庐山植物园标本室藏）、铜鼓槭 *Acer fabri* var. *tongguense* Z.X.Yu Jiangxi Yifeng（江西宜丰）Z.X.Yu et al.（俞国光等）8355. 1983.8.31 T: JXAU（江西农业大学林学系树木标本室藏）、宜丰螺木 *Melliodendron* Yifeng Hu Jiangxi Yifeng（江西宜丰）C. Hsiung（熊杰）4368 1959.7.10 T: HLG（庐山植物园标本室藏）、长果山桐子 *Idesia polycarpa* Maxim. var. longicarpa S.S.Lai Guangxi Yifeng Guangshan（江西宜丰官山）Lai shu – shen et al.（赖书绅等）20. T.IBSC（华南植物研究所标本馆藏）T. IBK（广西植物研究所标本馆藏）、宜丰山桐 *Mallotus yifungensis* Hu et Chen Jiangxi Yifeng（江西宜丰）Y. K. Hsiung（熊耀国）6613 1950.6.15 T. PE（中国科学院植物研究所标本馆藏）等种。

二、药用植物资源特征

官山自然保护区内共有 1378 种药用植物隶属 215 科 650 属。其中药用维管植物为 1313 种，隶属 183 科 612 属，分布区类型广泛，分属于 15 个分布区类型和 15 个分布区变型，其中单种属、单种科较多，约有 21 个。其中常用中药材为 210 种，尚有种类繁多的民间草药。从药用植物资源的分类群及性状组成分析，1378 种药用植物中药用藻类 4 种，药用真菌类 26 种，药用地衣类 5 种，药用苔藓 36 种，药用蕨类 93 种，药用裸子植物 19 种，双子叶植物 1047 种，单子叶植物 154 种。草本植物 758 种，木本植物 425 种，藤本植物 130 种（表 3 – 31）。

表3－31　官山自然保护区药用维管束植物分类群及性状组成

类群	分类群统计			性状组成统计（种）		
	科	属	种	木本	草本	藤本
蕨类植物	34	54	93	0	90	3
裸子植物	8	14	19	19	0	0
双子叶植物	119	451	1047	384	546	117
单子叶植物	22	93	154	22	122	10
合　计	183	612	1313	425	758	130

官山自然保护区系地理成分以温带为主，并略占优势，与省内其他3个国家级自然保护区（井冈山、武夷山、九连山保护区）相比较，有一定差异。上述3个保护区均以热带地理成分为主，温带成分其次，从属的分布区类型来分，也是以热带地理成分为主（3个国家级自然保护区），但官山自然保护区属的分布区类型最齐全（15个分布区类型在本区均有分布）。但药用植物种类没有上述3个自然保护区多（表3－32）。

表3－32　江西省官山、九连山、武夷山、井冈山自然保护区药用维管束植物种类比较

		官山	九连山	武夷山	井冈山
	合　　计	1313	1449	1456	1590
	蕨类植物	93	107	132	187
	裸子植物	19	15	20	28
被子植物	小　计	1201	1327	1304	1375
	双子叶植物	1046	1158	1034	1123
	单子叶植物	155	169	270	252

三、药用本植物资源开发及利用

1. 中药材资源的利用

官山自然保护区有着丰富的中药材资源。其中蕨类植物在《中国药典》及中药材（Ⅱ～Ⅳ册）中收载13种，种子植物在《中国药典》中共收载144种，中药志（Ⅰ～Ⅴ册）共收载56种。区内真菌和地衣药用种类有26种，即马勃、紫芝、灵芝、毛木耳、树舌等种，地衣的药用种类有皮果衣、光肺衣、网肺衣、石耳、松萝等种。区内药用蕨类植物有凤尾蕨、野鸡尾、紫萁、翠云草、石松、石韦、狗脊、金鸡脚、江南星蕨、抱石莲等种。裸子植物中有柏木、竹柏、三尖杉、粗榧、南方红豆杉、香榧等种。被子植物的中药类种类在区内分布则更多。如悬钩子属植物约有16种药用种类，其不少种类作为复盆子类中药使用，此类中药具有益肾固精、缩尿等功效，常用于治疗肾虚遗尿、小便频数、遗精早泄、阳萎不育等症。常含有萜类化合物等有效成分。药理实验表明，复盆子的煎剂对霍乱弧菌和葡萄球菌均有抑制作用。此外，悬钩子属植物的果实中含有丰富的维生素C、有机酸、蛋白质、氨基酸及糖等营养成分。还含有超氧化物歧化酶（SOD）。近年来还发现SOD具有抗癌活性。悬钩子属植物茎干亦是一些中成药配方的原料之一，如《中国药

典》收载的"五子衍宗丸"、"十五味沉香丸"等均配有悬钩子属多种植物的茎秆。区内冬青属植物有 29 种，其中 12 种为药用种类，中药枸骨 Ilex cornuta、冬青 Ilex purpurea、毛冬青 Ilex pudescens、秤星树（梅叶冬青）Ilex asprella 均为《中国药典》、《中药志》二、五册所收载，除枸骨叶、树皮亦可入药，其他各种均以根入药，具清热解毒、生津利咽，用于治疗咽喉肿痛、急性咽喉炎等症。此外，该属多种植物可作为民间草药广泛使用，如铁冬青 Ilex rotunda 树皮入药（救必应），可治疗感冒发烧咽喉肿痛等症。根入药，可治疗湿疹、皮肤过敏等症。叶入药可止血。三花冬青 Ilex triflora 根入药，可治疗疮疡毒肿。亮叶冬青 Ilex viridis 根、叶入药，可治疗关节炎等症。毛冬青 Ilex pubescens 及其变种 var. glabra 秃毛冬青根入药及提取物制剂，能凉血、活血、通脉、消炎，可治疗血栓、闭塞性脉管炎、冠状动脉硬化性心脏病等症。冬青属多种植物的叶作为代茶饮料，在民间被广泛使用，如大叶冬青 Ilex latifolia、枸骨 Ilex cornuta、海南冬青 Ilex hainanensis、苦丁茶冬青 Ilex kudincha 等种在全国各地分别为"苦丁茶"和"山绿茶"的原料植物。这些药茶不仅有清热解毒、生津止渴、消炎消暑、通经活血等功效，还有明显的降压、降血脂、减肥等作用。江西省的"苦丁茶"主要以大叶冬青 Ilex latifolia 为主，该种资源除在本区较丰富个，在省内其他地区资源亦十分丰富，应引起我们重视，积极合理地进行开发利用。

区内薯蓣属植物种类约有 9 种，分别为参薯 Dioscorea alata、黄独 D. bulbifera、薯莨 D. cirrhosa、纤细薯蓣 D. tenuipes、粉背薯蓣 D. hypogilauca、日本薯蓣 D. japonica、薯蓣 D. opposita、山萆薢 D. tokora 等种。该属植物常含薯蓣皂苷（Dioscin）、甾体皂苷、薯蓣皂苷元（Diosgenin）、纤细薯蓣皂苷（Gracillin）、原薯蓣皂苷（Protodisocin）、原纤细薯蓣皂苷（Kirubasaponin）、胆碱、糖蛋白等。粉背薯蓣以根状茎入药，具利湿祛浊、祛风除痹等功效，可治疗膏淋、白浊、白带过多、风湿痹痛、关节不利、腰膝疼痛等症。

区内桑寄生科植物有 8 种，它们分别为四川桑寄生 Taxillus sutchcenensis、毛叶桑寄生 T. nigrans、棱枝槲寄生 Viscum diospyrosicolum、扁枝槲寄生 V. articulatum、稠树桑寄生 Loranthus delavayi、红花寄生 Scurrula parasitica、大苞寄生 Tolypanthus maclurei、栗寄生 Korthalsella japonica 等种。中药寄生有桑寄生（钝果寄生属）和槲寄生之分，都以干燥的带叶茎枝入药，具祛风湿、补肝肾、强筋骨、安胎、降压等功效。按其功效可分为以下几类：①补肝肾、强筋骨类：多用于腰膝痛、肾虚、筋骨痿弱等症，常用在本区的有红花寄生、四川桑寄生、毛叶桑寄生等种。②祛风除湿类：多用于风湿关节炎、风寒湿痹及风湿痹痛等症，常用的在本区的有稠树桑寄生、扁枝槲寄生、大苞寄生等种。③活血散瘀类：多用于跌打损伤、腰肌劳伤、腰腿痛等症，常用的在本区的有红花寄生、毛叶桑寄生、棱枝槲寄生等种。④妇科用药类：多用于胎漏血崩、胎动不安、乳疮、先兆流产等症，常用在本区的有四川桑寄生、棱枝槲寄生、红花寄生、栗寄生等种。中药寄生的品种较复杂，即使同一品种，由于其寄主不同，对寄主的本身在物质代谢方面有所影响。因此，其成分和疗效可能不太一致。故在使用寄生类药材时，必需附带寄主之枝条，以供鉴别之用。

区内龙胆类中药有 4 种，此类药材具清热燥湿、泻肝胆火等功效，常用于湿热黄疸、尿路感染、湿疹瘙痒、惊风抽搐等症。龙胆、条叶龙胆等种分布于区内山顶草甸，其常含有龙胆苦苷和獐牙菜苦苷等有效成分，药理实验证明龙胆苦苷有直接保肝和利胆作用，此外，对角叉菜胶引起大鼠足遗迹水肿有抑制作用，对疟原虫有较强抑杀作用。在区内较高海拔 800m 的草甸处常有五岭龙胆和笔龙胆分布。此两种龙胆均作为土地丁运用于民间。

　　除上述这外，区内尚有许多类中药，如：细辛类、前胡类、茜草类、钩藤类、紫珠类、麦冬类等等。保护区内中药资源的种类十分丰富，但其蕴藏量不大（估称），因此在利用时应注意避免过度的采挖，同时结合野生变家种驯化引种试验，才能有效地利用和开发区内的中药资源。

　　2. 其他经济用途

　　芳香油植物在其植物体内具有一类挥发性的各种芳香气味的物质，经一定技术加工处理后，可广泛用香料制造、日用化妆品、食品及医药生产上，区内的芳香油植物资源亦十分丰富，如：樟科、木兰科、芸香科、唇形科、菊科等种类较多。如：樟科的毛叶木姜子 *Litsea mollis*，其果实含油量 2%～6%，出油率为 5.13%，油中主要含柠檬醛高达 60%～90%，是合成紫罗兰酮和维生素 A 的高级原料。芸香科的野花椒的果实含油量为 4%～9%，油中主要含柠檬醛、柠檬烯等，可用作调香原料。唇形科的野薄荷、香薷、藿香、牛至等种类的茎、叶均含有芳香油。区内有些植物含有可作纺织品的染色原料的植物色素，如冻绿 *Rhamnus utilis* 的茎皮，可用于棉及纺织品的着色，木蓝 *Indigodena tinctiria* 等种植物内所含的蓝色素可用于毛、丝、棉、麻等纤维的染色。

　　保护区内还有众多的野生兰花资源，约有 40 种，如独兰花、花叶开唇兰、独蒜兰、白及、斑叶兰、竹叶兰、多花兰、惠兰、石豆兰等，这些兰科植物中具极高观赏价值，也有药用和兼有的种类，均是区内极有开发价值的兰科植物。此外，保护区内尚有许多抗污染的植物，如构树、乌桕、无患子、苦楝、合欢等植物均具有抗二氧化硫（SO_2）的特性。抗氯气的植物如皂荚、肥皂荚、木槿、女贞、石楠等种，抗硫化氢的植物有大叶黄杨、枫杨、喜树等种。抗镉（Cd）污染的植物有刺果卫矛、尾叶冬青、榕叶冬青等种。榆树、棕榈、女贞、朴树、刺槐、臭椿等树种都是吸滞粉尘能力较强的植物，是城市绿化的理想树种。

第六节　野菜资源[*]

　　野菜是指没有任何污染的自生自灭的山林蔬菜，药用野菜是泛指可供人们食用与药用的山林蔬菜。合理开发利用野菜资源，既可丰富人们食用蔬菜种类，提高生活质量，又可发展山区经济，提高林区农户的收入，对保护区社区经济的发展具有重要的现实意义。

　　一、野菜种类及资源

　　官山自然保护区蕴藏着极其丰富的植物资源，野菜种类繁多，经初步调查统计，有野菜约 145 种，隶属于 98 属 58 科。其中藻类植物 1 科 1 属 1 种；菌类植物 10 科 18 属 31 种；蕨类植物 6 科 6 属 8 种；种子植物 42 科 79 属 105 种。其中绝大多数种类可以药食两用，而有很多种类是重要的药用植物，如黑木耳、香菇、虎杖、野葛、栀子、蒲公英、枸杞、百合、山药等是常用的中药。

　　保护区内蕴藏量大的主要有下列种类，黑木耳、香菇、茶树菇、红菇等菌类植物。紫

　　* 本节作者：赖学文[1]，曹岚[1]，姚振生[2]，葛菲[1]（1. 江西中医学院，2. 浙江中医学院）

其、蕨、毛轴蕨、凤丫蕨、菜蕨等蕨类植物。鱼腥草、荠菜、碎米荠、马齿苋、酸模、虎杖、野葛、越南葛、板栗、苦槠、黄连木、五加皮、三加皮、楤木、水芹、栀子花、白花败酱、黄花败酱、野菊、野筒蒿、马兰、山苦荬、黄鹌菜、蒲公英、星宿菜、珍珠菜、杏叶沙参、轮叶沙参、四叶参、桔梗、紫苏、地笋、草石蚕、鸭跖草、百合、多花黄精、玉竹、薤白、野山药、山药、毛竹笋、苦竹笋等种子植物约 50 余种。现简单介绍几种保护区内药食两用的野菜。

蕨菜 *Pteridium aquilinum* var. *latiusculum*（Desr.）Underw.

为蕨科蕨属多年生草本。含有 7 种人体必需氨基酸，每 100g 含亮氨酸 0.14g，缬氨酸 0.135g，赖氨酸 0.081g，苏氨酸 0.068g，蛋氨酸 0.03g，异亮氨酸 0.027g；还含有谷氨酸 0.164g，天冬氨酸 0.141g，丙氨酸 0.103g，酪氨酸 0.081g，经氨酸 0.069g，甘氨酸 0.073g 等 15 种氨酸。含尖叶土杉甾酮 A 及甲壳甾醇、蕨素、蕨苷、异槲皮苷、己烯醛、紫云英苷、昆虫变态激素；根茎及叶含麦角甾醇、胆碱、鞣质、苷类。此外还含有不饱和脂肪酸（在百分含量中）其中亚油酸 28.608，亚麻酸 9.895，油酸 7.716，十六碳－烯酸 1.786；饱和脂肪酸，如棕榈酸 24.793，山嵛酸 23.827，硬脂酸 1.653 等 15 种脂肪酸。

蕨菜拳卷状幼叶不仅鲜嫩滑爽，而且营养价值很高，是一般蔬菜的几倍甚至十几倍，其食法很多，卤、爆、炒、烧、煨、焖都可以，质地软嫩，清香味浓。根茎含淀粉 20%～46%，可提取蕨淀粉，为滋养食品。全草入药，有清热利湿，消肿、安神的功效；可用于治疗发热神昏、痢疾、湿热黄疸、高血压头昏失眠、风湿性关节炎、白带、痔疮、脱肛、小便不利、习惯性便秘等。

鱼腥草 *Houttuynia cordata* Thunb.

为三白草科蕺菜属多年生草本。全草含挥发油 0.05%，油中含癸酰－乙醛（它的亚硫酸氢钠合成物为鱼腥草素、甲基正壬酮、月桂烯、癸酸、癸醛、月桂醛。另含刺激性蕺菜碱，此外还含有氯化钾、硫酸钾盐。叶含槲皮苷、花穗及果穗含异槲皮苷。还含有多种氨基酸、微量元素等成分。食用其幼苗及嫩根状茎，称折耳根，营养丰富。全草用作生产保健饮料，具有可乐型饮料的色、香、味特征。入药有清热解毒、排脓消痈、利尿通淋的功效，可止咳嗽，还可抑制癌细胞等。

荠菜 *Capsella bursa - pastoris*（L.）Medic.

为十字花科荠属 1～2 年生草本。据《食物成分志》报道，每 100g 可食荠菜含蛋白质 5.3g，脂肪 0.4g，碳水化合物 6g，粗纤维 1.4g，钙 420mg，磷 73mg，铁 6.3mg，胡萝卜素 3.2mg，维生素 B1 0.14mg，核黄素 0.19mg，维生素 C 55mg。全草含荠菜酸钾、胆碱、乙酰胆碱、酪胺、原儿茶酸、苹果酸、反丁烯二酸、布枯苷、贝素林苷；并含有甘露醇、山梨醇、肌醇等。荠菜所含营养成分高于大部分蔬菜，对机体具有全面营养作用，含氨基酸达 11 种之多，含微量元素比较齐全，平衡，也是蔬菜中不多见的。现代医学实验证明它具有多种医疗功效，能止血、降压，可健胃消食，治疗肾炎水肿等。

马齿苋 *Portulaca oleracea* L.

为马齿苋科马齿苋属 1 年生草本。全草含维生素 A、维生素 B、维生素 B_2、维生素 C、维生素 E、β－胡萝卜素、谷胱甘肽以及钙、磷、铁及多种钾盐，左旋去甲肾上腺素、二羟基苯乙胺、二羟基苯丙氨酸、苹果酸、天冬氨酸、丙氨酸、生物碱、香豆精、黄酮、强心苷等。国际上已把马齿苋当作新蔬菜的首选品种，营养特别丰富，是人们喜食的野菜，春、夏、秋三季均可采食，由于它含有大量的 $\omega-3-$ 脂肪酸和维生素 E，常食可能益脑养颜。全草加工成浓缩马齿苋汁，是亦药亦蔬的营养保健品。临床报道它可以用于治疗菌痢、肠炎，同时对保护心脏、降低血糖有一定作用。

虎杖 *Polygonum cuspidatum* Sieb.et Zucc.

为蓼科蓼属多年生草本。全草含大黄素、大黄素 $-6-$ 甲醚、大黄酚、大黄酸、大黄素 $-6-$ 甲醚 $-8-O-D$ 葡萄糖苷、大黄素 $-8-O-D$ 葡萄糖苷、虎杖苷、槲皮苷、迷人醇、大黄素 $-8-$ 单甲醚、原儿茶酸、儿茶素、维生素 C，还含有一定量的鞣质、苹果酸、柠檬酸、游离氨基酸、铜、铁、锰、锌和钾等微量元素。嫩茎叶可作蔬菜或制成果脯食品，其营养丰富。虎杖入药性微寒，味微苦，有祛风利湿，散瘀定痛，止咳化痰功效。多用于关节痹痛，湿热黄疸，闭经，咳嗽痰多，水火烫伤，跌打损伤，痈肿疮毒等[6]。

板栗 *Castanea mollissima* Bl.

为壳斗科栗属多年生乔木。果仁清香甘甜，营养丰富，深受人们的青睐。据测定栗子中含有蛋白质、脂肪、胡萝卜素、维生素、矿物质，富含淀粉 56.8% ~ 70%等多种营养物质。我国历代医学家均把栗子看成是益气、健脾、补肾、强身的滋补佳品。现代医学认为栗子所含不饱和脂肪酸对高血压、冠心病、动脉硬化的患者有调养之功，老年人常食还可抗衰老。对它的食用方法有多种，是一种食药两用的保健品。

黄花败酱 *Patrinia scabiosaefolia* Fisch.ex Link.

为败酱科败酱属多年生草本。全草含挥发油 8%，油中以败酱烯、异败酱烯含量较高。含生物碱、鞣质、淀粉以及多种三萜皂苷（有败酱皂苷 C、D、C_1、D_1，黄花败酱皂苷 A、B、C、E、F、G），其苷元为齐墩果酸或常春藤皂苷元。另外还含有黄花龙芽苷，胡萝卜苷，氨基酸，蛋白质和微量元素等成分。幼嫩茎叶作蔬菜食用。全草入药有清热解毒，消肿排脓，祛痰止咳作用，可治疗神经衰弱等症。

马兰头 *Kalimeris indica* (L.) Sch. – Bip.

为菊科马兰属多年生草本。幼嫩茎叶蔬食，营养丰富，其多种营养成分含量高于西红柿，维生素 A、维生素 C 的含量则与胡萝卜和柑橘相似。马兰头性寒，味微苦、辛。有清热解毒，散瘀止血，消积，除湿热，利小便，止咳。可用以治咽喉肿痛，痈肿疮疖等症。用水煎汤对预防上呼吸道感染、乳腺炎、鼻出血、甲肝和菌痢有较好的效果。

四叶参 *Codonopsis lanceolata* Benth.et Hook.f.

为桔梗科党参属多年生草本。全株含有人体所需要的多种氨基酸、维生素、淀粉和多种微量元素等营养成分，还含有皂苷等其他成分。地上幼嫩茎叶及地下肥大块根均可食用与药用。人们常采摘幼嫩茎叶用沸水焯去生味，炒食，炖汤或蘸酱食，其味道鲜美；或采挖地下块根与猪蹄清炖食，有催乳作用；与猪瘦肉煮食，有滋补强壮作用。四叶参是野菜中的一味较理想的保健珍品。块根入药性平，味甘，有补虚通乳，排脓解毒作用。主要治疗病后体虚，乳汁不足，乳腺炎，肺脓疡，痈疖疮疡。

枸杞 *Lycium chinense* Mill.

为茄科枸杞属多年生灌木。枸杞是家喻户晓的食药两宜的中药材，我国古代医学家很早就发现它的药用价值，从汉朝起就应用于临床，并当作延年益寿的佳品。枸杞性平，味甘，具有滋阴补血，益精明目的功效。用于精血亏虚，阳痿遗精，腰膝酸软，头晕目眩，视物昏糊，消渴症等。现代医学研究表明，它含有胡萝卜素、维生素 B_1、维生素 B_2、烟酸、维生素 C、维生素 E、多种游离氨基酸、亚油酸、甜菜碱等成分及铁、钾、钙、磷、锌等微量元素。具有增强机体免疫功能和机体的抵抗力，促进细胞新生，降低血中胆固醇含量，抗动脉粥样硬化，改善皮肤弹性，抗脏器及皮肤衰老等作用。幼嫩的茎叶及果实均可食药两用，是一种理想的保健野菜。

山药 *Dioscorea opposite* Thunb.

为薯蓣科薯蓣属多年生缠绕性草本。根含精氨酸等 10 余种氨基酸，淀粉酶、蛋白质 2.7%，脂肪 0.2%，淀粉 16%，维生素 C 以及含 0.012% 的薯蓣皂苷元，还含皂苷、尿囊素、胆碱、3，4 - 二羟基乙胺、多巴胺、山药碱、山药多糖及碘质等。山药性平，味甘，能补中益气，健脾补肺，益肾固精。可治疗脾胃虚弱，便溏泄泻，肺虚久咳，慢性支气管炎，遗精尿频，贫血及糖尿病等。山药做成菜肴，润滑易食，鲜美可口，常食山药收到良好的健身滋补效果，是一种滋补强壮和养生保健之佳品。

二、野菜的利用价值

保护区内野菜资源丰富，种类繁多，多数种类都可以食药两用，有些种类还是中药材的重要来源。它们既含有丰富的营养物质，而又有显著的药用疗效，是一类具有开发利用前景的植物。

营养学家曾对全国各地产的近百种野菜进行了研究分析，结果发现营养价值比许多栽培的蔬菜高出几倍乃至几十倍。野菜它能提供人体所需的大量氨基酸及种类齐全的优质蛋白质和丰富的纤维素。据《中国野菜图谱》记载，在已测定的 230 余种野菜中，每 100g 鲜品内含胡萝卜素高于 5mg 的就有 88 种；含维生素 C 高于 50mg 的有 167 种，高于 100mg 的有 80 种，有的甚至在 250mg 以上至 2000mg；含维生素 B_2 高于 5mg 的 87 种。因此这就不难看出，大部分野菜中维生素的含量都比一般栽培蔬菜高出许多。此外野菜中还含有钾、钙、镁、锰、铜、铁、锌、硒等多种人体生命活动所必需的矿物质元素。

野菜除了它的营养价值高外，它的药用疗效同样很高，因而受到人们的关注，它是我们研究开发新药原料库。人们利用野菜防病治病和保健已具有悠久的历史。长沙马王堆出土的《五十二病方》中就有菜类药物的记载；孟洗校注的《食疗本草》、汪颖校注的《食物本草》等医药著作中都记载了大量的野菜。明代李时珍在《本草纲目》巨著中菜类药就有百余种之多。另外，民间也积累了许多野菜防治疾病的知识，一些单方和验方被今天的科学研究证明是真实有效的。许多野菜具有免疫调节作用，可以防治多种癌症。有的能扩张血管、降低血压，有的野菜因含某些活性酶，它能破坏亚硝胺的致癌性，也有的具有单方面的治疗特效。野菜中的纤维能刺激胃肠道的蠕动，而有助消化吸收，同时还具有离子交换能力与吸附作用，对高脂血症、高胆固醇、肥胖症及结肠炎等均有较好的防治作用。因此，野菜在预防和治疗疾病方面比现代药物更方便有效。研究野菜的药用有效部分是获得防病治病和保健作用新药的有效途径，为更好开发利用野菜资源提供科学依据。

三、野菜资源的开发利用

由于野菜有很高的营养价值，又没有农药污染或者受污染较小，因而深受都市人们的青睐，也成为绿色保健食品的资源库。但目前对野菜资源的开发利用目前仍处于起步阶段，尚未得到人们的共识。为了发展野菜利用这一新兴产业，根据目前野菜利用、生产、发展状况，提出几点建议。

1. 调查摸清区内野菜种类及蕴藏量

由于自然保护区得天独厚的环境条件，管辖范围内植物种类繁多，但能作野菜食用和药食两用的种类到底有多少，还不十分清楚。因此，在开发之间首先必须进行区内产野菜资源调查，了解其种类及蕴藏量分布情况，为开发利用提供依据。

2. 对野菜营养成分，活性物质进行基础研究

野菜生于山野密林，无任何污染，处于自生自灭的状态，对它的营养成分，药用有效物质，有无毒副作用，营养价值的高低，不甚了解。因此在开发利用同时必须对该种野菜进行基础方面的研究，以便正确评价该野菜的营养、药用价值，并指导生产，在这一基础上开发出食品、保健品乃至医药方面的名优产品，推向市场。

3. 建立野菜生产、加工基地

由于野菜生长在山野，其数量、质量常受到环境条件等多种因素的影响，再生能力差，为了保证野菜的质量和生产数量，因此必须建立相应的原料生产基地，并积极开展移植、引种、驯化，以扩大人工种植面积，适应工业化生产需要。对再生能力强资源相对丰富的种类则应实行采收、加工、销售一条龙生产，并做到人工培植与自然界的"小秋收"相结合，初加工与深加工相结合，逐步形成产业化，以满足社会需求。

区内野菜资源虽然比较丰富，有许多种类的蕴藏量也较大，但在开发利用时还应注意资源保护，不能盲目过度索取，把合理开发与保护有机地结合起来，并建立野菜种质资源库，只有这样才能使野菜资源得到永续利用。

第四章　林木资源调查[*]

一、调查方法

(一) 调查依据

本次森林资源调查是依据国家林业局 2003 年 7 月颁发的《森林资源规划设计调查主要技术规定》和江西省森林资源监测中心 2003 年 5 月制定的《江西省县级森林资源二类调查实施细则》实施的。

(二) 技术要点

从宜丰县扩充部分和原官山保护区范围引用宜丰县 2003 年森林资源二类调查数据相应部分，从铜鼓县扩充部分引用铜鼓县 2004 年森林资源二类调查数据相应部分，对已产生变化的小班作实地调查并进行修正，共区划 595 个小班。

1. 面积调查

先将各类界线（县界、保护区界、缓冲区界、核心区界等）勾绘到比例为 1:2.5 万地形图上作为地理底图，再将小班、细班勾绘到地理底图上，计算小班和细班面积，同时查阅当地建设、交通、水利和农业等有关部门的统计资料，计算保护区非林地各用地面积。

2. 蓄积量调查

先计算细班蓄积量，即以调查点每公顷平均蓄积乘以细班面积，为细班活立木蓄积；同时，细班各组成树种（组）蓄积计算，按杉木类、松类、硬阔、软阔 4 个树种组，分别调查细班各树种组的蓄积百分比，各百分比乘以细班蓄积量，即为细班各组成树种（组）蓄积。

将细班蓄积汇总即为小班蓄积。

3. 精度要求

(1) 面积精度

以 1:2.5 万地形图图幅理论面积为标准控制保护区面积不超过 1/1000，保护区面积控制林班面积不超过 1/500，小班面积允许误差为 15%。

(2) 蓄积量精度

保护区活立木蓄积量允许误差为 10%，小班蓄积量允许误差为 15%。

(3) 图班区划小班区划图上最小面积为 9mm^2，即实地 0.56hm^2。

二、调查结果

(一) 技术标准

1. 有林地

有林地：连续面积大于 0.067hm^2、郁闭度 0.20 以上、附着有森林植被的林地，包括

---

*　本章作者：郭英荣[1]，张智明[2]，况水标[3]，余泽平[2]（1. 江西省野生动植物保护管理局，2. 江西官山自然保护区，3. 江西省森林资源监测中心）

乔木林和竹林。

（1）乔木林：由乔木树种组成的片林或林带。乔木林分为纯林和混交林：

①纯林：一个树种（组）蓄积量（未达起测径级时按株数计算）占总蓄积量（株数）的65%以上的乔木林地。

②混交林：任何一个树种（组）蓄积量（未达起测径级时按株数计算）占总蓄积量（株数）不到65%的乔木林地。

（2）竹林：附着有胸径≥2cm的竹类植物组成的林地。当毛竹为纯林时，每公顷株数不低于225株即可划为毛竹林。当林木郁闭度不低于0.2，毛竹与林木混交，且毛竹株数每公顷不低于625株时，划为毛竹林；低于625株划为乔木林分。当林木郁闭度为0.10～0.19，毛竹与林木混交时，毛竹株数每公顷不低于225株划为毛竹林。

（3）灌木林地：附着有灌木树种或因生境恶劣矮化成灌木型的乔木树种以及胸径小于2cm的小杂竹丛，以经营灌木林为目的或起防护作用，连续面积大于0.067hm²、覆盖度在30%以上的林地。细分为国家特别规定灌木林地和其它灌木林地。

2. 优势树种

在乔木林中，按蓄积量组成比重确定。蓄积量占总蓄积量比重最大的树种（组）为小班的优势树种（组）。未达到起测胸径的幼龄林、未成林造林地小班，按株数组成比例确定。株数占总株数最多的树种（组）为小班优势树种（组）。经济林、灌木林按株数或丛数比例确定，株数或丛数占总株数或丛数最多的树种（组）为小班优势树种（组）。

3. 非林地

指林地以外的农地、水域及其他用地，包括：

（1）农地：各种农、牧业用地。

（2）水域：内陆自然水域和水利设施的常年正常水面，包括河流水面、湖泊水面、水库水面、坑塘水面及其他用途的水面。林区内林分郁闭覆盖下的小溪划归所属林地，不列为水域。

（3）其他土地：包括交通、城镇、乡村居民点，以及其他未列入上述各种地类的土地。

（二）土地资源

官山自然保护区土地总面积为11500.5hm²。在土地总面积中，林业用地11343.3hm²，占总面积的98.63%，其中森林（有林地）面积8287.47hm²，占总面积的72.06%，占林业用地面积的73.06%；其他灌木地426.6hm²，占总面积的3.71%，占林业用地的3.76%。在有林地中，针叶林1182.2hm²，占林业用地的10.27%，占有林地的11.0%；阔叶林2864.98hm²，占林业用地的25.26%，占有林地的26.56%；竹林3477.5hm²，占林业用地的30.65%，占有林地的41.96%。非林业用地面积157.2hm²，占总面积的1.37%。按功能区分；核心区3621.1hm²，占总面积的31.48%；缓冲区面积1466.4hm²，占总面积的12.75%；实验区面积6413.0hm²，占总面积的55.77%。

保护区天然林面积6889.29 hm²，占森林总面积的83.13%；人工林面积1398.18 hm²，占森林总面积的16.87%。

保护区土地权属均为国有。

保护区森林覆盖率为93.8％。其中，核心区森林覆盖率为90.5％；缓冲区森林覆盖率为97.7％；实验区森林覆盖率为94.8％。

保护区非林地面积157.2 hm²，其中，天然河流水域面积103.32 hm²，占非林地面积的65.73％；农业用地面积0.99hm²，占非林业用地面积的0.63％；道路占地面积25.14hm²，占非林业用地面积的15.99％；各类房屋或村屯占地面积23.59hm²，占非林业用地面积的15.01％；其他面积（水渠）4.16 hm²，占非林业用地面积的2.65％。详见表4-1。

表4-1 保护区土地利用状况一览表

| 统计单元 | 统计单位 | 总 计 | 林业用地 | | | | | | | | | 非林业用地 | 森林覆盖率（％） |
			合计	采伐迹地	针叶林	果木经济林	混交林	其他灌木林	特别灌木林	未成林造林地	竹林（根/hm²）		
总 计	hm²	11500.5	11272.8	15.1	1182.2	5	2919.2	426.6	3207	110.8	3477.5	157.2	93.8
	m³	11255299	11255299		263973		545569				5696507		
	m³/hm²				223.3		186.9				1638.1		
按保护站 东河站	hm²	1286.2	1267.6		272.8		513	160.7	99.8		221.3	18.6	86.1
	m³	608421	608421		84225		153668				370528		
	m³/hm²				308.8		299.5				1674		
龙门站	hm²	5575	5429.2		126.5	5	1251.1	69.3	2725.3	0.8	1320.5	76.5	97.3
	m³	7371349	7371349		12839		100789				2508471		
	m³/hm²				101.5		80.6				1899.7		
青洞站	hm²	2048.4	2023.1		193.1		47.7		381.9	6.3	1394.1	25.3	98.5
	m³	1800229	1800229		7880		1215				1791134		
	m³/hm²				40.8		25.5				1284.8		
西河站	hm²	2590.9	2552.9	15.1	589.8		1107.5	196.6		103.7	541.5	36.8	86.4
	m³	1475300	1475300		159029		289897				1026374		
	m³/hm²				269.6		261.8				1895.3		
按功能区划 核心区	hm²	3621.1	3590.1		508.6		1184.5	313.1	357.8		1226.2	31	90.5
	m³	496959	496959		151611		345348				2114715		
	m³/hm²				298.1		291.6				1724.7		
缓冲区	hm²	1466.4	1443.3		222.5		313.7		142.7	11	753.4	23.1	97.7
	m³	80657	80657		50998		29659				1294908		
	m³/hm²				229.2		94.5				1718.9		
实验区	hm²	6413	6239.5	15.1	451.1	5	1421	113.5	2706.5	99.9	1498	103.1	94.8
	m³	231926	231926		61364		170562				2286884		
	m³/hm²				136		120				1526.6		

（续）

统计单元		统计单位	总　计	林业用地									非林业用地	森林覆盖率（%）
				合计	采伐迹地	针叶林	果木经济林	混交林	其他灌木林	特别灌木林	未成林造林地	竹林（根/hm²）		
按南北坡	北坡	hm²	6299.3	6138.2		236	5	1366.3	70.5	2725.3	0.8	1804.7	90.7	97.3
		m³	129830	129830		20258		109572				3476078		
		m³/hm²				85.8		80.2				1926.1		
	南坡	hm²	5201.2	5134.7	15.1	946.2		1552.9	356.1	481.7	110	1672.8	66.5	89.5
		m³	679712	679712		243715		435997				2220429		
		m³/hm²				257.6		280.8				1327.4		
按调整范围	保护区拥有山林权属的范围	hm²	2247.1	2214.5		524.1		1264.9	313.1			112.4	32.5	84.6
		m³	575346	575346		198372		376974				205469		
		m³/hm²				378.5		298				1827.5		
	保护区不拥有山林权属的范围	hm²	9253.5	9058.4	15.1	658.2	5	1654.3	113.5	3207	110.8	3365.1	124.6	96
		m³	234196	234196		65601		168595				5491038		
		m³/hm²				99.7		101.9				1631.8		

（三）森林资源

1. 总蓄积量

保护区活立木总蓄积量 10 032 573m³，其中森林蓄积量 809 542m³，占总蓄积量的 80.69%；散生木蓄积量 193 715m³，占总蓄积量的 19.31%。森林蓄积按功能区分：核心区蓄积量 496 959m³，占森林总蓄积量的 61.38%；缓冲区蓄积量 80 657m³，占森林总蓄积量的 9.96%；实验区蓄积量 231 926m³，占森林总蓄积量的 28.66%。

保护区森林面积、蓄积按龄组统计：幼龄林面积 359.30hm²，蓄积 40 517m³，分别占森林面积、蓄积的 9% 和 5%；中龄林面积 710.65hm²、蓄积 138 263m³，分别占森林面积、蓄积的 17% 和 17%；近熟林面积 1245.5hm²、蓄积 355 781m³，分别占森林面积、蓄积的 30% 和 44%；成熟林面积 866.02hm²、蓄积 92 752m³，分别占森林面积、蓄积的 21% 和 11%；过熟林面积 919.97hm²、蓄积 182 229m³，分别占森林面积、蓄积的 22% 和 23%。详见表4－2。

表4-2 保护区森林面积、蓄积分起源、分龄组一览表

龄组	单位	合计	人工林			天然林		
			合计	纯林	混交林	合计	纯林	混交林
总计	hm²	4101.44	1398.18	797.36	600.82	2703.26	384.87	2318.39
	m³	809542	266578	184954	81624	542964	79019	463945
	m³/hm²	197.38	190.66	231.96	135.85	200.86	205.31	200.12
幼龄林	hm²	359.3	349.96	184.02	165.94	9.34	6.83	2.51
	权重	0.09	0.25	0.23	0.28	0	0.02	0
	m³	40517	40099	22469	17630	418	320	98
	权重	0.05	0.15	0.12	0.22	0	0	0
	m³/hm²	112.77	114.58	122.1	106.24	44.75	46.85	39.04
中龄林	hm²	710.65	20.51	20.51		690.14	73.31	616.83
	权重	0.17	0.01	0.03		0.26	0.19	0.27
	m³	138263	4272	4272		133991	21642	112349
	权重	0.17	0.02	0.02		0.25	0.27	0.24
	m³/hm²	194.56	208.29	208.29		194.15	295.21	182.14
近熟林	hm²	1245.5	127.33	52.7	74.63	1118.17	241.39	876.78
	权重	0.3	0.09	0.07	0.12	0.41	0.63	0.38
	m³	355781	27129	9368	17761	328652	54367	274285
	权重	0.44	0.1	0.05	0.22	0.61	0.69	0.59
	m³/hm²	285.65	213.06	177.76	237.99	293.92	225.22	312.83
成熟林	hm²	866.02	371.13	121.18	249.95	494.89	16.99	477.9
	权重	0.21	0.27	0.15	0.42	0.18	0.04	0.21
	m³	92752	51553	29753	21800	41199	367	40832
	权重	0.11	0.19	0.16	0.27	0.08	0	0.09
	m³/hm²	107.1	138.91	245.53	87.22	83.25	21.6	85.44
过熟林	hm²	919.97	529.25	418.95	110.3	390.72	46.35	344.37
	权重	0.22	0.38	0.53	0.18	0.14	0.12	0.15
	m³	182229	143525	119092	24433	38704	2323	36381
	权重	0.23	0.54	0.64	0.3	0.07	0.03	0.08
	m³/hm²	198.08	271.19	284.26	221.51	99.06	50.12	105.65

2. 功能区森林资源龄组

保护区针阔叶混交林比重大，约占森林（不含毛竹林）面积71.17%。纯林中，过熟林面积占39%、蓄积占46%，均占绝对优势；混交林中，近熟林面积占33%、蓄积占54%，也占绝对优势；毛竹则以一度、二度竹占优势。按功能区划统计，各功能区的纯林无论是面积，还是蓄积，均以过熟林占比较优势；而混交林不尽相同，核心区以近熟林占

优势，缓冲区以成熟林占优势，实验区则以近熟林、成熟林累加占据2/3强。详见表4-3。

表4-3 保护区森林资源分功能区、分龄组一览表

（面积：hm²；蓄积：m³；株数：根）

功能分区	有林地类型	统计单位	合计	幼龄林		中龄林		近熟林		成熟林		过熟林	
				数量	比例	数量	比例	数量	比例	数量	比例	数量	比例
合计	纯林	面积	1182.23	190.85	0.16	93.82	0.08	294.09	0.25	138.17	0.12	465.3	0.39
		蓄积	263973	22789	0.09	25914	0.1	63735	0.24	30120	0.11	121415	0.46
	混交林	面积	2919.21	168.45	0.06	616.83	0.21	951.41	0.33	727.85	0.25	454.67	0.16
		蓄积	545569	17728	0.03	112349	0.21	292046	0.54	62632	0.11	60814	0.11
	竹林	面积	3477.49	1272.37	0.37	1242.67	0.35	876.60	0.25	85.85	0.03	0	0
		株数	5696507	2240887	0.29	1661007	0.29	1643017	0.28	151596	0.04	0	0
核心区	纯林	面积	508.57	33.39	0.07	27.86	0.05	155.47	0.31	54.11	0.11	237.74	0.47
		蓄积	151611	8105	0.05	13566	0.09	55001	0.36	20381	0.13	54558	0.36
	混交林	面积	1184.51		0	370.47	0.31	565.96	0.48	89.8	0.08	158.28	0.13
		蓄积	345348		0	85175	0.25	221107	0.64	11215	0.03	27851	0.08
	竹林	面积	1226.15	469.67	0.38	276.90	0.23	479.58	0.39		0		0
		株数	2114715	814845	0.39	464891	0.22	834979	0.39		0		0
缓冲区	纯林	面积	222.53	53.3	0.24	8.75	0.04	23.22	0.1	31.67	0.14	105.59	0.47
		蓄积	50998	12080	0.24	74	0	1186	0.02	4688	0.09	32970	0.65
	混交林	面积	313.72	52.30	0.17	42.74	0.14	56.51	0.18	93	0.3	69.17	0.22
		蓄积	29659	3124	0.11	5628	0.19	7554	0.25	6775	0.23	6578	0.22
	竹林	面积	753.37	169.12	0.22	389.57	0.52	194.68	0.26		0		0
		株数	1294908	300978	0.23	618356	0.48	375574	0.29		0		0
实验区	纯林	面积	451.13	104.16	0.23	57.21	0.13	115.40	0.26	52.39	0.12	121.97	0.27
		蓄积	61364	2604	0.04	12274	0.20	7548	0.12	5051	0.08	33887	0.55
	混交林	面积	1420.98	116.15	0.08	203.62	0.14	328.94	0.23	545.05	0.38	227.22	0.16
		蓄积	170562	14604	0.09	21546	0.13	63385	0.37	44642	0.26	26385	0.15
	竹林	面积	1497.97	633.58	0.42	576.20	0.38	202.34	0.16	85.85	0.04		0
		株数	2286884	1125064	0.49	577760	0.25	432464	0.19	151596	0.07		0

3. 各优势树种组所有权属

保护区林分蓄积809452m³，林木权属均为国有。单位面积蓄积按优势树种组分类，最大为槠类，每公顷蓄积486.93m³，其次是栎类，每公顷蓄积336.98m³，第三是其他硬阔，每公顷蓄积181.11m³，第四为针叶林，每公顷蓄积157.27m³，单位面积蓄积最低为杉、松、阔混交林，每公顷蓄积仅70.08m³。详见表4-4。

表4-4　保护区森林资源分优势树种一览表

	统计单元	合计	杉木或杉阔	杉松阔	栎类	槠类	其他硬阔	其他软阔	枹木	其他食用原料树种	毛竹
合计	hm²	8639.01	1672.66	141.38	129.9	27.86	2496.03	211.19	0.8	481.7	3477.49
	m³（株数）	809542	263062	9908	43774	13566	452048	27184	0	0	5696507
	m³、株数/hm²	156.84	157.27	70.08	336.98	486.93	181.11	128.72			1638.11

4. 单位面积森林蓄积（m³/hm²）

（1）按起源分：人工纯林 231.96，人工混交林 135.85；天然纯林 205.31，天然混交林 200.12。

（2）按保护站分：东河站纯林 308.7，龙门站纯林 101.5，青洞站纯林 40.8，西河站纯林 269.6；东河站混交林 299.5，龙门站混交林 80.6，青洞站混交林 25.5，西河站混交林 261.8。

（3）按功能区划分：核心区纯林 298.1，缓冲区纯林 229.2，实验区纯林 136.0；核心区混交林 291.6，缓冲区混交林 94.5，实验区混交林 120.0。

（4）按优势树种组分：杉木 157.27，杉、松、阔 70.08，栎类 336.98，槠类 486.93，其他硬阔 181.11，其他软阔 128.72。

（5）按龄组分：幼龄纯林 84.48，中龄纯林 251.75，近熟纯林 201.46，成熟纯林 133.56，过熟纯林 167.19；幼龄混交林 72.64，中龄混交林 182.14，近熟混交林 275.41，成熟混交林 86.33，过熟混交林 163.58。

（6）按南北坡分：南坡纯林 257.6，北坡纯林 85.8；南坡混交林 280.8，北坡混交林 80.2。

（7）按调整范围和原保护区分：原保护区纯林 378.5，扩充区纯林 99.7；原保护区混交林 298.0，扩充区混交林 101.9。

5. 单位面积毛竹株数（株/hm²）

（1）按保护站分：东河站 1674，龙门站 1899，青洞站 1285，西河站 1895。

（2）按功能区划分：核心区 1725，缓冲区 1719，实验区 1527。

（3）按龄组分：Ⅰ度竹 1761，Ⅱ度竹 1337，Ⅲ度竹 1874，Ⅳ度竹 1766。

（4）按南北坡分：南坡 1327，北坡 1926。

（5）按调整范围和原保护区分：原保护区 1828，扩充区 1632。

三、森林资源特点及评价

1. 土地利用结构合理

不管保护区林业用地面积，还是有林地面积，均占绝对优势，由此可以看出，保护区农事活动范围小，且土地利用结构以森林资源为主，使用效率高，有利于自然保护区建设。

2. 原生性森林植被面积比重大

保护区原生性森林植被面积 9276.47hm²，占总面积的 80.66%，凸现了保护区立足天然森林资源划建、建设和管理好自然保护区的条件。申报建设国家级自然保护区，采取天然植被恢复等手段，有利于原生性森林植被扩大并向顶极方向演替。

3. 功能区划比较科学

从核心区近熟林及其纯林、混交林单位面积蓄积均较缓冲区、实验区占优势，说明核心区森林资源生命力强盛，林分结构复杂，林层错落有致，功能区划合理。这有利于保护区管理机构严格管死核心区，就相当于管住了保护区近60%的森林资源；但由于核心区缺幼龄混交林，这又说明核心区天然更新能力弱。建议保护区管理机构开展类似监测和研究，必要时采取人工干预，促进地带性常绿阔叶林和原生性植被的恢复。

4. 土地林木均为国有、界址清晰，有利于对自然资源的管护

保护区土地、山林权属均为国有，其中山林权属分属于铜鼓县龙门林场、宜丰县鑫龙企业集团和官山自然保护区管理处。保护区管理机构拥有山林权属面积2200hm²（宜林证字第013043号，1989），占整个山林权属面积的19.39%，其他两个国有单位的山林已与保护区管理机构签订了长期委托管理协议。整个保护区山林界址清楚，自然资源的管护明确到了具体的单位，责任落实到个人，与周边无争议，且经营管理水平高，有利于保护区管理机构强化对自然资源的管护和监管，更有利于其腾出时间加强对科研监测、宣教培训和社区共建等工作的管理，从而有利于保护区管理机构从更大范围促进保护区的建设、管理和发展。

5. 南北坡和扩充与原保护区森林资源质量差异显著

保护区南坡的纯林还是混交林，其单位面积蓄积均相当于北坡的3倍还强；同时，保护区有山林权属部分的单位面积蓄积又是不拥有山林权属部分的3倍。充分说明，南北坡和保护区拥有山林权属部分与不拥有山林权部分森林资源质量有显著的差异。因此，建议保护区管理机构在植被保护和恢复工程中，应有所侧重和针对性，确保从整体上和功能上促进保护区森林资源协调健康生长。

6. 各龄组森林资源质量有差异

保护区拥有山林权属范围内无论是纯林，还是混交林，单位面积蓄积均以中龄林、近熟林占据优势，一方面说明保护区森林资源生命力旺盛，同时，也说明扩充进来的森林，在经营利用上，存在过"拔大毛"现象，导致成熟林、过熟林单位面积蓄积偏低。因此，建议保护区着重对成熟林、过熟林集中分布区，采取一些卫生实验性的清理措施，加快天然更性及促进现有林木快速生长。

7. 南北坡毛竹林经营水平有差异

北坡毛竹林公顷株数超过南坡的50%。各功能分区、各龄级和原保护区与扩充区域毛竹林分布差异不明显。因此，对南坡的毛竹林，应加强对宜丰鑫龙企业集团经营利用的指导，确保毛竹林资源科学持续利用。

第五章　野生动物资源

第一节　脊椎动物区系[*]

　　根据以往多次动物资源调查的结果，并通过对官山自然保护区进行的野外调查、访问和文献查阅以及动物标本查对，迄今官山自然保护区内已记录到脊椎动物 31 目 94 科 304 种。其中鱼类 3 目 5 科 13 种、两栖类 2 目 8 科 31 种、爬行类 2 目 12 科 66 种、鸟类 16 目 51 科 157 种和哺乳类 8 目 18 科 37 种。在我国动物地理区划上，本区属东洋界中印亚界的华中区。官山自然保护区的野生动物在区系组成上具有典型东洋界区系特点，属于东洋界的占大多数，如獐、穿山甲、四声杜鹃、三宝鸟、寿带鸟、画眉、竹叶青、黑眶蟾蜍等；属于古北界的种类少，如大鲵、赤链蛇和雉鸡等。其中两栖类和爬行类以华中、华南区为主，古北界物种所占比率很小。

　　各类脊椎动物的区系组成和特征分述如下。

一、鱼纲　PISCES

　　据统计，官山自然保护区内记录有鱼类 13 种，隶 3 目 5 科。保护区河流均属鄱阳湖水系，主要河流为东河和西河。自然保护区内海拔相对较高，河床纵坡较大，水流湍急，因而适应水急滩多环境和生活的鱼类较多，其中半刺光唇鱼是该保护区内的最主要种类，其次是花鱼骨、台湾白甲鱼、宽鳍鱲和马口鱼等种类。因保护区山谷发育，溪流丰富，四季不枯，生存着特殊的鱼类群落，有些是传统的药用鱼类，如台湾白甲鱼、半刺光唇鱼、褐栉虾虎鱼、横纹条鳅等。但官山自然保护区多数是石灰岩底质，一旦生态环境遭到破坏，将极大影响原有的野生鱼类资源组成。目前由于水电站的建立，人工培育种的混入将对山区野生鱼类的分布有一定的影响。

二、两栖纲　AMPHIBIA

　　官山自然保护区内共记录有两栖类 31 种，隶属 2 目 8 科（参见附录），占江西省两栖动物种类的 81.6%。其中有尾目 2 科 3 种，无尾目 6 科 28 种，有大鲵和虎蚊蛙等国家二级保护动物 2 种，以及东方蝾螈、肥螈、崇安髭蟾、中华蟾蜍、黑斑侧褶蛙和棘胸蛙等省级保护动物有 6 种。区系组成中东洋界种类为主体，共有 27 种，占保护区两栖类总数的 87.1%；古北界种类有大鲵、中华蟾蜍、金线侧褶蛙和黑斑侧褶蛙 4 种，占总数的 12.9%。

三、爬行纲　REPTILIA

　　官山自然保护区内记录有爬行动物 66 种，隶 2 目 12 科（见附录），占江西省已知爬行动物种类的 83.5%，其中龟鳖目 2 科 4 种（鳖、平胸龟、四眼斑水龟、乌龟），有鳞目

---

　　[*]　本节作者：丁平[1]，吴和平[2]（1. 浙江大学生命科学学院，2. 江西官山自然保护区）

— 150 —

蜥蜴亚目4科10种，蛇亚目6科52种，省级重点保护的有鳖、平胸龟、王锦蛇、黑眉锦蛇、灰鼠蛇、滑鼠蛇、乌梢蛇、银环蛇、眼镜蛇和尖吻蝮10种。区系组成中东洋界种类为主体（58种，87.9%），东洋古北界种类次之（7种，10.6%），古北界种类极少，只有1种，占1.5%。

四、鸟纲 AVES

官山自然保护区目前已发现有鸟类157种，隶属16目51科（见附录），其中黄腹角雉、白颈长尾雉、灰胸竹鸡、褐顶雀鹛和黄腹山雀5种鸟类为我国特有种；国家级重点保护鸟类26种，其中国家Ⅰ级重点保护鸟类有黄腹角雉和白颈长尾雉2种，国家Ⅱ级重点保护鸟类有鸳鸯、苍鹰、游隼、白鹇、领角鸮等24种；另列入中日候鸟保护协定的有61种，中澳候鸟保护协定的有6种，列入CITES**附录28种。区系组成以东洋界种类为主，95种，占保护区鸟类总数的60.5%，古北界种类为50种，占总数的31.9%，广布种为12种，占总数的7.6%。区系组成与江西所处的地理位置吻合。虽东洋界种类占优势，但古北界种类也有较大比重。

从鸟类的季节性来看，留鸟89种，占保护区鸟类总数的56.7%；夏候鸟27种，占17.2%；冬候鸟25种，占15.9%；旅鸟21种，占13.4%。

保护区分布的中国特有的国家Ⅰ级重点保护动物、世界性受胁物种黄腹角雉和白颈长尾雉，均为典型的东洋界华中区东部丘陵平原亚区种类，被同时列入《全国野生动植物保护及自然保护区建设工程总体规划（2001～2050)》中的15种（类）优先重点保护的物种。而地处历史上白颈长尾雉的主要分布省份之一江西省境内的官山自然保护区，经过多年的保护，其资源量逐渐上升，保护区核心区内的白颈长尾雉种群密度有较大提高，成为我国白颈长尾雉野生种群最为重要的集中分布区之一。

五、哺乳纲 MAMMALIA

官山自然保护区已记录到哺乳动物37种，隶属8目18科（见附录）。国家级重点保护动物9种，占保护区哺乳动物总数的24.3%，其中Ⅰ级重点保护动物有豹和云豹2种，Ⅱ级重点保护动物有穿山甲、水獭、小灵猫、大灵猫、金猫和猕猴等7种，省重点保护动物有赤狐等11种；列入CITE附录的物种有13种。动物区系组成以东洋界物种为主，占哺乳动物总数的83.8%；古北界仅有刺猬、赤狐、豹、黄鼬、狗獾和野猪6种，东洋界种类在哺乳动物区系组成中占绝对优势。

保护区内猕猴数量较多。猕猴不仅具有很高的药用价值，是有名的观赏动物，也是人类进化和病理等研究的实验动物。虽然近年来随着人们保护意识的加强，猕猴的数量有所增加，但偷猎和栖息地的破碎化等冲突还在一定范围内存在。

第二节 白颈长尾雉*

白颈长尾雉 *Symaticus ellioti* 为我国特有的世界受胁物种和国家Ⅰ级重点保护动物，在

---

* 本节作者：丁平[1]，徐向荣[2]，彭岩波[1]，蒋萍萍[1]（1. 浙江大学生命科学学院，2. 江西官山自然保护区）

** CITES——野生动植物种国际贸易公约

IUCN* 和《中国濒危动物红皮书——鸟类》中均被列为易危种，并被列入 CITES 附录Ⅰ。该雉分布于长江以南的浙江、安徽、福建、江西、湖北、湖南、广东、广西、和贵州等地，约在 25～31°N 之间，为典型的东洋界华中区东部丘陵平原亚区种类。

白颈长尾雉俗称横纹背鸡、山鸡、红山鸡、高山雉鸡和地花鸡等。其体型大小与雉鸡相似。雄鸟额、头顶及枕部淡橄榄褐色，后颈灰，颈侧白而沾灰，颏、喉及前颈均黑；上背和胸均辉栗，各羽具金黄色羽端及羽毛中央的黑色次端斑；两翅亦为辉栗色，但具白斑；下背和腰黑而具白斑；腹白；尾灰而具宽阔栗斑。雌鸟体羽大都棕褐，上体满杂以黑色斑纹，背部具白色矢状斑；腹棕白；外侧尾羽大都栗色。

1872 年，Swinhoe 在我国浙江和安徽南部首次发现白颈长尾雉。次年，David（1873）又在我国福建北部发现该雉，1874 年 David 首次将活体白颈长尾雉从中国引入欧洲。1879 年 Jamrach 将 1 对白颈长尾雉带入欧洲，并于 1880 年在巴黎附近 Rodocanachi 养雉场首次人工繁殖白颈长尾雉成功。1882 年 Jamrach 又从中国引入 4 雄 6 雌 10 只白颈长尾雉，并很快建立起该雉的饲养种群。20 世纪 70 年代以来，国内不少动物园开始白颈长尾雉的人工繁殖工作。如北京动物园于 1971 年、上海动物园于 1983 年、桂林动物园和宁波动物园分别于 1988 年和 1990 年繁殖出雏鸟，济南、无锡、苏州和杭州等动物园也有饲养。目前白颈长尾雉在欧美等地和国内都有饲养和繁殖，估计现饲养的白颈长尾雉有 500～600 只。

白颈长尾雉野外种群数量稀少，除对少数地区的白颈长尾雉种群密度与数量进行过少量研究外，至今人们对于该雉的野外种群数量缺少全面了解。目前白颈长尾雉野外种群估计值为 10 000～50 000 只。

然而，白颈长尾雉仍面临着由砍伐森林、烧山垦植和农业侵占等人类活动的影响造成的栖息地破坏、丧失和片断化等因素的严重胁迫。如浙江省开化的水坞山区白颈长尾雉栖息地面积逐年下降，1984～1995 年该地白颈长尾雉栖息地共减少了 39.82%。同时，长期的乱捕滥猎使白颈长尾雉数量正日益减少。如在贵州雷公山自然保护区，该保护区自 1982 年成立以来，每年均有一定数量的白颈长尾雉遭到捕猎（1991 年捕猎 68 只，1992 年 56 只，1993 年 37 只）。因此，白颈长尾雉的保护已受到我国各级政府与主管部门，以及有关国际保护组织的高度重视与关注。白颈长尾雉被"全国野生动植物保护及自然保护区建设工程"《全国雉类保护工程建设规划（2001～2010）》列为我国重点保护的雉类。并要求加强江西省官山自然保护区、九连山自然保护区和井冈山自然保护区建设，新建 2 个以雉类为主要保护对象的自然保护区等涉及白颈长尾雉野外种群及其栖息地保护的建设项目列入了该规划的雉类自然保护区建设重点工程项目，并于近年来相继建立了若干个以白颈长尾雉为主要保护对象的自然保护区。同时，白颈长尾雉的研究与保护也被世界自然保护联盟（IUCN）物种保护委员会（SSC）、国际鸟类保护联盟（BirdLife International）与世界雉类协会（WPA）列入 1995～1999 年和 2000～2004 年世界雉类研究与保护行动计划。

尽管白颈长尾雉被发现已有 100 多年，而且亦已在国内外成功地建立起该雉的饲养种群，但在 20 世纪 80 年代之前人们对野生状态白颈长尾雉的生态生物学几乎一无所知。国内外学者对该雉进行的极少量研究也均集中在形态、笼养状态下的生长和繁殖习性等方面

---

* IUCN——世界自然保护联盟

（Beeb，1922；Anon，1976；Schuiteman，1976；Delacour，1977；Allen，1979；Johnsgard，1986；郑作新等　1978；许维枢等　1985；沈钧等　1988；仇秉兴等　1988）。20世纪80年代以来，国内学者逐步开始重视对白颈长尾雉野外生态学的研究，在初步调查（龙迪宗1985；李炳华　1985）的基础上，对白颈长尾雉的生态生物学及其保护进行了系统研究（Ding and Zhuge　1990；Ding et al.　1996；丁平等　1988，1989a，1989b，1990，1996a，1996b，1996c，1998，2001，2002a，2002b；诸葛阳等　1988，1993；石建斌和郑光美　1995，1997；杨月伟等　1999）。然而，过去有关白颈长尾雉的研究主要集中在浙江省境内进行，而在白颈长尾雉最主要分布地区之一的江西省所进行的研究工作相对较少，特别在是被《亚洲鸟类红皮书》列为我国白颈长尾雉重要分布地之一的江西官山自然保护区，对白颈长尾雉生态与资源的研究更显薄弱。为此，官山自然保护区在20世纪80年代和90年代调查的基础上（陈利生等　2004），组织北京师范大学和浙江大学的相关专家于2004年3月与12月进行白颈长尾雉生态与资源调查和研究，结果如下。

一、调查研究方法

（一）栖息地特征调查

调查期间，通过向自然保护区工作人员和技术人员初步了解白颈长尾雉在工作区内的分布和活动等情况，在此基础上进一步对白颈长尾雉的分布和生活地进行详细、深入的实地调查，确定该雉在工作区内的确切分布点，并用GPS测定各分布点地理位置。然后，采用无样地法研究白颈长尾栖息地的植被特征，并进一步根据GPS位点采用GIS技术分析白颈长尾雉栖息地的类型、面积与空间分布。

（二）种群数量调查

1. 固定距离样线法

选择典型生境为样地对白颈长尾雉的数量采用固定距离样线法进行调查，样线单侧宽度为25m。并按下式计算密度：

$$D = 10000N \diagup WT$$

D：种群相对密度（只/hm^2）；N：实际遇见总数（只）；

T：路线总长度（m）；W：路线宽度（m）

2. 羽迹法

在采用固定距离样线法进行调查的同时，在样线内调查统计白颈长尾雉的羽毛数，以1个相对独立的发现羽毛处代表1个小雉群，并按下式换算白颈长尾雉的数量密度：

$$D = rN/S$$

D：种群相对密度（只/hm^2）；N：样线内发现羽毛处数（雉群数）；

r：每1羽毛处（雉群）转换为雉类个体数的换算系数；

S：调查样线面积（hm^2）

（三）种群资源量估计

根据白颈长尾雉的栖息地类型和特征，以及官山自然保护区的植被类型、特征与面积，并采用结合GIS技术分析扩区之后保护区的白颈长尾雉适栖面积，并根据该雉的种群密度和活动区面积等参数与适栖面积估计其资源量。

二、生活习性

白颈长尾雉性机警，感觉灵敏，通常 3～4 只成小群活动，也有 5～8 只成群活动，但很少超过 10 只。一般由雄鸟带领在茂密的树林下游荡、觅食。雄鸟不时发出低声 "gu-gu-gu" 鸣叫，雌鸟同时发出相同的回叫，彼此呼应。当出现险情时，它们会根据不同的情况作出反应。如果是一般敌情，它们往往是先急走几步，再停下观察动静，最后悄悄地走开或飞走，尽量不发出声音；若是险情比较严重，它们会立刻飞走；假如情况非常危急，它们在立刻起飞的同时，会发出 "ju-" 声尖响鸣叫，向同伴报警。该雉以滑翔飞行为主。遇惊时，能迅速飞离。飞行距离以 10～30m 最为常见，也见有达 150m 左右的较长距离飞行。白颈长尾雉不善鸣叫，鸣声较小，以早晨鸣叫为主，雄雉多于雌雉。上、下夜宿树时有鸣叫，遇惊时也有鸣叫的现象。该雉鸣叫较为简单，一般发出 "gu—gu—gu"、"ge—ge—ge"、"ju—ju—ju—ju—" 和 "ji—ji—ji—"、"ju—ju—ju—" 的鸣声。但在不同情况下，特别是在繁殖季节其鸣声及鸣叫时间的长短、响度和频次有所变化。

白颈长尾雉在觅食的过程中始终保持高度的警觉性，以便能及时发现险情。觅食中还可见到其理羽、抖动羽毛和扇翅等动作。在群体觅食的情况下，往往由雌雉先进入取食地，雄雉居中，并不时抬头观望。与此同时，还有一雄雉在较高处觅食，担任警戒，每隔一定时间轮换执行，一遇险情立即发出报警鸣叫，使整个雉群及时撤离。在群体觅食时，个体间不存在严格的取食界线，也不发生争斗。

白颈长尾雉以早晚活动为主。春季，清晨光照度达一定强度，该雉从夜宿树上落下，进入附近取食地觅食，此时形成一次活动高峰。随后进行游荡活动，同时伴随一定的觅食活动。中午，该雉选择适宜场所休息。下午，白颈长尾雉活动强度逐渐增加，到傍晚又进行一次较强的觅食活动，形成第二次活动高峰。当光照度降到一定强度时，该雉进入夜宿地上树休息，此时一天的活动结束。天气的变化影响白颈长尾雉的起止活动时间。晴朗天气，起始活动较早，停止活动时间延迟；阴雨天气情况恰好相反。当然，天气还影响白颈长尾雉的活动范围。雨天，活动范围较小且较固定，晴天则范围明显扩大。

白颈长尾雉为 1 雄多雌制，野外观察所见以 1 雄 2 雌和 1 雄 3 雌为多。雌雄交配后一般即离去，自行筑巢、孵卵、觅食，雄雉则在繁殖栖息地内游荡活动。白颈长尾雉一般在 4 月上旬开始产卵，人工饲养条件下，3 月中旬即可产卵。5 月底产卵期结束，每年繁殖一次。

白颈长尾雉的求偶炫耀行为有 3 种形式，即初发情炫耀、深发情炫耀和交配前炫耀。初发情炫耀时，雄雉两翅张开，尾羽亦张开，两翅进行剧烈的颤抖，每次 3～4 秒钟。深发情炫耀时，雄雉全身羽毛蓬松，不断地在雌雉周围来回走动，体略歪，近雌雉一侧的翅膀下垂（一般为右翅），尾羽略微张开，也向雌雉一侧歪斜，低头，目视雌雉。交配前炫耀时，雄雉全身羽毛竖起，两眼盯视雌雉，并跳至雌雉身边。

白颈长尾雉的发情交配一般发生在傍晚，并分为 5 个步骤：①初发情：此时雄雉经常在雌雉旁来回走动，时而进行初发情炫耀，并发出 gu—gu—gu 的低声鸣叫；雌雉无明显表现。②深发情：该时期雄雉出现深发情炫耀。同时发出 gu—gu—gu 和频繁的 ju—ju—ju—ju 的鸣叫声。③交配前期：此时雄雉作出交配前炫耀，两翅张开颤抖，追逐雌雉，以啄相啄。同时发出 ju—ju—ju—ju 的鸣叫声。此时雌雉则急奔，并发出 gu—gu—gu 的叫声，时而发出一声 ju 的鸣叫。④交配：雄雉用喙啄住雌雉头顶羽毛，蹲上雌雉进行交尾，交尾时间一般只 1～2 秒钟。⑤交配后期：交尾后，雄雉下地，站于一旁啄理羽毛，10～20 分钟后便完全恢复常态；交尾后的雌雉仍蹲伏不动，一般约 10 分钟左右恢复常态。

白颈长尾雉雌雉一般在傍晚产卵，其过程可分为 3 步：①产卵前期：此时雌雉在巢的附近不停地走动，时时作 ge—ge—ge 鸣叫，表现焦急不安，同时观察四周动静。此期约需 20 分钟左右。②产卵期：在雌雉确认安全的情况下，迅即进入巢中蹲伏，同时发出 ge—ge—ge 和 gu—gu—gu 的低沉的叫声，约经 10 分钟产下 1 卵。③产卵后期：卵产出后，雌雉离巢停于巢旁，并连续地 gu—gu—gu 鸣叫，约经 2 分钟，复回巢中查卵，然后出巢活动。

白颈长尾雉营地面巢于较隐蔽的林内和林缘的岩石下，亦见于大树底、丛枝间和灌丛里。巢地一般离水源较近，食物丰富。白颈长尾雉的巢极简单，以枯枝落叶构成，中凹成盘状。内径一般为 14～20cm，外径一般为 24cm×29cm，深 6.5cm 左右。巢材一般由杉木、鳞毛蕨、盐肤木、枫香、木荷、石栎、青冈、茅莓、蕨、芒萁、细齿叶柃等种类的茎、叶等组成。以木荷、石栎和青冈等为主，这与栖息地植被群落优势种相一致。

白颈长尾雉的卵外壳光滑，壁较厚，呈奶油色或玫瑰白色，无斑点。野外已发现的巢卵数均为 5 枚。由人工饲养的可达 15 枚以上。隔日或隔两日产 1 枚。野外所产卵平均为 45.5mm×34.2mm；室内饲养的卵平均为 44.5mm×34.8mm，两者差别不大。卵重野外的平均为 25.74g，人工饲养的则约为 28.70g。雌雉产最后 1 枚卵前 1～2 天就开始孵卵，巢温 38℃。在人工孵化条件下，孵化温度为 37.8℃，相对湿度 78%～82%；每天翻卵 8 次，凉卵 3 次，每次 3 分钟左右；孵化期为 24 天。

三、栖息地

白颈长尾雉以常绿阔叶林、常绿落叶阔叶混交林、针阔混交林、针叶林、竹林和疏林灌丛等植被为栖息地。其中阔叶林、混交林为最适栖息地，针叶林为次适栖息地。构成白颈长尾雉阔叶林型栖息地的植被乔木层主要树种为壳斗科植物，灌木层植物以山茶科、禾本科和樟科等科的种类为主。在针阔混交林型栖息地，壳斗科植物仍占乔木层主要树种的相当比例，针叶树种的比例明显上升。在针叶林型栖息地中，乔木层的主要树种为马尾松、杉木、福建柏和圆柏等，并有较多的阔叶灌木树种构成灌木层。

白颈长尾雉在官山自然保护区主要分布于海拔 300～800m 的阔叶林和针阔混交林内，其中常绿阔叶林是该保护区白颈长尾雉最典型的栖息地。

构成该地常绿阔叶林型栖息地的主要优势种有壳斗科 Fagaceae 的甜槠、米槠、绵槠、钩栗、青冈、小叶青冈、细叶青冈、多脉青冈等樟科 Lauraceae 的红楠、华东润楠、湘楠等及山茶科 Theaceae 的木荷等。其主要栖息地植被如下。

1. 甜槠林

分布海拔在 800m 以下的主要区域内，郁闭度为 0.9，乔木层林相分层明显，可以分 3 个亚层，第一层高度 25～30m，第二层高度 12m 左右，第三层高度 2m 左右。其中第一层和第二层对白颈长尾雉的影响最大，第一层甜槠占绝对优势可为其提供充食物资源，第二层适宜的高度可为其提供夜栖条件；多样的物种也为其提供丰富的食物来源，第一层主要树种除甜槠外还有小叶青冈、苦槠、东南石栎等，第二层主要树种亦为甜槠，此外毛竹、红楠、杨梅叶蚊母树等也占有一定的比例。灌木层盖度 0.2 左右，主要树种有粗叶木、满山红、四川冬青、尾叶山茶、山矾等。草本层的主要种类有华东蹄盖蕨、求米草、大叶苔草、龙珠等。

2. 米槠林

主要分布在海拔 400～600m 的地带，树高 20m 左右，乔木层郁闭度 0.8 以上，乔木层主要树种为米槠，此外还有华东润楠、杜英、豹皮樟、石灰花楸、石楠、山乌桕、黄丹木姜子等。灌木层盖度为 0.2 左右，主要种类为青榨槭、阴香、香冬青、山桐子、四川山矾、杜茎山等，草本比较稀疏，主要种类为淡竹叶和苔草等。

3. 钩栗林

主要分布在海拔 800m 以下的沟谷地带及避风的山坳，树高 20m 左右，乔木层郁闭度 0.9 左右，钩栗占绝对的优势，此外还有细叶青冈、甜锥、白楠、麻栎、缺萼枫香、浙江柿、杜英、米饭花、榕叶冬青、石楠等。灌木层盖度 0.1 左右，高度 2m 左右，主要树种为黄丹木姜子、石楠、尾叶山茶、赤楠、油茶、粗叶木、山矾等。草本种类不多，主要有狗脊、阔叶土麦冬、江南短肠蕨等。

4. 苦槠林

主要分布在海拔 500～800m 的低山丘陵地带，乔木层高度 12m 左右，郁闭度 0.8 左右，主要种类有占绝对优势的苦槠，此外还有石栎、红楠、华东润楠、枫香、木荷、栲、薯豆、石楠、几种冬青、野柿等。灌木层盖度 0.2 左右，主要种类有乌药、细齿叶柃、尾叶山茶、乌饭、山矾、野茉莉、粗叶木、山胡椒等。草本种类不丰富，常见种类有狗脊、阔叶土麦冬、铁苋菜、淡竹、几种苔草等。

5. 含笑林

分布在海拔 400m 左右的山麓，乔木层高度在 20m 左右，郁闭度 0.9 左右，乔木层主要种类中乐昌含笑占主要优势，其他有钩栗、豹皮樟、枫香、南酸枣、细叶青冈、赤杨叶、苦槠、榕叶冬青、卫矛等。灌木层盖度 0.3 左右，主要种类有矩形叶鼠刺、宜昌润楠、毛桐、四川冬青、杜茎山、光枝米碎花、南天竹等。草本比较稀疏，主要种类有求米草、麦冬、美丽复叶耳蕨、江南短肠蕨、瓦苇、山姜、透茎冷水花、丛枝蓼等。

6. 红楠林

分布在海拔 420m 的山脚，乔木层高度 25m 左右，郁闭度 0.9 以上，乔木层以红楠为主，此外还有豹皮樟、华东润楠、钩栗、南酸枣、细叶青冈、多花泡花树、野含笑、五裂槭、灯台树等。灌木盖度在 0.2 左右，主要种类为矩形叶鼠刺、榕叶冬青、酸味子、杜茎山、狗骨柴、尾叶山茶、饿蚂蝗、山黄皮等。草本种类较少，主要种类有淡竹叶、狗脊、山姜等。

7. 米槠、小叶栎林

该林型分布在海拔 450m 的沟谷内，乔木层高度 20m 左右，郁闭度在 0.9 左右，乔木层优势种类有米槠、小叶栎、红楠、华东润楠，此外还有甜槠、短柄枹栎、红皮树、泡花楠、钩栗、宜昌润楠、冬青、榕叶冬青、杜英、树参等其他种类。灌木层盖度 0.2 左右，主要种类有矩形叶鼠刺、黄檀、阴香、毛花连蕊茶、尾叶山茶、多种粗叶木、狗骨柴、毛冬青、苦参、白马骨、山蚂蝗、杜茎山、山矾等。草本种类少，主要有狗脊、江南星蕨、淡竹叶、丝穗金栗兰、大花细辛、苔草等。

8. 毛竹林

毛竹林在官山自然保护区分布比较广，较多的分布在海拔 900m 以下的山坡中下部，经常与一些常绿阔叶树种混交生长在一起，毛竹林乔木层的高度 15m 左右，郁闭度 0.8 以上，主要种类除了占绝对优势的毛竹以外还有青冈、甜锥、钩栗、石栎、木荷、山乌桕、枫香、三尖杉等。毛竹林内灌木比较稀少，主要种类为矩形叶鼠刺、山矾、栀子、毛冬青、盐肤木等。草本更加稀少，有五节芒和苔草等。

四、种群密度与资源量

2004 年 3 月和 11 月，在江西官山自然保护区白颈长尾雉典型栖息地内采用固定距离样线法和羽迹法相结合的方法调查该雉的数量密度。共调查了长度为 4~6km 的样线 10 条，总调查面积为 240hm²，共记录到白颈长尾雉 9 只和 3 个羽迹单位。白颈长尾雉为 1 雄多雌制，每一羽迹单位至少可代表 2 个白颈长尾雉个体。因此，按该换算系数计算，加上实际观察到的个体数，官山自然保护区白颈长尾雉的平均种群密度为 0.063 只/hm²。由于前后两次在官山自然保护区进行白颈长尾雉资源调查时，均遭遇阴雨天气，故调查所得白颈长尾雉种群密度可能偏低。

官山自然保护区经过数十年的保护，目前具有大面积的白颈长尾雉最适栖息地的阔叶林和针阔混交林。较之外围和邻近地区，栖息地破碎化程度相对较低。该自然保护区现有面积约 11 500hm²，其中有林地面积约 11 343.3hm²。根据保护区森林植被的类型与特征，结合白颈长尾雉栖息地的植被特征，估计在该自然保护区内适宜于白颈长尾雉生活的典型栖息地面积约有 9267.3hm²。因此，从官山自然保护区白颈长尾雉的种群平均密度和适宜栖息地的估计面积可推算得，该保护区现有白颈长尾雉的资源量应为 535 只。

从浙江省乌岩岭自然保护区典型栖息地内白颈长尾雉活动区面积的无线电遥测研究结果得知，该雉在典型栖息地内活动区面积约为 17~26.7hm²，平均面积 21.85hm²。根据在浙江省开化县的研究，该雉雄性个体活动区最大面积约为 24hm²。

因此，按白颈长尾雉所需最大活动区面积推算，官山自然保护区内现有适宜于白颈长尾雉生活的典型栖息地可容纳 350~390 只的雄雉。对白颈长尾雉生活习性与活动规律的研究可知，白颈长尾雉通常 3~4 只成小群活动，多呈 1 雄 2 雌和 1 雄 3 雌配制。若以 1 雄 2 雌配制的的小群体进行推算，保护区内应至少有白颈长尾雉 1050~1170 只。

综合上述两种推算结果，保守估计官山自然保护区内应有白颈长尾雉 800~1000 只。作者自 1983 年开始白颈长尾雉生态生物学及其保护的系统研究，并对贵州、广西、江西、福建等地以及浙东、浙南和浙西等许多地区的白颈长尾雉进行过调查，各地白颈长尾雉的种群密度多数均低于官山自然保护区。

由此可以认为，官山自然保护区是目前我国又一白颈长尾雉分布较集中、数量较多的地区，而且明显比已经建立的以白颈长尾雉为主要保护对象的浙江省古田山国家级自然保护区内的白颈长尾雉资源量大（该保护区估计有白颈长尾雉 500~600 只）。

第三节 野生猕猴[*]

一、概述

猕猴 *Macaca mulatta* 隶属于灵长目 PRIMATES 猴科 Cercopithecidae，猴亚科 Cercopithecinae，猕猴属 *Macaca*，俗名猴子、恒河猴、广西猴、孟加拉猴、黄猴、猢狲等。猕猴属国家 II 级重点保护动物，被列入 CITES 附录 II。猕猴是世界上地理和生态位分布最广泛的非人类灵长类，分布于印度的北部往东，通过尼伯尔、阿萨密、缅甸、泰国、老挝、越南以及我国西南、华南各省，福建、江西、浙江和安徽一带，河北的东陵也曾发现过猕猴。我国是惟一的一个地跨热带、亚热带、暖温带均有猕猴分布的国家，共有 6 个猕猴亚种（蒋学龙等 1991；王应祥 2003）：即分布于西藏南部和东南部的藏东南亚种 *Macaca mulatta vestitus*，分布于云南北部、四川西部、甘肃南部和青海东南部的毛耳亚种 *Macaca mulatta lasiotus*，分布于云南省大部的印支亚种 *Macaca mulatta siamica*，分布于海南的海南亚种 *Macaca mulatta brachyurus*，分布于长江以南及珠江以北的安徽、浙江、江西、福建、湖南、湖北和贵州的福建亚种 *Macaca mulatta littorbalis* 和分布于黄河以北的河南北部、山西、河北（可能已绝迹）的河北亚种 *Macaca mulatta tcheliensis*。

猕猴的身体、四肢和尾部都比较细长，尾长超过足长。颜面和耳呈肉色，因年龄和性别不同而有差异，幼时面部白色，成年渐红，雌体尤甚。臀胝明显，多为红色。有颊囊，用于暂时贮藏食物。前后足均具 5 趾，趾端有扁平的趾甲。身体背部及四肢外侧为棕黄色，背后部具有橙黄色光泽。胸部淡灰色，而腹部近乎淡黄。体色可随年龄和产地不同而有变化。头骨颜面部较短，吻部突出，眼眶向前。鼻骨短，左右相连，中部隆起，略呈三角形。前颌骨在鼻孔的前下方。上颌骨构成颜面的主要部分。颧弓较宽。额面斜角为 44°。人字脊不发达，仅在两侧隆起，后缘平圆。门齿 2 对，中央 1 对稍大，门齿与犬齿之间有一空隙。犬齿发达，雄性更强大，其长度可达门齿的 2 倍以上，上犬齿外方有凸纹，内侧前方有一深沟。前臼齿较小，臼齿较大，咀嚼而近方形，齿尖发达。

猕猴是人类的近属动物，与人的遗传物质有 75% ~ 98.5% 的同源性，其组织结构、生理代谢等功能与人类相似。因此，猕猴已成为解决人类相似的疾病及发病机制、解决人类健康和疾病问题的基础研究、临床前研究、药物筛选以及疫苗开发与鉴定上的理想动物模型之一，并广泛应用于人类的疾病研究以及药物安全性评价等多个方面，特别是在探讨困扰人类的艾滋病、SARS 等疾病时，已成为首选或者惟一的实验动物。

20 世纪 50 年代初期我国开始人工繁育猕猴，但始终未能解决繁殖能力的退化问题，必须不断从野生猴群中补充种源。同时，长期以来我国的猕猴养殖规模亦难以满足日益增长的需求，每年仍有大量的野生猕猴被合法或非法捕捉。我国从 1984 年开始猕猴出口，近几年出口量不断加大，例如 2001 年和 2002 年，连续两年出口均在 3000 只以上。由于出口利润较大，许多猴场为了追求经济利益，直接捕捉野生猕猴出口。由于人类过度开发资源导致的猕猴栖息地大量被破坏，致使猕猴栖息地严重破碎化，再加上暴利驱使下的过度猎捕，致使野生猕猴种群资源数量锐减。捕猎猴子有史以来就存在，但大规模的捕杀从1949 年后更为突出。例如，1956 ~ 1959 年期间，广西就捕捉猕猴 16 263 只由政府供给前

* 本节作者：丁平[1]，徐向荣[2]，鼓岩波[1]，蒋萍萍[1]，张亮[1]（1. 浙江大学生命科学院，2. 江西官山自然保护区）

苏联，年均 5421 只。在 20 世纪 70～80 年代每年在广西的非法捕猎数量也超过 5000 只。

所有上述因素均对我国野生猕猴资源造成了极为严重的威胁。有关统计资料显示，1998 年中国的野生猕猴数量约有 25.4 万只（只有 40～50 年前数量的 20%～30%），但由于近 10 年内对猕猴的严重捕猎和对其栖息地的大量破坏，其资源量进一步下降，现有的个体估计数只有 7.8 万只左右（江海声等 1994；1995）。因此，猕猴等灵长类动物作为国家的重要战略资源，其野生种群及其栖息地的保护亦日益引来有关部门和公众的关注与重视。

国内不少学者对猕猴的生态、行为和保护等问题展开了一定研究，内容涉及我国猕猴的分布情况及保护对策（全国强等 1981；马世来等 1988；蒋学龙等 1991；张荣祖等 2002；Zhang, R - Z et al., 1981；Zhang, R - Z et al., 1991）、食性（陈元霖等 1985；李鹏飞 1994；王骏等 1994；王勇军等 1999a；吕九全等 2002）、种群生态（江海生等 1989；瞿文元等 1989；周礼超等 1993；郑生武等 1994；王勇军等 1999b；常弘等 2002）和行为（江海生 1990；李鹏飞 1994；冯敏等 1997；侯进怀等 1998；侯进怀 2002）等。

为了保护仅存的猕猴栖息地生境，使其免受人类活动的干扰，避免猕猴种群数量的进一步减少，各地都相继建立了以保护猕猴及其相关栖息地植被为主的自然保护区，如河南济源五龙口猕猴保护区、河南焦作太行山猕猴自然保护区、山西阳城莽河猕猴自然保护区、陕西南郑猕猴自然保护区、四川通江县五台山猕猴自然保护区、台湾乌山猕猴保护区、广东珠海担杆岛猕猴保护区、海南南湾半岛猕猴保护区等。

官山自然保护区是江西省猕猴重要分布地之一，并于 1986 年建立了官山猕猴养殖场，1993 年迁址于宜丰县城的官山自然保护区管理处内，改名为"官山实验猕猴养殖研究基地"。为此，官山自然保护区在过去调查的基础上，组织浙江大学的相关专家于 2004 年 11 月进行猕猴资源调查，调查结果如下。

二、调查方法

调查期间，采用野外实地调查和访问调查相结合的方法对官山自然保护区内的猕猴分布与数量进行调查。通过向自然保护区工作和技术人员，以及林区职工和居民了解猕猴在工作区内的分布、活动和猴群大小等情况。在此基础上进一步对猕猴的分布进行实地调查。并根据官山自然保护区内猕猴群数和每一猴群的个体数，结合往年该地野生猕猴的捕捉状况，估计猕猴资源量。

三、习性

猕猴主要栖息于热带、亚热带、温带的山区阔叶林、针阔混交林中，也见于竹林及疏林裸岩处。春天多在中山一带觅食，冬季常至低山及居民点附近活动。白天多在树上活动，有时也下林地取食或嬉戏，夜间主要在树洞内、树枝上或其他隐蔽的地方休息。在官山自然保护区，猕猴长期生活在峭壁较少的次生林内，以多种类型的阔叶林、毛竹林和杉木林等为其主要栖息地。

野生猕猴性情活泼好动，喧哗好闹，喜欢群居在比较茂密的山林地带，常以家族同栖，每群中有一雄猴为"首领"，带领家族成员到各处活动，并且负责警戒和保卫。一个猴群的个体少则十几只，多则上百只。猕猴个体之间常常有"理毛行为"，这是它们促进彼此感情的举动，一般而言，地位低的猴子对地位高的猴子的理毛时间与次数较多，反之则较少。猕猴行动敏捷，善于攀登及跳跃，受到惊吓时能迅速逃离现场。

猕猴主要采食植物的果实、嫩茎叶，花等。猕猴取食植物的部位随季节及植物生长期的不同而变化。春季气温较低，主要采食植物的嫩芽、嫩叶及花；夏季和秋季植物相继开花、结果，所以食物资源相对较丰富，取食的植物种类是全年最多的，主要采食嫩枝、叶、花、果。秋季果实成熟季节则以成熟果实为主。冬季植物绝大多数落叶、枯萎，故可食种类极少，猕猴以采食树皮、树根及植物的种子为主，有时也常下山盗食农作物如玉米等。但是猕猴并不是素食者，它也会吃蝗虫、甲壳类和软体类的昆虫以及小鸟和鸟蛋。所以，猕猴是杂食性动物，但以素食为主。猕猴觅食的时间一般在清晨与黄昏各一次。猕猴的颊囊可用来暂时贮存食物，所以如果食物资源丰富的话，它们就可以一次性采集大量的食物，然后回休息地再慢慢享用。

猕猴四季均可繁殖。每年生1胎，或3年生2胎。交配期一般为9～11月，交配高峰期在10月。猕猴交配前，大部分是雄猴主动靠近雌猴，也有雌猴首先靠近雄猴的，一开始往往在一起理毛或捉虱子，然后进行交配。整个交配过程包括调情、爬胯、射精，其中爬胯在一次交配过程中可达数十次，时间长达几个小时。交配结束，雄猴经常首先离开。雌猴怀孕期约为5～6个月，多在春夏两季产仔，高峰期在6月，每胎产1仔。幼猴刚出生时体重不足250g，浑身长满绒毛，每日吃2～4次奶，哺乳期约为4～6个月。幼仔由雌猴照料，平时常用四肢紧紧抓住母亲的背部，即使雌猴奔跑时也不会摔下。幼猴长到4～6岁时性成熟。猕猴的寿命一般为25～30年。

四、资源量

根据访问和野外直接调查，结合以往在官山自然保护区开展的猕猴资源调查资料可知，官山自然保护区现有野生猕猴群11群共计615～665只。其中最大的猴群数量在150只左右，个体超过100只的群体有3群，多数猴群的个体数量在20～50只之间。

第一，板坑猴群：40～50只，主要在板坑至小来港一带活动。2003年12月和2004年5月均有被访者见到该猴群。

第二，庵下猴群：20～30只，主要在庵下和高花厂一带活动。被访者近年曾多次见到该猴群。

第三，塘背猴群：100只左右，主要在塘背至大塅坑带活动。每年都有被访者遇到该猴群，1991～1992年曾在此捕捉17只猕猴，之后又捕猴一次，捕捉猕猴5只。

第四，黄皮坳猴群：150只左右，主要活动于黄皮坳和土墙墩之间的阔叶林、针叶林和竹林内。官山自然保护区为了进行猕猴人工驯养，曾分别于1990年和1998年在此捕捉40和20多只猕猴。2004年11月有被访者见到50只左右的猴群。

第五，陈家排猴群：100只左右，有被访者于2001和2002年前后两次见到该猴群在陈家排一带的毛竹林内活动。

第六，牵狗岭猴群：50多只。

第七，麻子山猴群：40～50只，本次调查直接观察到20～30只猴子。

第八，大西坑猴群：30只左右，该猴群在大西坑和小西坑带活动。

第九，寒西坞猴群：30~40只。

第十，李家屋场猴群：35只左右。该猴群为官山自然保护区在进行人工驯养过程中的放回猴群，已完全适应野外生活，并经常活动至东河站附近，较易观察。

第十一，樟树坞猴群：20~30只，是近年来才出现的猴群。据自然保护区科技人员观察，该猴群为东河猴群分群形成的新猴群。本次调查也直接观察到了该猴群。

在上述猴群中，李家屋场猴群、麻子山猴群、大西坑猴群、寒西坞猴群、李家屋场猴群和樟树坞猴群均分布在官山自然保护区拥有山林权的范围内。自然保护区管护人员在日常巡护工作中，经常可以遇到这些猴群。考虑到这些猴群的间隔距离相对较近，不能排除存在同群猴群重复计数的可能。因此，保守估计官山自然保护区内猕猴种群的资源量应不少于500~600只。

第四节　鱼类资源 *

一、保护区河流概况

官山自然保护区中间高南北低，各水流基本成南、北流向。南坡的主要河流有两条：即东河和西河。

1. 东河

东河由将军河、李家屋河、龙坑河和芭蕉窝4支水系构成。

将军河由4条山溪组成，其中3条山溪发源于黄岗山，这3条山溪由东向西汇入将军河，另一条山溪发源于石花尖，由北向南汇入将军河。

李家屋河由两条山溪组成，这两条山溪均发源于石花尖南坡，由北向南汇合成李家屋河。

龙坑河是东河中最大最长的一条水系。它由4条山溪组成，这4条山溪均发源于麻姑尖南坡，由北向南汇合成龙坑河。

芭蕉窝河是东河中最短的一条水系。它发源于官山北坡，由北向南汇入东河。

2. 西河

西河由寒溪坞河、麻子山沟河和西河西支3支水系构成。

寒溪坞河发源于官山北坡，由北向南汇入西河。

麻子山沟河由4条山溪组成，其中主要的3条山溪发源于打铁坳，由西向东流，与发源于麻子山的另一条山溪汇成麻子山沟河。

西河西支发源于野猪涡，沿保护区边界由西向东汇入西河。

3. 保护区南面水系（指保护区不拥有山林权的范围）

九岭山发出的清洞河和大坪河汇合后与由大姑岭发出的圳上河在上石桥处汇合成一条，由北往南流经下石桥。

4. 保护区北面水系（指保护区不拥有山林权的范围）

由九岭山发出两条水系在龙门林场处汇合成一条，沿着公路流经东沅。

＊ 本节作者：吴志强，胡茂林（南昌大学生命科学学院）

二、调查统计方法

1. 调查方法

外业调查主要是采用炸炮和丝网捕捞渔法，由当地经验丰富的渔民带路，在保护区内及其周边地区的每条溪流定点采样，新鲜鱼类经数码拍照。后在实验室检索鉴定和数据整理。其次是查看保护区管理处及群众收集的标本，同时走访保护区内的渔民和村民群众，广泛收集有关资料。

2. 统计方法

（1）生长指标统计

采用生长指标计算公式 $K = W/L^3$，K 表示丰满度；W 表示体重；L 表示体长

（2）体重与体长统计

采用幂函数曲线方程 $W = aL^b$，W 表示体重，L 表示体长

三、调查结果

经过采样调查和实验室检索鉴定，共采到鱼类 379 条，鉴定出鱼类 7 种，连同历史的记录，官山自然保护区共发现鱼类 13 种。

1. 种类及分布

本次调查官山自然保护区的鱼类资源，共采集记录鱼类 379 条。其中带半刺光唇鱼 168 条，占渔获物总量的 44.33%；花鱼骨 69 条，占 18.21%；台湾铲颌鱼 54 条，占 14.25%；宽鳍鱲 47 条，占 12.40%；马口鱼 36 条，占 9.50%；麦穗鱼 4 条，占 1.05%；裸腹原缨口鳅 1 条，占 0.26%。鉴定出鱼类 7 种，它们隶属于 1 目 2 科 7 属。其中东河 2 种，90 条；西河 5 种，215 条；保护区南面 4 种，40 条；保护区北面 3 种，34 条（表 5 - 1）。

表 5 - 1　官山自然保护区鱼类名录及其分布

种　　类	当地俗名	分布				
		西河	东河	保护区南面	保护区北面	历史记录
一. 鲤科 Cryprinidae						
光唇鱼属 Acrossochilus						
1. 带半刺光唇鱼 A. hemispinus cinctus	石斑鱼	+	+	+	+	+
突吻鱼属 Varicorhinus		+	+		+	+
2. 台湾铲颌鱼 V. barbatulus	齐口鱼					
马口鱼属 Opsariichthys		+		+		
3. 马口鱼 O. bidens						
鱲属 Zacco	白浪鱼					
4. 宽鳍鱲 Z. platypus						
鳕属 Hemibarbus						
5. 花鱼骨 H. maculatus	红密须	+			+	

— 162 —

（续）

种　类	当地俗名	分　布				
		西河	东河	保护区南面	保护区北面	历史记录
麦穗鱼属 *Pseudorasbora*						
6. 麦穗鱼 *Pseudorasbora parva*						
二. 平鳍鳅科 Homalopteridae	钩鱼	+				
原缨口鳅属 *Vanmanenia*						
7. 裸腹原缨口鳅 *V. gymnetrus*				+		
拟腹吸鳅属 *Pseudogastromyzon*						
8. 珠江拟腹吸鳅 *P. fungi*				+		
三. 鳅科 Cobitidae						
条鳅属 *Noemacheilus*						
9. 横纹条鳅 *N. fasciolatus*						+
泥鳅属 *Misgurnus*						
10. 泥鳅 *M. anguillicaudatus*						
四. 鰕虎鱼科 Gobiidae						+
栉鰕虎鱼属 *Ctenogobius*						
11. 褐栉鰕虎鱼 *C. brunneus*						+
五. 鲿科 Bagridae						
拟鲿属 *Pseudobagrus*						
12. 盎堂拟鲿 *P. taiwanensis*						+
黄颡鱼属 *Pelteobagrus*						
13. 黄颡鱼 *P. fulvidraco*						

2. 主要鱼类的生物统计情况

（1）主要鱼类的生长发育情况

为了分析官山自然保护区主要鱼类的生长发育情况，我们测量了一些主要鱼类的体重和体长，并用 K 值（$K = W/L^3$）来表示主要鱼类的生长发育情况（表5－2）。

表5－2　保护区各河流主要鱼类的生长指标 K 值比较

（单位：kg/m^3；平均值±标准误）

鱼　类	东　河	西　河	保护区南面	保护区北面
带半刺光唇鱼	21.07 ± 1.49	20.01 ± 1.07	15.17 ± 1.46	
台湾铲颌鱼	17.97 ± 1.30	21.40 ± 1.32		20.21 ± 1.05
马口鱼		21.30 ± 1.87	19.35 ± 1.35	
花鱼骨		15.50 ± 1.36		

　　由于本次调查的时间和人力有限，加之野外地势条件因数，未能获得每条河流主要鱼类的生长指标。但分析结果仍表明保护区南面带半刺光唇鱼和马口鱼 K 值较小，这主要是该地区人类活动较频繁，经常对河流里的鱼类进行滥杀滥捕（毒鱼、电鱼、炸鱼等），再加上农田水的放流和家禽的放养，破坏了水质和鱼类的生长期，从而导致保护区南面鱼类种数减少和 K 值的降低；而保护区内的东、西河鱼类 K 值较大，这由于保护区管理站的有力管理。

　　（2）主要鱼类的体长与体重关系

　　我们测量了一些主要鱼类的体长和体重（表5－3）。并对这些数据进行幂函数曲线回归处理（图5－1，5－2，5－3）。结果表明保护区的鱼类个体较小，其体长与体重都较吻合。

表5－3　保护区主要鱼类体重和体长统计

序　号	带半刺光唇鱼		台湾铲颌鱼		马口鱼	
	体长（cm）	体重（g）	体长（cm）	体重（g）	体长（cm）	体重（g）
1	4.8	2.00	7.3	6.40	4.6	1.20
2	7.2	7.70	8.4	12.60	6.3	4.50
3	8.2	10.12	9.3	15.80	6.7	5.12
4	9.7	14.50	9.6	17.30	7.2	6.58
5	11.0	26.25	10.7	23.82	8.9	13.10
6	11.6	33.96	12.3	37.40	11.3	22.35
7	13.7	45.72	13.2	46.20		
8	14.2	50.60	14.0	50.30		
9	14.5	59.70	14.2	53.80		

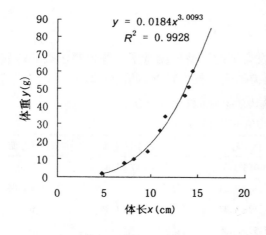

$y = 0.0184x^{3.0093}$
$R^2 = 0.9928$

$y = 0.0102x^{3.2406}$
$R^2 = 0.9825$

图5－1 带半刺光唇鱼体长与体重关系　　图5－2　马口鱼体长与体重关系

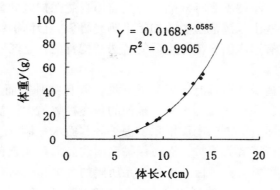

图5-3 台湾铲颌鱼体长与体重关系

（3）主要鱼类的年龄结构及体长与体重范围

鳞片观察鉴定年龄。发现这次调查的渔获物中 0^+ 鱼较多，占总数的75%，1^+ 鱼占 17.86%，2^+ 鱼占7.14%（"0"、"1"、"2"，表示为鱼的年龄为当年、1年龄、2年龄）。（见表5-4）。

表5-4 官山自然保护区主要鱼类的年龄结构及体长体重范围

鱼类	0^+ （%）	1^+ （%）	2^+ （%）	体长体重的范围（$X \pm SD$）	
				体长（cm）	体重（g）
带半刺光唇鱼	55.56	22.22	22.22	9.65 ± 3.37	30.85 ± 20.79
台湾铲颌鱼	77.78	22.22		10.75 ± 2.53	30.1 ± 17.86
马口鱼	100			8.45 ± 4.25	11.8 ± 7.70
麦穗鱼	75	25		6.38 ± 0.81	5.79 ± 2.54
宽鳍鱲					3.45 ± 1.85
花鱼骨					6.53 ± 1.05

0^+ 为当年生鱼，1^+ 为1年龄，2^+ 为2年龄

4. 结果分析

（1）鱼类资源的评价

在江西官山自然保护区采集到的7种淡水鱼类中，鲤科鱼类最多（有6种），占总种数的85.7%，而在渔获物构成中，带半刺光唇鱼（168条）为优势种，占渔获物总量（条数）的44.33%。

官山自然保护区的鱼类个体小，体重范围为0.73~42.60g，虽然不及其他平原区的大个体鱼类食用价值高，但在鱼类经济开发中大有潜力可挖。它们之中有些鱼类是传统的药用鱼类：例如带半刺光唇鱼、台湾铲颌鱼等，具有补益脾肾的功效，主治腰膝疼痛、肢体

麻木、不能行动、水肿、小便不利等疾病。而且官山自然保护区的鱼类资源具有群落结构的特殊性，它们都是一些山区溪流鱼类；如带半刺光唇鱼、台湾铲颌鱼、马口鱼、宽鳍鱲和裸腹原缨口鳅等都具有适应山区溪流生活的特殊结构特征，是江西淡水鱼类的重要组成部分。

官山自然保护区的鱼类资源具有区域的差异性，就鱼类种数而言，西河的种数最多；其次是保护区南面水系，保护区北面水系；东河的鱼类种数最少；就鱼类数量而言，保护区东河最多，其次是西河；保护区南面水系，保护区北面水系最少。究其原因，可能是保护区管理处对东西河进行了有力保护，而对保护区南北面水系缺乏有力保护，使得鱼类种数和数量减少；另外还可能与保护区外围各水系所建的大坝和电站有关。

2. 官山自然保护区与其周边地区的溪流鱼类比较（表5-5）

表5-5 官山自然保护区与周边地区的主要山区溪流鱼类比较

地名	带半刺光唇鱼	台湾铲颌鱼	马口鱼	宽鳍鱲	花鱼骨	麦穗鱼	裸腹原缨口鳅	备　注
官山自然保护区（赣西北地区）	+	+	+	+	+	+	+	保护区地处江西省的西北部，宜丰县境内。它东邻鄱阳湖平原，南靠赣南地区，西接洞庭湖平原，北壤汉江平原。境内有东河和西河两条主要水系
赣东北地区		+	+	+	+	+		赣东北地区包括黄山—天目山之南、怀玉山之西、武夷山之北、及鄱阳湖平原之东的丘陵地区，是浙闽水系的分水岭，内有信江和饶河
南岭山区（赣南地区）		+	+	+	+			南岭山区位于湘、赣、粤、桂的交界处。境内有沅江、资江、湘江、赣江、西江、北江和东江7条主要水系
湖南乌云界自然保护区	+		+	+	+	+		保护区位于湖南省桃原县南端。它东接常德，南邻安化，西靠茶庵铺，北壤杨桥和桃花源
宏门冲溪	+		+					宏门冲溪位于湖南省通道县东北部木脚乡境内宏门冲国家级阔叶林采种基地南麓。是雪峰山、南岭和贵州苗岭交汇和过渡地带。下游接临河，经渠水流入沅江，系长江水系。溪流上游两岸为山地或丘陵，下游地势平坦，光照较充足

从表5-5得出：带半刺光唇鱼在赣东北地区和南岭山区（赣南地区）没有发现，在

湖南乌云界自然保护区和宏门冲溪有发现，该鱼是否为九岭山脉的特有分布种，有待进一步考证。台湾铲颌鱼在官山自然保护区（赣西北地区）和赣东北地区均有发现。马口鱼、宽鳍鱲、花鱼骨和麦穗鱼基本为各水系共有种。裸腹原缨口鳅为官山自然保护区的特有种。

（3）小型水利工程对保护区溪流鱼类的影响

本次调查发现在官山自然保护区的外围修建了一些小型发电站，水电站的兴建，有利于区域的经济发展，但同时影响着所在区域的水生环境。

水电站的建立，阻碍了水的自然流动，使得上游水流流速减缓，水质恶化，水位上升，静水区增加，淹没了周围一些生境，喜急流生活的鱼类减少。而经发电房排出的水的流速和流量恒定，水温升高，使得下游水流流速和流量常年不变，水温偏高，破坏了下游溪流鱼类的产卵繁殖生境。而位于大坝到发电房的溪段常年干枯，没有水流，加上水土流失和滑坡，使得一些溪段被阻塞，此处的生境遭到彻底的破坏。此段溪流水生生物也遭到了灭顶之灾。溪流鱼类产卵往往需要干净的沙砾底质和含氧量高的水质，无论是在蓄水部分或是坝下，环境因素的改变会限制产卵的成功。此外，溪流鱼类潜在的危险是在未设鱼栅的水轮机中受伤或致死。

（4）措施与建议

①加强保护的力度　保护区管理处对保护区各溪流要进一步加强保护的力度，切实保护鱼类资源。在保护区各溪流引进一些适合溪流生活的鱼类，丰富鱼类资源。对于人类活动频繁的区域，还要致力保护好水质。

②对保护区外围电站大坝的一些建议　从建国家级自然保护区的角度考虑，需要创造一个良好的自然保护区外部环境，因此官山自然保护区周边的小型电站应该拆毁，对外围电站大坝也应采取一些补救措施：第一，通过补偿水流和人工水流来调节流量，使得鱼类产卵繁殖时有足够的水流流量。第二，设置适当的鱼栅，隔绝鱼类进入水轮机而避免受伤致死。第三，增加溶解氧，解决泄放水低溶氧的问题。第四，根据实际情况设置一些鱼类产卵场，做到渔业可以与水电站并存。

第五节　贝类、虾蟹类资源[*]

2004 年 9 月对江西省官山自然保护区的贝类、虾蟹类动物进行了调查，采集的重点在保护区内 4 个主要区域，东河、西河、铜鼓龙门林场和宜丰县鑫龙集团院前分场，各区域选择代表性的河段及相关的小溪、池塘、水库、林地等生境。

一、种类组成与分布特点

采得的标本，经鉴定有 14 科 19 属 27 种。其中淡水贝类 7 科 9 属 11 种；陆生贝类 5 科 7 属 10 种；虾类有 1 科 2 属 4 种；蟹类 1 科 1 属 2 种（表 5 - 6）。

陆生贝类在龙门林场比较丰富。它们不仅种类相对较多，数量也多。其中陆生贝类中的环口螺科是一些较古老的陆栖种类，为典型的喜湿性种类，钻头螺科的种类个体较小，喜阴暗潮湿、多腐殖质的环境，巴蜗牛科是常见的陆生贝类，保护区内有 4 种。

* 本节作者：欧阳珊，吴小平（南昌大学生命科学学院）

表5-6 官山自然保护区贝类、虾蟹类种类及分布

动物名称	采集地点			
	东河	西河	龙门林场	院前村
淡水贝类 FRESHWATER MOLLUSCA				
腹足纲 GASTROPODA				
田螺科 Viviparidae				
中国圆田螺 Cipangopaludina chinensis (Gray)			+	+
铜锈形环棱螺 B. purificata (Heuda)				+
豆螺科 Bithyniidae				
赤豆螺 Bithynia fuchsiana (Moellendorff)				+
盖螺科 Pomatiopsidae				
拟钉螺一种 Tricula sp.	+			
黑螺科 Melaniidae				
放逸短沟蜷 Semisulcospira iibertina (Gould)	+			
方格短沟蜷 S. acancellata (Benson)				+
色带短沟蜷 S. mandarina Deshayes		+		+
椎实螺科 Lymnaeidae				
耳萝卜螺 Radix auricularia (Linnaeus)		+		
扁蜷螺科 Planorbidae				
凸旋螺 Gyraulus convexiusculus (Hütton)			+	
大脐圆扁螺 Hippeutis unmbilicalis (Benson)				+
瓣鳃纲 LAMELLIBRANCHIA				
蚌科 Unionidae				
背角无齿蚌 Anodonta woodiana woodiana (Lea)				+
陆生贝类 TERRESTRIA MOLLUSCA				
腹足纲 GASTROPODA				
环口螺科 Cyclophoridae				
环带兔唇螺 Lagochilus hungerfordianus (Moellendorff)	+			
小扁褶口螺 Ptychopoma expoliastum vestitum (Heude)				
内齿螺科 Endodontidae	+			
扁圆盘螺 Discus potanini (Moellendorff)				
钻头螺科 Subulinidae	+			
索形钻螺 Opeas funiculare (Heude)				
细钻螺 O. gracile (Hutton) 坚齿螺科 Camaenidae	+			
三褶裂口螺 Traumatophora triscalpta triscalpta (Martens)				
巴蜗牛科 Bradybaenidae		+		
同型巴蜗牛 Bradybaena similaris (Ferussac)	+			

（续）

动物名称	采集地点			
	东河	西河	龙门林场	院前村
江西巴蜗牛 *B. kiangxinensis* Pilsbry		+		
毛扭索螺 *Plectotropis trichotropis* (Pfeiffer)				
小扭索螺 *P. minima* Pilsbry	+		+	+
长臂虾科 Palaemonidae	+			
掌指新米虾 *Neocaridina palmata* (Shen)			+	
刺肢新米虾 *N. spinosa* (Liang)		+		
锯齿新米虾 *N. denticulata* (Kemp)				
细足米虾 *Caridina niloic gracilipes* De Man			+	
华溪蟹科 Sinopotamidae			+	
锯齿华溪蟹 *Sinopotamon denticulatum*				
凹肢华溪蟹 *S. depressum* Dai et Jian				

　　淡水贝类种类较少，分布不平衡。田螺科主要分布在院前村的一些池塘和小水体，有田螺和环棱螺；黑螺科的放逸短沟蜷主要分布东河、西河的一些河道，并且密度大，每平方米有几十只，在其他采集地未发现。优势种有放逸短沟蜷、耳萝卜螺、毛扭索螺、小扭索螺。

　　虾类的分布，保护区有4种，均为长臂虾科的种类，以刺肢新米虾所见频数最高。

　　各种虾，在保护区内各河段分布不均衡，可能和各河段小环境的特异性有关。正是由于各河段小环境具有各不相同的特异性，保护区内才有丰富的虾种。

　　蟹类有2种：锯齿华溪蟹和凹肢华溪蟹。蟹类主要分布在林场边的河道，数量也多。锯齿华溪蟹在东河、西河和龙门山林场均能见到，一些个体直径可达10cm，分布普遍，这与各河床均有卵石构成的底质有关。

二、生态类型

　　官山自然保护区贝类生活方式可分水生和陆生2种类型。

　　水生贝类以黑螺科的放逸短沟蜷、椎实螺科的耳萝卜螺、扁蜷螺科的凸旋螺为主，尤其是放逸短沟蜷，不仅分布广，而且密度大，生活在清澈急流水的环境，用其宽大的足紧紧吸附在岩石上。该种螺类为卵胎生，胚体在育儿囊内发育。耳萝卜螺和凸旋螺则生活在缓流的具有淤泥的水溪、小池塘或小水沟。

　　陆生贝类以环口螺科、巴蜗牛科为主。喜生活在灌木丛、草丛中，石块、落叶下，树洞、土石缝隙中。以食植物纤维为主，亦食取腐殖质、地衣、苔藓、真菌等。自然保护区植被覆盖率高，枯枝落叶在地表面形成的腐殖质层厚，岩石上地衣、苔藓生长茂盛，是陆生贝类生活和繁衍后代极好的场所。

三、结论

　　官山自然保护区陆生贝类、虾蟹类物种较丰富，共计27种，以陆生贝类种类较多。

贝类、虾蟹类和人类的关系密切。一方面，许多种类可供人们食用，如田螺科的中国圆田螺和环棱螺，也是鱼类和家禽的优良食料。巴蜗牛科的同型巴蜗牛可入药，有清热、解毒、消肿和生肌收口等功效。环口螺科的种类可提取蜗牛酶，具有重要的科学价值。另一方面，有些种类是寄生虫的中间宿主，如放逸短沟蜷和凸旋螺分别为卫氏并殖吸虫和布氏姜片虫的中间宿主，可引起人及动物的寄生虫病。陆生贝类的种类常以林木、花卉幼芽、嫩叶和茎为食，为林业和园艺害虫。值得注意的是，锯齿华溪蟹是肺吸虫的中间寄主。寄生于人和肉食兽类的肺吸虫生活史中有两个中间寄主，第一中间寄主是螺类的短沟蜷，第二中间寄主是溪蟹和华溪蟹。因此在适当的场所要警示游人，不要吃未煮熟透的华溪蟹。

本次调查由于时间紧，一些生境未及做细致采集，且未能在春季、夏季、动物活动频繁的季节调查，许多物种有待发现。

第六章　昆虫资源[*]

第一节　昆虫区系分析

　　1996 年 8 月，1998 年 6 月，2004 年 5 月、7 月、9 月，考察组在江西官山自然保护区自低海拔至高海拔进行了较大规模的昆虫考察。白天沿溪流、山脊、沟谷、小路或公路进行路线踏查，用网捕、振落、翻地被物等常用方法采集昆虫标本。根据植被、地形、气候等生态条件，选择具有植被代表性的 22 个地段进行详查，详查除白天路线踏查外，晚上点诱虫灯诱捕，历次累计共采到成虫标本 10 000 余号次。到目前为止，已鉴定昆虫学名有 21 目 222 科 989 属 1607 种，其中新种 6 种，33 种为江西分布新记录种。

一、昆虫种类

　　江西官山自然保护区昆虫种类十分丰富，类型繁多，区系成分复杂，历年来所采到的昆虫标本，到目前为止初步鉴定学名的有 21 目 222 科 989 属 1607 种。已鉴定的目科属种统计见表 6－1。

表 6－1　官山自然保护区各目昆虫统计表

目　名	科数	属数	种数	占总数（%）
弹尾目 COLLEMBOLA	2	2	2	0.12
缨尾目 THYSANURA	1	2	2	0.12
等翅目 ISOPTERA	2	4	7	0.44
蜚蠊目 BLATTARIA	3	3	4	0.25
䗛目 PHASMATODEA	1	1	1	0.06
螳螂目 MANTODEA	2	7	11	0.68
直翅目 ORTHOPTERA	13	31	40	2.49
啮目 PSOXOPTERA	1	1	1	0.06
襀翅目 PLECOPTERA	3	8	9	0.56
蜉蝣目 EPHEMROPTERA	1	1	1	0.06
蜻蜓目 ODONATA	4	8	8	0.50
同翅目 HOMOPTERA	24	118	150	9.33
半翅目 HEMIIPTERA	23	101	153	9.52
缨翅目 THYSANOPTERA	2	6	9	0.56

　　[*] 本章作者：丁冬荪[1]，陈春发[1]，曾志杰[1]，林毓鉴[2]，吴和平[3]，徐向荣[3]，余泽平[3]，周雪莲[3]（1. 江西省森林病虫害防治站，2. 江西农业大学农学院，3. 江西官山自然保护区）

（续）

目　　名	科数	属数	种数	占总数（%）
广翅目 MEGALOPTERA	1	2	2	0.12
脉翅目 NEUROPTERA	3	4	5	0.31
鞘翅目 COLEOPTERA	45	193	253	15.74
长翅目 MECOPTERA	1	2	2	0.12
鳞翅目 LEPIDOPTERA	53	415	844	52.52
双翅目 DIPTERA	12	23	25	1.56
膜翅目 HYMENOPTERA	25	57	78	4.85
合　　计	222	989	1607	100

从表6-1得知，官山自然保护区昆虫以鳞翅目种类最为丰富，采到的标本数量最多。这与我们在各垂直带内多次设诱虫灯重点诱集蛾类等昆虫有关，因为蛾类昆虫趋光性较强，所采标本比其他类群要便捷得多，蝶类昆虫也是我们重点调查的对象。另一方面，鳞翅目具备有专业分类人员，故鉴定的种类较多，达总数的50%略强。次为鞘翅目昆虫，占总数的15.74%，半翅目与同翅目，各占总数的9.52%和9.33%。其余依次为膜翅目、直翅目、双翅目、螳螂目、蜻蜓目等昆虫。

二、新发现与新记录种

在保护区昆虫考察中，发现昆虫新种6种（待发表），江西分布新记录33种。这个数字只是官山自然保护区初步鉴定的结果，还有许多类群未及鉴定。

（一）新种

1. 半翅目 HEMIIPTERA

盾蝽科 Scutelleridae

（1）宽盾蝽 *Poecilocoris* sp.（新种待发表）

蝽科 Pentatomidae

（2）江西厉蝽 *Eocanthecona* sp.（新种待发表）

同蝽科 Acanthosomatidae

（3）官山同蝽 *Acanthosoma* sp.（新种待发表）

异蝽科 Urostylidae

（4）拟奇突盲异蝽 *Urolabida* sp.（新种待发表）

2. 襀翅目 PLECOPTERA*

襀科 Perlidae

（5）钩襀 *Kamimuria* sp.（新种待发表）

（二）江西分布新记录种

1. 螳螂目 MANTODEA

---

* 襀翅目2新种为扬州大学杜予洲教授所提供，特此致谢！

螳科 Mantidae

(1) 中华斧螳 *Hierodula chinensis* Werner

2. 同翅目 HOMOPTERA

叶蝉科 Cicadellidae

(2) 黔凹大叶蝉 *Bothrogonia qianana* Yang et Li

(3) 船茎窗翅叶蝉 *Mileewa ponta* Yang et Li

(4) 长线拟隐脉叶蝉 *Sophonia orientalis*（Matsumura）

(5) 葛小叶蝉 *Kuohzygia albolinea* Zhang

3. 半翅目 HEMIIPTERA

龟蝽科 Plantaspidae

(6) 暗豆龟蝽 *Megacopta caliginosa*（Montandon）

同蝽科 Acanthosomatidae

(7) 锡金匙同蝽 *Elasmucha tauricornis* Jensen – Haarup

(8) 截匙同蝽 *Elasmucha truncatela*（Walker）

猎蝽科 Reduviidae

(9) 艳腹壮猎蝽 *Biasticus confusus* Hsiao

4. 鞘翅目 COLEOPTERA

大蕈甲科 Erotylidae

(10) 戈氏大蕈甲 *Episcopha gorhomi* Lewis

天牛科 Cerambycidae

(11) 三带山天牛 *Massicus trilineatus fasciatus*（Matsushita）

(12) 缝翅墨天牛 *Monochamus gravidus* Pascoe

5. 鳞翅目 LEPIDOPTERA

螟蛾科 Pyralidae

(13) 毛锥歧角螟 *Cotachena pubescens*（Warren）

(14) 白纹展须野螟 *Eurrhyparodes leechi* South

刺蛾科 Limacodidae

(15) 锯纹歧刺蛾 *Apoda dentatus* Oberthur

网蛾科 Thyrididae

(16) 白眉网蛾 *Rhodoneura mediostrigata*（Warren）

尺蛾科 Geometridae

(17) 紫玫隐尺蛾 *Heterolocha rosearia* Leech

(18) 黑红蚀尺蛾 *Hypochrosis baenzigeri* Inoue

灯蛾科 Arctiidae

(19) 多条望灯蛾 *Lemyra multivittata*（Moore）

(20) 阴雪苔蛾 *Cyana puella*（Drury）

夜蛾科 Snoctuidae

(21) 犹镰须夜蛾 *Zanclognatha incerta*（Leech）

（22）双色卜夜蛾 *Bomolocha bicoloralis* Graeser

（23）拉髯须夜蛾 *Hypena labatalis* Walker

枯叶蛾科 Lasiocampidae

（24）三线枯叶蛾 *Arguda vinata* Moore

凤蝶科 Papiliondae

（25）美姝凤蝶 *Papilio macilentus* Janson

灰蝶科 Lycaenidae

（26）青灰蝶指名亚种 *Antigius attilia attilia*（Bremer）

（27）赭灰蝶指名亚种 *Ussuriana michaelis michaelis*（Oberthür）

（28）栅灰蝶竹中亚种 *Japonica saepestriata takenakakazuoi* Fujioka

（29）皮铁灰蝶 *Teratozephyrus picquenardi*（Oberthur）

（30）久保斯灰蝶 *Strymonidia kuboi*（Chou et Tong）

（31）大紫璃灰蝶浙江亚种 *Celastrina oreas hoenei* Forster

弄蝶科 Hesperiidae

（32）森下袖弄蝶 *Notocrypta morishitai* Liu *et* Gu

（33）小黄斑弄蝶 *Ampittia nana*（Leech）

三、昆虫区系结构

1. 在世界动物区系中的地位及比重

国际上通常将世界动物地理分为东洋、古北、新北、澳洲、非洲、新热带等 6 界。官山自然保护区所产 1498 种资料较齐全的昆虫在世界动物区系中所占比重分析结果列于表 6-2。

表 6-2 官山昆虫在世界动物区系中的归属

区 系 地 理 成 分						种数	%
新北	古北	东洋	澳洲	非洲	新热带		
		√				901	60.15
	√	√				328	21.90
		√				71	4.74
√	√	√	√	√	√	46	3.07
		√	√			37	2.47
	√	√	√	√		20	1.34
	√	√	√			17	1.13
√	√	√				15	1.00
		√	√	√		11	0.73
		√		√		9	0.60
	√	√		√		8	0.53
√	√	√	√	√		6	0.40

（续）

区系地理成分						种数	%
新北	古北	东洋	澳洲	非洲	新热带		
✓	✓	✓	✓			5	0.33
✓	✓	✓		✓		4	0.27
✓	✓	✓			✓	4	0.27
✓	✓	✓			✓	3	0.20
✓	✓	✓	✓		✓	2	0.13
		✓		✓		2	0.13
✓	✓					2	0.13
		✓	✓		✓	2	0.13
		✓	✓		✓	1	0.07
✓					✓	1	0.07
✓	✓			✓		1	0.07
		✓			✓	1	0.07
✓		✓	✓		✓	1	0.07
		共 计				1498	100

注：区系成分的确定，不以亚种分布范围论其从属，而以种为单位确定其从属关系。如东洋界种：指主要分布或完全分布在东洋界的种类。以此类推其他各界成分的确定。

从表6-2中可以看出，保护区昆虫在世界动物区系中成分相当复杂，共计25个分布类型。其昆虫区系组成以东洋界为主体，共计901种，占总数的60.15%。其代表种有：棕污斑螳 *Statilia maculata*（Thunberg）、棉蝗指名亚种 *Chondracris rosea rosea*（De Geer）、八点广翅蜡蝉 *Ricania speculum*（Walker）、九香虫 *Coridius chinensis*（Dallas）、麻皮蝽 *Erthesina fullo*（Thunberg）、黄蝽 *Euryspis flavescens* Distant、秀蝽 *Neojurtina typica* Distant、小点同缘蝽 *Homoeocerus marginillus* Herrich et Schaffer、直红蝽 *Pyrrhopeplus carduelis*（Stål）、黄足猎蝽 *Sirthenea flavipes*（Stål）、大绿异丽金龟 *Anomala cupripes*（Hope）、台湾筒天牛 *Oberea formosana* Pic、三化螟 *Scirpophaga incertulas*（Walker）、竹织叶野螟 *Coclebotys coclesalis*（Walker）、两色绿刺蛾 *Latoia bicolor*（Walker）、三角尺蛾 *Trigonoptila latimarginaria*（Leech）、黑玉臂尺蛾 *Xandrames dholaria sericea* Butler、缺口镰翅青尺蛾 *Timandromorpha discolor*（Warren）、方折线尺蛾 *Ecliptopera benigna*（Prout）、油桐尺蛾 *Buzura suppressaria*（Guenée）、赭尾尺蛾 *Exurapteryx aristidaria*（Oberthur）、高粱舟蛾 *Phalera combusta*（Walker）、钩翅舟蛾 *Gangarides dharma* Moore、刻丽毒蛾 *Dasychira taiwana*（Wileman）、眼黄毒蛾 *Euproctis praecurrens*（Walker）、刚竹毒蛾 *Pantana phyllostachysae* Chao、八点灰灯蛾 *Creatonotos transiens*（Walker）、优雪苔蛾 *Cyana hamata*（Walker）、竹笋禾夜蛾 *Oligia vulgaris*（Butler）、思茅松毛虫 *Dendrolimus kikuchii* Matsumura、棕色天幕毛虫 *Malacosoma dentata* Mell、黄尾大蚕蛾 *Actias heterogyna* Mell、鳞纹天蛾 *Acosmeryx castanea* Rothschild et Jordan、平背天蛾 *Cechenena minor*（Butler）、箭环蝶指名亚种 *Stichophthalma howqua howqua*（Westwood）、幽矍眼蝶指名亚种 *Ypthima con-*

— 175 —

juncta conjuncta Leech、残锷线蛱蝶指名亚种 *Limenitis sulpitia sulpitia*（Cramer）、南亚谷弄蝶 *Pelopidas agna*（Moore）等。

古北界计有 71 种，占总数的 4.74%。其代表种有白扇 *Pseudagrion pruinosum* Burmeister、双痣圆龟蝽 *Coptosoma biguttula* Motschulsky、铜绿异丽金龟 *Anomala corpulenta* Motschulsky、褐锈花金龟 *Poecilophilides rusticola* Burmeister、光肩星天牛 *Anoplophora glabripennis*（Motschulsky）、浩波纹蛾 *Habrosyne derasa* Linnaeus、女贞尺蛾 *Naxa seriara*（Motschulsky）、核桃美舟蛾 *Uropyia meticulodina*（Oberthür）、苹掌舟蛾 *Phalera flavescens*（Bremer et Grey）、黄星雪灯蛾 *Spilosoma menthastri*（Linnaeus）、四点苔蛾 *Lithosia quadra*（Linnaeus）、桃剑纹夜蛾 *Acronicta intermedia* Warren、沟散纹夜蛾 *Callopistria rivularis* Walker、拉光裳夜蛾 *Ephesia largeteaui*（Oberthür）、双色卜夜蛾 *Bomolocha bicoloralis* Graeser、苹毛虫 *Odonestis pruni* Linnaeus、洋槐天蛾 *Clanis deucalion*（Walker）、多眼蝶 *Kirinia epaminondas*（Staudinger）、蛇眼蝶二点亚种 *Minois dryas bipunctatus*（Motschulsky）、青豹蛱蝶指名亚种 *Damora sagana sagana*（Doubleday）等。

东洋、古北 2 界共有种计 328 种，占总数的 21.90%。其代表种有蟪蛄 *Platypleura kaempferi*（Fabricius）、斑衣蜡蝉 *Lycorma delicatula*（White）、红边片头叶蝉 *Petalocephala manchurica* Kato、棉叶蝉 *Amrosca biguttula*（Ishida）、葡萄斑叶蝉 *Zygina apicalis*（Nawa）、辉蝽 *Carbula obtusangula* Reuter、二星蝽 *Eysarcoris guttiger*（Thunberg）、茶翅蝽 *Halyonorpha halys*（Stl）、蠋蝽 *Arma chinensis*（Fallou）、斑背安缘蝽 *Anoplocnemis binotata* Distant、中国虎甲 *Cicindela chinensis* De Geer、黄缘青步甲 *Chlaenius spoliatus* Rossi、黄边犬龙虱 *Cybister japonicus* Sharp、异色瓢虫 *Harmonia axyridis*（Pallas）、龟纹瓢虫 *Propylaea japonica*（Thunberg）、白星花金龟 *Protaetia brevitarsis*（Lewis）、椎天牛 *Spondylis buprestoides*（Linnaeus）、顶斑瘤筒天牛 *Linda fraterna*（Chevolat）、苎麻双脊天牛 *Paraglenea fortunei*（Saunders）、微红梢斑螟 *Dioryctria rubella* Hampson、金黄镰翅野螟 *Circobotys aurealis*（Leech）、枣奕刺蛾 *Phlossa conjuncta*（Walker）、褐边绿刺蛾 *Latoia consocia* Walker、黄辐射尺蛾 *Iotaphora iridicolor*（Butler）、枯斑翠尺蛾 *Ochrognesia difficta*（Walker）、丝棉木金星尺蛾 *Abraxas suspecta* Warren、焦边尺蛾 *Bizia aexaria* Walker、柿星尺蛾 *Percnia giraffata*（Guenée）、杨二尾舟蛾 *Cerura menciana* Moore、榆掌舟蛾 *Phalera fuscescens* Butler、肾毒蛾 *Cifuna locuples* Walker、素毒蛾 *Laelis coenosa*（Hübner）、尘污灯蛾 *Spilarctia obliqua*（Walker）、黄痣苔蛾 *Stigmatophora flava*（Bremer et Grey）、桑剑纹夜蛾 *Acronicta major*（Bremer）、稻螟蛉夜蛾 *Naranga aenescens* Moore、嘴壶夜蛾 *Oraesia emarginata*（Fabricius）、鸟嘴壶夜蛾 *Oraesia excavata*（Butler）、栗六点天蛾 *Marumba sperchius* Ménétriés、鹰翅天蛾 *Oxyambulyx ochracea*（Butler）、核桃鹰翅天蛾 *Oxyambulyx schauffelbergeri*（Bremer et Grey）、葡萄天蛾 *Ampelophaga rubiginosa* Bremer et Grey、葡萄鳞纹天蛾 *Acosmeryx naga*（Moore）、玉带凤蝶指名亚种 *Papilio polytes polytes* Linnaeus、碧凤蝶指名亚种 *Papilio bianor bianor* Cramer、矍眼蝶指名亚种 *Ypthima balda balda*（Fabricius）、绿豹蛱蝶中原亚种 *Argynnis paphia valesina* Esper、折线蛱蝶 *Limenitis sydyi* Lederer、小环蛱蝶过渡亚种 *Neptis sappho intermedia* Pryer、链环蛱蝶指名亚种 *Neptis pryeri pryeri* Butler、琉璃蛱蝶指名亚种 *Kaniska canace canace*（Linnaeus）、朴喙蝶大陆亚种 *Libythea celtis chinensis* Fruhstorfer、隐纹谷弄蝶 *Pelopieas mathias*（Fabricius）等。

东洋、澳洲 2 界共有种计有 37 种，占总数的 2.47%。这些种类多为分布于印度、马来西亚半岛、印度尼西亚各岛屿、澳大利亚及华南地区的热带成员，它们栖息于官山自然保护区海拔 800m 以下的向阳山涧和沟谷中。其代表种有黑蚱蝉 *Cryptotympana atrata* Fabricius、负子蝽 *Sphaerodema rustica*（Fabricius）、古黑异丽金龟 *Anomala antiqua*（Gyllenhal）、咖啡豹蠹蛾 *Zeuzera coffeae* Nietner、赭翅长距野螟 *Hyalobathra coenostolalis* Snellen、黑条灰灯蛾 *Creatonotos gangis*（Linnaeus）、白脉粘夜蛾 *Leucania venalba* Moore、弱夜蛾 *Ozarba punctigera* Walker、稻蛀茎夜蛾 *Sesamia inferens*（Walker）、厚夜蛾 *Erygia apicalis* Guenée、青凤蝶指名亚种 *Graphium sarpedon sarpedon*（Linnaeus）、虎斑蝶指名亚种 *Danaus genutia genutia*（Cramer）、网丝蛱蝶中华亚种 *Cyrestis thyodamas chinensis* Martin、美眼蛱蝶指名亚种 *Junonia almana almana*（Linnaeus）、黑丸灰蝶 *Pithecops corvus* Fruhstorfer 等。世界广布种占有一点比例，计有 46 种，占总数的 3.07%，其他各种分布类型则零星而分散。

2. 官山自然保护区昆虫在中国动物地理区划中的位置及比重

根据中国科学院中国自然地理编委会的论述，我国动物地理区划分为蒙新、青藏、东北、华北、华中、华南、西南等 7 区。官山自然保护区昆虫在 7 区中的归属及所占比重见表 6-3。

表 6-3　官山自然保护区昆虫在中国动物地理区划中的归属及比重

区　系　名　称							种数	%
蒙新	青藏	东北	华北	西南	华中	华南		
			√		√	√	308	20.56
					√	√	198	13.22
					√		190	12.68
		√	√	√	√	√	175	11.68
			√	√	√		145	9.68
				√	√		99	6.61
		√	√		√	√	58	3.87
√	√	√	√		√	√	57	3.81
			√		√		56	3.74
			√		√	√	47	3.14
				√	√	√	45	3.00
					√		39	2.60
√		√	√		√		33	2.20
					√	√	14	0.93
√		√	√		√		8	0.53
					√	√	7	0.47
√		√	√		√	√	6	0.40
	√				√		3	0.20
		√			√		2	0.13

（续）

区系名称							种数	%
蒙新	青藏	东北	华北	西南	华中	华南		
		✓			✓	✓	1	0.07
✓			✓		✓		1	0.07
		✓	✓		✓		1	0.07
		✓		✓	✓		1	0.07
			✓	✓	✓		1	0.07
✓			✓	✓	✓		1	0.07
✓	✓				✓		1	0.07
		✓			✓		1	0.07
共 计							1498	100

从表 6-3 得知，官山自然保护区昆虫在中国动物地理区划中的关系十分复杂，共计 27 个分布类型。其中华南、华中、西南 3 区共有种所占比重最大，占总数的 20.56%；其次为华中、华南 2 区共有种，占总数的 13.22%；第三为华中特有种，占总数的 12.68%；东北、华北、华中、西南、华南共有种占总数的 11.68%；华北、华中、华南、西南共有种占总数的 9.68%；华中、西南共有种占总数的 6.61%；其他各分布类型则依次递减。如将我国东半部及西南区统计入内，共计 1376 种，占总数的 91.81%。由此可以看出一个总的趋势：官山自然保护区昆虫组成，绝大部分种类只分布于我国的东半壁及西南区，尤其与东南亚各地及西南区关系最为密切。

三、官山昆虫在我国东部地区分布的南北限

通过广泛采集调查并参考国内外分布资料，将官山自然保护区昆虫在我国东部地区分布的南北限分述如下。

1. 东洋界及其跨东洋界种类在我国东部地区的分布北限（括号内地点系最北采地）

（1）大致以长江北岸为其分布北限的有丽眼斑螳 *Creobroter gemmata*（Stoll）（江西庐山、浙江龙泉）（以种的分布区限阐述，不以亚种为单位论其从属，下同）、山稻蝗 *Oxya agavisa* Tsai（湖北黄冈，江苏镇江）、僧帽佛蝗 *Phlaeoba infumata* Br.-W.（江西都昌，江苏南京）、鼻优草螽 *Euconcephalus nasutus*（Thunberg）（江西官山）、褐带广翅蜡蝉 *Ricania taeniata* StⅠ（湖北麻城，江苏南京）、彩蛾蜡蝉 *Cerynia maria*（White）（江西官山）、橙带铲头叶蝉 *Hecalus porrectus*（Walker）（江西九江）、黄色条大叶蝉 *Atkinsoniella sulphurata*（Distant）（江西官山）、窗翅叶蝉 *Mileewa margheritae* Distant（江西官山）、桑宽盾蝽 *Poecilocoris druraei*（Linnaeus）（江西庐山，湖北恩施）、黑斑曼蝽 *Menida formosa*（Westwood）（江苏溧阳，上海郊区）、钝肩狄同蝽 *Dichobothrium nubilum*（Dallas）（安徽黄山，河南信阳）、黑胫伱缘蝽 *Mictis fuscipes* Hsiao（江西官山）、黄胫伱缘蝽 *Mictis serina* Dallas（江西官山）、小点同缘蝽 *Homoeocerus marginillus* Herrich et Schaffer（江西官山）、彩纹猎蝽 *Euagora plagiatus*

— 178 —

(Burmeister)（江西官山，浙江天目山）、齿缘刺猎蝽 *Sclomina erinacea* Stål（安徽黄山，浙江天目山）、柑橘窄吉丁 *Agrilus auriventris* Saunders（江西婺源，浙江杭州）、印度细颈小步甲 *Casnoidea indica* Thunberg（江西官山，浙江长兴）、大等鳃金龟 *Exolontha serrulata*（Gyllenhal）（江西官山，江苏南京）、弧斑红天牛 *Erythrus fortunei* White（江苏苏州，安徽宣城）、粗脊天牛 *Trachylophus sinensis* Gahan（安徽大别山）、紫茎甲 *Sagra femorata purpurea* Lichtenstein（江西官山，江苏溧阳）、纤负泥虫 *Lilioceris egena*（Weise）（江西官山，浙江天目山）、斑肩负泥虫 *Lilioceris scapularis*（Baly）（江西官山，江苏南京）、桔潜跳甲 *Podagricomela nigricollis* Chen（江西九江，江苏震泽）、华庆锦斑蛾 *Erasmia pulchella chinensis* Jordan（江西官山）、媚绿刺蛾 *Latoia repanda* Walker（江西官山，浙江云和）、素刺蛾 *Susica pallida* Walker（安徽屯溪）、三角尺蛾（江西庐山，江苏镇江）、梭舟蛾 *Netria viridescens* Walker（江西官山，浙江临安）、雀茸毒蛾 *Dasychira melli* Collenette（安徽黄山，江苏南京）、刚竹毒蛾（江苏溧阳，安徽休宁）、华竹毒蛾 *Pantana sinica* Moore（江苏溧阳，安徽太平）、棕色天幕毛虫（江西庐山，湖北利川）、金裳凤蝶指名亚种 *Troides aeacus aeacus*（Felder et Felder）（江西婺源）、美凤蝶大陆亚种 *Papilio memnon agenor* Linnaeus（江西婺源）、玉斑凤蝶指名亚种 *Papilio helenus helenus* Linnaeus（江西婺源）、巴黎翠凤蝶中原亚种 *Papilio paris chinensis* Rothschild（江西奉新）、穹翠凤蝶华南亚种 *Papilio dialis cataleucus* Rothschild（江西庐山）、青凤蝶指名亚种（湖北武汉）、碎斑青凤蝶华东亚种 *Graphium chironides clanis*（Jordan）（江西官山）、飞龙粉蝶指名亚种 *Talbotia naganum naganum*（Moore）（江西婺源）、虎斑蝶指名亚种 *Danaus genutia genutia*（Cramer）（江西彭泽）、曲纹黛眼蝶中原亚种 *Lethe chandica coelestis* Leech（江西庐山）、深山黛眼蝶宝琦亚种 *Lethe insana baucis* Leech（江西婺源）、白带螯蛱蝶指名亚种 *Charaxes bernardus bernardus*（Fabricius）（江西婺源）、新月带蛱蝶 *Athyma selenophora*（Kollar）（江西官山）、双色带蛱蝶 *Athyma cama* Moore（江西官山）、枯叶蛱蝶中华亚种 *Kallima inachus chinensis* Swinhoe（江西婺源）、白点褐蚬蝶华南亚种 *Abisara burnii assus* Fruhstorfer（江西官山）、捞银线灰蝶 *Spindasis lohita*（Horsfield）（江西武宁）、绿灰蝶指名亚种 *Artipe eryx eryx*（Linnaeus）（江西婺源）、毛眼灰蝶指名亚种 *Zizina otis otis*（Fabricius）（江西官山）、黑丸灰蝶 *Pithecops corvus* Fruhstorfer（浙江临安，江西婺源）、腌翅弄蝶 *Astictoperus jama*（Felder et Felder）（江西庐山，浙江昌化）、拟籼弄蝶 *Pseudoborbo bevani*（Moore）（江西官山）

（2）大致以淮河为其分布北限的有绿腿腹露蝗 *Fruhstorferiola viridifemorata*（Caudell）（河南信阳，安徽五河）、异岐蔗蝗 *Hieroglyphus tonkinensis* I.Bolivar（湖北郧县）、黄脊竹蝗 *Ceracris kiangsu* Tsai（安徽五河，河南信阳）、青脊竹蝗 *Ceracris nigricornis* Walker（安徽六安，江苏南京，河南内乡）、斑翅草螽 *Conocephalus maculatus*（Le Guillou）（湖北黄梅，江苏淮阴）、褐缘蛾蜡蝉 *Salurnis marginella*（Guerin）（安徽合肥）、梭蝽 *Megarrhamphus hastatus*（Fabricius）（河南光山，安徽滁县）、角盾蝽 *Cantao ocellatus*（Thunberg）（河南信阳）、异色荔巨蝽 *Ersthenes cupreus*（Westwood）（安徽滁县）、九香虫（河南信阳，江苏南京）、宽曼蝽 *Menida lata* Yang（河南遂平）、绿岱蝽 *Dalpada smaragdina*（Walker）（河南信阳）、卵圆蝽 *Hippotiscus dorsalis*（Stål）（安徽黄山，河南新县）、条蜂缘蝽 *Riptortus linearis* Fabricius

（江苏无锡，河南信阳）、竹后刺长蝽 *Pirkimerus japonicus*（Hidakd）（河南信阳）、日月盗猎蝽 *Pirates arcuatus*（Stål）（江苏盱眙，安徽滁县）、古黑异丽金龟 *Anomala antiqua*（Gyllenhal）（安徽滁县，河南商县）、大红瓢虫 *Rodolia rufopilosa* Mulsant（安徽阜阳，河南息县）、桔根锯天牛 *Priotyrranus closteroides*（Thomson）（河南西峡，安徽巢县）、油茶红天牛 *Erythrus blairi* Gressitt（安徽六安）、黑棘翅天牛 *Aethalodes verrucosus* Gahan（河南鸡公山）、台湾筒天牛（河南新县，江苏南京）、桑黄米萤叶甲 *Mimastra cyanura*（Hope）（江苏杨州，安徽潜山）、蓝翅瓢萤叶甲 *Oides bowringii*（Baly）（河南信阳，安徽九华山）、竹丽甲 *Callispa bowringi* Baly（湖北襄阳）、橘泥灰象 *Sympiezomias citri* Chao（江苏连云港，安徽合肥）、茶梢尖蛾 *Parametriotes theae* Kuznetzov（安徽霍山，河南信阳）、茶木蛾 *Linoclostis gonatias* Meyrick（安徽六安）、油茶织蛾 *Casmara patrona* Meyrick（安徽太平，江苏南京）、黑萍水螟 *Nymphula enixalis*（Swinhoe）（河南信阳，江苏南京）、竹绒野螟 *Crocidophora evenoralis*（Walker）（安徽宿县，江苏镇江）、两色绿刺蛾（江苏连云港，安徽六安）、显脉球须刺蛾 *Scopelodes venosa kwangtungensis* Hering（江苏镇江，安徽金寨）、侵星尺蛾 *Arichanna jaguararia* Guenee（安徽六安，浙江长兴）、竹笋舟蛾 *Norraca retrofusca de* Joannis（安徽滁县，河南内乡）、白斑胯白舟蛾 *Quadricalcarifera fasciata*（Moore）（安徽滁县）、大新二尾舟蛾 *Neocerura wisei*（Swinhoe）（安徽合肥，湖北郧县）、茶黄毒蛾 *Euproctis pseudoconspersa* Strand（安徽六安，湖北宜都）、大丽灯蛾 *Aglaomorpha histrio*（Walker）（河南信阳，江苏南京）、优雪苔蛾（河南信阳，江苏杨州）、马尾松毛虫 *Dendralimus punctatus*（Walker）（江苏盱眙，安徽凤阳）、茶蚕 *Andraca bipunctata* Walker（江苏宜兴）、青球萝纹蛾 *Brahmophthalma hearseyi*（White）（河南信阳）、残锷线蛱蝶指名亚种 *Limenitis sulpitia sulpitia*（Cramer）（河南商城）、苎麻珍蝶指名亚种 *Acraea issoria issoria*（Hübner）（安徽霍山）、么纹稻弄蝶 *Parnara bada*（Moore）（河南商城）、南亚谷弄蝶 *Pelopidas agna*（Moore）（安徽霍山）、樟叶蜂 *Mesoneura rufonota* Rohwer（安徽岳西）、乌柏大蚕蛾 *Attacus atlas*（Linnaeus）（河南桐柏）

　　（3）大致以黄河为其分布北限的有黄翅大白蚁 *Macrotermes barneyi* Light（河南卢氏）、黑翅土白蚁 *Odontotermes formosanus*（Shiraki）（河北魏县）、红胫小车蝗 *Oedaleus manjius* Chang（山东济南）、纺织娘 *Mecopoda elongata*（Linnaeus）（山东青岛）、红蝉 *Huechys sanguinea*（De Greer）（江苏连云港，河南禹县）、稻沫蝉 *Callitettix versicolor*（Fabricius）（河南嵩县，陕西安康）、斑带丽沫蝉 *Cosmoscarta bispecularis*（White）（江苏连云港）、八点广翅蜡蝉（河南许昌）、中华象蜡蝉 *Dictyophara sinica* Walker（山东泰安，山西古县）、雪白粒脉蜡蝉 *Nisia atrovenosa*（Lethierry）（河南许昌）、黑刺粉虱 *Aleurocanthus spiniferus*（Quaintance）（江苏徐州，河南郑州）、大皱蝽 *Cyclopelta obscura*（Lepeleter et Serville）（河南汝阳）、曲胫侏缘蝽 *Mictis tenebrosa*（Fabricius）（河南禹州）、一点同缘蝽 *Homoeocerus unipunctatus*（Thunberg）（山东泰山）、瓦同缘蝽 *Homoeocerus walkerianus* Lethierry et Severin（山东临沂）、暗黑缘蝽 *Hygia opaca* Uhler（山西运城）、小斑红蝽 *Physopelta cincticollis* St l（山东荷泽，河南郑州）、黄足猎蝽（山东烟台）、金斑虎甲 *Cicindela aurulenta* Fabricius（江苏南通，安徽合肥）、八斑瓢虫 *Harmonia octomaculata*（Fabricius）（山东泰安，河南安阳）、宽缘唇瓢虫 *Chilocorus rufitarsus* Motschulsky（河南开封）、六斑月瓢虫 *Menochilus sexmaculata*（Fabricius）

（河南修武）、艳色广盾瓢虫 *Platynaspis lewisii* Grotch（河南郑州）、大绿异丽金龟（山东烟台，河南中弁）、曲带弧丽金龟 *Popillia pustulata* Fairmaire（山东荣城）、斑青花金龟 *Oxycetonia bealiae*（Gory et Percheron）（山东烟台，山西运城）、绿罗花金龟 *Rhomborrhina unicolor* Motschulsky（山东烟台）、油茶红天牛 *Erythrus blairi* Gressitt（陕西华山）、黄荆重突天牛 *Astathes episcopalis* Chevrolat（河北磁县）、橙斑白条天牛 *Batocera davidis* Deyrolle（河南南召）、刺股沟臀叶甲 *Colaspoides opaca* Jacoby（山东泰安，河南信阳）、甘薯腊龟甲指名亚种 *Laccoptera quadrimaculata quadrimaculata*（Thunberg）（河南洛阳）、桃虎 *Rhynchites confragossicollis* Voss（河南许昌）、中国癞象 *Episomus chinensis* Faust（山东淄博）、茶丽纹象 *Myllocerinus aurolineatus* Voss（山东泰安）、咖啡豹蠹蛾 *Zeuzera coffeae* Nietner（山东泰安，河南安阳）、三化螟（山东烟台，河南辉县）、黄杨绢野螟 *Diaphania perspectalis*（Walker）（河北石家庄）、白囊蓑蛾 *Chalioides kondonis* Matsumura（山东济南）、竹小斑蛾 *Artona funeralis* Butler（江苏连云港，安徽巢湖）、黄纹旭锦斑蛾 *Campylotes pratti* Leech（河南嵩县）、樟翠尺蛾 *Thalassodes quadraria* Guenée（山东潍坊）、油桐尺蛾（河南西峡，江苏如东）、条毒蛾 *Lymantria dissoluta* Swinhoe（江苏连云港）、竹笋禾夜蛾（山东莒南，河南南召）、蚪目夜蛾 *Metopta rectifasciata*（Ménétri-és）（河南郑州）、黄麻桥夜蛾 *Anomis involuta*（Walker）（河南民权）、大背天蛾 *Meganoton analis*（Felder）（江苏徐州）、鳞纹天蛾（河南西陕）、褐腰赤眼蜂 *Paracentrobia andoi* Ishii（山东临沂，陕西汉中）、油茶枯叶蛾 *Lebeda nobilis* Walker（河南陕县）、黄豹大蚕蛾 *Leopa katinka* Westwood（河南滦县）。

（4）大致以长城 40°N 为其分布北限的有白翅叶蝉 *Thaia rubiginosa* Kuoh（河北石家庄）、斑角蔗蝗 *Hieroglyphus annulicornis*（Shiraki）（河北昌黎）、中华岱蝽 *Dalpada cinctipes* Walker（北京）、豆突眼长蝽 *Chauliops fallax* Scott（河北昌黎）、多变圆龟蝽 *Coptosoma variegata*（Herrich et Schaeffer）（山西蒲县）、双叉犀金龟 *Allomyrina dichotoma*（Linnaeus）（北京）、狭胸天牛 *Philus antennatus*（Gyllenhal）（北京）、松墨天牛 *Monochamus alternatus* Hope（北京）、茶窠蓑蛾 *Clania minuscula* Butler（山东德州，山西太原）、桑褐刺蛾 *Setora postornata*（Hampson）（山东德州）、纹须同缘蝽 *Homoeocerus striicornis* Scott（北京）、黑肩绿盲蝽 *Cyrtorhinus lividipennis* Reuter（河北昌黎）、狭胸天牛 *Philus antennatus*（Gyllenhal）（北京）、漆尾夜蛾 *Eutelia geyeri*（Felder et Rogenhofer）（天津武清）、玉带凤蝶指名亚种 *Papilio polytes polytes* Linnaeus（北京）、稻暮眼蝶指名亚种 *Melanitis leda leda*（Linnaeus）（河南济源）、酢浆灰蝶指名亚种 *Pseudozizeeria maha maha*（Kollar）（河南安阳）、玫瑰巾夜蛾 *Dysgonia arctotaenia*（Guenée）（河北唐山）、八点灰灯蛾（北京）。

（5）大致以 42°N 为其分布北限的有大田鳖 *Kirkaldyia deyrollei*（Vuillefroy）（辽宁沈阳）。

2. 古北界及其跨古北界种类在我国东部地区的分布南限（括号内地点系最南采集地）

（1）大致以 22°N 为其分布南限的，有桃剑纹夜蛾 *Acronicta intermedia* Warren（广西南宁）。

（2）大致以北回归线为其分布南限的，有雪尾尺蛾 *Ourapteryx nivea* Butler（广东封开）。

（3）大致以 24°N 为其分布南限的有朝鲜毛球蚧 *Didesmococcuskoreanus* Borchsenius（江西龙南）、花壮异蝽 *Urochela luteovaria* Distant（广西龙胜）、淡足青步甲 *Chlaenius pallipes*

Gebler（福建连城，广西永福）、女贞尺蛾（福建龙海，江西井冈山）、萝 艳青尺蛾 *Agathia carissima* Butler（福建闽侯，江西井冈山）、杨雪毒蛾 *Leucoma candida*（Staudinger）（福建沙县，江西南康）、榆凤蛾 *Epicopeia mencia* Moore（江西龙南）、枯斑翠尺蛾 *Ochrognesia diffic-ta*（Walker）（江西龙南）、黄斜带毒蛾 *Numenes disparilis* Staudinger（江西龙南）、粉缘钻夜蛾 *Earias pudicana* Staudinger（广东翁源）、青豹蛱蝶指名亚种 *Damora sagana sagana*（Doubleday）（江西龙南，福建南靖）、杨眉线蛱蝶指名亚种 *Limenitis helmanni helmanni* Lederer（江西龙南）。

（4）大致以 27°N 为其分布南限的有十二斑巧瓢虫 *Oenopiabissexnotata*（Mulsant）（江西井冈山），多眼蝶（江西铅山）、蛇眼蝶二点亚种（江西铅山）、红灰蝶长江亚种 *Lycaena phlaeas flavens*（Ford）（江西黎川）、黑豹弄蝶华中亚种 *Thymelicus syvaticus teneprosus*（Leech）。

四、昆虫区系地理特征

第一，官山自然保护区昆虫种类十分丰富，目前已鉴定的有 21 目 222 科 989 属 1607 种。其区系结构相当复杂，共计 25 个分布类型。据 1498 种昆虫区系分析，该区的昆虫区系组成以东洋界成分为主体计 901 种，占所采总种数的 60.15%。这说明官山自然保护区昆虫属于东洋界范畴。但也有部分古北界成员在该区内采到，计 71 种，占总种数的 4.74%。古北、东洋二界共有种 328 种，占总种数的 21.90%，如将古北界及其跨古北界种类计算在内，计有 532 种，占总种数的 35.51%。这表明官山自然保护区处于东洋界北部，其区系特征有东洋界向古北界过渡性质。

第二，官山昆虫在中国动物地理区划中关系十分复杂，共计 27 个分布类型。其中华中、华南、西南 3 个区共有种所占比重最大，计 308 种，占所采总种数的 20.56%；其次华中、华南 2 区共有种计 198 种，占总种数的 13.22%；华中特有种计 190 种，占总种数的 12.68%；如将以上 3 个分布类型都计算入内，共计 696 种，占所采总种数的 46.19%，可见三区昆虫亲缘关系最为密切。东北、华北、华中、西南 4 个区共有种计 175 种，占总种数的 11.68%；华北、华中、华南、西南 4 个区共有种计 145 种，占总种数的 9.68%；如将我国东半部及西南区统计入内，共计 1376 种，占所采总种数的 91.81%。由此可看出一个总的趋势，官山自然保护区昆虫组成，绝大部分种类只分布于我国东半壁及西南区。这与官山自然保护区所处的位置相一致，该区地处我国华中地区，居中亚热带北部范围，故其昆虫必然反映该区域的生态地理特点。

第三，在我国东部地区，由于地势平坦，多为丘陵低山，缺乏限制昆虫迁移的大屏障。有的东洋界种向北可延伸到 40°N 甚至更北，有的古北界种向南可延伸到 22°N 甚至更南。其间形成了东洋、古北两大区系种类交叉重叠现象，亦是两大区系交叉过渡地带。按长江、淮河、黄河、长城、22°~42°N 等 9 条自然分界线，记述了官山自然保护区产 197 种昆虫分布区的南北限。

第二节　珍稀昆虫资源

昆虫是自然界中一类重要的生物资源，与人类的关系十分密切，并被人类广泛利用。

蚕业和养蜂业的发展，紫胶虫和五倍蚜的放养等，带给人们的是享用和安康；昆虫为植物传授花粉，提高作物的产量，为人类及其他动物提供了丰富的食物；作为害虫的天敌，昆虫在维持自然界中的生态平衡和循环方面起着重要作用。昆虫的感官和机体的巧妙结构及行为适应，为我们开展仿生学研究开拓了广阔的视野。昆虫丰富的遗传多样性，影响着整个生物界的多样化。在漫长的生物进化过程中，昆虫是十分成功的动物，一直繁荣昌盛。人类的历史约数百万年，而有翅昆虫的出现至今已有 3.5 亿年，估计广义无翅亚纲的昆虫至少有 4 亿年或更长的历史。昆虫的分布范围之广没有其他动物可与之相比，从高山到幽谷，从赤道至两极，几乎地球表面的任何地方都有昆虫的分布。

官山自然保护区保存有较大面积的常绿落叶阔叶林，植物组成成分多样，层次结构复杂，昆虫种类十分丰富。已鉴定 21 目 222 科 989 属 1607 种，约占全国已查明的昆虫种类的 2.92%，占江西省已知昆虫种类的 22.16%。

一、珍稀昆虫

1989 年国务院公布的《国家重点保护野生动物名录》中，昆虫保护种有 19 种和类群；1994 年发布的《中国生物多样性保护行动计划》中列出了"昆虫类优先种名录"13 种和类群、"重要保护蝴蝶名录"有 25 种和类群。2000 年 8 月，国家林业局发布的《国家保护有益的或者有重要经济、科学价值的陆生野生动物名录》中，昆虫列出 110 种和类群。这个数字显然与我国实际需要保护的昆虫种类相差甚远，许多珍稀濒危种类仍未列进，而种群数量较大的种类反而列入其中，如箭环蝶 *Stichophthalma howqua*（Westwood）在南方竹林旁为常见种，种群数量不少。而戴褐金龟比阳彩臂金龟 *Cheirotonus jansoni* Jordan 国家二级重点保护动物更为稀有罕见，都未列进。原来在常绿阔叶林内较容易采到的种类，现在已经难觅其踪迹，如窄斑翠凤蝶 *Papilio arcturus* Westwood、褐钩凤蝶 *Meandrusa sciron*（Leech）等。显然我国的昆虫保护种类还需进一步修订完善。

根据昆虫的特点以及目前掌握的资料，依照我国野生珍稀昆虫保护对象的标准：①珍稀濒临灭绝的物种；②具有重要学术意义和种质保存价值的种，主要指某些在分类阶元中的单属寡型物种，它们在种质保存和系统发育进化中占有重要的地位，国家或地区目、科、属的代表种，种群甚少者；③类群古老，能够反映进化历史；④分布范围狭窄或对环境要求特殊的中国特有种，种群甚少者；⑤药用、食用和天敌昆虫中种群稀少或形态奇特、著名拟态有特殊价值而又种群稀少者；⑥有应用、商业及观赏价值的类群，种群较少者；⑦某些植物的传粉昆虫，在自然界维持低数量的种群。省级重点野生昆虫保护对象的标准在此基础上可适当放宽尺度。官山自然保护区昆虫资源十分丰富，珍稀昆虫种类也有不少，在绝大多数昆虫种群数量、栖息环境、生物学特性等研究缺乏了解的情况下，只能提出部分珍稀昆虫。根据以上 7 条标准原则，阐述官山自然保护区产珍稀昆虫 3 目 7 科 14 属 14 种如下。

1. 螳螂目 MANTODEA

花螳科 Hymenopodidae

（1）丽眼斑螳 *Creobroter gemmata*（Stoll），栖息于常绿阔叶林内。

螳科 Mantidae

（2）中华斧螳 *Hierodula chinensis* Werner，生活于常绿阔叶林内。

2. 鞘翅目 COLEOPTERA

长臂金龟科 Euchiridae

（3）阳彩臂金龟 *Cheirotonus jansoni* Jordan，特大型珍稀观赏甲虫，国家Ⅱ级重点保护种。生活于常绿阔叶林中，成虫产卵于腐朽木屑土中。卵圆形，乳白色，初孵幼虫头淡黄色，胸、腹部白色弯成 C 形。

3. 鳞翅目 LEPIDOPTERA

大蚕蛾科 Saturniidae

（4）乌桕大蚕蛾 *Attacus atlas*（Linnaeus），大型观赏蛾，翅展 180～216mm，体长30～42 mm，为我国蛾类中最大的种类。在江西 1 年 2 代，4～5 月及 7～8 月间出现成虫，以蛹越冬，幼虫取食乌桕、樟、柳、冬青等树树叶。

凤蝶科 Papiliondae

（5）金裳凤蝶指名亚种 *Troides aeacus aeacus*（Felder et Felder），珍稀观赏蝶，翅展 110～150mm，系中国最大蝴蝶之一。在江西 1 年 2 代，以蛹越冬，幼虫取食马兜铃科植物。成虫喜红色、橙色系列的花。雄蝶常在树冠上似老鹰般的翱翔，姿态雄壮。雌蝶喜栖于林间阴地，飞翔较雄蝶缓慢。

（6）穹翠凤蝶华南亚种 *Papilio dialis cataleucus* Rothschild，栖息于亚热带常绿阔叶林中，大型美丽种，分布范围狭窄，对生态环境要求高，属稀有种类。

蛱蝶科 Nymphalidae

（7）忘忧尾蛱蝶江西亚种 *Polyura nepenthes kianxiensis*（Rouseau－Decelle），生活于常绿阔叶林中，中型蛱蝶，飞行迅速，稀有种类。

（8）银白蛱蝶指名亚种 *Helcyca subalba subalba*（Poujade），栖息于常绿落叶阔叶林内，飞行敏捷，少见种类。

（9）黑紫蛱蝶指名亚种 *Sasakia funebris funebris*（Leech），大型美丽蛱蝶，珍贵种。翅黑色有天鹅绒蓝色光泽，生活于常绿落叶阔叶林中。

（10）银豹蛱蝶 *Childrena childreni*（Gray），大型稀有种。栖息于常绿阔叶林中，翅反面白具银色光泽，十分漂亮。

（11）枯叶蛱蝶中华亚种 *Kallima inachus chinensis* Swinhoe，世界著名的拟态种。喜阴凉处，多见于栖息溪流潮湿林中。成虫飞翔敏捷迅速，喜食树液、腐烂果，静止时两翅合在一起竖立酷似一片枯叶，野外静止时难以发现。

灰蝶科 Lycaenidae

（12）栅灰蝶竹中亚种 *Japonica saepestriata takenakakazuoi* Fujioka，稀有种。生活于常绿阔叶林内。

（13）久保斯灰蝶 *Strymonidia kuboi*（Chou et Tong），1994 年命名的新种、稀有种。栖息于常绿阔叶林中。

弄蝶科 Hesperiidae

（14）大伞弄蝶 *Bibasis miracula* Evans，大型弄蝶，较稀有，中国特有种。翅反面布满绿色鳞片，栖息于常绿阔叶林内。

二、珍稀昆虫研究与保护

第一，加强昆虫的基础研究，在本次考察成果的基础上，建议官山自然保护区科技工作人员继续对昆虫资源进行深一步的调查，由于昆虫是一个庞大家族，全国估计昆虫约有15万种，但已定名的昆虫还不到6万种，空白点多，较容易出成绩。组织科技人员，在专家的指导下，对有代表性的地段进行深一步的采集调查。任何一个地区依靠几个人的力量，无法完成全部昆虫标本鉴定任务，应当解放思想，打破封闭格局，跨越单位界限，互相协作，共同努力。凡是采到的昆虫类群，分目，分科送请或寄送国内有关专家鉴定。目前，部分经济较发达的省分，许多自然保护区均出版了昆虫专集书刊。建议在经济条件许可时，考虑优先安排经费出版官山自然保护区昆虫专集，为江西省昆虫资源的保护与利用做贡献。

第二，全体科技工作者在调查昆虫种类的同时，应十分关注珍稀昆虫。由于人口急剧增长，经济发展和过度开发自然资源，使自然环境受到了很大的破坏，许多昆虫的生存受到严重威胁，不少种类已从地球上消失，有部分则正处于濒危或濒临灭绝的境地。加强生物多样性保护和自然资源的合理开发利用，已成为国际上共同关心的战略问题，受到全人类的关注。本文提出的14种珍稀昆虫，只是该区内的少部分，还有许多珍稀昆虫有待再发现。除了加强对珍稀昆虫种类、分布的调查外，还应进一步对其生物学，生态学、行为学等方面进行专题研究。对于濒临灭绝的物种还要深入研究其栖息环境条件，种内遗传多样性，最小可生存种群，最小栖境面积等基础研究，为保护和利用提供科学依据。

探索昆虫天敌防治害虫技术。大力推广已有的天敌防治技术，使其在可持续治理有害生物中发挥应有的作用。

三、昆虫资源的合理利用

昆虫是生物界最大的家族，昆虫资源是自然界里最丰富的生物资源之一，蕴藏着很大的生物资源量，在全球资源需求日趋增大的情况下，昆虫资源的作用就进一步显现出来。因此在保护有益和珍稀昆虫的前提下，可以对昆虫资源加以合理利用。

甲虫、蚤、虱、蝇等教学示范标本，竹节虫、桑尺蠖、枯叶蝶等拟态标本，少部分天牛、金龟子、吉丁虫、独角仙、蛾类等观赏标本，在国际市场均属热门货。绚丽多姿的蝴蝶，被人们称为会飞的花朵，是古今中外人们观赏的宠物，亦是国际贸易的珍品。我国广东、福建、上海等沿海地区以及云南、四川、辽宁等地开发观赏昆虫已初具规模，尤其对蝴蝶资源的开发更是逐渐兴起。官山蝴蝶资源丰富，计有172种，占江西省已知蝴蝶总数的51.65%。仅此一项昆虫资源的开发利用，前景十分可观。对稀少观赏昆虫——具有观赏和贸易价值、数量颇少的类群，应合理采捕，进行人工饲养，扩大种群，以便开发利用。

对于随处可见、种群数量较大的昆虫普遍种，可以加工成各种工艺品，在国内国际市场销售，可生产以下品种：

装饰工艺品：将蝴蝶装入瓷盘。方形、圆形镜框或玻璃盒中，成礼品形式。

　　昆虫夹制品：将蝴蝶夹在透明纸中过塑制成贺年卡、生日卡。亦可夹在两层硬塑料中制成茶杯垫、桌布、书签、手提袋、钱包、铅笔盒、壁挂等。

　　有机玻璃封埋标本：将观赏昆虫封埋在透明有机玻璃中，制成手机环扣、餐具、锁环、刀柄等。

　　家具装饰：用透明有机材料将蝴蝶固定在木板上，制成桌面、天花板等家具装饰。

　　蝶翅剪贴画：蝴蝶翅膀修剪后，重新组合粘贴成各种图案或画像。由于蝴蝶翅膀上具有人工难以描绘的各种色彩和精美花纹，创作的蝶翅画具有独特的艺术效果，不同于一般绘画，是艺海中一朵美丽的奇葩。

　　另外，随着我国人民生活水平的迅速提高，昆虫食用品备受欢迎，除了其味鲜可口外，还因虫体内含有大量人体所需的氨基酸、蛋白质、维生素等营养物质。我国目前昆虫食品也在悄然兴起，已涌现出不少生产昆虫食品的厂家，但尚属起步阶段，食用昆虫的路子还有待进一步探索。

第七章 大型真菌资源*

　　官山自然保护区植被类型复杂，在不同的森林生态环境下，分布着各种各样的大型真菌，有红色、绿色、白色、黄色、紫色乃至于黑色的真菌。真是五颜六色，千姿百态。

　　2004 年 7 月，考察队在官山进行了首次大型真菌的科学考察，重点调查九岭山脉南坡，以"抓点带面"的方式，在保护区的东河和西河两个保护站所属的芭蕉窝、山棚、猪栏栅、刀背梗、麻子山、安土里、水涧沟、吊洞、将军洞和石花尖等地区进行了广泛的标本采集、记录。因正值夏暑天气，气温高，水湿条件好，是各种大型真菌繁衍的高峰季节，在短短 20 天的考察中，共采集标本 300 号，经查阅文献资料，研究鉴定出 132 种（其中有 15 种是江西省未曾记录过的），隶属于子囊菌纲 2 目 2 科 4 种，担子菌纲 9 目 31 科 128 种（见附录）。

一、大型真菌资源

　　保护区已鉴定的 132 种大型真菌以牛肝菌科 Boletaceae、鹅膏菌科 Amanitaceae、红菇科 Russlaceae 的种类最多，其次是灵芝科 Ganodermataceae。这些真菌种类中有许多具有重要的经济意义，如食用菌 68 种，药用菌 30 种，此外还有毒菌 20 种，还有些是林木共生菌和木材分解菌。分述如下。

1. 食用菌

　　食用菌是可供人类食用的大型真菌，如香菇 Lentinula edodes、木耳 Auricularia auricula、侧耳 Pleurotus ostreatus 等，它们味道鲜美，营养丰富，富含蛋白质、氨基酸和多种维生素，经济价值高，是我国传统栽培的著名食用菌。由于这些菌都是低温或中低温生长型，考察时已不适宜它们的生长，因此分布极少，只在沟谷深处有少量分布。较为多量分布的野生食用菌为鸡油菌 Cantharellas cibarius、漏斗鸡油菌 C. infundibuliformis、喇叭菌 Gomphus floccosus、卷缘齿菌 Hydnum repandum、珊瑚状猴头菌 Hericium coralloides、长根菇 Oudemansiella radicata、长根菇鳞柄变种 O. radicata var. furfururacea、野蘑菇 Agaricus arvensis、薄花边伞 Hypholoma appendiculatum、华美牛肝菌 Boletus spseciosus、虎皮假牛肝 Boletinus pictus、稀褶乳菇 Lactarius hygrophoroides、多汁乳菇 L. volemus、铜绿红菇 Russula aeruginea、花盖菇 R. Cyanoxantha、美丽红菇 R. rosacea、大红菇 R. rubra、变绿红菇 R. virescens 等，它们中不少种被视为"山珍"，作为餐桌的美味佳肴；有的正被人们开发利用，前景广阔。

2. 药用菌

　　药用菌是可供人类医药用的大型真菌。保护区发现有药用价值的种主要有：竹黄 Shiraia hambusicola，药性温，能止咳、祛痛、活血、散淤，可治肝胃疼痛，风湿性关节炎，气管炎及小儿百日咳等。灵芝 Ganoderma lucidum，药性温，能滋补健脑、消炎、益胃；可

　　* 本章作者：何宗智[1]，肖满[1]，黄志强[2]（1. 南昌大学生命科学学院，2. 江西省野生动植物保护局）

治头昏、失明、肝炎、支气管哮喘和神经衰弱等，对胃病、癌症、心脏病、脑溢血以及误食毒菇解毒等都有显著疗效，是我国著名的保健食品和天然药品。云芝 Coriolus vericolor，祛湿化痰，提取的云芝多糖 PSK、云芝肝肽对肝炎及各种肿瘤都有疗效，是一种新型免疫调节剂。不少食用菌也兼有药用价值，如：香菇、侧耳、银耳和野生资源中的鸡油菌、野蘑菇、华美牛肝菌、长根菌、大红菇、卷缘网褶菌 Paxillus involutus 等，有些是幼时可食用，成熟后入药，如硫磺菌 Tyromyces sulphureus，有滋补强壮作用，也可用于驱除蚊虫，调节肌体，增进健康。裂褶菌，幼时可食用，成熟时可治妇女病和手脚麻木症。此外，毒菌是不能食用的，但有些种类如红鬼笔 Phallus rubicundus、臭黄菇 Russula foetens、稀褶黑菇 R. nigricans、密褶黑菇 R. densifolia、黄粉末牛肝 Pulveroboletus ravenelii 有追风散寒、消肿、散毒，舒筋活络的作用。此外，树舌 Ganoderma applanatum 可抗癌，治疗食道癌症；隐孔菌 Cryptoporus volvatus 能治支气管炎，哮喘病，民间还用它治疗耳疾和鼻炎，并誉为抗衰老的保健食品。

3. 毒菌

在众多食用药用野生大型真菌中，常常夹杂生长着一些毒菌，在官山也有。在考察中已发现有毒菌 20 种。如小蘑菇 A garicus praeclaresquamosus、冠状环柄菇 Lepiota cristata、毒红菇 Russula emetica、黄裙竹荪 Dictyophora multicolor、钟形斑褶菇 Panaeolus campanulatus、鲑色乳菇 Lactarius salmonicolor、蓝黑赤褶伞 Rhodophyllus cyanoniger、方孢粉褶伞 R. murraii、变绿粉褶菌 R. virescens、灰托柄菇 Amanita vaginata、角鳞白毒伞 A. vittadinii、松塔鹅膏 A. stribiliformis、红鬼笔臭黄菇、黄粉牛肝等。这些毒菌因含有毒素不能食用，误食会中毒。在官山还有极毒菌，如白毒鹅膏 A. vittadinii、鳞柄白毒伞 A. virosa、稀褶黑菇等，误食 3～5mg，就会造成生命危险。

4. 菌根菌与腐木菌

鸡油菌、漏斗鸡油菌、卷缘齿菌、橙盖伞、灰褐小鹅膏、角鳞白伞、圈托柄菇、蓝丝膜菌、虎皮假牛肝菌、红黄褶孔牛肝菌、棱孢南方牛肝菌、窝柄黄乳菇、鲑色乳菇、花盖菇、拟臭黄菇、大白菇等大约有 20 多种是与高等植物形成外生菌根（ectomycorrhiza），对林木生长，尤其是对育苗造林都具有益的作用，如同众所周知的天麻植物与蜜环菌两者共生一样。大型真菌还能分解枯枝落叶和腐烂木材成木质素、纤维素，使之转化为腐殖质，以增加森林土壤的肥力和活性。总之，在人类经济生活中和自然物质环境保持生态平衡调节中，大型真菌的作用是必不可少的，非常重要的，是人类生存的宝贵财富。

二、江西省未曾采集记录过的种

官山自然保护区采集的 132 种大型真菌中，有 15 种是江西省未曾采集记录过的种。

1. 辛克莱虫草 Cordyceps sinclairii

子座自寄主头部长出 10～12 条分枝，每条分枝长约 3.6mm×1.2mm，全体黄绿色或稻草黄色，卵形或长卵形，头顶尖米黄色 0.6～2.5cm，分枝柄长 6.5cm，柄上有细毛，基部近白色或白黄色 1～0.5cm。寄主白黄色至白色密质，3cm×1.2cm，为蝉幼虫体上，生阔叶林中地面上。药用。

2. 淡黄鳞蛹虫草 C. takaomontana

子座 2～8 枝丛生。圆柱状或棍棒状，长 1～4cm，柄（0.7～2.5）cm×（0.5～2.5）mm，

初淡黄色，后淡黄褐色，头部顶生，棍棒状或圆柱状，（2~20）mm×（1.5~3.5）mm。生林中地上。

3. 大孢虫花（日本棒囊孢）*Isaria japonica*

全体高 9.5cm，寄主 3.5cm×1.5cm，白色，2 支 0.5cm×1.4cm，由寄主头部分出子座，子座 2~3 个分枝，头部纯白色，顶梢开花 1.3cm，柄谷黄色 4cm×0.2cm。生林中地上。

4. 珊瑚状猴头菌（玉髯）*Hericium coralloides*

子实体较大，脆肉质，新鲜时白色，干后淡黄褐色，有狭小的基部分出数枚主枝，每条主枝再生出短而细的小枝，其上悬垂成丛密集的长刺。刺长圆筒形，下端尖锐，长 5~15mm。孢子无色，光滑，近球形，（5~6）μm×（4.5~5.5）μm，内有油滴一个。生枯枝上，可食用。

5. 高山猴头菌（雾猴头菌）*H. alpestre*

子实体较大，嫩肉质，干后较纤维质，基部呈盘状座垫，由于多次分枝，呈不规则分叉，向末端渐成纤细，微弯曲，全株近圆形。似花朵，直径 8~15cm，白色或乳白色，干后淡黄褐色，顶枝多，裂齿长（0.5~1.2）cm×0.1cm，软肉质，下垂。侧生杉树林中腐木上。可食用。

6. 皱盖乌芝（皱盖假芝）*Amauroderma rudis*

子实体中等大，1 年生，木栓质。菌盖肾形或半圆形或漏斗形，直径 3~10cm，厚 0.5~0.7cm，表面浅烟色，近灰褐色，受伤后变浅红色，棕褐色最后成黑色。具辐射皱纹和微绒毛，有同心环带，边缘平截，波浪状。菌肉蛋壳色至浅土黄色，厚 0.4~0.5cm。菌柄侧生，长 4~12cm，粗 0.3~1cm，与菌盖同色，近圆柱状，常弯曲有细微毛，菌管长 0.2~0.3cm。管口圆形，近污白色，受伤处变红色至黑色。生林中腐木地上，广泛分布，成群生长。可药用。

7. 热带灵芝（相思灵芝）*Ganoderma tropicum*

子实体中等大，菌盖半圆形，近扇形，至形状不规则，常有重叠的小菌盖，直径（2.5~8.5）cm×（4.5~20）cm，红褐色，紫红色至紫褐色，中部色深，边缘色淡，呈一条黄白色宽带。有同心环带，菌肉褐色，管孔形状不规则，污白色或淡褐色，每毫米 4~5 个。菌柄侧生或偏生，粗、短或近于无柄，紫红色或紫褐色或黑褐色，有光泽，孢子卵形，双层，平滑，有时含油滴（8.4~11.5）μm×（5.2~6.9）μm。生阔叶树基部。可药用。

8. 叶生皮伞 *Marasmius epiphyllus*

子实体小形群生或散生。菌盖直径 1cm 左右，平展有时下凹，白色至乳白色，膜质，有放射状皱纹，菌褶白色，稀，分叉或有横脉。菌柄长 1.5~3cm，粗 0.1cm。孢子印白色，孢子柱状椭圆形，（10~11）μm×（3~4）μm。生杂木林中落叶层。

9. 紫条沟小皮伞（紫纹小皮伞）*M. purpureostriatus*

子实体单生或群生。菌盖直径 1~3cm，初期半球形，种形主扁半球形，后期平展，浅土黄绿色，中部下凹，呈脐状，放射状沟条，呈现褐紫和灰紫色。菌肉污白色，薄；菌褶近离生，白色带黄色，稀，宽可达 0.4cm，不等长。菌柄长 4~11cm，粗 0.2cm，顶部淡色，向下渐褐红色，圆柱形，直立，微有绒毛，中空。

10. 黑褐鹅膏菌 *Amanita sculpta*

子实体单生，菌盖直径 5～15cm，半球形，紫褐色，中部棕褐色，具有角锥状紫红褐色大鳞片，边缘常有白色幕残片下垂，菌褶淡灰白色，后变暗褐色，菌柄圆柱状，长 10～15cm，粗 2cm，下部渐粗至 3.5cm，菌柄上有大鳞片，内实。菌环早失。菌托由环状排列的鳞片组成。伤后变褐色。生杉、竹杂木林地上。有毒。

11. 方孢粉褶菌（黄色赤褶菇）*Rhodophyllus murraii*

子实体单生或散生，全体鲜黄色，菌盖宽 6cm，圆锥形至钟形，中央有突尖，湿时边缘有条纹，透明状。菌褶宽，稍稀微带红色。菌柄 7cm×（3～4）cm，常扭曲，中空，孢子直径 8～10μm，方形。生杉木林地上。有毒。

12. 梭孢南方牛肝菌 *Austroboletus fusisporus*

子实体单生，菌盖直径 1.5～3.5cm，锥形，中央突起，金黄褐色，有细小鳞片，边缘明显延伸成大菌幕。菌管离生，初时粉白或灰粉红色；孔多角形。柄长，变弯曲，（3～8）cm×（0.3～0.6）cm，心等粗，或向下稍粗，与菌盖颜色相同。有纵向粗状网纹，内实，孢子纺锤形。生针阔叶混交林地上。

13. 木生条孢牛肝菌（木生小牛肝菌）*Boletellus emodensis*

子实体小或中大，生腐木上，伤处变蓝色。菌盖直径 8cm，扁半球形，淡紫红色，被毛毡状鳞片，盖缘常有菌幕残片悬垂，菌内黄色，稍厚，离生，管口圆形至多角形，每毫米 2 个，米色。菌柄圆柱形，9mm×1cm，灰紫红色。有纵棱，基部脚大近球状，孢子大小 36μm×（12～16）μm，浅黄色，有纵条纹和颗粒状横纹。生于米槠树上，可食用。

14. 窝柄黄乳菇 *Lactarius scrobiculatus*

子实体单生或散生。菌盖 7.5cm，初半球形，边缘内卷，中部下凹，橙黄色，不变色，菌柄 3.5cm×2.2cm，淡色，内实，后松软，柄上有斑点状凹窝。生栲栎混交林中地上。

15. 茶褐红菇 *Russula sororia*

子实体单生或群生。菌盖直径 9cm，初扁平球形。后平展中部下凹，土黄色或土茶褐色，中部色稍深，湿时黏，盖缘有小疣组成的棱纹，盖缘的表皮易剥离。菌肉白色，变淡灰色。菌褶凹生或离生，白色，变淡灰色。菌柄（2～8）cm×（1～2.5）cm，近等粗，或向下渐细，白色至淡灰色，稍被绒毛，孢子印乳黄色，孢子无色，近球形，有疣和小刺。生阔叶林中地上。可药用。外生菌根菌。

第八章　旅游资源[*]

官山自然保护区内森林茂密，幽谷迭翠，奇峰峥嵘，怪石嶙峋，古迹众多，一年四季雨量充沛，气候温暖，景色宜人，既是野生动植物的王国，也是人们游览避暑的好地方。

一、地质地貌类旅游资源

地质地貌条件是自然旅游形成的基础和前提，特别是随着科学文化的提高和发展，以求知、科学考察为目的的旅游活动日益增多，大量地质地貌现象会吸引众多的游客，为旅游提供种类繁多的旅游资源。

官山自然保护区属中山山地地貌区。根据区域地质考察情况分析，保护区所在区域10亿年之前属于海洋环境，经过约10亿年左右的四堡运动和造山作用，形成"江南古陆"或岛弧地貌。此后，几经裂解、离散、又聚合。直至2亿年前左右的中生代早期成为统一大陆（欧亚大陆）的组成部分，到6000万年前结束了盆岭相间地貌格局。在第四纪，受全球性冰期气候影响，局部高地如九岭山脉山岭1000m以上的高峰形成了山岳冰川。

该区域的岩体地貌特征有很多类型，如花岗岩地貌、变质岩地貌、丹霞地貌等等。花岗岩和变质岩所形成的地貌景观在区内主要表现为山峰地貌景观，区内海拔千米以上的山峰多达数十座，远观可谓是崇山峻岭、层峦叠嶂；其次为奇石、怪石、悬崖、峭壁及峡谷地貌。丹霞地貌主要分布于铜鼓盆地，典型丹霞地貌型峰林或柱林景观，丹山碧水风光主要见于大塅镇的天柱峰地段。

1. 地层构造旅游资源

地层是地壳发展过程中形成的各种成层岩石的总称，是地球历史的物质记录，也是地球环境变迁的物质反映，属于地壳上部组成中的重要物质单元。地质旅游资源是地域风景总特征的基础，对旅游者产生吸引力的主要是地层剖面、地质风光、火山地震遗迹、岩石等。地层一般经历过沉积——成岩作用而形成，其中有许多还包含了成岩后的变质作用和变形作用等地质作用的叠加影响。

官山地区地表出露的地层单位较少，仅见中元古界宜丰岩组变质岩系。区域地层大致可分为结晶基底地层、褶皱基底地层、海相沉积盖层和中新生代断陷盆地陆相沉积岩系等四大类型。

区内及九岭山地区断裂构造发育，不同时期、不同规模、不同方向、不同性质的断裂及断裂构造带错综交织。这些构造变动遗迹，不仅具有科学研究价值而且也有很高的科普价值和观赏价值。

2. 冰川遗迹旅游资源

主要是由冰川的侵蚀和堆积作用形成的，这类旅游资源为科学认识该区第四纪冰川活

* 本章作者：牛德奎，王金芳，胡明文（江西农业大学，国土资源与环境学院）

动提供了很高的价值。在官山自然保护区内主要见于九岭山脉，属山岳型古冰川，发育有冰蚀地貌，也见有冰积物。同时，在潭山镇白马塅之北的山间谷地中见有古沼泽遗迹，现为泥炭层，厚约 2.03m，出露标高 800m 左右，是第四纪寒冷时期之气候变化的历史物证。

在官山外围地区的中生代陆地相红色盆地中还见有中生代时期的地球霸王——恐龙化石，在震旦纪—三叠纪地层中见有 6 亿～2 亿年来的海洋动物化石群和大量植物化石。

3. 岩石旅游资源

保护区内的岩石类型众多，其中岩浆岩中的花岗岩种类齐全，具有代表性，花岗岩类岩石种类有上百种之多，从中性→中酸性→酸性→偏碱性系列花岗岩发育齐全；霏细→细粒→中粒→粗粒结构及不等粒斑状等结构的花岗岩、黑云母花岗岩、白云母花岗岩、二云母花岗岩、斜长花岗岩、二长花岗岩、钠钾花岗岩及花岗散长岩，脉岩如花岗斑岩、斜长斑岩、伟晶岩、细晶岩、石英脉，存在大型规模的岩基，也有中小型规模的岩株、岩瘤等，还有岩墙、岩脉。

宜丰一带的中远古时代海相细碧—石英角斑岩系，是江南古陆南缘最具典型性和代表性的海底火山岩系，也是特定构造环境的产物。

麻姑尖是保护区内最高山峰，海拔 1480m，山顶怪石星罗棋布，在这儿可以眺望整个保护区，自由地放纵心情。此地可吸引众多游客来观光旅游。另外还有其他的怪石，如：石龟望海、雷劈石等。

这些岩石为科学考察以及大中专院校学生进行实习和科普教育提供了大量的素材，同时，也为开展旅游提供了资源。

二、水体旅游资源

水体是最宝贵的旅游资源，也是最能满足游客参与要求的旅游资源。官山地区有 400 年以上的官封禁山历史，又经 30 余年的自然保护区建设管理，使区内植被茂盛，原始、半原始及次生森林生态系统保护良好，水系发育，又具有山高坡陡和断裂构造错综交叉发育等条件，形成一系列特有水体地貌景观。水量充沛，一年四季不断流，水色呈浅蓝色，透明度高。涓涓细流，既给人们强烈的动感，又悦耳动听，可给人以音乐美的享受。

1. 瀑布

在已建自然保护区的 10km² 范围可见常年性瀑布 50 多处，落差达数十米，如：吊洞瀑布，落差达 50m 余，还没有到达瀑布时就能先听见落水的声音，促使游客想亲近它，并急于见到它。远观时有那种"遥看瀑布挂前川"的气势。瀑宽数米的瀑布景观常见，其中黄蘗山飞瀑在古代就富有盛名。官山外围的洞山银瀑已有 880 余年名景历史。保护区内瀑布的程度达一级（含沙量 < 0.05kg/m³，植被覆盖率 > 70%）。瀑布层层跌落，空谷回响，恰如一部节奏轻快、韵律生动的乐章。

2. 深潭（水流）

官山有许多的溪流沿山势而下，形成瀑潭相连的自然美景，可以开展溯溪活动。泉水清澈甘美、爽人可口，给人以清心、静心、养心的享受。在溯溪过程中，溯行者必须借助一定的装备，具备一定的技术，去克服诸如急流飞瀑等诸多艰难险阻，充满了挑战性。也正是由于地形复杂，它需要同伴之间的密切配合，体现一种团队精神。因此，较适合集体出游，适于寻求挑战的群体。

3. 泉水

在保护区内山峦叠嶂，形成了许多条沟壑，同时由于冰川的作用留下了众多的岩石，从而为泉水的形成带来优越的条件。拥有各类泉 10 余处，有上升泉也有下降泉，按成因则以断裂泉最为发育，如回龙卧子潭等。在外围洞山，还有虎跑泉、考功泉、聪明泉等特色泉。

有瀑必有潭，区内瀑布发育，碧潭更是众多。在保护区那有数条达几百米的沟壑，这里常年溪水长流，又是处于山与山之间，走在沟壑之中，抬头看见的是郁郁葱葱的参天大树，两旁是原始的林木，泉水在你的脚下流动，同时在沟壑之中会形成一些积潭，其水清澈见底，小鱼在自由的游动，仿佛带你回到柳宗元的《小石潭记》的佳境，在这种境界中，可让游客忘记自己，完全去领略大自然带来的那分惬意。双叠泉、仙姑泉的泉水如仙女飘带甚是迷人，并带你进入一个奇妙的世界。

温泉也是官山的一大旅游资源，在保护区外围还有 3 处温泉，一为铜鼓县城温塘温泉，人工井口水温 52℃，涌水量 265.8t/日；二为宜丰潭山尾水岭温泉，自然泉口水温 25℃、流量 0.61L/秒；三为铜鼓大塅温泉。

4. 水库

由于长期以来山区水能资源的开发，保护区外围的沟谷中，已建成多级小水电库坝，这些库坝为景区要素配置和微景观优化起到了良好的点缀作用，一些稍大的水面还可水上泛舟，为欣赏湖光山色、峰林倒影提供了便利条件。

三、动植物旅游资源

官山地区地带性的常绿阔叶林为主体的森林生态系统保存完好，区内动植物资源十分丰富，已知有高等植物 2344 种，其中珍稀植物主要有银杏、南方红豆杉、伯乐树、长花双柄木、伞花木、香果树、野大豆、花榈木、凹叶厚朴、闽楠、毛红椿等；珍稀动物主要有白颈长尾雉、黄腹角雉、白鹇、猕猴等。另外，区内有许多独特或独有珍稀植物群落，而且林相多样、垂向高度分异分带明显，从而形成了迷人的景观。

1. 植被类型的垂直分布景观

保护区属于中亚热带常绿阔叶林带，植物种类繁多，主要植被类型有常绿阔叶林、落叶阔叶林、针叶林、竹林、山顶矮林和山顶灌草丛。在海拔 500m 以下的地区为常绿阔叶与落叶阔叶混交林；在海拔 500～1000m 地区除常绿阔叶与落叶阔叶混交林外，还有竹、阔混交林和针、竹、阔混交林；在海拔 1000～1200m 为山顶矮林及灌木林；在海拔 1200m 以上的地区为灌木林及山地草甸植物。这样就形成了一个植被的垂直分布景观，在不同的季节呈现不同的植被季相。由于处于中亚热带常绿阔叶林带，其整体的景观为绿色，但随着时间的变化会出现不同的颜色的植被景观，如：典型落叶阔叶林在 9 月是绿色，后慢慢变红变黄，在秋季时最为明显；针叶林在 9 月时为暗绿色，后变为棕黑色；山地灌草丛，9 月为亮绿，渐变为浅品红。这样在 9 月时所呈现的是一片绿色的景象，展现了大自然的气息，随着时间的变化，在同一季节里，远看山峦，植被展现出了自己的特色，层层绿色、黄色、红棕色，可给游客带来了大自然另一种奇观。同时保护区内分布了很多"枫树"，仅槭树科的树种有 15 种，到了秋季，北京的"香山红叶"在这里同样能够领略到。

2. 常绿落叶阔叶混交林季相

在保护区那常绿落叶阔叶混交林主要分布在 500~900m 的海拔上，常绿落叶阔叶混交林面积为 14.63km²，占官山总面积的 12.75%。常绿落叶阔叶混交林在亚热带是个不稳定的类型，反映出了两个问题，一是体现了官山植被的过渡性特点，二是说明官山的植被仍处在演替的动态过程中，是个不稳定的类型。低丘灌草丛是在人为干扰下的偏途顶级，多分布在沟谷地带，面积为 1.73km²。

3. 珍稀植物和古树名木

珍稀濒危植物是人类保护的主要对象，它本身具有极高的旅游价值，备受游客青睐。官山由于人为破坏小，森林生态保存完好，具备我国中亚热带北部地区典型植被。拥有 2000 多种高等植物，其中属于珍稀植物的有：香果树、天竺桂、黄山木兰、银鹊树，紫茎、青钱柳、沉水樟、闽楠、花榈木、凹叶厚朴、野大豆、长柄双花木、天师栗、宜丰棱木等 30 多种，名贵药材有台湾山豆根、绞股蓝、八角莲、黄连、何首乌、灵芝、七叶一枝花等 80 多种。官山植物园集中了珍稀植物 130 余种。有条件成为国家级自然保护区，是江西省开展特色植物科考的良好课堂。保护区内还分布有许多以树龄、规模、形姿、社会环境等为特色的古树名木。

伯乐树属伯乐树科，是古老的单种科和残留种。它在研究被子植物的系统发育和古地理、古气候等方面都有重要科学价值，并被列为国家一级保护植物。

伞花木为第三纪残遗于我国的特有单种属植物，对于研究植物区系和无患子科的系统发育具有科学价值。

长花双柄木属于金缕梅科，落叶灌木，高 2~4m。花 2 朵对生，花瓣红色，狭披针形，生于海拔约 600m 处的山脊、坡地，属国家二级重点保护的濒危物种。

在官山，银鹊树或散生在阔叶林中，或小片分布。它是国家保护的树种。木材的纤维很长，是上等的造纸原料。在银鹊树下，会使人想起了牛郎织女的神话故事。每年农历七月初七，牛郎织女相会，要走过喜鹊为他们搭的"鹊桥"，有了官山的银鹊树，喜鹊造桥就不难了，牛郎织女见面也就不难了。

古老木兰科植物乐昌含笑群落，在保护区内不仅成片状分布，而且分布范围广，核心区和实验区均可见到。由于它花芬芳，叶片大，人们都称它为"大叶含笑"。大叶含笑花开似笑，果熟似笑。它移情默默，含笑迎客，所以特别受人喜爱，不要说游客喜欢，就是长期与其打交道的科研人员，在它果熟期，红果张开，露出"黑眼镜（种粒）"时，也要呆上半天不舍离去。

穗花杉号称"冰川元老"，是世界稀有的珍贵植物。它在地球上濒临于灭绝，但官山却发现了十多处。最粗壮的一株，高 15m，胸径超过 20cm。穗花杉为红豆杉科乔木，叶与油柑叶相似，但长 2 倍多，叶面光滑发亮，叶背有两条白色的气孔带，树皮薄呈赤褐色。四季常绿，木质纹理细密，是上好的雕刻木材。

南方红豆杉为我国特有种，树形秀丽，种子秋后成熟时假种皮呈红色，极为美观，为优美的庭园观赏树种。

巴东木莲也是珍稀濒危保护植物，为木兰科高大乔木，枝叶婆娑，千姿百态，叶片繁茂，色泽碧绿。树高可达 25m 左右，胸径约 80cm。

"第四纪冰川孑遗种"云锦杜鹃群落，分布于海拔 1200m 以上的中山，面积达 1.3hm²，云锦杜鹃最具我国中亚热带北部地段原生性植物区系的代表性、典型性和独特性，它树干不高，但树冠特大，树冠是树干长度的 2~3 倍，外观非常漂亮。花开时，白里透红，一簇一簇的如月亮般，在绿叶的衬托下更显得美丽动人。游客们登上高山，在白雾中观赏如此盛景，好似登上了"天堂"。

4. 人工林群落（杉木、毛竹）

在进入西河保护管理站的路口，有一整片 1956 年种植的人工杉木林，排列整齐，笼罩了整个山势，这是人类利用自身的勤劳和智慧改善大自然，为人类造福的壮举。

毛竹主要分布在海拔较低的山坡。行走在半山中，放眼望去，一片竹海跌宕起伏。

5. 动物旅游资源

动物在自然界中最具活力，动物的体态、色彩、姿态和发声都具有极高的美学观赏价值，使旅游景观生动活泼，是游客最感兴趣的旅游内容之一，同时也是开展野生动物观赏旅游、科学研究的理想之地。迄今官山自然保护区内已经记录到脊椎动物有 304 种，其中以鸟类居多，有 157 种。美丽多姿的雉科鸟类种群和灵巧玩皮的野生猕猴群是官山的一道奇特风景线。

白颈长尾雉是我国特有的世界受胁种，为国家一级保护动物，在保护区海拔 300~800m 的阔叶林和针阔混交林内大面积地分布着，据专家考察推算，该保护区现有白颈长尾雉资源量有 800~1000 只。

猕猴属国家二级重点保护动物，是世界上地理和生态位分布最广泛的非人类灵长类。官山自然保护区是江西省猕猴重要分布地之一，现有野生猕猴群 11 群共计 615~665 只。其中最大的猴群数量在 150 只左右，个体超过 100 只的群体有 3 群，多数猴群个体数量在 20~50 只之间。每年秋冬季节，猕猴会下山在东河站一带与人们嬉耍，接受人们馈赠的食物。

四、气象类旅游资源

所谓气象、气候旅游资源，是指具有能满足人们的正常的生理需求和特殊的心理需求功能的气象景观和气候条件。满足人们正常生理需求的气候条件是指，人们无须借助消寒、避暑的装备和设施，就能保证一切生理过程正常进行的气候条件，即人们俗称的"宜人的气候"，所以具有使人身心愉悦的宜人气候才是真正的气候旅游资源，官山自然保护区具备了得天独厚的条件。

1. 适宜的温度

官山的平均气温为 16.2℃，海拔 1000m 以下是宜人气候分布区，属于康乐型气候。

2. 森林浴场

官山拥有开发条件理想的森林保健资源。森林浴场要求林木高大，遮蔽率高，空气通透性强。所以，育材时间较长的山谷、山脚处，往往易于开发成森林浴场。位于官山东河保护管理站北部的乐昌含笑王至牧马场一带，地势平缓，林相好，湍急的溪流与森林、阳光、岩石等因素共同构成了近于无菌的空气质量，该处负氧离子含量每立方厘米高达 1 万以上，可达森林医院的标准，是优质的天然森林浴场。适当清理林地，增加通透性，修建简易游步道，路旁设立休憩椅，林中设立吊床、桌椅等，选用原木制成小木屋，供游客休息之用，在其中可充分感受森林的原野气氛，吸收森林中的负氧离子，达到森林保健养生的目的。

3. 冬季的雾凇、雪山景观

由于温度的梯度变化，官山自然保护区千米以上的山峰常具备高湿低温的条件。因此，冬季易形成银装素裹的雾凇景观。尤其是落叶阔叶林群落在冬季落叶后，由于湿气和树木众多等原因，每到隆冬时节，保护区内，垂柳苍松凝霜挂雪，戴玉披银，晶莹剔透，仰望松树枝头，宛如玉菊怒放，雪莲盛开，正是："忽如一夜春风来，千树万树梨花开"。观赏雾凇，最讲究的是在"夜看雾，晨看挂，待到近午赏落花"。

雪是在冬季出现的一种特殊的天气降水现象，配以其他自然景观，如高山、森林、冰川等，则可以构成奇异的冰雪风光。每到冬季，官山自然保护区都会有雪降落，落在树梢、岩石、峭壁、小桥上，银装点亮了整个保护区。

五、人文旅游资源

官山地区及其外围的人文古迹众多，并有多种类型。古城堡遗址与古战场遗迹分布于官山地区，且与官山之名有渊源。古代的官山是兵家争斗之地，不仅流传着动人的故事，现今还遗存有岳家军抗金的古战场遗迹和太平军与湘军抗衡的古城堡残垣，还有聚义厅、点将台、将军屯、结拜亭、试心桥、望风岗、烽火台、将军剑等遗址及部分古代名人石刻遗迹。

官山地区还是湘赣边区革命根据地的组成部分，在革命时期，是红军重要活动场所之一，并保存有毛泽东、彭德怀、滕代远、黄公略等老一辈无产阶级革命家的革命活动旧址和"红军藏宝窟"等故事。

1. "官山"的渊源

在东河保护站，有千亩麻栎林，此地名为李家屋场，是明末农民起义领袖李大銮的故乡。明隆庆年间。李大銮兄妹和表弟杨青山，在这纵横百里的黄冈山（即现在的官山）竖起"劫富济贫"的大旗，一路集拢起来的起义队伍有8万多人。附近几县的土豪劣绅闻风丧胆。后来，皇帝下旨要消灭这支队伍，调集军队"围剿"。整整花了8年时间，几支强大的官家军队才把起义军消灭。当时，皇帝下旨，把黄冈山封为朝廷禁山，不准一个平民百姓居住。从此，人们才叫它"官山"。现在，这里还留着起义英雄们的许多遗迹。

2. 古迹

明代隆庆、万历年间，李大銮、杨青山以此为根据地，领导农民起义。起义遗迹主要有聚义厅，在李家屋场，官山自然保护区东河保护站北面200m处。原为寺院，李大銮曾与其他头领在此聚首议事，后被官兵焚毁。现遗留有长段墙垣，硕大石础，雕花石塔部件。东河站后左面山坡上，原有乌鸦庙，为义军营房，现遗石香炉及石础。

在东河站前面，原有哪吒庙，也是义军营房，尚遗有雕花石础、四方石柱。

回龙卧子潭 在哪吒庙下面，东河泉水由将军洞流经此处。从两巨石缝隙跌落，形成瀑布，注入潭内，珠玉纷飞，泉水清冽。相传李大銮等义军将领当年经常在此沐浴。

将军洞 在东河站左，东河上游，为两山峡谷。河右侧有一较平整之坪地，相传邓子龙在此打败起义军，故称将军洞。

李母墓 在东河站后，乌鸦庙遗址旁，为李大銮母亲墓地。有巨大石棺材露出土面，

1971 年修公路时被毁。

　　大草坪　在聚义厅上方，深山中有一大草坪，为当时起义军牧马场所。

　　梳妆台　在麻姑尖山腰，有一巨石，酷似梳妆台。相传为李大銮之妹李九娘梳妆处。

　　跑马场　在东河下游，距东河保护站约 3.5km。两山峡谷中，东河畔有一狭长平地相传为起义军跑马、射箭练兵之场所。

六、旅游资源要素的配置与设计

　　在官山自然保护区分布着重多的旅游资源，需要把这些资源合理进行配置，形成一个别具特色的旅游网络。

　　1. 森林景观长廊

　　从官山林场进入保护区到达西河保护站延伸到区内，沿着这条公路前行，两旁很有特色。公路是在半山中开出来的，在路的对面是层岚叠嶂的山峰，配之植被，在风的摇曳之下形成了波澜起伏的绿色带，同时在路的下方有一条常年流水的河流。坐在车里感觉就是像在水中游，在森林里飞一样。这条河流似玉带蜿蜒数千米，河两岸植被繁茂，景色宜人。充分利用山河资源，精选其中优质河段，开发竹筏漂流、皮划艇漂流活动，融参与、刺激、惊险于一体。

　　2. 攀越运动

　　官山为花岗岩山地，海拔 1480m 的麻姑尖和 1445m 的石花尖是宜丰县第一、二高峰，经长期的地质变迁，麻姑尖与石花尖已经风化成观赏性较强的花岗岩倒石堆地貌。该处山高林密，森林覆盖率达 93.8%。自东河管理站攀上麻姑尖，相对高差达 1000m 左右，是开展攀越运动的理想之地，对攀登者的体力与意志都是严峻的考验。可适当设置攀越线路，整修游道，以增加攀越难度。

　　3. 亲近、热爱大自然，开辟森林浴场。

　　4. 开展自然资源保护和爱国主义教育，加强对古木名树、珍稀濒危物种的认识。

　　5. 与动物同乐。

　　官山自然保护区的李家屋场、龙坑、将军洞、大沙坪等山林中分布现有许多野生猕猴。从 2001 年开始，科研人员在东河保护站种植了萝卜、白菜等蔬菜，种了几十亩板栗树，还经常购买猕猴喜食的红薯、南瓜、玉米、苹果等食物，在猕猴驯养中采取了定点定时和边吹口哨边投食的方法，逐渐形成了条件反射，使猕猴一听到口哨声就跑过来吃食，改变了怕人的现象。还可以进一步强化猕猴投食喂养制度，养成猕猴与人类的亲和性，形成天然野趣中人猴同嬉的环境氛围。

　　6. 藏宝窟寻宝。 1932 年，彭德怀将军率红五军遭遇国民党军队袭击，退至官山寒西堝一带，将携带的几担银元和物品埋藏在森林中的二棵大树下。后来部队及当地村民多次派人寻找，均无收获，成为官山藏宝之谜。利用人们对藏宝的好奇心，设置寻宝活动项目，将一些纪念品藏于固定范围之内，留下一定线索，使游客按图索骥，得到收获。

七、旅游资源开发现状及潜力分析

　　宜丰县是东晋大诗人陶渊明的故里，是中国禅宗主流曹洞宗、临济宗的发祥地，是中国竹子之乡和中国猕猴桃之乡，开发旅游应该有一定的先天优势。官山自然保护区交通位置优良，距南昌市 200km、距 320 国道仅 70km、宜春市 120km，与城市距离近，交通便利。同南昌、庐山、井冈山等旅游区相比更具自然生态性质和森林韵味。

1. 现有基础条件

目前已开辟了部分旅游线路和旅游景点，现有的西河宾馆和东河招待所，能接待 50 人左右的旅游团；电话畅通，通讯方便；建立了水电站，接通了大电网，供电有保障；保护区属国家重点公益林，有一支专业护林队伍，可以确保森林及游客安全；建立了省环境教育基地及青少年科普教育基地，不但能让游客充分领略大自然之美，而且还能使之愉快地接受环境教育。

2. 制约因素

从发展旅游的角度以及结合官山自然保护区现有的旅游条件来看，保护区发展旅游存在一些制约因素，体现在：

（1）旅游资源丰富，但是没有形成一个整体的旅游网络体系，已经开发的部分旅游线路和景点分布比较零星，如攀越峰顶麻姑尖（海拔 1480m）的路途中，没有其他的景点与之相呼应。

（2）旅游接待设施设备不完备，在保护区内只有东河招待所和西河宾馆，但接待能力不强，约 50 人左右，且设备不齐全，有时候出现停电的现象。

（3）交通方面，从南昌或是宜春到达保护区的路虽然不是很远，但是从官山林场进入保护区的路况较差，在保护区各景点间都是山区小道相连。

（4）信息的通达性不良，在保护区内，任何的通讯设施（手机）均无信号，给旅游者带来了不便的因素；

（5）由于当地居民尚未从旅游开发中受益，因而对开发旅游的态度不明朗。

（6）保护区出于保护和管理角度出发，限制处于核心区和缓冲区景区的开发，给旅游资源的利用带来了很大的制约。

3. 开发、保护与利用

生态旅游业以其利润高、低开发度的特点，顺应现代人们"回归自然"、"返璞归真"的潮流，不但满足了当代人的旅游需求，也为子孙后代留下了足够的旅游空间、良好的环境和景观，使之永续利用，成为自然保护区迅速发展的一项新产业，并成为保护区结构和功能规划的一部分。1998 年 5 月，世界旅游大会指出，生态旅游已成为当今世界旅游的潮流，给全球带来了至少 200 亿美元的年产值。目前中国自然保护区的旅游年总人数 2500 万人次，年旅游总收入近 52 亿元人民币，一些自然保护区已经成为带动当地旅游发展的"龙头"。

自然保护区旅游开发和保护既相互联系又相互矛盾，两者是辨证的矛盾统一体，并在辨证联系中共同改善其旅游资源与环境的关系，推动自然保护区的可持续发展。

保护是开发和发展的前提，自然保护区旅游资源是旅游者进行旅游活动的基础和前提条件，一旦破坏殆尽，自然保护区将失去保护的必要，也就无开发可言了。因此，保护是开发的前提，是当前的迫切任务，并且资源的保护还贯穿于开发的整个过程中，这是由开发带来的负面效应所决定的。

开发是保护的必要体现和保护区发展的基础。从可持续发展的观点看，资源保护归根到底是为了更好的发展。因此，资源必须经过开发利用，发挥其功能和效益，也才具有现实的经济意义和社会意义；资源保护的必要性只有通过开发才能得以体现，以环保、可持续发展为主题的生态旅游已成为未来保护区发展的新方向。

开发本身意味着保护，对保护区合理科学的开发，可以改善和美化资源环境；同时一定的开发促进其旅游发展，带来的旅游受益的一部分可以通过各种形式返回自然保护区。从这个意义上讲，开发意味着保护。

官山自然保护区是个旅游的胜地，有着丰富的自然资源、人文资源，其森林植被保存得完好。因此，保护和合理利用官山自然保护区的各种旅游资源具有重要意义。为使官山自然保护区的旅游尽快地从一般性的"景观旅游"变为真正的"生态旅游"，本着对旅游资源的永续利用、可持续发展的原则，提出几点意见：

（1）加强科学研究在自然保护区生态旅游开发与保护实施可持续发展战略，对旅游资源承载力、旅游开发的影响等方面加强研究。

（2）宣传自然保护，开展生态旅游，设立青少年夏令营绿色教育基地，培养青少年热爱大自然、保护大自然的思想。通过对自然保护区的宣传，使人们认识到保护人类生态环境的重要性和紧迫性。

（3）制定开发总体规划，以保证开发后对资源的合理利用；运用现代高新技术手段减少自然资源的自然损耗，延长其生命周期，促进资源的可持续利用。

（4）培养熟悉旅游资源开发和保护的高素质旅游专门人才，旅游资源开发和保护是从人的角度来界定的，高素质的旅游专门人才是正确处理开发和保护矛盾关系的基础。

（5）加强法制建设，落实管理措施。对于来保护区的旅游者严格贯彻《中华人民共和国森林法》和《中华人民共和国野生动物保护法》、《中华人民共和国野生植物保护条例》、《中华人民共和国自然保护区条例》。

（6）正确处理好发展中开发和保护的主次关系。自然保护区旅游发展过程中，开发与保护并重。从可持续发展角度看，自然保护区发展中应贯彻开发与利用并重的原则，以促进其旅游资源的永续利用与可持续发展。

（7）政策引导，加强管理，综合发展自然保护区旅游开发和可持续旅游发展都是一个长期的复杂过程。自然保护区旅游开发和保护中需要政策支持、引导和适度的管理力度，以规范自然保护区的开发和保护。

总之，应该把保护自然环境、合理开发利用和发展旅游业很好的结合起来，保证自然资源和旅游资源的可持续发展，以达到经济效益、社会效益和生态效益的和谐统一。

第九章　社区经济概况

官山自然保护区跨宜丰、铜鼓两县，保护区周边主要涉及 3 个国有林场（分场）和部分行政村，有近 1 万人口。因此，社区的生产生活及经济状况与保护区的自然资源有着密不可分的关系，为了切实了解社区人员生活现状，探讨社区发展的途径，正确处理好资源保护和合理经营利用之间的关系，官山自然保护区管理处成立了调查组，对社区进行了为期 15 天的调查，重点调查并分析了周边社区经济发展概况，并提出了官山自然保护区与社区开展保护与发展相协调的发展途经。

一、调查概况

1. 调查目标

（1）了解保护区管理面临的主要问题。

（2）了解周边乡镇（集团）、场的山林面积、人口数量、主要劳动力、教育情况、经济来源、以及区内常住人口情况。

（3）了解保护区内社区的资源利用模式。

（4）了解保护区内社区面临的困难。

（5）探讨保护区资源保护和保护区内社区可持续发展的可能途经。

2. 调查方法

（1）召开职工座谈会。先由各部门收集调查问卷，然后召集职工代表座谈的方式，以了解保护区的基本情况、发展变化和保护区管理面临的主要问题等。

（2）选点。在了解基本情况的基础上，选择主要的社区单位进行详细调查，调查对象为有关单位场（村）长、书记、护林员和群众。

（3）参与性方法。调查根据实际情况选择适当的参与性工具协助社区人员表达和分析其现状的问题。选择的工具包括社区图、资源图等。

（4）踏勘。根据调查信息和调查需要，对一些关键的资源地和基础设施进行实地观察。以核实、验证和补充所获得的信息。

（5）到县林业局、统计局收集相关资料。应用于核实乡、镇（集团）、场所收集的信息。

3. 调查过程

整个调查过程分两个阶段：即 2004 年 8 月 12~18 日和 11 月 10~17 日，历时 15 天。调查方式为：管理处了解整体情况→调查社区→收集整理→调查社区并核实情况→向管理处核实信息，介绍调查情况，并讨论提出的建议。

另外，在调查过程中尽量涉及各层次人员的信息来源。总调查人数 56 人。

● 本章作者：王国兵，余泽平，陈利生（江西官山自然保护区）

本次调查深入基层，已达到了其调查的目的，全面地收集到了社区的本底资料，较清楚地了解到社区与保护区间的具体冲突，并初步发现了一些可以协调两者关系的策略和方法。

二、周边社区基本情况

1. 周边社区经济特点

官山自然保护区山林面积主要从铜鼓县的龙门林场和宜丰县的鑫龙企业集团（原黄岗山垦殖场）两个国营单位划入，而与保护区相邻的社区单位共有6个，即铜鼓县的三都镇、大塅镇、龙门林场和宜丰县的鑫龙企业集团、潭山镇、石花尖垦殖场。经社区调查，列出了社区2003年基本情况（表9－1）。

表9－1　官山自然保护区周边社区情况一览表

地 点	住 户	人 口	区内人口	总面积 (hm²)	山林总面积 (hm²)	2001年扩入保护区面积和其中的"流转山林"面积 (hm²)		农民人均纯收入 (元)	耕地 (hm²)
三都乡	4487	14 113	—	13 131.5	11 302.5	—		2514	1327
大塅镇	5651	18 845	—	8042.8	6342.8	—		2768	1602
龙门林场	369	876	515	7893.7	7893.7	6299.3	(200)	3500	—
潭山镇	4596	14 451	—	14 048.1	10 795.3	—		2504	1227.2
鑫龙集团	3969	10 763	14	8589.9	7394	3001.2	(160.7)	3200	657.4
石花尖垦殖场	2158	4824	—	2978	2821.9	—		2480	112.0
合 计	21 230	63 872	529	54 684	46 550.2	9300.5	(360.7)	2827.6	4925.6

调查上列数据的同时，还调查了2县的一些经济发展数据。2003年国民生产总值（GDP）：宜丰县13.90亿元，铜鼓县6.78亿元，人均GDP分别为5600元、4974元；农民人均纯收入分别为2847元、2436.19元。宜丰和铜鼓两县都是江西省的林业大县，人均林业用地面积分别是0.494hm²、0.997hm²；全县人均耕地面积分别是0.074 hm²、0.041 hm²，人均占有立木面积分别是22.18m³、61.35 m³；毛竹人均占有261根、395根。

官山自然保护区周边社区有5个乡镇（企业集团），1个国有林场，人均耕地面积0.077hm²，人均林业用地面积0.729hm²。而两县人均农林牧渔业总产值（90价）1797元，其中人均林业产值535.4元，占农林牧渔业总产值29.8%。林业收入是社区居民的主要收入来源之一。其经济特点：

（1）经济发展水平比较均衡，农民人均收入全都在2500元左右。

（2）竹木加工业和林产品（如竹地板、竹模板、干笋、香菇）均为当地经济的支柱产业。

（3）大力发展食品加工业和兴建食品加工原料基地。

2. 周边社区的人口特点

石花尖、鑫龙集团、潭山、三都、大塅和龙门林场，2003年的人口分别在表9－1中可见，人口特征为：

（1）周边社区平均人口密度较低，为 137 人/km²，大大低于全省平均 250 人/km²，这有利于保护工作的开展；

（2）周边社区严格执行计划生育政策，人口自然增长率较小，如石花尖、潭山、鑫龙集团的人口自然增长率分别为 1.07%、0.30%、−0.50%，宜丰社区人口增长率平均为 0.29%，低于全县年末人口的同期增长率 0.66%；

（3）社区居民向集、镇迁移。由于保护区周边场（村）生活条件艰苦，近两年林场职工大都改制，山林流转，致使居民平时大多到集镇生活，进山作业时间短。这对保护区管理有利。

3. 社会设施和基础设施

（1）教育　保护区内没有中学，区内学生可以就读的初级中学有三都、大塅、黄岗、石花尖、潭山等 5 所中学（均在保护区外）。小学 6 所，共有老师 16 人，均为民办老师，校舍陈旧，简陋，条件艰苦。为此，铜鼓县在县城开办了小学生寄读学校，政府给予一定扶持，许多区内小学生都到县城的寄读学校上课，此举措，大大方便了区内小学生就读。

（2）医疗卫生　保护区内没有卫生健康的服务资源，周边地区的乡、镇均有卫生院，医疗卫生条件较为落后，但基本可适应乡村居民的普通生病医治。

（3）文化生活　保护区内的常住居民全部通电，但没有文化站、广播站；电视普及率 90%，除龙门林场能收看闭路电视外，其余区内村、场居民均未装闭路电视，但有 30% 的居民自家装有地面卫星接收仪，也能收看十余个电视台的节目，20% 的居民家中装有电话（有部分家庭为无绳电话），整体文化生活还比较滞后。

（4）交通　进入保护区的公路，均为林区沙石公路，弯多坡陡，因重车较多，路况差，坑洼不平，给区内居民出入造成极大困难，50% 有条件的住户可以靠摩托车作为出入的交通工具。由于进区的交通十分不便，使保护区开展生态旅游、进区工作等活动受到严重制约。

（5）供水　保护区居民生活用水，包括保护站职工用水，全靠用水管接山沟中流水生活，部分有条件的使用净化池，将水纯清后流入家中，故饮用水受天气影响较大，雨天水较浑浊，晴天较清澈。

（6）金融　保护区内没有金融服务，周边的乡镇才有信用社，可享受金融服务。

4. 生产体系

（1）农业　保护区内无农田，只有少量旱地，但有部分居民在区外或涉及的场（村）拥有部分农田，种植的农作物，以水稻为主；其他旱地种植红薯、黄豆、土豆、玉米、药材、蔬菜等，这些作物是保护区内居民最主要的粮食作物。

（2）林业　保护区内居民所在集团、场有固定的山林面 15287.7hm²，其中 2001 年扩入保护区的山林面积为 9300.2hm²，以常绿阔叶林为主，大都分布在试验区内。主要林业收入有以下几种：

①毛竹　根据毛竹的可持续发展原则，每年可经保护区批准，科学采伐一定数量毛竹，是区内居民生活的主要经济来源之一，保护区不收管理费，全部收入归林农所有。区外还可以生产一些杉木和毛竹，大大增加社区居民年收入。

②春笋 地方政府禁止采挖春笋，偏远山区毛竹林经批准可适量采挖，但严格控制采挖量。春笋采集后，经过烘干或晒干，可按当地均价 16～24 元/kg 出售，但根据质量的差异其价格也高低不等。为保障保护区内竹林的正常更替，已逐年减少采集量，规范采集时间。

③冬笋 冬笋以新鲜出售为主。科学地挖采冬笋，不会影响竹子的生长，一般不禁止采挖。但由于区外居民大都不会挖采，满山翻地，斩断竹鞭，严重影响毛竹生长，当地政府已出台了禁挖冬笋公告，故区内居民现只有自食，不能用来出售、外运。

④畜牧业 主要养殖蜜蜂、猪和鸡等。区内居民以养蜜蜂，生产蜂蜜出售来增加收入，保护区非常支持。当地蜂蜜出售价为 10～14 元/kg 不等，区内旅游旺季出售价可为 14～18 元/kg。猪和鸡等的养殖为家庭式，主要为自销。

5. 收入与支出

如前所述，毛竹、香菇、木耳、春笋、蜂蜜、种苗和外出打工为社区居民的主要经济收入来源。由于保护区的成立和市场的变化，这些收入的来源对于社区的重要程度有很大变化。过去的收入重要性排序为：

第一位：杉木；第二位：毛竹；第三位：香菇、春笋；第四位：冬笋、木耳；第五位：蜂蜜；第六位：打工。

而现在的排序则改为：

第一位：毛竹；第二位：香菇、春笋、木耳；第三位：打工；第四位：种苗业；第五位：养蜂、养羊业；第六位：小水电业。

而对于支出，按开支的大小排序为：第一位：学费；第二位：上缴款；第三位：电费；第四位：农产品加工费；第五位：生活开支（包括家庭生活所必需的各项开销）。

6. 保护区对居民生产生活的影响

由于保护区的建立与保护措施极大地限制了区内居民和周边社区对自然资源的利用，因而区内居民和周边社区对保护区的负面影响表述较详细，主要负面影响有：

（1）试验区人工杉木林不能砍伐，阔叶树更不能砍伐。

（2）严禁电鱼、猎捕野生动物，严禁采挖野生药材和珍贵花草树木（如兰花）。

（3）核心区、缓冲区严格按保护区模式管理，社区不太受影响，而对试验区的毛竹采伐，春笋、冬笋挖取的控制，对社区收入有一定影响。

（4）目前，保护区相关的惩处措施，同时有 3 个部门在执行：即保护处、林业公安分局和渔政部门。保护处对区内管理有省林业厅的委托执法权，而省林业公安和渔政部门可对整个社区享有执法权，许多保护区难以执法的，可移交他们处理，这给执法保护工作带来了很多便利。

同时，社区居民保护意识较强，对开发生态旅游提出了许多构想，希望优越的生态环境，能带动社区的发展，并已客观地承认保护区的建立，给他们带来了一些好处。主要有：①水质好，水量充足；②空气新鲜，气温适宜；③资源保护好；④划入保护区的林地享有公益林补助（补偿）费；⑤带来种苗收入；⑥试验区可开展生态旅游；⑦良好环境，可生产绿色食品。

三、保护区周边社区主要问题和需求分析

1. 主要问题（困难）分析

在分析了社区现状的基础上，对两县社区居民面临的困难进行了重要性排序。具体如下：①划入保护区试验区的山林有一部分已流转，现只能择伐毛竹林，杉、杂木严格禁止生产。②国家级保护区申报成功后，要求优先安排部分事业心强的职工（村民）参与共同管理。③保护区开展森林生态旅游等收入，要求按划入保护区的资源比例分成。④交通不便。⑤通讯不便。⑥农民负担太重（上缴款太多）。⑦学费太贵（在外寄读）。

2. 社区发展机会分析

根据社区所面临的问题（困难），综合社区所拥有的各种可利用资源，社区居民也对社区发展的机会进行了分析，提出了一些可行的发展途径，并根据社区对这些发展途径的需求紧迫性进行了排序（表9-2）。

表9-2　官山自然保护区区内居民及周边社区发展途径及其需求紧迫性排序表

考查内容 排序	需求原因	现有条件	可能的困难
（1）修官山林场至东、西河站水泥公路	旅游开发，方便居民出入	有老路基，有筑路设备和劳力	资金的落实，同当地政府的协调
（2）移动通讯	东、西河两站只有无绳电话，信号不好，与外界联络困难	劳力	缺购设备的资金
（3）帮助管理保护区	能从保护处得到一定的补偿	社区居民志愿管理者	补偿办法
（4）竹林采伐	提高收入	劳力	要批准
（5）养羊、养蜂	增加经济收入来源	有经验、有林地	缺资金

四、发展建议

社区发展项目的选定，要切合实际，既要社区居民的主动参与，又要得到保护区的积极支持。为此，从社区需求项目中逐一筛选。

在排序的5个项目中，修建官山林场至东、西河站水泥公路和建立移动通信设施所需资金较大，还需政策性扶持方可实施，目前来看，只能从长计议。其余的3项应予以支持，既能对保护区产生效益，也能改善保护区与社区间的关系。

1. 发展养蜂、养羊

该项目有一定的基础，第一，山里资源丰富、场地宽阔；第二，保护区职工和部分社区居民已从事此业多年，有一定经营经验，故规范养殖，对口扶持，比较容易实施。

2. 竹林采伐

此项目可在扩充区的实验区范围内实施，可按扩充区的经营协议，每年采伐指标由社区林权单位提交经营方案，报保护区审核，主管部门批准，实行有秩序管理、科学经营。这既可增加社区居民收入，提高生活水平，又可有效地保护保护区内资源。

3. 帮助管理保护区

此为社区共管项目，随着保护区管理面积的扩大，增设了两个保护站和 3 个保护点，原管理人员和管理方式不能满足发展的需要，也须社区有一定管理才能和熟悉山林情况的人员参与。这些能更好地保护自然资源，打击违法分子，也能直接使社区人员在帮助管理中得到管理收入，为进一步开展社区共管打下基础。

第十章 自然保护区的管理*

官山自然保护区经过30年的建设和管理，建立了良好的社区关系，形成了一套较为完整的管理制度和办法，取得了明显的保护成效，完好地保存了赣西北地区这一璀璨的绿色明珠。

同时，保护区卓有成效的工作也获得了上级主管部门充分的肯定，1999年官山自然保护区被国家环保总局、国家林业局、农业部、国土资源部授予"全国自然保护管理先进单位"光荣称号，同年还获得"江西省林业厅直属文明单位"。

第一节 保护管理的历史与现状

一、历史沿革

官山，原称黄岗山洞，是明代农民起义领袖李大銮的故地。明朝嘉靖末年，铜鼓大沩山的纸工李大銮和杨青山带头起义，李大銮以黄岗山洞为主要根据地，扩大起义队伍达六七万人，浩大的造反声势波及整个赣西北，明王朝惊恐万状。明万历四年（1576年）夏，江西巡抚和巡道遣调鄱阳守备邓子龙率精兵分五路进剿，使起义军损失大半。明万历五年，南昌新任知府率部再度进剿，平息了起义。官府为防止"后患"，将黄岗山洞居民向外迁徙，黄岗山洞被官府勒石永禁，故称"官山"。由此推算，官山自然保护区的封山保护历史至今有400多年。新中国建立后，人民政府将官山划为宜丰县国有林场。1975年9月，宜春地区（现宜春市）在官山林区核心部位建立了天然林保护区，委托石花尖垦殖场管理，与"宜丰县官山林场珍贵树种研究所（设韭菜坪）合署办公。1981年江西省人民政府赣政发〔1981〕22号文批复，正式建立省级保护区，改称为"江西省官山自然保护区管理处"，定编60人，划定面积为6466.7hm²。2001年10月，根据专家的建议和实际情况，经省、市、县三级协商，将官山自然保护区面积调整为11500.5hm²，其中核心区3621.1hm²，缓冲区1446.4hm²，实验区面积6413.0hm²。对保护区管理范围，依照《中华人民共和国自然保护区条例》和《森林和野生动物类型自然保护区管理办法》进行了有效的管理。扩建的保护区范围为国有林，分属铜鼓的龙门林场和宜丰的鑫龙企业集团。区内有常住人口529人，全部生活在试验区范围内，主要靠山林资源收入，部分年轻劳力外出打工增加收入，农田收入只能自给。

二、基础设施建设

1981年自官山建立省级自保护区以来，省财政累计投入事业经费744.54万元，现有固定资产净值126.17万元。其主要设施如下：

---

* 本章作者：吴和平，王国兵，徐向荣，余泽平，陈利生（江西省官山自然保护区）

（1）房建：保护区管理处有办公楼 1 栋，面积 320m²；种子检测楼 1 栋，面积 450 m²；野生动物饲养房 4 栋，面积 1038m²；东、西河保护管理站办公楼、招待所及食堂 1148m²；简易防火瞭望台 24m²；管护棚 52m²；职工宿舍 1465m²；辅助及其他用房 295m²。

（2）交通工具：有越野巡护车 1 辆，摩托车 2 辆。

（3）办公、通讯设备：有电脑 7 台，打印机 7 台，复印机 1 台、传真机 1 部，程控电话 3 部，无线载波电话 2 部，电台基地台 3 台，空调 5 台，扫描仪 1 台，手持对讲机 4 对，GPS 仪 2 个，显微镜 1 台。

（4）宣教设备：照相机 2 台，望远镜 3 只，放像机 3 台。

三、机构设置和人员状况

1. 管理机构

官山自然保护区管理处直属省林业厅领导，同时争取当地政府与相关单位联合参与保护区的管理工作。管理处下设有办公室、资源管护科、科研管理科、宣教服务中心和东河保护管理站、西河保护管理站、青洞保护管理站、龙门保护管理站 8 个部门，保护区的旅游开发及管理和各项资源的合理利用由保护区依照国家法律和省级相关政策规定开展工作。

2. 职工队伍及文化专业素质

保护区现有编制 48 人，2004 年有职工 50 人，其中本科 9 人，大中专 17 人，高中 12 人；现有的林业科技人员中，有副高职称 3 人，中级职称 3 人，初级职称的工程技术人员 13 人，专业技术人员占全处职工比例达 38%。

四、保护管理状况

1. 建立了规范的保护管理体系

目前，保护区的保护管理采用双重管理体系，即业务管理为管理处—资源管护科—保护管理站，行政上为管理处—资源管护科和保护管理站。管理处对保护区的保护管理全面负责：一是资源管护科负责区内资源管理和检查、督查工作；二是对保护管理站实行经费包干管理；三是管理处与资源管护科、保护管理站层层实行护林防火等岗位目标责任管理；四是落实保护管理站人员具体护林防火责任范围，实行合同管理，坚持全天候护林。管理处还组建了 14 人的专业森林消防队伍，配置了一整套消防设备；强化巡山护林工作力度，对进山人员实行登记和宣传制度，重点防火期实行领导带班制度；对区内 8.6km 防火道和 45km 巡山人行道进行维修，对 6.85km 防火林带实行除草抚育，还挤出资金为区内保护管理站完善了各项设施，并及时做好保护区内和周边社区的联防工作。

2. 建立了各项规章制度与办法

保护区经过 30 多年的努力，初步建立了一整套适应本自然保护区管理和建设的规章制度，先后制定或协商制定并实施了《江西省官山自然保护区管理办法》、《关于保护官山天然林区的布告》、《官山自然保护区管理规定》、《江西省官山自然保护区管理处党务制度》、《江西省官山自然保护区管理处政务制度》、《江西省官山自然保护区管理处内部管理制度》、《官山自然保护区扑火预案及扑火预案处理程序》、《关于进一步加强官山保护区保护工作的会议纪要》、《防火责任管理制度》等一系列管理规章和办法。

五、科学研究状况

保护区的科研工作实行二级管理方式，即由管理处—科研管理科与外系统科研力量，共同完成区内科研任务。建处以来，保护区十分重视科研试验工作，先后与庐山植物园、江西省林科所、宜丰县科委、宜春地区树种资源考察队、江西省森防站、江西农大、江西师大、江西中医学院、中国科学院、南昌大学、南京林业大学、华东师大、中国林科院亚林所、北京师范大学、北京大学、浙江大学等单位合作，共同对区内野生动物、昆虫和病害、草本资源、木本植物资源、野生猕猴桃优良植株、植物区系与植被、实验用猕猴的繁殖习性、国家二级保护植物长柄双花木植物群落、珍稀植物穗花杉、台湾山豆根的群落、药用草本资源、木兰科树种种质资源等自然资源进行了较全面的考察工作或教学实习活动。先后发表了《几个主要优良速生珍贵用材树种介绍》、《官山木本植物名录》、《宜丰县野生猕猴桃优良植株选优》、《江西省官山自然保护区植物名录》、《"四旁"绿化的一个好树种》、《为鸟类创造良好的生活环境》、《赣西北的明珠——江西省官山自然保护区》、《官山草本植物》、《黄岗山植物区系与植被》、《赣西北黄岗山地区植物区系研究》、《官山发现了长柄双花木天然林》、《实验用猕猴的繁殖习性研究》等论文30余篇。共采集昆虫标本1万余份，野生动物标本2000种，植物标本2400种；1976~2004年开展了珍稀树种育苗繁殖研究，突破了乐昌含笑、巴东木莲、穗花杉、伯乐树、垂花含笑、香果树等30余种树种的育苗试验，培育珍稀树种苗木40多万株；加强了保护区标本室的建设，组织力量上山采集动植物标本，拍摄动植物图片，完善了各项标本室急需的设施，为开展科普宣传和科研合作创造了条件；科研技术人员还积极配合北师大郑光美院士以及英国、加拿大、澳大利亚等国和中国香港特区鸟类专家11批156人考察了区内的鸟类资源，重点考察了白颈长尾雉、黄腹角雉、白鹇、猕猴等的生态和生物学特性。并对区内鸟类资源进行了较系统地考察。

六、存在问题

保护区的建设与发展，有效地保护了区内的自然环境和自然资源，维护了生态平衡和生物的多样性，取得了一定的成绩，但也存在不少的问题和矛盾。

（1）保护经费不足。保护区除每年由省财政拨发事业经费和国家重点公益林补助外，保护经费一直未列入财政预算，日常的管护、科研、宣教等费用要靠经营创收来支付，严重地影响了保护区日常工作的开展。

（2）基础设施薄弱，配套设备缺乏。保护区基础设施基本处在建区初期的水平上，加之进入保护站道路尚属简易公路，管护面积较大，缺乏必要的巡护交通工具和年久失修的保护站用房、巡护道路等，严重影响了管护工作的正常开展。

（3）科研人员匮乏，监测设备缺乏。虽然保护区与各有关科研院所、大专院校进行了大量的科学研究及考察活动，但保护区自身的科研监测体系以及森林生态监测研究站一直没有建立，以往科研活动所需设备均由各科研机构自带，保护区缺乏必要的科研监测设备；加之科研人员因保护区工作、生活条件艰苦一直没有配齐，制约了保护区科研水平的提高。

（4）机构设置不够健全、人员配备不足。保护区目前实行处、站二级管理，为加大管护力度、提高保护管理能力，需对内设机构进行适当调整，成立防火办，在扩充区增设 2 个保护管理站、3 个管护点和森林公安执法队伍、补充执法人员、实行处—站—点三级管理。

（5）森林火灾隐患较大。官山保护区山脉绵亘、群山耸峙、山高坡陡，枯枝落叶丰富，可燃物大量存在，秋冬季节干旱少雨，火险等级较高，加之区内交通不便，防火线没有全部贯通，瞭望台设置还不合理，存在较大森林火灾隐患。

第二节　经营管理规划建议

一、保护区类型

根据《自然保护区类型与级别划分原则》（GB/T14529—93）、官山自然保护区属于"野生生物类型"中的"野生动物类型"自然保护区。

二、保护对象

官山自然保护区是以保护白颈长尾雉等珍稀野生动物及其栖息地、中亚热带常绿落叶阔叶混交林森林生态系统、珍稀野生植物及其生境为主，集生物多样性保护、科研监测、宣传教育、社区共管、生态旅游及多种经营于一体的自然保护区，属于生态公益性事业，其主要保护对象为：

（1）白颈长尾雉、黄腹角雉、云豹、豹 4 种国家 I 级重点保护野生动物及其栖息地；猕猴、穿山甲、水獭、大灵猫、鸳鸯、白鹇、普通鵟等 33 种国家 II 级重点保护野生动物及其栖息地。

（2）九岭山西段南北坡典型的中亚热带常绿落叶阔叶林生态系统；

（3）南方红豆杉、银杏和伯乐树 3 种国家 I 级重点保护植物及其植物群落；鹅掌楸、榧树、毛红椿、长柄双花木等 18 种国家 II 级重点保护植物或珍稀濒危植物及其植物群落。

三、保护区功能区划

1. 区划原则

（1）生物保护优先原则：分区要有利于各保护对象的保护和可持续生存。

（2）生态整体性原则：分区要有利于保持保护对象的完整性和最适宜生境范围以便为野生动植物的繁衍生息提供良好的生存条件。

（3）综合性原则：功能区划要有利于发挥保护区的多功能效益，有利于维护其稳定性。

（4）连续性原则：保护区的 3 个功能区呈环式布局，以维护保护区的连续性。功能区之间应有明确的界限，并尽可能以自然地形地势（山谷、河流、道路等）分界。

2. 功能区界定

（1）核心区

核心区的主要任务是保护其生态系统质量不受人为干扰，在自然状态下进行更新和繁衍，保持其物种多样性，成为所在地区的一个遗传基因库。

按照此原则，确定核心区边界：东自八方河 → 庵下（2.25km）→ 1133.1m 峰

（2.51km）；南自 1133.1m 峰→西安（3.8km）→石花尖南防火道（6.36km）→山棚（5km）→麻子山 862.7m 峰（3.05km）；西自麻子山 862.7m 峰→九岭山主脊 1047.2m 峰（6.18km）；北自九岭山主山脊 1047.2m 峰→麻姑尖近处 1357.4m 点（3.76km）→东安北的 1346.5m 峰（9.39km）→八方河（5.98km）。该区面积 3621.1hm²，占保护区总面积的 31.5%（表 10 - 1）。

该区植被主要有中亚热带常绿阔叶林、常绿落叶阔叶混交林、针阔混交林、针叶林、中山矮林等，是各种原生性生态系统保存最好的地段，同时还是珍稀动植物的集中分布区。核心区采取封闭式的绝对严格保护，除经过批准的科学研究，生态监测等活动外，严禁任何单位和个人进入。

（2）缓冲区

缓冲区位于核心区外围，是核心区的保护地带，是阻隔外界干扰核心区的重要屏障，起到防止外来不良因素对核心区资源的影响和防止核心区动物资源外流的作用。

缓冲区内部边界为核心区界，外围边界：东自双港口交叉河→大来港（5.03km）→1210.7m 峰（3.31km）；南自 1210.7m 峰→与陈家排河交汇（8.18km）→石花尖以南 1103 米峰（1.87km）→西河 278.2m 处（4.65km）→麻子山 862.7m 峰西南（4.81km）；西自麻子山 862.7m 峰西南→黄柏窝（6.02km）；北自黄柏窝→麻姑尖以北的 1360.8m 点（3.08km）→双港口交叉河（12.82km）。缓冲区面积 1466.4hm²，占保护区总积的 12.7%（表 10 - 1）。

该区包括一部分原生性森林生态系统类型和由演替类型所占据的次生生态系统，还包括一部分人工生态系统。缓冲区可以适当开展非破坏性的科学研究，教学实习及标本采集，严禁开展生产经营活动。

（3）实验区

实验区是保护区人为活动相对较频繁的区域，区内可以在国家法律、法规允许的范围内开展科学试验、教学实习、参观考察、宣传教育、生态旅游、多种经营、野生动植物繁殖驯养及其他资源的合理利用等。

该区位于缓冲区外围，内环以缓冲区外界为界，外围东自九岭山主山脊 1261.1m 峰→山子上（2.94km）→青洞口以西河（2.14km）→新寨（2.38km）→猪栏栅北 566.3m 峰，南自猪栏下北 566.3m 峰→金古山 806.9m 峰（7.46km）→将军洞 727.8m 点（4.39km）→朱家坪（5.79km）→九岭山主脊杨树山（9.1km）；西自九岭山主脊杨树山→大埂里北 526.2m 峰（6.15km）；北自大埂里北 526.2m 峰→禾杆洞东的 850.79m 峰（10.35km）→麻姑祠以西的交叉河（2.21km）→万家坳河（1.24km）→1086.3m 峰（2.67km）→双港口交叉河（7.58km）→九岭山主脊 1261.1m 峰（5.11km）。实验区面积 6413.0hm²，占保护区总面积的 55.8%（表 10 - 1）。

该区植被主要有中亚热带常绿阔叶林，中亚热带低山丘陵针叶林、中亚热带常绿落叶阔叶混交林，高山矮林、山地草甸、毛竹林、人工杉木林等。

表 10 – 1　官山自然保护区各功能区面积及比例

分　区	面积（hm²）	占保护区面积百分比（%）
核心区	3621.1	31.5
缓冲区	1466.4	12.7
实验区	6413	55.8
总面积	11500.5	100

四、规划的重点内容

　　根据有效保护、合理持续利用的原则，结合保护区自然质量情况、基础设施条件和管理水平，总体规划的重点内容应包括基础设施建设规划、科研监测规划、社区及宣教工作规划。

　　基础设施规划应包括的主要内容是：处、站、点址及检查站规划、道路桥梁建设规划、供电与通讯规划、交通工具规划、野生动植物保护设施建设规划（白颈长尾雉栖息地恢复、濒危动物救护站、兰科植物保护、病虫害预测预报及防火基础设施等）。

　　科研检测规划应包括的主要内容是：本底资源调查规划（含生物环境本底调查、常规和专项调查等）、常规资源及环境监测（森林生态系统监测、旅游对生态环境影响监测、社区监测等）、科研项目规划。

　　社区及宣教工作规划应包括的主要内容是：社区共管规划（含社区人口控制、社区建设、社区发展项目等）和宣传工作规划（含对外宣传、对社区居民的宣传、对旅游者的宣传、对职工的宣传教育等）。

第十一章 自然保护区评价

第一节 生态价值评价[*]

一、高度的自然性

1. 主要保护物种为世界性珍稀濒危物种

官山自然保护区的主要保护物种是白颈长尾雉 *Syrmaticus ellioti*、黄腹角雉 *Tragopan e-aboti*、白鹇 *Lophura nycthemera* 等雉类野生种群及其栖息地，以及猕猴 *Macaca mulatta* 等哺乳动物及其栖息地。白颈长尾雉和黄腹角雉都是中国特有的世界受胁种和国家 I 级重点保护动物，在 IUCN 和《中国濒危动物红皮书——鸟类》中被列为易危种，并被列入《濒危野生动植物种国际贸易公约》CITES 附录 I。

保护区白颈长尾雉 800~1000 只，占白颈长尾雉野外种群总数量（10 000~50 000 只）的 2%~10%。因此可见官山自然保护区不仅是我国目前白颈长尾雉分布最集中、数量最多的地区之一，而且也被认为是保存白颈长尾雉野生种群具世界意义的地区。《亚洲鸟类红皮书》已将官山自然保护区列为白颈长尾雉的重要分布区。

官山自然保护区分布的国家级重点保护野生动物 37 种，其中 I 级重点保护野生动物有黄腹角雉，白颈长尾雉、豹和云豹共 4 种；II 级重点保护野生动物有 33 种，如白鹇、勺鸡、猕猴、虎纹蛙等。已列入 CITES 附录的野生动物有 33 种，其中列入附录 I 的有白颈长尾雉、黄腹角雉、大鲵、豺、豹、云豹和金猫等 7 种。

官山自然保护区分布的野生植物种类多，珍稀植物多，而且以珍稀植物为主要建群种的群落也多。据调查，区内分布属国家级重点保护植物名录（第一批）有 21 种。其中 I 级重点保护的有银杏、伯乐树、南方红豆杉等 3 种；II 级重点保护植物有长柄双花木、长序榆、篦子三尖杉、水蕨、伞花木、闽楠等 18 种。区内分布的属于 1991 年公布的《中国植物红皮书（第一册）》的国家珍稀植物有 28 种，其中属于"濒危"的有巴东木莲、长柄双花木和长序榆共 3 种；属于"稀有"的有银杏、伞花木、伯乐树、香果树、青檀等 11 种；"渐危"有沉水樟、紫茎等 14 种。

尤为珍贵的是，在官山自然保护区内分布有不少以珍稀植物为主要建群种的植物群落，这将更有利于珍稀物种的保存和繁育。如穗花杉林有 23hm²，长柄双花木群落面积约 13hm²，还有巴东木莲群落、银鹊树群落等。

2. 生物地理学上的世界性代表意义

黄腹角雉、白颈长尾雉等野生雉类，闽楠、巴东木莲、篦子三尖杉，穗花杉等植物都

---

* 本节作者：刘信中（江西省野生动植物保护管理局）

是亚洲东南部常绿阔叶林区分布的重要物种。官山自然保护区保存了这些物种，而且还保存了一定数量的野生种群。这在生物地理学和生物系统学上具有代表意义。

3. 主要保护对象种群结构合理，能保证物种的正常繁衍

保护区内森林茂密，食物丰富，水源众多，气候温暖，蕴藏着丰富多样的生物种类，加之"官山"地区有400余年的封禁历史，以及保护区近30年卓有成效的保护工作，目前区内有较大面积的适合白颈长尾雉、黄腹角雉、白鹇、猕猴等主要保护的鸟兽栖息繁衍的天然阔叶林。

在区内海拔较高处分布的大片交让木 *Daphniphyllum macropodum* 群落，是黄腹角雉最喜爱的食料；保护区内白颈长尾雉的典型栖息地约有9267.3hm²，白鹇的适宜栖息地也与之类似。

根据访问和野外直接调查，官山自然保护区内现有野生猕猴11群共计615~650只。其中最大猴群数量在150只左右，个体超过100只的群体有3群。

区内分布的以珍稀物种为主要建群种的植物群落，如穗花杉林、银鹊树林、巴东木莲林、闽楠林等，也说明该保护区能保证这些珍稀物种的正常繁衍。

4. 生物多样性保护的关键区域

九岭山是江西西北部东北—西南走向的一个相对独立的山脉，与幕阜山平行，处于长江中游赣、鄂、湘三省的鄱阳湖平原、江汉平原和洞庭湖平原的中心地段，而以长江中游区域为主的"长江及其周围湖群"（Yangtze River and lakes - chain）被世界自然基金会（WWF）列入"全球200"（旨在拯救地球上急剧损失的生物多样性优先保护区域的清单）。由此可见，九岭山脉在长江中游区域具有明显的地理区位优势，也是全球生物多样性优先保护地区。

官山自然保护区位于九岭山脉西段，区内已查明的高等植物有2344种，约占江西省已知高等植物种数的45.8%，占全国高等植物种类的7.8%。

官山自然保护区已查明的陆栖脊椎动物有291种（含两栖动物），约占江西省已知野生陆生脊椎动物的45.3%，其中已查明鸟类有157种，占全省种类的37.4%。同官山自然保护区同处于中国中部中亚热带北缘的自然保护区，有湖北省的九宫山自然保护区、安徽省的牯牛降自然保护区和湖南省的小溪自然保护区等，这4个自然保护区所处的纬度都是28°~30°N，均处于中国中部中亚热带北缘向北亚热带过渡的区域，其生物多样性概况见表11-1所示。面积与物种的关系可采用物种密度比较法来说明，即物种数/平方千米数=物种密度；物种愈多，物种密度愈大，说明自然保护区的"质量"高，"价值"大。上述这4个自然保护区的物种密度对比见表11-2。综合表11-1和表11-2可知，官山自然保护区是长江中游生物多样性最丰富的地区之一，不但生物种类多，而且物种密度也最大。

5. 珍稀物种基因库

由于特殊的地理条件，官山自然保护区不仅是九岭山区野生动植物的"避难所"，也是赣、鄂、湘三省的鄱阳湖、江汉、洞庭湖等三大平原区域的野生动植物"避难所"，是保存有大量珍稀物种的种质基因库。官山自然保护区内分布的国家重点保护野生动物有37种，其中国家 I 级重点保护的有白颈长尾雉、黄腹角雉、云豹、豹4种；II 级重点保

表 11－1　中国中部中亚热带北缘 4 个自然保护区物种概况

保护区	经纬度	面积	海拔高度(m)	苔藓	蕨类	裸子植物	被子植物	维管植物总计	鱼类	两栖类	爬行类	鸟类	哺乳类	陆栖动物总计	昆虫	备注
				高等植物					脊椎动物（种）							
江西省官山自然保护区	114° 29′ ～ 114° 45′E 28°30′ ～ 28° 40′N	11500.5	200 ～ 1485	238	291	19	1896	2106	13	31	66	157	37	291	1607	① 2004 调查资料 ② 另有软体动物 27 种 ③ 查明大型真菌 132 种
湖北九宫山自然保护区	114°23′35″ ～ 114°43′24″E 29°19′27″ ～ 29°26′52″N	20105	117 ～ 16567	－	174	39	1770	1983	－	27	39	146	48	260	980	2002 年调查资料
湖南小溪自然保护区	110°06′50″ ～ 110°21′35″E 28°42′15″ ～ 28°53′15″N	24800	162.6 ～ 1327.1	－	296	25	2381	2702	－	22	29	111	46	208	738	① 2000.9. 调查资料 ② 另查明蜘蛛类 138 种
安徽牯牛降自然保护区	117° 20′ ～ 117°37′E 30°00′ ～ 30° 0′14″N	6700	33.3 ～ 1727.6	138	104	10	1096	1210	25	17	33	147	49	246	550	① 1988.2. 调查资料

表 11－2　中国中部中亚热带北缘 4 个自然保护区物种密度对比

保护区	保护区面积 (hm²)	维管束植物	鸟类	哺乳动物	两栖类	爬行类
		种类/物种密度				
江西官山	11500.5	2106/18.31	157/1.37	37/0.32	31/0.27	66/0.57
湖北九宫山	2010.5	1983/9.86	146/0.73	48/0.24	27/0.13	39/0.19
湖南小溪	24800	2707110.89	111/0.46	46/0.19	22/0.09	29/0.12
安徽牯牛降	6700	1210/18.06	147/2.19	49/0.73	17/0.25	33/0.49

护的有 33 种，如猕猴、穿山甲、白鹇等；属于省级重点保护的野生动物有 65 种，其中鸟类 39 种，哺乳动物 10 种，爬行动物 10 种，两栖动物 6 种。属于《濒危野生动植物种国际贸易公约》附录的野生动物有 45 种。其中鸟类 28 种，如白颈长尾雉、黄腹角雉等；哺

乳动物有 13 种，如猕猴、穿山甲等；两栖动物有大鲵 *Andrias davitianus* 和虎纹蛙 *Hoploba-trachus rugulosa* 2 种；而爬行动物有滑鼠蛇 *Ptyas mucosus* 和眼镜蛇 *Naja naja* 2 种。特别是长颈白尾雉，《亚洲鸟类红皮书》已将官山自然保护区列为该种鸟的重要分布区。野生植物中属于 1999 年颁布的《国家重点保护野生植物名录》（第一批）的有 21 种（不含引种），占江西省分布的国家重点保护植物种类的 38.9%，如水蕨、银杏、南方红豆杉、长序榆、长柄双花木等；属于《中国珍稀濒危植物》种类有 28 种，占江西省分布种类的 51.8%，其中属于"濒危"的有 3 种，如长柄双花木、长序榆、巴东木莲等；属于"稀有"的有 11 种，属于"渐危"的有 14 种；属于省级重点保护野生植物（第一批）的有 64 种，占全省种类的 39.3%。所有兰科植物都是《濒危野生动植物种国际贸易公约》附录Ⅱ中列入的种类，官山自然保护区已查明兰科植物有 40 种，占全省已知种类的 38.8%，其中兰属有 5 种，建兰 *Cymbidium ensifolium*、蕙兰 *C. faber*、多花兰 *C. floribundum*、春兰 *C. goeringii* 和寒兰 *C. kanran*；石斛属也有细茎石斛 *Dendrobium moniliforme*。

6. 保持着原始的自然状态

官山自然保护区位于九岭山脉的腹心地段，以主山脊为中心，向南、北坡展开，地形相对封闭，人为干扰较少。从明朝隆庆年间农民起义被镇压后就被官方封禁起来了，所以称为"官山"。核心区、缓冲区无人居住，实验区有少许居民，总人口 529 人，全区人口密度每平方千米不到 5 人（4.6 人/km²），即使按有人居住的实验区计算，人口密度只有 7.9 人/km²，而 2003 年全省平均人口密度是 255 人/km²（江西省 2003 年统计年鉴）。

二、极高的保护价值

1. 面积足以有效维持自然生态系统的结构和功能

官山自然保护区总面积 11500.5 hm²，其中核心区 3621.1 hm²，占 31.5%。保护区地形复杂，且相对封闭，面积足以有效维持自然生态系统的结构和功能。区内不仅有许多珍稀物种，而保存并繁衍着一定面积和数量的种群，如面积达 23 hm²（350 亩）的穗花杉群落，面积达 13 hm²（200 亩）的长柄双花木群落，面积达 7 hm²（100 亩）的银钟花林等，都是国内外罕见。区内白颈长尾雉约 800~1000 只，白鹇约 3000 只，猕猴约 615~665 只。

2. 较高研究价值和学术价值

官山自然保护区是作为生物科学研究的基地而建立的。早在 1934 年，庐山植物园的熊跃国先生就在该地区进行了植物标本的采集工作。1975 年庐山植物园和省、地、县林科所科研人员组成了联合调查组到官山考察植物，并提出了建立官山自然保护区区划及建设方案。宜春市（原宜春地区）据此批准建立官山天然林保护区，这是江西省最早建立的 3 个自然保护区之一。

保护区建立后，江西农业大学、南昌大学、江西省林科院、江西中医学院、庐山植物园等单位的专家们多次来官山从事调查研究。著名鸟类学家、中国科学院院士郑光美教授也率领众多学子专程来官山自然保护区考察一星期。从 2001 年起，官山自然保护区管理处开始有计划地邀请省内外科研单位和大学的有关专家，开展本底资源调查，并对野生雉类、猕猴等进行重点研究。从 1991 年起，已有 10 余批来自英、法等国的外国专家近 200 人次专程来此考察白颈长尾雉。

官山自然保护区是江西省猕猴重要分布区之一，并于 1986 年在江西省科委的支持下建立了"官山猕猴养殖场"，1990 年改名为"官山实验猕猴养殖研究基地"，先后进行了长达 16 年的猕猴人工驯养和科学研究，在国内外均有一定影响。

官山自然保护区分布的特有物种较多，如铜鼓械和长果山桐子是本区的特有种，说明本区所处的地理位置、地形和气候条件具有一定的特殊性，从而导致产生"种"的强烈分化。

这些都充分说明官山自然保护区在生态、遗传、经济等方面具有极高研究价值和学术价值。

3. 重要的蓄水保土、水源涵养保护、国土保安价值

九岭山是修水水系与赣江水系的分水岭，是修水的上游及源头地区，也是赣江重要支流锦江的上游及源区。官山自然保护区所属的九岭山的物质构成主体是复式花岗杂岩集合体，称之为"九岭岩体"。花岗岩类易风化形成的风化层较厚且结构较松散。官山自然保护区降水丰沛，是江西省西部多雨中心之一，植被一旦遭受破坏，极易发生水土流失。官山自然保护区内植被覆盖率高，具有良好的水源涵养效益。因此，围绕着保护区流出的水系都建有许多的小型水电站。

4. 在资源利用、科普教育、生态旅游等方面具有重要价值

官山自然保护区有药用植物 1378 种，有观赏价值的植物有 1326 种，山野菜 145 种，食用菌 68 种，药用菌 30 种，这些资源都有很高的利用价值。

保护区距江西省省会城市南昌市 141km，交通便利。保护区丰富的生物多样性是省、市大中学校生物科研最好的野外课堂和野外实习基地。保护区每年都要接待江西省及周边地区的大学、中专以及中学生教学实习；保护区也多次举办夏令营，广泛宣传自然保护、环境保护的知识。2003 年 4 月 23 日，江西省科技厅、省委宣传部、省教委、省科协命名官山自然保护区为"江西省青少年科普教育基地"，同年 7 月，江西省环保局把官山自然保护区列为"江西省环境保护宣教基地"。

同时，保护区作为国家林木采种基地，多年来在良种及苗木培育利用上做了大量工作。

保护区大面积的天然阔叶林，巨石怪洞及冰川遗迹，活泼的野生猕猴，美丽的白颈长尾雉以及种种古老的传说，加之保护区还是明朝农民起义根据地等等。因此，在实验区开展生态旅游具有很大的潜力。

第二节　经济价值评价[*]

自然保护区包含很多可更新的资源，如动植物种群、户外游憩地和永久性淡水供应等。讨论自然保护区的经济概念，并对其经济价值进行评估，对于驳斥认为建立保护区不如直接利用资源效益更大的观点有着重要意义。

根据江西官山自然保护区的具体情况进行直接经济价值和间接经济价值的评估，内容如下。

一、直接经济价值评估

＊ 本节作者：郭英荣（江西省野生动植物保护管理局）

1. 直接经济资源的特点

（1）丰富的物种资源

保护区位于赣西北九岭山脉西段的南北坡，正处于华东与华中、华南与西南的交汇带和典型植物的过渡带，生物多样性极为丰富，特有种及国家重点保护物种繁多，是我国最有战略意义的生物资源基因库之一。保护区内高等植物有 2344 种，列入 1999 年公布的《国家重点保护野生植物名录》（第一批）有 21 种，其中国家Ⅰ级保护的有银杏、伯乐树和南方红豆杉 3 种，Ⅱ级保护的有长柄双花木、长序榆、篦子三尖杉、水蕨、伞花木和闽楠等 18 种，区内有 28 种珍稀植物被列入《中国植物红皮书（第一册）》。

保护区内动物种类繁多，已鉴定的脊椎动物有 31 目 94 科 304 种。其中鱼类 3 目 5 科 13 种、两栖类 2 目 8 科 31 种、爬行类 2 目 12 科 66 种、鸟类 16 目 51 科 157 种和哺乳类隶 8 目 18 科 37 种，属于国家Ⅰ级重点保护的野生动物有白颈长尾雉、黄腹角雉、豹和云豹等 4 种；国家Ⅱ级重点保护的野生动物有猕猴、白鹇等 33 种。

白颈长尾雉是我国特有的世界受胁物种，目前全国白颈长尾雉野外种群估计为 10 000 ~ 50 000 只，据专家调查，官山自然保护区内有白颈长尾雉 800 ~ 1000 只，是"我国目前白颈长尾雉分布最集中，数量最多的地区之一，可以被认为是保护白颈长尾雉野生种群具世界重要意义的地区。目前《亚洲鸟类红皮书》已将官山自然保护区列为白颈长尾雉的重要分布区。

（2）多样、独特的植被类型

保护区的植被类型可划分为 5 个植被型组、11 个植被型、57 个群系，其中独具特色植物群落有 23hm² 穗花杉林、13hm² 长柄双花木林、130hm² 天然麻栎林、7hm² 银钟花林，还有亮叶水青冈林、闽楠林、乐昌含笑林、巴东木莲林等等，可谓种类繁多，各具风采，使保护区成为镶嵌在中亚热带上的一颗璀璨明珠。

（3）多姿的自然和人文景观

官山自然保护区地处九岭山脉西段南北坡，丰富而寓意深远的地貌景观、优美的森林景观、神秘的地质奇观和深厚的文化底蕴，野生动植物物种和国家重点保护的野生动植物多，森林旅游资源较为丰富，是开展森林生态旅游的理想场所。

2. 直接经济价值的评估

官山保护区的资源特点，决定了保护区具有多种直接经济价值，如直接实物价值、科研和文化价值和旅游价值，粗略评估如下。

（1）直接实物产品价值

①材用植物价值　保护区的活立木总蓄积量约 1 003 257m³，但保护区内不能进行采伐，故材用植物不计算价值。

②药用植物价值　保护区有 1378 种药用植物，是中药材生产基地，每年药材销售总价值约 5 万元。

③林副产品价值　保护区出产的林副产品主要包括野生蔬菜、食用菌、果品、野生纤维、蜂蜜、香料植物、观赏植物等，每年产值约 10 万元。

由上述各项价值累计，保护区每年产生的直接实物产品价值为 15 万元。

（2）直接服务价值评估

①科研和文化价值 官山自然保护区作为一个重要的教学实习和研究基地，每年有数百余名学生到保护区进行毕业实习和课程实习，按大专学生 200 人，硕士生 20 人计，根据国家有关培养标准计算，保护区对学生实习及论文的贡献价值为 100 万元。

②旅游价值 国内旅游费用支出，包括交通、食宿和门票等，每人以 500 元计，2004年总旅游人数约 1000 人，计算出国内旅游费用支出为 50 万元。

由科研文化价值和旅游价值得出官山自然保护区每年的直接服务价值约 150 万元。

（3）总直接经济价值计算

综上所述，根据官山自然保护区每年的直接实物价值和直接服务价值，得出直接经济总计为 165 万元。

二、间接经济价值评估

间接经济价值主要指保护区内的森林生态效益，即区内森林生态系统及其影响范围内所产生的对人类有益的全部效益。根据保护区内有林地面积约 11343.3hm²，森林覆盖率为93.8%，采用间接方法计算如下：根据《中国森林生物多样性价值核算研究》一文对我国森林生物多样性运用直接市场评价法进行了价值核算，保护区地处南方区，其每公顷森林生物多样性的价值是 59 346 元（人民币），故官山自然保护区的森林价值为 67316 万元（人民币）。

三、经济价值

理论上，保护区总经济价值等于各类经济价值之和，即直接价值与间接价值及非使用存在价值之和。但由于某些数据不足，不能准确计量，只能粗略概算出每年的直接价值和间接价值分别为 165 万元和 6.7 亿元，可以看出保护区的综合价值是相当高的，而且以生态效益为主的间接经济价值远远高于直接经济价值。

总之，保护区位于九岭山脉西段，九岭山是江西省西北部东（北）—西（南）走向的一个相对独立的山脉，与幕阜山平行，共同组成长江中游赣、鄂、湘三省之间的"孤岛"——屹立于鄱阳湖平原、江汉平原和洞庭湖平原等三大平原之间的"生态孤岛"。三大平原属农业发达、人口密集的地区，因此，这个"生态孤岛"的生态保护工作极具现实意义。尤其是保护区还是世界受胁物种白颈长尾雉的的主要分布区。因此，保护区的建设对于保护生物多样性，维护生态平衡具有深远的意义。

第十二章　研究报告

研究报告之一

官山自然保护区数字地形与植被遥感分析 *

1　概　述

1.1　自然保护区概况（略）

1.2　项目背景与研究内容

在开展官山自然保护区各项本地资源调查、栖息地调查、功能区划、基础设施规划、旅游规划以及科学研究等活动的时候，作为描述地形地貌的主要载体，DEM 以及依据一定数学规则派生出来的数学地形模型（DTM）为开展与地形相关的各项研究提供最为基础和关键的空间数据。因此，对于官山这一具有重要生态意义和生态价值的关键地区，在申报国家级自然保护区的过程中，如何采用空间明晰的做法来分析保护区的特征与功能，提炼保护区的价值，并在此基础上进行合理的规划。

常规植被普查是一种静态的观测，遥感和地理信息系统技术的发展为大面积、快速植被制图提供了可靠的资料和先进的技术手段。

2004 年 10 月，受官山自然保护区委托，EnviSolve 环境咨询公司承担官山自然保护区范围内精细数字高程模型（DEM）的生产任务。同时，结合植被地面调查与地形、气候因子分析，利用 ETM + 遥感数据对保护区植被进行分析。在此基础上，对数据特征及其反应的规律进行分析和解释，并对数据结果可以支持的后续工作进行探讨，提出初步建议。

2　数字地形分析

地形是形成山地结构和功能，导致山地各种环境、生态现象和过程发生变化的最根本的因素。在景观尺度下，地形作为一种间接环境因子，可以通过影响局地的环境梯度、改变物质能量流动、影响干扰格局和改变地貌过程等途径，来影响生态系统的结构和功能。物理环境越复杂，或叫空间异质程度越高，动植物群落的复杂性也越高，物种多样性越大。

官山自然保护区复杂多变的地形地貌结构，是构成丰富生物多样性的基本条件。

2.1　山体形态与海拔高度

官山自然保护区在建立时，充分考虑了官山山体的大尺度地形格局。官山山体整体走

---

* 本文作者：蒋峰[1]，纪中奎[2]（1. 北京大学环境学院，2. 北京索孚环境咨询公司）

向为北东—南西向，最高山脊线亦沿此方向蔓延，整个山体呈屋脊状。而官山自然保护区的核心区大部分就划定在山体的中上部（海拔 800m 以上），此外在东西两个方向还覆盖了两个典型小流域；缓冲区和实验区在核心区基础上，主要扩大了山体中下部面积和小流域面积，形成更加完整的山体垂直梯度（参见彩图所示）。

保护区如此布局可以在有限的面积内最大限度地覆盖各种山地环境分异特性。山体的走向、海拔和长度将影响到局地大气运动，形成该地区的宏观气候特征。海拔高度分异将导致温度、降水、天气成分等环境条件的差异，进而对生物群落产生作用，形成气候、土壤以及生物的垂直地带性。

保护区境内最高海拔 1480m，最低海拔 200m。平均海拔 725m，海拔跨度达 1280m。海拔 1000m 以上地区面积占保护区总面积的 28.48%，其东北—西南的山体走向对东亚季风起到很好的拦截作用，从而具备很好的水热条件。

2.2 面积—高程地貌发育分布

在地貌侵蚀旋回学说中，Davis 提出了地貌发育阶段论，并得到了学术界公认。而在实际应用中，通常用反映地表物质被侵蚀他移相对量的面积—高程积分曲线来表示任意流域的地貌发育阶段：当面积—高程积分值大于 60% 时，即一个地区地表物质被侵去近 40% 时，原始地面已受到很大程度的破坏，此时地貌趋于崎岖，水系不断扩展与分支，侵蚀过程强烈，地貌系统远离均衡态，这就相当于 Davis 所定义的地貌发育幼年阶段；当面积—高程积分值小于 60% 而大于 35% 时，地势起伏达到最大，地貌类型最复杂，系统处于大调整时期，相当于壮年阶段。当面积—高程积分值小于 35% 时，地势低缓，侵蚀过程变得十分缓慢，地貌特征不再发生剧烈变化，流域地貌趋于稳定，系统趋于均衡状态。

采用此办法对官山自然保护区分析：得到 V/AH 的数值在 60% 到 35% 之间，这表明官山自然保护区的流域地貌发育正处于壮年期。这里的 V 指面积—高程曲线与 x 轴围成的面积，即某一高程 y 所在水平面与最低点围成的体积。此时分水岭两侧的谷坡日益接近，宽平的分水地面变成狭窄的岭脊，水系和坡地形态与流域环境逐渐适应，流域地貌基本轮廓日趋稳定。

官山自然保护区整体属于流域地貌发育的壮年期。此时流域地貌结构最为复杂，水系与沟谷系统相当发育并且比较稳定，坡面已经由流域发育初期的陡峭深切型变为稳定的坡顶—坡肩—坡面—坡脚—谷地平缓连接型。从坡度空间分布格局上可以看到，保护区山体在中上部 800m 处存在一个明显的坡折，在该线以下，坡度增大，且坡面支离破碎；在该线以上，坡面完整而平缓。这条折线就应该是流域侵蚀地貌中，坡肩部分的折线。也就是说，目前沟谷的溯源侵蚀已经发育到这个位置，并将继续向山脊线推进。而自然状态下（不包括基建建设导致的陡峭边坡）的最大坡度出现在几条主要水系的坡面上。从海拔上来看，最大坡度出现的地方在 500～800m 之间。

保护区内山体高大、地势陡峭、山谷发育，再加上常年气温暖和、雨量充沛的中亚热带季风湿润气候类型，使得土壤侵蚀和水土流失很容易发生。但由于区内植被覆盖较好，使得该地山林具有很强的保水和抗侵蚀能力，雨季不见洪水，旱季溪流涓涓。不过一旦现存的常绿阔叶林被毁，失去保水能力之后，陡峭的山坡将会造成严重水土流失，雨季浑水四溢，甚至引起泥石流等重大灾害事件的发生，植被逆向演替为不毛的石山。

2.3 复杂程度

地形的复杂程度对形成生境的异质性产生重要影响。地形复杂程度越大，生境异质性也越大；生境异质性越大，生物多样性常常也越高。在当代，这一观点得到了学术界广泛的认同。但是，至今学术界对地形复杂程度都很难做到准确的描述，因为到目前为止没有一个指标能够有代表性地解释地形复杂程度导致的各种衍生效应。但是，至今学术界对地形复杂程度都很难做到准确的描述，因为到目前为止没有一个指标能够有代表性地准确刻画地形复杂程度。

在景观生态学研究中，可以用多样性指数来衡量一个区域内的斑块数目和各斑块个体数目分配的均匀度，即景观多样性。利用类似的原理，可以刻画特定区域内地形多样性，并由此计算出空间范围内地形多样性分布格局。将官山自然保护区按照 1km 的间距划分网格，计算每一个网格中的 Shannon – Wiener 指数，由此得到保护区范围内高程、坡度或坡向多样性指数空间分布格局。将高程、坡度或坡向多样性指数空间分布格局按照简单平均的方法进行叠加，可得研究区内地形多样性分布格局。但是这里涉及比较繁复的计算，本研究不作具体深入的计算和分析。

2.4 流域沟谷与山脊系统

地表凸凹不平的形态和起伏状况是长期自然和人文过程影响的结果，而山脊和沟谷系统作为刻画地表形态骨架的两个控制性系统，在水文、土壤侵蚀等研究中起着重要作用。

沟谷系统是坡地系统与河道系统之间的一个过渡带，是流域地貌系统中最活跃的部分。它不仅把坡地系统产生的水流和泥沙输送到河道系统中，而且自身也产生大量的泥沙和水流，常常成为河道系统中水流和泥沙的主要来源。在沟谷系统中，流水的侵蚀作用和重力侵蚀作用都很活跃，沟谷地貌往往迅速地被改变。由于沟谷地貌形态及地貌发育过程都比较复杂，使得沟谷地貌研究成为流域地貌系统研究中的薄弱环节。而实际上它的演化是区域地貌演化的直接形象的体现。

山脊系统在流域系统中作为不同流域之间的分水岭而存在。山脊系统的形态可以为判断流域地貌发育所处的阶段提供参照，比如：宽阔分水平地标志着流域地貌处于幼年期，而狭窄的岭脊标志着流域地貌处于壮年期。

过去沟谷系统的分布通常是通过数字化地形图或其他图件中的水流线来得到，工作量巨大，且存在沟谷等级的人为确定以及低等级沟谷的省略等问题。在官山自然保护区，我们使用 GIS 技术，加上官山地区 5m 分辨率高精度 DEM 数据，对官山自然保护区范围内的沟谷和山脊系统实现自动提取，取得了令人非常满意的效果（参见彩图所示）。

流域是一个从源头到河口的天然集水单元，它是对水资源进行统一管理的基本单元，同时也是对河流进行治理开发的基本单元，详见表 12 – 1。

表 12 – 1 流域内沟谷、水系的总长度和平均长度

流域编码	流域面积（hm²）	流域周长（m）	沟谷总长度（m）	水系总长度（m）
1	26.00	2642.73	120.16	62.07
2	5.60	14132.04	29.31	11.23

（续）

流域编码	流域面积（hm²）	流域周长（m）	沟谷总长度（m）	水系总长度（m）
3	0.20	2560.38	4.73	0.00
4	19.00	21024.79	90.67	26.23
5	1.30	6047.39	7.14	2.07
6	0.44	2832.56	1.55	1.65
7	5.90	11062.45	28.21	9.22
8	3.20	7869.21	12.98	13.13
9	2.90	7207.52	15.47	0.00
10	3.10	8505.09	14.20	5.64
11	2.20	7854.54	10.75	1.75
12	4.50	9243.62	24.75	5.91
13	1.20	6345.00	6.76	0.00
14	1.10	5089.62	5,06	2.75
15	2.20	6564.44	10.34	6.09
16	3.60	8612.33	22.31	5.64
17	1.30	5555.26	7.57	4.92
18	3.00	8892.66	15.07	8.31
19	28.00	31564.36	144.88	88.94
合计	114.74	173605.99	571.91	255.55

2.5 三维场景

利用本专题生成的 DEM 数据，在 Erdas imange 8.6 Virtual GIS 下将 DEM 数据同 TM 数据相叠加生成二维场景，具有很强的真实感和可读性，可在虚拟现实中进行模拟和实验。除此之外，本专题还制作了动画三维场景，全方位展示官山自然保护区复杂多变的地形。

3 地形—植被遥感分析

地形是形成山地结构和功能、导致山地各种生态现象和过程发生变化的最根本的因素，地形要素包括海拔高度、坡向、坡度、起伏程度等，正是这些要素通过改变光、热、水、土等生态因子来改变山地植被的分布格局，所以只有掌握地形和植被的关系才能真正了解植被的分布格局和规律。

官山自然保护区地处我国亚热带东段，位于赣西北九岭山脉西段，保护区内地形复杂，山体起伏变化大，正是这种多变的地形造就了保护区内植被类型丰富多样，包括竹林、典型常绿阔叶林、常绿落叶阔叶混交林、针叶林、次生常绿阔叶林等植被类型。

3.1 植被景观结构

官山自然保护区地形复杂，区内植被类型丰富多样，植被的空间分布格局呈现高度的

异质性。利用景观生态学的方法并结合官山自然保护区的遥感植被图来分析保护区植被的
景观结构。通过计算各种植被斑块的景观指数来揭示保护区内植被的空间分布格局（表
12－2）。

表 12－2　官山自然保护区植被类型景观数量统计

植被类型	面积 （km²）	面积百分比 （%）	斑块数量	斑块面积 （m²）	形状指数	相邻度指数
针叶林	4.92	2.73	3095	0.002	1.13	0.668
低丘灌草丛	5.804	3.22	1051	0.006	1.223	0.569
典型常绿阔叶林	6.553	3.63	3960	0.002	1.146	0.72
常绿落叶阔叶混交林	19.048	10.56	3941	0.005	1.251	0.755
次生常绿阔叶林	45.74	25.36	5165	0.009	1.402	0.833
山地灌草丛	47.296	26.22	7371	0.006	1.421	0.895
竹林	51.029	28.29	5181	0.01	1.379	0.818

通过分析表 12－2 可以得到：竹林是官山自然保护区的主要植被类型之一，面积达到
51km²，占整个官山自然保护区总面积的 28.29%，由于竹林具有一定的经济价值，所以近
年来得以大量种植；其次是山地灌丛草，面积达到 47km²；次生常绿阔叶林面积为 45km²，
占整个保护区总面积的 25.36%，它是官山植被演替过程中一个非常重要的阶段，充分说
明官山历史上人为干扰的程度，它具有 3 个特点，一是不稳定，二是过渡性明显，三是组
成相对较为复杂；针叶林和典型常绿阔叶林面积相对较小，分别为 5km² 和 6.5km²，就针
叶林和典型常绿阔叶林而言，它们面积的变化充分反映了官山自然保护区人为干扰的程
度；常绿落叶阔叶混交林面积为 19km²，占官山总面积的 11%，常绿落叶阔叶林混交林在
亚热带是个不稳定的类型，反映了官山自然保护区的两个问题，一是体现了官山植被的过
渡性特点，二是说明官山的植被仍处在演替的动态过程中，是个不稳定的类型；低丘灌草
丛是在人为干扰下的偏途顶极，多分布在沟谷地带，面积为 1.73km²。

分析表 12－2 不同植被类型的景观指数可以得到，保护区内植被斑块数量最多的是山
地灌草丛，斑块数量比较少的是针叶林，说明自然保护区内山地灌草丛分布范围很广而且
极为破碎，针叶林斑块数量较少的原因在于针叶林生境范围较窄，大多分布在阴坡上。保
护区内植被平均斑块面积最大的是竹林，平均面积达到 0.01km²，而针叶林和典型常绿阔
叶林平均斑块面积很小，为 0.002km²，说明官山自然保护区内竹林的分布特点是面积大而
且比较集中。比较官山自然保护区内不同植被类型的形状指数（斑块周长/斑块面积），山
地灌草丛的最大，表明山地灌草丛的随机和过渡性，以及与其它植被景观单元的相互交
错；竹林的形状指数较小，说明斑块的面积大而且形状较为规整。相邻度指数描述了景观
单元之间的相互联系程度，分析上表可知，相邻度指数最大的是山地灌草丛和次生常绿阔
叶林，这充分说明山地灌草丛和次生常绿阔叶林分布很广而且没有明显的地带性。

3.2　主要植被类型地形分异特征

植被的地形分异特征主要表现为 3 个方面，植被的高程分异特征，植被的坡度分异特

征和植被的坡向分异特征。

3.2.1 高程分异特征

海拔高度的不同首先引起温度、降水、大气成分的差异，从而对生物群落产生作用。气候、土壤以及生物分布的垂直地带性主要由此产生。海拔高度的变化引起温度、降水空间上的变化从而造成植被在空间分布上的差异，形成植被空间分布上的地带性特征。

官山自然保护区最高海拔 1480m，最低海拔 200m，平均海拔 725m，海拔跨度 1280m，山体主要分布在海拔 500～800m 的范围内。为了消除山体面积对植被分布的影响，决定将高程分为 13 个带分别计算每个高程带内植被类型的面积比例，从而揭示官山自然保护区不同植被类型随海拔变化的空间分布规律（高程划带从 200m 开始，每隔 100m 为一个高程带，总共 13 个带）。

3.2.1.1 不同高程带内植被分布情况

官山自然保护区海拔跨度 1280m，按相对高程可以将山体分为低山带，中山带，较高山带和高山带来分析不同带内的植被分布情况。低山带为 200～500m，中山带为 500～800m，较高山带为 800～1100m，高山带为 1100～1468m。不同植被类型沿海拔分布图谱（表 12－3）。

表 12－3 不同植被类型沿海拔分布情况统计

序号	高程范围（m）	次生常绿阔叶林	典型常绿阔叶林	山地灌草丛	针叶林	竹林	低丘灌草丛	常绿落叶阔叶混交林
1	250～300	0.066	0.002	0.094	0.000	0.065	0.085	0.024
2	300～400	0.864	0.069	0.964	0.004	0.774	0.183	0.217
3	400～500	2.458	0.197	2.513	0.025	2.042	0.244	0.448
4	500～600	4.258	0.391	4.189	0.105	3.747	0.267	0.816
5	600～700	4.954	0.619	5.093	0.208	5.497	0.375	1.141
6	700～800	4.117	0.617	4.363	0.347	5.972	0.193	1.297
7	800～900	3.054	0.593	3.397	0.414	5.128	0.119	1.704
8	900～1000	2.430	0.410	2.576	0.508	3.885	0.026	2.182
9	1000～1100	2.140	0.355	1.813	0.655	2.569	0.007	2.611
10	1100～1200	1.859	0.311	1.328	0.680	1.423	0.009	2.463
11	1200～1300	1.245	0.276	1.387	0.549	1.575	0.068	1.328
12	1300～1400	0.321	0.036	0.987	0.203	1.289	0.084	0.391
13	1400～1480	0.042	0.000	0.185	0.012	0.151	0.066	0.005

低山带内，主要分布次生常绿阔叶林、山地灌草丛和竹林，它们的面积比例均达到 20% 以上，而常绿落叶阔叶混交林、低丘灌草丛和典型常绿阔叶林的分布相对要小，其面积比例多在 10% 左右，针叶林在低山带上的面积比例就更少了，说明针叶林只是零星地分布在一些地方。

中山带内，次生常绿阔叶林、山地灌草丛和竹林的面积比例仍然很大，是这个带的主要植被类型，次生常绿阔叶林、山地灌草丛相对于低山带而言，面积比例基本上持平，但是竹林的面积比例却高达 40% 左右,说明竹林是这个带的优势植被类型,构成了这个植被带的基质。典型常绿阔叶林的面积比例增加一些,但是增幅不是很大,这主要因为保护区内典型常绿阔叶林面积本来就少。在中山带,低丘灌草丛的面积比例锐减,面积比例几乎接近 3%,但是针叶林的面积比例却大幅增加,这说明丛中山带开始适合于针叶林生长的生境面积也在大量增加。常绿落叶阔叶混交林的面积比例稍稍较低山带有所增加,面积比例可以达到 12% 左右。

较高山带内,随着海拔高度的增加,竹林的面积比例在减少,针叶林的面积比例在迅速增加,这充分说明海拔 800~1100m 的范围内的生境非常适合针叶林的生长,针叶林应该是这个高程带的优势植被。常绿落叶阔叶混交林的面积比例也有所增加,最高时可以达到 25% 左右。其他的如典型常绿阔叶林和山地灌草丛面积比例基本保持不变,说明了山地灌草丛没有明显的地带性。值得一提的是在这个高程带内,低丘灌草丛几乎没有分布。

高山带内,山地灌草丛面积比例迅速增加,而且高达 40%,说明高山灌草丛是这个高程带的主要植被类型,是一个占据极大面积优势的群落。竹林的面积比例有所增加。其他植被类型的面积比例均不同程度地减少,如典型常绿阔叶林,常绿落叶阔叶混交林和次生常绿阔叶林。

3.2.1.2 不同植被类型沿海拔的分布情况

常绿落叶阔叶混交林:常绿落叶阔叶混交林在低海拔段面积比例几乎不变,保持在 5% 左右,但是在海拔 750m 附近时,面积比例开始增加,一直持续到 1100m 处,面积比例达到最大值 30%。随后,随着海拔的增加,面积比例开始锐减,到 1400m 时几乎达到 2%。常绿落叶阔叶混交林在官山自然保护区主要分布在 700~1200m,是保护区的主要植被类型。

竹林:竹林在整个官山自然保护区内面积分布密度与海拔的关系曲线为抛物线,在低海拔和高海拔段面积比例较小,最低达到 1%,在中段其面积比例可达 18%,可以说竹林是官山自然保护区的优势植被类型,尤其是在海拔 500~900m 内,竹林的面积比例高达 30% 左右。

针叶林:针叶林的面积比例在开始阶段随着海拔的增加不断地升高,在 1200m 附近达到最大值 18%,然而超过 1200m 后,针叶林的面积比例的减少说明了在保护区的高海拔地段并不适合其生长。

次生常绿阔叶林:次生常绿阔叶林在官山自然保护区分布范围很广,其面积比例保持在 20% 左右,只是在高海拔的 1300m 以后面积有所减少,这充分说明次生常绿阔叶林是官山自然保护区的又一主要植被类型。

山地灌草丛:山地灌草丛在整个高程带内的面积比例都是很大,最低为 15%,最高可达 40%,平均在 25% 附近,结合山地灌草丛的面积数据不难得出山地灌草丛是官山自然保护区的主要植被类型,分布于各个海拔段,它不具有山地植被的垂直地带性特征。在高山带,由于高山灌草丛分布面积广,而高山带山体面积小,所以在高山带高山灌草丛的面积比例非常的高。

典型常绿阔叶林:官山自然保护区的典型常绿阔叶林的面积主要分布在海拔 500~900m 的部分,其分布面积比例可达 16%。典型常绿阔叶林很少分布在低山和高山带。

低丘灌草丛：低丘灌草丛是人为干扰下的一种过渡性植被。一般分布在海拔很低的丘陵地带，其面积比例达到 23%，随着海拔的增加，其面积比例迅速减小，在 1000m 附近，其面积比例接近于 0，当海拔超过 1000m 后，低丘灌草丛的面积比例开始增加，直到在 1400m 达到 15%。这可能是因为在高海拔地区曾经遭受较大的认为干扰，留下同低丘灌草丛组成类似的植被覆盖类型，在遥感上被判读为低丘灌草丛。

3.2.2 坡度分异特征

植被的分布不仅受到海拔高度的影响，而且也受到坡度的影响，坡度的影响通常不像海拔高度对植被有着直接的影响，它常常与海拔，坡向等地形因子结合起来影响植被的空间分布。

官山自然保护区的坡度跨度为 86°，按坡度的大小可以将山体分为缓坡，中等坡度区，陡坡区来揭示坡度与植被分布之间的关系。缓坡从 0°～10°，中等坡度区从 10°～30°，陡坡区从 30°～86°。

在缓坡区内，分布着所有的主要植被类型，其中次生常绿阔叶林、竹林、山地灌草丛和低丘灌草丛的面积比例较大，接近 20%，它们构成了缓坡的主要植被类型。在这个带上，典型常绿阔叶林、针叶林和常绿落叶阔叶混交林相对面积较少，平均面积比在 4%。

在中等坡度区内，分布着所有的主要植被类型，由于中等坡度区是官山的主体，具有很大的面积，其中次生常绿阔叶林、竹林和山地灌草丛的面积比例仍然较大，如竹林其面积比例高达 32%，山地灌草丛的面积比例高达 25%，次生常绿阔叶林的面积比例达到 22%，充分说明这 3 种植被是中等坡度区的优势植物。

在陡坡区内，竹林、次生常绿阔叶林和山地灌草丛仍然保持很高的面积比例，说明地形的起伏并不影响这 3 种主要植被类型的分布。相对于前面的缓坡区和中等坡度区而言，典型常绿阔叶林的面积比例迅速增加，而且在坡度越大的地方其面积比例越大，说明典型常绿阔叶林的分布更倾向于坡度较大的地方。除了典型常绿阔叶林外，针叶林也有这种趋势，说明针叶林和典型常绿阔叶林一样，更适合在坡度较高的地方生存。常绿落叶阔叶混交林基本上和前面两种情况一样，面积比例几乎没有变化，说明常绿落叶阔叶混交林的分布与坡度的关系不是很大。在坡度最大时，基本上只有高山灌草丛，其余的植被类型面积比例非常小。

3.2.3 坡向分异特征

将官山自然保护区分为北坡或偏北坡（坡向为 270°～360°和 0°～90°）、南坡或偏南坡（90°～270°）以及无坡向 3 种类型。不同坡向上的植被面积分布见表 12-4。

表 12-4 官山自然保护区坡向统计表

坡向	面积（km²）	百分比（%）
无坡向	1.43	1.24
阴坡	28.14	24.52
平阴坡	54.47	47.47
阳坡	30.72	26.77

从表 12-4 可知，官山自然保护区阴坡和阳坡的面积相差不大，面积分别是 28.14km²和 30.72km²，而半阴坡的面积较大占整个保护区总面积的 47.47%。半阴坡面积较大的原因是因为官山自然保护区所在山脉的走向为西南—东北向，无坡向的面积较大，占整个保护区的 1.24%。

分析可知，所有植被类型在半阴坡的分布面积最大。这主要是因为半阴坡的面积很大，对于竹林，其在阳坡上分布的面积多于在阴坡上分布的面积，而针叶林在阴坡上分布的面积远远大于再阳坡上分布的面积，形成这种分布格局的原因是因为阳坡接受的太阳直接辐射多，导致坡面温度高、水分蒸发强烈，从而分布着具有耐旱结构的植物群落。相反，北坡则常常发育着中省或湿性的植物群落，低丘灌草丛主要分布在无坡向的平地上，其他的植被类型在阴阳坡上分布的面积差距不是很大。

4　建　议

官山自然保护区建立于 1975 年，1981 年经江西省人民政府批准为省级自然保护区。保护区建立近 30 多年来，在自然资源研究与环境保护方面做了大量的工作，取得了显著的成效。但是作为一个省级保护区，在经费筹措、基础建设、能力建设、人员培训、资源保护、社区发展等各个方面均受到很大的限制，其省级自然保护区的地位与其 20 多年的发展历史和现有的使命极不对称，已成为限制和束缚保护区发展的一个关键障碍，申报和建立国家级自然保护区一事已作为保护区发展中优先要解决的问题被提到议事日程上来。

针对保护区现状，特提出如下建议。

4.1　综合科考成果

官山自然保护区建立近 30 年来，在资源调查方面做了不少的工作，也取得了难能可贵的成绩。官山具有较好的历史数据积累，还曾组织过几次大规模的科学考察，此次为了申报国家级自然保护区又组织了一次全方位的科考，而且首次引入遥感和 GIS 技术开展研究。但是，保护区内部人员的科研素质还不高，从外界获取技术援助的机会也不多，保护区至今没有一张全要素的工作底图，直到 2004 年保护区才开始用 GPS 进行定位监测，造成多年连续监测的宝贵数据处于一盘散沙的状态，难以进行整合，极大地降低了信息的价值。多年来，有关官山自然保护区的生态学、生物学研究论文甚少就是一个明证。

4.2　信息系统建设

地理信息系统（GIS）是以地理空间数据库为基础，在计算机软件支持下，对空间相关数据进行采集、管理、操作、分析、模拟和显示，并采用地理模型分析方法，适时提供多种空间和动态的地理信息，为决策服务而建立起来的计算机技术系统。

在完成科考成果的综合整理的基础之上，建议官山自然保护区建立自己的地理信息系统（GIS）。本专题研究已经完成官山自然保护区覆盖范围内 1:10000 全要素地理图的数字化工作，对各类 DTM 数据进行了全面的分析，并结合 TM 遥感数据对区内植被景观格局进行了复合分析，生产出一批精细准确的空间数据，为建立保护区环境信息管理系统打下了坚实的基础。

结合计算机多媒体技术，还可开发出官山自然保护区多媒体演示系统，融图、文、声、像数据库、三位动画等多媒体于一体，将先进的图像处理技术、声音处理技术、文字处理技术、视频处理技术以及三维动画技术集成到计算机中，可使原本单调的静态材料变成有神有色的动态画面，全方位展现保护区的历史、现状与未来，以便来此参观、指导、研究的游客、领导和科研工作者能够更好地了解保护区的情况，达到吸引游客、教育公众、争取支持等目的。条件许可的情况下还可采用 ASP、ADO、SQL、ODBC、WebGIS 等技术提供基于 Internet 访问的 Web 服务。

4.3 生物多样性保护管理

保护生物多样性是一个自然保护区存在的基础和最更本的使命。随着生物多样性问题的日益突出，对生物多样性的保护和研究也提出了更高的要求。官山处于亚热带山地地区，群落的种类无论从时间上或空间上分割环境资源的可能性都比较大，从而是其共存的种数更多，相比温带有更多更丰富的食物来源和营养生态位，生物多样性的研究和保护工作也具有相当的难度。

4.3.1 珍稀濒危植物保护

根据历史资料的整理，可以生成官山自然保护区濒危植物分布图。结合本次科考典型地面实测的样方统计数据，可继续采用遥感技术对官山自然保护区珍稀濒危植物群落进行水平和垂直带分布规律进行研究。遥感处理采用遥感弱信息提取技术，可以识别建群植物及其种群组合特征；结合三维景观影像可对珍稀植物种群生境的地貌、土壤等条件的相关性进行分析，揭示垂直、水平地带分异规律，建立相关分析模型，为珍稀濒危植物动态监测和物种多样性保护提供决策依据。

建议对整个保护区按照 500m×500m 的方格进行划分，按照从左到右、从上到下的顺序进行编号，边界处清楚地标以经纬度或者方里格坐标，作为今后野外监测采样分布的依据，开展野生队伍和珍稀濒危植物的调查和研究工作。

4.3.2 动物栖息地研究

官山自然保护区生物多样性除了以其丰富性著称，独特性也是官山自然保护区生物多样的一大特点，豹、云豹、白颈长尾雉、黄腹角雉、猕猴等物种是官山自然保护区的旗舰种。但是，对于这些珍稀物种及栖息地的保护和研究工作尚不深入，因而难以形成科学的保护方案来保障这些物种的生存。建议保护区在其科学考察中，安排专题，针对受关注度和濒危度较高的旗舰物种开展考察和研究，并对这些物种的保护提出科学的方案。这一工作也将为下面将要提到的生态安全格局设计打下基础。

4.3.3 生态安全格局设计

生态安全从根本上说，是安全的一种。所谓安全，是指个体或系统不受侵害和破坏的状态。2000 年 11 月 26 日国务院发布的《全国生态环境保护纲要》指出，生态安全是国家安全和社会稳定的一个重要组成部分，是指一个国家生存和发展所需的生态环境处于不受或少受破坏与威胁的状态。近 20 年来，随着经济的快速发展和人地矛盾的日趋尖锐，我国生态安全受到严重威胁，主要表现为土地退化加剧、水生生态平衡失调、植被破坏严重、生物多样性锐减等。自然保护区是保护自然资源和生态系统、维护国土生态安全，促进经济社会可持续发展的最有效的措施之一，应当引起各界的高度重视。

对于一个自然保护区而言，生态安全格局是指景观中某些关键性的局部、位置和空间联系，对维护或控制某种生态过程、保护生物与景观有着重要的意义。生态安全格局设计的目的是为了鉴别、维护和强化景观生态安全设施。景观生态学提出的斑块、廊道、基质模型为生态安全格局的设计提供了基本的理论框架，GIS 技术为生态安全格局设计提供了实现路径。

有一些基本的景观改变和管理措施，被认为是有利于生物保护的，包括核心栖息地的保护，缓冲区、廊道的建立和栖息地的恢复等等，从而可以有效的维护生态过程中的健康和安全。

我们认为，在官山自然保护区的生态安全格局进行设计的时候，应当按照美国"GAP分析计划"的科学理念，按照蒋峰等人提出的"六步法"进行物种栖息地范围的鉴别和提取。所以我们还建议将生态安全格局设计的重点放在满足白颈长尾雉、黄腹角雉、猕猴等官山自然保护区旗舰物种对栖息地的要求上，同时分析他们的伞护效应，以防止对某些物种生存有利的设计可能对其他物种的生存造成危机甚至是毁灭性的打击。

4.3.4　林业管理

在 DEM 的协助下，林区管理人员可以快速定位和显示火场面积状况，了解火场周边地势地形情况，判断进入火场的最短路径。此外，在未发现火险的情况下，可以通过可视性分析，计算出建立最佳林区观测哨的位置。在遥感数据的辅助下，通过观察地形地势与地面燃积物的蓄积量，可以判断林区火险等级，并针对性的进行防火工作。

4.3.5　土木工程与旅游规划

在保护区今后的基础设施、旅游设施和其他设施的管理和建设中，DEM 数据将对涉及到道路规划、改线、土方挖掘、电站设计等工作起到巨大的支持作用。

研究报告之二

基于 GIS 和 RS 技术的白颈长尾雉栖息地提取*

引 言

白颈长尾雉是我国特有的I级重点保护野生动物，同时也是世界濒危物种之一。在IUCN和《中国濒危动物红皮书—鸟类》中均被列为易危种，并被列入CITES附录I。该雉主要分布于长江以南浙江、安徽、福建、江西、湖北、湖南、广东、广西、和贵州等地。

白颈长尾雉野外种群数量稀少，据估计，全世界仅为 10 000 ~ 50 000 只。更为重要的是，由于砍伐森林、烧山垦殖和农业侵占等人类活动的影响，白颈长尾雉正面临着栖息地破碎和生境丧失的威胁。所以，保护区应当充分了解和掌握白颈长尾雉的生物生态学特征，评估白颈长尾雉在保护区的生境状况，为保护区科学规划提供翔实的本底资料，从而更好地保护白颈长尾雉的生存和繁衍。

官山自然保护区地处赣西北九岭山脉西段，区内白颈长尾雉数目为 800 ~ 1000 只，是我国白颈长尾雉主要分布地之一，科学评估保护区内白颈长尾雉的生境有利于指导保护区的规划和管理工作，便于更好地保护区内白颈长尾雉的生存和繁衍。

现在，对于物种栖息地的提取多以物种的生物生态学特征为生境分析的导向，遥感图像为生境信息的载体，地理信息系统为生境的分析工具综合实现生境地的提取。遥感和GIS技术的空前发展为实现这一技术过程提供了坚实的信息和技术基础。GIS作为一类分析与处理空间资源数据与信息的计算机系统，具有采集、处理、转换和显示空间特征数据的功能，遥感技术则能为地理信息系统提供丰富的地面信息数据，是地理信息系统数据采集的一种主要技术手段。

1 官山自然保护区简介

官山省级自然保护区地处赣西北九岭山脉西段南北坡，位于 28°30′ ~ 28°40′ N，114°29′ ~ 114°45′E，全区总面积为 11 500.5hm²。保护区为典型的中亚热带湿润气候，年平均气温16.2℃，最热月平均气温26.1℃，最冷月平均气温4.5℃，年积温5820℃，年降水量1950 ~ 2100mm，年平均相对湿度84.8%，无霜期250天。保护区地形地貌复杂，其间山势陡峭，群峰林立，沟壑纵横，溪流广布。区内森林茂密，植被资源丰富，水分充足，气候温暖，为白颈长尾雉的栖息创造了优越的自然条件。

2 白颈长尾雉生境评价

2.1 白颈长尾雉生境评价方法

生境分析与评价的主要目标是通过分析生物的生境要求及其与当地的自然环境的匹配

* 本文作者：蒋峰¹，纪中奎²（1. 北京大学环境学院，2. 北京索孚环境咨询有限公司）

关系，明确其生境的分布范围与特征，因此，一个典型的生境评价过程包括：分析对象物种的生境要求，明确影响其种群生存和行为的限制因素或主导因素；建立各项因素相应的评价准则，并进行单项因素的适宜性评价；根据一定的准则进行综合生境分析与评价；明确保护区各空间单元对对象物种的适宜性特征。

2.2　白颈长尾雉生境评价准则

在官山自然保护区调查期间，向自然保护区工作和技术人员了解白颈长尾雉在工作区内的分布和活动等情况。在此基础上进一步对白颈长尾雉的分布和生活地进行详细、深入地实地调查，确定白颈长尾雉在保护区内的确切分布点，并利用 GPS 测定各分布点地理位置，然后采用无样地法研究白颈长尾栖息地的植被特征、地形特征，明确影响白颈长尾雉栖息和繁衍的生境因子。

坡度　对白颈长尾雉的调查结果进行统计，发现白颈长尾雉主要分布在坡度小于 30度的地方，这可能与白颈长尾雉喜欢在坡度较缓的地方栖息有很大关系。

海拔　在官山自然保护区，白颈长尾雉多出现在 900m 以下，这可能与白颈长尾雉喜欢温暖的地方有很大关系，因为随着海拔的增加，温度会降低。

植被类型　白颈长尾雉以典型常绿阔叶林、次生常绿阔叶林、常绿落叶阔叶混交林/针叶林和山地灌草丛等植被为栖息地。其中典型常绿阔叶林、次生常绿阔叶林、常绿落叶阔叶混交林为最适宜栖息地，针叶林和山地灌草丛为次适宜栖息地。

2.3　技术路线（图 12 - 1）

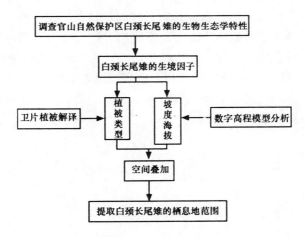

图 12 - 1　白颈长尾雉生境评价技术路线图

2.4　单项因素的适宜性评价分析

基于 2000 年 9 月官山自然保护区的 TM 遥感影像，利用监督分类方法解译出该保护区的遥感植被图，植被图包括 7 种植被类型，分别是典型常绿阔叶林、针叶林、次生常绿阔叶林、常绿落叶阔叶混交林、竹林、山地灌草丛和低丘灌草丛。根据野外对白颈长尾雉观察的结果，发现白颈长尾雉以典型常绿阔叶林、次生常绿阔叶林、常绿落叶阔叶混交林、针叶林和山地灌草丛等植被为栖息地。其中典型常绿阔叶林、次生常绿阔叶林、常绿落叶阔叶混交林为最适宜栖息地，针叶林和山地灌草丛为次适宜栖息地。在地理信息系统技术的支持下，获得保护区内适宜白颈长尾雉栖息的植被类型。统计结果表明，保护区内总植被面积的80.58%适合白颈长尾雉的栖息。

利用分辨率为5m的数字高程模型在地理信息系统平台下获得官山自然保护区的坡度数据，由于白颈长尾雉栖息地的坡度一般都小于30°，所以可以获得整个自然保护区适合白颈长尾雉栖息的地形数据，统计坡度数据，保护区内坡度小于30°的山体面积占整个保护区面积的30.83%。同时统计海拔小于900m的地形数据，可以得到官山自然保护区海拔小于900m的山体面积占整个保护区山体面积的41.88%。

2.5 多因素的适宜性评价分析

因为决定一个物种生存繁衍的生境因子不止一个，所以在考虑适合物种栖息的环境时，不能单单考虑其中的一个生境因子或者其中的两个生境因子，而应该结合该地区的物理环境、生物环境和人为活动情况以及该区域物种自身的生物生态学特征综合考虑适合该物种生存和活动的生境因子。

在官山自然保护区，统计并分析白颈长尾雉的生境条件，发现海拔、坡度和植被类型都是决定白颈长尾雉活动的3个生境因子，根据前面3个单因子分析的结果，利用地理信息系统中的空间叠加运算来提取保护区内适合白颈长尾雉栖息的生境范围。提取的栖息地同时具备有适合白颈长尾雉栖息的3个生境因子。统计分析的结果，官山自然保护区有11.35%的山体面积适合白颈长尾雉的栖息和繁衍。

官山自然保护区白颈长尾雉栖息地分布呈现两种特点：①适合白颈长尾雉栖息的生境斑块数量较多，广泛分布于海拔900以下，生境相对较为破碎；②尽管栖息地生境然较为破碎，但仍然有3个栖息地斑块较为集中的中心，这3个中心的面积占整个栖息地总面积的85.21%，这种点面的分布格局非常有利于白颈长尾雉的活动。

官山自然保护区白颈长尾雉栖息的数量和分布格局都表明保护区现有的自然条件非常适合白颈长尾雉的栖息和繁衍。

研究报告之三

官山自然保护区叶附生苔类植物研究 *

摘　要：官山自然保护区为江西省境内叶附生苔类植物又一分布新记录点，有叶附生苔 3 科 8 属 12 种。其中，粗齿疣鳞苔 *Cololejeuneaplanissima* 为江西新记录，列胞疣鳞苔 *C. ocellata*、尖叶薄鳞苔 *Leptolejeunea elliptica*、东亚细鳞苔 *Lejeunea catanduana*、黄色细鳞苔 *L. flava* 是官山叶附生苔常见种。平叉苔 *Metzgeria conjugata* 为江西叶附生首次报道。统计显示东亚成分是构成官山自然保护区叶附生苔类植物区系成分的主体，占 41.7%。

关键词：叶附生苔；官山自然保护区；江西

Study on the Epiphyllous Liverworts from Guanshan Nature Reserve of Jiangxi Province, China

Abstract：Twelve species of epiphyllous liverworts, belonging to 8 genera and 3 families, have been found in Guanshan nature reserve. It is a new distribution range in Jiangxi Province. *Cololejeunea planissima* is new record to Jiangxi Province. The most common species are *C. ocellata*, *Leptolejeunea elliptica*, *Lejeunea catanduana*, *L. flava*. *Metzgeria conjugata* is a new epiphyllous record to Jiangxi. The main elements of epiphyllous liverworts in Guanshan Mt. is East Asian type（41.7%）.

Key words：epiphyllous liverworts; Guanshan nature reserve; Jiangxi Province

　　官山自然保护区 1981 年建立以来，国内外许多科研单位的专家到该区进行过科学考察，采集官山地区的蕨类及种子植物标本，开展了种子植物区系、穗花杉、长柄双花木灌丛及野生闽楠群落特征等研究工作，但都未对苔藓植物做过全面的采集、研究。

　　1995 年 7 月，1996 年 10 月，本文第一作者两次赴官山自然保护区调查苔藓植物，调查地点涉及区内的主要地段，共采集苔藓标本 3000 余号，其中叶附生苔类植物标本 130 号。所采标本一式两份，分别存于浙江林学院园林与艺术学院和江西官山自然保护区管理处。在完成所有叶附生苔及附主植物标本鉴定基础上，本文就官山自然保护区叶附生苔植物的种类多样性、区系、分布特点及附主植物等进行总结。

1　官山自然保护区自然概况

　　官山自然保护区位于我国亚热带东段，中亚热带北部，在赣西北九岭山脉西 段宜丰、铜鼓两县交界处，地理坐标为 28°30′~28°40′N，114°29′~114°45′E。山体蜿蜒，为东北—

---

　* 本文作者：季梦成[1]，郑钢[1]，谢云[1]，吴和平[2]（1. 浙江林学院 园林与艺术学院，2. 官山自然保护区管理处）

西南走向，地势自北向南渐低，地貌为侵蚀性中、低山地，区内最高峰麻姑尖海拔
1480m。

本区地处我国亚热带东部，受季风和环流的影响，气候温暖湿润，年平均气温为
16.2℃，极端最高气温36℃，极端最低气温–10℃，有效积温超过5000℃。官山地区雨量
比较充足，年均降雨量1950~2100mm，相对湿度84.8%，年平均无霜期250天。区内土
壤形成受地质地貌、气候和生物影响，山地土壤类型主要有山地红壤、山地黄红壤、山地
黄壤、山地黄棕壤和山顶草甸土等类型。

官山地带性植被为中亚热带常绿阔叶林，主要以壳斗科 Fagaceae、樟科 Lauraceae、山
茶科 Theaceae、木兰科 Magnotliaceae、金缕梅科 Hamanelidaceae、冬青科 Aquifoliaceae 中的常
绿树种为建群成分。具地区性特色的针阔混交林为穗花杉 Amentotaxu argotaenia、薄叶桢楠
Machilus leptophylla 林，分布于海拔900m以下。

2 官山自然保护区叶附生苔的特点

2.1 种类多样性

官山自然保护区叶附生苔种类较丰富，共有3科8属12种，种的总数仅次于井冈山、
龙南九连山和资溪马头山。科属种数目占江西的总数比例较大（表12–5）。物种多样性
丰富程度，在已知江西有叶附生苔分布记录的地区中列第四位（表12–6），此外，该区
有叶状体苔类的平叉苔 Metzgeria conjugata 和体型较大的扁萼苔科的尖舌扁萼苔 Radula
acuminata，它们的出现也能反映官山自然保护区叶附生苔多样性特点。

表12–5 江西叶附生苔的分布及科属种数目

分布区名称	地理位置	科	属	种
井冈山	24°05′N, 104°01′E（罗霄山脉）	3	11	23
九连山	24°31′~24°39′N, 114°27′~114°29′E（南岭山地）	3	1119	
马头山	27°41′~27°54′N, 117°09′~117°18′E（武夷山脉）	5	10	14
官山	28°30′~28°40′N, 114°29′~114°45′E（九岭山脉）	3	8	12
玉山三清山	28°54′N, 118°03′E（怀玉山脉）	1	9	10
安远三百山	24°58′N, 115°21′E（南岭山地）	2	7	9
修水垄港	28°07′N, 114°E（九岭山脉）	2	6	8
武夷山	27°48′~28°N, 117°39′117°56′E（武夷山脉）	1	6	6
武宁伊山	29°17′N, 115°01′E（幕阜山脉）	1	4	5
萍乡武功山	27°28′N, 114°11′E（武功山脉）	1	3	5
黎川岩泉	27°04′~27°14′N, 116°55′~117°04′E（武夷山脉）	1	3	4
庐山	29°25′~29°40′N, 115°52′~116°04′E	0	0	0

表 12 – 6　官山、江西、中国叶附生苔科属种数目比较

叶附生苔分布区	科	属	种
官山	3	8	12
江西	4	16	37
中国	10	28	168
官山/江西（%）	75	50	32.4
官山/中国（%）	30	28.6	7.1

官山自然保护区叶附生苔名录

叉苔科 Metzgeriaceae

（1）平叉苔 *Metzgeria conjugata* Lindb 麻子山沟，海拔 300 ~ 370m，18882*、10883、10884；西河，海拔 320 ~ 360m，10850、10853；小西坑，海拔 480 ~ 800m，10867、10869；扁萼苔科 Radulaceae

（2）尖舌扁萼苔 *Radula acuminata* Steph. 麻子山沟海拔 300 ~ 370m，10889、10890、10891、10901；西河，海拔 320 ~ 360m，10880、10881、10879；小西坑，海拔 480 ~ 800m，10860、10865、10854、10857；猪栏石，海拔 600m，10822。

细鳞苔科 Lejeuneaceae

（3）瓦叶唇鳞苔 Cheilolejeunea imbricata（Nees）S. Hatt. 麻子山沟，海拔 360m，10889、10890、10876；西河，海拔 320 ~ 360m，10860、10864、10873、10874、10877、10878；小西坑，海拔 500 ~ 760m，10340、10342；猪栏石，海拔 480 ~ 860m，10826、10827。

（4）尖叶薄鳞苔 *Leptolejeunea elliptica*（Lehm. et Lindenb.）Schiffn. 麻子山沟，海拔 300 ~ 370m，10891、10901、109021；西河，海拔 320 ~ 360m，10869、10870、10871；小西坑，海拔 500 ~ 900m，10346、10347、10349；猪栏石，10830、10832；龙坑，海拔 600 ~ 710m，10670、10671；济公埚，海拔 480 ~ 690m，10561、10562、10566、10658、10569；大沙坪，海拔 500 ~ 780m，11021；李家屋场，海拔 530m，10780、10783。

（5）黄色细鳞苔 *Lejeunea flava*（Swartz）Nees 麻子山沟，海拔 300 ~ 370m，10902、10904、10908、10909；西河，海拔 320 ~ 360m，10855；小西坑，海拔 500 ~ 900m，10340、10347、10348；济公埚，海拔 480 ~ 690m，10560、10562、10564。

（6）东亚细鳞苔 *L. catanduana*（Steph.）Miller et al. 麻子山沟，海拔 300 ~ 370m，10909、10920、10922、10923；西河，10856、10870、10877；龙坑，海拔 600 ~ 710m，10680、10683、10686；大沙坪，海拔 580m，11012、11029；李家屋场，海

---

* 数字为标本采集号，下同。

拔 500～780m，10789。

（7）斑叶纤鳞苔 *Microlejeunea punctiformis*（Tayl.）Schiffn. 麻子山沟，海拔 300～370m，10923、11930、11934；西河，海拔 350m，10855；龙坑、海拔 600～710m，10669、10672、10683；济公埚，海拔 480～690m，11556、11558。

（8）列胞疣鳞苔 *Cololejeunea ocellata*（Horik.）Bened. 麻子山沟，海拔 300～370m，10921、1925、10928、10929；西河，海拔 320～360m，10861、11862；小西坑，海拔 500～900m，10346、10348、10349；猪栏石，海拔 480～860m，10839、10842 龙坑，海拔 600～710m，10678、10679、10683；李家屋场，海拔 500～780m，10789、10790、10793。

（9）东亚疣鳞苔 *C. shikokiana*（Horik.）Hatt. 麻子山沟，海拔 300～370m，10903、10906、西河，海拔 320～360m，10863、10869、10871；龙坑，海拔 600～710m，10678、10681；济公埚，海拔 580m，11668。

（10）白边疣鳞苔 *C. inflata* Steph. 麻子山沟，海拔 300～370m，10886、10929；西河，海拔 320～360m，10856、11860、10877；猪栏石，海拔 480～860m，10842、10844、10849；济公埚，海拔 480～690m，11671、11675、11677；大沙坪，海拔 650m，11012、11013；李家屋场，海拔 500～780m，10796。

（11）粗齿疣鳞苔 *C. planissima*（Mitt.）Abeyw. 江西新记录。龙坑，海拔 690m，10697、10699。

（12）粗齿片鳞苔 *Pedinolejeunea planissima*（Mitt.）Chen et Wu 麻子山沟，海拔 300～370m，10897、10921、10926；西河，海拔 320～360m，10856、10870、10879；大沙坪，海拔 780m，11028。

2.2 附生类型

叶附生苔虽是一种高度特化以适应叶面环境的生活型，但其界限并不明显，大部分种类并非专性叶附生，而是随环境的变化选择附着部位，并具有一定偶然性。通常，叶附生苔可分为 3 种类型，即专性附生、兼性常见、兼性偶见。官山自然保护区叶附生苔兼有上述类型。

属专性附生的种类有列胞疣鳞苔、白边疣鳞苔、粗齿片鳞苔、斑叶纤鳞苔等 4 种；尖舌扁萼苔、瓦叶唇鳞苔、尖叶薄鳞苔、东亚细鳞苔、黄色细鳞苔、东亚疣鳞苔、粗齿疣鳞苔则为兼性常见；只有平叉苔 1 种属于兼性偶见。平叉苔为江西广布种，常生于林下湿润土面、岩面及树干基部，目前该种在江西的叶附生记录仅见于官山；同属的叉苔 *M. furcata* 则在江西九连山、马头山自然保护有叶附生记录，亦为兼性偶见。江西叶附生苔属兼性偶见类型的，均为叶状体苔类或体形较大的种类。

朱俊等报道尖舌扁萼苔为专性附生类型，该种在官山则为兼性常见，除叶附生外，也可生于同种附主植物的树干、小枝表面，符合其提出的"实际上属于专性附生类型的种类很少，随着调查的深入，许多原先认为是专性的种类会变成兼性"结论。

2.3 分布规律

官山自然保护区为江西省境内叶附生苔类植物又一分布新记录点。与江西其他分布区相似，该区叶附生苔主要分布在常绿阔叶林下或林内沟谷两侧，少数见于常绿、落叶阔叶林混交林中。垂直分布范围较窄，约在海拔 300～900m 之间。水平分布较广，分布地点主要有麻子山沟、西河、小西坑、猪栏石、龙坑、济公埚、大沙坪、李家屋场等 8 处，而相对集中的分布点只有 2 个，即麻子山沟和位于东河保护站的树木标本园。除江西新记录种粗齿疣鳞苔外，官山其余 11 种叶附生苔可见于上述 2 地，且生长状况良好。尖舌扁萼苔、尖叶薄鳞苔、列胞疣鳞苔孢子体常见。

2.4 区系特点

中国叶附生苔类植物分布区类型包括东亚分布型（EA）、热带亚洲分布型（TA）、亚洲—大洋洲分布型（AO）、泛热带分布型（P）、亚洲—大洋洲—非洲分布型（AOE）、亚洲—美洲分布型（AA）、亚洲—非洲分布型（AA）、亚洲—美洲—欧洲分布型（AAE）、世界广布型（C），以东亚分布型为主，共 56 种，占总种数的 33.3%。官山有该分布型 5 种，占官山叶附生苔总种数的 41.6%，反映该区叶附生苔区系的基本特征。

2.5 附主植物

叶附生苔与附主植物之间的关系是许多研究者特别关注的问题。附主植物的数量远远大于叶附生苔的数量，叶附生苔广布种往往可在较多种类的植物上附生。官山自然保护区叶附生苔附主植物种类较多，共有维管植物 52 种，分别占江西、全国附主植物总种数的 41.3% 和 13%。生活型统计结果为：高位芽植物 33 种，占总数的 63.5%；地上芽植物 2 种、地面芽植物 8 种、地下芽植物 8 种、一年生植物 1 种，分别占总数的 3.8%、15.4%、15.4% 和 1.9%。

附主植物叶均为革质、厚纸质或纸质，叶面光滑无毛。常见种有狭翅铁角蕨 *Asplenium wrightii*、斜方复叶耳蕨 *Archniodes rhomboidea*、攀援星蕨 *Microsorium brachylepis*、江南星蕨 *M . pteropus*、乌药 *Lindera atrychnifolia*、新木姜子 *Neolitsea auarta*、豹皮樟 *L. coreana* var. *sinensis*、薄叶桢楠 *Machilus leptophylla*、宜昌桢楠 *M . ichangensis*、红楠 *M . thunbergii*、淫羊藿 *Epimedium grandiflorum*、三叶木通 *Akebia trifoliate*、黄瑞木 *Adinandra millettii*、尾叶山茶 *Camellia caudate*、茶 *C . sinensis*、杨桐 *Cleyera japonica*、细齿柃 *Eurya nitida*、黑柃 *E . macartneyi*、蚊母树 *Distylium myricoides*、钩栲 *Castanopsistibetana*、厚叶冬青 *Ilex elmerrilliana*、中华苔草 *Carex chinensis*、箬竹 *Indocalamus latifolius* 等。

3 讨论

3.1 官山自然保护区叶附生苔类植物种类较丰富，共有 3 科 8 属 12 种，是赣北叶附生苔种类最多的地区。江西叶附生苔分布的最北记录为幕阜山脉的武宁伊山（地理位置：29°17′N，115°01′E），有 1 科 4 属 4 种，种类明显少于官山；同属于九岭山脉的修水垅港（位置较官山偏南）叶附生苔科属种的数量均不及官山，靖安三爪仑国家森林公园则未发现科叶附生苔。

造成上述差异的主要原因是官山自然保护区自然条件优越，面积大且保护区建立早，原生植被保存完好，人为破坏少。发育良好的常绿阔叶林及温暖湿润的气候，为叶附生苔的分布、生长提供了适宜的条件和种类多样的附主植物。就该区整个苔藓植物类群而言，情况也是如此。

3.2 中国有台湾、海南、云南南部、云南西北部及西藏东南部、浙江西南部及福建北部等5个叶附生苔分布中心。官山自然保护区位于"浙江西南部及福建北部分布中心"与中国叶附生苔的分布北界（湖北后河自然保护区，30°2′45″～30°8′40″N，110°29′25″～110°40′45″E）的中部，该中心向北经江西、浙江北部至湖北、安徽，叶附生苔分布地点及种类呈明显递减趋势。江西东、南、西三面环山，面对长江、鄱阳湖呈撮斗状开口，依此地形特征，叶附生苔分布点及种类向北逐渐递减。

可以认为，官山自然保护区是中国叶附生苔分布的南北交汇过渡地带，对其种类和生境的深入调查与研究，将丰富中国叶附生苔类区系资料，为江西苔藓物种多样性研究、官山自然保护区生态环境保护提供科学依据。

3.3 尖舌扁萼苔、尖叶薄鳞苔、黄色细鳞苔、列胞疣鳞苔还见于穗花杉林下，生长在薄叶桢楠、疏花桂 Cinnamomum pauciflorum、连蕊茶 Camellia sp.、冬青 Ilex purpurea、朱砂根 Ardisia crenata 等植物叶表面，成为官山叶附生苔的分布特点，这种现象在江西其它叶附生苔分布区的南方铁杉 Tsuga chinensis var. tchekiangensis、长叶榧 Torreya jackii、穗花杉 Amentotaxus argotaenia，柳杉 Cryptomeria fortunei 等针叶林中未见。

森林群落的发育与附生苔藓植物关系的研究，历来受到苔藓学界的重视。官山穗花杉群落结构比较完整，各径级保存了一定株数，该群落正处于顺向演替阶段，幼树和中龄树占优势，发展趋势良好，只要保持群落完整，演替将会继续下去，这种顺向演替趋势对叶附生苔生长的影响以及叶附生苔对穗花杉群落演替的指示作用，有待开展定量研究。

3.4 位于西河保护站的树木标本园是官山自然保护区叶附生苔集中的分布地点之一，叶附生苔密集生长于钩栲、红楠等高大乔木叶面，附生高度可达2m，成为官山极具特色的生态景观。然此分布点距离保护站很近，应该注意避免科学考察、采种等人为活动对叶附生苔生长造成不良影响。

江西官山自然保护区大事记 *
（1975 ~ 2004）

1975 ~ 1981 年

1975 年 8 月 27 日至 9 月 17 日 由庐山植物园，省、地、县林科所等 6 家单位组成 20 人联合调查组，初步查清了官山的木本植物资源，编写了《官山木本植物名录》和"15 种优良速生珍贵树种生长情况调查"等文字材料，向省农林垦殖厅提交了"江西省建立官山天然林保护区初步方案"。

1975 年 9 月下旬 宜春地区农垦局、宜春地区林科所、宜丰县林业局、石花尖垦殖场等有关单位负责同志，在石花尖垦殖场召开协商会议，划定"官山天然林保护区"范围。确定保护区面积 1200hm²，人员定编 10 人，全称为"江西省宜春地区官山天然林保护区"，成为江西省首批设立的 3 个自然保护区之一。同时挂"宜春地区官山珍贵树种研究所"牌，实行两块牌子，一套人马，合署办公。

1975 ~ 1981 年 宜丰官山珍贵树种研究所对 16 种珍贵树种进行采种、育苗、移栽等科学试验，掌握了一套珍贵树种的基本繁育技术。

1981 年 3 月 6 日 江西省人民政府以赣政发〔1981〕22 号文件批转省农委、省农林垦殖厅《关于江西省自然保护区区划和建设问题的报告》，批准建立江西省官山自然保护区，设管理处（相当于县团级），属省农林垦殖厅领导，山林面积 6466.7hm²，人员定编 60 人，全称为"江西省官山自然保护区管理处"。

1981 年 9 ~ 10 月 宜丰县科委发动群众对全县野生猕猴桃优良植株进行选优报优调查，在官山发现 22 株单果重 100g 以上的优良植株，其中一棵特优植株单果重 143.1g，为国内罕见。

1981 年 12 月 6 日 以罗马尼亚林业署总工程师戈斯丁阿拉托里为组长的林业专家考察组一行 3 人，专程到官山考察 130hm² 天然麻栎林植物群落，称赞此属世界罕见。

1982 年

元月 经省林业厅党组建议，宜春地委批准，任命张慈林、胡淦生分别为江西省官山自然保护区管理处正、副处长。

3 月 30 日 "江西省官山自然保护区管理处"筹备小组召开第一次会议，张慈林、胡淦生、陈权济、陈建军、陈利生、周刚、张晓等参加会议，会议研究了建立保护区办事机构有关事项，确定筹建期办公地点设于宜丰县城反修路 1 号。

5 月 张慈林、胡淦生、陈权济、陈建军、陈利生一行 5 人，参加由省林业厅组织的省属保护区第二批赴京参观团，在京参观了"中国自然保护区展览"，并向林业部汇报了

---

* 本篇由吴和平、周柏杨整理。

工作，受到董智勇副部长的亲切接见。

7月16日 省林业厅林政处处长朱洪武、副处长雷风顺、宜春地区林业局局长王修瑜、宜丰县副县长姚发野、保护区管理处处长张慈林、副处长胡淦生等在宜丰县石花尖垦殖场召开协商会议，商讨落实官山自然保护区山林权属问题。

9月下旬 保护区管理处第一次职工大会在宜丰县五交化公司会议室召开，会上张慈林处长宣布官山自然保护区管理处下设人秘科、科技科、保护科和东、西河保护站，同时宣布周富根、陈权济为人秘科负责人，戴伯仁为保护科负责人，陈建军为科技科负责人，周志申为保护站负责人。

10月 陈利生同志的摄影图片"笑颜开"在参加农牧渔业部举办的"新闻摄影比赛"中获二等奖。

10月 由张慈林处长、胡淦生副处长带队，组织全处保护、科研人员16人，沿保护区西北边界山脊进行为时2天的官山自然保护区范围踏查和森林资源调查。

1983年

1~12月 保护区管理处在宜丰县城郊牛形山修建管理处办公楼、职工宿舍及附属设施，建筑面积1297m²。1984年1月，管理处搬迁到新办公楼办公。

4月28日 保护区试验区五马奔槽、李家屋场一带刮起山窝旋风，风速8级左右，刮倒百年以上麻栎树30余棵。

6月15日至8月15日 戴伯仁参加了在浙江省天目山自然保护区举办的"全国自然保护区干部培训班"学习。

7月 省林业厅副厅长王曙光来保护区检查指导工作。

9月 保护区管理处组织6名科技人员对宜丰县境内野生动物资源进行了一次较为全面的调查，完成了"宜丰县野生动物资源初步调查报告"，并刊登在《宜春林业》1984年第4期上。

10~11月 保护区管理处组织科研力量对保护区植物资源进行了比较全面的考察，共采集标本3000余份，编写了《江西省官山自然保护区植物名录》，收集裸子植物8科14属18种，被子植物142科1110种，蕨类植物25科46种。在标本鉴定和编写过程中，宜春地区林业局树种资源调查队邓荣麒、郑庆衍、徐锦兴工程师和胡国强股长给予了大力支持和帮助。

12月8~12日 上海自然博物馆助理研究员周海忠、助手余法民到保护区调查鸟类资源。

1984年

5月 中央农业电影制片厂来保护区拍摄中亚热带常绿落叶阔叶混交林植物群落及风光片。

9~10月 省自然保护区管理办公室受省林业厅委托，在保护区举办第一期"野生动物干部培训班"，培训林业系统干部、职工40人，江西大学邓宗觉教授、叶居新讲师等专家授课。

9月21日 中国林业科学研究院亚热带林业研究所叶桂艳副研究员到保护区芭蕉窝

考察乐昌含笑天然林群落。

　　10 月　省自然保护区管理办公室副主任万行益到保护区检查指导工作。

　　11 月　宜丰县委书记张海如到保护区走访，帮助保护区解决职工生活困难，对保护区的工作给予了支持和帮助。

　　11 月 29 日　江西省官山自然保护区绿化服务公司成立，主要经营绿化苗木、竹木及其制品。

　　12 月　大坝洲公路桥、东河 40kW 小型水力发电站、东河保护站招待所及站职工宿舍竣工。基本解决了保护站职工的工作、生活困难。

1985 年

　　5 月　保护区在李家屋场建立简易气象观察站，6 月 1 日正式观察记录。

　　5 月　中共江西省官山自然保护区支部成立，张慈林任支部书记；江西省官山自然保护区工会委员会成立，陈权济、吴小妹兼任正、副主席。

　　5 月 22～23 日　中央新闻单位赴江西采访组来保护区采访。分别是：《光明日报》首席记者张天来，《人民日报》记者谢联辉，《中国青年报》科技部主任俞敏，《国际广播电台》国内新闻部负责人吴万祥，新华社记者林亭慧，中国林业新闻工作者协会副秘书长、林业部宣传司形象处副处长张丛密，北京市摄影家协会秘书长郭志全，中央广播电台驻赣记者姜慧林，《江西日报》记者王卫华等。

　　6～7 月　保护区科研人员对区内 168 种动物资源进行了调查。其中脊椎动物 68 种，虾蟹贝类和昆虫 100 种。采集标本 950 份，填补了动物标本的空缺。

　　1985 年 7 月　省自然保护区管理办公室副主任谢学贤到保护区检查指导工作。

　　10 月 14～17 日　省林业厅周拯南副厅长、省自然保护区管理办公室万行益、谢学贤副主任，江西农大施兴华副教授，江西大学叶居新讲师，庐山植物园王永高主任，王江林副研究员，省林科所李鸿辉总工程师，省环境保护局朱淦华，范志刚等专程到保护区实地考察落实山林权情况，向省政府提交了《关于调整官山自然保护区面积的建议》。

　　11 月 15 日　共青团江西省官山自然保护区支部成立，吴和平兼任团支部书记。

1986 年

　　6 月　省人民政府张逢雨秘书长，省林业厅李明志厅长、周拯南副厅长，宜春行署周述荣专员以及宜春地区林业局、宜丰县政府、官山自然保护区、石花尖垦殖场等单位领导在宜丰县政府会议室召开会议，研究落实官山自然保护区山林权问题，确定划给官山自然保护区持有山林权面积 2200 公顷。

　　9 月 9～10 日　保护区管理处与宜丰县公安局联合召集官山自然保护区毗邻单位负责人，在宜丰饭店召开"官山自然保护区联防会议"，有 12 个单位参加会议。会议成立了"江西省官山自然保护区联合保护委员会"，制定了"关于对江西省官山自然保护区自然资源保护的暂行规定"。

　　11～12 月　保护区管理处在李家屋场建猴舍 144m²，捕捉猕猴 46 只被省林业厅批准为江西省首家人工饲养繁殖猕猴基地。

1987 年

5 月 印制《官山自然保护区简介》500 份，广泛向社会有关人员发送。

5 月 庐山植物园王江林副研究员、张少春工程师到保护区考察花卉植物资源。

5 月 12 日至 6 月 18 日 吴和平同志参加林业部在北京林业大学举办的"森林昆虫识别班"学习。

7 月 31 日 江西省国营泰和垦殖场原党委书记熊今春同志调保护区管理处任调研员（正处级）。

8 月 省林业厅顾问王曙光到保护区指导检查工作。

9 月 保护区管理处铅印《自然保护区资料汇编》500 册，发送社区各有关单位。

9 月 江西农业大学林学系硕士研究生刘冬艳于1986年10～11月、1987 年 4 月、7 月、1988 年 9 月，先后 5 次历时 5 个月在保护区调查木本植物资源，共采集标本 850 余号，整理出 88 科 245 属 609 种、26 变种、1 种变形，完成了毕业论文《黄岗山植物区系与植被》。

9 月 江西农大林业系农植林讲师，首次在保护区将军洞发现 13 公顷我国仅有的国家二级保护植物长柄双花木植物群落，属世界罕见。

10 月 26 日 新华社江西分社高级摄影记者游云谷到保护区采访。

1988 年

3 月 17 日 江西省官山自然保护区联防委员会召开第二次会议，有 13 个单位到会。会议总结了过去 2 年的联防工作，改选了领导班子，对今后的联防工作进行了研究和部署。

4 月 1～7 日 保护区与宜丰县林业局联合组织力量，在宜丰县进行"森林防火"和"爱鸟周"活动的宣传。

4 月 3 日 国家科委潘江汉处长等领导。在省自然保护区管理办公室王作义副主任等的陪同下，到李家屋场就扩大猕猴饲养繁殖基地进行实地考察，促进了猕猴养殖事业的发展。

7 月 李锡建、廖秀华分别到南京林业大学、江西财经学院进修学习。

7 月 20 日 省行政学院马讯副院长到保护区参观考察。

7 月 23 日 省政府主管林业副省长黄璜，由宜丰县县长黄思林陪同，到保护区视察指导工作。

9 月 华东师范大学硕士研究生黄立新开始对保护区草本植物资源进行为期2年调查，采集标本 1200 余种，完成硕士毕业论文《官山草本植物区系》。

10 月 宜丰县政府顾问熊恒太，县人大副主任何冬根，县政协副主席刘聚祥、胡淦生到保护区参观考察。

10 月 省自然保护区管理办公室主任王宝金一行3人，来保护区检查指导工作。

12 月 江西省省长吴官正在宜丰县委书记伍自尧陪同下到保护区视察工作。吴官正对自然保护区的作用给予了充分肯定。

1989 年

1 月 省林业厅赣林劳人字［1989］第 002 号文件：任命陈权济、吴小妹为保护区人事秘书科正、副科长，陈利生为科技管理科科长，吴和平为保护管理科副科长。

5月　南京林业大学硕士研究生郝日明开始对保护区植物资源进行了为期2年的调查研究，完成了硕士毕业论文《赣西北黄岗山地区植物区系研究》。

7月22日　宜丰县政府发给保护区山林面积2200hm² 的"山林所有权证"。山林权证为宜林政字 No：013043 号。

10月　新编《宜丰县志》刊用保护区图片 9 幅，并在环境生态栏中做了"官山自然保护区"专题介绍。

12月　省防火指挥部授予保护区"1987～1988 年度森林防火先进集体"荣誉称号。

12月16～17日　在保护区拍摄的"宜丰县发现珍贵稀有植物——长柄双花木"，分别在江西电视台和中央电视台播放。

1990 年

3月24日　宜丰县林业局范怀清高级工程师一行3人与官山自然保护区、官山林场领导就保护区与官山林场的东边山林交界线进行实地勘察，明确了边界线。

3月23～28日　保护区在石花尖以东海拔1100m地带的防火道上试造了 500m 木荷绿色防火林带。

5月20日　庐山植物园赖书坤副研究员由宜春地区林科所郑庆衍副研究员陪同，实地考察保护区植物资源。

7月4日　庐山植物园副研究员王江林及省环保局的同志到保护区拍摄珍稀植物照片。

8月24～27日　省科委曾志荣处长、上海实验动物中心高级兽医师沈志明、省自然保护区管理办公室副主任王作义、工程师徐祥甫等人在保护区商讨发展猕猴养殖事业，商定扩建"江西官山猕猴饲养繁殖基地"，并成立扩建领导小组，由张慈林、曾志荣、王作义、徐祥甫、陈利生组成，张慈林为组长，曾志荣、王作义为副组长，周富根为繁育基地主任。

9月　在宜丰县石花尖林业派出所的参与和帮助下，保护区查处 3 起铜鼓县正坑村个别村民盗伐核心区杉木事件，没收盗伐杉木 12.3m³，拘留一人，并依照法律规定给予了当事人行政处罚。

10月26～27日　《中华绿色明珠》编辑部记者尚强亮在省绿化办、地区林业局、县林业局同志陪同下到保护区拍摄图片。

11月8日　省林业厅厅长欧阳绍仪，在厅办公室副主任李键、省林业公司经理王修瑜，宜春地区林业局副局长岳惠群的陪同下，到保护区视察工作。

11～12月　为增加种猴数量，扩大养殖规模，经省林业厅批准，在宜丰县板坑捕捉猕猴 39 只。

12月7日　省人大常委会委员李明志在省自然保护区管理办公室主任王宝金陪同下到保护区视察工作。

12月18日　经宜春地区林学会同意，批准保护区成立"官山自然保护区林学组"，张慈林兼理事长，戴伯仁为理事，吴和平为秘书长。

1991 年

1月6日 省政协委员考察组一行20人，在宜丰县政协主席黄仕文、县政府副县长湛紫金等陪同下，到保护区考察工作。

1月16日 吴和平在《江西林业科技》上发表文章"官山发现长柄双花木天然林"。

3月4日 《江西青年报》记者涂继禹到保护区采访。

4月1～5日 保护区与宜丰县林业局、环保局、文化局共同在宜丰县县城举办"爱鸟周10周年展览"，共展出鸟类标本25种27份，图片27张，并对重点林区进行了宣传，宜丰电视台做了新闻报道。

4月24日 吴和平被评为省林业系统先进工作者。

4月29日 根据协议，保护区首次送36只猕猴到上海实验动物中心寄养。

5月27日 省林业厅在南昌市举办"省自然保护区建立10周年成就展"，保护区送展了科研成果和标本。

7月3日 江西大学生物系师生共40余人到保护区进行教学实习。

10月 省人大《中华人民共和国森林法》执法检查团到保护区检查执法情况。

12月23日 英国鸟类学家陆慧辞先生和香港慕容玉莲女士到保护区考察国家一级保护动物——白颈长尾雉。

1992年

4～12月 官山自然保护区与江西师大化学系合作，对区内木兰科树木进行科学研究，提取和分析了乐昌含笑、巴东木莲的花、叶香精的含量，初步掌握了香精化学成分，为开发利用打下了基础。

6月至1994年2月 在保护区西北面与铜鼓县交界线上，先后营造木荷绿色防火林带6.5km，投入资金2.6万元，为防止外来火源侵入和保护区内珍稀森林资源发挥了重要作用。

10月 熊太平由省农垦学校调入保护区管理处工作，任副处长。

10月至1994年12月 在保护区管理处机关所在地——牛形山建造猴房及附属设施，把猴场从东河保护站搬迁到县城附近，解决了管理不便和因潮湿致使猕猴生病等困难。

1993年

5月 江西省官山自然保护区管理处处长、党支部书记张慈林光荣退休，熊太平副处长主持工作。

1994年：

1～3月 在试验区营造优质板栗林1.3hm²，良种猕猴桃园0.7hm²，改造优质茶叶林基地2hm²。

10月12日 经省林业厅党组批准，熊太平任江西省官山自然保护区管理处处长。

1995年

7月 上海自然博物馆刘仲苓副研究员、钱之广主任和日本国立科学博物馆理学博士近田文弘、研究官松本定等一行18人，联合对官山自然保护区蕨类、苔藓进行科学调查。

8月12日 江西省野生动物协会一行16人，来到官山自然保护区进行动物资源考察。

11 月 1 日　省自然保护区管理办公室刘信中高级工程师、江西农大林学院张志云院长和地区林业局有关专家，对官山自然保护区试验区人工杉木林由官山林场分 7 年进行一次性采伐迹地进行验收。

11 月 3 日　管理处职工宿舍、猴场隔离房同时动工兴建，次年 6 月，640m² 的职工宿舍和 200m² 的猴房相继竣工。

11 月 28 日　省林业厅人事处郝宗信副处长等4人到保护区考察领导班子和干部。

1996 年

元月 17 日　省林业厅人事处罗昌庆处长来保护区宣布任命吴和平为江西省官山自然保护区管理处副处长。

2 月 1 日　江西农业大学林学院张志云院长一行4人，来保护区洽谈在官山自然保护区内建教学实习基地事宜。

2 月 14 日　省林业厅严金亮副厅长、省自然保护区管理办公室王宝金主任来保护区慰问离退休老同志和困难职工。

7 月 4 日　省林业厅吴志清厅长来保护区考察，了解猕猴养殖基地建设和自然保护工作等方面情况，对保护区的工作给予了肯定。

7 月 21 日　英国剑桥大学植物园比高特（C. D. Piqott）教授携夫人（Sheilla Poqotl）来保护区考察椴树科植物资源。

8 月 8 日　省森防站一行7人进入保护区进行森林昆虫、病害资源调查。

10 月 21 ~ 23 日　省林业厅人事处孙勇副处长一行3人，来保护区对保护区管理处领导班子进行年度考察。

1997 年

元月 27 日　省林业厅吴志清厅长和厅直属机关党委专职副书记黄页姬、办公室副主任钟世富来保护区进行慰问，走访了部分离退休老干部和困难职工。

8 月 11 ~ 15 日　省林业厅林政处副处长严明、省自然保护区管理办公室吴英豪副主任、刘信中总工和严雯同志，到保护区调查试验区、核心区山林面积的有关情况。

9 月 3 ~ 4 日　由南昌大学生物系叶居新教授、江西农大林学院俞志雄教授、省环保局范志刚工程师、省林业厅林政处严明副处长、省自然保护区管理办公室吴英豪副主任、刘信中总工等组成的专家组，对局部调整江西省官山自然保护区功能分区进行了论证。

10 月 20 ~ 24 日　英国鸟类专家 Mr. Jame Gooolharta、Mike kilburn，来保护区考察白颈长尾雉。

10 月 20 ~ 29 日　省中医学院药学系姚振生教授、刘贤旺教授等 7 人对保护区内药用植物资源进行了调查。

11 月 20 日　省林业厅人事处副处长孙勇一行3人，来保护区对领导班子进行年度考察。

11 月 27 ~ 29 日　省野生动植物保护协会秘书处组织13名西方专家到保护区考察白颈长尾雉生物学习性及其生存环境。

12 月 3 ~ 8 日、29 ~ 31 日　接待两批共9名外国专家进入保护区进行观鸟活动。

是年 南昌林校副校长、高级工程师刘良源深入保护区捕捉蝴蝶标本,调查蝴蝶资源。

1998 年

11 月 8~11 日 来自我国香港特区及澳大利亚、英国的 3 位鸟类专家进入保护区参观、考察白颈长尾雉生态环境及生活习性。

1999 年

1 月 18~20 日 再次召开保护区功能分区专家论证会。到会人员有江西农业大学、南昌大学、省林业厅林政处和省自然保护区管理办公室的领导、专家,以及县政府、石花尖垦殖场、官山林场等有关领导,并就功能分区调整达成了一致意见。

2 月 28~3 月 1 日 国家林业局野生动植物保护司副司长刘永范在省野生动植物保护局局长马建华、副局长吴英豪陪同下到保护区视察工作,对保护区工作给予了充分肯定。

5 月 东、西河保护站安装卫星接收电视,丰富了职工文化生活。

6 月 6~7 日 宜丰县电视台进站拍摄《宜丰是我家》专题片 2 集,并在宜丰电视台播放。

12 月 24 日至 2000 年 2 月 27 日 保护区按照省林业厅统一部署开展了领导班子及领导干部的"三讲"教育活动。

12 月 29 日 官山自然保护区被国家环保总局、国家林业局、农业部、国土资源部联合授予"全国自然保护区管理先进集体"称号,吴和平副处长被授予"先进个人",并代表单位到北京人民大会堂接受颁奖。

是年 北京师范大学生命科学院张立博士到保护区调查野生动物资源及保护状况。

2000 年

元月 24 日 省林业厅副厅长许青龙来保护区进行春节慰问。

4 月 官山自然保护区被评为江西省林业厅厅直文明单位。

9 月 13 日 东河保护站开通无绳程控电话。

9 月 15 日 东河保护站兴建一座半自然网状养猴馆,为保护区开展生态旅游增添了一道亮丽的风景线。

10 月 16 日 省野生动植物保护管理局教授级高工刘信中、副科长郝昕陪同国家林业局野生动植物资源监测中心工程师蒋亚芳和国家重点保护野生植物资源调查专家组成员、中科院研究员金义兴,到保护区检查珍稀植物资源调查情况。

10 月 31 日 江西农业大学林学系杨光耀教授等12人进保护区开展树木教学实习。

11 月 15 日 华东师范大学生物系李冰、陈珉、郭光普 3 位研究生对保护区旅游资源进行了调研。

12 月 27 日 两名外国专家来保护区考察白颈长尾雉。

2001 年

元月 31 至 2 月 1 日 由中国旅行社组织4名法国宾客到官山自然保护区考察白颈长尾

雉等鸟类。

1月16日 江西省官山自然保护区管理处召开第三届工会换届选举大会，选举产生了新一届工会委员。王国兵兼任工会副主席。

1月17日 铜鼓县人民政府（铜府文［2001］8号）向宜春市人民政府申请，要求将与官山自然保护区相连的九岭山脉北坡 20 800hm² 山林纳入省官山自然保护区委托管理范围。

1月20日 经省林业厅批准，宜丰县林业局和保护区共同承担"宜丰县林木采种基地"项目工程建设，项目投资213万元，其中国债资金为127万元，占70%。项目投资从2001年开始，分3年实施完成。

2月23日 南昌水利高等专科学校17名师生进入保护区开展教学实习活动。

3月2日 宜春市政府徐水云副秘书长受市委、市政府委托，召集市林业局、宜丰县政府、铜鼓县政府、官山自然保护区领导，在宜丰县政府会议室主持召开了官山申报国家级自然保护区有关问题协调会议，达成了一致意见，形成了会议纪要。并由市政府向省政府提出申请在官山自然保护区原有林地基础上自西向东跨九岭山脉南北坡扩大林地面积 28 690.3hm²，总面积达 35 157hm²，用于支持官山申报国家级自然保护区。

3月 西河保护站办公楼动工兴建，年底竣工。

3月22日 宜丰县人民政府（宜府文［2001］19号）向宜春市人民政府申请，要求将与官山自然保护区相连的九岭山脉南坡2346.7公顷山林纳入官山自然保护区委托管理范围。

4月7日 保护区在县城沿河大道举办建区20周年及"爱鸟周"大型宣传活动，2000余人次参观浏览。

5月9日 省林业厅派省长防林办公室肖昌友来保护区挂职锻炼，任江西省官山自然保护区管理处挂职副处长。

6月4日 宜春市人民政府（宜府字［2001］23号）批复宜丰县人民政府，同意将自然资源保护较好且与官山自然保护区相连的 21 400hm² 山林列入官山自然保护区扩充范围，实行委托管理。

6月14日 宜春市人民政府（宜府字［2001］25号）批复铜鼓县人民政府，同意将自然资源保护较好且与官山自然保护区相连的 16 007hm² 山林列入省官山自然保护区扩充范围，实行委托管理。

7月9日 由宜春市林业局副局长黄包松召集"一区两县"（即官山自然保护区、铜鼓县、宜丰县）分管领导，在保护区召开申报国家级自然保护区协调会议。

8月22日 宜丰县委副书记赖国根陪同原省政府副省长方谦到保护区视察工作。

9月17日 根据宜春市人民政府（宜府字［2001］37号）要求，省林业厅向省政府办公厅行文要求将宜春市人民政府提出的把宜丰、铜鼓两县列入官山自然保护区扩充范围 39 607hm² 山林面积调整为 35 157hm²，建议将人口较为密集且人工林较多的 4450hm² 山林划出扩充区范围。

10月11日 中南林业调查规划设计院进入保护区开展科学考察。

10月12~15日 受省政府委托，省林业厅邀请有关专家实地到官山自然保护区扩充范围调查论证，同意将铜鼓县 6299.3hm² 山林，宜丰县 3001.2hm² 山林划入官山自然保护区扩充范围，加上官山自然保护区自有山林 2200hm²，保护区总面积达到 11 500.5hm²。官山自然保护区管理处分别与铜鼓县龙门林场、宜丰县鑫龙企业集团（原国营黄岗山垦殖场）等林权单位签定了长期委托管理协议书。

2002 年

1 月 8 日 经省林业厅人教处批准，王国兵任江西省官山自然保护区管理处处长助理。

2 月 28 日 江西省林业厅副厅长魏运华一行4人，到保护区慰问困难职工。

3 月 14～15 日 省林业厅人事处副处长朱兵一行4人，来保护区考察处领导班子和后备干部。

3 月 28 日 经保护区与宜丰县电力中心及石花尖供电所联系并签订协议，东河保护站当日正式接入大网用电。

6 月 20 日 省林业厅人教处处长毛赣华到保护区检查工作。

6 月底 省林业厅人教处处长毛赣华、省林业公安局副局长朱纪泽到保护区西河保护站考察工作。

7 月 29 日 南开大学生物系薛怀君、张万良、丁剑华、于昕一行4人到保护区考察。

8 月 11 日 日本冈山县农林水产部林政课专业技术主干大森章生、日本冈山县林业试验场研究员藤原直哉到保护区考察。

8 月 江西省蚕桑茶叶研究所所长黄伍龙、副所长邹木林深入到保护区内调查绿化树木资源。

9 月 24 日 省野生动植物保护管理局教授级高工刘信中、省科学研究院研究员戴年华等，到保护区进行科学考察研究。

10 月 29 日 驻厅纪检组组长李正生到保护区检查工作。

11 月 1 日 官山自然保护区林木种子检测中心大楼开工，2003 年7月竣工。

2003 年

元月 7 日 驻厅纪检组组长李正生、省野生动植物保护管理局局长马建华、省森工局副局长邓勇到保护区进行春节走访慰问。

元月 8 日 省科技厅法规处处长郝旭昊一行3人，对保护区申报省青少年科技教育基地进行为期两天的实地考察。

元月 11 日 省林业厅造林处处长袁冬晖到保护区指导工作。

2 月 27 日 宜春市政府办公室副主任金三元召集市林业局、宜丰县政府、铜鼓县政府领导，在保护区就申报国家级自然保护区再次召开协调会议，解决了申报工作中的有关问题。

3 月 10 日 由宜春市政府办公室副主任金三元带队，组织市林业局、宜丰县、鼓铜县、官山自然保护区领导，赴龙南县考察学习九连山自然保护区申报国家级自然保护区的成功经验。

4 月 15 日 宜春市政府副市长马岩波，到官山自然保护区管理处主持召开落实申报官山国家级自然保护区有关问题的协调会议。

4月23日 保护区被省科技厅、省委宣传部、省教育厅、省科协命名为"江西省青少年科技宣教基地"。

4月24日 为预防非典型肺炎,加强领导,保护区成立了预防"非典"工作领导小组。

4月底 西北农林科技大学蔡宇良博士到保护区调查野生樱花资源。

5月19日 省林业厅副厅长龙远飞、人教处处长毛赣华到保护区宣布新一届领导班子。吴和平任处长,王国兵任副处长,熊太平任调研员,徐向荣任处长助理。

6月6~8日 省林业厅重点工程稽查办公室副主任袁士根一行5人,对保护区原主要领导离任进行审计。

6月12日 省长防林办公室肖昌友结束两年副处长挂职锻炼,接厅党组通知返回原单位。

7月4日 宜丰电视台选送的《官山自然保护区发现多群猕猴》新闻,在江西卫视"江西新闻"中播出。

7月16~17日 省环保局宣教中心主任翟新平、办公室副主任朱建国一行4人对保护区申报省环保宣教基地进行实地考察。

7月17日 介绍保护区旅游情况的新闻《官山科考生态旅游热起来》,在宜丰电视台播出。

7月26日 省计委副主任、省物价局局长王平一行4人到西河保护管理站考察。

7月下旬 保护区被省环保局命名为"江西省环境保护宣教基地"。

11月7日 省野生动植物保护局副局长吴英豪一行3人到保护区检查工作。

11月20日 人事制度改革结束,圆满完成了任务。改革总结大会在会议室召开,吴和平处长全面总结了人事制度改革所取得的成绩,并对下一步工作提出了要求。

11月20日 驻厅纪检监察室主任郭国芸一行3人来保护区检查指导工作。

12月3~4日 省林业厅人教处助理调研员何航伟一行3人到保护区考察干部。

12月10~11日 保护区首期森林专业消防队训练暨森林防火知识培训班在西河保护管理站举办,市防火办袁春生亲临指导授课。

12月24日 省林业厅年度工作考核组来保护区考核2003年工作。

12月25日 《江西日报》社2名记者对保护区在东河保护管理站放养的野生猕猴进行拍照。

12月31日 经省林业厅党组批准,任命徐向荣为江西省官山自然保护区管理处副处长。

2004年

元月7日 省林业厅副厅长龙远飞,在省野生动植物保护管理局局长谢利玉、厅人教处陈济友陪同下,到保护区走访慰问困难职工。

2月20日 宜春市旅游调研组在宜丰县县长赖国根、副县长贺清正的陪同下,对保护区的旅游资源和旅游线路进行了实地考察。

3月7日 宜丰县县长赖国根专程考察桥西路规划建设,并听取了保护区关于申报国家级自然保护区的情况汇报。

3月15~21日 我国著名鸟类专家、中科院院士、北京师范大学郑光美教授，浙江大学博士生导师、我国知名雉类专家丁平教授一行8人，对保护区珍稀的雉类资源进行了为期一周的实地科学考察，充分肯定了官山自然保护区森林资源保护的完整性和雉类分布的丰富性。

3月19日 宜丰电视台选送的《官山1200只猕猴戏闹山林》新闻，在江西卫视新闻联播中播出。

3月26日 按照省林业厅党组统一部署，保护区"反腐倡廉警示教育活动"动员大会在电教室召开，支部委员王国兵主持会议，支部书记吴和平在会上做了动员报告，支部委员徐向荣部署了教育活动工作。

4月1~7日 保护区开展了为期一周的第23届"爱鸟周"宣传活动。

4月18~21日 由英国鸟类专家史莱德、香港"渔翁"观鸟团成员迈克以及江西省科学院、南昌市野生动物保护站等单位组成的6人观鸟团，来官山自然保护区进行了为期3天的观鸟考察活动。

4月22日 保护区国家林木采种项目工程通过了省、市林木采种基地项目工作检查验收组的检查验收。

5月20~29日 江西省森防站高级工程师丁冬荪，率昆虫科考组来保护区进行为期一周的昆虫资源考察。年底前将全面完成为期8年的昆虫资源调查，并提交昆虫科考报告。

5月22~23日 江西省地质矿产勘探调查研究院副院长、高级工程师尹国胜、省野生动植物保护局高级工程师郭英荣，来保护区考察地质地貌。

5月24日 保护区森林消防专业队参加了宜春市防火指挥部在高安市组织的防火实战演练，并接受了省、市领导的检阅。

6月2日 日本冈山县2位林业专家在省林业厅有关方面同志的陪同下，对保护区森林资源情况进行了考察。

6月7~10日 江西农业大学王建国教授、华南农大陈宏伟教授、云南大学高建军博士及南开大学、扬州大学等7位专家到保护区对果蝇、白蚁、水生昆虫等进行科学考察。

6月11~13日 吴和平处长率保护区23名干部职工赴江西、福建武夷山国家级自然保护区参观学习。

6月19日 江西省林业厅刘礼祖厅长在厅机关有关处室负责人及市林业局黄志荣局长等的陪同下视察保护区，对保护区过去工作所取得的成绩给予了充分肯定，还对保护区未来的发展提出了新的更高要求。

7月3~5日 在西河保护管理站召开处务会议，研究讨论职工民主生活会所提意见和建议，现场解决基层管理站的困难，并组织中层以上领导参加了义务劳动。

7月11~20日 南昌大学生物系何宗智教授一行2人到保护区进行大型真菌资源调查。

7月12日 《宜丰县官山保护区发现白鹇2000只》在江西卫视新闻联播中播出。

7月12~14日 中国鸟类环志中心钱法文博士、北京大学蒋峰博士一行4人，到保护区进行鸟类和植被遥感调查。

7月14日 保护区首次以人才代理形式招聘的东北林业大学学生张智明到保护区报到、工作。

7月19日 台湾师范大学生命科学系教授、蝶类专家徐堉峰、江西省森防站高级工程师丁冬荪、江西农大教授林毓鉴来保护区考察昆虫资源。

7月22~23日 全省首届森林旅游工作会议在靖安县况钟公园召开，在会上交流了官山自然保护区"森林旅游与科普教育"的典型经验。

8月~12月 保护区被省人事厅列为全省事业单位职员制改革首批试点单位之一。

8月4日 原宜丰县县长林大昌一行6人到保护区东河保护管理站参观。

8月8日 北大科技园专家张斌在王国兵副处长的陪同下，到保护区东河保护管理站考察。

9月1日 由省森防站与保护区联合组成的野外科考队，在5月和7月间对保护区的昆虫资源进行的前后两次科学考察中，发现我国昆虫新种2种，暂定名为"官山同蟌"和"江西历蟌"；还发现了国家二级保护动物阳彩臂金龟的种群，并模拟野外生态环境饲养，获卵23粒，初孵幼虫2头。

9月5~7日 吴和平处长，徐向荣副处长与省野生动植物保护局刘信中教授级高工一行3人，专程到杭州拜访浙江大学丁平教授，浙江中医学院姚振生教授和浙江林学院季梦成教授，就官山自然保护区科考安排进行协商。

9月7~16日 省森防站高级工程师丁冬荪、江西农大林毓鉴教授等来保护区进行第三阶段昆虫考察。

9月7日 保护区在南昌召开申报国家级自然保护区阶段工作小结专家座谈会，参加座谈会的专家有：南昌大学叶居新教授、吴志强教授、万文豪副教授、葛刚副教授、吴小平教授、江西农大牛德奎教授、陈拥军讲师、江西环境科学院刘志刚高工、江西环境工程学院刘仁林副教授、省野生动植物保护局严雯副局长、郭英荣高工、刘信中教授级高工，庐山植物园王江林研究员、九江市植物研究所谭策铭高工、省环保局范志刚副处长、江西地质调查院高级工程师尹国胜副院长、南昌市野生动物保护站副站长胡斌华以及保护区吴和平处长、徐向荣副处长。

9月11~15日 南昌大学万文豪副教授、吴志强教授、吴小平教授、葛刚副教授、江西农大陈拥军讲师、九江市植物研究所谭策铭高工等专家在保护区进行为期5天的植物、植被、鱼类、底栖动物等方面的科学考察。

9月14日 保护区在科学考察中，在山北大垇坑海拔700m处，发现国家二级保护植物、中国特有植物种、《中国珍稀植物红皮书》收录种——银钟花植物群落。

9月23~24日 江西省人事厅专家处一行5人，在省林业厅人教处助理调研员徐丽陪同下，到保护区调研事业单位职员制改革试点工作。

9月29日 江西省林业厅刘礼祖厅长到保护区西河保护管理站视察工作。

9月30日 宜丰县林业局晏和平局长一行8人，到保护区东河保护管理站参观考察。

10月2~7日 南昌大学万文豪副教授、葛刚副教授、江西环境工程学院刘仁林副教授、九江市植物研究所谭策铭高工等，对保护区进行植物和植被考察。

10月 保护区组织专家进行科学考察时，在保护区麻子山沟腹地首次发现巴东木莲群落。

10月12~14日 国家林业局规划设计院蒋亚芳副处长一行2人，来保护区考察并商谈总体规划设计事宜。

10月26~11月12日 南昌大学万文豪副教授、九江市植物研究所谭策铭高工到保护区进行植物标本鉴定。

10月31~11月4日 南昌大学万文豪副教授、葛刚副教授等到保护区进行植物考察。

10月 中国林业科学研究院亚热带林业研究所副研究员何贵平到保护区调查国家二级保护植物毛红椿资源，并采集其种子进行育苗对比试验。

11月6~7日 南昌市湾里区林业局局长徐作兴一行5人，在宜丰县林业局副局长邹小生的陪同下，到保护区西河保护管理站参观考察。

11月8日 宜春市委副书记杨晓宁，在宜丰县委副书记陈贻昌、副县长刘益民和保护区吴和平处长的陪同下视察官山自然保护区工作，听取了保护区申报国家级自然保护区工作的汇报，进行了具体指导，并题词："云雾锁深山，拥抱大自然"。

11月11~12日 鄱阳湖国家级自然保护区、九连山国家级自然保护区、桃红岭国家级自然保护区、庐山自然保护区等4个保护区的领导，来保护区就江西省事业单位职员制试点改革进行了座谈，并参观考察了西河保护管理站。

11月12~16日 浙江大学丁平教授一行4人，在保护区进行野生动物资源科学考察。

11月16~17日 省林业厅人事教育处处长毛赣华一行3人，到保护区进行工作检查和干部考察。

11月17日 省政府副秘书长、省税改办常务副主任肖毛根，在省委宣传部宣传处处长涂云云、省林业厅科技处副处长蒋英文和保护区吴和平处长等的陪同下，到保护区西河保护管理站视察，听取了保护区工作汇报，并参观了古树林和千亩麻栎林。

11月19~21日 省野生动植物保护局刘信中教授级高工、浙江中医学院姚振生教授，到保护区考察药用植物种类，并踏查专家考察线路。

11月28日 省科技厅条件财务处处长黄雪梅、省医学实验动物中心研究员褚芳，到保护区考察继续发展实验猕猴养殖情况。

12月2日 宜春市财政局局长杨国荣、副局长刘铭根，在宜丰县常务副县长熊建清、保护区王国兵副处长的陪同下，视察了官山自然保护区建设情况。

12月4日 宜春市委书记宋晨光在宜丰县党政主要领导和保护区吴和平处长的陪同下，视察了保护区天然阔叶林和珍稀树木资源。

12月8日 保护区森林专业扑火队伍建设通过了宜春市森林防火指挥部徐水华、曾定文一行5人检查验收组达标验收。

12月18日 省政府副省长孙刚在省林业厅厅长刘礼祖、宜春市委副书记、市长杨宪萍、市委常委、常务副市长刘定明以及宜丰县委、县政府主要领导和保护区吴和平处长，王国兵、徐向荣副处长的陪同下视察了保护区旅游公路建设情况。

12月22日 省林业厅党组成员、副厅长郭家，在宜丰县副县长姚小华、保护区王国兵、徐向荣副处长的陪同下，视察了保护区西河保护管理站，观看了反映保护区自然风光录像片，并实地察看了保护区森林资源情况。

12月28日 保护区申报国家级自然保护区省级专家论证会在南昌召开。参加论证会的专家有：南昌大学叶居新教授，浙江大学丁平教授，浙江中医学院姚振生教授，南昌大学葛刚副教授，万文豪副教授，吴志强教授、欧阳珊教授，北京大学环境学院蒋峰博士，北京索孚有限公司纪中奎博士，江西农业大学国土学院牛德奎教授，江西省地质调查研究院副院长尹国胜高工，省森防站丁冬荪高工，省政府办公厅农业处曹铭文处长，省环境保护局范志刚副处长，省野生动植物保护局谢利玉局长、严雯副局长、刘信中教授级高工等23人。

附 录

江西官山自然保护区高等植物名录

苔藓植物* BRYOPHYTA

剪叶苔科 Herbertaceae

1. 剪叶苔 *Herbertus aduncus*（Dicks.）S.Gray
2. 狭叶剪叶苔 *H. angustissimus*（Herz.）H.A.Miller

睫毛苔科 Blepharostomaceae

3. 小睫毛苔 *Blepharostoma minus* Horik.
4. 睫毛苔 *B. trichophyllum*（L.）Dum.

绒苔科 Trichocoleaceae

5. 绒苔 *Trichocolea tomentella*（Ehrh.）Dum.

指叶苔科 Lepidoziaceae

6. 双齿鞭苔 *Bazzania bidentula*（Steph.）Steph.
7. 日本鞭苔 *B. japonica*（Lac.）Lindb.
8. 三齿鞭苔 *B. tricrenata*（Wahlenb.）Lindb.
9. 东亚鞭苔 *B. praerupta*（Reinw.et al.）Trev.
10. 指叶苔 *Lepidozia reptans*（L.）Dum.

护蒴苔科 Calypogeiaceae

11. 刺叶护蒴苔 *Calypogeia arguta* Nee.et Mont.

大萼苔科 Cephaloziaceae

12. 大萼苔 *Cephalozia bicuspidate*（L.）Dum.
13. 短瓣大萼苔 *C. macounii*（Aust.）Aust.
14. 拳叶苔 *Nowellia curvifolia*（Dicks.）Mitt.

拟大萼苔科 Cephaloziellaceae

15. 小叶拟大萼苔 *Cephaloziella microphylla*（Steph.）Douin.

裂叶苔科 Lophoziaceae

16. 全缘广萼苔 *Chandonanthus birmensis* Steph.

叶苔科 Junermanniaceae

17. 叶苔 *Jungermannia atrovirens* Dum.

18. 南亚叶苔 *J. comata* Nee.
19. 卵叶叶苔 *J. obovata* Nee.

全萼苔科 Gymnomitriaceae

20. 全萼苔 *Gymnomitrion concinnatum*（Lightf.）Corda
21. 东亚钱袋苔 *Marsupella yakushimensis*（Horik.）Hatt.
22. 小钱袋苔 *M. emarginata*（Ehrh.）Dum. ssp. *tubulosa*（Steph.）N.Kitag.
23. 卷叶钱袋苔 *M. revolute*（Nee.）Dum.

合叶苔科 Scapaniaceae

24. 刺边合叶苔 *Scapania ciliata* Lac.
25. 粗疣合叶苔 *S. parva* Steph.
26. 细齿合叶苔 *S. parvitexta* Steph.
27. 斯氏合叶苔 *S. stephanii*

齿萼苔科 Lophocoleaceae

28. 裂萼苔 *Chiloscyphus polyanthus*（L.）Corda.
29. 泛生裂萼苔 *C. profundus*（Nee.）Engel et Schust.
30. 双齿异萼苔 *Heteroscyphus coalitus*（Hook.）Schiffn.
31. 平叶异萼苔 *H. planus*（Mitt.）Schiffn.

羽苔科 Plagiochilaceae

32. 大羽苔 *Plagiochila asplenioides*（L.）Dum.
33. 大胞羽苔 *P. griffithiana* Steph.
34. 卵叶羽苔 *P. ovalifolia* Mitt.
35. 荫生羽苔 *P. sciophilla* Nee.
36. 延叶羽苔 *P. semidexurrens*（Lehm. et Lindenb.）Lindenb.

扁萼苔科 Radulaceae

37. 尖舌扁萼苔 *Radula acuminata* Steph.

---

* 本文作者：谢云[1]，吴和平[2]，郑钢[1]（1.浙江林学院园林与艺术学院，2.江西官山自然保护区）

38. 大瓣扁萼苔 *R. cavifolia* Hampe
39. 日本扁萼苔 *R. japonica* Gott. ex Steph.
40. 爪哇扁萼苔 *R. javanica* Gott.

光萼苔科 **Porellaceae**

41. 尖叶光萼苔 *Porella caespitans* (Steph.) Hatt.
42. 中华光萼苔 *P. chinensis* (Steph.) Hatt.
43. 日本光萼苔 *P. japonica* (S. Lac.) Mitt.
44. 毛边光萼苔 *P. perrottetiana* (Mint.) Trev.
45. 光萼苔 *P. pinnata* L.

耳叶苔科 **Frullaniaceae**

46. 列胞耳叶苔 *Frullania moniliata* (Reinw. et al.) Mont.
47. 盔瓣耳叶苔 *F. muscicola* Steph.

细鳞苔科 **Lejeuneaceae**

48. 瓦叶唇鳞苔 *Cheilolejeunea imbricata* (Nees) S. Hatt.
49. 白边疣鳞苔 *Cololejeunea inflata* Steph
50. 列胞疣鳞苔 *C. ocellata* (Horik.) Bened.
51. 粗齿疣鳞苔 *C. planissima* (Mitt.) Abeyw.
52. 东亚疣鳞苔 *C. shikokiana* (Horik.) Hatt.
53. 东亚细鳞苔 *Lejeunea catanduana* (Steph.) Miller et al.
54. 黄色细鳞苔 *L. flava* (Sw.) Nee.
55. 尖叶薄鳞苔 *Leptolejeunea elliptica* (Lehm. et Lindenb.) Schiffn.
56. 褐冠鳞苔 *Lopholejeunea subfusca* (Nee.) Steph.
57. 斑叶纤鳞苔 *Microlejeunea punctiformis* (Tayl.) Schiffn.
58. 皱萼苔 *Ptychanthus striatus* (Lehm. et Lindenb.) Nee.
59. 粗齿片鳞苔 *Pedinolejeunea planissima* (Mitt.) Chen et Wu
60. 叶生针鳞苔 *Rhaphidolejeunea foliicola* (Horik.) Chen
61. 南亚瓦鳞苔 *T. sandvicensis* (Gott.) Mizut.

溪苔科 **Pelliaceae**

62. 溪苔 *Pellia epiphylla* (L.) Cord.
63. 花叶溪苔 *P. cndiviaefolia* (Dick.) Dum.

带叶苔科 **Pallaviciniaceae**

64. 带叶苔 *Pallavicinia lyellii* (Hook.) Gray

绿片苔科 **Aneuraceae**

65. 绿片苔 *Aneura pinguis* (L.) Dum.

66. 羽枝片叶苔 *Riccardia multifida* (L.) Gray

叉苔科 **Metzgeriaceae**

67. 平叉苔 *Metzgeria conjugata* Lindb.
68. 叉苔 *M. furcata* (L.) Dum.

魏氏苔科 **Wiesnerellaceae**

69. 毛地钱 *Dumortiere hirsute* (Sw.) Nee.

蛇苔科 **Conocephalaceae**

70. 蛇苔 *Conocephalum conicum* (L.) Dum.

瘤冠苔科 **Aytoniaceae**

71. 裂片紫背苔 *Plagiochasma cordatum* Lehm. et Lindenb.
72. 无纹紫背苔 *P. intermedium* Lindb. et Gott.
73. 紫背苔 *P. rupestre* (Forst.) Steph.
74. 石地钱 *Reboulia hemisphaerica* (L.) Raddi

地钱科 **Marchantiaceae**

75. 地钱 *Marchantia polymorpha* L.

钱苔科 **Ricciaceae**

76. 浮苔 *Ricciocarpus natans* (L.) Corda
77. 钱苔 *Riccia glauca* L.

角苔科 **Anthocerotaceae**

78. 角苔 *Anthoceros punctatum* L.

泥炭藓科 **Sphagnaceae**

79. 暖地泥炭藓 *Sphagnum junghunianum* Doz. et Molk.
80. 泥炭藓 *S. palustre* L.

牛毛藓科 **Ditrichaceae**

81. 黄牛毛藓 *Ditrichum pallidum* (Hedw.) Hamp.

曲尾藓科 **Dicranaceae**

82. 白氏藓 *Brothera leana* (Sull.) C. Muell.
83. 长叶曲柄藓 *Campylopus atrovirens* De Not.
84. 东亚曲柄藓 *C. coreensis* Card.
85. 曲柄藓 *C. flexuosus* (Hedw.) Brid.
86. 脆枝曲柄藓 *C. fragilis* (Brid.) B.S.G.
87. 日本曲柄藓 *C. japonicus* Broth.
88. 南亚小曲尾藓 *Dicranella coarctata* (C.M.) Bosch. et Lac.
89. 多形小曲尾藓 *D. heteromalla* (Hedw.) Schimp.
90. 青毛藓 *Dicranodontium denudatum* (Brid.) Broth.
91. 日本曲尾藓 *Dicranum japonicum* Mitt.
92. 硬叶曲尾藓 *D. lorifolium* Mitt.
93. 多蒴曲尾藓 *D. majus* Turn.
94. 东亚曲尾藓 *D. nipponense* Besch.

95．曲尾藓 *D. scoparium* Hedw.

96．合睫藓 *Symblepharis vaginata*（Hook.）Wijk. et Marg.

97．长蒴藓 *Trematodon longicollis* Michx.

白发藓科 Leucobryaceae

98．狭叶白发藓 *Leucobryum bowringii* Mitt.

99．白发藓 *L. glrucum*（Hedw.）Aongstr.

100．桧叶白发藓 *L. juniperoideum*（Brid.）C. Muell.

101．南亚白发藓 *L. neilgherrense* C. Muell.

凤尾藓科 Fissidentaceae

102．南京凤尾藓 *Fissidens adelphinus* Besch.

103．小凤尾藓 *F. bryoides* Hedw.

104．卷叶凤尾藓 *F. dubius* P. Beauv.

105．大凤尾藓 *F. nobilis* Griff.

106．鳞叶凤尾藓 *F. taxifolius* Hedw.

丛藓科 Pottiaceae

107．卷叶丛本藓 *Anoectangium thomsonii* Mitt.

108．尖叶扭口藓 *Barbula constricta* Mitt.

109．黑扭口藓 *B. nigrescens* Mitt.

110．扭口藓 *B. unguiculata* Hedw.

111．反叶对齿藓 *Didymodon rigidicaulis*（K. Muell.）K. Saito

112．橙色净口藓 *Gymnostomum aurantiacum*（Mitt.）Par.

113．卷叶湿地藓 *Hyophila involuta*（Hook.）Jaeg.

114．小湿地藓 *H. rosea* Williams

115．高山毛氏藓 *Molendoa sendtneriana*（B.S.G.）Limper.

116．小酸土藓 *Oxystegus cuspidatus*（Doz.et Molk.）Chen.

117．酸土藓 *O. cylindricus*（Brid.）Hilp.

118．拟合睫藓 *Pseudosymblepharis angustata*（Mitt.）Hilp.

119．纽藓 *Tortella tortuosa*（Hedw.）Limpr.

120．泛生墙藓 *Tortula muralis* Hedw.

121．毛口藓 *Trichostomum brachydontium* Bruch.

122．皱叶毛口藓 *T. crispulum* Bruch.

123．小石藓 *Weissia controversa* Hedw.

124．东亚小石藓 *W. exserta*（Broth.）Chen

缩叶藓科 Ptychomitriaceae

125．东亚缩叶藓 *Ptychomitrium fauriei* Besch.

126．狭叶缩叶藓 *P. linearifolium* Reim.et Sak.

127．中华缩叶藓 *P. sinense*（Mitt.）Jaeg.

紫萼藓科 Grimmiaceae

128．长柄紫萼藓 *Grimmia affinis* Hornsch.

129．北方紫萼藓 *G. decipiens*（Schultz.）Lindb.

130．紫萼藓 *G. plagiopodia* Hedw.

131．黄砂藓 *Racomitrium anomodontoides* Card.

132．异枝砂藓 *R. heterostichum*（Hedw.）Brid.

葫芦藓科 Funariaceae

133．葫芦藓 *Funaria hygrometrica* Hedw.

134．红蒴立碗藓 *Physcomitrium eurystomum* Sendtn.

135．立碗藓 *P. sphaericum*（Ludw.）Fuernr.

真藓科 Bryaceae

136．真藓 *Bryum argenteum* Hedw.

137．细叶真藓 *B. capillare* L.ex Hedw.

138．柔毛真藓 *B. cellulare* Hook.

139．长蒴丝瓜藓 *Pohlia elongata* Hedw.

140．暖地大叶藓 *Rhodobryum giganteum*（Schwaegr.）Par.

提灯藓科 Mniaceae

141．异叶提灯藓 *Mnium heterophyllum*（Hook.）Schwaegr.

142．长叶提灯藓 *M. lycopodioides* Schwaegr.

143．尖叶匐灯藓 *Plagiomnium cuspidatum*（Hedw.）T. Kop.

144．日本匐灯藓 *P. japonicum*（Lindb.）T. Kop.

145．侧枝匐灯藓 *P. maximoviczii*（Lindb.）T. Kop.

146．钝叶匐灯藓 *P. rostratum*（Schrad.）T. Kop.

147．大叶匐灯藓 *P. succulentum*（Mitt.）T. Kop.

148．疣灯藓 *Trachycystis microphylla*（Doz.et Molk.）Lindb.

桧藓科 Rhizogoniaceae

149．大桧藓 *Rhizogonium dozyanum*（Sande Lac.）Manuel

珠藓科 Bartramiaceae

150．珠藓 *Bartramia halleriana* Hedw.

151．直叶珠藓 *B. ithyphylla* Brid.

152．梨蒴珠藓 *B. pomiformis* Hodw.

153．泽藓 *Philonotis fontana*（Hedw.）Brid.

154．细叶泽藓 *P. thwaitesii* Mitt.

155．东亚泽藓 *P. turneriana*（Schwaegr.）Mitt.

树生藓科 Erpodiaceae

156．钟帽藓 *Venturiella sinensis*（Vent.）C. Muell.

高领藓科 Glyphomitriaceae

157．尖叶高领藓 *Glyphomitrium acuminatum* Broth.

木灵藓科 Orthotrichaceae

158. 福氏蓑藓 *Macromitrium ferriei* Card. et Ther.

159. 缺齿蓑藓 *M. gymnostomum* Sull. et Lesq.

160. 钝叶蓑藓 *M. japonicum* Dozy et Molk.

161. 小火藓 *Schlotheimia pungens* Bartr.

卷柏藓科 Racopilaceae

162. 毛尖卷柏藓 *Racopilum aristatum* Mitt.

虎尾藓科 Hedwigiaceae

163. 虎尾藓 *Hedwigia ciliata* (Hedw.) Ehrh. ex P. Beauv.

扭叶藓科 Trachypodaceae

164. 拟木毛藓 *Pseudospiridentopsis horrida* (Card.) Fleisch.

165. 双色扭叶藓 *Trachypus bicolor* Reinw. et Hornsch.

166. 小扭叶藓 *T. humilis* Lindb.

蔓藓科 Meteoriaceae

167. 卵叶毛扭藓 *Aerobryidium aureonitens* (Schwaegr.) Broth.

168. 大灰气藓 *Aerobryopsis subdivergens* (Broth.) Broth.

169. 灰气藓 *A. walichii* (Brid.) Fleisch.

170. 气藓 *Aerobryum speciosum* (Doz. et Molk.) Doz. et Molk.

171. 鞭枝悬藓 *Barbella flagellifera* (Card.) Nog.

172. 芽胞悬藓 *B. niitakayamensis* (Nog.) Lin

173. 垂藓 *Chrysocladium retrorsum* (Mitt.) Fleisch.

174. 反叶粗蔓藓 *Meteoriopsis reclinata* (C. Muell.) Fleisch.

175. 仰叶粗蔓藓 *M. squarrosa* (Hook.) Fleisch.

176. 细枝蔓藓 *Meteorium papillarioides* Nog.

177. 狭叶假悬藓 *Pseudobarbella angustifolia* Nog.

平藓科 Neckeraceae

178. 扁枝藓 *Homalia trichomanoides* (Hedw.) B.S.G.

179. 拟扁枝藓 *Homaliadelphus targionianus* (Mitt.) Dix. et P. Vard.

180. 刀叶树平藓 *Homaliodendron scalpellifolium* (Mitt.) Fleisch.

181. 平藓 *Neckera pennata* Hedw.

万年藓科 Climaciaceae

182. 东亚万年藓 *Climacium japonicum* Lindb.

孔雀藓科 Hypopterygiaceae

183. 短肋雉尾藓 *Cyathophorella hookeriana* (Griff.) Fleisch.

184. 东亚孔雀藓 *Hypopterygium japonicum* Mitt.

薄罗藓科 Leskeaceae

185. 薄罗藓 *Leskea polycarpa* Ehrh. ex Hedw.

186. 粗肋薄罗藓 *L. scabrinervis* Broth. et Par.

187. 中华细枝藓 *Lindbergia sinensis* (C. Muell.) Broth.

188. 异齿藓 *Regmatodon declinatus* (Hook.) Brid.

羽藓科 Thuidiaceae

189. 小牛舌藓 *Anomodon minor* (Hedw.) Fuernr.

190. 狭叶麻羽藓 *Claopodium aciculum* (Broth.) Broth.

191. 细叶小羽藓 *Haplocladium microphyllum* (Hedw.) Broth.

192. 拟多枝藓 *Haplohymenium pseudo - triste* (C. Muell.) Broth.

193. 暗绿多枝藓 *H. triste* (Ces.) Kindb.

194. 羊角藓 *Herpetineuron toccoae* (Sull. et Lesq.) Card.

195. 大羽藓 *Thuidium cymbifolium* (Doz. et Molk.) Doz. et Molk.

196. 灰羽藓 *T. glaucinum* (Mitt.) Bosch. et Lac.

197. 短肋羽藓 *T. kanedae* Sak.

柳叶藓科 Amblystegiaceae

198. 水生湿柳藓 *Hygroamblystegium* fluviatile (Hedw.) Loske

199. 柳叶藓 *Amblystegium serpens* (Hedw.) B.S.G.

200. 黄叶细湿藓 *Campylium chrysophyllum* (Brid.) J. Lang.

201. 钝叶水灰藓 *Hygrohypnum smithii* (Sw.) Broth.

青藓科 Brachytheciaceae

202. 多褶青藓 *Brachythecium buchananii* (Hook.) Jaeg.

203. 皱叶青藓 *B. kuroishicum* Besch.

204. 羽枝青藓 *B. plumosum* (Hedw.) B.S.G.

205. 弯叶青藓 *B. reflexum* (Starke) B.S.G.

206. 卵叶美喙藓 *Eurhynchium angustirete* (Broth.) T. Kop.

207. 密叶美喙藓 *E. savatieri* Schimp. ex Besch.

208. 鼠尾藓 *Myuroclada maximowiczii* (Borszcz.) Steere et Schof.

绢藓科 Entodontaceae

209. 绢藓 *Entodon cladorrhizans* (Hedw.) C. Muell.

210. 密叶绢藓 *E. compressus* (Hedw.) C. Muell.

211. 狭叶绢藓 *E. macropodus* (Hedw.) C. Muell.

212. 绿叶绢藓 *E. viridulus* Card.

棉藓科 Plagiotheciaceae

213. 棉藓 *Plagiothecium denticulatum* (Hedw.) Schimp.

214. 扁平棉藓 *P. neckeroideum* B.S.G.

215. 丛林棉藓 *P. nemorale* (Mitt.) Jaeg.

锦藓科 Sematophyllaceae

216. 拟弯叶小锦藓 *Brotherella falcatula* Broth.

217. 东亚小锦藓 *B. fauriei* (Card..) Broth.

218. 南方小锦藓 *B. henonii* (Dub.) Fleisch.

219. 矮锦藓 *Sematophyllum subhumile* (C. Muell.) Fleisch.

灰藓科 Hypnaceae

220. 毛叶梳藓 *Ctenidium capillifolium* (Mitt.) Broth.

221. 沼生长灰藓 *Herzogiella turfacea* (Lindb.) Iwats.

222. 东亚毛灰藓 *Homomallium connexum* (Card.) Broth.

223. 尖叶灰藓 *Hypnum callichroum* Brid.

224. 灰藓 *H. cupressiforme* Hedw.

225. 弯叶灰藓 *H. hamulosum* Bruch et Schimp.

226. 大灰藓 *H. plumaeforme* Wils.

227. 卷叶灰藓 *H. revolutum* (Mitt.) Lindb.

228. 东亚同叶藓 *Isopterygium pohliaecarpum* (Sull. et Lesq.) Jaeg.

229. 鳞叶藓 *Taxiphyllum taxirameum* (Mitt.) Fleisch.

230. 长尖明叶藓 *Vesicularia reticulata* (Dozy et Molk.) Broth.

塔藓科 Hylocomiaceae

231. 船叶塔藓 *Hylocomium brevirostre* var. *cavifolium* (Lac.) Nog.

232. 拟垂枝藓 *Rhytidiadelphus triquetrus* (Hedw.) Warnst.

短颈藓科 Diphysciaceae

233. 东亚短颈藓 *Diphyscium fulvifolium* Mitt.

金发藓科 Polytrichaceae

234. 仙鹤藓 *Atrichum undulatum* (Hedw.) P. Beauv.

235. 东亚小金发藓 *Pogonatum inflexum* (Lindb.) Sande Lac.

236. 苞叶小金发藓 *P. spinulosum* Mitt.

237. 疣小金发藓 *P. urnigerum* (Hedw.) P. Beauv.

238. 金发藓 *Polytrichum commune* Hedw.

蕨类植物* PTERIDOPHYTA

石杉科 Huperziaceae
1. 蛇足石杉 *Huperzia serrata*（Thunb.）Trev.

石松科 Lycopodiaceae
2. 扁枝石松 *Diphasiastrum complanatum*（L.）Holub.
3. 藤石松 *Lycopodiastrum casuarinoides*（Spring）Holub.
4. 华中石松 *Lycopodium centro - chinense* Ching
5. 石松 *L. japonicum* Thunb.
6. 密叶石松 *L. simulans* Ching et H.S. Kung ex Ching
7. 灯笼草 *Palhinhaea cernua*（L.）Franco et Vasc.

卷柏科 Selaginellaceae
8. 薄叶卷柏 *Selaginella delicatula*（Desv. ex Poir.）Alston
9. 深绿卷柏 *S. doederleinii* Hieron.
10. 兖州卷柏 *S. involvens*（Sw.）Spring
11. 细叶卷柏 *S. labordei* Hieron. ex Christ
12. 江南卷柏 *S. moellendorfii* Hieron.
13. 伏地卷柏 *S. nipponica* Franch. et Sav.
14. 垫状卷柏 *S. pulvinata*（Hook. et Grev.）Maxim.
15. 卷柏 *S. tamariscina*（Beauv.）Spring
16. 毛枝卷柏 *S. trichoclada* Alston
17. 翠云草 *S. uncinata*（Desv. ex Poir.）Spring

木贼科 Equisetaceae
18. 笔管草 *Hippochaete debile*（Roxb. ex Vaucher）Ching
19. 节节草 *H. ramosissima*（Desf.）Boerner

阴地蕨科 Botrychiaceae
20. 阴地蕨 *Sceptridium ternatum*（Thunb.）Lyon

紫萁蕨科 Osmudaceae
21. 紫萁 *Osmunda japonica* Thunb.
22. 华南紫萁 *O. vachellii* Hook.

瘤足蕨科 Plagiogyriaceae
23. 镰叶瘤足蕨 *Plagiogyria distinctissima* Ching
24. 倒叶瘤足蕨 *P. dunnii* Cop.
25. 华中瘤足蕨 *P. euphlebia*（Kunze）Mett.
26. 华东瘤足蕨 *P. japonica* Nakai

里白科 Gleicheniaceae
27. 芒萁 *Dicranopteris pedata*（Houtt.）Nakaike
28. 中华里白 *Diplopterygium chinense*（Ros.）DeVol
29. 里白 *D. glaucum*（Thunb. ex Houtt.）Nakai
30. 光里白 *D. laevissimum*（Christ）Nakai

海金沙科 Lygodiaceae
31. 海金沙 *Lygodium japonicum*（Thunb.）Sw.

膜蕨科 Hymenophyllaceae
32. 团扇蕨 *Gonocormus minutus*（Bl.）v.d.B.
33. 华东膜蕨 *Hymenophyllum barbatum*（v.d.B.）Bak.
34. 蕗蕨 *Mecodium badium*（Hook. et Grev.）Cop.
35. 庐山蕗蕨 *M. lushanense* Ching et Chiu
36. 漏斗瓶蕨 *Trichomanes naseanum* Christ

稀子蕨科 Monachosoraceae
37. 尾叶稀子蕨 *Monachosorum flagellare*（Maxim. ex Makino）Hay.

碗蕨科 Dennstaedtiaceae
38. 光叶碗蕨 *Dennstaedtiascabra*（Wall. ex Hook.）Moore var. *glabrescens*（Ching）C. Chr.
39. 溪洞碗蕨 *D. wilfordii*（Moore）Christ
40. 边缘鳞盖蕨 *Microlepia marginata*（Houtt.）C. Chr.
41. 粗毛鳞盖蕨 *M. strigosa*（Thunb.）Presl

鳞始蕨科 Lindsaeaceae
42. 狭叶鳞始蕨 *Lindsaea changii* C. Chr.
43. 两广鳞始蕨 *L. javanensis* Blume
44. 团叶鳞始蕨 *L. orbiculata*（Lam.）Mett. ex Kuhn.
45. 乌韭 *Stenoloma Chinensis*（L.）Maxon
46. 乌蕨 *S. chusana*（L.）Ching

姬蕨科 Hypolepidaceae
47. 姬蕨 *Hypolepis punctata*（Thunb.）Mett.

蕨科 Pteridiaceae
48. 蕨 *Pteridium aquilinunm*（L.）Kuhn var. *latiusculum*（Desv.）Underw.
49. 毛轴蕨 *P. revolutum*（Bl.）Nakai

---

* 本文根据葛刚等人的蕨类名录进行了修改补充，原168种，现在为191种。

本文作者：陈拥军，曾云香（江西农业大学农学院）

凤尾蕨科 Pteridaceae

50. 刺齿半边旗 *Pteris dispar* Kze.
51. 溪边凤尾蕨 *P. excelsa* Gaud.
52. 变异凤尾蕨 *P. excelsa* Gaud. *var. inaequalis* (Bak.) S.H.Wu
53. 全缘凤尾蕨 *P. insignis* Mett. ex Kuhn
54. 平羽凤尾蕨 *P. kiuschiuensis* Hieron.
55. 粗糙凤尾蕨 *P. cretica* L. *var. laeta* (Wall. ex Ettingsh.) C.Chr. et Tard. – Blot
56. 井栏边草 *P. multifida* Poir.
57. 凤尾蕨 *P. cretica* L. var. *nervosa* (Thunb.) Ching et S.H.Wu
58. 斜羽凤尾蕨 *P. oshimensis* Hieron.
59. 半边旗 *P. semipinnata* L.
60. 蜈蚣草 *P. vittata* L.

中国蕨科 Sinopteridaceae

61. 银粉背蕨 *Aleuritopteris argentea* (Gmél.) Fée
62. 粉背蕨 *A. pseudofarinosa* Ching et S.K.Wu
63. 毛轴碎米蕨 *Cheilosoria chusana* (Hook.) Ching et Shing
64. 野雉尾金粉蕨 *Onychium japonicum* (Thunb.) Kze.
65. 粟柄金粉蕨 *O. japonicum* var. *lucidum* (Don) Christ
66. 旱蕨 *Pellaea nitidula* (Hook.) Bak.

铁线蕨科 Adiantaceae

67. 铁线蕨 *Adiantum capillus – veneris* L.
68. 鞭叶铁线蕨 *A. caudatum* L.
69. 扇叶铁线蕨 *A. flabellulatum* L.

水蕨科 Parkeriaceae

70. 水蕨 *Ceratopteris thalictroides* (L.) Brongn.

裸子蕨科 Hemionitidaceae

71. 峨眉凤丫蕨 *Coniogramme emeiensis* Ching et Shing
72. 凤丫蕨 *C. falcipinna* Ching et Shing
73. 镰羽凤丫蕨 *C. japonica* (Thunb.) Diels
74. 黑轴凤丫蕨 *C. robusta* Christ
75. 洞带凤丫蕨 *C. maxima* Ching et shing

书带蕨科 Vittariaceae

76. 细柄书带蕨 *Vittaria filipes* Christ
77. 书带蕨 *V. flexuosa* Fée

蹄盖蕨科 Athyriaceae

78. 中华短肠蕨 *Allantodia chinensis* (Bak.) Ching

79. 薄盖短肠蕨 *A. hachijoensis* (Nakai.) ching
80. 江南短肠蕨 *A. metteniana* (Miq.) Ching
81. 鳞柄短肠蕨 *A. squamigera* (Mett.) Ching
82. 淡绿短肠蕨 *A. virescens* (Kunze) Ching
83. 耳羽短肠蕨 *A. wichurae* (Mett.) ching
84. 华东安蕨 *Anisocampium sheareri* (Bak.) Ching
85. 假蹄盖蕨 *Athyriopsis japonica* (Thunb.) Ching
86. 日本蹄盖蕨 *Athyrium nipponicum* (Mett.) Hance
87. 华中蹄盖蕨 *A. wardii* (Hook.) Makino
88. 禾秆蹄盖蕨 *A. yokoscense* (Franch. et Sav.) Christ
89. 菜蕨 *Callipteris esculenta* (Retz.) J.Sm.
90. 毛轴菜蕨 *C. esculenta* (Retz.) J.Sm. var. *pubescens* (Link) Ching
91. 薄叶双盖蕨 *Diplazium pinfaense* Ching
92. 单叶双盖蕨 *D. subsinuatum* (Wall. ex Hook. et Grev.) Tagawa
93. 华中介蕨 *Dryoathyrium okuboanum* (Makino) Ching
94. 东亚羽节蕨 *Gymnocarpium oyamense* (Bak.) Ching

肿足蕨科 Hypodematiaceae

95. 肿足蕨 *Hypodematium crenatum* (Forssk.) Kunh

金星蕨科 Thelypteridaceae

96. 渐尖毛蕨 *Cyclosorus acuminatus* (Houtt.) Nakai
97. 干旱毛蕨 *C. aridus* (Don) Tagawa
98. 假渐尖毛蕨 *C. subacuminatus* Ching ex Shing et J.F.Cheng
99. 峨眉茯蕨 *Leptogramma scallanii* (Christ) Ching
100. 普通针毛蕨 *Macrothelypteris torresiana* (Gaud.) Ching
101. 疏羽凸轴蕨 *Metathelypteris laxa* (Franch. et Sav.) Ching
102. 金星蕨 *Parathelypteris glanduligera* (Kze.) Ching
103. 光脚金星蕨 *P. japonica* (Bak.) Ching
104. 中日金星蕨 *P. nipponica* (Franch. et Sav.)
105. 狭脚金星蕨 *P. borealis* (Hara) Shing
106. 延羽卵果蕨 *Phegopteris decursive – pinnata* (van Hall) Fée
107. 披针新月蕨 *Pronephrium penangianum* (Hook.) Holtt.
108. 西南假毛蕨 *Pseudocyclosorus esquirolii* (Christ) Ching
109. 普通假毛蕨 *P. subochthodes* (Ching) Ching

110. 紫柄蕨 *Pseudophegopteris pyrrhorachis* （Kunze） Ching

铁角蕨科 Aspleniaceae

111. 剑叶铁角蕨 *Asplenium ensiforme* Wall. ex Hook. et Grev.
112. 江南铁角蕨 *A. loxogrammioides* Christ
113. 倒挂铁角蕨 *A. normale* Don
114. 华中铁角蕨 *A. sarelii* Hook.
115. 棕鳞铁角蕨 *A. indicum* Sledge var. *yoshinagae* （Makino） Ching et S.H.Wu
116. 北京铁角蕨 *A. pekinensis* Hance
117. 胎生铁角蕨 *A. planicaule* Wall
118. 长叶铁角蕨 *A. prolongatum* Hook.
119. 铁角蕨 *A. trichomanes* L.
120. 半边铁角蕨 *A. unilaterale* Lam.
121. 狭翅铁角蕨 *A. wrightii* Eaton ex Hook.

球子蕨科 Onocleaceae

122. 东方荚果蕨 *Matteuccia orientalis* （Hook.） Trev.

乌毛蕨科 Blechnaceae

123. 乌毛蕨 *Blechnum orientale* L.
124. 狗脊 *Woodwardia japonica* （L.f） Sm.
125. 顶芽狗脊 *W. unigemmata* （Makino） Nakai

鳞毛蕨科 Dryopteridaceae

126. 多羽复叶耳蕨 *Arachniodes amoena* （Ching） Ching
127. 尾形复叶耳蕨 *A. caudate* Ching
128. 中华复叶耳蕨 *A. chinensis* （Rosenst.） Ching
129. 刺头复叶耳蕨 *A. exilis* （Hance） Ching
130. 斜方复叶耳蕨 *A. rhomboidea* （Wall.ex Mett.） Ching
131. 异羽复叶耳蕨 *A. simplicior* （Makino） Ohwi
132. 卵状鞭叶蕨 *Cyrtomidictyum conjunctum* Ching
133. 鞭叶蕨 *C. lepidocaulon* （Hook.） Ching
134. 镰羽贯众 *Cyrtomium balansae* （Christ） C.Chr.
135. 贯众 *C. fortunei* J.Sm.
136. 粗齿阔羽贯众 *C. yamamotoi* Tagawa var. *intermedium* （Diels） Ching et Shing ex Shing
137. 两色鳞毛蕨 *Dryopteris bissetiana* （Bak.） C.Chr.
138. 阔鳞鳞毛蕨 *D. championii* （Benth.） C.Chr.
139. 桫椤鳞毛蕨 *D. cycadina* （Franch. et Sav.） C.Chr.

140. 远轴鳞毛蕨 *D. dickinsii* （Franch. et Sav.） C.Chr.
141. 黑足鳞毛蕨 *D. fuscipes* C.Chr.
142. 杭州鳞毛蕨 *D. hangchowensis* Ching
143. 太平鳞毛蕨 *D. pacifica* （Nakai） Tagawa
144. 类狭基鳞毛蕨 *D. sino - diokinsii* Ching ex Shing et.J.F.Ch
145. 鳞毛蕨 *D. setosa* （Thunb） Akasawa
146. 奇羽鳞毛蕨 *D. sieboldii* （van Houtte ex Mett.） O.Ktze.
147. 混淆鳞毛蕨 *D. commixta* Tagawa
148. 稀羽鳞毛蕨 *D. sparsa* （Buch. – Ham. ex D. Don.） O.Ktze.
149. 观光鳞毛蕨 *D. tsoongii* Ching
150. 同形鳞毛蕨 *D. uniformis* （Makino） Makino
151. 变异鳞毛蕨 *D. varia* （L.） O.Ktze.
152. 戟叶耳蕨 *Polystichum tripteron* （Kunze） Presl
153. 对马耳蕨 *P. tsus - simense* （Hook.） J.Sm.

叉蕨科 Aspidiaceae

154. 泡鳞肋毛蕨 *Ctenitis mariformis* （Ros.） Ching

肾蕨科 NephroLepIdaceae

155. 肾蕨 *Nephrolepis auriculata* （L.） Trimen

骨碎补科 Davalliaceae

156. 阔叶骨碎补 *Davallia solida* （Forst.） Sw.
157. 圆盖阴石蕨 *Humatatyermanni* Moore

水龙骨科 Polypodiaceae

158. 节肢蕨 *Arthromeris lehmanni* （Mett.） Ching
159. 线蕨 *Colysis elliptica* （Thunb.） Ching
160. 曲边线蕨 *C. elliptica* （Thunb.） Ching var. *flexiloba* （Christ） L.Shi et X.C.Zhang
161. 矩圆线蕨 *C. henryi* （Baker） Ching
162. 宽羽线蕨 *C. elliptica* （Thunb.） Ching var. *pothifolia* Ching
163. 披针骨牌蕨 *Lepidogrammitis diversa* （Rosenst.） Ching
164. 抱石莲 *L. drymoglossoides* （Baker） Ching
166. 伏石蕨 *Lemmaphyllum microphyllum* C.Presl
167. 细辛叶鳞果星蕨 *Lepidomicrosoiumasariforium* Ching et Shing
168. 黄瓦韦 *Lepisorusasterolepis* （Baker） Ching
169. 远叶瓦韦 *L. distans* （Makino） Ching

170. 庐山瓦韦 *L. lewissi*（Baker）Ching
171. 大瓦韦 *L. macrophaerus*（Baker）Ching
172. 粤瓦韦 *L. obscurevenu lisus*（Hayata）Ching
173. 瓦韦 *L. thunbergianus*（Kaulf.）Ching
174. 阔叶瓦韦 *L. tosaensis*（Makino）H.Ito
175. 攀缘星蕨 *Microsorum brachylepis*（Bak.）Nakai
176. 江南星蕨 *M. henryi*（Christ）Kuo
177. 表面星蕨 *M. superficiale*（Blume）Ching
178. 峨眉盾蕨 *Neolepisorus emeiensis* Ching et Shing
179. 盾蕨 *N. ovatus*（Bedd.）Ching
180. 金鸡脚假瘤蕨 *Phymatopteris hastate*（Thunb.）Pic. Serm.
181. 友水龙骨 *Polypodiodes amoena*（Wall. ex Mett.）Ching

182. 中华水龙骨 *P. chinensis*（Christ）S.G.Lu
183. 日本水龙骨 *P. niponica*（Mett.）Ching
184. 相近石韦 *Pyrrosia assimilis*（Baker）Ching
185. 石韦 *P. lingua*（Thunb.）Farwell
186. 庐山石韦 *P. sheareri*（Baker）Ching
187. 石蕨 *Saxiglossum angustissimum*（Gies.）Ching

槲蕨科 Drynariaceae

188. 槲蕨 *Drynaria fortunci*（Kunze）J.Sm.Bot.Voy.Herald

苹科 Marsileaceae

189. 苹 *Marsilea quadrifolia* L.

槐叶苹科 Salviniaceae

190. 槐叶苹 *Salvinia natans*（L.）All.

满江红科 Azollaceae

191. 满江红 *Azolla imbricata*（Roxb.）Nakai

裸子植物* GYMNOSPERMAE

银杏科 Ginkgoaceae
1. 银杏 *Ginkgo biloba* L.

红豆杉科 Taxaceae
2. 穗花杉 *Amentotaxus argotaenia* (Hance) Pilger
3. 南方红豆杉 *Taxus mairei* (Lem. et Levl.) S. Y. Hu
4. 榧树 *Torreya grandis* Fort. ex Lindl.

罗汉松科 Podocarpaceae
5. 小叶罗汉松 *Podocarpus macrophyllus* var. *maki* (Sieb.) Endl.
6. 竹柏 *P. nagi* (Thunb.) Zoll. et Morr. ex Zoll.
7. 短叶罗汉松 *P. macrophyllus* (Thunb.) D. Don

三尖杉科 Cephalotaxasceae
8. 三尖杉 *Cephalotaxus fortunei* Hook. f.

9. 篦子三尖杉 *C. oliveri* Mast.
10. 粗榧 *C. sinensis* (Rehd. et Wils.) Li

松科 Pinaceae
11. 马尾松 *Pinus massoniana* Lamb.
12. 台湾松 *P. taiwanensis* Hayata.

杉科 Taxodiaceae
13. 杉木 *Cunninghamia lanceolata* (Lamb.) Hook.
14. 柳杉 *Cryptomeria fortunei* Hooibrenk ex Otto et Dietr.
15. 日本柳杉 *C. japonica* (L. f.) D. Don
16. 水杉 *Metasequoia glyptostroboides* Hu et Cheng

柏科 Cupressaceae
17. 刺柏 *Juniperus formosana* Hayata
18. 柏木 *Cupressus funebris* Endl.
19. 圆柏 *Sabina chinensis* (L.) Ant.

* 本文作者：葛刚[1]，陈少凤[1]，万文豪[1]，谭策铭[2]（1. 南昌大学生命科学学院，2. 江西省九江市植物研究所）

被子植物 ANGIOSPERMAE

木兰科 Magnoliaceae

1. 鹅掌楸 *Liriodendron chinense* Sarg.
2. 天目木兰 *Magnolia amoena* Cheno
3. 庐山厚朴 *M. biloba*（R. et W.）Cheng
4. 望春玉兰 *M. biondii* Pamp.
5. 黄山木兰 *M. cylindrica* Wils.
6. 白玉兰 *M. denudata* Desr.
7. 紫玉兰 *M. liliflora* Desr.
8. 木莲 *Manglietia fordiana*（Hemsl.）Oliv.
9. 巴东木莲 *M. patungensis*
10. 乳源木莲 *M. yuyuanensis* Faw
11. 黄花悦色含笑 *Michelia amoena* Q. F. Zheng
12. 乐昌含笑 *M. chapaensis* Dandy
13. 紫花含笑 *M. crassipes* Law
14. 含笑花 *M. figo*（Lour.）Spreng.
15. 亮叶含笑 *M. fulgens* Dandy.
16. 深山含笑 *M. maudiae* Dunn
17. 野含笑 *M. skinneriana* Dunn

八角科 Illiciaceae

18. 百山祖八角 *Illicium angustisepalum* A. C. Smith
19. 红茴香 *I. henryi* Diels
20. 莽草 *I. lanceolatum* A. C. Smith
21. 短梗八角 *I. pachyphyllum* A. C. Smith

五味子科 Schisandraceae

22. 冷饭团 *Kadsura coccinea*（Lem.）A. C. Sm.
23. 南五味子 *K. longipedunculata* Fin. et Gagn.
24. 五味子 *Schisandra chinensis*（Turcz.）Baill.
25. 棱枝五味子 *S. henryi* Clarke
26. 华中五味子 *S. sphenanthera* Rehd. et Will.

番荔枝科 Annonaceae

27. 瓜馥木 *Fissistigma oldhamii*（Hemsl.）Merr.

樟科 Lauraceae

28. 华南樟 *Cinnamomum austro - sinense* Chang
29. 阴香 *C. burmannii*（G. G. et Th. Nees）Bl.f
30. 樟 *C. camphora*（L.）Sieb.
31. 浙江樟 *C. chekiangense* Nakai
32. 细叶香桂 *C. subavenium* Miq.
33. 沉水樟 *C. micranthum*（Hay.）Hayata
34. 黄樟 *C. parthenoxylon*（Jack）Meissn.
35. 少花桂 *C. pauciflorum* Nees.
36. 香桂 *C. subavenium* Miq.
37. 川桂 *C. wilsonii* Gamble
38. 乌药 *Lindera aggregata*（Sims.）Kosterm
39. 狭叶山胡椒 *L. angustifolia* Cheng
40. 江浙山胡椒 *L. chienii* Cheng
41. 香叶树 *L. communis* Hemsl.
42. 红果钓樟 *L. erythocarpa* Mak.
43. 绿叶甘橿 *L. fruticosa* Hemsl.
44. 山胡椒 *L. glauca* Bl.
45. 黑壳楠 *L. megaphylla* Hemsl.
46. 三桠乌药 *L. obtusiloba* Bl.
47. 山橿 *L. reflexa* Hemsl.
48. 红脉钓樟 *L. rubronervia* Gamble
49. 毛豹皮樟 *Litsea coreana* Levl. var. *lanuginosa*（Miqo.）Yang et P. H. Huang
50. 豹皮樟 *L. coreana* Levl. var. *sinensis*（Allen）Yang et P. H. Huang
51. 山苍子 *L. cubeba*（Lour.）Pers.
52. 黄丹木姜 *L. elongata*（Wall. ex Nees.）Benth. et HK.f.
53. 石木姜子 *L. elongata*（wall. ex Nees.）Benth. et Hk.f. var. *faberi*（Hemsl.）Yang et P. H. Huang
54. 毛木姜子 *L. mollis* Hemsl.
55. 红皮木姜子 *L. pedunculata*（Dies）Yang et P. H. Huang
56. 豺皮樟 *L. rotundifolia* var. *oblongifolia*（Nees）Allen
57. 黄绒润楠 *Machilus grijsii* Hance
58. 宜昌润楠 *M. ichangensis* Rehd. et Wils.
59. 华东润楠 *M. leptophylla* Hand. - Mazz.

＊ 本文作者：葛刚[1]，陈少凤[1]，万文豪[1]，谭策铭[2]（1. 南昌大学生命科学学院，2. 江西省九江市植物研究所）

60. 建楠 *M. oreophila* Hance
61. 刨花楠 *M. pauhoi* Kanehira
62. 凤凰润楠 *M. phoenicis* Dunn
63. 红楠 *M. thunbergii* Sieb. et Zucc.
64. 绒楠 *M. velutina* Champ.
65. 新木姜 *Neolitsea aurata*（Hay.）Koidz.
66. 浙江新木姜 *N. aurata*（Hay.）Koidz. var. *chekiangensis*（Nakai）Yang et P. H. Huang
67. 云和新木姜 *N. aurata*（Hay.）Koidz.var. *paraciculata*（Nakai）Yang et P. H. Huang
68. 美丽新木姜 *N. pulchella*（Meissn.）Merr.
69. 闽楠 *Phoebe bournei*（Hemsl.）Yang
70. 湘楠 *Ph. hunanensis* Hand. – Mazz.
71. 白楠 *Ph. neurantha*（Hemsl.）Gamb.
72. 紫楠 *Ph. sheareri*（Hemsl.）Gamble
73. 檫树 *Sassafras tsumu* Hemsl

毛茛科 Ranunculaceae

74. 乌头 *Aconitum carmichaeli* Debx.
75. 赣皖乌头 *A. pterocaule* Koidz.
76. 打破碗碗花 *Anemone hupehensis* Lem.
77. 秋牡丹 *A. hupehensis* Lemoine var. *japonica*（Thunb.）Bowles et Stearn
78. 小升麻 *Cimicifuga acerina*（Sieb. et Zucc.）Tanaka
79. 女萎 *Clematis apiifolia* DC.
80. 钝齿铁线莲 *C. apiifolia* DC. var. *obtusidentata* R. et W.
81. 小木通 *C. armandii* Fr.
82. 威灵仙 *C. chinensis* Osh.
83. 山木通 *C. finetiana* Levl. et Vant
84. 杨子铁线莲 *C. ganpiniana*（Levl. Et Vant.）Tamura
85. 单叶铁线莲 *C. henryi* Oliv.
86. 毛蕊铁线莲 *C. lasiandra* Maxim.
87. 毛柱铁线莲 *C. meyeniana* Walp.
88. 毛果铁线莲 *C. peterae* Hand. – Mazz. var. *trichocarpa* W.T. Wang
89. 圆锥铁线莲 *C. terniflora* DC.
90. 柱果铁线莲 *C. uncinata* Champ. ex Benth.
91. 皱叶柱果铁线莲 *C. uncinata* Champ. ex Benth var. *coriacea* Pamn

黄连科 Helleboraceae

92. 黄连 *Coptis chinensis* Franch
93. 短萼黄连 *C. chinensis* Franch. var. *brevisepala* W. T. Wang
94. 还亮草 *Delphinium anthriscifolium* Hance
95. 毛茛 *Ranunculus japonicus* Thunb.
96. 石龙芮 *R. sceleratus* L.
97. 小毛茛 *R. ternatus* Thunb.
98. 天葵 *Semiaquilegia adoxoides*（DC.）Makino
99. 尖叶唐松草 *Thalictrum. acutifolium*（Hand. – Mazz）Boivin
100. 大叶唐松草 *Th. faberi* Ulbr.

莼菜科 Cabombaceae

101. 莼菜 *Brasenia schreberi* J.F. Gmel.

金鱼藻科 Ceratophyllaceae

102. 金鱼藻 *Ceratophyllum demersum* L.

睡莲科 Nymphaeaceae

103. 萍蓬草 *Nuphar pumilum*（Hoffm.）DC.

芡实科 Euryalaceae

104. 芡实 *Euryale ferox* Salisb.

山荷叶科 Podophyllaceae

105. 八角莲 *Dysosma versipellis*（Hance）M. Cheng ex Ying
106. 六角莲 *D. pleiantha*（Hance）Woods.

小檗科 Berberidaceae

107. 安徽小檗 *Berberis chingii* Cheng
108. 蚝猪刺 *B. julianae* Schneid.
109. 长柱小檗 *B. lempergiana* Ahrendt
110. 庐山小檗 *B. virgetorum* Schneid.
111. 箭叶淫羊藿 *Epimedium sagittatum*（Sieb. et Zucc.）Maxim.
112. 渐尖淫羊藿 *E. acuminatum* Franch.
113. 宝兴淫羊藿 *E. davidi* Franch.
114. 川鄂淫羊藿 *E. targesii* Franch.
115. 阔叶十大功劳 *Mahonia bealei*（Fort.）Carr.
116. 十大功劳 *M. fortunei*（Lindl.）Fedde
117. 桃儿七 *Sinopodophyllum emodi*（Wall.ex Royle）Ying

南天竹科 Nandinaceae

118. 南天竹 *Nandina domestica* Thunb.

木通科 Lardizabalaceae

119. 木通 *Akebia quinata*（Thunb.）Decne.
120. 三叶木通 *A. trifoliata*（Thunb.）Koidz.
121. 白木通 *A. trifoliata*（Thunb.）Koidz. var. *australis*（Diels）Rehd.
122. 鹰爪枫 *Holboellia coriacea* Diels
123. 五叶瓜藤 *H. fargesii* Reaud.
124. 牛姆瓜 *H. grandiflora* Reaud.
125. 野木瓜 *Stauntonia chinensis* DC.
126. 牛藤果 *S. elliptica* Hemsl.
127. 钝药野木瓜 *S. leucantha* Diels ex Wu

大血藤科 Sargentodoxaceae

128. 大血藤 *Sargentodoxa cuneata*（Oliv.）Rehd. et Wils.

防己科 Menispermaceae

129. 木防己 *Cocculus orbiculatus*（L.）DC.
130. 粉叶轮环藤 *Cyclea hypoglauca*（Schauer）Diels
131. 称钩风 *Diploclisia affinis*（Oliv）. Diels
132. 蝙蝠葛 *Menispermum dauricum* DC.
133. 细圆藤 *Pericampylus glaucus*（Lam.）Meer.
134. 防己 *Sinomenium acutum*（Thunb.）Rehd. et Wils
135. 金线吊乌龟 *Stephania cepharantha* Hayata
136. 千金藤 *S. japonica*（Thunb.）Miers
137. 粉防己 *S. tetrandra* S. Moore
138. 青牛胆 *Tinospora sagittata*（Oliv.）Gogn.

马兜铃科 Aristolochiaceae

139. 马兜铃 *Aristolochia debilis* Sieb. et Zucc.
140. 绵毛马兜铃 *A. mollissima* Hance
141. 管花马兜铃 *A. tubiflora* Dunn
142. 土细辛 *Asarum caudigerum* Hance
143. 杜衡 *A. forbesii* Maxim.
144. 福建细辛 *A. fukienense* Cheng et Yang
145. 大花细辛 *A. maximum* Hemsl.
146. 细辛 *A. sieboldii* Miq.
147. 马蹄香 *Saruma henryi* Oliv.

胡椒科 Piperaceae

148. 竹叶胡椒 *Piper bambusaefolium* Tseng
149. 山蒟 *P. hancei* Maxim
150. 石南藤 *P. wallichii*（Miq.）Hand. - Mazz.

三白草科 Saururaceae

151. 鱼腥草 *Houttuynia cordata* Thunb.

152. 三白草 *Saururus chinensis*（Lour.）Baill.

金粟兰科 Chloranthaceae

153. 丝穗金粟兰 *Chloranthus fortunei*（A. Gray）Solms.
154. 宽叶金粟兰 *Ch. henryi* Hemsl.
155. 多穗金粟兰 *Ch. multistachys*（Hand. - Mazz.）Pei
156. 东南金粟兰 *Ch. oldhami* Solms
157. 及己 *Ch. serratus*（Thunb.）Roem. et Schult.
158. 草珊瑚 *Sarcandra glabra*（Thunb.）Nakai

罂粟科 Papaveraceae

159. 血水草 *Eomecon chionantha* Hance
160. 博落 *Macleaya cordata*（Willd.）R. Br.

紫堇科 Fumariaceae

161. 夏天无 *Corydalis amabilis* Migo
162. 刻叶紫堇 *C. incisa*（Thunb.）Pers.
163. 紫堇 *C. edulis* Maxim.
164. 黄堇 *C. pallida*（Thunb.）Pers.
165. 小花黄堇 *C. racemosa*（Thunb.）Pers.

白花菜科 Cleomaceae

166. 臭矢菜 *Cleome viscosa* L.

十字花科 Cruciferae

167. 拟南芥 *Arabidopsis thaliana*（L.）Heynh.
168. 荠 *Capsella bursa - pastoris*（L.）Medic.
169. 弯曲碎米荠 *Cardamine flexuosa* With.
170. 碎米荠 *C. hirsuta* L.
171. 弹裂碎米荠 *C. impatiens* L.
172. 水田碎米荠 *C. lyrata* Bunge
173. 异堇叶碎米荠 *C. violifolia* var. *diversifolia* Schulz
174. 肾果芥（臭荠）*Coronopus didymus*（L.）J. E. Smith
175. 播娘蒿 *Descurainia sophia*（L.）Willd.
176. 葶苈 *Draba nemorosa* L.
177. 小花糖芥 *Erysimum cheiranthoides* L.
178. 诸葛菜 *Orychophragmus violaceus*（L.）Schulz.
179. 北美独行菜 *Lepidium virginicum* L.
180. 细子蔊菜 *Rorippa cantoniensis*（Lour.）Ohwi
181. 无瓣蔊菜 *R. dubia*（Pers.）Hara
182. 球果蔊菜 *R. globosa*（Turcz.）Hayck
183. 蔊菜 *R. indica*（L.）Hiern.
184. 遏蓝菜 *Thlaspi arvense* L.

堇菜科 **Violaceae**

185. 南山堇菜 *Viola chaerophylloides*（Regel.）W. Beck.

186. 蔓茎堇菜 *V. diffusa* Ging

187. 红毛蔓茎堇菜 *V. diffusa* var. *brevibarbata* C. J. Wang

188. 紫花堇菜 *V. grypoceras* A. Gray.

189. 犁头草 *V. inconspicua* Bl.

190. 江西堇菜 *V. kiangsiensis* W. Beck

191. 粗齿堇菜 *V. magnifica* C. J. Wang ex X. D. Wang

192. 紫花地丁 *V. philippica* subsp. *munda* W. Beck.

193. 柔毛堇 *V. principis* H. de Boiss

194. 黄堇 *V. vaginata* Maxim.

195. 堇菜 *V. verecunda* A. Gray

远志科 **Polygalaceae**

196. 狭叶远志 *Polygala angustifolia* Kaidz

197. 黄花倒水莲 *P. aureocauda* Dunn

198. 瓜子金 *P. japonica* Houtt.

199. 西伯利亚远志 *P. sibirica* L.

景天科 **Crassulaceae**

200. 瓦松 *Orostachys fimbriatus*（Turcz.）Berger

201. 土三七 *Sedum aizoon* L.

202. 珠芽景天 *S. bulbiferum* Makino

203. 宽叶景天 *S. ellacombianum* Pracger

204. 凹叶景天 *S. emarginatum* Migo

205. 景天 *S. erythrostictum* Miq.

206. 佛甲草 *S. lineare* Thunb.

207. 垂盆草 *S. sarmentosum* Bunge

虎耳草科 **Saxifragaceae**

208. 落新妇 *Astilbe chinensis*（Maxim.）Franch.

209. 岩白菜 *Bergenia purpurascens*（Hook. f. et Thoms.）Engler

210. 小叶金腰 *Chrysosplenium graynum* Maxim.

211. 大叶金腰 *Ch. macrophyllum* Oliv.

212. 红毛虎耳草 *Saxifraga rufescens* Balf. f.

213. 虎耳草 *S. stolonifera* Meerb.

214. 紫背金钱 *Tiarella polyphylla* D. Don

梅花草科 **Parnassiaceae**

215. 白耳菜 *Parnassia foliosa* Hook.f.et.Thoms.

扯根菜科 **Penthoraceae**

216. 扯根菜 *Penthorum chinensis* Pursh

茅膏菜科 **Droseraceae**

217. 茅膏菜 *Drosera peltata* Smith var. *lunata*（Buch. – Ham.）Clarke

218. 圆叶茅膏菜 *D. rotundifolia* L.

219. 锦地罗 *D. burmaunii* Vahl.

沟繁缕科 **Elatinaceae**

220. 田繁缕 *Bergia ammannioides* Roxb. ex Roth.

石竹科 **Caryophyllaceae**

221. 蚤缀 *Arenaria serpyllifolia* L.

222. 簇生卷耳 *Cerastium caespitosum* Gilib.

223. 狗筋蔓 *Cucubalu baccifer* L.

224. 瞿麦 *Dianthus superbus* L.

225. 剪夏罗 *Lychnis coronata* Thunb.

226. 剪秋罗 *L. senno* Sieb. et Zucc.

227. 女娄菜 *Melandrium apricum*（Turcz.）Rohrb.

228. 鹅肠菜 *Myosoton aquaticum* Moench.

229. 漆姑草 *Sagina. japonica*（Sw.）Ohwi

230. 雀舌草 *Stellaria alsine* Grimm.

231. 中国繁缕 *S. chinensis* Regel

232. 繁缕 *S. media*（L.）Cyr.

233. 王不留行 *Vaccaria segetalis*（Neck.）Garcke

粟米草科 **Molluginaceae**

234. 粟米草 *Mollugo pentaphylla* L.

马齿苋科 **Portulacaceae**

235. 马齿苋 *Portulaca oleracea* L.

236. 大花马齿苋 *P. grandiflora* Hook.

237. 土人参 *Talinum paniculatum*（Jacq.）Gaertn.

蓼科 **Polygonaceae**

238. 金线草 *Antenoron filiforme*（Thunb.）Rob. et Vaut.

239. 短毛金线草 *A. neofiliforme*（Nakai）Hara

240. 山谷蓼 *Polygonum alatum* Buch. – Ham. ex D. Don

241. 萹蓄 *P. aviculare* L.

242. 丛枝蓼 *P. caespitosum* Bl.

243. 头花蓼 *P. capitatum* Buch – Ham

244. 火炭母 *P. chinense* L.

245. 虎杖 *P. cuspidatum* Sieb. et Zucc.

246. 野荞麦 *P. cymosum* Meissn.

247. 辣蓼 *P. flaccidum* Meisn.

248. 水蓼 *P. hydropiper* L.

249. 长花蓼 *P. macranthum* Meisn.

250．何首乌 *P. multiflorum* Thunb.

251．有刺水湿蓼 *P. muricatum* Meisn.

252．尼泊尔蓼 *P. nepalense* Meisn.

253．荭草 *P. orientale* L.

254．扛板归 *P. perfoliatum* L.

255．伏毛蓼 *P. pubescens* Bl.

256．大箭叶蓼 *P. sagittifolium* Levl. et Vant.

257．刺蓼 *P. senticosum*（Meisn.）Franch. et Savat.

258．箭叶蓼 *P. sieboldii* Meisn.

259．中华蓼 *P. sinicum*（Migo）Yun－yi Fang et Chao －zong Zheng

260．戟叶蓼 *P. thunbergii* Sieb. et Zucc.

261．酸模 *Rumex acetosa* L.

262．羊蹄 *R. japonicus* Houtt.

263．土大黄 *R. madaio* Mak.

商陆科 Phytolaccaceae

264．商陆 *Phytolacca acinosa* Roxb.

假繁缕科 Theligonaceae

265．假繁缕 *Theligonum macranthum* Franch.

藜科 Chenopodiaceae

266．藜 *Chenopodium album* L.

267．土荆芥 *Ch. ambrosioides* L.

268．地肤 *Kochia scoparia*（L.）Schrad.

苋科 Amaranthaceae

269．牛膝 *Achyranthes bidentata* Bl.

270．少毛牛膝 *A. bidentata* var. *japonica* Miq.

271．柳叶牛膝 *A. longifolia*（Makino.）Makino

272．莲子草 *Alternanthera sessilis*（L.）DC.

273．刺苋 *Amaranthus spinosus* L.

274．野苋 *A. viridis* L.

275．青箱 *Celosia argentea* L. var. *cristata*（L.）Ktze.

落葵科 Basellaceae

276．落葵 *Basella rubra* L.

牻牛儿苗科 Geraniaceae

277．牻牛儿苗 *Erodium stephanianum* Willd.

278．野老鹳草 *Geranium carolinianum* L.

279．尼泊尔老鹳草 *G. nepalense* Sweet

280．老鹳草 *G. wilfordii* Maxim.

酢浆草科 Oxalidaceae

281．酢浆草 *Oxalis corniculata* L.

282．山酢浆草 *O. griffithii* Edgew. et Hook. f.

凤仙花科 Balsaminaceae

283．凤仙花 *Impatiens balsamina* L.

284．睫萼凤仙花 *I. blepharosepala* Pritz. ex Diels

285．水金凤 *I. noli－tangere* L.

296．黄金凤 *I. siculifer* Hook. f.

千屈菜科 Lythraceae

287．水苋菜 *Ammannia baccifera* L.

288．多花水苋 *A. multiflora* Roxb.

289．尾叶紫薇 *Lagerstroemia caudata* Chun et how ex S. Lee et L. Lau

290．紫薇 *L. indica* L.

291．南紫薇 *L. subcostata* Koehne.

292．节节菜 *Rotala indica*（Willd.）Koehne

293．圆叶节节菜 *R. rotundifolia*（Buch.－Ham）Koehne

柳叶菜科 Onagraceae

294．高山露珠草 *Circaea alpina* L.

295．露珠草 *C. imaicola*（Asch. et Magn.）Hand.－Mazz.

296．南方露珠草 *C. mollis* Sieb. et Zucc.

297．柳叶菜 *Epilobium hirsutum* L.

298．长籽柳叶菜 *E. pyrricholophum* Franch. et Savat.

299．丁香蓼 *Ludwigia prostrata* Roxb.

小仙草科 Haloragidaceae

300．小二仙草 *Haloragis micrantha* R. Br.

301．杂 *Myriophyllum spicatum* L.

302．轮叶狐尾藻 *M. verticillatum* L.

水马齿科 Callitrichaceae

303．水马齿 *Callitriche. stagnalis* Scop.

瑞香科 Thymelaeaceae

304．芫花 *Daphne genkwa* Sieb. et Zucc.

305．瑞香 *D. odora* Thunb.

306．紫枝瑞香 *D. odora* Thunb. var. *atrocaulis* Rehd.

307．结香 *Edgeworthia chrysantha* Lindl.

308．白花荛花 *Wikstroemia alba* Hand.－Mazz.

309．一把香 *W. dotichantha* Diels

310．了哥王 *W. indica*（L.）C. A. Mey.

山龙眼科 Proteaceae

311．红叶树 *Helicia cochinchinensis* Lour.

海桐花科 Pittosporaceae

312．狭叶崖花子 *Pittosporum glabratum* Lindl. var. *neivifolium* Rehd. et Wils.

268

313. 海金子 *P. illicioides* Malino

314. 崖花子 *P. truncatum* Pritz.

大风子科 Flacourtiaceae

315. 山桐子 *Idesia polycarpa* Maxim.

316. 长果山桐子 *I. polycarpa* Maxim. var. *longicarpa* S. S. Lai

317. 毛山桐子 *I. polycarpa* Maxim. var. *vestita* Diels

318. 柞木 *Xylosma. japonicum* (Walp.) A. Gray

葫芦科 Cucurbitaceae

319. 盒子草 *Actinostemma tenerim* Griff.

320. 绞股蓝 *Gynostemma pentaphyllum* (Thunb.) Mak.

321. 光叶绞股蓝 *G. laxum* (Wall.) Cogn.

322. 雪胆 *Hemsleya chinensis* Cogn. ex Forbes.

323. 木鳖 *Momordica cochinchinensis* (Lour.) Spreng.

324. 南赤瓟 *Thladiantha nudiflora* Hemsl.

325. 王瓜 *Trichosanthes cucumeroides* (Ser.) Maxim.

326. 江西栝楼 *T. kiangsiensis* C. Y. Cheng et C. H. Yuch.

327. 栝楼 *T. kirilowii* Maxim.

328. 老鼠拉冬瓜 *Zehneria indica* (Lour.) Keraudren

329. 钮子瓜 *Z. maysorensis* (Wight et Arn) Arn

秋海棠科 Begoniaceae

330. 槭叶秋海棠 *Begonia digyna* Irmsch

331. 秋海棠 *B. evansiana* Andr.

332. 裂叶秋海棠 *B. laciniata* Roxb.

333. 掌裂叶秋海棠 *B. pedatifida* Levl.

山茶科 Theaceae

334. 长尖连蕊茶 *Camellia acutissima* H. T. Chang

335. 尾叶山茶 *C. caudata* Wall.

336. 浙江红山茶 *C. chekiangoleosa* Hu

337. 尖连蕊茶 *C. cuspidata* (Kochs) Coh. - Stuart

338. 枰叶连蕊茶 *C. euryoides* Lindl.

339. 毛连蕊茶 *C. fraterna* Hance

340. 油茶 *C. oleifera* Abel

341. 茶 *C. sinensis* (L.) O. Ktze

厚皮香料 Ternstroemiaceae

342. 湖南杨桐 *Adinandra bockiana* Pritz. ex Diels var. *acutifolia* (Hand. - Mazz.) Kob.

343. 杨桐 *A. milletii* (Hook. et Arn.) Benth. et Hook.

344. 小果石笔木 *Tutcheria microcarpa* Dunn

345. 红淡 *Cleyera japonica* Thunb.

346. 翅柃 *Eurya alata* Kob.

347. 短柱柃 *E. brevistyla* Kob.

348. 米碎花 *E. chinensis* R. Br.

349. 光枝米碎花 *E. chinensis* R. Br. var. *glabra* Hu et L. K. Lin

350. 微毛柃 *E. hebeclados* L. K. Ling

351. 柃木 *E. japonica* Thunb.

352. 细枝柃 *E. loquaiana* Dunn

353. 黑柃 *E. macartneyi* Champ.

354. 格药柃 *E. muricata* Chanp.

355. 细齿叶柃 *E. nitida* Korth.

356. 黄背叶毛柃 *E. nitida* Korth. var. *aurescens* (R. et W.) Kob.

357. 窄基红褐柃 *E. rubiginosa* H. T. Chang var. *attenuata* H. T. Chang

358. 半齿柃 *E. semisirrulata* H. T. Chang

359. 银木荷 *Schima argentea* Pritz.

360. 木荷 *S. superba* Gardn. et Champ.

361. 尖萼紫茎 *Stewartia acutisepala* P L. Chiu et G. R. Zhang

362. 紫茎 *S. sinensis* Rehd. et Wils.

363. 长柱紫茎 *S. rostrata* Spongberg

364. 江西厚皮香 *Ternstroemia aubrofundafolia* Chang

365. 厚皮香 *T. gymnanthera* (W. et A.) *Sprague*

366. 亮叶厚皮香 *T. nitida* Meer.

猕猴桃科 Actinidiaceae

367. 异色猕猴桃 *Actinidia callosa* Lindl. var. *discolor* C. F. Liang

368. 京梨猕猴桃 *A. callosa* Lindl. var. *henryi* Maxim.

369. 中华猕猴桃 *A. chinensis* Planch.

370. 硬毛猕猴桃 *A. chinensis* Planch. var. *hispida* C. F. Liang

371. 毛花猕猴桃 *A. eriantha* Benth.

372. 小叶猕猴桃 *A. lanceolata* Dunn

373. 黑蕊猕猴桃 *A. melanandra* Franch.

374. 葛枣猕猴桃 *A. polygama* (Sieb.et Zucc.) Maxim.

375. 红茎猕猴桃 *A. rubricaulis* Dunn

376. 革叶猕猴桃 *A. rubricaulis* Dunn var. *coriacea* (Fin. & Cagn.) C. F. Liang

377. 毛蕊猕猴桃 *A. trichogyna* Franch.

桃金娘科 Myrtaceae

378. 赤楠 Syzygium buxifolium Hook. et Ann.
379. 轮叶蒲桃 S. grijisii (Hance) Merr. et Perry
380. 狭叶蒲桃 S. tsoongii (Merr.) Merr. et Perry

野牡丹科 Melastomataceae

381. 小花柏拉木 Blastus pauciforus (Benth.) Guillaum
382. 伏毛异药花 Fordiophyton faberi Stapf.
383. 肥肉草 F. fordii (Oliv.) Krass.
384. 毛柄肥肉草 F. fordii var. pilosum C. Chen
385. 地稔 Melastoma dodecandrum Lour.
386. 金锦香 Osbeckia chinensis L.
387. 假朝天罐 O. crinita Benth. ex C. B. Clark
388. 肉穗草 Sarcopyramis delicata C. B. Robinson
389. 庐山肉穗草 S. lushanensis Chen

金丝桃科 Hypericaceae

390. 黄海棠 Hypericum ascyron L.
391. 杨子小连翘 H. faberi R. Keller ex Hand. - Mazz.
392. 小连翘 H. erectum Thunb.
393. 金丝桃 H. chinense L.
394. 金丝梅 H. patulum Thunb.
395. 地耳草 H. japonicum Thunb.
396. 元宝草 H. sampsonii Hance
397. 蜜腺小连翘 H. seniawinii Maxim.
398. 三腺金丝桃 Triadenum breviflorum (Wall. ex Dyer) Y. Kimura

椴树科 Tiliaceae

399. 田麻 Corchoropsi tomentosa (Thunb.) Makino
400. 扁担杆 Grewia biloba G. don
401. 小花扁担木 G. biloba G. don var. parviflora (Bunge) Hand. - Mazz.
402. 短毛椴 Tilia breviradiata (Rehd.) Hu et Cheng
403. 湘椴（浆果椴）T. endochrysea Hand. - Mazz.
404. 糯米椴 T. henryana Szyszyl.
405. 光叶糯米椴 T. henryana Szyszyl. var. subglabra V. Engler.
406. 全缘椴 T. integerrima Chang
407. 鳞毛椴 T. lepidota Rehd.
408. 南京椴 T. migueliana Maxim.
409. 膜叶椴 T. membrancea Chang
410. 帽峰椴 T. mofunensis Chun et Wong

411. 矩圆叶椴 T. oblongifolia Rehd.
412. 粉椴 T. oliveri Szyszyl.
413. 椴树 T. tuan Szyszyl.
414. 毛芽椴 T. tuan Szyszyl. var. chinensis Rehd. et Wils.
415. 小刺蒴麻 Triumfetta annua L.

杜英科 Elaeocarpaceae

416. 中华杜英 Elaeocarpus chinensis (Gardn. et Champ.) Hook. f.
417. 杜英 E. decipiens Hemsl.
418. 冬桃木 E. duclouxii Gagnep.
419. 秃瓣杜英 E. glabripetalus Merr.
420. 薯豆 E. japonicus Sieb. et Zucc.
421. 山杜英 E. sylvestris (Lour.) Poir.
422. 猴欢喜 Sloanea sinensis (Hance) Hemsl.

梧桐科 Sterculiaceae

423. 梧桐 Firmiana simplex (L.) F. W. Wight
424. 马松子 Melochia corchorifolia L.

锦葵科 Malvacae

425. 黄蜀葵 Abelmoschus manihot (L.) Medie
426. 苘麻 Abutilon theophrasti Medic.
427. 木芙蓉 Hibiscus mutabilis L.
428. 庐山芙蓉 H. paramutabilis Bailey
429. 木槿 H. syriacus L.
430. 野葵 Malv verticillata L.
431. 地桃花 Urena lobata L.

大戟科 Euphorbiaceae

432. 铁苋菜 Acalypha australis L.
433. 山麻杆 Alchornea davidii Franch.
434. 泽漆 Euphorbia helioscopia L.
435. 飞扬草 E. hirta L.
436. 地锦 E. humifusa Willd.
437. 斑地锦 E. maculate L.
438. 大戟 E. pekinensis Rupr.
439. 千根草 E. thymifolia L.
440. 算盘子 Glochidion puberum (L.) Hutch
441. 湖北算盘子 G. wilsonii Hutch.
442. 白背叶 Mallotus apelta (Lour.) M. - A.
443. 毛桐 M. barbatus (Wall.) M. - A.
444. 野梧桐 M. japonicus (Thunb.) M. - A.
445. 粗糠柴 M. philippinensis (Lam.) M. - A.

446. 石岩枫 *M. repandus*（Willd.）Muell. – Arg.

447. 野桐 *M. tenuifolius* Pax

448. 青灰叶下珠 *Phyllanthus glaucus* Wall. ex Muell. – Arg.

449. 蜜柑草 *Ph. matsumurae* Hayata

450. 叶下珠 *Ph. urinaria* L.

451. 斑子乌桕 *Sapium atrobadiomaculatum* Metc.

452. 山乌桕 *S. discolor*（Champ.）M. – A.

453. 白乳木 *S. japonicum*（Sieb. et Zucc.）Pax et Hoffm

454. 乌桕 *S. sebiferum*（L.）Roxb.

455. 地构叶 *Speranskia cantonensis*（Hance）Pax et Hoffm.

456. 油桐 *Vernicia fordii*（Hemsl.）Airy – Shaw

457. 木油桐 *V. montana* Lour.

虎皮楠科 Daphniphyllaceae

458. 狭叶虎皮楠 *Daphniphyllum angustifolium* Hutch.

459. 交让木 *D. macropodum* Miq.

460. 虎皮楠 *D. oldhami*（Hemsl.）Rosenth.

五月茶科 Stilaginaceae

461. 五月茶 *Antidesma bunius*（L.）Spreng.

462. 细柄五月茶 *A. filipes* Hand. – Mazz.

463. 酸味子 *A. japonicum* Sieb. et Zucc.

464. 狭叶五月茶 *A. pseudomicrophyllum* Croiz.

重阳木科 Bischofiaceae

465. 重阳木 *Bischfia javanica* Bl.

鼠刺科 Escalloniaceae

466. 矩形叶鼠刺 *Itea chinensis* Hk. et Arn. var. *oblonga*（Hand. – Mazz.）Wu

醋栗科 Grossulariaceae

467. 华茶藨 *Ribes fasciculatum* var. *chinensis* Maxim.

468. 细枝茶藨 *R. tenue* Jancz.

绣球花科 Hydrangeaceae

469. 人心药 *Cardiandra moellendorffii*（Hance）H. L. Li

山梅花科 Phyladelphaceae

470. 常山 *Dichroa febrifuga* Lour.

471. 冠盖绣球 *Hydrangea anomala* D. Don

472. 中国绣球 *H. chinensis* Maxim.

473. 江西绣球 *H. kiangsiense* W. T. Wang Nice

474. 圆锥绣球 *H. paniculata* Sieb.

475. 蜡莲绣球 *H. strigosa* Rehd.

476. 伞花绣球 *H. umbellata* Rehd.

477. 冠盖藤 *Pileostegia viburnoides* Hook. f. et Thoms.

478. 华东钻地风 *Schizophragma hydrangeoides* f. *sinicum* C. C. Yang

479. 钻地风 *S. integrifolium* Oliv.

480. 小齿钻地风 *S. integrifolium* Oliv. f. *denticulatum*（Rehd.）Chun

481. 宁波溲疏 *Deutzia ningpoensis* Rehd.

482. 溲疏 *D. scabra* Thunb.

483. 川溲疏 *D. setchuenensis* Fanch.

484. 绢毛山梅花 *Philadelphus sericanthus* Koehne

485. 牯岭山梅花 *Ph. sericanthus* var. *kulingensis*（Koehne）Hand. – Mazz.

486. 浙江山梅花 *Ph. zhejiangensis*（Cheng）S. M. Hwang

蔷薇科 Rosaceae

487. 龙牙草 *Agrimonia viscidula* Bunge

488. 小花龙牙草 *A. niponica* Koidz var. *occidentalis* Skahiky

489. 皱皮木瓜 *Chaenomeles speciosa*（Sweet）Nakai

490. 野山楂 *Crataegus cuneata* Sieb. et Zucc.

491. 湖北山楂 *C. hupehensis* Sarg.

492. 蛇莓 *Duchesnea indica*（Andr.）Focke

493. 枇杷 *Eriobotrya japonica*（Thunb.）Lindl.

494. 白鹃梅 *Exochorda racemosa*（Findl.）Rehd.

495. 路边青（水杨梅）*Geum aleppicum* Jacq.

496. 中华水杨梅 *G. japonicum* Thunb. var. *chinensis* Bolle

497. 棣棠花 *Kerria japonica*（L.）DC.

498. 湖北海棠 *Malus hupehensis*（Pamp.）Rehd.

499. 尖嘴林禽 *M. melliana*（Hand. – Mazz.）Rehd.

500. 闽粤石楠 *Photinia benthamiana* Hance

501. 中华石楠 *Ph. beauverdiana* Schneid

502. 短叶中华石楠 *Ph. beauverdiana* Schneid var. *brevifolia* Card.

503. 椤木石楠 *Ph. davidsoniae* Rehd. et Wils.

504. 光叶石楠 *Ph. glabra*（Thunb.）Maxim.

505. 小叶石楠 *Ph. parvifolia*（Pritz.）Schneid.

506. 桃叶石楠 *Ph. prunifolia*（Hook. et A.）Lindl.

507. 水花石楠 *Ph. prunifolia*（Hook et A.）Lindl. var. *denticulata* Y – II

508. 绒毛石楠 *Ph. schneideriana* R. et W.

509. 石楠 *Ph. serrulata* Lindl.
510. 伞花石楠 *Ph. subumbellata* Rehd. et Wils.
511. 毛叶石楠无毛变种 *Ph. villosa*（Thunb.）DC. var. *sinica* Rehd. et Wils.
512. 委陵菜 *Potentilla chinensis* Ser.
513. 翻白草 *P. discolor* Bunge
514. 三叶委陵菜 *P. freyniana* Bornm.
515. 蛇含委陵菜 *P. kleiniana* Wight et Arn.
516. 橉木稠李 *Prunus buergeriana* Miq.
517. 尾叶樱 *P. dielsiana* Schneid.
518. 灰叶稠李 *P. grayana* Maxim.
519. 梅 *P. mume*（Sieb.）Sieb. et Zucc.
520. 桃 *P. persica* L.
521. 腺叶桂樱 *P. phaeosticta*（Hance）Maxim.
522. 樱桃 *P. pseudocerasus* Lindl.
523. 毛叶山樱花 *P. serrulata* G. Don var. *pubescens*（Makino）Wils.
524. 刺叶野樱 *P. spinulosa* Sieb. et Zucc.
525. 细齿稠李 *P. vaniotii* Levl.
526. 绢毛稠李 *P. wilsonii*（Schneid.）Koehne.
527. 大叶桂樱 *P. zippinliana* Miq.
528. 杜梨 *Pyrus betulaefolia* Bunge.
529. 豆梨 *P. calleryana* Decne.
530. 绒毛豆梨 *P. calleryana* Decne. f. *tomentella* Rendl.
531. 沙梨 *P. pyrifolia*（Burm. f.）Nakai
532. 麻梨 *P. serrulata* Rehd.
533. 石斑木 *Raphiolepis indica* Lindl.
534. 小果蔷薇 *Rosa cymosa* Tratt.
535. 软条七蔷薇 *R. henryi* Boulenger
536. 金樱子 *R.. laevigata* Michx.
537. 野蔷薇 *R. multiflora* Thunb.
538. 粉团蔷薇 *R. multiflora* Thunb. var. *cathayensis* Rehd. et Wils.
539. 粗叶悬钩子 *Rubus alceaefolius* Poir.
540. 寒莓 *R. buergeri* Miq.
541. 掌叶复盆子 *R. chingii* Hu
542. 小柱悬钩子 *R. columellaris* Tutcher
543. 山莓 *R. corchorifolius* L. f.
544. 插田泡 *R. coreanus* Miq.
545. 华南悬钩子 *R. hanceanus* Kuntz.
546. 三月泡 *R. hirsutus* Thunb.
547. 湖南悬钩子 *R. hunanensis* Hand. - Mazz.
548. 复盆子 *R. idaeus* L.
549. 灰毛泡 *R. irenaeus* Focke
550. 白叶莓 *R. innominatus* S. Moore
551. 高粱泡 *R. lambertianus* Ser.
552. 白花悬钩子 *R. leucanthus* Hance
553. 棠叶悬钩子（羊尿泡）*R. malifolius* Focke
554. 太平莓 *R. pacificus* Hance
555. 乌泡子 *R. parkeri* Hance
556. 茅莓 *R. parvifolius* L.
557. 锈毛莓 *R. reflexus* Ker.
558. 空心泡 *R. rosaefolius* Smith
559. 红腺悬钩子 *R. sumatranus* Miq.
560. 木莓 *R. swinhoei* Hance
561. 灰白毛莓 *R. tephrodes* Hance
562. 三花莓 *R. trianthus* Focke.
563. 长叶地榆 *Sanguisorba officinalis* L. var. *longifolia*（Bert.）Yu et Fi
564. 石灰花楸 *Sorbus folgneri*（Schneid.）Rehd.
565. 江南花楸 *S. hemsleyi*（Schneid.）Rehd.
566. 绣球绣线菊 *Spiraea blumei* G. Don
567. 麻叶绣线菊 *S. cantoniensis* Lour.
568. 中华绣线菊 *S. chinensis* Maxim.
569. 疏毛绣线菊 *S. hirsuta*（Hemsl.）Schneid.
570. 尖叶绣线菊 *S. japonica* L. f. var. *acuminata* Franch.
571. 光叶绣线菊 *S. japonica* L. f. var. *fortunei*（Planch.）Rehd.
572. 李叶绣线菊 *S. prunifolia* Sieb. et Zucc.
573. 野珠兰 *Stephanandra chinensis* Hance
574. 波缘红果树 *Stranvaesia davidiana* Decne. var. *undulata*（Decne.）R. et W.

蜡梅科 Calycanthaceae

575. 蜡梅 *Chimonanthus praecox*（L.）Link.
576. 柳叶蜡梅 *C. salicifolius* Hu
577. 亮叶蜡梅 *C. nitens* Oliv.
578. 夏蜡梅 *Calycanthus chinensis* Cheng et S.Y. Chang

含羞草科 Mimosaceae

579. 羽叶金合欢 *Acacia pennata*（L.）willd.
580. 合欢 *Albizia julibrissin* Durazz.
581. 山合欢 *A. macrophylla*（Bunge）P. C. Huang

582. 香合欢 *A . odoratissima*（L.f.）Benth

苏木科 Caesalpiniaceae

583. 深裂叶羊蹄甲 *Bauhinia corymbosa* Roxb.

584. 湖北羊蹄甲 *B . hupehana* Craib.

585. 粉羊蹄甲 *B . glauca* Wall. ex Benth.

586. 小叶云实 *Caesalpinia milleflii* Hook.

587. 云实 *C . decapetala*（Roth）Alston

588. 望江南 *Cassia occidentalis* L.

589. 含羞草决明 *C . mimosoides* L.

590. 紫荆 *Cercis chinensis* Bunge

591. 皂荚 *Gleditsia sinensis* Lam.

592. 肥皂荚 *Gymnocladu chinensis* Baill.

593. 老虎刺 *Pterolobium punctatum* Hemsll.

蝶形花科 Fabaceae（Papilionaceaae）

594. 合萌 *Aeschynomene indica* L.

595. 三籽两型豆 *Amphicarpaea trisperma* Baker

596. 土圝儿 *Apios fortunei* Maxim.

597. 锦鸡儿 *Caragana sinica*（Buc'hoz）Rehd.

598. 野百合 *Crotalaria sessiliflora* L.

599. 南岭黄檀 *Dalbergia balansae* Prain

600. 藤黄檀 *D . hancei* Benth.

601. 黄檀 *D . hupeana* Hance

602. 含羞草黄檀 *D . mimosoides* Franch.

603. 中南鱼藤 *Derris fordii* Oliv.

604. 山蚂蟥 *Desmodium caudatum*（Thunb.）DC.

605. 假地豆 *D . hetercarpum*（L.）DC.

606. 细长柄山蚂蟥 *D . leptopus*（A . G.ray ex Benth.）
H. Ohashi et R.R. Mill.

607. 小叶三点金 *D . microphyllum*（Thunb.）DC.

608. 饿蚂蟥 *D . multiflorum* DC.

609. 毛野扁豆 *Dunbaria villosa*（Thunb.）Makino

610. 柔毛山里豆 *Dumasia villosa* DC.

611. 三小叶山豆根 *Euchresta trifoliolata* Merr.

612. 台湾山豆根 *E . formosana*（Hayata.）Ohwi.

613. 管萼山豆根 *E . tubulosa* Dunn

614. 野大豆 *Glycine soja* Sieb. et Zucc.

615. 多花木蓝 *Indigofera amblyantha* Craib

616. 宁波木蓝 *I . decora* Lindl. var. *cooperi*（Craib）
Y. Y. Fang et C. Z Zheng

617. 宜昌木蓝 *I . decora* Lindl. var. *ichangensis*
（Craib.）Y. Y. Fang et C. Z. Zheng

618. 华东木蓝 *I . fortunei* Craib

619. 黑叶木蓝 *I . nigrescens* Kurz.

620. 马棘 *I . pseudotinctoria* Matsum.

621. 长萼鸡眼草 *Kummerowia stipulacea*（Maxim.）Makino

622. 鸡眼草 *K . striata*（Thunb.）Schindl.

623. 中华胡枝子 *Lespdeza chinensis* G. Don

624. 铁扫把 *L . cuneata* G. Don

625. 大叶胡枝子 *L . davidii* Fr.

626. 达乌里胡枝子 *L . davurica*（Laxm.）Schindl.

627. 多花胡枝子 *L . floribunda* Bge.

628. 美丽胡枝子 *L . formosa*（Vog）Koehne

629. 白指甲花 *L . inschanica*（Maxim.）Schindl

630. 拟绿叶胡枝子 *L . maximowiczii* C.K. Schneid.

631. 铁马鞭 *L . pilosa*（Thunb.）Sieb. et Zucc.

632. 湖北马鞍树 *Maackia hupehensis* Takeda

633. 天蓝苜蓿 *Medicago lupulina* L.

634. 印度草木犀 *Melilotus indicus*（L.）All.

635. 草木犀 *M . suaveolens* Ledeb.

636. 密花崖豆藤 *Millettia congestifolia* T. Chen

637. 香花崖豆藤 *M . dielsiana* Harms ex Diels

638. 江西崖石藤 *M . kiangsiensis* I. Wei

639. 亮叶崖豆藤 *M . nitida* Benth.

640. 网脉鸡血藤 *M . reticulata* Benth.

641. 常春油麻藤 *Mucuna sempervirens* Hemsl.

642. 花榈木 *Ormosia henryi* Prain

643. 木荚红豆 *O . xylocarpa* Chun ex L. Chen

644. 羽叶长柄山蚂蟥 *Podocarpium oldhami*（Oliv.）Yang et Huang

645. 宽卵叶长柄山蚂蟥 *P . podocarpum*（DC.）Yang et Huang var. *fallax*（Schindl.）Yang et Huang

646. 尖叶长柄山蚂蟥 *P . podocarpum*（DC.）Yang et Huang var. *oxyphyllum*（DC.）Yang et Huang

647. 葛藤 *Pueraria lobata*（Willd.）Ohwi

648. 菱叶鹿藿 *Rhynchosia dielsii* Harms

649. 苦参 *Sophora flavescens* Ait.

650. 小巢菜 *Vicia hirsuta*（L.）S. F. Gray

651. 四籽野豌豆 *V . tetrasperma* Moench

652. 野豇豆 *Vigna vexillata*（L.）Benth.

653. 紫藤 *Wisteria sinensis*（Sims）Sweet
654. 翅荚木 *Zenia insignis* Chun

旌节花科 Stachyuraceae

655. 中华旌节花 *Stachyurus chinensis* Fr.
656. 喜马山旌节花 *S. himalaicus* Hook.f.et Thorns

金缕梅科 Hamamelidaceae

657. 大果蜡瓣花 *Corylopsis multiflora* Hance
658. 蜡瓣花 *C. sinensis* Hemsl.

枫香料 Altingiaceae

659. 缺萼枫香 *Liquidambar acalycina* H. T. Chang
660. 枫香 *L. formosana* Hance
661. 杨梅叶蚊母树 *Distylium myricoides* Hemsl.
662. 长柄双花木 *Disanthus cercidifolius* Maxim. var. *longipes* Chang
663. 金缕梅 *Hamamelis mollis* Oliv.
664. 檵木 *Loropetalum chinensis*（R. Br.）Oliv.
665. 牛鼻栓 *Fortunearia sinensis* Rehd. et Wils.

杜仲科 Eucommiaceae

666. 杜仲 *Eucommia ulmoides* Oliv

黄杨科 Buxaceae

667. 尖叶黄杨 *Buxus sinica* ssp. *aemulans*（Rehd. et wils.）Hatusima
668. 多毛板凳果 *Pachysandra axillaris* Franch. var. *stylosa*（Dunn）M. Cheng
669. 长柄野扇花 *Sarcococca longipetiolata* M. Cheng
670. 东方野扇花 *S. orientalis* C. Y. Wu ex M. Cheng
671. 野扇花 *S. ruscifolia* Stapf

杨柳科 Salicaceae

672. 响叶杨 *Populus adenopoda* Maxim.
673. 河柳 *Salix chaenomeloides* Kimura
674. 银叶柳 *S. chienii* Cheng
675. 腺柳 *S. glandulosa* Seem.
676. 井冈柳 *S. leveilleana* Schneid
677. 南川柳 *S. rosthornii* Seem.

杨梅科 Myricaceae

678. 杨梅 *Myrica rubra*（Lour.）Sieb. et Zucc.

桦木科 Betulaceae

679. 江南桤木 *Alnus trabeculosa* Hand. – Mazz.
680. 香桦 *Betula insignis* Franch.
681. 光皮桦 *B. luminifera* Winkl.

榛科 Corylaceae

682. 华鹅耳枥 *Carpinus cordata* var. *chinensis* Franch.
683. 大穗鹅耳枥 *C. fargesii* Franch.
684. 湖北鹅耳枥 *C. hupeana* Hu
685. 尾鹅耳枥 *C. londoniana* H. Winkl.
686. 雷公鹅耳枥 *C. viminea* Wall.

壳斗科 Fagaceae

687. 锥栗 *Castanea henryi* Rehd. et Wils.
688. 板栗 *C. mollissima* Bl.
689. 茅栗 *C. seguinii* Dode
690. 米槠 *Castanopsis carlesii*（Hemsl.）Hay.
691. 锥栗栲 *C. chinensis* Hance
692. 甜槠 *C. eyrei* Tutch.
693. 栲 *C. fargesii* Fr.
694. 东南栲 *C. jucunda* Hance
695. 苦槠 *C. sclerophylla*（Lindl.）Schottky
696. 钩栗 *C. tibetana* Hance
697. 竹叶青冈 *Cyclobalanopsis bambusaefolia*（Hance）Chun
698. 青皮稠 *C. gilva* Bl.
699. 青冈 *C. glauca*（Thunb.）Oerst.
700. 小叶青冈 *C. gracilis*（Rehd. et wils.）Cheng et T. Hong
701. 大叶青冈 *C. jenseniana*（Hand. – Mazz.）Cheng et T. Hong
702. 多脉青冈 *C. multinervis* Cheng et T. hong
703. 细叶青冈 *C. myrsinaefolia*（Bl.）Oerst.
704. 云山青冈 *C. nubium*（Hand. – Mazz.）Chun
705. 曼青冈 *C. oxyodon*（Miq.）Oerst.
706. 黔稠 *C. stewardiana*（A. Canus）Hsu et Jen
707. 水青冈 *Fagus longipetiolata* Seem.
708. 亮叶水青冈 *F. lucida* Rehd. et wils.
709. 东南石栎 *Lithocarpus brevicaudatus*（Skan）Hayata
710. 美叶石栎 *L. calophyllus* Chun
711. 包石栎 *L. cleistocarpus*（Seem.）R. et W.
712. 石栎 *L. glaber*（Thunb.）Nakai
713. 硬斗石栎 *L. hancei*（Benth.）Rehd.
714. 绵槠 *L. henryi* Rehd. et Wils.
715. 多穗石栎 *L. polystachyus*（Wall.）Rehd.
716. 麻栎 *Quercus acutissima* Carr.
717. 槲栎 *Q. aliena* Blume

718. 小叶栎 *Q. chenii* Nakai

719. 白栎 *Q. fabri* Hance

720. 大叶栎 *Q. griffithii* Hook. f. et Thoms.

721. 短柄枹栎 *Q. glandulifera* Bl. var. *brevipetiolata* （DC.）Nakai

722. 乌冈栎 *Q. phillyraeoides* A. Gray

723. 刺叶栎 *Q. spinosa* David

724. 巴东栎 *Q. engleriana* Seem.

　　榆科 Ulmaceae

725. 糙叶树 *Aphananthe aspera* Planch.

726. 紫弹朴 *Celtis biondii* Pamp.

727. 珊瑚朴 *C. julianae* Schneid.

728. 朴树 *C. sinensis* Pers.

729. 西川朴 *C. vandervoetiana* Schneid.

730. 青檀 *Pterocelti tatarinowii* Maxim.

731. 山油麻 *Trema dielsiana* Hand. – Mazz.

732. 兴山榆 *Ulmus bergmaniana* Schneid.

733. 杭州榆 *U. changii* Cheng

734. 长序榆 *U. elongata* L. K. Fu et C. S. Ding

735. 大果榆 *U. macrocarpa* Hance

736. 榔榆 *U. parvifolia* Jacq.

737. 榆 *U. pumila* L.

738. 榉树 *Zelkov schneideriana* Hand. – Mazz.

739. 大果榉 *Z. sinica* Schneid

740. 光叶榉 *Z. serrata*（Thunb.）Makino

　　桑科 Moraceae

741. 藤构 *Broussonetia kaempferi* Sieb. et Zucc.

742. 小构树 *B. kazinoki* Sieb. et Zucc

743. 构树 *B. papyrifera*（L.）L' Herit. ex Vent.

744. 构棘 *Cudrania cochinchinensis*（Lour.）Kudo et Masam.

745. 柘藤 *C. fruticosa* Roxb.

746. 柘树 *C. tricuspidata*（Carr.）Bur. ex Lavalle

747. 水蛇麻 *Fatoua villosa*（Thunb.）Nakai

748. 水榕 *Ficus abelii* Miq

749. 天仙果 *F. beecheyana* Hook. et Arn.

750. 台湾榕 *F. formosana* Maxim.

751. 异型榕 *F. heteromorpha* Hemsl.

752. 琴叶榕 *F. pandurata* Hance

753. 条叶榕 *F. pandurata* Hance var. *angustifolia* Cheng

754. 全缘榕 *F. pandurata* Hance var. *holophylla* Migo

755. 凉粉果 *F. pumila* L.

756. 珍珠莲 *F. sarmentosa* Buch. – Ham.ex J.K. Sm.var. *henryi*（King）Cornei

757. 爬藤榕 *F. sarmentosa* Buch. – Ham. ex J. K. Sm. Var. *impressa*（Champ.）Corner

758. 薄叶匍茎榕 *F. sarmentosa* Buch. – Ham. ex J. K. Sm. var. *lacrymans*（levl）Corner

759. 白背爬藤榕 *F. sarmentosa* Buch. – ham. ex J. K. Sm. var. *nipponica*（Fr. Et Sav.）Corner

760. 竹叶榕 *F. stenophylla* Hemsl.

761. 变叶榕 *F. variolosa* Lindl. ex Benth.

762. 桑 ＊ *Morus alba* L.

763. 鸡桑 *M. australis* Poir.

764. 华桑 *M. cathayana* Hemsl.

　　荨麻科 Urticaceae

765. 序叶苎麻 *Boehmeria clidemioides* Miq. var. *diffusa*（Wedd.）Hand. – Mazz.

766. 细叶野麻 *B. gracilis* C. H. Wright

767. 苎麻 *B. nivea*（L.）Gaud.

768. 悬铃木叶苎麻 *B. platanifolia*（Maxim.）Franch. et Sav.

769. 赤麻 *B. silvestris*（Pamp.）W. T. Wang

770. 小赤麻 *B. spicata*（Thunb.）Thunb.

771. 楼梯草 *Elatostema involucratum* Fr. et Sav.

772. 毛楼梯草 *E. sessile* var. *pubescens* Hook. f.

773. 庐山楼梯草 *E. stevardii* Merr.

774. 华中艾麻 *Laportea bulbifera*（Sieb. et Zucc.）Wedd. var. *sinensis* Chien

775. 糯米团 *Gonostegia hirta*（Bl.）Miq.

776. 花点草 *Nanocnide japonica* Bl.

777. 紫麻 *Oreocnide frutescens*（Thunb.）Miq.

778. 赤车 *Pellionia radicans* Wedd.

779. 山椒草 *P. minima* Mak.

780. 华中冷水花 *Pilea angulata* ssp. *latuscula* C. J. Chen

781. 青美豆 *P. hamaoi* Mak.

782. 大叶冷水花 *P. martini*（Levl）Hand. – Mazz.

783. 冷水花 *P. notata* C. H. Wright

784. 矮冷水花 *P. peploides*（Gaud.）Hook. et Arn.

785. 透茎冷水花 *P. pumila*（L.）A. Gray

786. 雾水葛 *Pouzolzia zeylanica*（L.）Benn.

大麻科 Cannabinaceae

787. 葎草 *Humulus scandens*（Lour.）Meer.

冬青科 Aquifoliaceae

788. 满树星 *Ilex aculeolata* Nakai
789. 称星树 *I. asprella*（Hook. et Arn.）Champ. ex Benth.
790. 华东冬青（毛株冬青）*I. buergeri* Miq.
791. 凹叶冬青 *I. championii* Loss.
792. 密花冬青 *I. confertiflora* Merr.
793. 枸骨 *I. cornuta* Lindl.
794. 波缘冬青 *I. crenata* Thunb.
795. 厚叶冬青 *I. elmerrilliana* S. Y. Hu
796. 硬叶冬青 *I. ficifolia* C. T. Tseng
797. 榕叶冬青 *I. ficoidea* Hemsl
798. 台湾冬青 *I. formosana* Maxim
799. 细刺枸骨 *I. hylomoma* Hu et Tang
800. 皱柄冬青 *I. kenggii* S. Y. Hu
801. 大叶冬青 *I. latifolia* Thunb.
802. 矮冬青 *I. lohfauensis* Meer.
803. 大柄冬青 *I. macropoda* Miq.
804. 小果冬青 *I. micrococca* Maxim.
805. 具柄冬青 *I. pedunculosa* Miq.
806. 毛冬青 *I. pubescens* Hook. et Arn.
807. 冬青 *I. purpurea* Hassk
808. 铁冬青 *I. rotunda* Hhb.
809. 小果铁冬青 *I. rotunda* Thunb. var. *microcarpa*（Lind. ex Pax）S. Y. Hu
810. 香冬青 *I. suaveolens*（Levl.）Loes.
811. 拟榕叶冬青 *I. subficoidws* S. Y. Hu
812. 四川冬青 *I. szechwanensis* Loes.
813. 茶果冬青 *I. theicarpa* Hand. - Mazz.
814. 三花冬青 *I. triflora* Bl.
815. 紫果冬青 *I. tsoii* Merr. et Chun
816. 绿冬青 *I. viridis* Champ. ex Benth.
817. 尾叶冬青 *I. wolsonii* Loes.

卫矛科 Celastraceae

818. 过山枫 *Celastrus aculeatus* Merr.
818. 哥兰叶 *C. gemmatus* Loes.
820. 灰叶南蛇藤 *C. glaucophyllus* Rehd. et Wils.
821. 粉背南蛇藤 *C. hypoleucus*（Oliv.）Warb.

822. 窄叶南蛇藤 *C. oblanceifolius* Wang et Tsoong
823. 南蛇藤 *C. orbiculatus* Thunb.
824. 短梗南蛇藤 *C. rosthornianus* Loes.
825. 显著南蛇藤 *C. stylosus* Wall.
826. 棘果卫矛 *Euonymus acanthocarpus* Fr.
827. 卫矛 *E. alatus*（Thunb.）Sieb. et Zucc.
828. 肉花卫矛 *E. carnosus* Hemsl.
829. 百齿卫矛 *E. centidens* Levl.
830. 中华卫矛 *E. chinensis* Lindl.
831. 鸦椿卫矛 *E. euscaphis* Hand. - Mazz.
832. 扶芳藤 *E. fortunei* Hand. - Mazz.
833. 常春卫矛 *E. hederaceus* Champ. ex Benth.
834. 胶东卫矛 *E. kiautschovicus* Loes.
835. 疏花卫矛 *E. laxiflorus* Champ. ex Benth.
836. 白杜 *E. mackii* Rupr.
837. 大果卫矛 *E. myrianthus* Hemsl.
838. 短叶卫矛 *E. oblongifolius* Loes. et Rehd.
839. 垂丝卫矛 *E. oxyphyllus* Miq.
840. 无柄卫矛 *E. subsessilis* Sprague
841. 福建假卫矛 *Microtropis fokiensis* Dunn.
842. 永瓣藤 *Monimopetalum chinensis* Rehd.
843. 昆明山海棠 *Tripterygium hypoglaucum*（Levl.）Hutch.
844. 雷公藤 *T. wifordii* Hook. f.

铁青树科 Olacaceae

845. 香芙木 *Schoepfia chinensis* Gardn. et Champ.
846. 青皮木 *S. jasminodora* Sieb. et Zucc.

桑寄生科 Loranthaceae

847. 栗寄生 *Korthalsella japonica*（Thunb.）Engl.
848. 椆寄生 *Loranthus delavayi* Van Tiegh.
849. 毛叶桑寄生 *L. yadoriki* Sieb.
850. 红花寄生 *Scurrula parasitica* L.
851. 毛叶寄生 *Taxillus nigrans*（Hance）Danser
852. 大苞寄生 *Tolypanthus machurei*（Merr.）Danser

槲寄生科 Viscaceae

853. 扁枝槲寄生 *Viscum articulatum* Burm.f.

檀香科 Santalaceae

854. 百蕊草 *Thesium chinensis* Turcz.

蛇菰科 Balanophoraceae

855. 蛇菰 *Balanophora japonica* Makino

胡颓子科 Elaeagnaceae

856. 佘山胡颓子 *Elaeagnus argyi* Levl.

857. 巴东胡颓子 *E. difficilis* Serv.

858. 蔓胡颓子 *E. glabra* Thunb.

859. 宜昌胡颓子 *E. henryi* Warb.

860. 披针叶胡颓子 *E. lanceolata* Warb.

861. 银果胡颓子 *E. magna* Rehd.

862. 木半夏 *E. multiflora* Thunb.

863. 胡颓子 *E. pungens* Thunb.

鼠李科 Rhamnaceae

864. 多花勾儿茶 *Berchemia floribunda* (Wall.) Brongh.

865. 大叶勾儿茶 *B. huana* Rehd.

866. 牯岭勾儿茶 *B. kulingensis* Schneid.

867. 枳椇 *Hovenia acerba* Lindl

868. 毛果枳椇 *H. trichocarpa* Chun et Tsiang

869. 光叶毛果枳椇 *H. trichocarpa* var. *robusta* (Nakai et Y. Kimura) Y. L. Cheng et P. K. Chow

870. 铜钱树 *Paliurus hemsleyanus* Rehd.

871. 猫乳 *Rhamnella franguloides* (Maxim.) Weberb.

872. 长叶鼠李 *Rhamnus crenata* Siebb. et Zucc.

873. 圆叶鼠李 *Rh. globosa* Bunge

874. 薄叶鼠李 *Rh. leptophylla* Schnoid.

875. 尼泊尔鼠李 *Rh. nepalensis* (Wall.) Brongn.

876. 冻绿 *Rh. utilis* Decne.

877. 山鼠李 *Rh. wilsonii* Schneid

878. 钩状雀梅藤 *Sageretia hamosa* (Wall.) Brongn.

879. 刺藤子 *S. melliana* Hand.–Mazz.

880. 尾叶雀梅藤 *S. subcaudata* Schneid.

881. 雀梅藤 *S. thea* (Osbeck) Johnst.

882. 枣 *Zizyphus jujuba* Mill. var. *inermis* (Bunge) Rehd.

葡萄科 Viraceae

883. 粤蛇葡萄 *Ampelopsis cantoniensis* (Hoohk. et A.) Pl.

884. 羽叶蛇葡萄 *A. chafanjonii* (Levl.) Rehd.

885. 三裂蛇葡萄 *A. delavayana* Planch.

886. 显齿蛇葡萄 *A. grossedentata* (Hand.–Mazz.) W. T. Wang

887. 葎叶蛇葡萄 *A. humulifolia* Bunge

888. 白蔹 *A. japonica* (Thunb.) Makino

889. 大叶蛇葡萄 *A. megalophylla* Diels et Gilg

890. 蛇葡萄 *A. sinica* (Mia) W. T. wang

891. 光叶蛇葡萄 *A. sinica* (Miq.) W. T. Wang var. *hancei* (Planch.) W. T. Wang

892. 角花乌蔹莓 *Cayratia corniculata* (Benth.) Gagnep.

893. 乌蔹莓 *C. japonica* (Thunb.) Gagnep.

894. 大叶乌蔹莓 *C. oligocarpa* Gagnep

895. 三叶爬山虎 *Parthenocissus himalayana* (Royle) Pl.

896. 绿爬山虎 *P. laetivirens* Rehd.

897. 爬山虎 *P. tricuspidata* (Sieb. et Zucc.) Planch

898. 俞藤 *Yua thomsonii* (Laws.) C. L. L.

899. 小扁藤 *Tetrastigma hemsleyanum* Diels et Gilg.

900. 无毛崖爬藤 *T. obtectum* (Wall.) Planch. var. *glabrum* (Levl. Et Vant.) Gagnep.

901. 蘡薁 *Vitis adstricta* Hance

902. 东南葡萄 *V. chunganensis* Hu

903. 闽赣葡萄 *V. chungii* Metcalf

904. 刺葡萄 *V. davidii* Foex.

905. 葛藟 *V. flexuosa* Thunb.

906. 小叶葛藟 *V. flexuosa* Thb. var. *pavifolia* (Roxb.) Gagnep

907. 华东葡萄 *V. pseudoreticulata* W. T. Wang

908. 小叶葡萄 *V. sinocinerea* W. T. Wang

909. 网脉葡萄 *V. wilsonae* Veitch

910. 苦郎藤 *Cissus assamica* (Laws.) Craid

芸香科 Rutaceae

911. 臭节草 *Boenninghausenia albiflora* (Hook.) Meissn.

912. 臭辣树 *Euodia fargesii* Dode

913. 棟叶吴茱萸 *E. meliaefolia* Benth.

914. 吴茱萸 *E. rutaecarpa* (Juss.) Benth.

915. 枳壳 *Poncirus trifoliata* (L.) Rafin.

916. 茵芋 *Skimmi reevesiana* Fortune

917. 椿叶花椒 *Zanthoxylum ailanthoides* Sieb. et Zucc.

918. 竹叶花椒 *Z. armatum* DC.

919. 毛竹叶花椒 *Z. armatum* DC. var. *ferrugineum* (Rehd. et wils.) Huang

920. 岭南花椒 *Z. austrosinense* Huang

921. 勒榄 *Z. avicennae* (Lam.) DC.

922. 毛叶花椒 *Z. bungeanum* Maxim. var. *pubescens* Huang

923. 岩椒 *Z. esquirolii* Levl.

924. 朵椒 *Z. molle* Rehd.

925. 柄果花椒 *Z. podocarpum* Hemsl.

926. 青花椒 *Z. schinifolium* Sieb. et Zucc.

927. 花椒勒 *Z. scandens* Bl.

928. 野花椒 *Z. sinulans* Hance

　　苦木科 **Simaroubaceae**

929. 臭椿 *Ailanthus altissima*（Mill.）Swingle

930. 苦木 *Picrasma quassioides*（D. Don）Benn.

　　楝科 **Meliaceae**

931. 苦楝 *Melia azedarach* L.

932. 香椿 *Toona sinensis*（A. Juss.）Roem

933. 毛红椿 *T. sureni*（Bl.）Merr. var. *pubescens*（Fr.）Chun ex How et Chen

　　无患子科 **Sapindaceae**

934. 伞花木 *Eurycorymbus cavaleriei*（Levl.）Rehd. et Hand. - Mazz.

935. 复羽叶叶栾树 *Koelreuteria bipinnata* Franch.

936. 全缘叶栾树 *K. bipinnata* Franch. var. *integrifoliola*（Merr.）T. Chen

937. 无患子 *Sapindus mukorossi* Gaerth.

　　七叶树科 **Hippocastanaceae**

938. 天师栗 *Aesculus wilsonii* Rehd.

　　钟萼木科 **Bretschneideraceae**

939. 钟萼木 *Bretschneidera sinensis* Hemsl.

　　槭树科 **Aceraceae**

940. 阔叶槭 *Acer amplum* Rehd.

941. 天台阔叶槭 *A. amplum* Rehd. var. *tientaiense*（Schened.）Rehd.

942. 紫果槭 *A. cordatum* Pax

943. 小紫果槭 *A. cordatum* Pax var. *microcordatum* Matc

944. 樟叶槭 *A. cinnamomifolium* Hayata

945. 青榨槭 *A. davidii* Fr.

946. 罗浮槭 *A. fabri* Hance

947. 红果罗浮槭 *A. fabri* Hance var. *rubrocarpum* Metc.

948. 铜鼓槭 *A. fabri* Hance var. *tongguense* Z. X. Yu

949. 葛萝槭 *A. grosseri* Pax

950. 五裂槭 *A. oliverianum* Pax

951. 鸡爪槭 *A. palmatum* Thunb.

952. 中华槭 *A. sinensis* Pax

953. 三峡槭 *A. wilsonii* Rehd.

954. 钝角三峡槭 *A. wilsonii* Rehd. var. *obtusum* Fang et Wu

955. 婺源槭 *A. wuyuanense* Fang et Wu

　　清风藤科 **Sabiaceae**

956. 鄂西清风藤 *Sabia campanulata* Wall. ex Roxb. Subsp. *ritchieae*（Rehd. et wils.）Y. E. Wu

957. 防己叶清风藤 *S. discolor* Dunn

958. 清风藤 *S. japonica* Maxim.

959. 宽叶清风藤 *S. latifolia* Rehd. et Wils.

960. 四川清风藤 *S. schumanniana* Diels

961. 尖叶清风藤 *S. swinhoei* Hemsl. ex Forb. et Hemsl.

　　泡花树科 **Meliosmaceae**

962. 腺毛泡花树 *Meliosma glandulosa* Cuf.

963. 多花泡花树 *M. myriantha* Siab. et Zucc.

964. 异色泡花树 *M. myriantha* Sieb. et Zucc. var. *discolor* Dunn

965. 柔毛泡花树 *M. myriantha* Sieb. et Zucc. var. *pilosa*（Lecomte）Beus

966. 红枝柴 *M. oldhamii* Maxim.

967. 腋毛泡花树 *M. rhoifolia* var. *barbulata*（Cufod.）Law

968. 笔罗子 *M. rigida* Sieb. et Zucc.

969. 毡毛泡花树 *M. rigida* Sieb. et Zucc. var. *pannosa*（Hand. - Mazz.）Law

　　省沽油科 **Staphyleaceae**

970. 野鸦椿 *Euscaphis japonica*（Thunb.）Dippel.

971. 银鹊树 *Tapiscia sinensis* Oliv.

972. 锐尖山香圆 *Turpinia arguta*（Lindl.）Seem.

　　漆树科 **Anacardiaceae**

973. 南酸枣 *Choerospondias axillaris*（Roxb.）Burtt. et Hill

974. 盐肤木 *Rhus chinensis* Mill.

975. 髯毛白背青麸杨 *Rh. hypoleuca* Champ.ex Benth. var. *barbatq* Z.X.Yu et Q.G.Zhang

976. 刺果毒漆藤 *Toxicodendron radicans* ssp. *hispidum*（Engl.）Gilis

977. 野漆树 *T. succedaneum*（L.）Kuntze

978. 木蜡树 *T. sylvestre*（Sieb.et Zucc.）Kuntze

　　黄连木科 **Pistaciaceae**

979. 黄连木 *Pistacia chinensis* Bunge

胡桃科 Juglandaceae

980. 青钱柳 *Cyclocarya paliurus*（Batal.）Iljinskaja
981. 少叶黄杞 *Engelhardtia fenzelii* Merr.
982. 野核桃 *Juglans cathayensis* Dode
983. 华东野核桃 *J. cathayensis* Dode var. *formosana*（Hayata）A.M.Lu et R.H.Chang
984. 化香 *Platycarya strobilacea* Sieb. et Zucc.
985. 枫杨 *Pterocarya stenoptera* C.DC.

山茱萸科 Cornaceae

986. 灯台树 *Cornus controversa* Hensl.
987. 梾木 *C. macrophylla* Wall.
988. 毛梾 *C. wateri* Wanger
989. 狭叶四照花 *Dendrobenthamia angustata*（Chun）Fang
990. 香港四照花 *D. hongkongensis*（Hemsl.）Hutch.
991. 四照花 *D. japonica*（A.P.DC）Fang var. *chinensis*（Osb.）Fang

青荚叶科 Helwingiaceae

992. 青荚叶 *Helwingia japonica*（Thunb.）Dietr.

桃叶珊瑚科 Aucubaceae

993. 少花桃叶珊瑚 *Aucuba eilieauda* Chun et How. var. *pauciflora* Fang et Soong
994. 倒心叶桃叶珊瑚 *A. obcordata*（Rehd.）Fu

八角枫科 Alangiaceae

995. 八角枫 *Alangium chinense*（Lour.）Harms
996. 毛八角枫 *A. kurzii* Craib
997. 云山八角枫叶 *A. kurzii* Craib var. *handelii*（Schnarf）Fang
998. 瓜木 *A. platanifolium*（Sieb.et Zucc.）Harms

蓝果树科 Nyssaceae

999. 喜树 *Camptotheca acuminata* Decne
1000. 蓝果树（紫树）*Nyssa sinensis* Oliv.

五加科 Araliaceae

1001. 五加 *Acanthopanax gracelistylus* W.W.Sm.
1002. 糙叶五加 *A. henryi*（Oliv.）Hans
1003. 刚毛三叶五加 *A. setosus*（Li）Shang
1004. 三叶五加 *A. trifoliatus*（L.）Merr.
1005. 楤木 *Aralia chinensis* L.
1006. 头序木楤 *A. dasyphylla* Miq.
1007. 黄毛楤木 *A. decaisneara* Hance
1008. 棘茎楤木 *A. ecnlnocauns* Hand.-Mazz.

1009. 树参 *Dendronpanax dentiger*（Harms）Merr.
1010. 吴萸五加 *Gamblea ciliate* var. *evodiaefolius*（Franch.）Shang Lowry et Fredin
1011. 常春藤 *Hedera nepalensis* K.Koch var. *sinensis*（Tobler.）Rehd.
1012. 刺楸 *Kalopanax. pictus*（Thunb.）Nakai
1013. 短梗大参 *Macropanax rosthornii*（Harms）C.Y.Wu et Hoo
1014. 异叶梁王茶 *Nothopanax davidii*（Franch.）Harms
1015. 穗序鹅掌柴 *Schefflera delavayi*（Fr.）Harms
1016. 通脱木 *Tetrapanax papyriferus*（Hook.）K.Koch

伞形科 Umbelliferae

1017. 大齿当归 *Angelica grosseserrata* Maxim.
1018. 拐芹 *A. polymorpha* Maxim.
1019. 毛当归 *A. pubescens* Maxim.
1020. 峨参 *Anthriscus sylvestris*（L.）Hoffm
1021. 积雪草 *Centella asiatica*（L.）Urb.
1022. 蛇床子 *Cnidium monnieri*（L.）Cusson
1023. 芫荽 *Coriandrum sativum* L.
1024. 鸭儿芹 *Cryptotaenia canadensis*（L.）DC.var. *japonica*（Hassk.）Mak.
1025. 野胡萝卜 *Daucus carota* L.
1026. 绵毛独活 *Heracleum lanatum* Michx
1027. 椴叶独活 *H. tiliifolium* Wolff.
1028. 红马蹄草 *Hydrocotyle nepalensis* Hook.
1029. 天胡荽 *H. sibthorpioides* Lam.
1030. 破铜钱 *H. sibthorpioides* Lam.var. *batrachium*（Hance）Hand.-Mazz.
1031. 藁本 *Ligusticum sinense* Oliv.
1032. 白苞芹 *Nothosmyrnium japonicum* Miq.
1033. 细叶水芹 *Oenanthe dielsii* var. *stenophylla* Boiss.
1034. 水芹 *O. javanica*（Bl.）DC.
1035. 隔山香 *Ostericum citriodorum*（Hance）Shan et Yuan
1036. 前胡 *Peucedanum decursivum*（Miq.）Maxim.
1037. 白花前胡 *P. praeruptorum* Dunn
1038. 异叶茴芹 *Pimpinella diversifolia* DC.
1039. 江西肿瓣芹 *Pternopetalum kiangsiense*（Wolff）Hand.-Mazz.
1040. 五匹青 *P. vulgare*（Dunn）Hand.-Mazz
1041. 瓶蕨叶囊瓣芹 *P. frichomanifolium*（Franch.）Hand.-Mazz.

279

1042. 变豆菜 *Sanicula chinensis* Bunge

1043. 直刺变豆菜 *S. orthacantha* S.Moore

1044. 泽芹 *Sium suave* Walt.

1045. 小窃衣 *Torilis japonica*（Houtt.）DC.

1046. 窃衣 *T. scabra*（Thunb.）DC.

山柳科 Clethraceae

1047. 华东山柳 *Clethra brabinervis* Sieb. et Zucc.

1048. 江南山柳 *C. cavaleriei* Lévl.

1049. 江西山柳 *C. kiangsiensis* Fang et f. C. Hu

1050. 武夷桤叶树 *C. wuyishanica* Ching

1051. 蚀瓣桤叶树 *C. wuyishanica* Ching var. *erosa* F. C. Hu

杜鹃花科 Ericaceae

1052. 灯笼花 *Enkianthus chinensis* Fr.

1053. 齿缘吊钟 *E. serrulatus*（Wils.）Schneid.

1054. 白珠树 *Gaultheria leucocarpa* var. *cumingiana* Uidal.）T. Z. Hsu

1055. 南烛 *Lyonia ovalifolia*（Wall.）Drude

1056. 小果南烛 *L. ovalifolia*（Wall.）Drude var. *elliptica*（S. et Z.）Hand. – – Mazz.

1057. 马醉木 *Pieris polita* W. W. Sm. et J. F. Jeff.

1058. 腺萼马银花 *Rhododendron bachii* Lévl.

1059. 云锦杜鹃 *Rh. fortunei* Lindl.

1060. 鹿角杜鹃 *Rh. latoucheae* Franch.

1061. 江西杜鹃 *Rh. kiangsiense* Fang

1062. 满山红 *Rh. mariesii* Hemsl.

1063. 羊踯躅 *Rh. molle*（Blum）G. Don

1064. 马银花 *Rh. ovatum*（Lindl.）Pl.

1065. 猴头杜鹃 *Rh. simiarum* Hance

1066. 映山红 *Rh. simsii* Pl.

鹿蹄草科 Pyrolaceae

1067. 普通鹿蹄草 *Pyrola decorata* H. Andres

1068. 长叶鹿茸蹄草 *P. elegantula* H. Andres

1069. 鹿蹄草 *P. rotundifolia* L. subsp. *chinensis* H. Andres

乌饭科 Vacciniaceae

1070. 乌饭树 *Vaccinium bracteatum* Thunb.

1071. 黄被越橘 *V. iteophyllum* Hance

1072. 扁枝越桔 *V. japonica* Miq. var. *sinica*（Nakai）Rehd.

1073. 米饭花 *V. sprengelii*（Don）Sleum.

水晶兰科 Monotropaceae

1074. 水晶兰 *Monotropa uniflora* L.

柿树科 Ebenaceae

1075. 浙江柿 *Diospyros glaucifolia* Metc.

1076. 野柿 *D. kaki* L.f. var. *silvestris* Mak.

1077. 君迁子 *D. lotus* L.

1078. 罗浮柿 *D. morrisiana* Hance

1079. 油柿 *D. oleifera* Cheng

1080. 延平柿 *D. tsangii* Merr.

紫金牛科 Myrsinaceae

1081. 血党（九管血） *Ardisia brevicaulis* Diels

1082. 朱砂根 *A. crenata* Sims.

1083. 红凉伞 *A. crenata* Sims. var. *bicolor*（Walker）C. Y. Wuet C, Chen

1084. 百两金 *A. crispa*（Thunb.）A. DC.

1085. 大罗伞 *A. hanceana* Mez

1086. 紫金牛 *A. japonica*（Hornst.）Bl.

1087. 山血丹 *A. punctata* Lindl.

1088. 九节龙 *A. pusilla* A. DC.

1089. 酸藤子 *Embelia laeta*（L.）Mez

1090. 长叶酸藤子 *E. longifolia*（Benth.）Hemsl.

1091. 网脉酸藤子 *E. rudis* Hand. – Mazz.

1092. 杜茎山 *Maesa japonica*（Thunb.）Noritze ex Zoll.

1093. 光叶铁仔 *Myrsine stolonifera*（Koidz.）Walker

1094. 密花树 *Rapanea neriifolia*（Sieb. et Zucc.）Mez

野茉莉科 Styracaceae

1095. 赤杨叶 *Alniphyllum fortunei*（Hemsl.）Perk.

1096. 绒毛赤杨叶 *A. fortunei*（Hemsl.）Perk var. *hainanensis* C. Y Wu

1097. 银钟花 *Halesia macgregorii* Chun

1098. 粉花陀螺果 *Melliodendron xylocarpum* var. *roseolum* Z. X Yu

1099. 小叶白辛树 *Pterostyrax corymbosus* Sieb. et Zucc.

1100. 灰叶野茉莉 *Styrax calrescens* . Perk

1101. 赛山梅 *S. confusus* Hemsl.

1102. 垂珠花 *S. dasyanthus* Perk.

1103. 芳香安息香 *S. doratissimus* Champ.

1104. 毛垂珠花 *S. dasyanthus* Perk. var. *cinenrascens* Rehd.

1105. 白花龙 *S. faberi* Perk.

1106. 野茉莉 *S. japonicus* Sieb.et Zucc.

1107. 玉铃花 *S. obassius* Sieb.et Zucc.

1108. 红皮树 *S. suberifolia* Hook.et Arn.

1109. 越南安息香 *S. tonkinensis*（Pierre）Craib. ex Hartw.

　　山矾科 **Symplocaceae**

1110. 腺柄山矾 *Symplocos adenopus* Hance

1111. 腺叶山矾 *S. adenophylla* Wall.

1112. 薄叶山矾 *S. anomala* Brand

1113. 总状山矾 *S. botryatha*.French.

1114. 厚叶山矾 *S. carssilimba* Merr.

1115. 华山矾 *S. chinensis*（Lour.）Druce

1116. 南岭山矾 *S. confusa* Brand.

1117. 海桐山矾 *S. heishanensis* Hayata

1118. 湖南白檀 *S. hunanensis* Hand. – Mazz.

1119. 光叶山矾 *S. lancifolia* Sieb. et Zucc.

1120. 白檀 *S. paniculata*（Thb.）Miq.

1121. 叶萼山矾 *S. phyllocalyx* Clarke.

1122. 四川山矾 *S. setchuensis* Brand

1123. 老鼠矢 *S. stellaris* Brand

1224. 山矾 *S. sumuntia* Buch. – Ham.ex D.Don

1125. 银色山矾 *S. subconnata* Hand. – Mazz.

1126. 坛果山矾 *S. urceolaris* Hance

1127. 宜章山矾 *S. yizhangensis* Y.F.Wu ex C.Z.Zhang

　　马钱科 **Strychnaceae**

1128. 蓬莱藤 *Gardneria multiflora* Makino

　　醉鱼草科 **Buddleiaceae**

1129. 醉鱼草 *Buddleja lindleyana* Fort

　　木犀科 **Oleaceae**

1130. 流苏树 *Chionanthus retusus* Lindl.et Paxt.

1131. 金钟花 *Forsythia viridissima* Lindl.

1132. 白蜡树 *Fraxinus chinensis* Roxb.

1133. 光蜡树 *F. griffithii* C.B.Clarke

1134. 苦枥木 *F. retusa* Champ.

1135. 北清香藤 *Jasminum lanceolarium* Roxb.

1136. 光清香藤 *J. lanceolarium* Roxb.var. *puberulum* Hemsley

1137. 华素馨 *J. sinense* Hemsl.

1138. 长筒女贞 *Ligustrum longitubum* Hsu

1139. 女贞 *L. lucidum* Ait.

1140. 蜡子树 *L. molliculum* Hance

1141. 水蜡树 *L. obtusifolium* Sieb.et Zucc.

1142. 总梗女贞 *L. pricei* Hayata

1143. 小叶女贞 *L. quihoui* Carr.

1144. 小蜡 *L. sinense* Lour.

1145. 毛叶小蜡 *L. sinense* Lour.var. *myrianthum*（Diels）Hofk.

1146. 华东木犀 *Osmanthus cooperi* Hemsl.

1147. 木犀 *O. fragrans* Lour.

1148. 厚边木犀 *O. marginatus*（Champ.et Benth.）Hemsl.

1149. 长叶木犀 *O. marginatus*（Champ.et Benth.）Hemsl.var *longissimus*（Chang）R.L.Lu

　　夹竹桃科 **Apocynaceae**

1150. 链珠藤 *Alyxia sinensis* Champ.ex Benth.

1151. 串珠子 *A. odorata* Wall. ex G. Don

1152. 毛药藤 *Sindechites henryi* Oliv.

1153. 紫花络石 *Trachelospermum axillare* Hook.f.

1154. 细梗络石 *T. gracilipes* Hook.f.

1155. 络石 *T. jasminoides*（Lindl.）Lem.

　　萝藦科 **Asclepiadaceae**

1156. 合掌消 *Cynanchum amplexicaule*（Sieb.et Zucc.）Hemsl.

1157. 牛皮消 *C. auriculatum* Royle ex Wight

1158. 了刁竹 *C. paniculatum*（Bunge）Kitagawa

1159. 柳叶白前 *C. stauntonii*（Decne.）Schltr. ex Lévl.

1160. 牛奶菜 *Marsdenia sinensis* Hemsl.

1161. 华萝藦 *Metaplexis hemsleyana* Oliv.

1162. 萝藦 *M. japonica*（Thunb.）Makino

1163. 娃儿藤 *Tylophora ovata*（Lindl.）Hook. ex Steud.

1164. 贵州娃儿藤 *T. silvesais* Tsiang

　　茜草科 **Rubiaceae**

1165. 水团花 *Adina pilulifera*（Lam.）Franch.ex Drake

1166. 黄棉木 *A. polycephala*（Wall.）Benth.

1167. 鸡仔木 *A. racemosa* Miq.

1168. 小叶水团花 *A. rubella* Hance

1169. 风箱树 *Cephalanthus tetrandrus*（Roxb.）Ridhsd. et Bakh. F.

1170. 流苏子 *Coptosapelta diffusa*（Champ.ex Benth.）Van Steenis

1171. 虎刺 *Damnacanthus indicus*（L.）Gaertn.f.

1172. 短刺虎刺 *D. subspinosus* Hand. – Mazz.

1173. 香果树 *Emmenopterys henryi* Oliv.

1174. 猪殃殃 *Galium aparine* L. var. *tenerum* (Gren.et Godr.) Rcbb.

1175. 四叶葎 *G. bungei* Stend.

1176. 小叶猪殃殃 *G. trifidum* L.

1177. 栀子 *Gardenia jasminoids* Ellis

1178. 金毛耳草 *Hedyotis chrysotricha* (Palib.) Merr.

1179. 伞房花耳草 *H. corymbosa* (L.) Lam.

1180. 白花蛇耳草 *H. diffusa* Willd.

1181. 卷毛耳草 *H. mellii* Tutch.

1182. 纤花耳草 *H. tenelliflora* Bl.

1183. 污毛粗叶木 *Lasianthus hartii* Thunb.

1184. 日本粗叶木 *L. japonica* Miq.

1185. 榄绿粗叶木 *L. japonica* Miq.var. *lancilimbus* (Merr.) C.Y.Wu et H.Zhu

1186. 曲毛日本粗叶木 *L. japonica* Miq.var. *satsumensis* (Matsum.) Makino

1187. 羊角藤 *Morinda umbellata* L.

1188. 大叶玉叶金花 *Mussaenda macrophylla* Wall.

1189. 玉叶金花 *M. pubescens* Ait. f.

1190. 日本蛇根草 *Ophiorrhiza japonica* Bl.

1191. 鸡矢藤 *Paederia scandens* (Lour.) Meer.

1192. 毛鸡矢藤 *P. scandens* (Lour.) Meer.var. *tomentosa* (Bl) Hand.－Mazz.

1193. 多毛茜草树 *Randia acuminatissima* Merr.

1194. 香楠 *R. canthioides* Champ.ex Benth.

1195. 山黄皮 *R. cochinchinensis* (Lour.) Merr.

1196. 茜草 *Rubia. cordifolia* L.

1197. 长毛茜草 *R. lanceolata* Hayata.

1198. 六月雪 *Serissa japonica* (Thunb.) Thunb.

1199. 白马骨 *S. serissoides* (DC.) Druce

1200. 白花苦灯笼 *Tarenna mollissima* (Hook.et Arn.) Robins.

1201. 狗骨柴 *Tricalysia dubia* (Lindl.) Ohwi

钩藤科 Naucleaceae

1202. 钩藤 *Uncaria rhynchophylla* (Miq.) Jacks.

1203. 华钩藤 *U. sinensis* (Oliv.) Havil.

忍冬科 Caprifoliaceae

1204. 糯米条 *Abelia chinensis* R. Br.

1205. 淡红忍冬 *Lonicera acuminata* Wall.

1206. 菰腺忍冬 *L. hypoglauca* Miq.

1207. 金银花 *L. japonica* Thunb.

1208. 大花金银花 *L. macrantha* (D.Don.) Spreng.

1209. 金银木 *L. maackii* (Rupr.) Maxim.

1210. 短柄忍冬 *L. pampaninii* Lévl

1211. 桦叶荚蒾 *Viburnum betulifolium* Batal.

1212. 尖果荚蒾（短序荚蒾）*V. brachybotryum* Hemsl.

1213. 金腺荚蒾 *V. chunii* P.S.Hsu

1214. 水红木 *V. cylindricum* Buch.－Ham.ex D. Don

1215. 荚蒾 *V. dilatatum* Thunb.

1216. 饰齿荚蒾 *V. erosum* Thunb.

1217. 直角荚蒾 *V. foetidum* Wall. var. *rectangulatum* (Graebn.) Rehd.

1218. 南方荚蒾 *V. fordiae* Hance

1219. 蝶花荚蒾 *V. hanceanum* Maxim.

1220. 巴东荚蒾 *V. henryi* Hemsl.

1221. 淡黄荚蒾 *V. lutescens* Bl.

1222. 蝴蝶荚蒾 *V. plicatum* Thunb. f. *tomentosum* (Thunb.) Miq.

1223. 球核荚蒾 *V. propinquum* Hemsl.

1224. 坚荚蒾 *V. sempervirens* C.Koch

1225. 汤饭子 *V. setigerum* Hance

1226. 合轴荚蒾 *V. sympodiale* Graebn.

1227. 水马桑 *Weigela japonica* Thunb. var. *sinica* (Rehd.) Bail.

接骨木科 Sambucaceae

1228. 接骨草 *Sambucus chinensis* Lindl.

1229. 接骨木 *S. williamsii* Hance

败酱科 Valerianaceae

1230. 窄叶败酱 *Patrinia angustifolia* Hemsl.

1231. 异叶败酱 *P. heterophylla* Bunge

1232. 黄花龙牙 *P. scabiosaefolia* Fisch.ex Link.

1233. 白花败酱 *P. villosa* (Thb.) Juss.

1234. 宽叶缬草 *Valeriana officinalis* L. var. *latifolia* Miq

川续断科 Dipsacaceae

1235. 庐山续断 *Dipsacus lushanensis* C.Y.Cheng et T.M Ai

1236. 大头续断 *D. chinensis* Batalin

菊科 Compositae

1237. 蓍 *Achillea millefolium* L.

282

1238. 下田菊 *Adenostemma lavenia*（L.）O. Ktze.

1239. 藿香蓟 *Ageratum conyzoides* L.

1240. 杏香兔儿风 *Ainsliaea fragrans* Champ.

1241. 长穗兔儿风 *A. henryi* Diels

1242. 灯台兔儿风 *A. macroclinidioides* Hayata

1243. 香青 *Anaphalis sinica* Hance

1244. 牛蒡 *Arctium lappa* L.

1245. 黄花蒿 *Artemisia annua* L.

1246. 寄蒿 *A. anomala* S. Moore

1247. 密毛寄蒿 *A. anomala* S. Moore var. *tomentella*
　　　　　 Hand. – Mazz

1248. 艾 *A. argyi* Lévl. et Van.

1249. 茵陈蒿 *A. capillaris* Thunb.

1250. 青蒿 *A. carvifolia* Buch. – Ham. ex Roxb.

1251. 湘赣艾 *A. gilvescens* Miq.

1252. 五月艾 *A. indica* Willd

1253. 牡蒿 *A. japonica* Thunb.

1254. 小花牡蒿 *A. japonica* Thunb. var. *parviflora*
　　　　　 Pamp.

1255. 白苞蒿 *A. lactiflora* Wall. ex DC.

1256. 野艾蒿 *A. lavandulae* Folia DC.

1257. 魁蒿 *A. princeps* Pamp.

1258. 白莲蒿 *A. sacrorum* Fedeb

1259. 三褶脉紫菀 *Aster ageratoides* Turcz.

1260. 异叶紫菀 *A. ageratoides* Turcz. var. *heterophyllus*
　　　　　 Maxim.

1261. 宽序紫菀 *A. ageratoides* Turcz. var. *laticorymbus*
　　　　　 Hand. – Mazz.

1262. 微糙叶紫菀 *A. ageratoides* Turcz. var. *scaberulus*（Miq.）Ling

1263. 白舌紫菀 *A. baccharoides*（Benth.）Steezz.

1264. 紫菀 *A. tataricus* L. f.

1265. 粗叶紫菀 *A. ageratoides* Turcz. var. *scaberulus*（Miq）Ling

1266. 鬼针草 *Bidens bipinnata* L.

1267. 鬼针草 *B. pilosa* L.

1268. 白花鬼针草 *B. pilosa* L. var. *radiata* Sch. – Bip.

1269. 狼把草 *B. tripartita* L.

1270. 香艾纳 *Blumea aromatica*（Wall.）DC.

1271. 柔毛艾纳香 *B. mollis*（D. Don）Merr.

1272. 矢镞叶蟹甲草 *Cacalia rubescens*（S. Moore）Mat-

suda

1273. 天名精 *Carpesium abrotanoides* L.

1274. 烟管头草 *C. cernuum* L.

1275. 金挖耳 *C. divarcatum* Sieb. et Zucc.

1276. 石胡荽 *Centipeda minima*（L.）A. Br. et Ascher.

1277. 野菊 *Dendranthema indicum*（L）. Des Moul.

1278. 小蓟 *Cirsium chinensis* Gardn. et Champ.

1279. 大蓟 *C. japonicum* DC.

1280. 条叶蓟 *C. lineare*（Thunb.）Sch. – Bip.

1281. 香丝草 *Conyza bonariensis*（L.）Cronq.

1282. 小飞蓬 *C. canadensis*（L.）Cronq.

1283. 苏门白酒草 *C. sumatrensis*（Retz.）Walker

1284. 还阳参 1 种 *Crepis*. sp.

1285. 短冠东风菜 *Doellingeria marchandii*（Levl.）L

1286. 东风菜 *D. scaber*（Thunb.）Nees

1287. 鳢肠 *Eclipta prostrata* L.

1288. 一点红 *Emilia sonchifolia*（L.）DC.

1289. 一年蓬 *Erigeron annuus*（L.）Pers.

1290. 华泽兰 *Eupatorium chinense* L.

1291. 佩兰 *E. fortunei* Tuncz.

1292. 泽兰 *E. japonicum* Thunb.

1293. 林泽兰 *E. lindleyanum* DC.

1294. 无腺林泽兰 *E. lindleyanum* var. *eglandulosum*
　　　　　 Kitamuro

1295. 宽叶鼠麴草 *Gnaphalium adnatum*（Wall. ex. DC.）Ki-tam.

1296. 鼠麴草 *G. affine* D. Don

1297. 秋鼠麴草 *G. hepoleucum* DC.

1298. 细叶鼠麴草 *G. japonicum* Thunb.

1299. 三七草 *Gynura segetum*（Lour.）Merr.

1300. 野茼蒿 *Crassocephalum crepidioides* Benth.

1301. 泥胡菜 *Hemistepta lyrata* Bunge

1302. 狗哇花 *Heteropappus hispidus*（Thunb.）Less.

1303. 羊耳菊 *Inula cappa* DC.

1304. 旋覆花 *I. japonica* Thunb.

1305. 山苦荬 *Ixeris chinensis*（Thunb.）Nak.

1306. 苦荬菜 *I. denticulata*（Houtt.）Stebb.

1307. 细叶苦菜 *I. gracilis*（DC.）Stebb.

1308. 马兰 *Kalimeris indica*（L.）Sch. – Bip.

1309. 深裂叶马兰 *K. indica* var. *polymorpha*（Vant.）
　　　　　 Kitam.

1310. 狭叶马兰 *K. indica* var. *stenophylla* Kitam.

1311. 毡毛马兰 *K. shimadai* (Kitam.) Kitam.

1312. 六棱菊 *Laggera alata* (D. Don) Sch. - Bip.

1313. 稻槎菜 *Lapsana apogonoides* Maxim.

1314. 大丁草 *Gerbera anandria* (L.) Sch - Bip

1315. 大头橐吾 *Ligularia japonica* (Thunb.) Less.

1316. 离舌橐吾 *L. veitchiana* (Gemsl.) Greenm.

1317. 蜂斗菜 *Petasites japonica* (Sieb. et Zucc.) Schmidt

1318. 盘果菊 *Prenanthes tatarinowii* Maxim.

1319. 聚头帚菊 *Pertya desmocephara* Diels.

1320. 秋分草 *Rhynchospermum verticillatum* Reinw.

1321. 三角叶风毛菊 *Saussurea deltoidea* (DC.) CB. Clarke

1322. 凤毛菊 *S. japonica* (Thunb.) DC.

1323. 千里光 *Senecio scandens* Buch. - Ham. ex D. Don

1324. 蒲儿根 *Sinosenecio oldhamianus* (Maxim.) B. Nord.

1325. 华麻花头 *Serratula chinensis* S. Moore

1326. 毛梗豨莶 *Siegesbeckia glabrescens* Makino

1327. 豨莶 *S. crientalis* L.

1328. 腺梗豨莶 *S. pubescens* (Makino) Makino

1329. 一枝黄花 *Solidago decurrens* Four.

1330. 苦苣菜 *Sonchus oleraceus* L.

1331. 兔儿伞 *Syneilesis aconitifolia* (Bunge) Maxim.

1332. 山牛蒡 *Synurus deltoids* (Ait.) Nakai

1333. 蒲公英 *Taraxacum mongolicum* Hand. - Mazz.

1334. 款冬 *Tussilago farfara* L.

1335. 夜香牛 *Vernonia cinerea* (L.) Less.

1336. 苍耳 *Xanthium sibiricum* Patr.

1337. 林生假福王草 *Paraprenanthes sylvicola* Shih

1338. 黄鹤菜 *Youngia japonica* (Thunb.) DC.

龙胆科 Gentianaceae

1339. 五岭龙胆 *Gentiana davidii* Franch.

1340. 条叶龙胆 *G. manshurica* Kitag.

1341. 龙胆 *G. scabra* Bunge

1342. 笔龙胆 *G. zollingeri* Fawcett

1343. 獐牙菜 *Swertia bimaculata* (Sieb. et Zucc.) C.B.Clarke

1344. 双蝴蝶 *Tripterospermum affine* (Wall.) H. Smith

报春花科 Primulaceae

1345. 点地梅 *Androsace umbellata* (Lour.) Merr.

1346. 过路黄 *Lysimachia christinae* Hance

1347. 珍珠菜 *L. clethroides* Dudy

1348. 密花排草 *L. congestiflora* Hemsl.

1349. 星宿菜 *L. fortunei* Maxim.

1350. 黑腺珍珠菜 *L. heterogenea* Klatt

1351. 轮叶过路黄 *L. klattiana* Hance

1352. 巴东过路黄 *L. patungensis* Hand. - Mazz.

车前草科 Plantaginaceae

1353. 车前 *Plantago asiatica* L.

1354. 长叶车前 *P. lanceolata* L

1355. 大车前 *P. maior* L.

桔梗科 Campanulaceae

1356. 杏叶沙参 *Adenophora axilliflora* Borb.

1357. 沙参 *A. stricta* Miq.

1358. 轮叶沙参 *A. tetraphylla* (Thunb.) Fisch.

1359. 剑叶金钱豹 *Campanumoea lancifolia* (Roxb) Merr.

1360. 羊乳 *Codonopsis lanceolata* (Sieb. et Zucc.) Benth. & Hook. f.

1361. 桔梗 *Platycodon grandiflorus* A. DC.

1362. 蓝花参 *Wahlenbergia marginata* (Thunb.) A.DC

1363. 肉苹草 *Peracarpa carnosa* (Wall.) Hook. F. et Thoms.

半边莲科 Lobeliaceae

1364. 半边莲 *Lobelia chinensis* Lour.

1365. 江南山梗菜 *L. davidii* Franch.

1366. 铜锤玉带草 *Pratia nummularis* (Lam.) A. Br. et Aschers

紫草科 Boraginaceae

1367. 柔弱斑种草 *Bothriospermum tenellum* (Hornem.) Fisch. et Mey.

1368. 皿果草 *Omphalotrigonotis cupulifera* (Johnston) W. T. Wang

1369. 弯齿盾果草 *Thyrocarpus glochidiatus* Maxim.

1370. 盾果草 *Th. sampsonii* Hance

1371. 附地菜 *Trigonotis peduncularis* (Trev.) Benth.

厚壳树科 Ehretiaceae

1372. 粗糠树 *Ehretia dicksonii* Hance

1373. 厚壳树 *E. thyrsiflora* (Sieb. et Zucc.) Nakai

茄科 Solanaceae

1375. 枸杞 *Lycium chinense* Mill.

1376. 苦蘵 *Physalis angulata* L.

1377. 酸浆 *Ph. alkekengi* L.var. *franchetii*（Mast.）Makino

1378. 华白英 *Solanum cathayanum* C.Y.Wu et S.C.Hunang

1379. 白英 *S. lyratum* Thunb.

1380. 龙葵 *S. nigrum* L.

1381. 刺茄 *S. surattense* Burm.f.

1382. 龙珠 *Tubocapsicum anomalum*（Franch.et Sav.）Makino

旋花科 Covolvulaceae

1383. 打碗花 *Calystegia hederacea* Wall.

1384. 篱天剑 *C. sepium* R.Br.

1385. 马蹄金 *Dichondra repens* Forst.

1386. 土丁挂 *Evolvulus alsinoides* L.

1387. 飞蛾藤 *Porana racemosa* Roxb.

菟丝子科 Cuscutaceae

1388. 南方菟丝子 *Cuscuta australis* R.Br.

1389. 菟丝子 *C. chinensis* Lam.

1390. 日本菟丝子 *C. japonica* Choisy

玄参科 Scrophulariaceae

1391. 鬼羽箭 *Buchnera cruciata* Hamilt

1392. 胡麻草 *Centranthera cochinchinensis*（Lour.）Merr.

1393. 石龙尾 *Limnophila sessiliflora*（Vahl.）Blume

1394. 长蒴母草 *Lindernia anagallis*（Burm.f.）Pennell

1395. 狭叶母草 *L. angustifolia*（Benh.）Wettst.

1396. 母草 *L. crustacea*（L.）F.Muell.

1397. 陌上菜 *L. procumbens*（Krock.）Philcox

1398. 通泉草 *Mazus japonicus*（Thunb.）Kuntze

1399. 匍茎通泉草 *M. miquelii* Makino

1400. 弹刀子菜 *M. stachydifolius*（Turcz.）Maxim.

1401. 山萝花 *Melampyrum roseum* Maxim.

1402. 绵毛鹿茸草 *Monochasma sheareri* Maxim.

1403. 白花泡桐 *Paulownia fortunei*（Seem.）Hemsl.

1404. 台湾泡桐 *P. kawakamii* Ito

1405. 江南马先蒿 *Pedicularis henryi* Maxim.

1406. 松蒿 *Phtheirospermum japonicum*（Thunb.）Kanitz

1407. 玄参 *Scrophularia ningpoensis* Hemsl.

1408. 阴行草 *Siphonostegia chinensis* Benth.

1409. 腺毛阴行草 *S. laeta* S.Moore

1410. 光叶蝴蝶草 *Torenia glabra* Osb.

1411. 紫萼蝴蝶草 *T. violacea*（Azaola）Pennell

1412. 婆婆纳 *Veronica didyma* Tenore

1413. 蚊母草 *V. peregrina* L.

1414. 爬岩红 *Veronicasrtum axillare*（Sieb.et Zucc.）Yamazaki

1415. 四方麻 *V. cauloperum*（Hance）Yamazaki

1416. 腹水草 *V. stenostachyum*（Hemsl.）Yamazaki

1417. 毛叶腹水草 *V. villosulum*（Miq.）Yamazaki

列当科 Orobanchaceae

1418. 野菰 *Aeginetia indica* L.

1419. 中国野菰 *A. chinensis* G.Beck

狸藻科 Lentibulariaceae

1420. 黄花狸藻 *Utricularia aurea* Lour.

1421. 挖耳草 *U. bifida* L.

苦苣苔科 Gesneriaceae

1422. 旋蒴苣苔 *Boea clarkeana* Hemsl.

1423. 猫耳朵 *B. hygrometrica*（Bunge）R.Br.

1424. 蚂蟥七 *Chirita fimbrisepala* Hand.–Mazz.

1425. 半蒴苣苔 *Hemiboea. henryi* Clerke

1426. 降龙草 *H. subcapitata* C.B.Clarke

1427. 少花吊石苣苔 *Lysionotus pauciflorus* Maxim.

1428. 长瓣马铃苣苔 *Oreocharis auricularis*（S.Moore）Clarke

紫葳科 Bignoniaceae

1429. 凌霄花 *Campsis grandiflora*（Thunb.）Loisel.

1430. 梓树 *Catalpa ovata* Don

茶菱科 Trapellaceae

1431. 茶菱 *Trapella sinensis* Oliv.

爵床科 Acanthaceae

1432. 白接骨 *Asystasiella chinensis*（S.Moore）E.Hossain

1433. 杜根藤 *Calophanoides chinensis*（Champ.）C.Y.Wu et H.S.Lo

1434. 狗肝菜 *Dicliptera chinensis*（L.）Nees

1435. 水蓑衣 *Hygrophila sulicifolia*（Vahl.）Nees

1436. 拟地皮消 *Leptosiphonium venustum*（Hance）E.Hossain

1437. 九头狮子草 *Peristrophe japonica*（Thunb.）Bremek.

1438. 爵床 *Rostellularia. procumbens*（L.）Nees

1439. 四子马蓝 *Strobilanthes tetraspermus*（Champ.ex Benth.）Druce

马鞭草科 Verbenaceae

1440. 紫珠 *Callicarpa bodinieri* Levl.

1441. 华紫珠 *C. cathayana* H. T. Chang

1442. 白棠子树 *C. dichotoma*（Lour.）K. Koch

1443. 老鸦糊 *C. giradii* Hesse ex Rehd.

1444. 毛叶老鸦糊 *C. giradii* Hesse ex Rehd. var. *lyi* （Levl.）C. Y. Wu

1445. 全缘叶紫珠 *C. integerrima* Champ.

1446. 日本紫珠 *C. japonica* Thunb.

1447. 枇杷叶紫珠 *C. kochiana* Makino

1448. 广东紫珠 *C. kwangtungensis* Chun

1449. 光叶紫珠 *C. lingii* Merr.

1450. 尖尾枫 *C. longissima*（Hemsl.）Merr.

1451. 野枇杷 *C. loureiri* Hook.et Arn.

1452. 红紫珠（耳叶紫珠）*C. rubella* Lindl.

1453. 钝齿红紫珠 *C. rubella* Lindl. var. *crenata* Pei

1454. 兰香草 *Caryopteris incana*（Thunb.）Miq.

1455. 帧桐 *Clerodendron japonicum*（Thunb.）Sweet.

1456. 臭牡丹 *C. bungei* Steud.

1457. 灰毛大青 *C. canescens* Wall.

1458. 大青 *C. cyrtophyllum* Turcz

1459. 海通 *C. mandarinorum* Diels

1460. 海州常山 *C. trichotomum* Turcz.

1461. 豆腐柴 *Premna microphylla* Turcz.

1462. 狐臭柴 *P. puberula*. Pamp.

1463. 马鞭草 *Verbena officinalis* L.

1464. 黄荆 *Vitex negundo* L.

1465. 牡荆 *V. negundo* L. var. *cannabifolia*（Sieb.et Zucc.）Hand. – Mazz.

1466. 山牡荆 *V. quinata*（Lour.）Will.

透骨草科 Phrymaceae

1467. 透骨草 *Phryma leptostachya* L.

唇形科 Labiatae

1468. 藿香 *Agastache rugosus*（Fisch.et Mey.）Kuntze

1469. 金疮小草 *Ajuga decumbens* Thunb.

1470. 风轮菜 *Clinopodium chinense*（Benth.）O. Ktze

1471. 邻近风轮菜 *C. confine*（Hance）Kuntze

1472. 细风轮菜 *C. gracilis*（Benth.）Matsum

1473. 灯笼草 *C. polycephalum*（Vaniot）C. Y Wu.et Hsnan. ex Hsu.

1474. 匍匐风轮菜 *C. repens*（D. Don）Wall.

1475. 紫花香薷 *Elsholtzia argyi* Levl.

1476. 香薷 *E. ciliata*（Thunb.）Hyland

1477. 水香薷 *E. kachineasis* Prain

1478. 海州香薷 *E. splendens* Nakai

1479. 小野芝麻 *Galeobdolon chinense*（Benth.）C.Y.Wu

1480. 活血丹 *Glechoma longituba*（Nakai）Kupr.

1481. 四轮香 *Hanceola sinensis*（Hemsl.）Kudo

1482. 出蕊四轮香 *H. exserta* Sun

1483. 宝盖草 *Lamium amplexicaule* L.

1484. 野芝麻 *L. barbatum* Sieb.et Zucc.

1485. 益母草 *Leonurus heterophyllus* Sweet

1486. 小叶地笋 *Lycopus coreanus* Levl.

1487. 地瓜儿苗 *L. lucidus* Turcz.

1488. 硬毛地瓜儿苗 *L. lucidus* Turcz. var. *hirtus* Kegel

1489. 野薄荷 *Mentha haplocalyx* Briq.

1490. 牛至 *Origanum vulgare* L.

1491. 石香薷 *Mosla chinnsis*（Maxim.）Kudo.

1492. 小花荠苎 *M. cavaleriei* Levl

1493. 长穗荠苎 *M. longispica*（C.Y.Wu）C.Y.Wu et H.W.Fi

1494. 小鱼仙草 *M. dianthera*（Buch. – Ham.）Maxim.

1495. 石荠苎 *M. scabra*（Thunb.）C.Y Wu et. H.W.Fi

1496. 苏州荠苎 *M. soochowensis* Matsuda

1497. 白花假糙苏 *Paraphlomis albiflora*·（Hemsl.）Hand. – Mazz.

1498. 白苏 *Perilla frutescens*（L.）Britt.

1499. 紫苏 *P. frutescens*（L.）Britt. var. *acuta*（Thunb.）Kudo

1500. 鸡冠紫苏 *P. frutescens*（F）Britt. var. *crispa*（Thunb.）Hand. – Mazz.

1501. 夏枯草 *Prunella asiatica* Nakai

1502. 欧夏枯草 *P. vulgaris* L.

1503. 香茶菜 *Rabdosia amethystoides*（Benth.）Hara

1504. 内折香茶菜 *R. itlexa*（Thunb.）Harn

1505. 长管香茶菜 *R. longituba*（Miq.）Hara

1506. 显脉香茶菜 *R. nervosa*（Hemsl.）C. Y. Wu et H.W.Li

1507. 溪黄草 *R. serra*（Maxim.）Hara

1508. 纤纹香茶菜 *R. striatus* Benth.

1509. 南丹参 *Salvia bowleyana* Dunn

1510. 华鼠尾草 *S. chinensis* Benth.

1511. 鼠尾草 *S. japonica* Thunb.

1512. 江西鼠尾草 *S. kiangsiensis* C. Y. Wu

1513. 丹参 *S. miltiorrhiza* Bunge.

1514. 荔枝草 *S. plebeia* R.Br.

1515. 红根草 *S. plebeian* Hance

1516. 黄埔鼠尾草 *S. prionitis* Hance

1517. 四棱草 *Schnabelia oligophylla* Hand. – Mazz.

1518. 半枝莲 *Scutellaria barbata* D.Don

1519. 耳挖草 *S. indica* L.

1520. 地蚕 *Stachys geobombycis* C. Y. Wu

1521. 水苏 *S. japonica* Miq.

1522. 针筒菜 *S. oblongitolia* Benth.

1523. 甘露子 *S. sieboldii* Miq.

1524. 穗花香科科 *Teucrium japonicum* Willd.

1525. 庐山香科科 *T. pernyi* Franch.

1526. 铁轴草 *T. quadrifarium* Buch. – Ham.

1527. 血见愁 *T. viscidum* Bl.

1528. 光柄筒冠花 *Siphocranion nudipes*（Hemsl.）Kudo

1529. 凉粉草 *Mesona chinensis* Benth.

1530. 华西龙头草 *Meehania tqrgesii*（Levl.）G. Y. Wu
var. *radicans*（Vaniot）C. Y. Wu

1531. 龙头草 *M. henryi*（Hemsl.）Sun ex C. Y. Wu

1532. 块根小野芝麻 *Galeobdolontuberiferus*（Makino）
C. Y. Wu

1533. 裂叶荆芥 *Schizonepeta tenuifolia*（Benth.）Briq.

水鳖科 Hydrocharitaceae

1534. 有尾水筛 *Blyxa echinosperma*（C. B. Clarke）
Hook.f.

1535. 水筛 *B. japonica*（Miq.）Maxim.

1536. 黑藻 *Hydrilla verticillata*（L. f.）Royle

1537. 水鳖 *Hydrocharis asiatica* Miq.

1538. 水车前 *Ottelia alismoides*（L.）Pers.

1539. 苦草 *Vallisneria spiralis* L.

泽泻科 Alismataceae

1540. 窄叶泽泻 *Alisma canaliculatum* A. Braun et Bouche

1541. 东方泽泻 *A. orienale*（Sam.）Juzep.

1542. 长叶慈姑 *Sagittaria aginashi* Makino

1543. 矮慈姑 *S. pygmaea* Miq.

1544. 慈姑 *S. sagittifolia* L.

1545. 长瓣慈姑 *S. sagittifolia* L. var. *longiloba* Turcz.

眼子菜科 Potamogetonaceae

1546. 菹草 *Potamogeton crispus* L.

1547. 小眼子菜 *P. cristatus* Regel te Maack.

1548. 眼子菜 *P. distinctus* A. Benn

1549. 光叶眼子菜 *P. lucens* L.

1550. 微齿眼子菜 *P. maackianus* A.Bennett

1551. 篦齿眼子菜 *P. pectinatus* L.

1552. 小眼子菜 *P. pusillus* L.

茨藻科 Najadaceae

1553. 多孔茨藻 *Najas foveolata* A.Br.

1554. 草茨藻 *N. graminea* Del.

1555. 藻茨 *N. marina* L.

1556. 小茨藻 *N. minor* All.

鸭趾草科 Commelinaceae

1557. 饭包草 *Commelina bengalensis* L.

1558. 鸭趾草 *C. communis* L.

1559. 聚花草 *Floscopa scandens* Lour.

1560. 裸花水竹叶 *Murdannia nudiflora*（L.）Brenan

1561. 水竹叶 *M. triquetra*（Wall.）Bruckn.

1562. 杜若 *Pollia japonica* Thunb.

1563. 竹叶吉祥草 *Spatholirion longifolium*（Gagn.）Dunn

谷精草科 Eriocaulaceae

1564. 谷精草 *Eriocaulon buergerianum* Koern.

1565. 白药谷精草 *E. sieboldianum* Sieb.et Zucc.

芭蕉科 Musaceae

1566. 芭蕉 *Musa basjoo* Sieb. et Zucc.

姜科 Zingiberaceae

1567. 华山姜 *Alpinia chinensis*（Retz.）Rosc.

1568. 山姜 *A. japonica*（Thunb.）Miq.

1569. 小珠舞花姜 *Globba schomburgkii* Hook. E. var.
angustata Gagnep.

1570. 蘘荷 *Zingiber. mioga*（Thb.）Rosc.

百合科 Liliaceae

1571. 粉条儿菜 *Aletris spicata*（Thb.）Fr.

1572. 天门冬 *Asparagus cochinchinensis*（Lour.）Meer.

1573. 羊齿天门冬 *A. filicinus* Ham. Ex D. Don

1574. 蜘蛛抱蛋 *Aspidistra elatior* Bl.

1575. 流苏蜘蛛抱蛋 *A. fimbriata* Wang et Tang

1576. 九龙盘 *A. lurida* Ker – Gawl.

1577. 荞麦叶大百合 *Cardiocrinum cathayanum*（Wilson）
Stearn

1578. 竹根七 *Disporopsis fusopicta* Hance

1579. 长叶竹根七 *D. longifolia* Craib

1580. 深裂竹根七 *D. pernyi*（Hua）Diels

1581. 万寿竹 *Disporum cantoniense*（Lour.）Meer.

1582. 宝铎草 *D. sessile* D. Don

1583. 萱草 *Hemerocallis fulva* L.

1584. 玉簪花 *Hosta plantaginea*（Lam.）Aschers.

1585. 紫玉簪 *H. ventricosa*（Salisb.）Stearn.

1586. 野百合 *Lilium brownii* F. E. Br.ex Miell.

1587. 百合 *L. brownii* F. E. Br.e x Miell. var. *viridulum* Baker

1588. 卷丹 *L. lancifolium* Thunb.

1589. 药百合 *L. speciosum* Thunb. var. *gloriosoides* Baker

1590. 禾叶土麦冬 *Liriope graminifolia*（L.）Baker

1591. 阔叶土麦冬 *L. platyphylla* Wang et Tang

1592. 土麦冬 *L. spicata* Lour.

1593. 沿阶草 *Ophiopogon bodinieri* Levl.

1594. 麦冬 *O. japonicus*（Thunb.）Ker－Hawl.

1595. 多花黄精 *Polygonatum cyrtonema* Hua

1596. 玉竹 *P. odoratum*（Mill.）Druce

1597. 湖北黄精 *P. zanlanscianense* Pamp.

1598. 吉祥草 *Reineckea carnea*（Andr.）Kunth

1599. 万年青 *Rohdea japonica*（Thunb.）Roth

1600. 绵枣儿 *Scilla scilloides*（Lindl.）Druce

1601. 鹿药 *Smilacina japonica* A.Gray.

1602. 油点草 *Tricyrtis macropoda* Miq.

1603. 山慈姑 *Tulipa edulis*（Miq.）Baker

1604. 开口剑 *Tupistra chinensis* Baker

1605. 毛叶藜芦 *Veratrum grandiflorum*（Maxim.）Loes.f.

1606. 藜芦 *V. nigrum* L.

1607. 黑紫藜芦 *V. japonicum*（Baker）Loes.f

延龄草科 Trilliaceae

1608. 七叶一枝花 *Paris polyphylla* Sm.

雨久花科 Pontederiaceae

1609. 凤眼蓝 *Eichhornia crassipes*（Mart.）Solms

1610. 鸭舌草 *Monochoria vaginalis*（Burm.f.）Presl ex Kunth

菝葜科 Smilacaceae

1611. 华肖菝葜 *Heterosmilax chinensis* Wang

1612. 肖菝葜 *H. japonica* Kunth

1613. 尖叶菝葜 *Smilax arisanensis* Hayata

1614. 菝葜 *S. china* L.

1615. 银圳菝葜 *S. cocculoides* Warb.

1616. 小果菝葜 *S. davidiana* A.DC.

1617. 托柄菝葜 *S. discotis* Warb.

1618. 长托菝葜 *S. ferox* Wall.

1619. 土茯苓 *S. glabra* Roxb.

1620. 黑果菝葜 *S. glauco－china* Warb.

1621. 暗色菝葜 *S. lanceifolia* var. *opaca* A. DC.

1622. 大果菝葜 *S. macrocarpa* Bl.

1623. 小叶菝葜 *S. microphlla* C. H. Wright

1624. 无疣菝葜 *S. nervo－marginata* Hayata var. *likiuensis*（Hayata）Wang et Tang

1625. 牛尾菜 *S. riparia* A. DC.

1626. 尖叶牛尾菜 *S. riparia* A. DC. var. *acuminata*（C. H. Wright）Wang et Tang

1627. 短梗菝葜 *S. scobinicaulis* C. H. Wright

1628. 鞘柄菝葜 *S. stans* Maxim.

天南星科 Araceae

1629. 菖蒲 *Acorus calamus* L.

1630. 石菖蒲 *A. tatarinowii* Schott

1631. 线蒲 *A. gramineus* var. *pusillus*（Sieb.）Engl.

1632. 魔芋 *Amorphophallus rivieri* Durien

1633. 疏毛魔芋 *A. sinensis* Belval

1634. 天南星 *Arisaema consanguineum* Schott

1635. 异叶天南星 *A. heterophyllum* Bl.

1636. 全缘灯台莲 *A. sikokianum* Franch.

1637. 灯台莲 *A. sikokianum* Franch.et Sav. var. *serratum*（Makino）Hand.－Mazz.

1638. 野芋 *Colocasia antiquorum* Schott

1639. 滴水珠 *Pinellia . cordata* N. E. Brown

1640. 虎掌 *P. pedatisecta* Schott

1641. 半夏 *P. ternata*（Thunb.）Breit.

1642. 独角莲 *Typhonium giganteum* Engl.

浮萍科 Lemnaceae

1643. 浮萍 *Lemna minor* L.

1644. 品萍 *L. trisulca* L.

1645. 紫萍 *Spirodela polyrhiza*（L.）Schneid

1646. 无根萍 *Wolffia arrhiza*（F.）Wimm.

黑三棱科 Sparganiaceae

1647. 黑三棱 *Sparganium stoloniferum* Buch.－Ham.

香蒲科 **Typhaceae**

1648. 水烛 *Typha . angustifolia* L.

1649. 东方香蒲 *T. orientalis* Presl.

石蒜科 **Amaryllidaceae**

1650. 小根蒜 *Allium macrostemon* Bunge

1651. 细叶韭 *A. tenuissimum* L.

1652. 忽地笑 *Lycoris aurea* Herb.

1653. 石蒜 *L. radiate* (L' Her.) Herb.

鸢尾科 **Iridaceae**

1654. 射干 *Belamcanda chinensis* (L.) DC.

1655. 华鸢尾 *Iris grijsii* Maxim.

1656. 蝴蝶花 *I. japonica* Thunb.

1657. 鸢尾 *I. tectorum* Maxim.

百部科 **Roxburghiaceae**

1658. 百部 *Stemona japonica* (Bl.) Miq.

1659. 大百部 *S. tuberosa* Lour.

薯蓣科 **Dioscoreaceae**

1660. 参薯 *Dioscorea . alata* L.

1661. 黄独 *D. bulbifera* L.

1662. 薯莨 *D. cirrhosa* Lour.

1663. 纤细薯蓣 *D. gracillima* Miq.

1664. 粉背薯蓣 *D. hypoglauca* Palibin

1665. 日本薯蓣 *D. japonica* Thunb.

1666. 毛藤日本薯蓣 *D. japonica* Thunb. var. *pilifera* C. T. Ting et M. C. Chang

1667. 穿龙薯蓣 *D. nipponica* Makino

1668. 薯蓣 *D. opposita* Thunb.

1669. 绵 *D. spongiosa* J. Q. Xi , M. Mizuno et W. L. Zhao

1670. 山草解 *D. tokoro* Makino

棕榈科 **Palmae**

1671. 棕榈 *Trachycarpus fortunei* (Hook. f.) Wendl.

仙茅科 **Hypoxidaceae**

1672. 仙茅 *Curculigo orchioides* Gaerth.

1673. 小金梅草 *Hypoxis aurea* Lour.

兰科 **Orchidaceae**

1674. 细葶无柱兰 *Amitostigma gracile* (Bl.) Schltr.

1675. 花叶开唇兰 *Anoectochilus . roxburghii* (Wall.) Lindl.

1676. 竹叶兰 *Arundina chinensis* Bl.

1677. 白芨 *Bletilla . striata* (Thunb.) Reihhb.f.

1678. 麦斛 *Bulbophyllum inconspicuum* Maxim.

1679. 广东石豆兰 *B. kwangtungense* Schltr.

1680. 齿瓣石豆兰 *B. psychoon* Rchb.f.

1681. 少花虾脊兰 *Calanthe . dielavayi* Finet

1682. 钩距虾脊兰 *C. hamata* Hand. – Mazz.

1683. 长距虾脊兰 *C. masuca* (D. Don) Lindl.

1684. 银兰 *Cephalanthera . erecta* (Thunb.) Bl.

1685. 金兰 *C. falcata* (Thunb.) Bl.

1686. 独花兰 *Changnienia amoena* Chien

1687. 杜鹃兰 *Cremastra . appendiculata* (D. Don) Makino

1688. 建兰 *Cymbidium ensifolium* (L.) Sw.

1689. 蕙兰 *C. faberi* Rolfe

1690. 多花兰 *C. floribundum* Schltr.

1691. 春兰 *C. goeringii* (Rchb.F.) Rchb.f.

1692. 寒兰 *C. kanran* Makino

1693. 扇脉杓兰 *Cypripedium . japonicum* Thunb.

1694. 细茎石斛 *Dendrobium . moniliforme* (L.) Swartz

1695. 小叶斑叶兰 *Goodyera . repens* (L.) R. Br.

1696. 斑叶兰 *G. schlechtendaliana* Reichb.f.

1697. 绒叶斑叶兰 *G. velutina* Maxim.

1698. 天麻 *Gastrodia elata* Bl.

1699. 毛萼珊瑚 *Galeola . lindleyana* (Hook.et Thums) Reichb. f.

1700. 毛葶玉凤花 *Habenaria . ciliolaris* Kranzl

1701. 鹅毛玉凤兰 *H. dentata* (Sw.) Scheltr.

1702. 裂瓣玉凤花 *H. petelotii* Gragnep.

1703. 十字兰 *H. sagittifera* Rchb.f.

1704. 大唇羊耳蒜 *Liparis dunnii* Rolfe

1705. 羊耳蒜 *L. japonica* (Miq.) Maxim.

1706. 柄叶羊耳蒜 *L. petiolata* (D. Don) Hunt et Summerh

1707. 小石仙桃 *Pholidota cantonensis* Rolfe

1708. 密花舌唇兰 *Platanthera holglottis* Maxim.

1709. 舌唇兰 *P. japonica* (Thunb.) Lindl.

1710. 尾瓣舌唇兰 *P. mandarinorum* Rchb. f.

1711. 小舌唇兰 *P. minor* (Miq.) Rchb. f.

1712. 独蒜兰 *Pleione bulbocodioides* (Franch.) Rolfe

1713. 绶草 *Spiranthes . sinensis* (Pers.) Ames

灯心草科 **Juncaceae**

1714. 翅灯心草 *Juncus . alatus* Franch.et Sav.

1715. 灯心草 *J. effusus* L.

1716. 细灯心草 *J. gracillimus*（Buch.）V.Krecz.et Gontsch.

1717. 江南灯心草 *J. leschenaultii* Gay.

1718. 野灯心草 *J. setchuensis* Buch.

1719. 多花地杨梅 *Luzula multiflora*（Retz.）Lej.

莎草科 Cyperaceae

1720. 球柱草 *Bulbostylis barbata*（Rottb.）Clarke

1721. 十字苔草 *Carex. cruciata* Wahlenb.

1722. 长芒苔草 *C. davidii* Franch.

1723. 弯囊苔草 *C. dispalata* Boott

1724. 芒尖苔草 *C. doniana* Spreng.

1725. 蕨状苔草 *C. filicina* Nees

1726. 穹隆苔草 *C. gibba* Wahlenb.

1727. 珠穗苔草 *C. ischnostachya* Steud.

1728. 弯喙苔草 *C. laticeps* Clarke

1729. 青绿苔草 *C. leucochlora* Bunge

1730. 密叶苔草 *C. maubertiana* Boott.

1731. 线穗苔草 *C. remostachys* Steud.

1732. 书带苔草 *C. rochebrunii* Franch.et Sav.

1733. 大叶苔草 *C. scaposa* C.B Clarke

1734. 锈鳞苔草 *C. sendaica* Franch.

1735. 三穗苔草 *C. tristachya* Thunb.

1736. 截状苔草 *C. truncatigluma* Clarke

1737. 阿穆尔莎草 *Cyperus amuricus* Maxim.

1738. 扁穗莎草 *C. compressus* L.

1739. 畦畔莎草 *C. haspan* L.

1740. 碎米莎草 *C. iria* L.

1741. 毛轴莎草 *C. pilosus* Vahl

1742. 香附子 *C. rotundus* L.

1743. 透明鳞荸荠 *Fimbristylis. pellucida* Presl.

1744. 龙师草 *E. tetraqueter* Nees

1745. 刚毛荸荠 *E. valleculosa* Ohwi

1746. 牛毛毡 *E. yokoscensis*（Franch.et Sav.）Tang et Wang

1747. 两歧飘拂草 *Fimbristylis dichotoma* f. annua（All.）Reichb.

1748. 拟两岐飘拂草 *F. dichotomoides* Tang et Wang

1749. 拟二叶飘拂草 *F. diphylloides* Makino

1750. 暗褐飘拂草 *F. fusca*（Nees）C. B. Clarke

1751. 宜昌飘拂草 *F. henryi* C. B. Clarke

1752. 水虱草 *F. millacea*（L.）Vahl

1753. 结壮飘拂草 *F. rigidula* Nees

1754. 黑莎草 *Gahnia. tristis* Nees

1755. 水莎草 *Kyllinga serotinus*（Rottb.）Clarke

1756. 水蜈蚣 *Kyllinga. brevifolia* Rottb

1757. 湖瓜草 *Lipocarpha. microcephala*（R.Br.）Kunth

1758. 砖子苗 *Mariscus umbellatus* Vahl

1759. 矮扁莎 *Pycreus. pumilus*（L.）Domin

1760. 红鳞扁莎 *P. sanguinolentus*（Vahl）Ness

1761. 刺子莞 *Rhynchospora rubra*（Lour.）Makino

1762. 莹蔺 *Scirpus juncoides* Roxb.

1763. 庐山藨草 *S. lushanensis* Ohwi

1764. 水毛花 *S. triangulatus* Roxb.

1765. 藨草 *S. triqueter* L.

1766. 猪毛草 *S. wallichii* Nees

1767. 高杆珍珠茅 *Scleria. elata* Thw.

1768. 毛果珍珠茅 *S. levis* Retz.

1769. 黑鳞珍珠茅 *S. hookeriana* Bocklr.

竹科 Bambusaceae

1770. 毛凤凰竹 *Bambusa. multiplex*（Lour.）Raeusch. var. *incana* B.M.Yang

1771. 凤尾竹 *B. multiplex*（Lour.）Raeusch. var. *nana*（Roxb.）Keng.f

1772. 方竹 *Chimonobambusa quadrangularis*（Fenxi）Makino

1773. 井冈寒竹 1 种 *Gelidocalamus* sp.

1774. 阔叶箬竹 *Indocalamus latifolius*（Keng）McClure

1775. 御江箬竹 *I. migoi*（Nakai）Keng. f.

1776. 箬竹 *I. tessellates*（Murno）Keng f.

1777. 武宁大节竹 *Indosasa. wuningens*

1778. 短穗竹 *Semiarudinaria densitlora*（Rendle）Wen

1779. 凉山竹 *Sinobambusa. intermedia* McClure

1780. 黄古竹 *Phyllostachys. angusta* McClure.

1781. 人面竹 *Ph. aurea* Carr. Ex A.et C.Riviere

1782. 桂竹 *Ph. bambusoides* Sieb.et Zucc.

1783. 美竹 *Ph. decora* McClure

1784. 毛竹 *Ph. edulis*（Carr.）H. de Fehaie

1787. 厚皮毛竹 *Ph. edulis*（Carr.）H. de Fehaie f. *pachyloen*（Cai）Comb.nov

1786. 方毛竹 *Ph. edulis* cv. Quadraguatus

1787. 花毛竹 *Ph. edulis* E. huamnzhu（Wen）

1788. 水竹 *Ph. heteroclada* Oliv.

1789. 篌竹 *Ph. nidularia* Munro

1790. 紫竹 *Ph. nigra* Munro

1791. 毛巾竹 *Ph. nigra* Munro var. *henonis* (Mitf.) Stapf.ex Rendle

1792. 刚竹 *Ph. sulphurea* (Carr.) A. et C. Riv. var. *viridis* R. A. Young

1793. 武功山短枝竹 *Gelidocolamus wugongshanens*

1794. 苦竹 *Pleioblastus amarus* (Keng) Keng f.

1795. 玉山竹 *Yushania niitakayamensis* (Hayata) Keng.f.

禾本科 Poaceae

1796. 小糠草 *Agrostis alba* L.

1797. 剪股颖 *A. matsumurae* Hack.ex Gonda.

1798. 台湾剪股颖 *A. sozanensis* Hayata

1799. 匍茎剪股颖 *A. stolonifera* L.

1800. 看麦娘 *Alopecurus aequalis* Sobol.

1801. 曲芒楔颖草 *Apocopis wrightii* Munro

1802. 荩草 *Arthraxon. hispidus* (Thunb.) Makino

1803. 野古草 *Arundinella hiirta* (Thunb.) C.Tanaka

1804. 刺芒野枯草 *A. setosa* Trin

1805. 野燕麦 *Avena. fatua* L.

1806. 菵草 *Beckmannia. syzigachne* (Steud.) Fernald

1807. 臭根子草 *Bothriochloa intermedia* (R. Br.) A.Camus

1808. 白羊草 *B. ischaemum* (L.) Keng

1809. 孔颖草 *B. pertusa* (L.) A.Camus

1810. 毛臂形草 *Brachiaria. villosa* (Lam.) A. Camus

1811. 日本短颖草 *Brachyelytrum. erectum* (Schreb.) Beauv. ssp. *japonicum* (Hack) T.Koyama et Kawano

1812. 雀麦 *Bromus. japonicus* Thunb.

1813. 纤毛野青茅 *Calamagrostis arundinacea* (L.) Roth var. *ciliata* Honda

1814. 拂子茅 *C. epigejos* (L.) Roth.

1815. 密花拂子茅 *C. epigejos* var. *densiflora* Griseb.

1816. 硬秆子草 *Capillipedium assimile* (Steud) A. Camus

1817. 细柄草 *C. parviflorum* (R. Br.) Stapf.

1818. 朝阳青茅 *Cleistogenes hackeli* (Honda) Honda

1819. 宽叶隐子草 *C. hackeli* (Honda) Honda var. *nakaii* (Keng) Ohwi

1820. 薏苡 *Coix lacryma-jobi* L. var.*ma-yuen* (Romanet) Staspf

1821. 枯草 *Cymbopogon goeringii* Steud

1822. 狗牙根 *Cynodon dactylon* (L.) Pers.

1823. 龙爪茅 *Dactyloctenium. aegyptium* (L.) Richter

1824. 升马唐 *Digitaria. adscendens* (H.B.K.) Henrard.

1825. 毛马唐 *D. ciliaris* (Retz.) Koel.

1826. 止血马唐 *D. ischaemum* (Schreb.) Schreb.

1827. 长花马唐 *D. longiflora* (Retz.) Pers.

1828. 马唐 *D. sanguinalis* (L.) Scop.

1829. 江马唐 *D. timorensis* (Kunth) Balansa

1830. 紫马唐 *D. violascens* Link

1831. 芒稗 *Echinochloa colonum* (L.) Link

1832. 稗 *E. crusgalli* (L.) Beauv.

1833. 旱稗 *E. crusgalli* (L.) Beauv. var. *mitis* (Pursh) Peterm.

1834. 无芒稗 *E. crusgalli* (L.) Beauv. var. *hispidula* (Retz.) Gonda

1835. 牛筋草 *Eleusine. indica* (L.) Gaertn.

1836. 珠毛画眉草 *Eremochloa. bulbilliflora* Steud.

1837. 大画眉草 *E. cilianensis* (All.) Vign. – Lut.

1838. 知风草 *E. ferruginea* (Thunb.) Beauv.

1839. 乱草 *E. japonica* (Thunb.) Trin.

1840. 画眉草 *E. pilosa* (L.) Beauv.

1841. 多毛知风草 *E. pilosissima* Link

1842. 小画眉草 *E. poaeoides* Beauv.

1843. 假俭草 *Eremochloa. ophiuroides* (Munro) Hack

1844. 野黍 *Eriochloa. villosa* (Thunb.) Kunth

1845. 四脉金茅 *Eulalia quadrinervis* (Hack..) Ktze

1846. 金茅 *E. speciosa* (Debeaux) Ktze

1847. 羊茅 *Festuca ovina* L.

1848. 扁穗牛鞭草 *Imperata compressa* (L.f.) R. Br.

1849. 白茅 *Imperata Cylindrica* (L.) Beauv. var. *major* (Nees) C. E. Hubb.

1850. 柳叶箬 *Isachne. globosa* (Thunb.) Ktze.

1851. 有芒鸭嘴草 *Ischaemum. aristatum* L.

1852. 粗毛鸭嘴草 *I. barbatum* Retz.

1853. 细毛鸭嘴草 *I. indicum* (Houtt.) Merr.

1854. 秕壳草 *Leersia. sayanuka* Ohwi

1855. 千金子 *Leptochloa chinensis* (L.) Nees

1856. 细穗千金子 *L. filiformis* (Lam.) Beauv.

1857. 淡竹叶 *Lophatherum gracile* Brongn.

1858. 中华淡竹叶 *L. sinensis* Rendle

1859. 刚莠竹 *Microstegium ciliatum* (Trin.) A. Camus

1860. 竹叶茅 *M. nudum* (Trin.) A. Camus

1861. 柔枝莠竹 *M. vimineum* (Trin.) A. Camus

1862. 粟草 *Milium. effusum* L.

1863. 五节芒 *Miscanthus floridulus* (Labill.) Warb.

1864. 芒 *M. sinensis* Anderss.

1865. 河王八 *Narenga. porphyrocoma* (Hance ex Trin) Bor.

1866. 类芦 *Neyraudia. reynaudian* (Kunth.) Keng

1867. 求米草 *Oplismenus undulatifolius* (Arduino) Roem et Schult

1868. 糠稷 *Panicum. bisulcatum* Thunb.

1869. 短叶黍 *P. brevifolium* L.

1870. 双穗雀稗 *Paspalum distichum* L.

1871. 雀稗 *P. thunbergii* Kunth

1872. 狼尾草 *Pennisetum. alopecuroides* (L.) Spreng.

1873. 显子草 *Phaenosperma globosa* Munro ex Benth.

1874. 蜡烛草 *Phleum paniculatum* Huds.

1875. 芦苇 *Phragmites Australis* (Cav.) Trin.

1876. 白顶早熟禾 *Poa acroleuca* Steud.

1877. 早熟禾 *P. annua* L.

1878. 金丝草 *Pogonatherum crinitum* (Thunb.) Kunth.

1879. 棒头草 *Polypogon fugax* Nees ex Steud.

1880. 纤毛鹅观草 *Roegneria. ciliaris* (Trin.) Nevski

1881. 鹅观草 *R. kamoji* Ohwi

1882. 斑茅 *Saccharum. arundinaceum* Retz.

1883. 囊颖草 *Sacciolepis. indica* (L.) A. Chase

1884. 短叶裂稃草 *Schizachyrium brevifolium* (Swartz) Nees ex Buse

1885. 大狗尾草 *Setaria. faberii* Herrm.

1886. 金色狗尾草 *S. glauca* (L.) Beauv.

1887. 棕叶狗尾草 *S. palmifolia* (Koen.) Stapf.

1888. 狗尾草 *S. viridis* (L.) Beauv.

1889. 光高粱 *Sorghum. nitidum* (Vahl) Pers.

1890. 油芒 *Euoilopus. cotulifera* (Thunb.) Hack

1891. 鼠尾粟 *Sporobolus fertilis* (Steud.) W.D.Clayt.

1892. 苞子草 *Themeda gigantea* Hack. var. *caudata* (Nees) Keng

1893. 菅草 *Th. gigantea* Hack. var. *villosa* (Poir.) Keng

1894. 黄背草 *Th. triandra* Forsk var. *japonica* (Willd.) Makino

1895. 三毛草 *Trisetum. bifidum* (Thunb.) Ohwi

1896. 中华结缕草 *Zoysia sinica* Hance

江西官山自然保护区陆生脊椎动物名录*

（一）两栖纲　AMPHIBIA

中文名	拉丁名	从属区系		国家级	省级
		东洋界	古北界		
累计	2目8科32种			2	6
有尾目	**CAUDATA**				
隐鳃鲵科	Cryptobranchidae				
大鲵	*Andrias davitianus*		√	Ⅱ	
蝾螈科	Salamandridae				
东方蝾螈	*Cynops orientalis*	√			√
肥螈	*Pachytriton brevipes*	√			√
无尾目	**ANURA**				
锄足蟾科	Pelobatidae				
福建掌突蟾	*Leptolalax liui*	√			
淡肩角蟾	*Megophrus boettgeri*	√			
挂墩角蟾	*Megophrus kuatunensii*	√			
崇安髭蟾	*Vibrissaphora liui*	√			√
蟾蜍科	Bufonidae				
中华蟾蜍	*Bufo gragarizans*		√	√	
黑眶蟾蜍	*Bufo melanostictus*	√			
雨蛙科	Hylidae				
中国雨蛙	*Hyla chinensis*	√			
三港雨蛙	*Hyla sanchiangnensis*	√			
蛙科	Ranidae				
镇海林蛙	*Rana zhenhaiensis*	√			
金线侧褶蛙	*Pelophylax plancyi*		√		
黑斑侧褶蛙	*Pelophylax nigromaculata*		√	√	
沼水蛙	*Hylarana guentheri*	√			
阔褶水蛙	*Hylarana latouchii*	√			
弹琴水蛙	*Hylarana adenopleura*	√			

* 本文作者：丁平（浙江大学生命科学学院）

（续）

中文名	拉丁名	从属区系		国家级	省级
		东洋界	古北界		
泽陆蛙	*Fejervatya limnocharis*	√			
虎纹蛙	*Hoplobatrachus rugulosa*	√			Ⅱ
大绿臭蛙	*Odorrana livida*	√			
竹叶臭蛙	*Odorrana versabilis*	√			
花臭蛙	*Odorrana schmackeri*	√			
棘腹蛙	*Paa boulengeri*	√			
棘胸蛙	*Paa spinosa*	√			
华南湍蛙	*Amolops ricketti*	√			
树蛙科	Rhacophoridae				
斑腿树蛙	*Rhacophorus megacephalus*	√			
大树蛙	*Rhacophorus dennysi*	√			
姬蛙科	*Microhylidae*				
粗皮姬蛙	*Microhyla butleri*	√			
小弧斑姬蛙	*Microhyla heymonsi*	√			
饰纹姬蛙	*Microhyla ornata*	√			
花姬蛙	*Microhyla pulchra*	√			

（二）爬行纲 REPTILIA

中文名	拉丁名	从属区系			国家级	省级
		东洋界	古北东洋界	古北界		
累计	**2 目 12 科 66 种**	58	7	1		10
龟鳖目	**TESTUDINATA**					
鳖科	Trionychidae					
鳖	*Peldiscus sinensis*		√			√
平胸龟科	Platysternidae					
平胸龟	*Platysternion megacephalum*	√				√
龟科	Emydidae					
四眼斑水龟	*Sacalia quadriocellata*	√				
乌龟	*Chinemys reevesii*	√				
有鳞目	**SQUAMATA**					
蜥蜴亚目	**LACERTILIA**					

（续）

中文名	拉丁名	从属区系			国家级	省级
		东洋界	古北东洋界	古北界		
壁虎科	*Gekkonidae*					
多疣壁虎	*Gekko japonicus*	√				
蹼趾壁虎	*Gekko subpalmatus*	√				
鬣蜥科	*Agamidae*					
丽棘蜥	*Acanthosaura lepidogaster*	√				
蜥蜴科	*Lacertidae*					
北草蜥	*Takydromus septentrionalis*	√				
白条草蜥	*Takydromus wolteri*	√				
石龙子科	*Scincidae*					
光蜥	*Ateuchosaurus chinensis*	√				
中国石龙子	*Eumeces chinensis*	√				
蓝尾石龙子	*Eumeces elegans*	√				
宁波滑蜥	*Scincella modesta*	√				
铜蜓蜥	*Sphenomorphus indicus*	√				
蛇亚目	**SERPENTES**					
盲蛇科	Typhlopidae					
钩盲蛇	*Ramphotyphlops braminus*	√				
闪鳞蛇科	Xenopeltidae					
海南闪鳞蛇	*Xenopeltis hainanensis*	√				
游蛇科	Colubridae					
黑脊蛇	*Achalinus spinalis*	√				
平鳞钝头蛇	*Pareas boulengeri*	√				
钝头蛇	*Pareas chinensis*	√				
钝尾两头蛇	*Calamaria septentrionalis*	√				
黄链蛇	*Dinodon flavozonatum*	√				
赤链蛇	*Dinodon rufozonatum*		√			
双斑锦蛇	*Elaphe bimaculata*	√				
玉斑锦蛇	*Elaphe mandarina*	√				
王锦蛇	*Elaphe carinata*	√				√
紫灰锦蛇	*Elaphe porphyracea*	√				
红点锦蛇	*Elaphe rufodorsata*		√			
黑眉锦蛇	*Elaphe taeniura*		√			√
翠青蛇	*Cyclophiops major*	√				

中文名	拉丁名	从属区系			国家级	省级
		东洋界	古北东洋界	古北界		
黑背白环蛇	*Lycodon ruhstrati*	√				
颈棱蛇	*Macropisthodon rudis*	√				
白眉腹链蛇	*Amphiesma boulengeri*	√				
绣链腹链蛇	*Amphiesma craspedogaster*	√				
棕黑腹链蛇	*Amphiesma sauteri*			√		
草腹链蛇	*Amphiesma stolata*		√			
虎斑颈槽蛇	*Rhabdophis tigrinus*		√			
环纹华游蛇	*Sinonatrix aequifasciata*	√				
赤链华游蛇	*Sinonatrix annularis*	√				
华游蛇	*Sinonatrix percarinata*	√				
渔游蛇	*Xenochrophis piscator*	√				
中国小头蛇	*Oligodon chinensis*	√				
台湾小头蛇	*Oligodon formosanus*	√				
饰纹小头蛇	*Oligodon ornatus*	√				
山溪后棱蛇	*Opisthotropis latouchii*	√				
福建后棱蛇	*Opisthotropis maxwelli*	√				
福建颈斑蛇	*Plagiopholis styani*	√				
横纹斜鳞蛇	*Pseudoxenodon bambusicola*	√				
花尾斜鳞蛇	*Pseudoxenodon stejnegeri*	√				
灰鼠蛇	*Ptyas korros*	√				√
滑鼠蛇	*Ptyas mucosus*	√				√
黑头剑蛇	*Sibynophis chinensis*	√				
乌梢蛇	*Zaocys dhumnades*	√				√
绞花林蛇	*Boiga krapelini*	√				
繁花林蛇	*Boiga multomaculata*	√				
紫沙蛇	*Psammodynastes pulverulentus*	√				
中国水蛇	*Enhydris chinensis*	√				
铅色水蛇	*Enhydris plumbea*	√				
眼镜蛇科	Elapidae					
银环蛇	*Bungarus multicinctus*	√				√
福建丽纹蛇	*Calliophis kelloggi*	√				
眼镜蛇	*Naja naja*	√				√
蝰科	Viperidae					

（续）

中文名	拉丁名	从属区系			国家级	省级
		东洋界	古北东洋界	古北界		
白头蝰亚科	Azemiopinae					
白头蝰	*Azemips feae*	√				
蝮亚科	Crotalinae					
尖吻蝮	*Deinagkistrodon acutus*	√				√
短尾蝮	*Gloydius brevicaudus*		√			
白唇竹叶青蛇	*Trimeresurus albolabris*	√				
竹叶青蛇	*Trimeresurus stejnegeri*	√				
原矛头蝮	*Protobothrops mucrosquamatus*	√				

（三）鸟纲 AVES

名 称	从属区系			季节性	国家级	中日协定	中澳协定	CITES
	东洋界	古北界	广布种					
累计 16 目 51 科 157 种	95	50	12		26	61	6	28
鹳形目 CICONIIFORMES								
鹭科 Ardeidae								
池鹭 *Ardeola bacchus*	√			S		√		
牛背鹭 *Bubulcus ibis*	√			R		√	√	Ⅲ
白鹭 *Egretta garzetta*	√			S				Ⅲ
夜鹭 *Nycticorax nycticorax*	√			R		√		
雁形目 ANSERIFORMES								
鸭科 Anatidae								
绿翅鸭 *Anas crecca*		√		W		√		Ⅲ
鸳鸯 *Aix galericulata*		√		W	Ⅱ	√		
隼形目 FALCONIFORMES								
鹰科 Accipitridae								
黑冠鹃隼 *Aviceda leuphotes*	√			R	Ⅱ			Ⅱ
黑鸢 *Milvus migrans*		√		R	Ⅱ			Ⅱ
栗鸢 *Haliastur indus*	√			S	Ⅱ			Ⅱ
苍鹰 *Accipiter gentilis*		√		W	Ⅱ	√		Ⅱ
赤腹鹰 *Accipiter soloensis*	√			R	Ⅱ	√		Ⅱ

（续）

名 称	从属区系			季节性	国家级	中日协定	中澳协定	CITES
	东洋界	古北界	广布种					
凤头鹰 *Accipiter trivirgatus*	√			R	II			II
松雀鹰 *Accipiter virgatus*		√		R	II	√		II
雀鹰 *Accipiter nisus*		√		W	II			
灰脸鵟鹰 *Butastur indicus*		√		W	II	√		II
鹰雕 *Spizaetus nipalensis*			√	R	II			II
普通鵟 *Buteo buteo*		√		W	II	√		II
隼科 Falconidae								
灰背隼 *Falco columbarius*		√		W	II	√		II
红隼 *Falco tinnunculus*			√	R	II	√		
红脚隼 *Falco amurensis*		√		W, P	II			II
鸡形目 GALLIFORMES								
雉科 Phasianidae								
中华鹧鸪 *Francolinus pintadeanus*	√			R				
灰胸竹鸡 *Bambusicola thoracica*	√			R				
黄腹角雉 *Tragopan caboti*	√			R	I			I
白鹇 *Lophura nycthemera*	√			R	II			
勺鸡 *Pucrasia macrolopha*			√	R	II			
雉鸡 *Phasianus colchicus*		√		R				
白颈长尾雉 *Symaticus ellioti*	√			R	I			I
鹤形目 GRUIFORMES								
秧鸡科 Rallidae								II
普通秧鸡 *Rallus aquaticus*		√		W		√		II
鸻形目 CHARADRIIFORMES								
鸻科 *Charadriidae*								
灰头麦鸡 *Vanellus vanellus*		√		W		√		
鸽形目 COLUMBIFORMES								
鸠鸽科 Columbidae								
山斑鸠 *Streptopelia orientalis*			√	R		√		
珠颈斑鸠 *Streptopelia chinensis*	√			R				
鹃形目 CUCULIFORMES								
杜鹃科 Cuculidae								
红翅凤头鹃 *Clamator coromandus*	√			R				

（续）

名 称	从属区系			季节性	国家级	中日协定	中澳协定	CITES
	东洋界	古北界	广布种					
鹰鹃 *Cuculus sparverioides*	√			S				
霍氏鹰鹃 *Cuculus nisicolor*	√			S		√		
四声杜鹃 *Cuculus micropterus*	√			S				
大杜鹃 *Cuculus canorus*	√			S		√		
中杜鹃 *Cuculus saturatus*	√			S		√	√	
八声杜鹃 *Cacomantis merulinus*	√			S				
噪鹃 *Eudynamys scolopaceus*	√			S				
小鸦鹃 *Centropus bengalensis*	√			R	Ⅱ			
鸮形目 STRIGIFORMES								
草鸮科 Tytonidae								
草鸮 *Tyto capensis*	√			R	Ⅱ			Ⅱ
鸱鸮科 Strigidae								
领角鸮 *Otus bakkamoena*	√			R	Ⅱ	√		Ⅱ
领鸺鹠 *Glaucidium brodiei*	√			R	Ⅱ			Ⅱ
斑头鸺鹠 *Glaucidium cuculoides*	√			R	Ⅱ			Ⅱ
短耳鸮 *Asio flammeus*		√		W	Ⅱ	√		Ⅱ
夜鹰目 CAPRIMULGIFORMES								
夜鹰科 Caprimulgidae								
普通夜鹰 *Caprimulgus indicus*	√			R		√		
雨燕目 APODIFORMES								
雨燕科 Apodidae								
白腰雨燕 *Apus pacificus*	√			P		√	√	
咬鹃目 TROGONIFORMES								
咬鹃科 Trogonidae								
红头咬鹃 *Harpactes erythrocephalus*	√			R				
佛法增目 *CORACIIFORMES*								
翠鸟科 *Alcedinidae*								
冠鱼狗 *Megaceryle lugubris*	√			R				
普通翠鸟 *Alcedo atthis*			√	R		√		
蓝翡翠 *Halcyon pileata*	√			R		√		
蜂虎科 Meropidae								
栗头蜂虎 *Merops viridis*	√			S				

（续）

名 称	从属区系			季节性	国家级	中日协定	中澳协定	CITES
	东洋界	古北界	广布种					
佛法僧科 Coraciidae								
三宝鸟 *Eurystomus orientalis*	√			S		√		
戴胜目 Upupiformes								
戴胜科 Upupidae								
戴胜 *Upupa epops*			√	S		√		
䴕形目 PICIFORMES								
须䴕科 Capitonidae								
大拟䴕 *Megalaima virens*	√			R				
啄木鸟科 Picidae								
栗啄木鸟 *Celeus brachyurus*	√			R				
灰头绿啄木鸟 *Picus canus*			√	R				
大斑啄木鸟 *Picoides major*	√			R				
白背啄木鸟 *Picoides leucotos*		√		R				
棕腹啄木鸟 *Picoides hyperythrus*	√			P				
星头啄木鸟 *Picoides canicapillus*	√			R				
黄冠啄木鸟 *Picus chlorolophus*	√			R				
黄嘴栗啄木鸟 *Blythipicus pyrrhotis*	√			R				
雀形目 PASSERIFORMES								
八色鸫科 Pittidae								
仙八色鸫 *Pitta nympha*	√			S	Ⅱ			Ⅱ
百灵科 Alaudidae								
云雀 *Alauda arvensis*		√		W, P		√		
小云雀 *Alauda gulgula*	√			R				
燕科 Hirundinidae								
家燕 *Hirundo rustica*			√	S		√	√	
金腰燕 *Hirundo daurica*			√	S		√		
鹡鸰科 Motacillidae								
山鹡鸰 *Dendronanthus indicus*		√		S		√		
灰鹡鸰 *Motacilla cinerea*		√		W			√	
白鹡鸰 *Motacilla alba*		√		P		√	√	
树鹨 *Anthus hodgsoni*		√		W		√		
山椒鸟科 Campephagidae								

（续）

名　称	从属区系			季节性	国家级	中日协定	中澳协定	CITES
	东洋界	古北界	广布种					
灰喉山椒鸟 *Pericrocotus solaris*	√			R				
鹎科 Pycnonotidae								
白头鹎 *Pycnonotus sinensis*	√							
黄臀鹎 *Pycnonotus xanthorrhous*	√			R				
栗背短脚鹎 *Hemixos castanonotus*	√			R				
绿翅短脚鹎 *Hypsipetes mcclellandii*	√			R				
黑短脚鹎 *Hypsipetes leucocephalus*	√			R				
领雀嘴鹎 *Spizixos semitorques*	√			R				
叶鹎科 Chloropseidae								
橙腹叶鹎 *Chloropsis hardwickii*	√			R				
伯劳科 Laniidae								
红尾伯劳 *Lanius cristatus*		√		S		√		
棕背伯劳 *Lanius schach*	√			R				
黄鹂科 Oriolidae								
黑枕黄鹂 *Oriolus chinensis*	√			S		√		
卷尾科 Dicruridae								
黑卷尾 *Dicrurus macrocercus*	√			S				
灰卷尾 *Dicrurus leucophaeus*	√			S				
发冠卷尾 *Dicrurus hottentottus*	√			S				
椋鸟科 Sturnidae								
灰椋鸟 *Sturnus cineraceus*		√		W		√		
八哥 *Acridotheres cristatellus*	√			R				
鸦科 Corvidae								
松鸦 *Garrulus glandarius*		√		R				
红嘴蓝鹊 *Urocissa erythrorhyncha*	√			R				
喜鹊 *Pica pica*		√		R				
灰树鹊 *Dendrocitta formosae*	√			R				
河乌科 Cinclidae								
褐河乌 *Cinclus pallasii*			√	R				
鹪鹩科 Troglodytidae								
鹪鹩 *Troglodytes troglodytes*			√	R				
鸫科 Turdinae								

（续）

名 称	东洋界	古北界	广布种	季节性	国家级	中日协定	中澳协定	CITES
蓝歌鸲 *Luscinia cyane*		√		P		√		
红胁蓝尾鸲 *Tarsiger cyanurus*		√		W		√		
红尾歌鸲 *Luscinia sibilans*		√		S		√		
北红尾鸲 *Phoenicurus auroreus*		√		W		√		
鹊鸲 *Copsychus saularis*	√			R				
红尾水鸲 *Rhyacornis fuliginosus*		√		R				
白顶溪鸲 *Chaimarrornis leucocephalus*	√			S				
小燕尾 *Enicurus scouleri*	√			R				
灰背燕尾 *Enicurus schistaceus*	√			R				
黑背燕尾 *Enicurus leschenaulti*	√			R				
黑喉石䳭 *Saxicola torquata*			√	W, P		√		
紫啸鸫 *Myophoneus caeruleus*	√			S				
虎斑地鸫 *Zoothera dauma*			√	W, P		√		
灰背鸫 *Turdus hortulorum*			√	W		√		
乌灰鸫 *Turdus cardis*	√			P		√		
乌鸫 *Turdus merula*	√			R				
白腹鸫 *Turdus pallidus*			√	P		√		
斑鸫 *Turdus eunomu*			√	P		√		
画眉科 Timaliinae								
棕颈钩嘴鹛 *Pomatorhinus ruficollis*	√			R				
红头穗鹛 *Stachyris ruficeps*	√			R				
黑脸噪鹛 *Garrulax perspicillatus*	√			R				
小黑领噪鹛 *Garrulax monileger*	√			R				
黑领噪鹛 *Garrulax pectoralis*	√			R				
灰翅噪鹛 *Garrulax cineraceus*	√			R				
画眉 *Garrulax canorus*	√			R				
白颊噪鹛 *Garrulax sannio*	√			R				
红嘴相思鸟 *Leiothrix lutea*	√			R				
褐顶雀鹛 *Alcippe brunnea*	√			R				
灰眶雀鹛 *Alcippe morrisonia*	√			R				
栗耳凤鹛 *Yuhina castaniceps*	√			R				
白腹凤鹛 *Yuhina zantholeuca*	√			R				

（续）

名 称	从属区系			季节性	国家级	中日协定	中澳协定	CITES
	东洋界	古北界	广布种					
鸦雀科 Paradoxornithidae								
棕头鸦雀 *Paradoxornis webbianus*	√			R				
灰头鸦雀 *Paradoxornis gularis*	√			R				
莺科 Sylviinae								
强脚树莺 *Cettia fortipes*	√			R				
黑眉苇莺 *Acrocephalus bistrigiceps*		√		P		√		
褐柳莺 *Phylloscopus fuscatus*		√		W, P				
黄眉柳莺 *Phylloscopus inornatus*		√		P		√		
黄腰柳莺 *Phylloscopus proregulus*		√		W		√		
冕柳莺 *Phylloscopus coronatus*		√		P		√		
棕脸鹟莺 *Abroscopus albogularis*	√			R				
扇尾莺科 Cisticolidae								
纯色山鹪莺 *Prinia inornata*	√			R				
鹟科 Muscicapidae								
鸲姬鹟 *Ficedula mugimaki*		√		P		√		
北灰鹟 *Muscicapa dauurica*		√		P		√		
王鹟科 Monarchinae								
寿带 *Terpsiphone paradisi*	√			S				
山雀科 Paridae								
大山雀 *Parus major*			√	R				
黄颊山雀 *Parus spilonotus*	√			R				
黄腹山雀 *Parus venustulus*	√			R				
长尾山雀科 Aegithalidae								
红头长尾山雀 *Aegithalos concinnus*	√			R				
鸸科 Sittidae								
普通鸸 *Sitta europaea*		√		R				
啄花鸟科 Dicaeidae								
红胸啄花鸟 *Dicaeum ignipectus*	√			R				
花蜜鸟科 Nectariniidae								
叉尾太阳鸟 *Aethopyga christinae*	√			R				
绣眼鸟科 Zosteropidae								
暗绿绣眼鸟 *Zosterops japonicus*	√			R, S		√		

（续）

名　称	从属区系			季节性	国家级	中日协定	中澳协定	CITES
	东洋界	古北界	广布种					
梅花雀科 Estrildidae								
白腰文鸟 *Lonchura striata*	√			R				
雀科 Fringillidae								
山麻雀 *Passer rutilans*	√			R		√		
燕雀科 Fringillidae								
燕雀 *Fringilla montifringilla*		√		P		√		
金翅雀 *Carduelis sinica*			√	R		√		
鹀科 Emberizidae								
栗鹀 *Emberiza rutila*		√		P		√		
黄喉鹀 *Emberiza elegans*		√		W		√		
灰头鹀 *Emberiza spodocephala*		√		W		√		
田鹀 *Emberiza rustica*		√		W		√		
白眉鹀 *Emberiza tristrami*		√		P		√		
黄眉鹀 *Emberiza chrysophrys*		√		P		√		
凤头鹀 *Melophus lathami*	√			R				

（四）哺乳纲　MAMMALIAN

名　称	从属区系		国家级	省级	CITE
	东洋界	古北界			
累计 8 目 18 科 37 种	31	6	9	11	13
食虫目 INSECTIVORA					
猬科 Erinaceidae					
刺猬 *Erinaceus europaeus*		√			
翼手目 CHIROPTERA					
菊头蝠科 Rhinolophidae					
中菊头蝠 *Rhinolophus affinis*					
鲁氏菊头蝠 *Rhinolophus rouxi*	√				
皮氏菊头蝠 *Rhinolophus pearsonii*	√				
蹄蝠科 Hipposideridae					
普氏蹄蝠 *Hipposideros pratti*	√				
蝙蝠科 Vespertilionidae					

（续）

名　称	从属区系		国家级	省级	CITE
	东洋界	古北界			
中华鼠耳蝠 *Myotis myotis*	√	√			
灵长目 PRIMATES					
猴科 Cercopithecidae					
猕猴 *Macaca mulatta*	√		II		II
鳞甲目 PHOLIDOTA					
鳞鲤科 Manidae					
穿山甲 *Manis pentadactyla*	√		II		II
食肉目 CARNIVORA					
犬科 Canidae					
赤狐 *Vulpes vulpes*		√		√	
豺 *Cuou alpinus*		√	II		II
鼬科 Mustelidae					
黄腹鼬 *Mustela kathiah*	√			√	III
黄鼬 *Mustela sigbirica*		√		√	III
鼬獾 *Melogale moschata*	√			√	
狗獾 *Meles meles*		√		√	
猪獾 *Arctonyx collaris*	√			√	
水獭 *Lutra lutra*	√		II		I
灵猫科 Viverridae					
大灵猫 *Viverra zibetha*	√		II		III
小灵猫 *Viverricula indica*	√		II		III
花面狸 *Paguma larvata*	√			√	III
食蟹獴 *Herpestes urva*	√			√	III
猫科 Felidae					
金猫 *Profelis temminckii*	√		II		I
豹猫 *Felis bengalensis*	√			√	
云豹 *Neofelis nebulosa*	√		I		I
豹 *Panthera pardus*	√		I		I
偶蹄目 ARTIODACTYLA					
猪科 Suidae					
野猪 *Sus scrofa*		√			
鹿科 Cervidae					
黄麂 *Muntiacus reevesi*	√			√	
毛冠鹿 *Elaphodus cephalophus*	√				

（续）

名　称	从属区系		国家级	省级	CITE
	东洋界	古北界			
兔形目 LAGOMORPHA					
兔科 Leporidae					
华南兔 *Lepus sinensis*	√				
啮齿目 RODENTIA					
松鼠科 Sciuridae					
赤腹松鼠 *Callosciurus erythraeus*	√				
隐纹花松鼠 *Tamiops swinhoei*	√				
豪猪科 Hystricidae					
豪猪 *Hystrix hodgsoni*	√				
竹鼠科 Rhizomys					
中华竹鼠 *Rnizomys sinensis*	√				
鼠科 Muridae					
鼠亚科 Murinae					
社鼠 *Rattus niviventer*	√				
针毛鼠 *Rattus fulvescens*	√				
白腹巨鼠 *Rattus edwardsi*	√				
青毛鼠 *Rattus bowersi*	√				
田鼠亚科 Microtinae					
黑腹绒鼠 *Eothenomys melanogaster*	√				

江西官山自然保护区昆虫名录*

Ⅰ 弹尾目 COLLEMBOLA

一、跳虫科 Poduride

1. 黑跳虫 podura aquatica Linnaeus

二、圆跳虫科 Sminthuridae

1. 绿圆跳虫 Sminthurus viridis Linnaeus

Ⅱ 缨尾目 THYSANURA

一、衣鱼科 Lepismatidae

1. 毛栉衣鱼 Ctenolepisma villosa（Fabricius）

2. 衣鱼 Lepisma saccharina Linnaeus

Ⅲ 等翅目 ISOPTERA

一、鼻白蚁科 Rhinotermitidae

1. 台湾乳白蚁 Coptotermes formosanus Shiraki

2. 海南散白蚁 Reticulitermes hainanensis（Tsai et Hwang）

3. 黑胸散白蚁 Reticulitermes chinensis Snyder

4. 细腭散白蚁 Reticulitermes leptomandibularis Hsia et Fan

5. 栖北散白蚁 Reticulitermes speratus（Kolbe）

二、白蚁科 Termitidae

1. 黄翅大白蚁 Macrotermes barneyi Light

2. 黑翅土白蚁 Odontotermes formosanus（Shiraki）

Ⅳ 蜚蠊目 BLATTARIA

一、蜚蠊科 Blattidae

1. 美洲大蠊 Periplaneta americana（Linnaeus）

2. 黑胸大蠊 Periplaneta fuliginosa（Servlle）

二、姬蠊科 Blattellidae

1. 德国蜚蠊 Blattella germanica（Linnaeus）

三、光蠊科 Epilampridae

1. 麻翅蜚蠊 Epilampla guttigera Shiraki

Ⅴ 蛸目 PHASMATODEA

一、枝蛸科 Heteronemiidae

1. 英德跳蛸 Micadina yingdensis Chen et He

Ⅵ 螳螂目 MANTODEA

一、花螳科 Hymenopodidae

花螳亚科 Hymenopodinae

1. 丽眼斑螳 Creobroter gemmata（Stoll）

2. 中华大齿螳 Odontomantis sinensis（Giglio – Tos）

姬螳亚科 Acromantinae

3. 日本姬螳 Acromantis japonica Westwood

二、螳科 Mantidae

螳亚科 Mantinae

1. *中华斧螳 Hierodula chinensis Werner

2. 勇斧螳 Hierodula membranacea（Burmeister）

3. 广斧螳 Hierodula Patellifera（Serville）

4. 薄翅螳 Mantis religiosa Linnaeus

5. 棕污斑螳 Statilia maculata（Thunberg）

6. 狭翅大刀螳 Tenodera angustipennis Saussure

7. 枯叶大刀螳 Tenodera aridifolia（Stoll）

8. 中华大刀螳 Tenodera sinensis Saussurs

Ⅶ 直翅目 ORTHOPTERA

一、斑腿蝗科 Catantopidae

1. 红褐斑腿蝗 Catantops pinguis（Stål）

2. 棉蝗指名亚种 Chondracris rosea rosea（De Geer）

3. 绿腿腹露蝗 Fruhstorferiola viridifemorata（Caudell）

4. 斑角蔗蝗 Hieroglyphus annulicornis（Shiraki）

5. 异歧蔗蝗 Hieroglyphus tonkinensis I.Bolivar

6. 山稻蝗 Oxya agavisa Tsai

7. 中华稻蝗 Oxya chinensis（Thunberg）

8. 小稻蝗 Oxya intricata（Stal）

9. 日本黄脊蝗 Patanga japonica（Bolivar）

10. 短翅稞蝗 Quilta mitrata Stål

11. 长翅素木蝗 Shirakiacris shirakii（I.Bolivar）

12. 比氏蹦蝗 Sinopodisma pieli（Chang）

13. 细线斑腿蝗 Stenocatantops splendens（Thunberg）

二、锥头蝗科 Pyrgomorphidae

1. 短额负蝗 Atractomorpha sinensis Bolivar

---

* 本文作者：丁冬荪[1]，曾志杰[1]，陈春发[1]，邱宁芳[1]，林毓鉴[2]（1. 江西省森林病虫害防治站，2. 江西农业大学农学院）

文中星号（*）标出的为江西分布新记录，共33种

三、网翅蝗科 Arcypteridae

1．黄脊竹蝗 *Ceracris kiangsu* Tsai

2．青脊竹蝗 *Ceracris nigricornis* Walker

四、剑角蝗科 Acrididae

1．中华剑角蝗 *Acrida cinerea*（Thuberg）

2．僧帽佛蝗 *Phlaeoba infumata* Br.－W.

五、斑翅蝗科 Oedipodidae

1．花胫绿纹蝗 *Aiolopus tamulus*（Fabricius）

2．云斑车蝗 *Gastrimargus marmoratus*（Thunberg）

3．东亚飞蝗 *Locusta migratoria manilensis*（Meyen）

4．隆叉小车蝗 *Oedaleus abruptus*（Thunberg）

5．黄胫小车蝗 *Oedaleus infernalis* Saussure

6．红胫小车蝗 *Oedaleus manjius* Chang

7．疣蝗 *Trilophidia annulata*（Thunberg）

六、蜢科 Eumastacidae

1．台湾马头蝗 *Erianthus formosanus* Shiraki

七、蚱科 Tetrigidae

1．日本蚱 *Tetrix japonica*（Bolivar）

八、草螽科 Conocephalidae

1．长瓣草螽 *Conocephalus gladiatus*（Redtenbacher）

2．斑翅草螽 *Conocephalus maculatus*（Le Guillou）

3．疹点掩耳螽 *Elimaer punctifera*（Walker）

4．鼻优草螽 *Euconocephalus nasutus*（Thunberg）

5．多变尖头草螽 *Euconcephalus varius*（Walker）

九、拟叶螽科 Pseudophyllidae

1．日本绿螽 *Holochlora japonica* Brunner von Wattenwyl

十、织娘科 Mecopodidae

1．纺织娘 *Mecopoda elongata*（Linnaeus）

十一、蟋蟀科 Gryllidae

1．灶蟀 *Gryllodes sigillatus*（Walker）

2．田蟀 *Gryllus chinensis* Weber

3．油葫芦 *Gryllus testaceus* Walker

4．大扁头蟋 *Loxoblemmus doenitzi* Stein

十二、蝼蛄科 Gryllotalpidae

1．东方蝼蛄 *Gryllotalpa orientalis* Burmeister

十三、蚤蝼科 Tridactylidae

1．日本蚤蝼 *Xya japonica* De Haan

Ⅷ 蛄目 PSOCOPTERA

一、单蛄科 Caeciliidae

1．窄纵带单蛄 *Caecilius persimilaris*（Thornton et Wong）

Ⅸ 襀翅目 PLECOPTERA

一、卷襀科 Leuctridae

1．诺襀 *Rhopalopsole* sp.

二、襀科 Perlidae

1．钩襀 *Kamimuria* sp.（新种待发表）

2．黄色扣襀 *Kiotina biocellata*（Chu）

3．扣襀 *Kiotina* sp.

4．*Neoperla* sp.（新种待发表）

5．华钮 *Sinacroneuria* sp.

6．浙江襟 *Togoperla chekianensis*（Chu）

三、刺襀科 Styloperlidae

1．棘尾刺襀 *Styloperla spinicercia* Wu

2．长刑襟襀 *Togoperla perpicta* Klapalek

Ⅹ 蜉蝣目 EPHEMEROPTERA

一、蜉蝣科 Ephemeridae

1．华丽蜉 *Ephemera pulcherrima* Eaton

Ⅺ 蜻蜓目 ODONATA

一、蜻科 Libellulidae

1．锥腹蜻 *Aciosoma panorpoidea*（Rambur）

2．红蜻 *Crocothemis servilia* Drury

3．齿背灰蜻 *Orthetrum devium*（Needham）

4．黄蜻 *Pantala flavescins* Fabricius

5．玉带蜻 *Pseudothemis zonata* Burmeister

二、色蟌科 Agriidae

1．烟翅绿色蟌 *Mnais mneme* Ris

三、扇蟌科 Platycenmididae

1．白扇蟌 *Platycnemis foliacea* Selys

四、蟌科 Coenagriidae

1．赤斑蟌 *Pseudagrion pruinosum* Burmeister

Ⅻ 同翅目 HOMOPTERA

一、蝉科 Cicadidae

1．黑蚱蝉 *Cryptotympana atrata* Fabricius

2．红蝉 *Huechys sanguinea*（De Greer）

3．小知了 *Maua albistigma* Distant

4．蓝草蝉 *Mogannia cyanea* Walk

5．绿草蝉 *Mogannia hebes*（Walker）

6．污点蟪蝉 *Oncotympana maculalimia*（Motschulsky）

7．蟪蛄 *Platypleura kaempferi*（Fabricius）

8．中华红眼蝉 *Talainga chinensis* Distant

二、角蝉科 Membracidae

1．羚羊矛角蝉 *Leptobelus gazella* Fairmaire

三、沫蝉科 Cercopidae

1．宽带尖胸沫蝉 *Aphrophora horizontalis* Kato

2．稻沫蝉 *Callitettix versicolor*（Fabricius）

3．斑带丽沫蝉 *Cosmoscarta bispecularis*（White）

4．二赭带沫蝉 *Cosmoscarta herossa* Jacobi

5．中华黑沫蝉 *Kanoscarta mandarina* Distant

6．红背肿沫蝉 *Phymatostetha dorsivitta* Walker

四、蜡蝉科 Fulgoridae

1．斑衣蜡蝉 *Lycorma delicatula*（White）

五、广翅蜡蝉科 Ricaniidae

1．带纹疏广蜡蝉 *Euricania tascialis* Walker

2．眼纹疏广蜡蝉 *Euricania ocellus*（Walker）

3．眼斑宽广蜡蝉 *Pochazia discreta* Melichar

4．琥珀蜡蝉 *Ricania japonica* Melichar

5．粉黛广翅蜡蝉 *Ricania pulverosa* Stål

6．八点广翅蜡蝉 *Ricania speculum*（Walker）

7．褐带广翅蜡蝉 *Ricania taeniata* Stål

六、蛾蜡蝉科 Flatidae

1．彩蛾蜡蝉 *Cerynia maria*（White）

2．碧蛾蜡蝉 *Geisha distinctissima*（Walker）

3．褐缘蛾蜡蝉 *Salurnis marginella*（Guerin）

七、菱蜡蝉科 Cixiidae

1．端斑脊菱蜡蝉 *Oliarus apicalis*（Uhler）

八、象蜡蝉科 Dictyopharidae

1．中华象蜡蝉 *Dictyophara sinica* Walker

2．蔗长头蜡蝉 *Orthopagus lumulifer* Uhler

九、袖蜡蝉科 Derbidae

1．红袖蜡蝉 *Diostrombus politus* Uhler

十、扁蜡蝉科 Tropiduchidae

1．条扁蜡蝉 *Catullia vittata* Matsumura

十一、脉蜡蝉科 Meenopliidae

1．雪白粒脉蜡蝉 *Nisia atrovenosa*（Lethierry）

十二、叶蝉科 Cicadellidae

耳叶蝉亚科 Ledrinae

1．窗耳叶蝉 *Ledra auditura* Walker

2．红边片头叶蝉 *Petalocephala manchurica* Kato

3．角胸叶蝉 *Tituria angulata*（Matsumura）

铲头叶蝉亚科 Hecalinae

4．铲头叶蝉 *Hecalus albomaculatus*（Distant）

5．橙带铲头叶蝉 *Hecalus porrectus*（Walker）

大叶蝉亚科 Cicadellinae

6．黄色条大叶蝉 *Atkinsoniella sulphurata*（Distant）

7．＊黔凹大叶蝉 *Bothrogonia qianana* Yang et Li

8．华凹大叶蝉 *Bothrogonia sinica* Yang et Li

9．大青叶蝉 *Cicadella viridis*（Linnaeus）

10．叉实大叶蝉 *Gunungidia furcata* Kuoh

11．白边大叶蝉 *Kolla paulula*（Walker）

12．＊船茎窗翅叶蝉 *Mileewa ponta* Yang et Li

13．窗翅叶蝉 *Mileewa margheritae* Distant

隐脉叶蝉亚科 Nirvandinae

1．印度消室叶蝉 *Chudania delecta* Distant

2．＊长线拟隐脉叶蝉 *Sophonia orientalis*（Matsumura）

3．红线拟隐脉叶蝉 *Sophonia rufolineata*（Kuoh）

离脉叶蝉亚科 Coelidiinae

4．黄冠梯顶叶蝉 *Coelidia atkinsoni*（Distant）

5．黑颜单突叶蝉 *Lodiana brevis*（Walker）

小叶蝉亚科 Typhlocybinae

6．棉叶蝉 *Amrosca bigttula*（Ishida）

7．苦楝斑叶蝉 *Elbelus melianus* Kuoh

8．小绿叶蝉 *Empoasca flavescence*（Fabricius）

9．猩红小绿叶蝉 *Empoasca ruta* Melichar

10．假眼小绿叶蝉 *Empoasca vitis*（Gothe）

11．烟翅小绿叶蝉 *Empoasca limbifera*（Matsumura）

12．雅小叶蝉 *Eurhadina* sp.

13．＊葛小叶蝉 *Kuohzygia albolinea* Zhang

14．柿零叶蝉 *Limassolla diospyri* Chou et Ma

15．桃一点斑叶蝉 *Typhlocyba sudra*（Distant）

16．白翅叶蝉 *Thaia rubiginosa* Kuoh

17．葡萄斑叶蝉 *Zygina apicalis*（Nawa）

横脊叶蝉亚科 Evacanthinae

18．黄盾脊叶蝉 *Carinata flaviscutata* Li et Wang

19．消室叶蝉 *Chudania* sp.

20．淡脉横脊叶蝉 *Evacanthus danmainus* Kuoh

21．横带角突叶蝉 *Taperus fasciatus* Li et Wang

叶蝉亚科 Jassinae

22．淡色胫槽叶蝉 *Drabescus pallidus* Matsumura

23．黄绿短头叶蝉 *Jassus indicus* Lethierry

24．增脉叶蝉 *Kutara brunnescens* Distant

毛叶蝉亚科 Hylicinae

25．浆头叶蝉 *Nacolus assamensis*（Distant）

殃叶蝉亚科 Euscelinae

26．端刺菱纹叶蝉 *Hishimonus phycitis*（Distant）

27．黑带叶蝉 *Limotettix striola*（Fallen）

28．二点叶蝉 *Macrosteles fascifrons* Stål

29．四点叶蝉 *Macrosteles quardimaculata*（Matsumura）

30．黑尾叶蝉 *Nephotettix cincticeps*（Uhler）

31．一点木叶蝉 *Phlogotettix Cyclops*（Mulsant et Rey）

32. 白纵带叶蝉 *Scaphoideus albotaeniatus* Kitbam-
    roong et Freytag

33. 横带叶蝉 *Scaphoideus festivus* Matsumura

十三、飞虱科 Delphacidae

1. 大叉飞虱 *Eodelphax cervina* (Muir)

2. 小叉飞虱 *Garaga nagaragawana* (Matsumura)

3. 带背飞虱 *Himeunks tateyamaella* (Matsumura)

4. 黄褐飞虱 *Kakuna paludosus* (Flor)

5. 灰飞虱 *Laodelphax striatellus* (Fallen)

6. 拟褐飞虱 *Nilaparvata bakeri* (Muir)

7. 褐飞虱 *Nilaparvata lugens* (Stål)

8. 伪飞虱 *Nilaparvata muiri* China

9. 瓶额飞虱 *Numata nuiri* (Kirkaldy)

10. 褐背飞虱 *Opiconsiva sameshimai* (Matsumura et
    Ishihara)

11. 长绿飞虱 *Saccharosydne procerus* (Matsumura)

12. 白背飞虱 *Sogatella furcifera* (Horvath)

13. 烟翅白背飞虱 *Sogatella kolophon* (Kirkaldy)

14. 稗飞虱 *Sogatella vibix* (Haupt)

15. 白条飞虱 *Terthron albovittatum* (Matsumura)

16. 黑边黄脊飞虱 *Toya propinqua* (Fieber)

17. 二刺匙顶飞虱 *Tropidocephala brunnipennis* Signoret

18. 白脊飞虱 *Unkanodes sapporona* (Matsumura)

十四、个木虱科 Triozidae

1. 樟叶个木虱 *Trioza camphorae* (Sasaki)

十五、粉虱科 Aleyrodidae

1. 黑刺粉虱 *Aleurocanthus spiniferus* (Quaintance)

2. 马氏眼粉虱 *Aleurolobus marlatti* (Quaintance)

3. 珊瑚瘤黑粉虱 *Aleurotuberculatus aucubae* (Kuwana)

4. 烟草粉虱 *Bemisia tabaci* Gennadius

5. 橘黄粉虱 *Dialeurodes citri* (Ashmead)

十六、蚜科 Aphididae

1. 绣线菊蚜 *Aphis citricola* Van der Goot

2. 豆蚜 *Aphis craccivola* Koch

3. 棉蚜 *Aphis gossypii* Glover

4. 槐蚜 *Aphis robiniae* Macchiati

5. 大豆蚜 *Aphis glycines* Matsumura

6. 桃粉大尾蚜 *Hyalopterus amygdali* (Blanchard)

7. 萝卜蚜 *Lipaphis erysimi* (Kaltenbach)

8. 菊姬长管蚜 *Macrosiphoniella sanborni* (Gillette)

9. 艾姬长管蚜 *Macrosiphoniella yomogifoliae* (Shinji)

10. 麦长管蚜 *Macrosiphum granarium* Kirby

11. 竹蚜 *Melanaphis bambusae* Fullaway

12. 高粱蚜 *Melanaphis sacchari* (Zehntner)

13. 栗角斑蚜 *Myzocallis kuricola* (Matsumrua)

14. 桃蚜 *Myzus persicae* (Sulzer)

15. 玉米蚜 *Rhopalosiphum maidis* (Fitch)

16. 禾谷缢管蚜 *Rhopalosiphum padi* (Linnaeus)

17. 麦二岔蚜 *Schizaphis graminum* (Rondani)

18. 梨二岔蚜 *Schizaphis piricola* Matsumura

19. 桔二岔蚜 *Toxoptera aurantii* (Boyer et Fonscolombe)

20. 杜果蚜 *Toxoptera odinae* (Van der Goot)

十七、大蚜科 Lachnidae

1. 松大蚜 *Cinara pinea* Mordvilko

2. 板栗大蚜 *Lachnus tropicalis* (Van der Goot)

3. 栗黑大蚜 *Pterochlorus japonica* Matsumura

4. 桃疣蚜 *Tuberocephalus momonis* (Matsumura)

十八、斑蚜科 Drepanosiphidae

1. 朴绵叶蚜 *Shivaphis celti* Das

十九、瘿绵蚜科 Pemphigidae

1. 角倍蚜 *Schlechtendalia chinensis* (Bell)

二十、珠蚧科 Margarodidae

1. 草履蚧 *Drosicha corpulenta* Kuwana

2. 吹绵蚧 *Icerya purchasi* Maskell

二十一、粉蚧科 Pseudococcidae

1. 甘蔗灰粉蚧 *Dyismicoccus boninsis* (Kuwana)

二十二、毡蚧科 Eriococcidae

1. 紫薇绒蚧 *Eriococcus lagerstroemiae* Kuwana

2. 桔小绒蚧 *Pseudococcus citrculus* Green

二十三、蜡蚧科 Coccidae

1. 角蜡蚧 *Ceroplastes ceriferus* (Anderson)

2. 龟蜡蚧 *Ceroplastes floridensis* Comstock

3. 日本蜡蚧 *Ceroplastes japonicus* Green

4. 红蜡蚧 *Ceroplastes rubens* Maskell

5. 朝鲜毛球蚧 *Didesmococcus koreanus* Borchsenius

6. 油茶卷毛蜡蚧 *Metaceronema japonia* (Maskell)

二十四、盾蚧科 Diaspididae

1. 橘红圆肾盾蚧 *Aonidiella aurantii* (Maskell)

2. 橙红褐圆盾蚧 *Chrysomphalus dictyoospermi* (Morgan)

3. 朴牡蛎盾蚧 *Lepidosaphes celtis* Kuwana

4. 日本长白盾蚧 *Lopholeucaspis japonica* (Cockerell)

5. 楝片盾蚧 *Parlatoris pergandii* Comstock

6. 网纹盾蚧 *Pseudaonidia duplex* (Cockerell)

7. 茶白盾蚧 *Pseudaulacaspis cockerelli* (Cooley)

8. 梨竺盾蚧 *Quadraspidiotus perniciosus*（Comstock）

9. 楠崇化盾蚧 *Superturmaspis schizosoma*（Takagi）

10. 钩樟崇化盾蚧 *Superturmaspis uenoi*（Takagi）

11. 卫矛尖盾蚧 *Unaspis euonymi*（Comstock）

XⅢ 半翅目 HEMIIPTERA

一、负子蝽科 Belostomatidae

1. 大田鳖 *Kirkaldyia deyrollei*（Vuillefroy）

2. 负子蝽 *Sphaerodema rustica*（Fabricius）

二、蝎蝽科 Nepidae

1. 华螳蝎蝽 *Ranatra chinensis* Mayr

2. 小螳蝎蝽 *Ranatra unicolor* Scott

三、仰蝽科 Notonectidae

1. 华仰蝽 *Enithares sinica* Stål

四、划蝽科 Corixidae

1. 横纹划蝽 *Sigara substriata* Uhler

2. 条划蝽 *Sigara vittipennis*（Horvath），

五、黾蝽科 Geridae

1. 圆臀大黾蝽 *Aquarius paludum* Fabricius

六、宽黾蝽科 Veliidae

1. 小宽黾蝽 *Microvelia horvathi* Lundblad

七、龟蝽科 Plataspidae

1. 双峰圆龟蝽 *Coptosoma bicuspis* Hsiao et Jen

2. 双痣圆龟蝽 *Coptosoma biguttula* Motschulsky

3. 孟达圆龟蝽 *Coptosoma munda* Bergroth

4. 黎黑圆龟蝽 *Coptosoma nigricolor* Mondandon

5. 显著圆龟蝽 *Coptosoma notabilis* Montandon

6. 多变圆龟蝽 *Coptosoma variegata*（Herrich et Schaeffer）

7. * 暗豆龟蝽 *Megacopta caliginosa*（Montandon）

8. 筛豆龟蝽 *Megacopta cribraria*（Fabricius）

9. 和豆龟蝽 *Megacopta horvathi*（Montandon）

10. 坎肩豆龟蝽 *Megacopta lobata*（Walker）

八、土蝽科 Cydnidae

1. 青革土蝽 *Macrosctus subaeneus*（Dallas）

九、盾蝽科 Scutelleridae

1. 角盾蝽 *Cantao ocellatus*（Thunberg）

2. 桑宽盾蝽 *Poecilocoris druraei*（Linnaeus）

3. 金绿宽盾蝽 *Poecilocoris lewisi*（Distant）

4. 宽盾蝽 *Poecilocoris* sp.（新种待发表）

十、荔蝽科 Tessaratomidae

1. 异色荔巨蝽 *Ersthenes cupreus*（Westwood）

2. 硕荔蝽 *Eurostus validus* Dallas

3. 斑缘荔巨蝽 *Eusthenes femoralis* Zia

4. 弯胫荔蝽 *Euthenimorpha jungi* Yang

十一、兜蝽科 Dinidoridae

1. 九香虫 *Coridius chinensis*（Dallas）

2. 大皱蝽 *Cyclopelta obscura*（Lepeleter et Serville）

3. 细角瓜蝽 *Megymenum gracilicorne* Dallas

十二、蝽科 Pentatomidae

蝽亚科 Pentatomidae

1. 宽缘伊蝽 *Aenaria pinchii* Yang

2. 枝蝽 *Aeschrocoris ceylonica* Distant

3. 疣枝蝽 *Aeschrocoris tuberculatus*（stål）

4. 棕薄蝽 *Brachymna castanea* Lin et Zhang

5. 薄蝽 *Brachymna tenuis* Stål

6. 红角辉蝽 *Carbula crassiventris*（Dallas）

7. 辉蝽 *Carbula obtusangula* Reuter

8. 橙色显蝽 *Catacanthus incarnatus*（Drury）

9. 中华岱蝽 *Dalpada cinctipes* Walker

10. 绿岱蝽 *Dalpada smaragdina*（Walker）

11. 斑须蝽 *Dolycoris baccarum*（Linnaeus）

12. 滴蝽 *Dybowskyia reticulata*（Dallas）

13. 麻皮蝽 *Erthesina fullo*（Thunberg）

14. 黄蝽 *Euryspis flavescens* Distant

15. 菜蝽 *Eurydema dominulus*（Scopoli）

16. 厚蝽 *Exithemus assamensis* Distant

17. 拟二星蝽 *Eysarcoris annamita*（Breddin）

18. 二星蝽 *Eysarcoris guttiger*（Thunberg）

19. 锚纹二星蝽 *Eysarcoris montivagus*（Distant）

20. 广二星蝽 *Eysarcoris ventralis*（Westwood）

21. 茶翅蝽 *Halyonorpha halys*（Stål）

22. 卵圆蝽 *Hippotiscus dorsalis*（Stål）

23. 红玉蝽 *Hoplistodera pulchra* Yang

24. 剑蝽 *Ipharusa compacta*（Distant）

25. 黑斑曼蝽 *Menida formosa*（Westwood）

26. 宽曼蝽 *Menida lata* Yang

27. 异曼蝽 *Menida varipennis*（Westwood）

28. 紫蓝曼蝽 *Menida violacea* Motschulsky

29. 秀蝽 *Neojurtina typica* Distant

30. 稻绿蝽点斑型 *Nezara viridula* forma *aurantiaca* Costa

31. 稻绿蝽全绿型 *Nezara viridula* forma *smaragdula*（Fabricius）

32. 稻绿蝽黄肩型 *Nezara viridula* forma *torguata*（Fabricius）

33. 脊腹真蝽 *Pentatoma carinata* Yang
34. 斑真蝽 *Pentatoma mosaicus* Hsiao et Cheng
35. 将乐莽蝽 *Placosternum jiangleensis* Lin et Zhang
36. 莽蝽 *Plaeosternum taurus* (Fabricius)
37. 斯氏珀蝽 *Plautia stali* Scott
38. 弯刺黑蝽 *Scotinophara horvathi* Distant
39. 稻黑蝽 *Scotinophara lurida* (Burmeister)
40. 丸蝽 *Sepontia variolosa* (Walker)
41. 点蝽碎斑型 *Tolumnia latipes* forma *contingens* (Walker)

短喙蝽亚科 Phyllocephalinae
42. 剪蝽 *Diplorhinus furcatus* (Westwood)
43. 谷蝽 *Gonopsis affinis* (Uhler)
44. 梭蝽 *Megarrhamphus hastatus* (Fabricius)
45. 平尾梭蝽 *Megarrhamphus truncatus* (Westwood)

益蝽亚科 Asopinae
46. 蠋蝽 *Arma chinensis* (Fallou)
47. 削疣蝽 *Cazira frivaldszkyi* Horvath
48. 江西厉蝽 *Eocanthecona* sp. (新种待发表)
49. 小厉蝽 *Eocanthecona parva* (Distant)
50. 益蝽 *Picromerus lewisi* Scott
51. 蓝蝽 *Zicrona caerulea* (Linnaeus)

十三、同蝽科 Acanthosomatidae
1. 官山同蝽 *Acanthosoma* sp. (新种待发表)
2. 钝肩狄同蝽 *Dichobothrium nubilum* (Dallas)
3. 宽肩直同蝽 *Elasmotethus humeralis* Jakovlev
4. 棕角匙同蝽 *Elasmucha angulare* Hsiao et Liu
5. 背匙同蝽 *Elasmucha dorsalis* Jakovlev
6. 日本匙同蝽 *Elasmucha nipponica* Esaki et Ishihara
7. * 锡金匙同蝽 *Elasmucha tauricornis* Jensen – Haarup
8. * 截匙同蝽 *Elasmucha truncatela* (Walker)
9. 伊锥同蝽 *Sastragala esakii* Hasegawa
10. 盾锥同蝽 *Sastragala scutellata* (Scott)

十四、异蝽科 Urostylidae
1. 亮壮异蝽 *Urochela distincta* Distant
2. 花壮异蝽 *Urochela luteovaria* Distant
3. 拟奇突盲异蝽 *Urolabida* sp. (新种待发表)
4. 平娇异蝽 *Urostylis blattifomis* Bergroth
5. 角突娇异蝽 *Urostylis chinai* Maa
6. 黑门娇异蝽 *Urostylis westwoodi* Scote

十五、缘蝽科 Coreidae
巨缘蝽亚科 Mictinae

1. 斑背安缘蝽 *Anoplocnemis binotata* Distant
2. 红背安缘蝽 *Anoplocnemis phasiana* (Fabricius)
3. 褐奇缘蝽 *Derepteryx fuliginosa* (Uhler)
4. 月肩奇缘蝽 *Derepteryx lunata* (Distant)
5. 黑胫伪缘蝽 *Mictis fuscipes* Hsiao
6. 黄胫伪缘蝽 *Mictis serina* Dallas
7. 曲胫伪缘蝽 *Mictis tenebrosa* (Fabricius)
8. 山赭缘蝽 *Ochrochira monticola* Hsiao
9. 满辟缘蝽 *Pronolomia mandarina* Distant
10. 拉缘蝽 *Rhamnomia dubia* Hsiao

缘蝽亚科 Coreinae
11. 稻棘缘蝽 *Cletus punctiger* (Dallas)
12. 平肩棘缘蝽 *Cletus tenuis* Kiritshenko
13. 小点同缘蝽 *Homoeocerus marginillus* Herrich et Schaffer
14. 斑腹同缘蝽 *Homoeocerus marginiventris* Dohm
15. 纹须同缘蝽 *Homoeocerus striicornis* Scott
16. 一点同缘蝽 *Homoeocerus unipunctatus* (Thunberg)
17. 瓦同缘蝽 *Homoeocerus walkerianus* Lethierry et Severin
18. 暗黑缘蝽 *Hygia opaca* Uhler

姬缘蝽亚科 Rhopalinae
19. 黄伊缘蝽 *Rhopalus maculates* (Fieber)
20. 褐伊缘蝽 *Rhopalus sapporensis* (Matsumura)

蛛缘蝽亚科 Alydinae
21. 中稻缘蝽 *Leptocorisa chinensis* Dallas
22. 条蜂缘蝽 *Riptortus linearis* Fabricius

十六、长蝽科 Lygaeidae
1. 豆突眼长蝽 *Chauliops fallax* Scott
2. 褐纹隆胸长蝽 *Eucosmetus pulchrus* Zheng
3. 斑角隆胸长蝽 *Eucosmetus tenuipes* Zheng
4. 瓜束长蝽 *Malcus inconspicuus* Stys
5. 长须梭长蝽 *Pachygrontha antennata* (Uhler)
6. 竹后刺长蝽 *Pirkimerus japonicus* (Hidakd)

十七、红蝽科 Pyrrhocoridae
1. 小斑红蝽 *Physopelta cincticollis* Stål
2. 直红蝽 *Pyrrhopeplus carduelis* (Stål)

十八、扁蝽科 Aradidae
1. 脊扁蝽 *Neuroctenus* sp.

十九、网蝽科 Tingidae
1. 樟脊冠网蝽 *Stephanitis macaona* Drake

2. 梨冠网蝽 *Stephanitis nashi* Esaki et Takeya

二十、花蝽科 Anthocoridae

  1. 黄褐刺花蝽 *Physopleurella armata* Poppius

二十一、猎蝽科 Reduviidae

  1. 淡带荆猎蝽 *Acanthaspis cincticrus* Stål

  2. *艳腹壮猎蝽 *Biasticus confusus* Hsiao

  3. 黄壮猎蝽 *Biasticus flavus* (Distant)

  4. 壮猎蝽 *Biasticus* sp.

  5. 小黑哎猎蝽 *Ectomocoris maldonadoi* Cai et Lu

  6. 六刺素猎蝽 *Epidaus sexspinues* Hsiao

  7. 彩纹猎蝽 *Euagora plagiatus* (Burmeister)

  8. 福建赤猎蝽 *Haematoloecha fokiensis* Distant

  9. 大蚊猎蝽 *Myiophanes tipulina* Reuter

  10. 锥绒猎蝽 *Opistoplatys sorex* Horvath

  11. 日月盗猎蝽 *Pirates arcuatus* (Stål)

  12. 污黑盗猎蝽 *Pirates turpis* Walker

  13. 齿缘刺猎蝽 *Sclomina erinacea* Stål

  14. 半黄足猎蝽 *Sirthenea dimidiata* Horvath

  15. 黄足猎蝽 *Sirthenea flavipes* (Stål)

  16. 舟猎蝽 *Staccia diluta* Stål

二十二、姬蝽科 Nabidae

  1. 小翅姬蝽 *Nabis apicalis* Matsumura

二十三、盲蝽科 Miridae

  1. 黑肩绿盲蝽 *Cyrtorhinus lividipennis* Reuter

  2. 眼斑厚盲蝽 *Eurystylus coelestialium* (Kirkaldy)

  3. 小缘盲蝽 *Lygus lucorum* Meyer – Dür

  4. 檫木颈盲蝽 *Pachypeltis sassafri* Zheng et Liu

  5. 深色狭盲蝽 *Stenodema elegans* Reuter

  6. 小赤须盲蝽 *Trigonotylus tenuis* Reuter

ⅩⅣ 缨翅目 THYSANOPTERA

一、蓟马科 Thripidae

  1. 花蓟马 *Frankliniella intonsa* (Trybom)

  2. 禾蓟马 *Frankliniella tenurcornis* (Uzel)

  3. 端大蓟马 *Megalurothrips distalis* (Karny)

  4. 稻蓟马 *Stenchaetothrips biformis* (Bagnall)

  5. 丝带蓟马 *Taeniothrips sjostadti* (Trybom)

  6. 黄胸蓟马 *Thrips flavidulus* (Bagnall)

  7. 烟蓟马 *Thrips tabaci* Lindeman

二、管蓟马科 Phlaeothripidae

  1. 稻管蓟马 *Haplothrips aculeatus* (Eabricius)

  2. 中华管蓟马 *Haplothrips chinensis* Priesner

ⅩⅤ 广翅目 MEGALOPTERA

一、齿蛉科 Corydalidae

  1. 东方巨齿蛉 *Acanthacorydalis orientalis* (Maclachlan)

  2. 中华斑齿蛉 *Neochauliodes sinensis* (Walker)

ⅩⅥ 脉翅目 NEUROPTERA

一、蝎蛉科 Hemerobiidae

  1. 薄叶脉线蛉 *Neuronema laminata* Tjeder

二、草蛉科 Chrysopidae

  1. 松氏通草蛉 *Chrysoperla savioi* (Navas)

  2. 中华草蛉 *Chrysoperla sinica* (Tjeder)

  3. 大草蛉 *Chrysopa septempunctata* Wesmael

三、蝶角蛉科 Ascalaphidae

  1. 黄脊蝶角蛉 *Hybris subjacens* (Walker)

ⅩⅦ 鞘翅目 COLEOPTERA

一、虎甲科 Cicindelidae

  1. 金斑虎甲 *Cicindela aurulenta* Fabricius

  2. 中国虎甲 *Cicindela chinensis* De Geer

二、步甲科 Carabidae

  1. 雅丽步甲 *Callida lepid* Redtenbacher

  2. 印度细颈小步甲 *Casnoidea indica* Thunberg

  3. 黄绿青步甲 *Chlaenius circumdatus* Brulle

  4. 黄斑青步甲 *Chlaenius micans* Fabricius

  5. 毛胸青步甲 *Chlaenius naeviger* Morawitz

  6. 淡足青步甲 *Chlaenius pallipes* Gebler

  7. 黄缘青步甲 *Chlaenius spoliatus* Rossi

  8. 斑逗青步甲 *Chlaenius virgulifer* Chaudoir

  9. 奇裂跗步甲 *Dischissus mirandus* Bates

  10. 广屁步甲 *Pheropsophus occipitalis* (Macleay)

三、龙虱科 Dytiscidae

  1. 黄边犬龙虱 *Cybister japonicus* Sharp

  2. 齿缘龙虱 *Eretes sticticus* (Linnaeus)

  3. 黄条龙虱 *Hydaticus bowringi* Clark

四、豉甲科 Gyrinidae

  1. 双刺隐盾豉甲 *Dineutus orientalis* Modeer

五、牙甲科 Hydrophilidae

  1. 尖突巨牙甲 *Hydrophilus acuminatus* Motschulsky

  2. 尖刺巨牙甲 *Hydrophilus hastatus* Herbst

六、隐翅虫科 Staphylinidae

  1. 棱毒隐翅虫 *Paederus fuscipes* Curtis

  2. 小黑隐翅虫 *Philonthus varius* Gyllenhal

七、萤科 Lampyridae

  1. 日本黄萤 *Luciola japonica* Thunberg

八、郭公虫科 Cleridae

1. 黑斑红毛郭公甲 *Trichodes sinae* Chevrolat

九、隐附郭公甲科 Corynetidae

1. 赤颈郭公 *Necrobia ruficollis* Fabricius

十、叩头甲科 Elateridae

1. 角斑贫脊叩甲 *Aeoloderma agnata*（Candèze）
2. 双瘤槽缝叩甲 *Agrypnus bipapulatus*（Candèze）
3. 丽叩甲 *Campsosternus auratus*（Drury）
4. 暗足重脊叩甲 *Chiagosnius obscuripes*（Gyllenhal）
5. 眼纹斑叩甲 *Cryptalaus larvatus*（Candèze）
6. 黑足球胸叩甲 *Hemiops nigripes* Castelnau
7. 木棉梳角叩甲 *Pectocera fortunei* Candéze

十一、吉丁虫科 Buprestidae

1. 柑桔窄吉丁 *Agrilus auriventris* Saunders
2. 泡桐窄吉丁 *Agrilus cyaneoniger* Saunders
3. 中华窄吉丁 *Agrilus sinensis* Thomson
4. 黑尾纹吉丁 *Coraebus denticollis* Saunders
5. 林奈纹吉丁 *Coraebus linnei* Obenberger
6. 赤纹吉丁 *Coraebus sidae* Kerremans
7. 金缘线斑吉丁 *Scintillatrix djingschani* Obenberger
8. 花绒潜吉丁 *Trachys mandarina* Obenberger

十二、皮蠹科 Dermestidae

1. 标本皮蠹 *Anthrenus verbasci*（Linnaeus）

十三、扁甲科 Cucujidae

1. 锈赤扁谷盗 *Cryptolestes ferrugineus*（Stephens）
2. 长角扁谷盗 *Cryptolestes pusillus*（Schönherr）

十四、谷盗科 Ostomidae

1. 大谷盗 *Tenebroides mauritanicus*（Linnaeus）

十五、露尾甲科 Nitidulidae

1. 脊胸露尾甲 *Carpophilus dimidiatus*（Fabricius）
2. 棉露尾甲 *Haptonchus luteolus*（Erichson）

十六、锯谷盗科 Silvanidae

1. 米扁虫 *Ahasverus advena*（Waltl）
2. 锯谷盗 *Oryzaephilus surinamensis*（Linnaeus）

十七、大蕈甲科 Erotylidae

1. *戈氏大蕈甲 *Episcopha gorhomi* Lewis
2. 红纹大蕈甲 *Episcapha fortunei* Crotch

十八、小蕈甲科 Mycetophagidae

1. 毛蕈甲 *Typhaea stercorea*（Linnaeus）

十九、瓢虫科 Coccinellidae

瓢虫亚科 Coccinellinae

1. 四斑裸瓢虫 *Calvia muiri*（Timberlake）
2. 狭臀瓢虫 *Coccinella transversalis*（Fabricius）

3. 异色瓢虫 *Harmonia axyridis*（Pallas）
4. 红肩瓢虫 *Harmonia dimidiata*（Fabricius）
5. 八斑瓢虫 *Harmonia octomaculata*（Fabricius）
6. 素鞘瓢虫 *Illeis cincta*（Fabricius）
7. 六斑月瓢虫 *Menochilus sexmaculata*（Fabricius）
8. 稻红瓢虫 *Micraspis discolor*（Fabricius）
9. 十二斑巧瓢虫 *Oenopia bissexnotata*（Mulsant）
10. 龟纹瓢虫 *Propylaea japonica*（Thunberg）

盔唇瓢虫亚科 Chilocorinae

11. 闪蓝红点唇瓢虫 *Chilocorus chalybeatus* Gorham
12. 黑缘红瓢虫 *Chilocorus rubidus* Hope
13. 红点唇瓢虫 *Chilocorus kuwanae* Silvestri
14. 宽缘唇瓢虫 *Chilocorus rufitarsus* Motschulsky
15. 艳色广盾瓢虫 *Platynaspis lewisii* Grotch

红瓢虫亚科 Coccidulinae

16. 红环瓢虫 *Rodolis limbata* Motschulsky
17. 大红瓢虫 *Rodolia rufopilosa* Mulsant

小毛瓢虫亚科 Scymninae

18. 黑襟毛瓢虫 *Scymnus hoffmanni* Weise
19. 深点食螨瓢虫 *Stethorus punctillum* Weise

食植瓢虫亚科 Epilachninae

20. 叶突食植瓢虫 *Epilachna folifera* Pang et Mao
21. 十斑食植瓢虫 *Epilachna macularis* Mulsant
22. 茄二十八星瓢虫 *Henosepilachna vigintioctomaculata*（Motschulsky）

二十、芫菁科 Meloidae

1. 豆芫菁 *Epicauta gorhami* Marseul
2. 红头豆芫菁 *Epicauta ruficeps* Illiger
3. 毛胫豆芫菁 *Epicauta tibialis* Waterhouse
4. 心胸短翅芫菁 *Meloe subcordicollis* Fairmaire
5. 大斑芫菁 *Mylabris phalerata*（Pallas）

二十一、拟步甲科 Tenebrionidae

1. 小菌虫 *Alphitobius diaperinus*（Panzer）
2. 黑菌虫 *Alphitobius laevigatus*（Fabricius）
3. 姬帕谷盗 *Palorus ratzeburgi*（Wissmann）
4. 黄粉虫 *Tenebrio molitor* Linnaeus
5. 黑粉甲 *Tenebrio obscurus* Fabricius
6. 赤拟谷盗 *Tribolium castaneum*（Herbst）

二十二、伪叶甲科 Lagriidae

1. 黑胸伪叶甲 *Lagria nigricollis* Hope

二十三、粉蠹科 Lyctidae

1. 中华粉蠹 *Lyctus sinensis* Lesne

二十四、长蠹科 Bostrichidae

1. 日本竹长蠹 *Dinoderus japonicus* Lesne

2. 竹长蠹 *Dinoderus minutus*（Fabricius）

3. 二突异齿长蠹 *Heterobostrychus hamatipennis*（Lesne）

二十五、窃蠹科 Anobiidae

1. 烟窃蠹 *Lasioderma serricorne*（Fabricius）

二十六、蛛甲科 Ptinidae

1. 黄蛛甲 *Niptus hololeucus*（Faldermann）

二十七、锹甲科 Lucanidae

1. 巨锯锹甲 *Serrognathus titanus* Boiscuval

二十八、金龟科 Scarabaeidae

1. 神农洁蜣螂 *Catharsius molossus*（Linnaeus）

2. 疣侧裸蜣螂 *Gymnopleurus brahminus* Weterhouse

二十九、鳃金龟科 **Melolonthidae**

1. 尖歪鳃金龟 *Cyphochilus apicalis* Waterhouse

2. 大等鳃金龟 *Exolontha serrulata*（Gyllenhal）

3. 江南大黑鳃金龟 *Holotrichia gebleri* Falder

4. 宽齿鳃金龟 *Holotrichia lata* Brenske

5. 铅灰齿爪鳃金龟 *Holotrichia plumbea* Hope

6. 大土黄鳃金龟 *Lepidiota* sp.

7. 顶蚂绢鳃金龟 *Maladera verticalis* Fairmaire

8. 闽正鳃金龟 *Malaisius fujianensis* Zhang

9. 台云鳃金龟 *Polyphylla formosana* Nijima et Matsumura

10. 霉云鳃金龟 *Polyphylla nubecula* Frey

11. 东方绒鳃金龟 *Serica orientalis* Motschulsky

三十、丽金龟科 **Rutelidae**

1. 中华喙丽金龟 *Adoretus sinicus* Burmeister

2. 毛斑喙丽金龟 *Adoretus tenuimaculatus* Waterhouse

3. 古黑异丽金龟 *Anomala antiqua*（Gyllenhal）

4. 绿脊异丽金龟 *Anomala aulax* Wiedemann

5. 铜绿异丽金龟 *Anomala corpulenta* Motschulsky

6. 大绿异丽金龟 *Anomala cupripes*（Hope）

7. 大光绿异丽金龟 *Anomala expansa* Bates

8. 红翅异丽金龟 *Anomala semicastanea* Fairmaire

9. 墨绿彩丽金龟 *Mimela splendens*（Gyllenhal）

10. 曲带弧丽金龟 *Popillia pustulata* Fairmaire

三十一、花金龟科 **Cetoniidae**

1. 小青花金龟 *Oxycetonia jucunda*（Faldermann）

2. 斑青花金龟 *Oxycetonia bealiae*（Gory et Percheron）

3. 褐锈花金龟 *Poecilophilides rusticola* Burmeister

4. 白星花金龟 *Protaetia brevitarsis*（Lewis）

5. 绿罗花金龟 *Rhomborrhina unicolor* Motschulsky

三十二、犀金龟科 **Dynastidae**

1. 双叉犀金龟 *Allomyrina dichotoma*（Linnaeus）

三十三、长臂金龟科 **Euchiridae**

1. 阳彩臂金龟 *Cheirotonus jansoni* Jordan

三十四、天牛科 **Cerambycidae**

锯天牛亚科 Prioninae

1. 樟扁天牛 *Eurypoda batesi* Gahan

2. 中华薄翅天牛 *Megopis sinica*（White）

3. 锯天牛 *Prionus insularis* Motschulsky

4. 桔根锯天牛 *Priotyrranus closteroides*（Thomson）

狭胸天牛亚科 Philinae

5. 狭胸天牛 *Philus antennatus*（Gyllenhal）

幽天牛亚科 Aseminae

6. 凹胸梗天牛 *Arhopalus oberthuri*（Sharp）

7. 椎天牛 *Spondylis buprestoides*（Linnaeus）

花天牛亚科 Lepturinae

8. 蚤瘦花天牛 *Strangalia fortunei* Pascoe

天牛亚科 Cerambycinae

9. 楝闪光天牛 *Aeolesthes induta*（Newman）

10. 桃红颈天牛 *Aromia bungii*（Faldermann）

11. 中华蜡天牛 *Ceresium sinincum* White

12. 竹绿虎天牛 *Chlorophorus annularis*（Fabricius）

13. 弧纹绿虎天牛 *Chlorpophorus miwai* Gressitt

14. 栎红胸天牛 *Dere thoracica* White

15. 油茶红天牛 *Erythrus blairi* Gressitt

16. 弧斑红天牛 *Erythrus fortunei* White

17. 栗山天牛 *Massicus raddei*（Blessig）

18. ＊三带山天牛 *Massicus trilineatus fasciatus*（Matsushita）

19. 橘褐天牛 *Nadezhdiella cantori*（Hope）

20. 黄带多带天牛 *Polyzonus fasciatus*（Fabricius）

21. 竹紫天牛 *Purpuricenus temminckii* Guérin – Meneville

22. 粗鞘杉天牛 *Semanotus sinoauster*（Gressitt）

23. 粗脊天牛 *Trachylophus sinensis* Gahan

沟胫天牛亚科 Lamiinae

24. 灰长角天牛 *Acanthocinus aedilis*（Linnaeus）

25. 黑棘翅天牛 *Aethalodes verrucosus* Gahan

26. 毛角多节天牛 *Agapanthia pilicornis*（Fabricius）

27. 星天牛 *Anoplophora chinensis*（Förster）

28. 光肩星天牛 *Anoplophora glabripennis* Motschulsky

29. 黑星天牛 *Anoplophora leechi*（Gahan）

30. 粒肩天牛 *Apriona germari* Hope
31. 黄荆重突天牛 *Astathes episcopalis* Chevrolat
32. 黑跗眼天牛 *Bacchisa atritarsis*（Pic）
33. 梨眼天牛 *Bacchisa fortunei*（Thomson）
34. 橙斑白条天牛 *Batocera davidis* Deyrolle
35. 云斑白条天牛 *Batocera horsfieldi*（Hope）
36. 双带粒翅天牛 *Lamiomimus gottschei* Kolbe
37. 黑角瘤筒天牛 *Linda atricornis* Pic
38. 顶斑瘤筒天牛 *Linda fraterna*（Chevrolat）
39. 松墨天牛 *Monochamus alternatus* Hope
40. ＊缝翅墨天牛 *Monochamus gravidus* Pascoe
41. 小吉丁天牛 *Niphona parallela* White
42. 台湾筒天牛 *Oberea formosana* Pic
43. 暗翅筒天牛 *Oberea fuscipennis*（Chevrolat）
44. 黑腹筒天牛 *Oberea nigriventris* Bates
45. 点粉天牛 *Olenecamptus clarus* Pascoe
46. 八星粉天牛 *Olenecamptus octopustulatus*（Motschulsky）
47. 苎麻双脊天牛 *Paraglenea fortunei*（Saunders）
48. 眼斑齿胫天牛 *Paraleprodera diophthalma*（Pascoe）
49. 菊小筒天牛 *Phytoecia rufiventris* Gautier
50. 麻斑坡天牛 *Pterolophia zebrina*（Pascoe）
51. 黄带刺楔天牛 *Thermistis croceocincta*（Saunders）

三十五、豆象科 Bruchidae
1. 豌豆象 *Bruchus pisorum*（Linnaeus）
2. 蚕豆象 *Bruchus rufimanus* Boheman
3. 绿豆象 *Callosobruchus chinensis*（Linnaeus）

三十六、负泥虫科 Crioceridae
茎甲亚科 Sagrinae
1. 紫茎甲 *Sagra femorata purpurea* Lichtenstein
水叶甲亚科 Donaciinae
2. 长腿水叶甲 *Donacia provosti* Fairmaire
负泥虫亚科 Criocerinae
3. 蓝翅负泥虫 *Lema honorata* Baly
4. 纤负泥虫 *Lilioceris egena*（Weise）
5. 斑肩负泥虫 *Lilioceris scapularis*（Baly）
6. 水稻负泥虫 *Oulema oryzae*（Kuwayama）

三十七、肖叶甲科 Eumolpidae
肖叶甲亚科 Eumolpinae
1. 肖钝角胸叶甲 *Basilepta pallidula*（Baly）
2. 李叶甲 *Cleoporus variabilis*（Baly）
3. 刺股沟臀叶甲 *Colaspoides opaca* Jacoby

4. 大毛叶甲 *Trichochrysea imperialis*（Baly）
5. 银纹毛叶甲 *Trichochrysea japana*（Motschulsky）
隐头叶甲亚科 Cryptocephalinae
6. 十四斑隐头叶甲 *Cryptocephalus tetradecaspilotus* Baly
锯叶甲亚科 Clytrinae
7. 梳叶甲 *Clytrasoma palliatum*（Fabricius）

三十八、叶甲科 Chrysomelidae
叶甲亚科 Chrysomelinae
1. 琉璃榆叶甲 *Ambrostoma fortunei* Baly
2. 柳二十斑叶甲 *Chrysomela vigintipunctata*（Scopoli）
3. 蒿金叶甲 *Chrysolina aurichalcea*（Mannerheim）
4. 大猿叶甲 *Colaphellus bowringii* Baly
5. 梨斑叶甲 *Paropsides soriculata*（Swartz）
6. 柳圆叶甲 *Plagiodera versicolora*（Laicharting）
萤叶甲亚科 Galerucinae
7. 旋心异跗萤叶甲 *Apophylia flavovirens*（Fairmaire）
8. 印度黄守瓜 *Aulacophoru indica*（Gmelin）
9. 黑足守瓜 *Aulacophoru nigripennis* Motschulsky
10. 二纹柱萤叶甲 *Gallerucida bifasciata* Motschulsky
11. 枫杨扁叶甲 *Gastrolina depressa* Baly
12. 斑刻拟柱萤叶甲 *Laphris emarginata* Baly
13. 黑条麦萤叶甲 *Medythia nigrobilineatas*（Motschulsky）
14. 桑黄米萤叶甲 *Mimastra cyanura*（Hope）
15. 双斑长跗萤叶甲 *Monolepta hieroglyphica*（Motschulsky）
16. 蓝翅瓢萤叶甲 *Oides bowringii*（Baly）
17. 宽缘瓢萤叶甲 *Oides macalatus*（Olivier）
18. 枫香凹翅萤叶甲 *Paleosepharia liquidambara* Gressitt et Kimoto
跳甲亚科 Alticinae
19. 黑角直缘跳甲 *Ophrida spectabilis*（Baly）
20. 黄曲条跳甲 *Phyllotreta striolata*（Fabricius）
21. 桔潜跳甲 *Podagricomela nigricollis* Chen
22. 黄色凹缘跳甲 *Podontia lutea*（Olivier）

三十九、葬甲科 Silphidae
1. 黑负葬甲 *Necrophorus concolor* Kraatz
2. 尼负葬甲 *Necrophorus nepalensis* Hope

四十、水龟甲科 Hydrophilidae
1. 大黑水龟甲 *Hydrophilus acuminatus* Motschulsky

四十一、铁甲科 Hispidae
铁甲亚科 Hispinae

1. 竹丽甲 *Callispa bowringi* Baly
2. 竹红颈蓝丽铁甲 *Callispa fortunei* Baly
3. 三刺趾铁甲 *Dactylispa issiki* Chûjô
4. 水稻铁甲 *Dicladispa armigera*（Olivier）
龟甲亚科 Cassidinae
5. 北锯龟甲 *Basiprionota bisignata*（Boheman）
6. 大锯龟甲 *Basiprionota chinensis*（Fabricius）
7. 黑盘锯龟甲 *Basiprionota whitei*（Boheman）
8. 蒿龟甲 *Cassida fuscorufa* Motschulsky
9. 虾钳菜日龟甲 *Cassida japana* Baly
10. 甘薯腊龟甲指名亚种 *Laccoptera quadrimaculata quadri-maculata*（Thunberg）

四十二、卷象科 Attelabidae
1. 乌桕卷叶象 *Apoderus bicallosicollis* Voss
2. 栎卷象 *Apoderus jekelii* Roelf
3. 黑尾卷象 *Apoderus nigroapicatus* Jekel
4. 金绿卷叶象 *Byctiscus impressus* Fairmaire
5. 足红象 *Hemicolabus* sp.
6. 纯蓝卷叶象 *Isolabus longicollis* Fairmaire
7. 肩角栗色象 *Laprolabus bihastatus* Frivaldlszky
8. 栗卷叶象 *Paracycnotrachelus longiceps* Motschulsky
9. 枫杨卷象 *Paroplapoderus semiamulatus* Jekel
10. 桃虎 *Rhynchites confragossicollis* Voss

四十三、锥象科 Brenthidae
1. 三锥象虫 *Baryrrhynchus powei* Roelofs
2. 栗色三锥象 *Pseudorychodes insignis* Lewis

四十四、象甲科 Curculionidae
隐颊象亚科 Rhynchophorinae
1. 土色白线隐颊象 *Cryptoderma fortunei* Waterhouse
2. 一字竹象 *Otidognathus davidi* Fairmaire
3. 笋小象 *Otidognathus jansoni* Roelofs
4. 竹小象 *Otidognathus nigropictus* Fabricius
5. 松瘤象 *Sipalus gigas*（Fabricius）
6. 玉米象 *Sitophilus zeamais*（Motschulsky）
耳喙象亚科 Otiorrhynchinae
7. 中国癞象 *Episomus chinensis* Faust
8. 茶丽纹象 *Myllocerinus aurolineatus* Voss
短喙象亚科 Brachyderinae
9. 淡灰疣象 *Dermatoxenus caesicollis*（Gyllenhyl）
10. 蓝绿象 *Hypomeces squamosus* Fabricius
11. 橘泥灰象 *Sympiezomias citri* Chao
象虫亚科 Curculioninae

12. 蒙栎象 *Curculio sikkimensis* Heller
树皮象亚科 Hylobiinae
13. 梨铁象 *Styanax apicatus* Heller
隐喙象亚科 Cryptorrhynchinae
14. 煤黑疣皮象 *Desmidophorus hebes* Fabricius
长足象亚科 Alcidodinae
15. 短胸长足象 *Alcidodes trifidus*（Pascoe）
水象亚科 Bagoinae
16. 稻象虫 *Echinocenmus spuameus*（Billberg）

四十五、小蠹科 Scolytidae
1. 纵坑切梢小蠹 *Tomicus piniperda* Linnaeus
2. 横坑切梢小蠹 *Tomicus minor* Hartig
3. 杉肤小蠹 *Phloeosinus sinensis* Schedl

XⅧ 长翅目 MECOPTERA
一、蚊蛉科 Bittacidae
1. 蚊蛉 *Bittacus pieli* Navas
2. 新蝎蛉 *Neopanorpa* sp.

XⅨ 鳞翅目 LEPIDOPTERA
一、蝙蝠蛾科 Hepialidae
1. 湖南棒蝙蛾 *Napialus hunanensis* Chu et Wang
2. 一点蝙蛾 *Phassus signifer sinensis* Moore
二、木蠹蛾科 Cossidae
豹蠹蛾亚科 Zeuzerinae
1. 咖啡豹蠹蛾 *Zeuzera coffeae* Nietner
2. 梨豹蠹蛾 *Zeuzera pyrina*（Linne）
三、叶潜蛾科 Phyllocnistidae
1. 柑橘叶潜蛾 *Phyllocnistis citrella* Stainton
四、雕蛾科 Glyphipterigidae
1. 虎杖雕蛾 *Lamprystica igneola* Stringer
五、菜蛾科 Plutellidae
1. 菜蛾 *Plutella xylostella* Linnaeus
六、巢蛾科 Yponomeutidae
1. 黄斑巢蛾 *Anticrates tridelta* Meyrick
2. 乌饭树巢蛾 *Saridoscelis sphenias* Meyrick
3. 青冈栎小白巢蛾 *Thecobathra anas*（Stringer）
4. 灰色巢蛾 *Yponomeuta griseatus* Moriuti
七、尖蛾科 Cosmopterygidae
1. 茶梢尖蛾 *Parametriotes theae* Kuznetzov
八、麦蛾科 Gelechiidae
1. 甘薯阳麦蛾 *Helcystogramma triannulella*（Herrich-Schä-ffer）
2. 二点麦蛾 *Nothris heriguronis* Matsumura

3．红铃麦蛾 *Pectinophora gossypeiella*（Saunders）

4．麦蛾 *Sitotroga cerealella*（Olivier）

九、木蛾科 Xyloryctidae

1．茶木蛾 *Linoclostis gonatias* Meyrick

2．铁杉木蛾 *Metathrinca*（*Prochoryctis*）*tsugensis* Kearfott

十、草蛾科 Ethmiidae

1．天目山草蛾 *Ethmia epitrocha* Meyrick

十一、织蛾科 Oecophoridae

1．长腿织蛾 *Acolarcha eophthalma* Méyrick

2．油茶织蛾 *Casmara patrona* Meyrick

3．点线织蛾 *Promalactis suzukiella*（Matsumura）

十二、蛀果蛾科 Carposinidae

1．桃小食心虫 *Carposina niponensis* Walsingham

十三、卷蛾科 Tortricidae

卷蛾亚科 Tortricinae

1．棉褐带卷蛾 *Adoxophyes orana orana*（Fischer von Röslerstamm）

2．美黄卷蛾 *Archips sayonae* Kawabe

3．茶长卷蛾 *Homona magnanima* Diakonoff

小卷蛾亚科 Olcthreutinae

4．艾花小卷蛾 *Eucosma*（*Phaneta*）*metzneriana*（Treitschke）

5．异形小圆斑小卷蛾 *Eudemopsis heteroclita* Liu et Bai

6．梨小食心虫 *Grapholitha molesta*（Busck）

7．栎叶小卷蛾 *Pelataea bicolor*（Walsingham）

8．精细小卷蛾 *Philacantha pryeri*（Walsingham）

9．杉梢花翅小卷蛾 *Lobesia*（*Neodasyphora*）*cunninghamiacola*（Liu et Bai）

10．大弯月小卷蛾 *Saliciphaga caesia* Falkovitsh

十四、纹蛾科 Cochylidae

1．圆瓣纹蛾 *Cochylidia contumescens*（Meyrick）

十五、羽蛾科 Pterophoridae

1．乌莓羽蛾 *Nippoptilia minor* Hori

十六、螟蛾科 Pyralidae

蜡螟亚科 Galleriinae

1．大蜡螟 *Galleria mellonella*（Linnaeus）

2．一点缀螟 *Paralipsa gularis*（Zeller）

草螟亚科 Crambinae

3．日本巢草螟 *Ancylolomia japonica* Zeller

4．黑点髓草螟 *Calamotropha nigripunctella*（Leech）

5．二化螟 *Chilo suppressalis*（Walker）

6．茭白草螟 *Chilo zizaniae* Wang et Sung

7．黑斑金草螟 *Chrysoteuchia atrosignata*（Zeller）

8．双纹金草螟 *Chrysoteuchia diplogramma*（Zeller）

9．饰纹草螟 *Crambus ornatellus* Leech

10．竹黄腹大草螟 *Eschata miranda* Bles-zynski

11．三点茎草螟 *Pediasia mixtalis*（Walker）

12．黄纹银草螟 *Pseudargyia interruptella*（Walker）

13．齿纹细草螟 *Roxita szetsrhwanella*（Caradja）

禾螟亚科 Sehoenobiinae

14．褐边螟 *Catagela adjurella* Walker

15．圆斑黄缘禾螟 *Cirrhochrista brizoalis* Walker

16．三化螟 *Scirpophaga incertulas*（Walker）

拟斑螟亚科 Anerastiinae

17．水稻拟斑螟 *Emmalocera gensanalis* South

斑螟亚科 Phycitinae

18．干果斑螟 *Cadra cautella*（Walker）

19．白条紫斑螟 *Calguria defiguralis* Walker

20．高粱穗隐斑螟 *Cryptoblabes gnidiella*（Milliére）

21．微红梢斑螟 *Dioryctria rubella* Hampson

22．赤松梢斑螟 *Dioryctria sylvestrella* Ratzeburg

23．豆荚斑螟 *Etiella zinckenella*（Trietschke）

24．梨云翅斑螟 *Nephopteryx pirivorella* Matsumura

25．红翅鳃斑螟 *Salebria semirubella*（Scopoli）

丛螟亚科 Epipaschiinae

26．黑缘白丛螟 *Anartula melanophia*（Staudinger）

27．缀叶丛螟 *Locastra muscosalis*（Walker）

28．盐肤木瘤丛螟 *Orthaga euadrusalis* Walker

29．锈斑丛螟 *Stericta rubiginetincta* Caradja

30．黄纹丛螟 *Stericta haraldusalis*（Walker）

31．麻楝棘丛螟 *Termioptycha margarita*（Butler）

32．白带网丛螟 *Teliphasa albifusa*（Hampson）

歧角螟亚科 Endotrichinae

33．* 毛锥歧角螟 *Cotachena pubescens*（Warren）

34．一点槐歧角螟 *Endotricha hypogrammalis* Hampson

35．切翅歧角螟 *Diplopseustis perieresalis*（Walker）

螟蛾亚科 Pyralinae

36．米缟螟 *Aglossa dimidiata*（Haworth）

37．黑褐双纹螟 *Herculia japonica* Warren

38．赤双纹螟 *Herculia pelasgalis*（Walker）

39．蜂巢螟 *Hypsopygia mauritalis* Boisduval

40．褐鹦螟 *Loryma recursata* Walker

41. 泡桐银纹螟 *Mimicia pseudolibatrix* Caradja

42. 金双点螟 *Orybina flaviplaga* Walker

43. 艳双点螟 *Orybina regalis* Leech

44. 长尖须螟 *Paracme racilialis* (Walker)

45. 黑脉厚须螟 *Propachys nigrivena* Walker

46. 紫斑谷螟 *Pyralis farinalis* Linnaeus

47. 金黄螟 *Pyralis regalis* Schiffermüller et Denis

48. 杂纹短须螟 *Sacada confutsealis* Caradja

49. 并纹褐叶螟 *Sybrida approximans* (Leech)

50. 朱硕螟 *Toccolosida rubriceps* Walker

水螟亚科 Nymphulinae

51. 黄斑水螟 *Aulacodes peribocalis* Walker

52. 华斑水螟 *Aulacodes sinensis* Hampson

53. 稻暗水螟 *Bradina admixtalis* (Walker)

54. 褐纹水螟 *Cataclysta blandialis* Walker

55. 饰光水螟 *Luma ornatalis* (Leech)

56. 黑萍水螟 *Nymphula enixalis* (Swinhoe)

57. 黄纹水螟 *Nymphula fengwhanalis* (Pryer)

58. 棉水螟 *Nymphula interruptalis* (Pryer)

69. 褐萍水螟 *Nymphula turbata* (Butler)

60. 稻水螟 *Nymphula vittalis* (Bremer)

61. 广东点水螟 *Oligostigma kwangtungialis* Caradja

62. 三点筒水螟 *Parapoynx stagnalis* (Zeller)

63. 珍洁水螟 *Parthenodes prodigalis* (Leech)

64. 褐冠水螟 *Piletocera aegimiusalis* (Walker)

野螟亚科 Pyraustinae

65. 白桦角须野螟 *Agrotera nemoralis* Scopli

66. 茶须野螟 *Analthes semitritalis* Lederer

67. 白斑翅野螟 *Bocchoris inspersalis* (Zeller)

68. 齿斑翅野螟 *Bocchoris onychinalis* (Guenée)

69. 黄翅缀叶野螟 *Botyodes diniasalis* Walker

70. 大黄缀叶野螟 *Botyodes principalis* Guenèe

71. 金黄镰翅野螟 *Circobotys aurealis* (Leech)

72. 稻纵卷叶螟 *Cnaphalocrocis medinalis* Guenée

73. 竹织叶野螟 *Coclebotys coclesalis* (Walker)

74. 桃蛀野螟 *Conogethes punctiferalis* (Guenée)

75. 竹绒野螟 *Crocidophora evenoralis* (Walker)

76. 竹淡黄翅野螟 *Demobotys pervulgalis* (Hampson)

77. 齿纹绢野螟 *Diaphania crithusalis* (Walker)

78. 目斑纹翅野螟 *Diasemia distinctalis* Leech

79. 瓜绢野螟 *Diaphania indica* (Saunders)

80. 白蜡绢野螟 *Diaphania nigropunctalis* (Bremer)

81. 黄杨绢野螟 *Diaphania perspectalis* (Walker)

82. 桑绢野螟 *Diaphania pyloalis* (Walker)

83. 褐纹翅野螟 *Diasemia accalis* Walker

84. 虎纹蛀野螟 *Dichocrocis tigrina* (Moore)

85. 黄翅叉端环野螟 *Eumorphobotys eumorphalis* (Camdja)

86. 叶展须野螟 *Eurrhyparodes bracteolalis* Zeller

87. * 白纹展须野螟 *Eurrhyparodes leechi* South

88. 黑环犁角野螟 *Goniorhynchus exemplaris* Hampson

89. 菜螟 *Hellula undalis* Fabricius

90. 水稻切叶野螟 *Herpetogramma licarsisalis* (Walker)

91. 葡萄切叶卷野螟 *Herpetogramma luctuosalis* (Guenée)

92. 赭翅长距野螟 *Hyalobathra coenostolalis* Snellen

93. 艳瘦翅野螟 *Ischnurges gratiosalis* Walker

94. 茄白翅野螟 *Leucinodes orbonalis* Guenée

95. 宽缘刷须野螟 *Marasmia latimarginalis* Hampson

96. 豆荚野螟 *Maruca testulalis* Geyer

97. 黑点蚀叶野螟 *Nacoleia commixta* (Butler)

98. 豆蚀叶野螟 *Nacoleia indicata* (Fabricius)

99. 三纹蚀叶野螟 *Nacoleia tristrialis* (Bremer)

100. 麦牧野螟 *Nomophila noctuella* Schiffermüller et Denis

101. 棉卷叶野螟 *Notarcha derogata* (Fabricius)

102. 亚洲玉米螟 *Ostrinia furnacalis* (Guenée)

103. 豆秆野螟 *Ostrinia zealis varialis* Bremer

104. 接骨木尖须野螟 *Pagyda amphisalis* (Walker)

105. 白斑黑野螟 *Phlyctaenia tyres* Cramer

106. 枇杷肋野螟 *Sylepta balteata* (Fabricius)

107. 三条肋野螟 *Pleuroptya chlorophanta* (Butler)

108. 四斑卷叶野螟 *Pleuroptya quadrimaculalis* (Kollar)

109. 大白斑野螟 *Polythlipta liquidalis* Leech

110. 泡桐卷叶野螟 *Pycnarmon cribrata* (Fabricius)

111. 豹纹卷叶野螟 *Pycnarmon pantherata* (Butler)

112. 紫苏野螟 *Pyrausta phoenicealis* Hübner

113. 斑点卷叶野螟 *Sylepta maculalis* Leech

114. 宁波卷叶野螟 *Sylepta ningpoalis* Leech

115. 台湾卷叶野螟 *Sylepta taiwanalis* Shibuya

116. 咖啡浆果蛀野螟 *Thliptoceras octoguttale* Felder et Rogenhoffer

117. 橙黑纹野螟 *Tyspanodes striata* (Butler)

十七、透翅蛾科 Sesiidae

1. 樟兴透翅蛾 *Synanthedon* sp.

2. 拟褐珍透翅蛾 *Zenodoxus sinmifuscus* Xu et Liu

十八、蓑蛾科 Psychidae

1. 蜡彩蓑蛾 *Chalia larminati* Heylaerts

2. 茶窠蓑蛾 *Clania minuscula* Butler

3. 大窠蓑蛾 *Clania variegata* Snellen

4. 白囊蓑蛾 *Chalioides kondonis* Matsumura

十九、斑蛾科 Zygaenidae

1. 竹小斑蛾 *Artona funeralis* Butler

2. 稻小斑蛾 *Artona octomaculata*（Bremer）

3. 黄纹旭锦斑蛾 *Campylotes pratti* Leech

4. 华庆锦斑蛾 *Erasmia pulchella chinensis* Jordan

5. 茶柄脉锦斑蛾 *Eterusia aedea*（Clerck）

6. 重阳木帆锦斑蛾 *Histia rhodope* Cramer

7. 梨叶斑蛾 *Illiberis pruni* Dyar

8. 透翅硕斑蛾 *Piarosoma hyalina thibetana* Oberthür

二十、刺蛾科 Limacodidae

1. *锯纹歧刺蛾 *Apoda dentatus* Oberthur

2. 艳刺蛾 *Arbelarosa rufotessellata*（Moore）

3. 灰双线刺蛾 *Cania bilineata*（Walker）

4. 仿姹刺蛾 *Chalcoscelides castaneipars*（Moore）

5. 黄刺蛾 *Cnidocampa flavescens*（Walker）

6. 窃达刺蛾 *Darna trina*（Moore）

7. 长须刺蛾 *Hyphorna minax* Walker

8. 银点绿刺蛾 *Latoia alpipuncta* Hampson

9. 两色绿刺蛾 *Latoia bicolor*（Walker）

10. 褐边绿刺蛾 *Latoia consocia* Walker

11. 丽绿刺蛾 *Latoia lepida*（Cramer）

12. 两点绿刺蛾 *Latoia liangdiana* Cai

13. 媚绿刺蛾 *Latoia repanda* Walker

14. 迹斑绿刺蛾 *Latoia pastoradis*（Butler）

15. 肖媚绿刺蛾 *Latoia pseudorepanda* Hering

16. 迹银纹刺蛾 *Miresa inornata* Walker

17. 斜纹刺蛾 *Oxyplax ochracea*（Moore）

18. 枣奕刺蛾 *Phlossa conjuncta*（Walker）

19. 角齿刺蛾 *Rhamnosa angulata kwangtungensis* Hering

20. 显脉球须刺蛾 *Scopelodes venosa kwangtungensis* Hering

21. 桑褐刺蛾 *Setora postornata*（Hampson）

22. 素刺蛾 *Susica pallida* Walker

23. 扁刺蛾 *Thosea sinensis*（Walker）

二十一、网蛾科 Thyrididae

1. 金盏拱肩网蛾 *Camptochilus sinuosus* Warren

2. 蝉网蛾 *Glanycus foochowensis* Chu et Wang

3. 黑蝉网蛾 *Glanycus tricolor* Moore

4. 板栗网蛾 *Rhodonoura exusta* Butler

5. *白眉网蛾 *Rhodoneura mediostrigata*（Warren）

6. 中带网蛾 *Rhodoneura midfascia* Chu et Wang

7. 四川斜线网蛾 *Striglina susuki szechwanensis* Chu et Wang

二十二、凤蛾科 Epicopeidae

1. 榆凤蛾 *Epicopeia mencia* Moore

二十三、圆钩蛾科 Cyclidiidae

1. 洋麻圆钩蛾 *Cyclidia substigmaria substigmaria*（Hübner）

二十四、钩蛾科 Drepanidae

1. 半豆斑钩蛾 *Auzata semipavonaria* Walker

2. 赭圆钩蛾 *Cyclidia orciferaria* Walker

3. 褐爪突圆钩蛾 *Cyclidia substigmaria brunna* Che et Wang

4. 缺缘钩蛾 *Leucoblepsis excisa* Hampson

5. 哑铃带钩蛾 *Macrocilix mysticata watsoni* Inoue

6. 中华大窗钩蛾 *Macrauzata maxima chinensis* Inoue

7. 丁铃钩蛾 *CMacrocilix mysticata campana* Chu et Wang

8. 交让木山钩蛾 *Oreta insignis*（Butler）

9. 接骨木山钩蛾 *Oreta loochooana* Swinhoe

10. 古钩蛾 *Palaeodrepana harpagula*（Esper）

11. 三线钩蛾 *Pseudalbara parvula*（Leech）

12. 仲黑缘钩蛾 *Tridrepana crocea*（Leech）

二十五、波纹蛾科 Thyatiridae

1. 沤泊波纹蛾 *Bomycia ocularis* Linnaeus

2. 浩波纹蛾 *Habrosyne derasa* Linnaeus

3. 白缘太波纹蛾 *Tethea albicosta*（Moore）

4. 宽太波纹蛾 *Tethea amplicata* Butler

5. 波纹蛾 *Thyatira batis* Linnaeus

二十六、燕蛾科 Uraniidae

1. 斜线燕蛾 *Acropteris iphiata* Guenée

二十七、尺蛾科 Geometridae

星尺蛾亚科 Oenochrominae

1. 女贞尺蛾 *Naxa seriara*（Motschulsky）

2. 三线沙尺蛾 *Sarcinodes aequilineaia*（Walker）

3. 二线沙尺蛾 *Sarcinodes carnearia* Guenee

尺蛾亚科 Geometinae

4. 萝藦艳青尺蛾 *Agathia carissima* Butler

5. 彩青尺蛾 *Chloromachia gavissima aphrodite* Prout

6. 长纹绿尺蛾 *Comibaena argentataria*（Leech）

7. 亚四目绿尺蛾 *Comostola subtiliaria*（Bremer）

8. 粉无缰青尺蛾 *Hemistola difuncta* Walker

9. 青颜锈腰青尺蛾 *Hemithea marina* Butler

10. 黄辐射尺蛾 *Iotaphora iridicolor*（Butler）

11. 中国巨青尺蛾 *Limbatochlamys rosthorni* Rothschild

12. 癞绿尺蛾 *Lophomachia semialba* Walker

13. 豆纹尺蛾 *Metallolophia arenaria*（Leech）

14. 枯斑翠尺蛾 *Ochrognesia difficta*（Walker）

15. 金星垂耳尺蛾 *Pachyodes amplificata* Walker

16. 蟥翅绿尺蛾 *Tanaorhinus reciprocata reciprocata*（Walker）

17. 三叉镰翅绿尺蛾 *Tanaorhinus vittata* Moore

18. 樟翠尺蛾 *Thalassodes quadraria* Guenée

19. 缺口镰翅青尺蛾 *Timandromorpha discolor*（Warren）

姬尺蛾亚科 Sterrhinae

20. 猫眼尺蛾 *Problepsis superans*（Butler）

21. 双珠严尺蛾 *Pylargosceles steganioides*（Butler）

22. 二线岩尺蛾 *Scopula monosena* Prout

23. 长毛岩尺蛾 *Scopula superciliata*（Prout）

24. 忍冬尺蛾 *Somatina indicataria indicataria*（Walker）

25. 同紫线尺蛾 *Timanadra convectaris* Walker

花尺蛾亚科 Larentiinae

26. 对白尺蛾 *Asthena undulata*（Wileman）

27. 常春藤泂纹尺蛾指名亚种 *Chartographa compositata compositata*（Guenée）

28. 多线泂纹尺蛾 *Chartographa plurilineata*（Walker）

29. 方折线尺蛾 *Ecliptopera benigna*（Prout）

30. 直折线尺蛾 *Ecliptopera rectilinea* Warren

31. 中国枯尺蛾指名亚种 *Gandaritis sinicaria sinicaria* Leech

灰尺蛾亚科 Ennominae

32. 丝棉木金星尺蛾 *Abraxas suspecta* Warren

33. 马鹿尺蛾 *Alcis postcandida* Wehrli

34. 侵星尺蛾 *Arichanna jaguararia* Guenee

35. 大造桥虫 *Ascotis selenaria*（Denis et Schaffmuller）

36. 焦边尺蛾 *Bizia aexaria* Walker

37. 油桐尺蛾 *Buzura suppressaria*（Guenée）

38. 毛穿孔尺蛾 *Corymica arnearia* Walker

39. 褐斑孔尺蛾 *Corymica specularia pryeri* Butler

40. 木橑尺蛾 *Culcula panterinaria*（Bremer et Grey）

41. 赭尾尺蛾 *Exurapteryx aristidaria*（Oberthur）

42. 金丰翅尺蛾 *Euryobeidia largeteaui*（Oberthur）

43. 缺口褐片尺蛾 *Fascellina chromataria* Walker

44. 灰绿片尺蛾 *Fascellina plagiata subvirens* Wehrli

45. 贡尺蛾 *Gonodontis aurata* Prout

46. 宽翅隐尺蛾 *Heterolocha aristonaria niphonica* Butler

47. 隐尺蛾 *Heterolocha phaenicotaeniata* Koller

48. * 紫玫隐尺蛾 *Heterolocha rosearia* Leech

49. 光边锦尺蛾 *Heterostegane hyriaria* Warren

50. 黑纹灰尺蛾 *Hirasa paupera* Butler

51. 缨封尺蛾 *Hydatocapnia fimbriata* Yazaki

52. * 黑红蚀尺蛾 *Hypochrosis baenzigeri* Inoue

53. 四点蚀尺蛾 *Hypochrosis rufescens*（Butler）

54. 钩翅尺蛾 *Hyposidra aquilaria* Walker

55. 茶用克尺蛾 *Jankowskia athleta* Oberthür

56. 橄璃尺蛾 *Krananda oliveomarginata* Swinhoe

57. 玻璃尺蛾 *Krananda semihyalina* Moore

58. 隐纹辉尺蛾 *Luxiaria contigaria* Walker

59. 桑尺蛾 *Menophra atrilineata*（Butler）

60. 清波皎尺蛾 *Myrteta tinagmaria*（Guenée）

61. 黄缘霞尺蛾 *Nothomiza flavicosta* Prout

62. 巨长翅尺蛾 *Obeidia gigantearia* Leech

63. 择长翅尺蛾 *Obeidia tigrata neglecta* Thierry – Mieg

64. 核桃四星尺蛾 *Ophthalmitis albosignaria*（Bremer et Grey）

65. 四星尺蛾 *Ophthalmitis iroraria*（Bremer et Grey）

66. 长尾尺蛾 *Ourapteryx clara* Butler

67. 雪尾尺蛾 *Ourapteryx nivea* Butler

68. 拟柿星尺蛾 *Percnia albinigrata* Warren

69. 川匀点尺蛾 *Percnia belluaria sifanica* Wehrli

70. 柿星尺蛾 *Percnia giraffata*（Guenée）

71. 散斑点尺蛾 *Percnia luridaria*（Leech）

72. 连斑丸尺蛾 *Plutodes cyclaria* Grenée

73. 华南桔斑傲尺蛾 *Proteostrenia ochrimacula ochrispila* Wehrli

74. 紫白尖尺蛾 *Pseudomiza oblquaria*（Leech）

75. 华南玫飒尺蛾 *Sabaria rosearia compsa* Wehrli

76. 衡山常庶尺蛾 *Semiothisa normata hongshania* Wehrli

77. 雨尺蛾 *Semiothisa pluviata*（Fabricius）

78. 金叉俭尺蛾 *Spilopera divaricata*（Moore）

79. 三角尺蛾 *Trigonoptila latimarginaria*（Leech）

80. 华扭尾尺蛾 *Tristrophis rectifascia opisthomata* Wehrli

81. 黑玉臂尺蛾 *Xandrames dholaria sericea* Butler

82. 折玉臂尺蛾 *Xandrames latiferaria*（Walker）

83. 中国虎尺蛾 *Xanthabraxas hemionata*（Guenée）

二十八、舟蛾科 Notodontidae

1. 半明奇舟蛾 *Allata laticostalis* （Hampson）
2. 杨二尾舟蛾 *Cerura menciana* Moore
3. 分月扇舟蛾 *Clostera anastomosis* （Linnaeus）
4. 黑蕊尾舟蛾 *Dudusa sphingiformis* Moore
5. 栎纷舟蛾 *Fentonia ocypete* （Bremer）
6. 钩翅舟蛾 *Gangarides dharma* Moore
7. 赣闽舟蛾 *Ganminia hamata* Cai
8. 岐怪舟蛾 *Hagapteryx kishidai* Nakamura
9. 灰颈缰舟蛾 *Hexafrenum argillacea* （Kiriakoff）
10. 明白颈缰舟蛾 *Hexafrenum leucodera* （Staudinger）
11. 黄二星舟蛾 *Lampronadata cristata* Butler
12. 竹缕舟蛾 *Loudonda dispar* （Kiriakoff）
13. 间掌舟蛾 *Mesophalera sigmata* （Butler）
14. 杨小舟蛾 *Micromelalopha sieversi* （Staudinger）
15. 竹拟皮舟蛾 *Mimopydna insignis* （Leech）
16. 大新二尾舟蛾 *Neocerura wisei* （Swinhoe）
17. 云舟蛾 *Neopheosia fasciata* （Moore）
18. 新奇舟蛾 *Neophyta sikkima* （Moore）
19. 梭舟蛾 *Netria viridescens* Walker
20. 浅黄箩舟蛾 *Norraca decurrens* （Moore）
21. 竹箩舟蛾 *Norraca retrofusca de* Joannis
22. 槐羽舟蛾 *Phalera assimilis* （Bremer et Grey）
23. 高粱舟蛾 *Phalera combusta* （Walker）
24. 皮舟蛾 *Pydna testacea* Walker
25. 榆掌舟蛾 *Phalera fuscescens* Butler
26. 苹掌舟蛾 *Phalera flavescens* （Bremer et Grey）
27. 白斑胯白舟蛾 *Quadricalcarifera fasciata* （Moore）
28. 枝舟蛾 *Ramesa tosta* Walker
29. 茅莓蚁舟蛾 *Stauropus basalis* Moore
30. 绿蚁舟蛾 *Stauropus virescens* Moore
31. 点舟蛾 *Stigmatophorina hammamelis* Mell
32. 核桃美舟蛾 *Uropyia meticulodina* （Oberthür）

二十九、毒蛾科 Lymantriidae

1. 茶白毒蛾 *Arctornis alba* （Bremer）
2. 褐结丽毒蛾 *Calliteara postfusca* （Swinhoe）
3. 点窗毒蛾 *Carriola diaphora* （Collenette）
4. 肾毒蛾 *Cifuna locuples* Walker
5. 点茸毒蛾 *Dasychira angulata* Hampson
6. 松棕毒蛾 *Dasychira axutha* Collenette
7. 雀茸毒蛾 *Dasychira melli* Collenette
8. 刻丽毒蛾 *Dasychira taiwana* （Wileman）

9. 脉黄毒蛾 *Euproctis albovenosa* （Semer）
10. 乌桕黄毒蛾 *Euproctis bipunctapex* （Hampson）
11. 折带黄毒蛾 *Euproctis flava* （Bremer）
12. 红尾黄毒蛾 *Euproctis lunata* Walker
13. 眼黄毒蛾 *Euproctis praecurrens* （Walker）
14. 茶黄毒蛾 *Euproctis pseudoconspersa* Strand
15. 匀黄毒蛾 *Euproctis uniformis* （Moore）
16. 脂素毒蛾 *Laelia gigantea* Butler
17. 素毒蛾 *Laelis coenosa* （Hübner）
18. 条毒蛾 *Lymantria dissoluta* Swinhoe
19. 杨雪毒蛾 *Leucoma candida* （Staudinger）
20. 舞毒蛾 *Lymantria dispar* （Linnaeus）
21. 栎果毒蛾 *Lymantria marginata* Walker
22. 栎毒蛾 *Lymantria mathura* Moore
23. 枫毒蛾 *Lymantria nebulosa* Wileman
24. 纭毒蛾 *Lymantria similis* Moore
25. 木毒蛾 *Lymantria xylina* Swinhoe
26. 白斜带毒蛾 *Numenes albofascia* （Leech）
27. 黄斜带毒蛾 *Numenes disparilis* Staudinger
28. 刚竹毒蛾 *Pantana phyllostachysae* Chao
29. 暗竹毒蛾 *Pantana pluto* （Leech）
30. 华竹毒蛾 *Pantana sinica* Moore
31. 直角点足毒蛾 *Redoa anserella* Collenette

三十、灯蛾科 Arctiidae

灯蛾亚科 Arctiinae

1. 大丽灯蛾 *Aglaomorpha histrio* （Walker）
2. 红缘灯蛾 *Aloa lactinea* （Cramer）
3. 乳白格灯蛾 *Areas galactina* （Hoeven）
4. 褐斑虎丽灯蛾 *Calpenia takamukui* Matsumura
5. 花布灯蛾 *Camptoloma interiorata* （Walker）
6. 黑条灰灯蛾 *Creatonotos gangis* （Linnaeus）
7. 八点灰灯蛾 *Creatonotos transiens* （Walker）
8. 伪姬白望灯蛾 *Lemyra anormala* （Daniel）
9. *多条望灯蛾 *Lemyra multivittata* （Moore）
10. 姬白望灯蛾 *Lemyra rhodophila* （Walker）
11. 火焰望灯蛾 *Lemyra flammeola* （Moore）
12. 奇特望灯蛾 *Lemyra imparilis* Butler
13. 粉蝶灯蛾 *Nyctemera adversata* （Schaller）
14. 红点浑黄灯蛾 *Rhyparioides subvarius* （Walker）
15. 显脉污灯蛾 *Spilarctia bisecta* （Leech）
16. 尘污灯蛾 *Spilarctia obliqua* （Walker）
17. 福建雪灯蛾 *Spilosoma fujianensis* Fang

18. 黄星雪灯蛾 *Spilosoma menthastri* （Linnaeus）

19. 人纹污灯蛾 *Spilarctia subcarnea* （Walker）

苔蛾亚科 Lithosiinae

20. 煤色滴苔蛾 *Agrisius fuliginosus* Moore

21. 条纹艳苔蛾 *Asura strigipennis* （Herrich - Schaffer）

22. 绣苔蛾 *Asuridia carnipicta* （Butler）

23. 橙褐华苔蛾 *Churinga virago* （Rothschild）

24. 蛛雪苔蛾 *Cyana ariadne* （Elwes）

25. 红束雪苔蛾 *Cyana fasciola* （Elwes）

26. ＊阴雪苔蛾 *Cyana puella* （Drury）

27. 锈斑雪苔蛾 *Cyana effracta* （Walker）

28. 优雪苔蛾 *Cyana hamata* （Walker）

29. 橘红雪苔蛾 *Cyana interrogationis* （Poujadae）

30. 黄边土苔蛾 *Eilema fumidisca* （Hampson）

31. 灰良苔蛾 *Eugoa grisea* Butler

32. 全黄荷苔蛾 *Ghoria holochrea* （Hampson）

33. 四点苔蛾 *Lithosia quadra* （Linnaeus）

34. 异美苔蛾 *Miltochrista aberrans* Butler

35. 俏美苔蛾 *Miltochrista convexa* Wileman

36. 黑缘美苔蛾 *Miltochrista delineata* （Walker）

37. 东方美苔蛾 *Miltochrista orientalis* Daniel

38. 碟美苔蛾 *Miltochrista pulchra* Butler

39. 之美苔蛾 *Miltochrista ziczac* （Walker）

40. 污干苔蛾 *Siccia sordida* （Butler）

41. 黄痣苔蛾 *Stigmatophora flava* （Bremer et Grey）

42. 掌痣苔蛾 *Stigmatophora palmata* （Moore）

43. 玫痣苔蛾 *Stigmatophora rhodophila* （Walker）

44. 长斑苏苔蛾 *Thysanoptyx tetragona* （Walker）

45. 黄黑瓦苔蛾 *Vamuna alboluteola* （Rothschild）

46. 白黑瓦苔蛾 *Vamuna ramelana* （Moore）

三十一、瘤蛾科 Noliae

1. 三角洛瘤蛾 *Meganola triangulalis* （Leech）

2. 稻穗瘤蛾 *Nola taeniata* Snellen

三十二、鹿蛾科 Ctenuchidae

1. 白角鹿蛾 *Amata acrospila* （Felder）

2. 广鹿蛾 *Amata emma* （Butler）

3. 清新鹿蛾 *Caeneressa diaphana muirheadi* （Felder）

三十三、夜蛾科 Snoctuidae

毛夜蛾亚科 Pantheinae

1. 缤夜蛾 *Moma alpium* （Osbeck）

2. 黄后夜蛾 *Trisuloides subflava* Wileman

3. 异后夜蛾 *Trisuloides variegata* （Moore）

剑纹夜蛾亚科 Acronictinae

4. 桃剑纹夜蛾 *Acronicta intermedia* Warren

5. 桑剑纹夜蛾 *Acronicta major* （Bremer）

6. 梨剑纹夜蛾 *Acronicta rumicis* （Linnaeus）

7. 暗钝夜蛾 *Anacronicta caliginea* （Butler）

8. 明钝夜蛾 *Anacronicta nitida* （Butler）

9. 纶夜蛾 *Thalatha sinens* （Walker）

虎蛾亚科 Agaristinae

10. 白云修虎蛾 *Sarbanissa transiens* （Walker）

实夜蛾亚科 Heliothinae

11. 棉铃虫 *Helicoverpa armigera* （Hubner）

12. 烟青虫 *Helicoverpa assulta* （Guenee）

夜蛾亚科 Noctuinae

13. 小地老虎 *Agrotis ipsilon* （Hufnagel）

14. 大地老虎 *Agrotis tokionis* Butler

15. 朽木夜蛾 *Axylia putris* （Linnaeus）

16. 八字地老虎 *Xestia c - nigrum* （Linnaeus）

17. 绿鲁夜蛾 *Xestia semiherbida* （Walker）

盗夜蛾亚科 Hadeninae

18. 十点研夜蛾 *Aletia decisissima* （Walker）

19. 黄斑研夜蛾 *Aletia flavostigma* （Bremer）

20. 白杖研夜蛾 *Aletia l - album* （Linnaeus）

21. 焦艺夜蛾 *Hyssia adusta* Draudt

22. 德黏夜蛾 *Leucania dharma* Moore

23. 重黏夜蛾 *Leucania duplicata* Butler

24. 光黏夜蛾 *Leucania ignita* （Hampson）

25. 白点黏夜蛾 *Leucania loreyi* （Duponchel）

26. 曲黏夜蛾 *Leucania sinuosa* Moore

27. 白脉黏夜蛾 *Leucania venalba* Moore

28. 黏虫 *Pseudaletia separata* （Walker）

29. 掌夜蛾 *Tiracola plagiata* （Walker）

冬夜蛾亚科 Cuculliinae

30. 白背贫冬夜蛾 *Allophyes albithorax* （Draudt）

杂夜蛾亚科 Amphipyrinae

31. 间纹炫夜蛾 *Actinotia intermediata* （Bremer）

32. 大红裙杂夜蛾 *Amphipyra monolitha* Guenee

33. 宏秀夜蛾 *Apamea magnirena* （Boursin）

34. 线委夜蛾 *Athetis lineosa* （Moore）

35. 倭委夜蛾 *Athetis stellata* （Moore）

36. 白斑散纹夜蛾 *Callopistria albomacula* Leech

37. 散纹夜蛾 *Callopistria juventina* （Stoll）

38. 红晕散纹夜蛾 *Callopistria repleta* Walker

39. 沟散纹夜蛾 *Callopistria rivularis* Walker

40. 脉散纹夜蛾 *Callopistria venata* Leech

41. 飘夜蛾 *Clethrorasa pilcheri* (Hampson)

42. 楚点夜蛾 *Condica dolorosa* (Walker)

43. 寅夜蛾 *Dipterygina japonica* (Leech)

44. 暗翅夜蛾 *Dypterygia caliginosa* (Walker)

45. 井夜蛾 *Dysmilichia gemella* (Leech)

46. 锈锦夜蛾 *Euplexia picturata* (Leech)

47. 后黄东夜蛾 *Euromoia subpulchra* (Alpheraky)

48. 日雅夜蛾 *Iambia japonica* Sugi

49. 竹笋禾夜蛾 *Oligia vulgaris* (Butler)

50. 曲线禾夜蛾 *Oligia vulnerata* (Butler)

51. 白斑胖夜蛾 *Orthogonia canimacula* Warren

52. 胖夜蛾 *Orthogonia sera* Felder et Felder

53. 围星夜蛾 *Perigea cyclicoides* Draudt

54. 聚星普夜蛾 *Prospalta siderea* Leech

55. 稻蛀茎夜蛾 *Sesamia inferens* (Walker)

56. 丹日明夜蛾 *Sphragifera sigillata* (Menetries)

57. 淡剑灰翅夜蛾 *Spodoptera depravata* (Butler)

58. 甜菜夜蛾 *Spodoptera exigua* (Hubner)

59. 斜纹夜蛾 *Spodoptera litura* (Fabricius)

60. 灰翅夜蛾 *Spodoptera mauritia* (Boisduval)

61. 韭绿陌夜蛾 *Trachea prasinatra* Draudt

62. 铜色陌夜蛾 *Trachea stoliczkae* (Felder et Rogenhofer)

63. 条夜蛾 *Virgo datanidia* (Butler)

64. 路夜蛾 *Xenotrachea albidisca* (Moore)

65. 花夜蛾 *Yepcalphis dilectissima* (Walker)

丽夜蛾亚科 Chloephorinae

66. 中爱丽夜蛾 *Ariolica chinensis* Swinhoe

67. 红衣夜蛾 *Clethrophora distincta* (Leech)

68. 鼎点钻夜蛾 *Earias cupreoviridis* Walker

69. 粉缘钻夜蛾 *Earias pudicana* Staudinger

70. 玫斑钻夜蛾 *Earias roseifera* Butler

71. 旋夜蛾 *Eligma narcissus* (Cramer)

72. 银斑砌石夜蛾 *Gabala argentata* Butler

73. 霜夜蛾 *Gelastocera exusta* Butler

74. 红褐霜夜蛾 *Gelastocera rubicundula* (wileman)

75. 希饰夜蛾 *Pseudoips sylpha* (Butler)

76. 胡桃豹夜蛾 *Sinna extrema* (Walker)

77. 锈血斑夜蛾 *Siglophora ferreilutea* Hampson

78. 一点角翅夜蛾 *Tyana monosticta* Hampson

79. 佳俊夜蛾 *Westermannia nobilis* Draudt

80. 俊夜蛾 *Westermannia superba* Hubner

81. 焦条黄夜蛾 *Xanthodes graellsii* (Feisthamel)

绮夜蛾亚科 Acontiinae

82. 两色绮夜蛾 *Acontia bicolora* Leech

83. 坑卫翅夜蛾 *Amyna octo* (Guenee)

84. 肾卫翅夜蛾 *Amyna renalis* (Moore)

85. 柑橘孔夜蛾 *Corgatha dictaria* (Walker)

86. 臀斑文夜蛾 *Eustrotia costimacula* Oberthur

87. 小冠微夜蛾 *Lophomilia polybapta* (Butler)

88. 美辐夜蛾 *Lophoruza pulcherrima* (Butler)

89. 大斑瑙夜蛾 *Maliattha lattivita* (Moore)

90. 标瑙夜蛾 *Maliattha signifera* (Walker)

91. 路瑙夜蛾 *Maliattha vialis* (Moore)

92. 稻螟蛉夜蛾 *Naranga aenescens* Moore

93. 粉条巧夜蛾 *Oruza divisa* (Walker)

94. 奇巧夜蛾 *Oruza mira* (Butler)

95. 弱夜蛾 *Ozarba punctigera* Walker

96. 内斑蓝纹夜蛾 *Stenoloba basiviridis* Draudt

97. 交蓝纹夜蛾 *Stenoloba confusa* (Leech)

98. 饰筑夜蛾 *Zurobata decorata* (Swinhoe)

尾夜蛾亚科 Euteliinae

99. 折纹殿尾夜蛾 *Anuga multiplicans* (Walker)

100. 铅色砧夜蛾 *Atacira chalybsa* (Hampson)

101. 漆尾夜蛾 *Eutelia geyeri* (Felder et Rogenhofer)

102. 波尾夜蛾 *Phalga sinuosa* Moore

蕊翅夜蛾亚科 Stictopterinae

103. 暗裙脊蕊夜蛾 *Lophoptera squammigera* (Guenee)

皮夜蛾亚科 Sarrothripinae

104. 暗影饰皮夜蛾 *Characoma ruficirra* (Hampson)

105. 癞皮夜蛾 *Iscadia inexacta* (Walker)

106. 环美皮夜蛾 *Lamprothripa orbifera* (Hampson)

107. 洼皮夜蛾 *Nolathripa lactaria* (Graeser)

108. 显长角皮夜蛾 *Risoba prominens* Moore

裳夜蛾亚科 Catocalinae

109. 苎麻夜蛾 *Arcte coerula* (Guenée)

110. 斜线关夜蛾 *Artena dotata* (Fabricius)

111. 鸥裳夜蛾 *Catocala patala* Felder et Rogenhofer

112. 玫瑰巾夜蛾 *Dysgonia arctotaenia* (Guenee)

113. 无肾巾夜蛾 *Dysgonia crameri* Moore

114. 霉巾夜蛾 *Dysgonia maturata* (Walker)

115. 肾巾夜蛾 *Dysgonia praetermissa* (Warren)

116. 石榴巾夜蛾 *Dysgonia stuposa*（Fabricius）

117. 兴光裳夜蛾 *Ephesia eminens*（Staudinger）

118. 完光裳夜蛾指名亚种 *Ephesia intacta intacta* Leech

119. 拉光裳夜蛾指名亚种 *Ephesia largeteaui largeteaui*（Oberthur）

120. 雪耳夜蛾 *Ercheia niveostrigata* Warren

121. 阴耳夜蛾 *Ercheia umbrosa* Butler

122. 目夜蛾 *Erebus crepuscularis*（Linnaeus）

123. 毛目夜蛾 *Erebus pilosa*（Leech）

124. 象夜蛾 *Grammodes geometrica*（Fabricius）

125. 变色夜蛾 *Hypopyra vespertilio*（Fabricius）

126. 蚪目夜蛾 *Metopta rectifasciata*（Ménétriès）

127. 奚毛胫夜蛾 *Mocis ancilla*（Warren）

128. 橘安钮夜蛾 *Ophiusa triphaenoides*（Walker）

129. 环夜蛾 *Spirama retorta*（Clerck）

130. 庸肖毛翅夜蛾 *Thyas juno*（Dalman）

强喙夜蛾亚科 Ophiderinae

131. 小桥夜蛾 *Anomis flava*（Fabricius）

132. 黄麻桥夜蛾 *Anomis involuta*（Walker）

133. 超桥夜蛾 *Anomis fulvida* Guenée

134. 中桥夜蛾 *Anomis mesogona*（Walker）

135. 镰大棱夜蛾 *Arytrura subfalcata*（Menetries）

136. 碎纹巴夜蛾 *Batracharta cossoides*（Walker）

137. 寒锉夜蛾 *Blasticorhinus ussuriensis*（Bremer）

138. 齿斑畸夜蛾 *Bocula quadrilineata*（Walker）

139. 隐箭夜蛾 *Britha inambitiosa*（Leech）

140. 平嘴壶夜蛾 *Calyptra lata*（Butler）

141. 客来夜蛾 *Chrysorithrum amata*（Bremer et Grey）

142. 三斑蕊夜蛾 *Cymatophoropsis trimaculata*（Bremer）

143. 红尺夜蛾 *Dierna timandra* Alpheraky

144. 斜尺夜蛾 *Dierna strigata*（Moore）

145. 曲带双纳夜蛾 *Dinumma deponens* Walker

146. 白线箧夜蛾 *Episparis liturata*（Fabricius）

147. 厚夜蛾 *Erygia apicalis* Guenée

148. 斜线哈夜蛾 *Hamodes butleri*（Leech）

149. 鹰夜蛾 *Hypocala deflorata*（Fabricius）

150. 苹梢鹰夜蛾 *Hypocala subsatura* Guenée

151. 蓝条夜蛾 *Ischyja manlia*（Cramer）

152. 曲夜蛾 *Loxioda similis*（Moore）

153. 缘斑薄夜蛾 *Mecodina costimacula* Leech

154. 中带薄夜蛾 *Mecodina lankesteri*（Leech）

155. 大斑薄夜蛾 *Mecodina subcostalis*（Walker）

156. 紫灰薄夜蛾 *Mecodina subviolacea*（Butler）

157. 黄斑眉夜蛾 *Pangrapta flavomacula* Staudinger

158. 郁眉夜蛾 *Pangrapta ingratata*（Leech）

159. 浓眉夜蛾 *Pangrapta trimantesalis*（Walker）

160. 戚夜蛾 *Paragabara flavomacula*（Oberthur）

161. 双线卷裙夜蛾 *Plecoptera bilinealis*（Leech）

162. 肖金夜蛾 *Plusiodonta coelonota*（Kollar）

163. 嘴壶夜蛾 *Oraesia emarginata*（Fabricius）

164. 鸟嘴壶夜蛾 *Oraesia excavata*（Butler）

165. 顶斑羽胫夜蛾 *Olulis shigakii* Sugi

166. 铃斑翅夜蛾 *Serrodes campana* Guenee

167. 白点朋闪夜蛾 *Hypersypnoides astrigera*（Butler）

168. 大析夜蛾 *Sypnoides amplifascia*（Warren）

169. 肘析夜蛾 *Sypnoides olena*（Swinhoe）

170. 单析夜蛾 *Sypnoides simplex*（Leech）

长须夜蛾亚科 Herminiinae

171. 疖夜蛾 *Adrapsa ablualis* Walker

172. 双拟胸须夜蛾 *Bertula bistrigata*（Staudinger）

173. 锯拟胸须夜蛾 *Bertula dentilinea*（Hampson）

174. 白线尖须夜蛾 *Bleptina albolinealis* Leech

175. 四叉尖须夜蛾 *Bleptina ambigua* Leech

176. 淡缘波夜蛾 *Bocana marginata*（Leech）

177. 胸须夜蛾 *Cidariplura gladiata* Butler

178. 钩白肾夜蛾 *Edessena hamada* Felder et Rogenhofer

179. 白肾夜蛾 *Edessena gentiusalis* Walker

180. 斜线奴夜蛾 *Paracolax pacifica* Owada

181. 黄肾奴夜蛾 *Paracolax pryeri*（Butler）

182. 曲线贫夜蛾 *Simplicia niphona*（Butler）

183. ＊犹镰须夜蛾 *Zanclognatha incerta*（Leech）

184. 常镰须夜蛾 *Zanclognatha lilacina*（Leech）

髯须夜蛾亚科 Hypeninae

185. 燕夜蛾 *Aventiola pusilla*（Butler）

186. ＊双色卜夜蛾 *Bomolocha bicoloralis* Graeser

187. 满卜夜蛾 *Bomolocha mandarina* Leech

188. 张卜夜蛾 *Bomolocha rhombalis*（Guenee）

189. 碎纹髯须夜蛾 *Hypena belinda* Butler

190. 肖髯须夜蛾 *Hypena iconicalis* Walker

191. ＊拉髯须夜蛾 *Hypena labatalis* Walker

192. 窄带髯须夜蛾 *Hypena occatus* Moore

193. 三角髯须夜蛾 *Hypena triangularis*（Moore）

194. 两色髯须夜蛾 *Hypena trigonalis* Guenee

三十四、驼蛾科 Hyblaeidae

  1. 二点驼蛾 *Hyblaea firmanentum* Guenee

三十五、虎蛾科 Agaristidae

  1. 葡萄修虎蛾 *Seudyra subflava* Moore

三十六、锚纹蛾科 Callidulidae

  1. 锚纹蛾 *Pterodecta felderi* Bremer

三十七、枯叶蛾科 Lasiocampidae

  1. *三线枯叶蛾 *Arguda vinata* Moore

  2. 波波杂毛虫 *Cyclophragma undans* (Walker)

  3. 思茅松毛虫 *Dendrolimus kikuchii* Matsumura

  4. 马尾松毛虫 *Dendralimus punctatus* (Walker)

  5. 李枯叶蛾 *Gastrapacha quercifolia* Linnaeus

  6. 橘枯叶蛾 *Gastrapacha pardale sinensis* Tams

  7. 油茶枯叶蛾 *Lebeda nobilis* Walker

  8. 棕色天幕毛虫 *Malacosoma dentata* Mell

  9. 黄褐天幕毛虫 *Malacosoma neustria testacea* Motschulsky

  10. 苹毛虫 *Odonestis pruni* Linnaeus

  11. 二顶斑枯叶蛾 *Odontocraspos hasora* Swinhoe

  12. 双斑枯叶蛾 *Philudoria hani* Lajonquiere

  13. 竹黄毛虫 *Philudoria laeta* Walker

  14. 松栎毛虫 *Paralebeda plagifera* Walker

  15. 东北栎毛虫 *Paralebeda plagifera femorata* (Menetries)

  16. 绿黄毛虫 *Trabala vishnou* Lefebure

三十八、带蛾科 Eupterotidae

  1. 灰纹带蛾 *Ganisa cyanugrisea* Mell

  2. 丝光带蛾 *Pseudojana incandesceus* Walker

三十九、蚕蛾科 Bombycidae

  1. 茶蚕 *Andraca bipunctata* Walker

  2. 家蚕 *Bomhyx mori* Linnaeus

四十、大蚕蛾科 Saturniidae

  1. 黄尾大蚕蛾 *Actias heterogyna* Mell

  2. 绿尾大蚕蛾 *Actias selene ningpoana* Felder

  3. 乌桕大蚕蛾 *Attacus atlas* (Linnaeus)

  4. 樟蚕 *Eriogyna pyretorum* (Westwood)

  5. 黄豹大蚕蛾 *Leopa katinka* Westwood

  6. 樗蚕 *Philosamia cynthia* Walker et Feider

四十一、萝纹蛾科 Brahmaeidae

  1. 青球萝纹蛾 *Brahmophthalma hearseyi* (White)

四十二、天蛾科 Sphingidae

面形天蛾亚科 Acherontiinae

  1. 面形天蛾 *Acherontia lachesis* (Fabricius)

  2. 芝麻面形天蛾 *Acherontia styx* Westwood

  3. 绒星天蛾 *Dolbina tancrei* Staudinger

  4. 旋花天蛾 *Herse convolvuli* (Linnaeus)

  5. 黑松天蛾 *Hyloicus caligineus sinicus* Rothschild et Jordan

  6. 大背天蛾 *Meganoton analis* (Felder)

  7. 梧桐霜天蛾 *Psilogramma menephron* (Cramer)

云纹天蛾亚科 Ambulicinae

  8. 华黄脉天蛾 *Amorpha sinica* Rothschild et Jordan

  9. 南方豆天蛾 *Clanis bilineata bilineata* (Walker)

  10. 洋槐天蛾 *Clanis deucalion* (Walker)

  11. 梨六点天蛾 *Marumba gaschkewitschi complacens* Walker

  12. 桃六点天蛾 *Marumba gaschkewitschi gaschkewitschi* (Breme et Grey)

  13. 栗六点天蛾 *Marumba sperchius* Ménétriés

  14. 鹰翅天蛾 *Oxyambulyx ochracea* (Butler)

  15. 核桃鹰翅天蛾 *Oxyambulyx schauffelbergeri* (Bremer et Grey)

  16. 构月天蛾 *Parum colligata* (Walker)

  17. 紫光盾天蛾 *Phyllosphingia dissimilis sinensis* Jordan

  18. 齿翅三线天蛾 *Polyptychus dentatus* (Cramer)

  19. 蓝目天蛾 *Smerinthus planus planus* Walker

蜂形天蛾亚科 Philampelinae

  20. 灰天蛾 *Acosmerycoides leucocraspis leucocraspis* (Hampson)

  21. 鳞纹天蛾 *Acosmeryx castanea* Rothschild et Jordan

  22. 葡萄鳞纹天蛾 *Acosmeryx naga* (Moore)

  23. 淡斑赭天蛾 *Ampelophaga baibarana* Matschulsky

  24. 葡萄天蛾 *Ampelophaga rubiginosa rubiginosa* Bremer et Grey

  25. 湖南长喙天蛾 *Macroglossum hunanensis* Chu et Wang

  26. 斑腹长喙天蛾 *Macroglossum variegatum* Rothschild et Jordan

斜纹天蛾亚科 Choerocampinae

  27. 平背天蛾 *Cechenena minor* (Butler)

  28. 红天蛾 *Pergesa elpenor lewisi* (Butler)

  29. 白肩天蛾 *Rhagastis mongoliana mongliana* (Butler)

  30. 青绒天蛾 *Rhagastis olivacea* (Moore)

  31. 斜纹天蛾 *Theretra clotho clotho* (Drury)

  32. 雀纹天蛾 *Theretra japonia* (Orza)

  33. 芋双线天蛾 *Theretra oldenlandiae* (Fabricius)

四十三、凤蝶科 Papiliondae

凤蝶亚科 Papilioninae

1. 金裳凤蝶指名亚种 *Troides aeacus aeacus* (Felder et Felder)

2. 麝凤蝶东南亚种 *Byasa alcinous mansonensis* (Fruhstorfer)

3. 长尾麝凤蝶指名亚种 *Byasa impediens impediens* (Rothschild)

4. 美凤蝶大陆亚种 *Papilio memnon agenor* Linnaeus

5. 蓝凤蝶指名亚种 *Papilio protenor protenor* Cramer

6. ＊美姝凤蝶 *Papilio macilentus* Janson

7. 玉带凤蝶指名亚种 *Papilio polytes polytes* Linnaeus

8. 玉斑凤蝶指名亚种 *Papilio helenus helenus* Linnaeus

9. 巴黎翠凤蝶中原亚种 *Papilio paris chinensis* Rothschild

10. 碧凤蝶指名亚种 *Papilio bianor bianor* Cramer

11. 穹翠凤蝶华南亚种 *Papilio dialis cataleucus* Rothschild

12. 柑桔凤蝶指名亚种 *Papilio xuthus xuthus* Linnaeus

13. 青凤蝶指名亚种 *Graphium sarpedon sarpedon* (Linnaeus)

14. 碎斑青凤蝶华东亚种 *Graphium chironides clanis* (Jordan)

15. 木兰青凤蝶中原亚种 *Graphium doson axion* (Filder et Felder)

四十四、粉蝶科 Pieridae

黄粉蝶亚科 Coliadinae

1. 橙翅方粉蝶 *Dercas nina* Mell

2. 宽边黄粉蝶北方亚种 *Eurema hecabe anemone* (Felder et Felder)

粉蝶亚科 Pierinae

3. 菜粉蝶东方亚种 *Pieris rapae orientalis* Oberthur

4. 东方菜粉蝶指名亚种 *Pieris canidia canidia* (Sparrman)

5. 黑纹粉蝶 *Pieris melete* Menetries

6. 飞龙粉蝶 *Talbotia naganum* (Moore)

四十五、斑蝶科 Danaidae

斑蝶亚科 Daninae

1. 虎斑蝶指名亚种 *Danaus genutia genutia* (Cramer)

四十六、环蝶科 Amathusiidae

环蝶亚科 Amathusiinae

1. 灰翅串珠环蝶指名亚种 *Faunis aerope aerope* (Leech)

2. 箭环蝶指名亚种 *Stichophthalma howqua howqua* (Westwood)

四十七、眼蝶科 Satyridae

暮眼蝶亚科 Melanitinae

1. 稻暮眼蝶指名亚种 *Melanitis leda leda* (Linnaeus)

锯眼蝶亚科 Elymninae

2. 黛眼蝶马边亚种 *Lethe dura moupinensis* (Poujade)

3. 长纹黛眼蝶南方亚种 *Lethe europa beroe* (Cramer)

4. 曲纹黛眼蝶中原亚种 *Lethe chandica coelestis* Leech

5. 深山黛眼蝶宝琦亚种 *Lethe insana baucis* Leech

6. 紫线黛眼蝶 *Lethe violaceopicta* (Poujade)

7. 棕褐黛眼蝶指名亚种 *Lethe christophi christophi* (Leech)

8. 连纹黛眼蝶 *Lethe syrcis* (Hewitson)

9. 边纹黛眼蝶 *Lethe marginalis* (Motschulsky)

10. 泰妲黛眼蝶 *Lethe titania* Leech

11. 直带黛眼蝶 *Lethe lanaris* Butler

12. 圆翅黛眼蝶指名亚种 *Lethe butleri butleri* Leech

13. 蒙链荫眼蝶指名亚种 *Neope muirheadii muirheadii* (Felder)

14. 丝链荫眼蝶中原亚种 *Neope yama serica* (Leech)

15. 蓝斑丽眼蝶指名亚种 *Mandarinia regalis regalis* (Leech)

16. 多眼蝶 *Kirinia epaminondas* (Staudinger)

17. 小眉眼蝶 *Mycalesis mineus* (Linnaeus)

18. 稻眉眼蝶大陆亚种 *Mycalesis gotama oculata* (Moore)

19. 僧袈眉眼蝶指名亚种 *Mycalesis sangaica sangaica* Butler

20. 拟稻眉眼蝶指名亚种 *Mycalesis francisca francisca* (Stoll)

21. 平顶眉眼蝶指名亚种 *Mycalesis panthaka panthaka* Fruhstorfer

22. 密纱眉眼蝶华中亚种 *Mycalesis misenus serica* Leech

23. 白斑眼蝶 *Penthema adelma* (Felder)

眼蝶亚科 Satyrinae

24. 蛇眼蝶二点亚种 *Minois dryas bipunctatus* (Motschulsky)

25. 矍眼蝶指名亚种 *Ypthima balda balda* (Fabricius)

26. 幽矍眼蝶指名亚种 *Ypthima conjuncta conjuncta* Leech

27. 大波矍眼蝶指名亚种 *Ypthima tappana tappana* Matsumura

28. 完璧矍眼蝶指名亚种 *Ypthima perfecta perfecta* Leech

29. 东亚矍眼蝶 *Ypthima motschulskyi* (Bremer et Grey)

30. 古眼蝶指名亚种 *Palaeonympha opalina opalina* Butler

四十八、蛱蝶科 Nymphalidae

螯蛱蝶亚科 Charaxinae

1. 二尾蛱蝶指名亚种 *Polyura narcaea narcaea* (Hewitson)

2. 忘忧尾蛱蝶江西亚种 *Polyura nepenthes kiangxiensis* (Rouseau – Decelle)

3. 白带螯蛱蝶指名亚种 *Charaxes bernardus bernardus* (Fabricius)

闪蛱蝶亚科 Apaturinae

4. 紫闪蛱蝶 *Apatura iris* (Linnaeus)

5. 柳紫闪蛱蝶华东亚种 *Apatura ilia sobrina* Stichel

6. 迷蛱蝶 *Mimathyma chevana* (Moore)

7. 猫蛱蝶 *Timelaea maculata* (Bremer et Gray)

8. 白裳猫蛱蝶 *Timelaea albescens* (Oberthur)

9. 帅蛱蝶指名亚种 *Sephisa chandra chandra* (Moore)

10. 黄帅蛱蝶指名亚种 *Sephisa princeps princeps* (Fixsen)

11. 银白蛱蝶指名亚种 *Helcyra subalba subalba* (Poujade)

12. 黑脉蛱蝶指名亚种 *Hestina assimilis assimilis* (Linnaeus)

13. 黑紫蛱蝶指名亚种 *Sasakia funebris funebris* (Leech)

秀蛱蝶亚科 Pseudergolinae

14. 电蛱蝶大陆亚种 *Dichorragia nesimachus nessea* (Grose – Smith)

15. 绿豹蛱蝶中原亚种 *Argynnis paphia valesina* Esper

16. 斐豹蛱蝶指名亚种 *Argyreus hyperbius hyperbius* (Linnaeus)

17. 老豹蛱蝶日本亚种 *Argyronome laodice japonica* Menetries

18. 云豹蛱蝶 *Nephargynnis anadyomene* (Felder et Felder)

19. 青豹蛱蝶指名亚种 *Damora sagana sagana* (Doubleday)

20. 银豹蛱蝶 *Childrena childreni* (Gray)

线蛱蝶亚科 Limenitinae

21. 绿裙边翠蛱蝶 *Euthalia niepelti* Strand

22. 黄铜翠蛱蝶太平亚种 *Euthalia nara pacifica* Mell

23. 珀翠蛱蝶指名亚种 *Euthalia pratti pratti* Leech

24. 西藏翠蛱蝶指名亚种 *Euthalia thibetana thibetana* (Poujade)

25. 折线蛱蝶 *Limenitis sydyi* Lederer

26. 杨眉线蛱蝶指名亚种 *Limenitis helmanni helmanni* Lederer

27. 戟眉线蛱蝶华西亚种 *Limenitis homeyeri venata* Leech

28. 断眉线蛱蝶指名亚种 *Limenitis doerriesi doerriesi* Staudinger

29. 残锷线蛱蝶指名亚种 *Limenitis sulpitia sulpitia* (Cramer)

30. 珠履带蛱蝶华东亚种 *Athyma asura elwesi* Leech

31. 虬眉带蛱蝶大陆亚种 *Athyma opalina constricta* Alpheraky

32. 玄珠带蛱蝶指名亚种 *Athyma perius perius* (Linnaeus)

33. 新月带蛱蝶 *Athyma selenophora* (Kollar)

34. 双色带蛱蝶 *Athyma cama* Moore

35. 六点带蛱蝶指名亚种 *Athyma punctata punctata* Leech

36. 玉杵带蛱蝶华中亚种 *Athyma jina jinoides* Moore

37. 幸福带蛱蝶指名亚种 *Athyma fortuna fortuna* Leech

38. 娴蛱蝶指名亚种 *Abrota ganga ganga* Moore

39. 小环蛱蝶过渡亚种 *Neptis sappho intermedia* Pryer

40. 中环蛱蝶指名亚种 *Neptis hylas hylas* (Linnaeus)

41. 断环蛱蝶华西亚种 *Neptis sankara antonia* Oberthur

42. 啡环蛱蝶浙江亚种 *Neptis philyra zhejianga* Murayama

43. 阿环蛱蝶中华亚种 *Neptis ananta chinensis* Leech

44. 矛环蛱蝶指名亚种 *Neptis armandia armandia* (Oberthur)

45. 黄重环蛱蝶指名亚种 *Neptis cydippe cydippe* Leech

46. 蛛环蛱蝶指名亚种 *Neptis arachne arachne* Leech

47. 黄环蛱蝶指名亚种 *Neptis themis themis* Leech

48. 链环蛱蝶指名亚种 *Neptis pryeri pryeri* Butler

49. 重环蛱蝶指名亚种 *Neptis alwina alwina* (Bremer et Grey)

丝蛱蝶亚科 Mqrpesiinae

50. 网丝蛱蝶中华亚种 Cyrestis thyodamas chinensis Martin

蛱蝶亚科 Nymphalinae

51. 枯叶蛱蝶中华亚种 Kallima inachus chinensis Swinhoe

52. 大红蛱蝶指名亚种 Vanessa indica indica (Herbst)

53. 小红蛱蝶指名亚种 Vanessa cardui cardui (Linnaeus)

54. 琉璃蛱蝶指名亚种 Kaniska canace canace (Linnaeus)

55. 白钩蛱蝶广布亚种 Polygonia c - album extensa (Leech)

56. 黄钩蛱蝶指名亚种 Polygonia c - aureum c - aureum (Linnaeus)

57. 美眼蛱蝶指名亚种 Junonia almana almana (Linnaeus)

58. 翠蓝眼蛱蝶指名亚种 Junonia orithya orithya (Linnaeus)

59. 黄豹盛蛱蝶指名亚种 Symbrenthia brabira brabira Moore

四十九、珍蝶科 Acraeidae

1. 苎麻珍蝶指名亚种 Acraea issoria issoria (Hübner)

五十、喙蝶科 Libytheidae

1. 朴喙蝶大陆亚种 Libythea celtis chinensis Fruhstorfer

五十一、蚬蝶科 Riodinidae

1. 白点褐蚬蝶华南亚种 Abisara burnii assus Fruhstorfer

2. 波蚬蝶指名亚种 Zemeros flegyas flegyas (Cramer)

3. 银纹尾蚬蝶彩斑亚种 Dodona eugenes maculosa Leech

五十二、灰蝶科 Lycaenidae

云灰蝶亚科 Miletinae

1. 蚜灰蝶指名亚种 Taraka hamada hamada (Druce)

银灰蝶亚科 Curetinae

2. 尖翅银灰蝶指名亚种 Curetis acuta acuta Moore

线灰蝶亚科 Theclinae

3. *青灰蝶指名亚种 Antigius attilia attilia (Bremer)

4. *赭灰蝶指名亚种 Ussuriana michaelis michaelis (Oberthür)

5. *栅灰蝶竹中亚种 Japonica saepestriata takenakakazuoi Fujioka

6. *皮铁灰蝶 Teratozephyrus picquenardi (Oberthur)

7. 闪光金灰蝶指名亚种 Chrysozephyrus scintillans scin-

tillans (Leech)

8. 齿翅娆灰蝶指名亚种 Arhopala rama rama (kollar)

9. 捞银线灰蝶 Spindasis lohita (Horsfield)

10. 绿灰蝶指名亚种 Artipe eryx eryx (Linnaeus)

11. 霓纱燕灰蝶指名亚种 Rapala nissa nissa (Kollar)

12. 高纱子燕灰蝶 Rapala takasagonis Matsumura

13. *久保斯灰蝶 Strymonidia kuboi (Chou et Tong)

灰蝶亚科 Lycaeninae

14. 红灰蝶长江亚种 Lycaena phlaeas flavens (Ford)

眼灰蝶亚科 Polyommatinae

15. 黑灰蝶 Niphanda fusca (Bemer et Grey)

16. 酢浆灰蝶指名亚种 Pseudozizeeria maha maha (Kollar)

17. 毛眼灰蝶指名亚种 Zizina otis otis (Fabricius)

18. 蓝灰蝶南方亚种 Everes argiades diporides Chapman

19. 玄灰蝶 Tongeia fischeri (Eversmann)

20. 点玄灰蝶指名亚种 Tongeia filicaudis filicaudis (Pryer)

21. 黑丸灰蝶 Pithecops corvus Fruhstorfer

22. 妩灰蝶指名亚种 Udara dilecta dilecta (Moore)

23. 白斑妩灰蝶指名亚种 Udara albocaerulea albocaerulea (Moore)

24. 璃灰蝶中国亚种 Celastrina argiola caphis (Fruhstorfer)

25. *大紫璃灰蝶浙江亚种 Celastrina oreas hoenei Forster

五十三、弄蝶科 Hesperiidae

竖翅弄蝶亚科 Coediadinae

1. 绿伞弄蝶 Bibasis striata (Hewitson)

2. 大伞弄蝶 Bibasis miracula Evans

3. 无趾弄蝶中国亚种 Hasora anura china Evans

4. 绿弄蝶日本亚种 Choaspes benjaminii Japonica (Murray)

花弄蝶亚科 Pyrginae

5. 双带弄蝶 Lobocla bifasciata (Bremer et Grey)

6. 疏星弄蝶 Celaenorrhinsus aspersus Leech

7. 斑星弄蝶指名亚种 Celaenorrhinsus maculosus maculosus (Felder et Felder)

8. 白弄蝶指名亚种 Abraximorpha davidii davidii (Mabille)

9. 黑弄蝶台湾亚种 Daimio tethys moorei (Mabille)

弄蝶亚科 Hesperiinae

10. ＊森下袖弄蝶 *Notocrypta morishitai* Liu et Gu

11. 河伯锷弄蝶 *Aeromachus inachus* Ménétriés

12. 腌翅弄蝶 *Astictoperus jama* (Felder et Felder)

13. 讴弄蝶指名亚种 *Onryza maga maga* (Leech)

14. 刺胫弄蝶指名亚种 *Baoris farri farri* (More)

15. 拟籼弄蝶 *Pseudoborbo bevani* (Moore)

16. 方斑珂弄蝶 *Caltoris cormasa* (Hewitson)

17. 直纹稻弄蝶指名亚种 *Parnara guttata guttata* (Bremer et Grey)

18. 曲纹稻弄蝶 *Parnara ganga* Evans

19. 么纹稻弄蝶 *Parnara bada* (Moore)

20. 中华谷弄蝶 *Pelopidas sinensis* (Mabille)

21. 南亚谷弄蝶 *Pelopidas agna* (Moore)

22. 隐纹谷弄蝶 *Pelopieas mathias* (Fabricius)

23. 透纹谷弄蝶 *Polytremis pellucida* (Murray)

24. 白斑赭弄蝶指名亚种 *Ochlodes subhyalina subhyalina* (Bremer et Grey)

25. 黑豹弄蝶华中亚种 *Thymelicus sylvaticus teneprosus* (Leech)

26. 旖弄蝶指名亚种 *Isoteinon lamprospilus lamprospilus* Felder et Felder)

27. 断纹黄室弄蝶 *Potanthus trachala* (Fruhstorfer)

28. ＊小黄斑弄蝶 *Ampittia nana* (Leech)

ⅩⅩ 双翅目 DIPTERA

一、摇蚊科 Chironomidae

1. 溪岸摇蚊 *Chironomus riparius* Meigen

二、虻科 Tabanidae

1. 柑色虻 *Tabanus mandarinus* Schiner

三、食虫虻科 Asilidae

1. 黑小食虫虻 *Asilus* sp.

2. 大食虫虻 *Promachus tibialis* Walker

四、蜂虻科 Bombyliidae

1. 斑翅蜂虻 *Bombylius major* Linnaeus

五、食蚜蝇科 Syrphidae

1. 黑带蚜蝇 *Episyrphus balteatus* (De Geer)

2. 长尾管蚜蝇 *Eristalis tenax* Linnaeus

3. 裸芒宽盾蚜蝇 *Phytomia errans* (Fabricius)

六、潜蝇科 Agromyzidae

1. 豌豆彩潜蝇 *Chromatomyia horticola* (Goureau)

七、水蝇科 Ephydridae

1. 稻小潜蝇 *Hydrellia griseola* Fallén

八、花蝇科 Anthomyiidae

1. 灰地种蝇 *Delia platura* (Meigen)

2. 江苏泉蝇 *Pegomya kiangsuensis* Fan

3. 毛笋泉蝇 *Pegomya phyllostachys* Fan

九、蝇科 Muscidae

1. 家蝇 *Musca domestica* Linnaeus

2. 市蝇 *Musca sorbens* Wiedemann

十、丽蝇科 Calliphoridae

1. 大头金蝇 *Chrysomyia megacephala* Fabricius

十一、寄蝇科 Tachinidae

1. 蚕饰腹寄蝇 *Blepharipa zebina* (Walker)

2. 黏虫缺须寄蝇 *Cuphocera varia* (Fabricius)

3. 黏虫长芒寄蝇 *Dolichocolon paradoxum* Brauer et Bergenstamm

4. 日本追寄蝇 *Exorista japonica* (Townsend)

5. 玉米螟厉寄蝇 *Lydella grisescens* Robineau et Desvoidy

6. 双斑截腹寄蝇 *Nemorilla maculosa* (Meigen)

7. 稻苞虫赛寄蝇 *Psudoperichaeta nigrolineta* (Walker)

8. 稻苞虫鞘寄蝇 *Thecocarcelia parnarae* Chao

十二、长足寄蝇科 Dexiidae

1. 银颜长足寄蝇 *Clytho argentea* Egger

ⅩⅩⅠ 膜翅目 HYMENOPTERA

一、茎蜂科 Cephidae

1. 梨茎蜂 *Janus prri* Okamoto et Muramatus

二、三节叶蜂科 Argidae

1. 无斑黄腹三节叶蜂 *Arge geei* Rohwer

三、叶蜂科 Tenthredinidae

1. 马褂木叶蜂 *Megaoeleses liriodendronvorax* Xiao

2. 樟叶蜂 *Mesoneura rufonota* Rohwer

四、姬蜂科 Ichneumonidae

1. 夹色奥姬蜂 *Auberteterus alternecoloratus* (Cushman)

2. 负泥虫沟姬蜂 *Bathythrix kuwanae* Viereck

3. 具柄凹眼姬蜂指名亚种 *Casinaria pedunculata pedunculata* (Szepligeti)

4. 稻纵卷叶螟凹眼姬蜂 *Casinaria simillima* Maheshwary et Gupta

5. 螟铃悬茧姬蜂 *Charops bicolor* (Szepligeti)

6. 短翅悬茧姬蜂 *Charops brachypterum* (Cameron)

7. 野蚕黑瘤姬蜂 *Coccygomimus luctuosus* (Smith)

8. 中华钝唇姬蜂 *Eriborus sinicus* (Holmgren)

9. 稻纵卷叶螟钝唇姬蜂 *Eriborus vulgaris* (Morley)

10. 红足亲姬蜂 *Gambrus ruficoxatus* (Sonan)

11. 二化螟亲姬蜂 *Grambrus wadai* (Uchida)

12．横带驼姬蜂 *Goryphus basilaris* Holmgren

13．桑蟥聚瘤姬蜂 *Iseropus kuwanae*（Viereck）

14．负泥虫姬蜂 *Lemophagus japonicus*（Sonan）

15．菲岛抱缘姬蜂 *Temelucha philippinensis*（Ashmead）

16．稻纵卷叶螟白星姬蜂 *Vulgichneumon diminutus*（Matsumura）

17．松毛虫黑点瘤姬蜂 *Xanthopimpla pedator*（Fabricius）

18．广黑点瘤姬蜂 *Xanthopimpla punctata*（Fabricius）

五、茧蜂科 Braconidae

茧蜂亚科 Braconinae

1．中华茧蜂 *Bracon chinensis* Szepligeti

2．白螟窄狭茧蜂 *Stenobracon niceriller*（Bingham）

甲腹茧蜂亚科 Cheloninae

3．螟甲腹茧蜂 *Chelonus murakatate* Munakata

长体茧蜂亚科 Macrocentrinae

4．纵卷叶螟长体茧蜂 *Macrocentrus canphalocoris* He et Lou

小腹茧蜂亚科 Microgastrinae

5．二化螟绒茧蜂 *Apanteles chilonis* Munakata

6．纵卷叶螟绒茧蜂 *Apanteles cypris* Nixon

7．螟蛉盘茧蜂 *Cotesia ruficrus*（Haliday）

内茧蜂亚科 Rogadinae

8．松毛虫脊茧蜂 *Aleiodes dendrolimi*（Matsumura）

9．黏虫脊茧蜂 *Aleiodes mythimnae* He et Chen

六、蚜茧蜂科 Aphidiidae

1．燕麦蚜茧蜂 *Aphidius avenae* Haliday

2．麦蚜茧蜂 *Ephedrus plagiator* Nees

七、长尾小蜂科 Torymidae

1．中华螳小蜂 *Podagrion mantis* Ashmead

2．广腹螳小蜂 *Podagrion philippinensis cyanonigrum* Habu

八、金小蜂科 Pteromalidae

1．凤蝶金小蜂 *Pteromalus puparum*（Linnaeus）

2．稻苞虫金小蜂 *Trichomalopsis apanteloctena*（Crawford）

九、小蜂科 Chalcididae

1．日本凹头小蜂 *Antrocephalus japonica*（Masi）

2．孟加拉大腿小蜂 *Brachymeria bengalensis*（Cameron）

3．无脊大腿小蜂 *Brachymeria excarinata* Gahan

4．广大腿小蜂 *Brachymeria lasus*（Walker）

5．红腿大腿小蜂 *Brachymeria podagrica*（Fabricius）

6．次生大腿小蜂 *Brachymeria secundaria*（Ruschka）

7．日本截胫小蜂 *Haltichella nipponensis* Habu

十、广肩小蜂科 Eurytomidae

1．竹瘿广肩小蜂 *Aiolomorphus rhopaloides* Walker

2．黏虫广肩小蜂 *Eurytoma verticillata*（Fabricius）

十一、姬小蜂科 Eulophidae

1．稻苞虫缺唇姬小蜂 *Dimmockia secunda* Crawford

2．稻苞虫柄腹姬小蜂 *Pediobius mitsukurii*（Ashmead）

3．印度啮小蜂 *Tetrastichus howaidi*（Olliff）

4．螟卵啮小蜂 *Tetrastichus schoenobii* Feriere

十二、扁股小蜂科 Elasmidae

1．赤带扁股小蜂 *Elasmus cnaphalocrocis* Liao

十三、赤眼蜂科 Trichogammatidae

1．褐腰赤眼蜂 *Paracentrobia andoi*（Ishii）

2．拟澳洲赤眼蜂 *Trichogramma confusum* Viggiani

3．松毛虫赤眼蜂 *Trichogramma dendrolimi* Matsumura

4．稻螟赤眼蜂 *Trichogramma japonicum* Ashmead

十四、缨小蜂科 Mymaridae

1．负泥虫缨小蜂 *Anaphes nipponicus* Kawayama

十五、蚜小蜂科 Aphelinidae

1．金黄蚜小蜂 *Aphytis chrysomphali*（Mercet）

十六、绿腹小蜂科 Scelionidae

1．等腹黑卵蜂 *Telenomus dignus*（Gahan）

2．长腹黑卵蜂 *Telenomus rowani* Gahan

3．黄胸黑卵蜂 *Trissolcus angustatus* Thomson

十七、螯蜂科 Dryinidae

1．稻虱黑螯蜂 *Haplogonatopus fulgori*（Nakagwa）

十八、瘿蜂科 Cynipidae

1．板栗瘿蜂 *Dryocosmus kuriphilus* Yasumatsu

十九、青蜂科 Chrysididae

1．上海青蜂 *Chrysis shanghaiensis* Smith

二十、蚁科 Formicidae

1．日本弓背蚁 *Camponotus japonicus* Mayr

2．小家蚁 *Monomorium pharaonis*（Linnaeus）

3．鼎突多刺蚁 *Polyrhachis vicina* Roger

二十一、胡蜂科 Vespidae

1．褐胡蜂 *Vespa binghami* Busson

二十二、马蜂科 Polistidae

1．柞蚕马蜂 *Polistes gallicus*（Linnaeus）

2．亚非马蜂 *Polistes hebraeus* Fabricius

3．普通长脚马蜂 *Polistes okinawansis* Matsumura et Uchida

二十三、蜾蠃科 Eumenidae

1. 棘秀蜾蠃 *Pareumenes quadrispinosus actus* Liu

二十四、隧蜂科 Halictidae

1. 尖肩淡脉隧蜂 *Lasioglossum subopalum*（Smith）

二十五、蜜蜂科 Apidae

1. 绿条无垫蜂 *Amegilla zonata*（Linnaeus）

2. 中华蜜蜂 *Apis cerana* Fabricius

3. 意大利蜂 *Apis mellifera* Linnaeus

4. 竹木蜂 *Xylocopa nasalis* Westwood

5. 赤足木蜂 *Xylocopa rufipes* Smith

6. 中华木蜂 *Xylocopa sinensis* Smith

江西官山自然保护区大型真菌名录*

子囊菌亚门 ASCOMYCOTINA

（一）麦角菌目 CLAVICIPITALES

1. 麦角菌科 Clavicipitaceae

（1）辛克莱虫草 Cordyceps sinclairii Y.Kobayasi★　生阔叶林中地上。药用。·H380

（2）淡黄鳞蛹虫草 C.takaomontana Yukusiji et Kumazawa★　生林中地上。·H470·H640

3）大孢虫花（日本棒束孢）Isaria japonica Yasuda★　河边坡地上。·H570

（二）肉座菌目 HYPOCREALES

2. 肉座菌科 Hypocreaceae

（4）竹黄 Shiraia bambusicola Henn.　生竹枝上。药用。·H280

担子菌亚门 BASIDIOMYCOTINA

（一）木耳目 AURICULARIALES

1. 木耳科 Auriculariaceae

（1）黑木耳（木耳、细木耳）Auricularia auricula (L.et Hook) Underw　腐树枝上。食用或药用，广为人工栽培。·H270·H640

（二）银耳目 TREMELLALES

2. 银耳科 Tremellaceae

（2）橙黄银耳（亚橙耳、金黄银耳）Tremella lutescens Fr.　生阔叶树枯枝上。食用、栽培。·H250

3. 黑耳科（黑胶菌科）Exidiaceae

（3）胶质刺银耳 Pseudohydnum gelatinosum （Fr.） Karst.　枯枝上。可食。·H330

（三）花耳目 DACRYMYCETALES

4. 花耳科（叉担子菌科）Dacrymycetaceae

（4）桂花耳 Dacrypinax spathularia （Schw.）Fr.　枯枝上。食用。·H250

（四）非褶菌目 APHYLLOPHORALES

5. 鸡油菌科（喇叭菌科）Cantharellaceae

（5）鸡油菌（杏菌）Cantharellus cibarius Fr.　东河站阔叶林地。美味食用、药用，尚未人工栽培。外生菌根菌。·H470

（6）漏斗鸡油菌 C.infundibuliformis （Scop.et Fr.） Fr.针阔叶林地上。食用。外生菌根菌。·H230

（7）金黄喇叭菌（金号角）Craterellus aureus Berk.et curt.阔叶林中地上。食用。·H250

6. 齿菌科 Hydnaceae

（8）卷缘齿菌（刺猬菌）Hydnum repandum L.ex Fr.混交林地上。食用。外生菌根菌。·H620

（9）针小肉齿菌 Sarcodontia setosa （pers.）Donk.腐木上。记载可食。·H350

7. 猴头菌科 Hericiaceae

（10）珊瑚状猴头菌（玉髯）Hericium coralloides （Scop ex Fr.）Pers.ex Gray.★枯树上。食用。·H500

（11）高山猴头菌（雾候头菌）H.alpestre Pers.★杉树林中腐木上。食用。·H580

8. 珊瑚菌科 Clavariaceae

（12）豆芽菌（虫形珊瑚菌）Clavaria vermicularis Fr.阔叶林地上。食用。·H850

9. 枝瑚菌科（丛枝菌科）Ramariaceae

（13）小孢白枝瑚菌（小孢白丛枝菌）Ramaria flaccida （Fr.）Ricken　杉木树上。·H850

10. 革菌科 Trelephoraceae

（14）莲座革菌 Thelephora vialis Schw.　林中地上。外生菌根菌。·H580

＊ 本文作者：何宗智，肖满（在读硕士研究生）（南昌大学生命科学学院）

★—江西首次记录种，·—海拔高（m）

11. 柄杯菌科 Podoscyphaceae

（15）小斗硬革菌 *Stereopsis burtianum* （Peck） Reid 阔叶林地上。·H600

12. 多孔菌科 Polyporaceae

（16）多年生集毛菌（钹孔菌） *Coltricia perennis* （L.ex.Fr.） Murr. 林边石头上。·H330

（17）光盖棱孔菌（光盖大孔菌） *Favolus mollis* Lloyd 腐木上。分解菌。·H570

（18）漏斗棱孔菌（漏斗大孔菌） *F.arcularius* （Fr.） Ames. 林中银雀树上。木材分解菌。食、药用。·H230 ·H500

（19）隐孔菌（松橄榄） *Cryptoporus volvatus* （Peck） Hubb. 松树上。药用。·H240

（20）云芝（杂色云芝） *Coriolus versicolor* （L.ex Fr.） Quel. 阔叶树枯木上。药用。·H580·H600

（21）彩孔菌 *Hapalopilus nidulans* （Fr.） Karst. 阔叶树枯木上，木材分解菌。·H250

（22）硫磺菌（硫色干酪菌） *Laetiporus sulphureus* （Fr.） Murr. 阔叶树杆上。药用，幼时可食用。·H590

（23）扇形小孔菌（毛福扇） *Microporus flabelliformis* （Fr.） Kuntze 杞木树上，木材分解菌。·H230

（24）相邻小孔菌（厚褐扇） *M.vernicipes* （Berk） O.Kuntze 阔叶麻栎死树上，为木材分解菌。·H370

（25）黄柄小孔（盏芝） *M.xanthopus* （Fr.） Pat. 枯树上，木材分解菌。·H350

（26）蹄形干酪菌 *Tyromyces lacteus* （Fr.） Murr. 松、杉混交林枯木上，木材分解菌。·H410

（27）接骨木干酪菌 *T.sambuceus* （Lloyd） Imaz. 白树枝上。药用、幼时可食。木材腐朽菌。·H420

（28）射纹多孔菌（射纹树掌） *Polyporus grammocephalus* Berk. 河边死树上。分解菌。·H330

（29）黄多孔菌 *polyporus elegans* （Bull.） Fr. 枯树枝上。药用。·H460

（30）齿贝栓菌 *Trametes cervina* （schw.） Bres. 生腐木上。药用。为腐木菌。·H460

（31）朱红栓菌（红栓菌） *T.cinnabarina* （Jacq.） Fr. 枯木上。药用。·H580

13. 灵芝科 Ganodermataceae

（32）皱盖乌芝（皱盖假芝） *Amauroderma rude* （Berk.） Cunn.★ 林中腐木地上。药用。·H500 ·H410

（33）树舌灵芝（树舌扁灵芝） *G.applanatum* （Pers.） Pat. 腐树杆上。药用。·H450

（34）热带灵芝 *Ganoderma tropicum* （Jungh.） Bres.★ 阔叶树杆基部腐木上。药用。·H430

（35）背柄紫芝（匙状灵芝） *G.cochlear* （Bl.ex Nees） Bres. 阔叶倒木上，腐朽菌。·H520

（36）灵芝（赤芝、红芝） *G.lucidum* （curt.ex Fr.） Karst. 腐木地上。药用。·H500

（37）松杉灵芝（铁杉灵芝） *G.tsugae* Murr. 死树根上。药用。·H430

（五）伞菌目 AGARICALES

14. 蜡伞科 Hygrophoraceae

（38）小红蜡伞（朱红蜡伞） *Hygrocybe miniata* （Fr.） Kummer 林缘地上。食用。·H250~380 ·H250~380 ·H250~380

（39）白蜡伞 *H.eburneus* （Bull.） Fr. 地上。食用。·H340

15. 侧耳科 Pleurotaceae

（40）香菇（花菇、冬菇） *Lentinula edodes* （Berk.） Pegler 阔叶树倒木上。我国传统著名食用菌。·H650

（41）革耳 *Panus rudis* Fr. 阔叶树桩上。幼时食用。·H340

16. 裂褶菌科 Schizophyllaceae

（42）裂褶菌 *Schizophyllum commune* Fr. 阔叶树枯枝上。食、药用。·H400

17. 白蘑科 Tricholomataceae

（43）红蜡蘑 *Laccaria laccata* （Scop.et Fr.） Berk.et Br. 阔叶树根处。食、药用。·H400

（44）黏小奥德蘑（黏蜜环菌、白黏蜜环菌） *Oudemansiella.mucida* （Schrad.ex Fr.） Hohnel 毛红春枯枝上。食用。·H250

（45）宽褶菇（宽褶奥德蘑） *O.platyphylla* （Pers ex Fr.） Moser 林中腐木上。食用。·H500

（46）长根菇（长根奥德蘑） *O.radicata* （Relh ex Fr.） sing. 地上。食用。·H390

(peck) Pegler et Young
杉木竹林地上。可食。·H500

(48) 小伏褶菌（小黑轮，黑轮菌）*Resupinatus applicatus*（Batsch ex Fr.）Gray 枯枝上。·H230

(49) 深山小皮伞 *Marasmius cohaerens*（Alb.ex schw ex Fr.）Cook ex Quél. 河边枝叶上。可食用。·H250

(50) 脐顶小皮伞 *M.chordalis* Fr. 河边枝叶上。可食用。·H230

(51) 叶生皮伞 *M.epiphyllus*（Pers.ex Fr.）Fr ★ 林中落叶房上，分解菌。·H200

(52) 大皮伞 *M.maximus* Hongo 石花洞河沿，枯枝落叶层。分解菌。·H240·H400

(53) 紫红皮伞 *M.Pulcherripes* Peck 石花洞林地。·H230

(54) 紫沟条皮伞 *M.purpureostriatus* Hongo★ 落叶层 ·H390

18.鹅膏菌科 Amanitaceae

(55) 橙盖伞白色变种 *Amanita caesarea*（Scop.ex Fr.）Pers.Schw.Var alba Gill 阔叶林地上。食用。外生菌根菌。·H400 ·H980

(56) 灰褐小鹅膏 *A.ceciliae*（Berk.ex Br.）Bas. 路边地上。食用。外生菌根菌。·H410 ·H390

(57) 小托柄鹅膏 *A.farinosa* Schw. 林中地上。·H490·H490

(58) 圈托柄菇 *A.inaurata* secr 林中地上。食用。外生菌根菌。·H500

(59) 黑褐鹅膏菌 *A.Sculpta* corner 杉、竹杂木林中地上。有毒。·H450

(60) 角鳞白伞（角鳞白毒伞）*A.solitaria.*（Bull.ex Fr.）Karst. 阔叶林中地上。毒菌。外生菌根菌。·H390

(61) 松塔鹅膏（松果鹅膏菌）*A.stribiliformis*（vitt.）Quél. 杉木阔叶混交林地。食用，但记载有毒。·H370·H345

(62) 灰托柄菇（灰鹅膏）*A.vaginata*（Bull.ex Fr.）vitt. 针阔混交林地上。有毒。·H420 ·H390

(63) 白毒鹅膏（白毒伞春生鹅膏）*A.verna*（Bull.ex Fr.）pers.ex vitt. 林中路坡地上。极毒菇，分解菌。·H290 ·H470

(64) 鳞柄白毒伞（毒鹅膏）*A.virosa* Lam.ex sect. 混交要地上。极毒。·H540·H450 ·H360

19.光柄菇科 Pluteaceae

(65) 灰光柄菇 *Pluteus cervinus*（Schaeff.ex Fr.）Quel. 林中地上。食用。·H350

(66) 白光柄菇 *P.pellitus*（pers.ex Fr.）Quel. 死树上。·H500

(67) 草菇（稻草菇、杆菇、南华菇）*Volvariella volvacea*（Bul.ex Fr.）Sing 地上。美味食用。已栽培。·H410

20.蘑菇科（黑伞科）Agaricaceae

(68) 野蘑菇（田蘑菇）*Agaricus arvensis* Schaeff.ex Fr. 路旁林地上。食、药用。·H300

(69) 小蘑菇（细鳞蘑菇）*A.praecla-resquamosus* Freeman 林中空旷地上。有毒。·H570

(70) 紫菇 *A.rubellus*（Gill）Sacc. 林中地上。食用。·H350

(71) 林地蘑菇（林地伞菌）*A.silvaticus* Schaeff.ex Fr. 林中地上。食用。·H420·H340

(72) 细环柄菇 *Lepiota clypeolaria*（Bull.ex Fr.）Quel. 路边草地。·H350 ·H340

(73) 日本环柄菇 *L.Americana* Peck. 林中地上。·H330

(74) 冠状环柄菇（小环柄菇）*L.cristata*（Bolt.ex Fr.）Kummer 林中草地。有毒。·H20

(75) 裂皮白环柄菇 *L.excoriatus*（Schaeff ex Fr.）Sing 石头苔藓层上。·H410

21.鬼伞科 Coprinaceae

(76) 白黄小脆柄菇 *Psathyrella candolleana*（Fr.）A.H.Smith 林缘草丛中。幼时可食。·H320

(77) 薄花边伞 *Hypholoma appendiculatum*（Bull.ex Fr.）Quel. 路边地上。幼时可食。·H330

(78) 针形斑褶菇 *Panaeolus campanulatus*（L.）Fr. 场部附近果园地上。有毒。·H310

22.锈褶菌（靴耳科）科 Crepidotaceae

(79) 粘锈耳（软靴耳）*Crepidotus mollis*（Schaeff.Fr.）Gray 腐树枝上。食用。·H400

23.丝膜菌科 Cortinariaceae

(80) 蓝丝膜菌 *Cortinarius caerulescens*（Schaeff.）Fr. 松、阔叶混交林地。食用。外生菌根菌。·H950

24.赤褶菌科（粉褶菌科）Rhodophyllaceae

(81) 方孢粉褶菌（黄色赤褶菇）*Rhodophyllus murraii* (Berk.ex Curt.) Sing★ 杉木林地上。有毒。·H330·H420

(82) 蓝黑赤褶伞 *R.cyanoniger* (Hongo) Hong. 杉木阔时混交林地上。在毒菌。·H470

(83) 湿粉褶菌 *R.madidum* (Fr.) Gill 杉树毛竹林地落叶层上。·H450

(84) 变绿粉褶菌（变绿赤褶菇）*R.virescens* (Berk.ex curt.) Hongo 杉木林地上。有毒。·H450

25. 桩菇科（网褶菌科）Paxillaceae

(85) 卷缘网褶菌（台蘑、卷伞菌、卷边网褶菌）*Paxillus involutus* (Batsch) Fr. 林中地上。食、药用。·H730

26. 牛肝菌科 Boletaceae

(86) 灰褐牛肝菌 *Boletus griseus* Frost 地上。食用。·H400·H380

(87) 褐网柄牛肝菌（网柄牛肝菌）*B.gertrudiae* Peck. 地上。·H550

(88) 绒盖牛肝菌 *B.subtomentosus* Fr. 毛竹林地上。·H740·H320

(89) 小美牛肝菌（华美牛肝菌）*B.speciosus* Frost 地上。食用。外生根菌。·H486

(90) 虎皮假牛肝菌（虎皮小牛肝）*Boletinus pictus* (Peck) Peck 地生。食用。外生根菌。·H470

(91) 皱盖疣柄牛肝菌（裂盖疣柄牛肝菌）*Leccinum hortonii* (Smith et Their) Hongo et Nagaswa 针阔叶混交林地。据报道可食用。·H630

(92) 红黄褶孔牛肝菌（褶乳牛肝菌）*Phylloprus rhodoxanthus* (Schw.) Bres. 石花洞针阔混交林中地上。食用。外生菌根菌。·H240

(93) 黄粉末牛肝菌（拉氏黄粉末牛肝菌）*Pulveroboletus ravenelii* (Berk.et Curt.) Murr. 混交林中地上。有毒。·H400

(94) 锈盖粉孢牛肝菌（黄盖粉孢牛肝）*Tylopilus ballouii* (Pk.) Sing. 林中地上。食用。·H640 ·H600

27. 松塔牛肝 Strobilomycetaceae

(95) 棱孢南方牛肝菌 *Austroboletus fusisporus* (Kawam.Imaz.et Hongo) Wolfe★ 针阔叶混交林中地上。外生菌根菌。·H220

(96) 木生条孢牛肝菌（花盖条孢牛肝菌）*Boletellus*

emodensis (Berk.) Sing★ 活米槠树上。幼时食用。·H300

28. 红菇科 Russulaceae

(97) 松乳菇（美味松乳菇）*Lactarius deliciosus* (L.et Fr.) Gray 松林地上。味好，食用。·H450 ·H570

(98) 稀褶乳菇 *L.hygrophoroides* Berk.et curt. 阔叶林中地上。食用。·H620

(99) 尖顶辣乳菇 *L.imperceptus* Beardslee et Burlingham 竹林地上。·H440

(100) 鲑色乳菇 *L.salmonicolor* Heim et Leclair 阔叶林地上。食用。外生菌根菌。·H690

(101) 窝柄黄乳菇 *L.scrobiculatus* (Scop.et T.Fr.) Fr.★ 栲栎混交林中地上。外生菌根菌。·H670

(102) 多汁乳菇 *L.volemus* Fr. 阔叶林地上。食用。·H670

(103) 铜绿红菇 *Russula aeruginea* Lindbl.et Fr. 混交林中地上。食用。·H305·H320

(104) 小白菇 *R.albida* peck 林中地上。食用。·H229

(105) 黄斑红菇 *R.crustosa* Peck 东站杂木林地上。食用。外生菌根菌。·H640

(106) 花盖菇（蓝红菇）*R.cyanoxatha* (Schaeff.) Fr. 阔叶林中地上。食用。外生菌根菌。·H340·H320 ·H250

(107) 淡绿菇（梨菇、梨红菇）*R.cyanoxantha* (Schacff.et Fr.) F.Peltereaui R.Maire 杉木林地上。食用。·H390

(108) 密褶黑菇（小黑菇）*R.densifolia* (secr.) Gill 混交林地上。食用，但有毒。·H300

(109) 大白菇 *R.delica* Fr. 针阔混交林地上。美味，食、药用。外生菌根菌。·H670

(110) 毒红菇（呕吐红菇）*R.emetica* (Schaeff.ex Fr.) Gray 河边地上。极毒。·H250

(111) 臭黄（红）菇（油辣菇）*R.foetens* Pers.et Fr. 松杂木林。毒菌。·H230 ·H250

(112) 变色红菇 *R.integra* (L.) Fr. 地上。食用。·H450

(113) 拟臭黄菇（假臭黄菇）*R.laurocerasi* Melzer 路边地上。菌根菌。·H230

(114) 红菇（美酒红菇）*R.Lepida* Fr. 大叶栲阔

叶林地上。食用。菌根菌。·H610 ·H710 ·H640

(115) 茶褐红菇 *R. sororia* Fr. ★地上。药用。外生菌根菌。·H590

(116) 稀褶黑菇（黑红菇、炭菇）*R. nigricans* (Bull.) Fr. 阔叶林中地上。有毒但也有食用。·H560

(117) 玫瑰红菇（美丽红菇、苦红菇）*R. rosacea* (Pers.) S.F.Gray 路边、甜槠、苦竹林地上。食用。菌根菌。·H300

(118) 大朱菇（大红菇）*R. rubra* (Krombh.) Bres. 地上。食用。·H500

(119) 粉红菇 *R. subdepallens* Pk, 毛竹林地上。食用。 ·H560

(120) 正红菇（葡酒红菇）*R. vinosa* Lindbl. 大叶栲阔叶林地上。食用。菌根菌。·H320 ·H300

（六）硬皮马勃目 SCLERODERMATALES

29. 硬皮地星科 Astraceae

(121) 硬皮地星 *Astraeus hygrometricus* (Pers) Morg. 果林地上。药用。·H210

30. 硬皮马勃科 Astracreae

(122) 多根硬皮勃（星裂硬皮马勃）*Scleroderma polyrhizum* Pers. 场部附近地上。药用。外生菌根菌。·H240

（七）鬼笔目 PHALLALES

31. 鬼笔菌科 Phyallaceae

(123) 黄裙竹荪（杂色竹荪）*Dictyophora multicolor* Berk.et Br. 河边竹林。毒菌，药用。·H250

(124) 红鬼笔（深红鬼笔）*Phallus rubicundus* (Bosc.) Fr. 东河站场部。有毒，药用。 ·H240

（八）灰包目（马勃目）LYCOPERDALES

32. 灰包科（马勃科）Lycoperdaceae

(125) 头状马勃（头状秃马勃）*Calvatia craniiformis* (Schw) Fr. 林缘地上。·H250 ·H250

(126) 梨形灰包（梨形马勃）*Lycoperdon pyriforme* Schaeff. 幼时食用。·H900

(127) 网纹灰包（网纹马勃）*L. perlatum* Pers 林中空旷地上。幼时食用。药用。·H650 ·H470

（九）鸟巢菌目 NIDULARIALES

33. 鸟巢菌科 Nidulariaceae

(128) 粪生黑蛋巢菌 *Cyathus stercorens* (Schw.) de Toni 木块上。药用。·H250

参 考 文 献

丁平，李智，姜仕仁，诸葛阳. 2002a. 白颈长尾雉栖息地小区利用度影响因子研究. 浙江大学学报（理学版），29（1）：103~108

丁平，杨月伟，姜仕仁，诸葛阳. 1996b. 白颈长尾雉栖息地的植被类型与歧度和坡向特征. 中国鸟类学研究. 中国林业出版社 北京：268~272

丁平，杨月伟，姜仕仁，诸葛阳. 1996c. 白颈长尾雉栖息地的植被类型研究·生命科学研究与应用. 浙江大学出版社 杭州：296~301

丁平，杨月伟，李智，姜仕仁，诸葛阳. 1998. 白颈长尾雉栖息地的植物群落组成与盖度特征研究·生命科学探索与进展. 杭州大学出版社，杭州：458~491

丁平，杨月伟，李智，姜仕仁，诸葛阳. 2001. 白颈长尾雉栖息地的植被特征研究. 浙江大学学报（理学版），28（5）：557~562

丁平，杨月伟，李智，姜仕仁，诸葛阳. 2002b. 白颈长尾雉夜宿地选择研究. 浙江大学学报（理学版），29（5）：564~568

丁平，杨月伟，梁伟，姜仕仁，诸葛阳. 1996a. 贵州雷公山自然保护区白颈长尾雉栖息地研究. 动物学报，42（增刊）：62~68

丁平，诸葛阳. 1988. 白颈长尾雉（*Syrmaticus ellioti*）的生态研究. 生态学报，8（1）：44~50

丁平，诸葛阳. 1989a. 白颈长尾雉. 动物学杂志，24（2）：39~42

丁平，诸葛阳. 1989b. 浙江西部山区珍稀雉类生态学研究. 杭州大学学报，16（3）：302~309

丁平，诸葛阳，张词祖. 1990. 白颈长尾雉繁殖生态的研究. 动物学研究，11（2）：139~144

丁冬荪. 1997. 增补国家重点保护野生昆虫名录雏议. 江西林业科技，（2）：20~22

丁冬荪等. 1997. 江西野生珍稀昆虫（Ⅰ）. 江西植保，20（4）：5~8

丁冬荪等. 2000. 江西野生珍稀昆虫（Ⅱ）. 江西植保，23（1）：22~25

丁冬荪等. 2000. 江西野生珍稀昆虫（Ⅲ）. 江西植保，25（3）：65~69

丁冬荪. 2000. 江西珍稀蝶类与保护利用. 中国蝴蝶，（5）：21~23

丁冬荪. 1996. 江西武夷山自然保护区蝶类区系结构及垂直分布. 昆虫学报，39：（4）393~407

丁冬荪等. 1995. 江西武夷山自然保护区天牛区系分析及垂直分布. 林业科学研究，8（专刊）26~32

丁冬荪等. 1998. 江西省鄱阳湖自然保护区昆虫区系初探. 华东昆虫学报，7（2）15~22

丁冬荪等，2002. 江西九连山自然保护区昆虫区系分析. 华东昆虫学报，11：（2）10~18

丁冬荪等. 1987. 江西怀玉山主峰（三清山）蝶类区系分析及垂直分布. 江西农业大学学报，9：（2）63~68

丁冬荪. 1997. 江西武夷山自然保护区昆虫考察报告. 江西植保，20：（增刊）1~7

马克明，傅伯杰，黎晓亚，关文彬. 2004. 区域生态安全格局：概念与理论基础. 生态学报，4：7617~68

马世骏. 1959. 中国昆虫地理区划. 北京：科学出版社

马世来等. 1988. 中国现代灵长类的分布现状与保护. 兽类学报，8（4）：250~260

王骏等. 1994. 热带—亚热带森林中猕猴的食性. 应用生态学报，5（2）：167~171

王应祥. 2003. 中国哺乳动物种和亚种分类名录与分布大全. 北京：中国林业出版社

王勇军等. 1999a. 广东内伶仃岛猕猴食性及食源植物分析. 生物多样性7，（2）：97~105

王勇军等. 1999b，内伶仃岛猕猴种群动态的研究. 中山大学学报（自然科学版），38（4）：92~96

王敏，范骁凌. 2002. 中国蝴蝶志，郑州：河南科学技术出版社

王子清. 1980. 常见介壳虫鉴定手册. 北京：科学出版社

王子清.1982.中国经济昆虫志(第二十四册,同翅目,粉蚧科).北京:科学出版社

王天齐.1993.中国螳螂目分类概要.上海:上海科学技术文献出版社

王来生等.1993.大比例尺地形图机助绘图算法及程序.北京:测绘出版社

王遵明.1994.中国经济昆虫志(第四十五册,双翅目,虻科(二)).北京:科学出版社

王青峰,葛继稳主编.2002.湖北九宫山自然保护区生物多样性及其保护.北京:中国林业出版

王鸿贞,杨巍然,刘本培主编.1986.华南地区古大陆边缘构造史.武汉地质科学出版社

王荷生.1992.植物区系地理.北京:科学出版社

上海农科院食用菌研究.1991.中国食用菌志,北京:中国林业出版社

中国科学院微生物研究所.1975.毒蘑菇.北京:科学出版社

中华人民共和国濒危物种进出口管理办公室.1995.野生动植物进出口管理工作指南.海南国际新闻出版中心

中国科学院《中国自然地理》编辑委员会.1985.中国自然地理——植物地理(上).北京:科学出版社

中国科学院植物研究所.1974~1976.高等植物图鉴(1~V),北京:科学出版社

中国科学院中国自然地理编委会.1979.中国自然地理(动物地理).北京:科学出版社

中国科学院中国动物编辑委员会.1995.中国动物志硬骨鱼纲·鲤形目(上卷).北京:科学出版社

中国科学院中国动物志编辑委员会.2000.中国动物志硬骨鱼纲·鲤形目(下卷).北京:科学出版社

中国科学院动物研究所.1981~1983.中国蛾类图鉴(Ⅰ~Ⅳ).北京:科学出版社

中国科学院动物研究所,浙江农业大学.1978.天敌昆虫图册.北京:科学出版社

中国科学院动物研究所主编.1986.中国农业昆虫(上、下册).北京:农业出版社

中国科学院青藏高原综合考察队.1992,1993.横断山区昆虫(第一、第二册).北京:科学出版社

云南林业厅.1987.中国科学院动物研究所主编.云南森林昆虫(第一、二册).昆明:云南科技出版社

邓学建.2003.江西官山自然保护区脊椎动物资源调查报告(内部资料)

邓叔群.1964.中国的真菌.北京:科学出版社

邓学建.2003.江西省官山自然保护区脊椎动物资源调查报告(打印件)

方承莱.2000.中国动物志(昆虫纲,第十九卷,鳞翅目:灯蛾科).北京:科学出版社

仇秉兴,李福来,黄世强,王淑敏.1988.白颈长尾雉雏鸟生长及雏后换羽研究.动物学杂志,23(1):16~19

孔宁宁,曾辉,李书娟.2002.四川卧龙自然保护区植被的地形异格局研究.北京大学学报(自然科学版).38(4):543~549

卯晓岚.1998.中国经济真菌.北京:科学出版社

白水隆.1960.原色台湾蝶类大图鉴.东京:保育社

印象初.1984.青藏高原的蝗虫.北京:科学出版社

石建斌,郑光美.1995.白颈长尾雉的活动区.北京师范大学学报(自然科学版),31(4):513~519

石建斌,郑光美.1997.白颈长尾雉栖息地的季节变化.动物学研究,18(3):275~283

石玉华,康贵祥,白建荣.2004.基于Erdas的三维地形景观图制作遥感技术与应用.19(5):411~414

冯敏等.1997.四个猕猴地理种群惊叫行为的比较.兽类学报,17(1):24~30

龙迪宗.1985,白颈长尾雉的生态.野生动物,(1):24~25

北京超图地理信息技术有限公司.2003.SuperMap论文集

北京超图地理信息技术有限公司.2003.SuperMap应用集锦(第三辑)

叶居新,王江林.1985.江西的木莲林.植物生态学和地植物学丛刊,Vol.9,No.3

东北农学院.1979.家畜饲养学.北京:农业出版社

卢岩.1999.猴群应激综合症诊治.中国兽医杂志,No.4

卢汰春，张万福主编．雉科、松鸡科鸟类生活史与保育．台湾：中台科技出版社，396～411．

许维枢等．1985．白冠长尾雉和白颈长尾雉蛋壳扫描电子显微镜的观察．北京自然博物馆研究报告，第三期

吕九全等．2002．太行山猕猴的食性．生态学杂志，21（1）：29～31

全国强等．1981．我国灵长类动物的分类与分布．野生动物，（3）：7～14

全国中草药汇编写组．1978．全国中草药汇编（下册）．北京：人民卫生出版社

孙永良．中草药．1991．22（4）：154

阴健等．1993．中药现代研究与临床应用（Ⅰ）．北京：学苑出版社

毕志树等．1990．粤北山区大型真菌志．广州：广东科技出版社

刘信中，肖忠优，马建华主编．2002．江西九连山自然保护区科学考察与森林生态系统研究．北京：中国林业出版社

刘信中，方福生主编．2001．江西武夷山自然保护区科学考察集．北京：中国林业出版社

刘信中，叶居新编著．2000．江西湿地．北京：中国林业出版社

刘胜祥．1987．植物资源学．武汉：武汉出版社

刘亚光主编．1997．江西白垩石地层．北京：中国地质大学出版社

刘波．1984．中国药用真菌．太原：山西人民出版社

刘正南．1982．东北木材腐朽菌志．北京：科学出版社

刘伦忠，李向阳，杨帆．2003．论官山自然保护区的保护价值．中南林业调查规划，22（1）37～39

刘崇乐．1963．中国经济昆虫志〔（第五册），鞘翅目：瓢虫科（一、二）〕．北京：科学出版社

刘友樵等．1977．中国经济昆虫志〔（第十一册），鳞翅目：卷蛾科（一）〕．北京：科学出版社

朱启疆，甘大勇，于芳，郭学军，陈敦善．1999．用遥感图像进行土壤侵蚀系列制图的方法与实践．中国水土保持，4：42～45

朱庆，李志林，龚健雅，胜海刚．1999．论我国"1：1万数字高程模型的更新与建库"．武汉测绘科学大学学报，24（2）：129～133

朱庆，李志林．2003．数字高程模型．武汉：武汉测绘科技大学出版社

朱松泉．1992．中国淡水鱼类系统检索．南京：江苏科学技术出版社

朱弘复，王林瑶．1997．中国动物志〔昆虫纲，第十一卷，鳞翅目：天蛾科〕北京：科学出版社

朱弘复等．1996．中国动物志〔昆虫纲（第五卷），鳞翅目（蚕蛾科、大蚕蛾科、网蛾科）〕，北京：科学出版社

朱弘复等．1963，1964，1985．中国经济昆虫志（第三、六、七册）．北京：科学出版社

朱兆泉，宋朝枢，赵本元等．1999．神农架自然保护区科学考察集

朱志澄．1989．逆冲推覆构造．北京：中国林业出版社，中国地质大学出版社

朱志民主编．1994．江西省动植物志．北京：中央党校出版社

朱俊，王幼芳，朱瑞良等．2001．福建鹫峰山东麓叶附生苔植物．

朱松泉．1992．中国淡水鱼系统检索．南京：江苏科技出版社

庄俊生，张玉龙．1994．中国种子植物特有属．北京：科学出版社

任树芝．1988．中国动物志（昆虫纲，第十三卷，半翅亚目：姬蝽科）．北京：科学出版社

汤玉清．1990．中国细颚姬蜂属志（膜翅目姬蜂科：瘦姬蜂亚科）．重庆：重庆出版社

江西森林编委会．1986．江西森林．北京：中国林业出版社，南昌：江西科学技术出版社

江世宏，王书永．1999．中国经济叩甲图志．北京：中国农业出版社

江西省九连山自然保护区管理处．1987．九连山调查与研究文集（内部发行）

江西省官山自然保护区管理处．1984．官山自然保护区植物名录（内部发行）

江西省地质矿产局.1984.江西省区域地质志.北京：地质出版社

江西省地质局水文地质大队.1981.中国区域水文地质普查报告（万载幅）

江海生等.1989.猕猴（*Macaca mulatta*）生命表研究.动物学报，35（4）：409～416

江海生.1990.野生猕猴（*Macaca mulatta*）通讯行为的初步研究.动物学研究，11（4）：303～310

江海声等.1994.旅游对南湾猕猴种群增长的影响.兽类学报，14（3）：166～171

江海声等.1995.华南地区人口压力增长对猕猴（*Macaca* spp.）分布的影响，应用生态学报，6（2）：
  176～181

吴征镒主编.1980.中国植被.北京：科学出版社

吴征镒.1991.中国种子植物属的分布类型专辑.云南植物研究

吴鹏程主编.2000.横断山区苔藓志.北京：科学出版社

吴鹏程主编.2004.中国苔藓植物志（第四卷）.北京：科学出版社

吴华意.1999.拟三角网数据结构及其算法研究（博士学位论文）.武汉：武汉测绘科技大学

吴燕如，周勤.1996.中国经济昆虫志〔（第五十二册），（膜翅目：泥蜂科）〕.北京：科学出版社

应建浙.1982.食用蘑菇.北京：科学出版社

张美珍，赖明洲等.1993.华东五省一市植物名录.上海：科学普及出版社

张树庭等.1995.香港覃菌.香港：香港中文大学出版社

张天来.1999.中国的自然保护区探秘.北京：红旗出版社

张荣祖等.2002.中国灵长类生物地理与自然保护——过去、现在与未来.北京：中国林业出版社

张鹗等.1997.赣东北地区鱼类区系特征及我国东部地区动物地理区划.水生生物学报，3（21）

张华国，周长宝，黄韦艮.2001.海洋自然保护区地理信息系统建设初探.地理信息科学，1：21～26

张娜，于贵瑞，赵士洞，于振良.2003.基于遥感贺地面数据的景观尺度生态系统生产力的模拟.应用
  生态学报，14（5）：643～652

张荣.2001.澜沧江漫湾水电站生态环境影响回顾评价.水电站设计，4（17）

张广学.1983.中国经济昆虫志〔第二十五册，同翅目，蚜虫科（一）〕.北京：科学出版社

张雅林.1990.中国叶蝉分类研究.西安：天则出版社

张雅林.1994.中国高脉分类研究（同翅目）.郑州：河南科学出版社

陈邦杰.吴鹏程.1964.中国叶附生苔类植物的研究.植物分类学报，9（3）213～296

陈利生.2002.官山自然保护区植物区系初探.江西林业科技，No.1，13～15

陈利生，方学军，陈琳等.2004.官山自然保护区野生闽楠林调查.江西林业科技，No.11

陈利生，吴和平，余泽平，陈琳，左文波.2004.江西官山自然保护区白颈长尾雉资源调查，动物学杂
  志，39（5）：48～50

陈元霖等.1985.猕猴.北京：科学出版社

何正，郑庆衍，刘克旺.2001.江西官山穗花杉群落特征.中南林学院学报：21（1）73～77

何宗智.1991.江西省大型真菌资源及其生态分布.江西大学学报（自然科学版）

何俊华等.1996.中国经济昆虫志（第五十一册，膜翅目：姬蜂科）.北京：科学出版社

肖刚柔等.1991.中国经济叶蜂志（Ⅰ）（膜翅目：广腰亚目）.西安：天则出版社

陈树椿主编.1999.中国珍稀昆虫图鉴.北京：中国林业出版社

陈世骧等.1963，1985.中国经济昆虫志〔第一、十九、三十五册，鞘翅目：天牛科（一、二、三）〕.
  北京：科学出版社

陈一心等.1999 中国动物志〔昆虫纲（第十六卷），鳞翅目：（夜蛾科）〕.北京：科学出版社

陈世骧等.1986.中国动物志〔昆虫纲（第一卷），鞘翅目：铁甲科〕.北京：科学出版社

陈克林.1998.湿地与水禽保护.北京：中国林业出版社，117～112

陈克林主编．1994．湿地保护与合理利用指南．北京：中国林业出版社

肖采瑜等．1977，1981．中国蝽类昆虫鉴定手册（半翅目：异翅亚目）（一、二）．北京：科学出版社

李矿明，汤晓珍．2003．江西官山长柄双花木灌丛的群落特征与多样性．南京林业大学学报（自然科学版）．27（5）73～75

李鹏飞．1994．野生猕猴生物学特性观察．山西林业科技，（3）：28～30

李登科，吴鹏程．1988．中国叶附生苔类植物的研究（四）——江西井冈山的叶附生苔．考察与研究，No．8

李如光．1979．吉林省有用和有害真菌．长春：吉林人民出版社

李建宗．1993．湖南大型真菌志．长沙：湖南师范大学出版社

李炳华．1985．皖南的白项长尾雉．野生动物，（5）：18～20

李德仁等．1999．数据、标准和软件：试论发展我国地理信息产业的若干问题．中国图形图像学报，4（1）：1～6

李红敬．2002．广西森林溪流淡水鱼类区系研究．信阳师范学院学报（自然科学版），2（15）

李红敬等．2002．广西中北部森林溪流淡水鱼类研究．信阳师范学院学报（自然科学版），4（15）

李红敬．2003．广西中北部森林溪流淡水鱼类资源调查及区系分析．水利渔业，3（24）

李红敬等．2002．海南森林溪流淡水鱼类区系及动物地理初报．淡水渔业，6（32）

李红敬．2002．信阳溪流淡水鱼类资源调查．河南农业科学

李红敬．2002．粤西森林沦流淡水鱼类区系研究．信阳师范学院学报（自然科学版），1（15）

李湘涛．2004．中国雉鸡．北京：中国林业出版社

李秩生．1985．中国经济昆虫志〔（第三十卷），膜翅目：胡蜂总科〕．北京：科学出版社

沈均，余新华．1988．白颈长尾雉的饲育．动物学杂志，23（6）：37～38

沈泽昊，张新时．2000．三峡大老岭地区森林植被的空间格局分析及其地形解释．植物学报，42（10）：1089～1095

杨树华，彭明春，闫海忠．1999．地理信息系统支持下的西双版纳勐养自然保护区功能区划研究．云南大学学报（自然科学版），21（2）：81～86

杨星科．1997．长江三峡库区昆虫（上、下册）．重庆：重庆出版社

杨月伟，丁平，姜仕仁，诸葛阳．1999．针阔混交林内白颈长尾雉栖息地利用的影响因子研究．动物学报，45（3）：279～286

杨祥学．1982．江西植物名录（上、下），（打印件）

杨明桂主编．1998．江西省地质矿产志．北京：方志出版社

杨明桂，吴安国，钟南昌．1988．华南中晚元古代地层划分．江西地质，Vol．2，No．2

周礼超等．1993．贵州黔灵公园半野生猕猴冬季生态初步研究．贵州科学，11（2）：78～85

周世强，黄金燕，张和民，杨建，谭迎春，魏荣平．1999．卧龙自然保护区大熊猫栖息地特征及其与生态因子的相互关系．四川林勘设计，1：16～23

周尧等．1999．中国蝶类志（修订本）．郑州：河南科学技术出版社

周尧．1985．中国经济昆虫志（第三十六册，同翅目：蜡蝉总科）．北京：科学出版社

郑光美，王岐山主编．1998．中国濒危动物红皮书——鸟类．北京：科学出版社

郑光美．2002．世界鸟类分类与分布名录．北京：科学出版社

郑哲民，夏凯龄等．1998．中国动物志（昆虫纲，第十卷，直翅目：蝗总科）．北京：科学出版社

郑生武等．1994．山西省南郑县猕猴资源调查．四川动物，13（1）：26～27

郑作新主编．1978．中国动物志（鸟纲，鸡形目）．北京：科学出版社

范滋德等．1988．中国经济昆虫志（第三十七册，双翅目：花蝇科）．北京：科学出版社

武春生. 1997. 中国动物志（昆虫纲，第七卷，鳞翅目：祝蛾科）. 北京：科学出版社

欧阳志云，刘建国，肖寒，谭迎春，张和民. 卧龙自然保护区大熊猫生境评价. 生态学报，21（11）：
　　1869～1874

国家林业局《湿地公约》履约办公室编译. 2001. 湿地公约履约指南，北京：中国林业出版社

国家林业局野生动植物保护司编. 2001. 自然保护区现代管理概论. 北京：中国林业出版社

国家林业局《湿地公约》履约办公室编译. 2001. 湿地公约履约指南，北京：中国林业出版社

国家林业局野生动植物保护司编. 2001. 湿地管理与研究方法. 北京：中国林业出版社

宜丰地方志编纂委员会. 1989. 宜丰县志. 上海：中国大百科全书出版社上海分社

宜丰县农业区划委员会办公室. 1984. 宜丰县自然资源和农业区划报告（内部发行）

宜丰县地名委员会办公室. 1984. 宜丰地名志（内部发行）

宜春地区林业局. 1994. 宜春地区林业志（内部发行）

宜丰县水利志编辑室. 1987. 宜丰县水利志（内部发行）

季梦成，吴鹏程. 1996. 中国叶附生苔研究（t）——井冈山叶附生苔补遗. 南昌大学学报（理科版），
　　20（4）

季梦成，谢庆红，刘仲苓等. 1998. 江西九连山自然保护区叶附生苔研究 [J]，武汉植物学研究，16
　　（1）：33～38

季梦成，刘仲苓. 1998. 九岭山、幕阜山叶附生苔初报，自然博物馆学报，No. 16

季梦成，罗嗣，陈拥军. 2001. 江西马头山自然保护区叶附生苔研究. 江西农业大学学报，23（4）
　　467～472

林英，程景福. 1979. 维管束鉴定手册. 南昌：江西人民出版社

赵秀英等. 1990. 中药材. 13（9）：30～31

赵继鼎. 1981. 中国的灵芝. 北京：科学出版社

赵淑清. 2002. 长河中流自然地理背景分析（打印件）

赵养昌等. 1980. 中国经济昆虫志〔第二十册，鞘翅目：象虫科（一）〕. 北京：科学出版社

赵仲苓. 2003. 中国动物志（昆虫纲，第三十卷，鳞翅目：毒蛾科）. 北京：科学出版社

赵仲苓. 1978. 中国经济昆虫志（第十二册，鳞翅目：毒蛾科）. 北京：科学出版社

侯进怀等. 1998. 太行山猕猴繁殖生态行为研究. 生态学杂志，17（4）：22～25

侯进怀. 2002. 笼养太行山猕猴的理毛行为. 兽类学报，22（3）：228～232

侯宽昭. 1982. 中国种子植物科属词典. 北京：科学出版社

胡经甫. 1935～1941. 中国昆虫名录（英文版）Ⅰ～Ⅴ卷. 静生生物调查所

胡海霞等. 2003. 湖南宏门冲溪鱼类多样性研究初报. 四川动物，22（4）

南岭山区科学考察组. 1992. 南岭山区自然资源开发利用. 科学出版社

柯正谊等. 1992. 数字地面模型. 合肥：中国科学技术出版社

俞孔坚. 1999. 生物保护的景观生态安全格局. 生态学报，19（1），8～15

郝日明. 1990. 赣西北黄岗山森林植物区系的研究（打印件）（南京林业大学硕士论文）

郝日明，姚淦云. 1998. 赣西北种子植物区系成分分析. 云南植物研究，20（3）. 253～264

郝日明. 1997. 试论中国种子植物特有属. 植物分类学报，35（6）

重庆市缙云山自然保护区管理处. 重庆市森林调查设计队合编. 2000.，重庆市缙云山自然保护区科学研
　　究论文集（打印件）

钟南昌. 1993. 萍—乐冲推覆构造. 江西地质，Vol. 7，No. 3

姚振生，赖学文，葛非等. 1997. 江西官山自然保护区维管束植物名录（打印件）

南京药学院中草药学编写组. 1976. 中草药学. 南京：江苏人民出版社

费梁主编．1999．中国两栖动物图鉴．郑州：河南科学技术出版社

徐流根主编．1988．铜鼓树木（内部发行）

徐育峰．1999．台湾蝶类图鉴（第一卷）．台北：台湾省凤凰谷鸟园出版社

徐海根，贺苏宁，刘标，蒋明康，王长永，曹学章，吴小敏，薛达元，马克平，裴克全，钱迎倩，魏
　　伟．2001．自然保护区与生物多样性信息共享．资源科学，23（1）：60～63

徐青．1995．地形三维可视化技术的研究与实践（博士论文）．郑州：中国人民解放军测绘学院

高俊等．1999．虚拟现实在地形环境仿真中的应用．北京：中国人民解放军出版社

高瑞莲，吴健平．2000．3S 技术在生物多样性研究中的应用遥感技术与应用．15（3）：205～209

高谦主编．1994．中国苔藓植物志（第一卷）．北京：科学出版社

高谦主编．1996．中国苔藓植物志（第二卷）．北京：科学出版社

高谦主编．中国苔藓植物志（第九卷）．北京：科学出版社

夏凯龄．1985．中国蝗科分类概要．北京：科学出版社

袁锋，周尧．2002．中国动物志（昆虫纲，第二十八卷，同翅目：角蝉总科）．北京：科学出版社

殷惠芳等．1984．中国经济昆虫志（第二十九册，鞘翅目：小蠹科）．北京：科学出版社

郭克疾等．2004．湖南省乌云界自然保护区鱼类资源研究．生命科学研究，1（8）

诸葛阳，丁平．1988．浙江省珍稀雉类的分布、生境和资源保护．野生动物，（4）：3～4

诸葛阳，丁平．1993．白颈长尾雉 *Syrmaticus ellioti*．中国珍稀濒危鸟类

贾良智，周俊．1990．中国油脂植物．北京：科学出版社

唐新明等．1999．基于等高线和高程点建立 DEM 的精度评价方法探讨．遥感信息，55（3）：205～209

章士美．1994．江西昆虫名录．南昌：江西科学技术出版社

章士美等．1996．中国农林昆虫地理分布．北京：中国农业出版社

常禹，布仁仓，胡远满，徐崇刚，王庆礼．2003．利用 GIS 和 RS 确定长白山自然保护区森林景观分布的
　　环境范围．应用生态学报，14（5）：671～675

常弘等．2002．广东内伶仃岛猕猴种群年龄结构及发展趋势．生态学报，22（7）：1057～1060

黄培之．1995．彩色地图扫描数据自动分层与等高线分析（博士学位论文）．武汉：武汉测绘科技大学

黄培之．1988．数字地面模型的应用开发（硕士学位论文）．武汉：武汉测绘科技大学

黄大卫．1993．中国经济昆虫志〔第四十一册，膜翅目：金小蜂科（一）〕．北京：科学出版社

黄复生等．2000．中国动物志（昆虫纲，第十七卷，等翅目）．北京：科学出版社

黄邦侃．1999，2001，2002，2003．福建昆虫志（第一、二、三、四、五、六、七、八九卷）．福州：
　　福建科学技术出版社

黄春梅等．1993．龙栖山动物．北京：中国林业出版社

黄立新．1989．江西官山自然保护区植物区系的初步研究（打印件）（华东师大研究生院硕士论文）

黄沁主编．1986．免疫药物学．上海：上海科技出版社

黄年来．1998．中国大型真菌原色图鉴．北京：中国农业出版社

龚健雅．整体 GIS 的数据组织与处理方法．武汉：武汉测绘大学出版社

湖南省林业调查规划设计院．2002．湖南小溪自然保护区综合科学考察报告（打印件）

韩也良主编．1990．牯牛降科学考察集．北京：中国展望出版社

谢支锡．1986．长白山伞菌图志．长春：吉林科学技术出版社

傅立国主编．1991．中国植物红皮书（第一册）．北京：科学出版社 247

蒋学龙等．1991．中国猕猴的分类及分布．动物学研究，12（3）：241～247

蒋峰．2004．物种栖息地关系模型及其在自然保护区规划管理中的应用（准备中）

蒋书楠，陈力．2001．中国动物志（昆虫纲，第二十一卷，鞘翅目，天牛科，花天牛亚科）．北京：科学

出版社

彭丹，刘胜祥，吴鹏程．2002．中国叶附生苔类植物的研究（八）—湖北后河自然保护区的叶附生苔类．武汉植物学研究，20（3）：199～201

彭建文，刘友樵等．1992．湖南森林昆虫图鉴．长沙：湖南科学技术出版社

喻苏琴，裘利洪．2002．江西野生观赏槭树资源．江西林业科技，第6期：16～18

葛钟麟．1983．中国经济昆虫志（第二十七册，同翅目：飞虱科）．北京：科学出版社

路安民．1999．种子植物科属地理．北京：科学出版社

谭娟杰．1981．中国经济昆虫志〔鞘翅目：叶甲总科（一）〕．北京：科学出版社

黎兴江主编．2000．中国苔藓植物志（第三卷）．北京：科学出版社

黎晓亚，马克明，傅伯杰，牛树奎．2004．区域生态安全格局：设计原则与方法．生态学报，24（5）

薛大勇，朱弘复．1999．中国动物志（昆虫纲，第十五卷，鳞翅目，尺蛾科：花尺蛾亚科）．北京：科学出版社

薛联芳．1997．东江水电站对环境影响的研究．水电站设计，3（13）

瞿葛阳等．1989．河南济源太行山猕猴初步调查．河南师范大学学报，（2）：98～102

Ainsvorth GC, Sparrow F. K. Sussman AS. The Fungi, An Advanced Treatise, New York and London: Academic Press. 1973.

Allen, G. A. 1979. The long~tailed pheasants. Genus Syrmaticus Game Bird Breeders Avicult. Zool. Conserv. Gaz28(1～2):14～24

Anon 1976. The Elliot's Pheasant. Game Bird Breeders Avicult. Zool. Conserv. Gaz25(8):13～14

A. E. Balce. Determination of Optimum Sampling Interval in Grid Digital Elevation Models (DEM) Data

Acquisition. Photogrammetric Engineering and Remote Sensing, 1987. 53:323～330

Ackermann F., Techniques and strategies for DEM Generation, Digital Photogrammetry: An Addendum to the Manual of Photogrammetry, ASPRS, 1996.

A. W. H【英】特恩彭尼．水电站洄游鱼类的补救措施，水利水电快报，2000.(21)

Beebe, C. W. 1922. A monograph of the pheasants Witherby, London

Berry, J. PMAP: The Professional Map Analysis Packagae. Papers in Spatial Information Systems (New Haver: Yale University School of Forestry and Environmental Studies), 1986.

Berrie G K, Eze J M O. The relationship between an epiphyllous liverwort and host leaves [J]. Ann. Bot., 1975. 39: 955～963

Banarescu P. The zoogeographical positions of the East freshwater fishfauna, Rev. Roum. Biol., Ser. Zool., 1972. 17(5): 315～323

Beryg L S. Zoogeographical division for freshwater fishes of the Pacific Slopc of Northern Asia. Proc. Fifth Paci. Sci. Conger. Canada. Vol V Toront. 1934.

Christopher M. Gold. Surface interpolation, spatial adjacency and GIS, Three Dimensional Applications in GIS, 1989.

Delacour, J. 1977. The pheasants of the world (2nd edn). World Pheasant Association and Spur publications, Hindhead

Ding Ping and Zhuge Yang. 1990. The ecology of Elliot's pheasant in the wild in Asia 1989, P. 65～68, World Pheasant Association, Reading, U. K

DingPing et al. 1996. Habitats used by Elliot's pheasant in the Leigong Mountain Nature Reserve. Ann. Rev. WPA 1994/95:18～22

D'. Abrera B, 1990～1993. Butterflies of Holarctic Region Parts, Ⅰ～Ⅲ. Melbourune

D'Abrera B, 1982～1986. Butterflies of the Oriental Region Parts Ⅰ～Ⅲ. Melbourune

Environmental Systems Research Institiute (ESRI), Cell~based Modeling with ArcGIS, How to use Spatial Analty in

ArcGIS

ESRI 中国（北京）有限公司，第六届 ArcGIS 暨 ERDAS 中国用户大会论文集（2004）（上．下）．北京：地震出版社，2004．

GoodChild, M. F. and Lee, J. . Coverage problems and visibility regions on topography surfaces, Annals of Operations Research, 1989. 20:175~186

Hoffman G R, Kazmierski R. An ecologic study of epiphytic bryophytes and lichens of Pseudotsuga menziesii on the Olympic Peninsu, Washington ll. Diversity of the vegetation[J]. The Bryologist,1969.74:413~427

Johnsgard, P. A. 1986. The pheasants of the world. Oxford University Press

Ji M C, Liu Z L, Zhang Z Y, et al. the epiphyllous liverworts of Jiangxi Province, Southeast China [J]. CHENIA,1999. 6:105~107

Ji M C, Benito T C. A new checklist of moss of Jiangxi Province, China [J]. Hikobia,2003.4:87~106

Jay Lee. Analyses of the visibility sites on topographic surfaces, IJGIS,1994.5(4):413~429

Jennings M D. Gap Analysis:Concept, Method, and Recent Results Landscape ecology,15:520,2000.

Ji M C, Tan B C. A New Checklist of Mosses in Jiangxi Province, China Hikobia,2003.14:87~106

Kostadinov S.C 森林覆盖率对小流域河川径流的影响,水土保持科技情报,1996.1:20~24

Leech. J. H, 1894. Butterflies from china Japan and korea

Monge~Najera J, Blanco M A. The influence of leaf characteristics on epiphyllic cover:atest of hypotheses with artificial leaves [J]. Trop. Bryl. ,1995.10:345~352

Mori T. Studies on the geographical distribution of freshwater fishes of Eastern Aisa, 1936.1~88

Operations Research, 1989.20:175~186

Piipo S. Epiphytic bryophytes as climatic indicators in Eastern Fennoscandia [J]. Acta Bot. Fenn. ,1982.119:1~39

Piipo S. An notated catalogue of Chinese Hepaticae and Anthocerotae. J. Hattori Bot. Lab. , 1990.68:1~192

Robin A. Mclaren, Tom J. M. Kennie. Visualisation of digital terrain models:techniques and applications

Redfearn P L, Tan B C, He S. A newly updated and annotated checklist of Chinese mosses. J. Hattori Bot. Lab. , 1996. 79:163~357

R. B. Primqck(美)著,祁承经译.1996.保护生物学概论.长沙:湖南科学技术出版社

Schuiteman, J. 1976. Raising Elliot's. Game Bird Breeders Avicult. Zool. Conserv. Gaz.25(5):13

Schmitt C K, Slack N G Host specificity of epiphytic lichens and bryophytes : A comparison of the Adirondack Mountains (Nes York) and the Southern Blue Ridge Mountains (North Carolina) [J]. The Bryologist, 1990. 93(3):257~274

Short Course on Terrain Modelling in Surveying and Civil Engineering, University of Glasgow, 1990.

Trynoski S E, Glime J M. Direction and height of bryophytes on four species of northern trees [J]. The Bryologist,1982. 85(3):281~300

Three Dimensional Application in GIS, 1989.

Zhang, R~Z et al.1981. On the geographical distribution of Primates in China. Journal of Human Evalution 10:215~225

Zhang, R~Z et al.1991. Distribution of macaques (Macaca) in China Acta Theriologica Sinica 11(3):171~185

阪口浩平等.1981.世界昆虫图说:Ⅰ~Ⅵ,东京:保育社